海洋环境与船舶响应研究进展

第十届船舶力学学术委员会环境与响应学组 主编

哈尔滨工程大学出版社
Harbin Engineering University Press

内容简介

中国造船工程学会第十届船舶力学学术委员会环境与响应学组的各位专家在海洋环境与船舶响应领域有着深入的研究，为了给国内学者和研究生提供研究方向与建议，段文洋教授作为学组组长，带领环境与响应学组完成了本书的编写。本书主要介绍海洋环境与船舶响应方面国内外研究现状、目前的最新进展及未来的发展方向，具有一定的参考价值和科学指导意义。

本书适用于船舶与海洋、船舶造船及相关专业研究人员阅读，也可供相关领域爱好者参考。

图书在版编目(CIP)数据

海洋环境与船舶响应研究进展/第十届船舶力学学术委员会环境与响应学组主编. —哈尔滨：哈尔滨工程大学出版社，2022.11
 ISBN 978-7-5661-3733-3

Ⅰ.①海… Ⅱ.①第… Ⅲ.①海洋环境②船体结构-响应 Ⅳ.①X21②U663

中国版本图书馆 CIP 数据核字(2022)第 221303 号

海洋环境与船舶响应研究进展
HAIYANG HUANJING YU CHUANBO XIANGYING YANJIU JINZHAN

选题策划 刘凯元
责任编辑 张 彦 秦 悦
封面设计 李海波

出版发行	哈尔滨工程大学出版社
社　　址	哈尔滨市南岗区南通大街 145 号
邮政编码	150001
发行电话	0451-82519328
传　　真	0451-82519699
经　　销	新华书店
印　　刷	哈尔滨午阳印刷有限公司
开　　本	889 mm×1 194 mm　1/16
印　　张	24.75
字　　数	734 千字
版　　次	2022 年 11 月第 1 版
印　　次	2022 年 11 月第 1 次印刷
书　　号	ISBN 978-7-5661-3733-3
定　　价	168.00 元

http://www.hrbeupress.com
E-mail:heupress@ hrbeu.edu.cn

编 写 组

组　长　段文洋
副组长　汪雪良　张新曙　毛筱菲　孙　哲
组　员　(按姓氏拼音首字母排序，排名不分先后)
　　　　　董　胜　封培元　高玉玲　高　云
　　　　　何广华　黄　威　李传庆　李　辉
　　　　　李荣辉　刘永涛　马玉祥　石爱国
　　　　　宋　磊　苏　焱　孙洪源　王　振
　　　　　吴巧瑞　徐　刚　徐　敏　杨　波
　　　　　姚朝帮　叶小嵘　张　伟　赵彬彬
　　　　　周德才　周耀华　朱仁庆

前　　言

新时代的船舶与海洋工程学科正面临新的发展机遇和挑战。国际海事组织不断推出低碳环保海事安全新法规,这不仅要求造船界更新理念、聚焦环保法规与设计创新,更要求将教育与科技融合到创新人才培养目标中。船舶与海洋工程新理论与新技术发展较快,这反映在国内外期刊、会议出版物及部分国外专家的专著中,但是新理论、新技术的中文专著出版相对中国造船大国的发展却较滞后,这会影响相关领域人才培养的质量和水平。

中国造船工程学会第十届船舶力学学术委员会环境与响应学组专家形成共识,不仅要推动和活跃学术创新,还要担负起传承育人的使命。因此本届学组决定发挥我国船舶专家集体的学术视野广度优势和学术专长高度优势,既有分工,又有协作,将海洋环境与船舶响应研究划分为海浪环境、海冰环境、内波环境、船舶响应、海洋结构动力响应、船舶水动力模型试验技术和实海实船七个学术方向,主要侧重阐述近十年来的新理论和新技术发展,特别是中国科研工作者对于海洋环境与船舶响应研究领域的新贡献。

本书作者群体多数在高校和科研院所工作,都是活跃在科研第一线的中青年专家,因此本书每篇文章作者都注重对该主题的发展背景、发展脉络、最新理论和最新技术的阐释,特别是对重要理论节点和关键文献的介绍。这对于新进入该领域的研究生和青年工作者具有重要的参考价值和引导作用。相信本书的出版,对于船舶与海洋工程学科的教育科技人才协同推进具有重要意义。

段文洋

2022 年 7 月 26 日

目　　录

第一篇　海浪环境篇

海浪测量研究现状 ……………………………… 杨　波　张新宇　汪雪良　左少燕（3）
国内外造波方法研究进展报告 ……………………………………………… 马玉祥（18）
海洋波浪环境 …………………………………… 张新曙　马玉祥　姚靳羽　刘　帅（28）

第二篇　海冰环境篇

船-冰相互作用的数值模拟 ……………… 孙　哲　邱勇进　杨碧野　张桂勇　宗　智（43）
海冰载荷 ………………………………………………… 董　胜　廖振焜　赵玉良（59）

第三篇　内波环境篇

海洋非线性内波的生成和演化 …………………………… 邹　丽　王　振　张九鸣（79）
水下航行体运动激发的内波效应 ……………………………………… 何广华　刘　双（117）

第四篇　船舶响应篇

船舶耐波性 …………………………………… 姚朝帮　冯大奎　孙小帅　刘李为（139）
波浪中的船舶操纵性研究进展与发展方向 …………………………………… 张　伟（172）
恶劣海况中维持操纵性的最小推进功率 ……………………………… 毛筱菲　詹星宇（194）
船舶波浪增阻 ……………………………………………………… 段文洋　陈纪康（210）
船舶波激振动 ……………………………………………………… 汪雪良　杨　鹏（221）
船舶砰击颤振 ………………………………………………………………… 李　辉（233）
船舶参数横摇 ………………………………………………………………… 周耀华（248）

第五篇　海洋结构动力响应篇

海洋可再生能源装置响应 …………………………………………… 何广华　栾政晓（261）
海上卫星发射平台响应 ………………………………………………………… 徐　刚（275）
海洋空间利用 ………………………………………………………………… 李　辉（284）
细长柔性结构流致振动响应 ………………………………………… 高　云　姜泽成（294）
船体结构水弹性效应导致的疲劳损伤 ………………………………………… 李　辉（304）

船舶运动响应回归分析 ………………………………………………………………… 徐　敏(313)

第六篇　船舶水动力模型试验技术篇

耐波性模型试验技术 ……………………………………………………… 李传庆　李建鹏(327)
船舶耐波性模型试验技术研究进展 …………………… 周德才　邬志佳　鲁江　湛俊华　王习建(342)
船舶模型试验技术——操纵性试验 ………………………………………………… 封培元(354)

第七篇　实海实船篇

实船试航与营运性能研究进展 …………………………………… 高玉玲　陈伟民　高　旋(363)
船舶智能航行安全的航线规划问题 ………………………………………………… 周耀华(379)

第一篇

海浪环境篇

海浪测量研究现状

杨 波[1] 张新宇[1] 汪雪良[2,3] 左少燕[4]

(1. 海军大连舰艇学院；2. 中国船舶科学研究中心；3. 深海技术科学太湖实验室
4. 大连理工大学)

1 研究背景

当前，准确预报舰船在波浪中的运动响应，难点之一是准确测量舰船当前作业海域的波浪参数，包括波高、波向、周期、频谱及方向谱等。按照工作原理，波浪测量技术可分为重力、压力、加速度计、声学、激光、雷达、光学和卫星遥感测波等类型；按照工作方式，波浪测量技术可分为接触式测波和非接触式测波，其中重力、压力、加速度计测波多为接触式测波，声学、激光、雷达、光学和卫星遥感测波多为非接触式测波。

尽管当前测量技术已经达到了较高水平，但精确观测舰船作业海域的波浪信息仍然存在较多问题。接触式测波发展较早，相关设备具有较高的测量精度和自动化程度。其中，传统的基于重力测量的波浪浮筒广泛应用于海洋工程波浪观测，尤其是融合了加速度计和 GPS 技术的波浪浮筒，可通过单一浮筒实现对波高和波向的同时测量；但接触式测波会对波浪产生一定影响，且容易受到人为因素影响而导致设备丢失和损坏，适用于沿岸、岛礁、石油平台等有人值守部位的海浪测量，不适用于大范围海域内海浪信息的随船测量。非接触式测波又可分为非成像技术和成像技术两类。非成像技术中的激光和雷达测波，主要通过不同介质(激光、电磁波)测量测点至海面的垂直高度以得到波高，相关设备一般布置于水面以上(如码头或舰艇舷侧)。但单一测量设备只能获取单点的波高信息，且易受波面破碎等现象的影响。当设备布置于舰艇舷侧测量时，还需要通过算法消除舰艇摇荡的影响。声学测量利用超声波作为介质测量波高，原理与激光和雷达测波类似。除此之外，声学多普勒流速剖面仪(acoustic doppler current profilers，ADCP)还可以利用多普勒效应进行流速测量，进而反演得到方向谱。其相关设备多安装于近岸海底(水深一般不超过 50 m)，不能进行随船测量。成像技术主要通过对海浪图像，包括电荷耦合器件(charge-coupled device，CCD)图像和雷达图像，进行反演以获取大范围海域的波浪信息。其中，卫星遥感测波是通过对星载合成孔径雷达(synthetic aperture radar，SAR)的影像图片进行分析得到海浪信息的，这对于舰船运动预报来说，会受限于影像图片的空间分辨率及卫星遥感测波的精度，同时还受到气象条件限制，无法进行全天候测量。光学成像测波和雷达成像测波分别通过对 CCD 图像和 X 波段雷达图像进行分析以进行波浪测量，因其图像分辨率可以达到较高精度，是目前为数不多的适用于随船进行大范围海浪测量的技术。雷达成像测波技术目前已有成熟的商用产品，光学成像测波技术也表现出了较大潜力。本文主要针对雷达成像测波技术和光学成像测波技术进行介绍。

2 研究现状

2.1 雷达成像测波技术

从 20 世纪 60 年代起，部分学者就开始了通过航海雷达的海杂波图像获取海浪信息的研究。20 世纪

80年代,Hoogemoom、Ziemer等将一些最初的发现扩展到数字化领域。他们将雷达图像数字化,然后对其运用二维傅里叶(Fourier)变换,结果发现获得的雷达图像谱与用常规浮标获得的谱极为相似,而且在每个相同频率处,雷达图像的谱值和浮标谱值均存在相同的函数关系,这表明可以利用雷达图像获得海浪的方向特征,甚至是完整的海浪方向谱。但这没有解决海浪方向谱的180°模糊问题。

1985年,Young等借助高频照相机,将拍摄到的时间上连续的雷达屏幕图像按照暗亮程度以灰度值的大小存储为数字信号,然后对数字化的雷达图像时间序列进行三维离散傅里叶变换,最终得到了消除了180°模糊的海浪方向谱。

从20世纪80年代开始,德国GKSS研究中心就致力于研究基于航海雷达的海浪监测系统,经过十几年的努力,于1995年成功研制了基于航海雷达的海浪监测系统(wave monitoring system,WaMoS),并将其投入了实际的海洋监测。如今,该系统在许多方面获得了改进,形成了第二代产品 WaMoS Ⅱ[1-3]。WaMoS Ⅱ由传统的X波段导航雷达、微机、高速视频模数转换设备、存储设备及数据处理软件组成。WaMoS Ⅱ通过分析雷达图像的时空变化,能够给出海浪方向谱、频谱、主要海浪参数和海流信息,包括有效波高、平均波向,主波和次波的波周期、波向、波长及流速、流向等。WaMoS Ⅱ通过采集和分析数据实现了对海洋状态的实时监测。

20世纪80年代末,挪威 Miros 公司也研制了类似的海洋监测系统(marine radar wave extractor,WAVEX)[4],并在1996—1998年形成了商业产品。美国、日本、丹麦等国和我国的台湾地区也在积极从事利用X波段雷达进行海洋监测的研究。

近年来,利用X波段雷达海面图像提取海浪参数的主流方法有两类,分别是谱分析法和图像统计法。谱分析法基于Young等的研究,基本思路是利用三维谱变换计算图像及海浪的波数能量谱,进而采用色散滤波器计算海浪信噪比,利用有效波高与信噪比间的线性经验关系估测有效波高,经验系数与雷达特性密切相关,通常需要利用现场实测波高数据来标定。1999年,Nieto等[5]首次引入了基于信噪比计算有效波高的方法,采用最小二乘法拟合工程参数,并与浮标数据进行了对比。2002年,Grangeskar[6]提出了基于加权最小二乘的改进色散关系滤波器,使得海浪谱估测更加准确,提高了波高估测精度。2004年,Nieto等[7]利用几何光学近似原理重新标定了图像谱和海浪谱之间的调制传递函数,提高了海浪谱估测精度,进而提高了波高的估测精度。2005年,Wu等[8]用谱分析法对导航雷达图像时间序列进行海浪参数提取实验,获得了很好的效果。2008年,Nieto等[9]对信噪比的定义进行了深入分析,利用噪声的能量谱来反演波高参数,亦获得了较好的实验结果。2011年,Serafino等[10]通过重构色散滤波消除了海浪信息提取中混叠效应的影响,并得到较好的实验结果,弥补了动态环境下波高检测精度不高的不足。同年,Chang等[11]利用多层感知器从非相干航海雷达图像中计算信噪比反演有效波高,与WaMos Ⅱ现场比对结果符合得很好。2014年,Salcedo-Sanz等[12]利用支持向量回归法取代多层感知器来估测信噪比反演有效波高,结果显示估测精度得到显著提高。

现有的基于海浪谱反演海浪参数的方法,以三维傅里叶变化为基础,但其是线性变化的,而波浪场是非线性波场的叠加,这样会导致海浪谱方法的精度不高。小波方法适用于非平稳或非线性数据的分析,2001年,Massel等[13]将小波变换应用于海洋工程,检测波浪的非线性变化。2015年,An等[14]提出了一种自适应二维连续小波变换的雷达图像波浪信息提取算法,用迭代算法自动选择最佳校准因子,得出比例参数和最小可分辨波数的关系,其可以代替三维傅里叶变化的方法得到较好的海浪信息。2017年,Liu等[15]提出一种基于集合经验模式分解的方法,将雷达子序列图像分解为固有模态函数(intrinsic mode funtion,IMF)分量,采用IMF分量的线性模型的振幅之和估算有效波高,其结果可以改善有效波高的测量精度。

图像统计法的基本原理是:海浪遥感成像中的各种物理调制特性在雷达灰度图像统计中有显著特

征,根据这一特点可获取海浪波高等参数。1967 年,Smith[16]利用几何光学理论首次建立了低掠射角下粗糙海面阴影函数模型,为图像估计法奠定了理论基础。1990 年,Wetzel[17]将海面假设为高斯面,首次利用粗糙面几何光学原理分析了电磁波低掠射角入射下的海面后向散射模型,根据灰度阈值将海面雷达图像分割为亮区和暗区,通过求取图像上亮暗面积比例来估测波高,并总结了已有的研究成果。1995 年,Henschel 等[18]首次对 Wetzel 模型进行了实际测试,由于缺乏数据与校验,波高估测的准确度较差。1997 年,Buckley 等[19]进一步拓展了 Henschel 的实验,并发现 Henschel 方法在高海况下估测的波高存在偏低。1998 年,Buckley 等[20]进一步分析了 Henschel 方法在高海况下失效的原因。其研究表明,高海况下归一化亮区面积并没有随 Wetzel 模型预测的那样变小,这说明阈值不应是一个常数,而应随着波高变化。同时,Buckley 等利用归一化雷达目标有效截面(NRCS)对阈值进行了分段标定。结果表明,改进方法估测的波高精度相比固定阈值法有所提高。2000 年,Grangeskar[21]通过大量实验发现,高海况下随着图像阴影比例增加,差分图像灰度的方差与波高呈现线性变化,利用这一关系得到波高与方差相关系数在 0.9 左右。2001 年,Buckley[22]通过仿真实验分析了 Wetzel 模型出现计算偏差的原因,并讨论了径向距离与阈值的关系,提出阈值应随着雷达有效作用距离变化而变化。其结论表明,在有效的掠射范围(1°~10°)内,阈值变化的范围是有限的。2012 年 Plant[23]讨论了不同的极化方式下几何阴影与局部阴影在阴影调制中的主导作用问题。其实验结果表明,局部阴影在海杂波阴影调制方面起主导作用,实验结论为利用阴影估计波高提供了理论支持。2014 年,Grangeskar 认为 Plant 实验讨论的两种阴影间的差别较小,而且与信噪比、几何因素及雷达机理有关,因此在实际应用中很难辨别雷达图像主要受几何阴影还是局部阴影影响。进而,Grangeskar 利用边缘检测思想设计了一个带通滤波器来提取雷达图像中的阴影,并结合随机粗糙面几何阴影理论获得了有效波高,算法成功解决了阴影辨别问题,在无须外部参考标校下便可直接估计波高。

2016 年,Liu 等[24]对基于阴影的算法进行了修改,将平滑处理应用于边缘像素的灰度直方图中,以提高阴影阈值的准确性。2019 年,Ludeno 等[25]基于原始雷达图像和相应的非校准波高图像之间的相关性,利用比例因子改变了波高图像的幅度,建立了雷达成像的数学模型。2019 年,Navarro 等[26]提出了一种基于滤波与插值的新方法,利用图像增强技术来补偿雷达采集过程中引入的失真和雷达信号的功率衰减,该方法不使用信噪比和现场测量作为外部参考的经验校准方法。

国内对利用 X 波段航海雷达进行海洋监测技术的研究起步较晚。2004 年,国家高技术研究发展计划(863 计划)海洋监测技术主题启动了"X 波段雷达海浪探测技术"课题,对 X 波段雷达用于海洋监测进行了初步探索。2005 年,中国人民解放军原总装备部实施了"X 波段雷达的波浪遥测技术"预研项目。该课题的研究目标是突破雷达回波数据采集、数字化转换、信号补偿、调制技术及海面流场、浪场反演的关键技术,为建立基于 X 波段雷达(舰基和岸基)提取海浪场和海洋表层流场的业务应用奠定了技术基础。

哈尔滨工程大学在 863 计划和海洋公益性项目的资助下,对航海雷达监测海浪、海流等技术开展了系统实验研究;并在郝燕玲教授的带领下,由卢志忠教授负责,独立研发出一套军民共用的测浪系统[27-28]。2010 年,中国科学院海洋研究所与电子科技大学联合研制了双极化天线的航海雷达,用来反演海浪参数,并在此基础上研制了海浪测量系统,对不同极化方式对海浪参数反演的影响进行了分析。其研究结果表明,不同极化方式下的航海雷达对海浪参数的测量精度不同,为后续工程应用提供了参考[29-30]。此外,武汉大学也在该领域积极展开了应用研究[31]。

2006 年,任福安等[32]抛开了传统的利用动力学和统计学反演海浪的方法,通过对雷达监测到的海浪图像进行二维傅里叶变换得到图像谱,对其图像进行谱分析以获取海浪信息。

为了克服三维傅里叶变换方法中波浪场空间均匀性和时间稳定性假设的缺点,2008 年,吴立忠等[33]

通过仿真模拟规则波和随机波的波浪场,将二维小波变换用于分析波浪的空间图像,其结果与理论值比较表明,二维连续小波变换能识别随机波的波浪特性。2011年,吴立忠[34]等用二维连续小波变换量化海洋遥感图像的非均匀性,从而确定了非均匀性的程度,以及用仿真波浪图像和真实海浪图像验证算法的实用性。同年,吴立忠[35]等继续优化用于波浪图像分析的二维连续小波变换方法,探究小波函数的理想参数,与真实海浪谱相比,小波谱可准确描述空间频域中的局部波特征。2014年,陈忠彪等[36]提出了经验正交函数分析非均质的近岸波场,提取雷达图像序列的主分量,通过与浮标数据比较来验证反演方案。2015年,何宜军等[37]利用经验正交函数分解算法反演近岸海区的非均匀浪场的有效波高,弥补了近岸海域反演波高的技术缺陷。2017年,陈忠彪等[38]提出了一种从X波段航海雷达图像序列中检索波高的新方法,通过经验正交函数提取第一个主分量,求得无因次波周期和波高的联合概率分布来估计波高,并与浮标测量的结果进行对比。同年,卫延波等[39]在二维连续小波变换的基础上,提出了一种基于同步压缩小波变换的新方法,可以有效地从雷达图像中提取波参数。

很多国内学者对基于阴影雷达图像序列提取波浪参数的方法进行了改进。2007年,吴艳琴等[40]利用阴影调制来构建雷达图像进行海浪参数反演仿真实验,得到了较好的结果,与实测结果比较表明,阴影调制效应影响海浪参数反演精度。2010年,崔利民[41-42]针对双极化X波段航海雷达图像进行了深入的分析研究,并进行了参数反演,其结果与参照值较为接近,从而为工程应用指明了道路。同年,唐艳红等[43]以实际的航海雷达测浪项目为依托,对反演算法中的关键技术开展了研究,改进了去噪及滤波算法,从而提高了海浪参数的估测精度。2011年,卢志忠等[44]提出了基于自适应阈值选取技术的反演流算法,该算法能从图像谱中准确地提取出海浪能量,从而弥补了信噪比经验法的不足,提高了波高反演精度。2012年,李英[45]采用分段最小二乘法拟合波高工程参数。2013年,沈继红等[46]借助样本的P分位值法剔除了数据中的异常点,并利用分段最小二乘法提高了有效波高拟合精度。2017年,卢志忠等[47]对基于阴影的算法进行改进,采用一阶差分法实现了局部阴影区块的准确分割,精确地计算出阴影比例,提高了复杂海况下波高估测的准确度。同年,卢志忠等[48]针对从近岸地区获得的雷达图像估计有效波高的准确度不高的问题,在根据海面坡度估算海浪高度的理论推导时考虑了水深的影响,提出了一种适用于深水区和浅水区的改进算法来估计海面的坡度。2019年,杨江洪等[49]对基于雷达图像阴影反演有效波高算法进行了扩展和补充,利用最小二乘法建立波高与阴影比例间的相关系数,利用了实测数据检验算法,并验证了其实用性和可行性。从雷达海杂波图像获取波浪参数的常规方法是基于物理的方法,使用三维傅里叶变换和频谱分析。在获得调制传递函数(modulation transfer function,MTF)和信噪比的同时,会受到经验公式和校准过程的限制。因此,对使用基于物理方法来进一步提高波浪反演精度提出了挑战。近年来,机器学习在图像特征处理中已经得到了较好的应用,提出了基于机器学习的方法来反演海浪参数。2020年,段文洋等[50]受卷积神经网络的图像特征处理能力的启发,提出了一种深度卷积神经网络的深度学习反演方法。在此方法中不需要中间步骤和参数,基于卷积神经网络构建波浪参数反演模型,通过模拟雷达图像数据验证了该方法的有效性;分析了深度学习反演模型对训练数据的依赖性,并研究了目标参数对基于卷积神经网络模型反演精度的影响。

2.2 光学成像测波技术

双目立体视觉测量技术的出现,是为了克服浪高仪只能测量某一处某一时刻的浪高,浪高仪中的传感器本身存在非线性误差,且接触式方法也会对波浪产生影响,从而得不到精准的波高的缺点。该方法采用两个CCD摄像头拍摄船体周围的波浪来采集波浪图像,再通过图像处理技术,绘制船体周围波浪的等高线图,得到船体周围水面的波浪高度信息。该测量方法不接触波浪,并且能够获取大面积波浪的高度、波向和波形信息,相对于传统的浪高仪测量方式,优势很明显。

国外将摄影测量技术应用于波浪测量方向始于20世纪50年代,最初是基于几何光学的反射原理,把波浪的斜率与波浪上点的反射亮度相联系,根据拍摄照片上波浪像素点的亮度信息,得到与海上分速相关波浪点的斜率[51]。20世纪60—70年代,有许多研究将立体照相技术应用于波浪资料的获取,进行波浪方向谱的研究[52]、波面等高图的获取[53]。20世纪80年代,Shemdin等[54]采用立体测量技术对海面的短波进行分析,可以获得相关动态测量结果。20世纪90年代,波浪观测中的摄影测量技术依旧被重视。Perlin等[55]使用投影的方法对海浪表面轮廓进行非接触测量。Zhang等[56]利用颜色编码技术获取水面反射不同颜色的光线,并将不同颜色和波面上不同斜率相对应,来实现对海浪的观测。这些研究都为波浪测量的摄影测量提供了参考与方向。2006年,Benetazzo[57]在研究短重力波的波数谱时,将双目立体照相方法应用于波浪测量,通过两个CCD图像传感器采集波浪图像,采集的左、右图经过立体匹配算法处理与三维重建,得到了水面高度。Benetazzo的贡献在于将双目立体视觉应用到波浪的拍摄中,基于像素灰度相关原理及金字塔分层原理匹配左、右图,为波浪摄影测量的立体匹配技术提供了研究方向和理论依据。2011年,Gallego[58-59]等在研究波浪摄影测量技术时,利用水波纹的形状与灰度变形构造能量函数,使能量函数最小,得到匹配点。Fedele等[60]在研究波浪摄影测量的立体匹配部分时,基于灰度相关系数最大原理,引入了极线约束缩小搜索范围,左图只计算相应极线上点的灰度互相关,缩短了匹配时间。Viriyakijja等[61]在对比传统波高仪测量与立体摄影测量水槽波浪实验时,摄影测量系统中采用边缘检测算法处理采集左、右图像,最后摄影测量法得到的波浪高程与波高仪测量的波浪高度相同。

最初,国内的波浪摄影测量技术都是基于解析摄影测量的,主要利用立体测图仪来分析波高,对波浪的测量并未处于数字摄影测量应用阶段。万大斌等对大江泄水波进行测量波高实验[62],朱振海在香港维多利亚港对船行波实体进行测量实验[63],王红梅等在北京怀柔水库近景进行测量波浪实验[64],这些实验都没有发展到数字摄影测量。2004年,大连理工大学的孙鹤泉等[65-66]基于光学折射原理,采用数字摄影测量方式,通过CCD图像传感器在水面上拍摄水下黑白条纹图像,依靠图像处理技术和希尔伯特(Hilbert)变换得到在波面调制下水下图像的变化,从而实现了水槽中波面形态的测量。2005年,王惠玲[67]将双目摄影测量运用于波浪测量中,采用两个CCD图像传感器采集波浪图像,实现了采集系统、标定系统,但是对后期图像处理方面并未进行研究。2011年,河南大学的喻恒[68]通过双目系统垂直拍摄黄河模型水流采集目标图像,结合坎尼(Canny)边缘检测改进算法与形态学连通域分割法,最后实现了黄河模型河势宽度的提取与识别及流速的观测。2012年,姜文正[69]的数字摄影测量波浪系统对左、右图像的特征匹配做了很好的研究,特征点的提取采用莫拉维茨(Moravec)算子,先在金字塔影像的最上层提取Moravec角点,并对左、右金字塔最上层图像提取的角点进行基于互相关测度最大原理的角点匹配,得到最上层的匹配对集;这种特征匹配法为波浪的三维重建提供匹配对二维坐标,最终实现了海面波浪测量,但是该方法得到的匹配结果中误匹配较多,后续需要引入复杂的算法剔除误匹配,或者需要在三维重建时引入算法精确波浪高度。2014年,崔浩[70]等基于轮廓线提取技术,实现了波峰坐标的采集,减小了非接触式波浪摄影测量技术中采集精度对波峰二维坐标的影响,但只是对波峰进行了研究。2016年,哈尔滨工程大学的尹凤鸣[71]等对波浪图像的特征提取和匹配做了改良并进行了水池试验,特征点的提取采用尺度不变特征变换(scale-invariant feature transform,SIFT)算法,特征匹配算法是基于SIFT改进的立体匹配改进算法,降低了误匹配率,并且匹配对明显增加,但特征提取和匹配总时间增加。南京理工大学的严蕾[72]采用双目视觉立体测量原理,通过测量海浪高度以实现海啸预警。2019年,石磊等[73]采用基于SIFT算法的双目立体数据系统作为采集平台进行波浪参数(波高、波周期、波向)测量。

摄影测量技术与传统浪高仪相比,不仅可以获取大面积波浪信息,而且不接触式测量减少了对波浪信息的干扰。抑制摄影测量技术在波浪测量方面发展的原因有以下几点:

(1)由于水介质的弱纹理、反光、透光等性质,波浪图像的匹配建立在人眼寻找先验匹配对的基

础上;

(2)图像分辨率不高,不能清晰地反映目标景物的特征;

(3)计算机主频配置过低,影响处理速度。

3 基本理论与最新进展

3.1 雷达测波的基本原理

基于 X 波段雷达的测波系统一般包括 X 波段航海雷达、A/D 转换器、PC 和相应的软件包。其进行海浪测量,可分为两部分:对雷达图像进行处理,求解海浪谱;计算雷达图像中的信噪比,求解有义波高。所测海浪参数包括有义波高、波周期、波向、表层流速度和方向等。

3.1.1 海浪谱的测量

利用航海雷达求解海浪谱的基本原理是:由于海水表面张力生成的毛细波波长与 X 波段雷达波长相近(约为 3 cm),当电磁波倾斜作用于波浪表面的路程差恰好等于毛细波半波长的整数倍时,就会产生布拉格(Bragg)共振,使得后向反射的雷达回波得到强化。通过分析雷达回波时空变化规律,获得海浪谱与表面流信息,进而获得海浪的各项参数。其具体处理过程如下:

(1)图像坐标变换:选取连续的雷达图像并将其由极坐标转换为对应的直角坐标。

(2)离散傅里叶变换:对连续雷达图像进行离散傅里叶变换,获得三维图像谱 $I(\boldsymbol{k},\omega)$,其中 $\boldsymbol{k}$ 为波数,ω 为圆频率。

(3)获取表层流:假设观测海域海流场空间均匀,由于船舶与海浪相对运动产生多普勒频移,可利用最小二乘法,对满足重力波频散关系的谱能量位置与实际图像谱 $I(\boldsymbol{k},\omega)$ 的能量位置进行比较,求解表层流:

$$\omega = \sqrt{g|\boldsymbol{k}|\tan(|\boldsymbol{k}|d)} + \boldsymbol{k}\boldsymbol{U} \tag{3.1}$$

式中,g 为当地的重力加速度;d 为观测出水深;$\boldsymbol{U}$ 为表层流。

(4)对三维图像谱滤波:仍利用频散关系对图像谱进行带通滤波,将海浪能量从背景噪声中分离出来:

$$I_f(k_{xn},k_{ym},\omega_p) = \begin{cases} I(k_{xn},k_{ym},\omega_p) & |\boldsymbol{k}(\omega_{p-1},d,\boldsymbol{U})| \leq |\boldsymbol{k}=(k_{xn},k_{ym})| \leq |\boldsymbol{k}(\omega_{p+1},d,\boldsymbol{U})| \\ 0 & \text{其他} \end{cases} \tag{3.2}$$

式中,$I_f(k_{xn},k_{ym},\omega_p)$ 为不含噪声的三维图像谱。

(5)求解二维图像谱:在正频率范围里对不含噪声的三维图像功率谱 $I^{(3)}(k_x,k_y,\omega)$ 进行积分,获取二维图像谱 $I(\boldsymbol{k})$:

$$I(\boldsymbol{k}) = 2\int_{\omega>0} I(\boldsymbol{k},\omega)\mathrm{d}\omega \tag{3.3}$$

(6)求解海浪波数谱:应用 MTF 将二维图像谱 $I(\boldsymbol{k})$ 转化为二维波数谱 $F(\boldsymbol{k})$:

$$F(\boldsymbol{k}) = \mathrm{MTF}(\boldsymbol{k}) \cdot I(\boldsymbol{k}) \tag{3.4}$$

(7)获得海浪方向谱:将二维海浪波数谱 $F(\boldsymbol{k})$ 从波数空间转换为频率方向空间,得到海浪方向频谱。

3.1.2 有义波高的测量

与海浪谱的测量原理有所不同,测波雷达测量有义波高的方法与合成孔径雷达测量有义波高的方法

相同,即假设有义波高 H_s 与雷达图像信噪比的平方根成线性关系:

$$H_s = A + B\sqrt{\mathrm{SNR}} \tag{3.5}$$

式中,A、B 为待定常数,取决于 X 波段雷达系统本身;SNR 为雷达图像信噪比,定义为

$$\mathrm{SNR} = \frac{\mathrm{SIG}}{\mathrm{BGN}} \tag{3.6}$$

式中,SIG 为海浪波数谱的能量,

$$\mathrm{SIG} = \sum_{i_x=1}^{N_{kx}} \sum_{i_y=1}^{N_{ky}} F(\boldsymbol{k}(i_x,i_y)) \Delta k_x(i_x) \Delta k_y(i_y) \tag{3.7}$$

BGN 为背景噪声的能量,即滤波滤去的能量,

$$\begin{aligned}\mathrm{BNG} = & \sum_{i_x=1}^{N_{kx}} \sum_{i_y=1}^{N_{ky}} \sum_{i_f=1}^{N_{kf}} I(\boldsymbol{k}(i_x),\boldsymbol{k}(i_y),i_f) \cdot \Delta f(i_f) \Delta k_x(i_x) \Delta k_y(i_y) - \\ & \sum_{i_x=1}^{N_{kx}} \sum_{i_y=1}^{N_{ky}} I(\boldsymbol{k}(i_x),\boldsymbol{k}(i_y)) \cdot \Delta k_x(i_x) \Delta k_y(i_y)\end{aligned} \tag{3.8}$$

式中,$I(\boldsymbol{k}(i_x),\boldsymbol{k}(i_y),i_f)$ 为三维傅里叶变换后的三维图像谱;$I(\boldsymbol{k}(i_x),\boldsymbol{k}(i_y))$ 为二维图像谱;N 为满足色散关系的图像数;Δk_x、Δk_y 为波数分辨率;Δf 为频率分辨率。

这样,只要测得待定常数 A、B,即可由 SNR 获得有义波高 H_s。

3.2 光学测波的基本原理

在三维图像浪高测量系统中,两台型号、参数相同的相机是最基本的配置,其他硬件还包括图像采集卡、计算机等,整个系统构成如图 1 所示,系统主要包含拍摄控制部分、图像采集部分和图像处理部分。

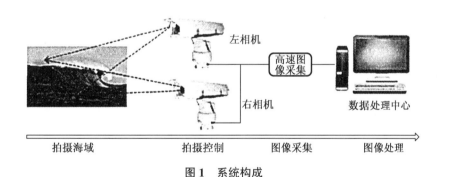

图 1　系统构成

3.2.1 双目视觉三维测量原理

双目视觉(也称双目立体视觉)是用两台性能相同、位置固定的 CCD 摄像机,获取同一景物的两幅图像,计算空间点在两幅图像中的"视差(disparity)",以此确定场景的深度信息,进而构建场景的三维结构。在一个典型的双目视觉系统中,两摄像机沿基线放置,其光轴相互平行,空间点的像分别在左右两个像平面上投影位置的间距也就是所谓的视差。下面结合图 2、图 3 对这一概念详进行细解释:图 2 所示是一个典型的理想条件下的双目立体视觉系统,左右分别为两个完全相同的摄像机镜头,焦距均为 f。镜头下方为摄像机的成像平面。左摄像机的透镜中心 O_1 与右摄像机的透镜中心 O_2 的连线称为基线,基线长可用字母 b 表示。假定以波浪图像上任意测量点 $P(x,y,z)$ 进行分析,利用图像匹配算法可以得到测量点 P 在左右摄像机的成像坐标分别为 $P_1(x_1,y_1,z_1)$ 和 $P_2(x_2,y_2,z_2)$,则视差 $d=x_1-x_2$。

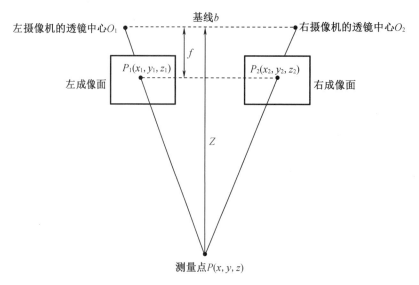

图2 理想条件下的双目视觉系统

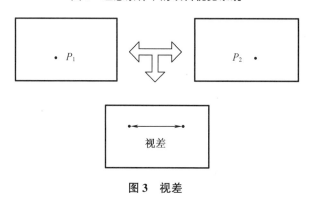

图3 视差

如图4所示为双目视觉系统原理简化图。

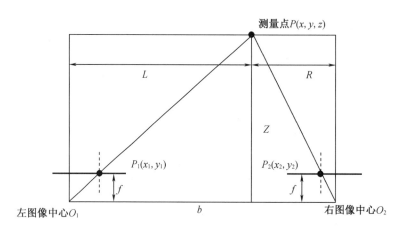

图4 双目视觉系统原理简化图

为了方便推导计算,我们将成像平面移至透镜前方。b 为基线长,L 为测量点 P 到左图像中心的垂直距离,R 为测量点 P 到右图像中心的垂直距离。$P_1(x_1, y_1)$ 和 $P_2(x_2, y_2)$ 分别为点 P 在两个图像面上的投影点相对于图像中心的坐标值。根据相似三角形测量原理可得

$$\frac{f}{Z} = \frac{x_1}{L} \tag{3.9}$$

$$\frac{f}{Z}=\frac{x_2}{R} \tag{3.10}$$

又由

$$b=L+R \tag{3.11}$$

可以得到任意测量点 P 到双目测量系统的距离为

$$Z=\frac{bf}{x_1-x_2} \tag{3.12}$$

当得到了测量点 P 到测量系统的距离之后，我们就可以顺势计算出该点的三维坐标。图 5 给出了以左摄像机为准的计算点实际 X、Y 轴坐标计算原理图，根据三角形相似原理，有如下等式成立：

$$\frac{y_1}{f}=\frac{Y}{Z} \tag{3.13}$$

$$\frac{x_1}{f}=\frac{X}{Z} \tag{3.14}$$

同理可得 Y、X 轴方向的坐标为

$$Y=\frac{by_1}{x_1-x_2} \tag{3.15}$$

$$X=\frac{bx_1}{x_1-x_2} \tag{3.16}$$

以左摄像机为基准的测量点三维坐标值计算可由式(3.17)统一表示：

$$\begin{bmatrix} X \\ Y \\ Z \end{bmatrix}=\frac{b}{x_1-x_2}\begin{bmatrix} x_1 \\ y_1 \\ f \end{bmatrix} \tag{3.17}$$

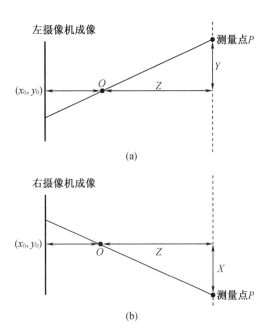

图 5　X、Y 轴坐标计算原理图

理想双目视觉三维测量系统的计算过程原理简洁明了，且对于摄像机位置不变的系统，摄像机标定

只需要进行一次。然而,实际的双目视觉三维测量系统并不能满足两摄像机成像平面相互平行且对准的要求,而且在某些情况下为了使两台摄像机能够拍到同一物体,需要使摄像机偏转一定的角度。对于存在夹角的双目视觉三维测量系统,需要经过摄像机标定及图像校正之后才能进行三维坐标测量。

4　结论

雷达测波技术需要对图像进行预处理,包括数据校正、图像滤波、运动补偿及坐标转换等。基于雷达测波的海浪参数反演有三维傅里叶变换方法和雷达图像阴影方法。

(1)三维傅里叶变换方法

首先通过采用三维傅里叶变换方法计算图像的波数频率谱,然后利用色散带通滤波器对其进行滤波处理,再通过 MTF 修正后得到海浪谱,进而求取海浪的信噪比,最后利用工程上的有效波高与信噪比均方根的线性经验关系来估测有效波高。

(2)雷达图像阴影方法

雷达图像阴影方法反演有效波高,主要是基于海浪在遥感成像过程中受到的物理调制特性在雷达灰度图像统计中的显著特征,提取出雷达图像中的阴影比例来反演有效波高。该方法具有不需外部参考标定的优势。

光学测波技术的主要内容包括图像采集、双目标定、特征提取、立体匹配和三维重建。

(1)图像采集:将图像传感器(如摄像头、扫描仪、数码相机等)放置于合适的位置,拍摄目标物体获得二维图像。双目摄像头的相对位置、角度与整体拍摄位置、角度需要根据不同的应用场合设置。目标物体本身的特征,如水介质的反光性、透光性,外界因素(如光照环境、双目摄像机性能等对采集过程的影响)都应该考虑进来。拍摄波浪图像时,调整双目摄像头的相对位置、拍摄角度、高度等保证研究的大部分波浪对象能被左、右摄像头拍摄。

(2)双目标定:标定可以得到焦距、镜头失真系数、不确定性图像因子等内参数,以及旋转矩阵、平移矩阵等外参数,建立目标点到左、右像点的成像模型。左、右摄像头的相对位置就是双目标定的外参数,这个外参数可以由单目标定下左、右摄像头各自的外参数旋转矩阵、平移矩阵计算得到,双目标定的内参数为单目摄像头各自的内参数。

(3)特征提取:利用特征提取算法从左、右图像中提取能够描述目标的角点、边缘点等。一般来说,提取如 SIFT 特征点这样的特征信息较为复杂的算法相对复杂,而提取如 Moravec 角点这样的特征信息较为简单的算法就相对简单。

(4)立体匹配:立体匹配利于相似测度函数找到提取特征的相似属性,并且在约束条件、搜索函数的辅助下,得到目标点映像在左、右图像中的像点的对应联系。目标本身的形状、大小等以及目标所处的光照、背景等最终都会映射成二维信息。因此,从以像素灰度值反映的图像中无歧义地恢复世界坐标系下的目标相当困难。虽然匹配基元的提取、约束条件、搜索算法越来越丰富、成熟,但是想要恢复所有像素点对应的世界坐标系下的三维信息是不可能的。当处理存在很多不利因素的目标时,提高匹配的准确性、降低运算复杂度都是值得深究的。

(5)三维重建:将立体匹配中得到的匹配对的二维坐标进行计算机坐标系、像平面坐标系、摄像机坐标系、世界坐标系这四个坐标系的转换,得到二维匹配对坐标在世界坐标系下的三维信息,从而恢复目标物体的形状、大小、高度等信息,这就是三维重建。在三维重建中,为了得到更加连续的视差图、等高线图、三维立体图等,通常用插值、误差修正等方法对三维信息进行再处理。

5 需要研究的基础科学问题/发展方向

海浪测量是集海面成像、图像处理及海浪反演方法于一体的融合多学科的研究领域。目前,主要的两种测量方法是雷达测波技术和光学测波技术。

雷达测波技术采用航海雷达产生的电磁波信号,将信号入射到海面,产生 Bragg 散射和重力波调制,形成雷达回波经天线接收,对雷达回波加以数字化处理得到雷达图像信号,采用波浪谱分析获得海浪相关信息。其主要的关键技术如下。

(1) 雷达图像数据实时采集技术

由于雷达天线旋转速度较快,从而产生数量较多的雷达回波图像,为满足海浪参数实时解析的需求,须实现雷达图像的高速采集、存储及处理,并确保系统稳定运行。

(2) 雷达图像数据预处理技术

雷达图像数据预处理技术须采用不同方法,解决雨杂波干扰、电磁波同频干扰及海上目标物干扰等问题,为海浪分析提供高质量的雷达图像。

(3) 海浪参数反演技术

由于海浪的非线性特质,在传统的波谱分析方法中反演海浪参数,须解决调制传递函数和信噪比的一般经验性,从而提高海浪参数的反演精度。

光学测波技术采用两个 CCD 摄像头采集船体周围波浪图像,再通过图像处理技术绘制船体周围波浪的等高线图,得到船体周围水面的波浪高度信息。其主要研究内容如下。

(1) 图像采集

图像采集是将图像传感器放置合适的位置,拍摄目标物体获得二维图像,影响图像成像的因素主要有双目摄像头的相对位置、拍摄角度、高度等。

(2) 双目标定

双目标定使左、右图像描述的是同一时刻下的同一波浪,主要标定焦距、镜头失真系数、不确定性图像因子等内参数,以及标定旋转矩阵和平移矩阵等外参数。

(3) 特征提取和立体匹配

特征提取和立体匹配需要采用图像处理技术,对左、右图像进行特征提取并找到相似属性进行匹配,使得波浪信息更加完整、三维重建结果更加精确,为得到更真实的波形、波向、波高信息打好基础;三维重建通常采用插值、误差修正等对三维信息进行再处理,得到更加连续的视差图、等高线图、三维立体图等,为海浪分析提供高质量的再处理图像。

参考文献

[1] ZIEMER F. An instrument for the survey of the directionality of the ocean wave field[C]. Proceedings of the WMO/IOC Workshop on Operational Ocean Monitoring Using Surface Based Radars, Geneva, 1995(32):81-87.

[2] DITTMER J. Use of marine radars for real time wave field survey and speeding up transmission/processing [C]. Proceedings of the WMO/IOC Workshop on operational Ocean Monitoring Using Surface Based Radars, Geneva, 1995(32):133-138.

[3] NIETO-BORGE J C, REICHERT K, DITTMER J. Use of nautical radar as a wave monitoring

[4] GRONLIE O. Microwave radar directional wave measurements-MIROS results[C]. Proceedings of the WMO/IOC Workshop on Operational Ocean Monitoring using Surface Based Radars, Geneva, 1995(32):649.

[5] NIETO-BORGE J C, HESSNER K, REICHERT K. Estimation of the significant wave height with X-band nautical radars[C]. Proceedings of the 18th International Conference on OMAE,1999:1-8.

[6] GANGESKAR R. Ocean current estimated from X-band radars sea surface image[J]. IEEE Transactions on Geoscience and Remote Sensing,2002,40(4): 783-792.

[7] NIETO-BORGE J C, RODIGUEZ G R, HESSENER K. Inversion of marine radar images for surface wave analysis[J]. Journal of Atmoshperic and Ocean Technology, 2004, 21(8):1291-1301.

[8] WU L C, DOONG D J, KAO C C, et al. Wavex and current fields extracted from marine radar images [C]. Proceedings of the Fifth International Symposium on Ocean Wave Measurement and Analysis, Madrid, 2005:15.

[9] NIETO-BORGE J C, HESSNER K, JARABO-AMORES P, et al. Signal-to-noise ratio analysis to estimate ocean wave heights from X-band marine radar image time series[J]. Radar Sonar & Navigation Iet, 2008, 2(1):35-41.

[10] SERAFINO F, LUGNI C, BORGE J N, et al. A Simple strategy to mitigate the aliasing effect in X-band marine radar data: numerical results for a 2D case[J]. Sensors, 2011, 11(1):1009-1027.

[11] CHANG C C, LIN C J. LIBSVM: a library for support vector machines[J]. ACM Transactions on Intelligent Systems and Technology, 2011,2(3):1-39.

[12] SALCEDO-SANZ S, BORGE J N, CARRO-CALVO L, et al. Significant wave height estimation using SVR algorithms and shadowing information from simulated and real measured X-band radar images of the sea surface[J]. Ocean Engineering, 2015, 101:244-253.

[13] MASSEL S R. Wavelet analysis for processing of ocean surface wave records[J]. Ocean Engineering, 2001, 28(8):957-987.

[14] AN J, HUANG W, GILL E W. A self-adaptive wavelet-based algorithm for wave measurement using nautical radar[J]. IEEE Transactions on Geoscience and Remote Sensing, 2015, 53(1):567-577.

[15] LIU X, HUANG W, GILL E W. Estimation of significant wave height from X-band marine radar images based on ensemble empirical mode decomposition[J]. IEEE Geoence and Remote Sensing Letters, 2017,14(10):1740-1744.

[16] SMITH B. Geometrical shadowing of a random rough surface[J]. IEEE Transactions on Antennas and Propagation, 1967, 15(5):668-671.

[17] WETZEL L B. Electromagnetic scattering from the sea at low grazing angles[J]. Surface Waves and Fluxes, 1990,8:109-171.

[18] HENSCHEL M D, BUCKLEY J R, DOBSON F W. Estimates of wave height from low incidence angle sea clutter[C]. Procceedings of the 4th International Corrference Workshop on Wave Hindcast and Forecasting, Banff, AB, 1995.

[19] BUCKLEY J R, ALER J. Estimation of ocean wave height from grazing incidence microwave backscatter [C]. 1997 IEEE International Geoscience and Remote Sensing Symposium Proceedings. Remote Sensing - A Scientific Vision for Sustainable Development, 1997.

[20] BUCKLEY J R, ALER J. Enhancements in the determination of ocean surfacewave height from grazing incidence microwave backscatter[C]. Int. Geosc. Rem. Sens. Symposium (IGARSS), 1998.

[21] GANGESKAR R. Wave height derived by texture analysis of X-band radar sea surface images[C]. IEEE International Geoscience and Remote Sensing Symposium, 2000.

[22] BUCKLEY J R. Can geometric optics fully describe radar images of the sea surfaceat grazing incidence?[C]. IEEE International Geoscience and Remote Sensing Symposium, 2001.

[23] PLANT W J, FARQUHARSON G. Wave shadowing and modulation of microwave backscatter from the ocean[J]. Journal of Geophysical Research Oceans, 2012, 117(8):C08010.

[24] LIU X, HUANG W, GILL E W. Wave height estimation from ship-borne X-band nautical radar images[J]. Journal of Sensors, 2016, 2016:1078053.

[25] LUDENO G, SERAFINO F. Estimation of the significant wave height from marine radar images without external reference[J]. Journal of Marine Science and Engineering, 2019, 7(12):432.

[26] NAVARRO W, VELEZ J C, ORFILA A, et al. A shadowing mitigation approach for sea state parameters estimation using X-band remotely sensing radar data in coastal areas[J]. IEEE Transactions on Geoscience and Remote Sensing, 2019, 57(9):6292-6310.

[27] 唐艳红. 基于航海雷达的海浪遥测关键技术研究[D]. 哈尔滨:哈尔滨工程大学, 2010.

[28] 王福友,袁赣南,卢志忠,等. X波段导航雷达浪高实时测量研究[J]. 海洋工程,2007,25(4):84-87.

[29] 崔利民,何宜军. X-波段船用雷达观测海洋动力环境要素仿真研究[J]. 海洋科学, 2009, 33(11):73-77.

[30] 崔利民. X波段雷达海浪与海流遥感机理及信息提取方法研究[D]. 青岛:中国科学院研究生院(海洋研究所), 2010.

[31] XIONGBIN W U, YANQIN W U, CHENG F, et al. Extraction of sea-state parameters with an X-band radar[J]. 武汉大学学报(自然科学英文版), 2008, 13(1):55-61.

[32] 任福安,邵秘华,孙延维. 船载雷达观测海浪的研究[J]. 海洋学报,2006,28(5):152-156.

[33] CHUANG Z H, WU L C, DOONG D J, et al. Two-dimensional continuous wavelet transform of simulated spatial images of waves on a slowly varying topography[J]. Ocean Engineering, 2008, 35(10):1039-1051.

[34] WU L C, CHUNG Z H, DOONG D J, et al. Quantification of non-homogeneity from ocean remote-sensing images using two-dimensional continuous wavelet transforms[J]. International Journal of Remote Sensing, 2011, 32(5-6):1303-1318.

[35] WU L C, CHUANG Z H, DOONG D J, et al. Ocean remotely sensed image analysis using two-dimensional continuous wavelet transforms[J]. International Journal of Remote Sensing, 2011, 32(23):8779-8798.

[36] CHEN Z B, HE Y J, ZHANG B, et al. A new algorithm to retrieve wave parameters from marine X-band radar image sequences[J]. IEEE Transactions on Geoscience and Remote Sensing,2014,52(7):4083-4091.

[37] 陈忠彪,何宜军,丘仲锋,等. EOF分解方法反演海浪参数的有效性研究[J]. 广西科学, 2015(3):337-340.

[38] CHEN Z, HE Y, ZHANG B. An automatic algorithm to retrieve wave height from X-band marine radar

image sequence[J]. IEEE Transactions on Geoscience & Remote Sensing, 2017, 55(9):5084-5092.

[39] WEI Y, ZHENG Y, LU Z. A method for retrieving wave parameters from synthetic X-band marine radar images[J]. IEEE Access, 2020, 8:204880-204890.

[40] 吴艳琴,吴雄斌,程丰,等. 基于X波段雷达的海洋动力学参数提取算法初步研究[J]. 遥感学报,2007(6):817-825.

[41] 崔利民,何宜军. X-波段船用雷达观测海洋动力环境要素仿真研究[J]. 海洋科学, 2009, 33(11):73-77.

[42] 崔利民. X波段雷达海浪与海流遥感机理及信息提取方法研究[D]. 青岛:中国科学院研究生院(海洋研究所),2010.

[43] 唐艳红. 基于航海雷达的海浪遥测关键技术研究[D]. 哈尔滨:哈尔滨工程大学, 2010.

[44] 卢志忠,戴运桃,刘利强,等. 基于自适应阈值选取技术的迭代海流反演方法:CN201110000858.4[P]. 2011-01-05.

[45] 李英. X波段雷达海杂波中噪声抑制的研究与实现[D]. 哈尔滨:哈尔滨工程大学,2013.

[46] 沈继红,宋静怡,李焱,等. 导航雷达反演海面波高的方法研究[J]. 中国航海, 2013, 36(1):9-12.

[47] 卢志忠,杨江洪,黄玉,等. 航海雷达图像阴影提取波高算法的改进研究[J]. 仪器仪表学报,2017,38(1):212-218.

[48] WEI Y, LU Z, PIAN G, et al. Wave height estimation from shadowing based on the acquired X-band marine radar images in coastal Area[J]. Remote Sensing, 2017, 9(8):859.

[49] 杨江洪,顾宗山,卢志忠. 基于航海雷达图像阴影反演波高算法研究[J]. 火控雷达技术, 2020, 49(3):7-12.

[50] DUAN W, YANG K, HIANG L, et al. Numerical investigations on wave remote sensing from synthetic X-band radar sea clutter images by using deep convolutional neural networks[J]. Remote Sensing, 2020, 12(7):1117.

[51] SCHOOEY A H. A simple optical method for measuring the statistical distribution of water surface slopes[J]. JOSA, 1954, 44(1):37-40.

[52] STILWELL D. Directional energy spectra of the sea from photographs[J]. Journal of Geophysical Research, 1969, 74(8):1974-1986.

[53] STILWELL D, PILON R O. Directional spectra of surface waves from photographs[J]. Journal of Geophysical Research, 1974, 79(9):1277-1284.

[54] SHEMDIN O H, TRAN H M, WU S C. Directional measurement of short ocean waves with stereo photography[J]. Journal of Geophysical Research:Oceans, 1988, 93(C11):13891-13901.

[55] PERLIN M, LIN H, TING C L. On parasitic capolary waves generated by steep gravity waves:an experimental investigation with spatial and tenqjoral measurements [J]. Journal of Fluid Mechanics, 1993, 255:597-620.

[56] Zhang, X, et al. Measuring the two dimensional structure of a wavy water surface optically:a surface gradient detector[J]. Experiments in Fluids, 1994,17:225-237.

[57] BENETAZZO A. Measurements of short water waves using stereo matched image sequences[J]. Coastal engineering, 2006, 53(12):1013-1032.

[58] GALLEGO G, YEZZI A, FEDELE F, et al. A variational stereo method for the three-dimensional

reconstruction of ocean waves[J]. Geoscience and Remote Sensing, EEEE Transactions on, 2011, 49 (11): 4445-4457.

[59] GALLEGO G, YEZZI A, FEDELE F, et al. Weak statistical constraints for variational stereo imaging of oceanic waves[C]. Scale Space and Variational Methods in Computer Vision. Berlin Heidelbeig: Springer, 2011: 520-531.

[60] FEDELE F, BENETAZZO A, GALLEGO G, et al. Space-time measurements of oceanic sea states[J]. Ocean Modelling, 2013, 70(1): 103-115.

[61] VIRIYAKIJJA K, CHINNARASRI C. Waves flume measurement using image analysis[J]. Aquatic Procedia, 2015, 4: 522-531.

[62] 万大斌, 刘咏臣. 地面立体摄影对大坝泄水波测量的探讨[J]. 港工技术, 1995(1): 57-62.

[63] 朱振海, 钱育华, 王红梅, 等. 香港维多利亚港内船行波浪摄影测量应用研究[J]. 遥感技术与应用, 1997(3): 11-17.

[64] 王红梅, 钱玉华, 朱振海, 等. 船行波的近景摄影测量及其模拟[J]. 测绘学报, 1999, 28(4): 360-364.

[65] 孙鹤泉. 基于图像分析的非接触测量方法在水工模型实验中的应用研究[D]. 大连: 大连理工大学, 2004.

[66] 孙鹤泉, 邱大洪, 沈永明, 等. 基于光学折射的波面形态测量[J]. 哈尔滨工业大学学报, 2006, 38(4): 609-612.

[67] 王惠玲. 波浪的光学测量法研究[D]. 大连: 大连理工大学, 2005.

[68] 喻恒. 黄河模型河势宽度与表面流速图像测量方法的研究与应用[D]. 开封: 河南大学, 2011.

[69] 姜文正. 数字立体摄影波浪测量技术[D]. 青岛: 中国科学院研究生院(海洋研究所), 2012.

[70] 崔浩, 王中秋, 刘慧, 等. 基于轮廓线提取技术的波峰坐标采集算法研究[J]. 山东科学, 2014, 27(2): 25-29.

[71] 尹凤鸣. 立体匹配技术在波浪摄影测量中的应用研究[D]. 哈尔滨: 哈尔滨工程大学, 2016.

[72] 严蕾. 基于三维图像测量技术的远距离海浪测量[D]. 南京: 南京理工大学, 2017.

[73] 石磊, 朱洪海, 于雨, 等. 基于双目立体视觉的波浪参数遥测方法研究[J]. 电子测量与仪器学报, 2019, 33(3): 99-104.

国内外造波方法研究进展报告

马玉祥

(大连理工大学)

1 背景及意义

在海岸工程、海洋工程和船舶工程等领域中,都会面临波浪及其与海洋结构物的相互作用问题。物理模型试验和计算机数值模拟是研究该类问题的两种主要手段。通过物理水池和数值水池来模拟真实海洋环境的海浪、海流、风和地形等自然环境要素,进而研究波浪的传播演化规律及其与海洋工程建筑物的相互作用,为实际海洋工程设计的安全性和经济性提供重要的科学依据。造波模块作为物理/数值水池的重要核心模块,其模拟波浪的精准与否,直接决定了物理/数值水池整体性能的优劣。因此,研究造波理论及其相关的波浪生成方法,对于提升物理/数值水池的造波性能具有十分重要的意义。

2 国内外造波方法研究进展

造波问题的研究由来已久,从Havelock[1]提出频域线性造波理论以来,造波理论已经历了近百年的发展[2-3],各类不同方式的造波方法[4-5]不断地被提出来,并逐步发展完善。目前,实验室常用的造波方式有:推板式造波、摇板式造波及冲箱式造波。

在Havelock[1]提出推板式造波的频域理论解之后,Biésel和Suquet[6]推导了摇板式造波的理论模型,并进一步描述了造波理论在实际应用中的实施步骤。Neyrpic[7]随后设计了物理水池,试图验证造波理论模型[1-7]的正确性。但是他发现造波理论模型预测的波面升高比其实际测量值大30%左右,这使得造波理论在实际应用中的可行性受到了一定的质疑。Ursell等[8]不太确定Neyrpic团队实验结果精度到底如何,重新设计了相似的试验,并对试验器材的精度进行了校正。通过一系列的推板式造波试验,Ursell等发现在弱非线性情形下($0.002 \leq H/\lambda \leq 0.030$,其中$H$表示波高,$\lambda$表示波长)线性理论结果与实验测量结果的偏差仅在3%以内,从而进一步确认了造波理论在实际应用中的可靠性。但是Ursell等也发现,随着波浪非线性的增加,理论解与试验测量结果的误差会逐渐增大,在中等波陡情形($0.045 \leq H/\lambda \leq 0.048$)下,理论解与试验解的误差在10%左右。

虽然造波理论在实际应用中的可靠性得到了Ursell等仔细的验证,但是造波理论发展至今依然受到三个问题的困扰,即瞬逝波(evanescent wave)、伪波(spurious wave)及尾端(低频)波浪反射。

Dean和Dalrymple[9]强调了瞬逝波在波浪精准模拟中起到的重要作用,但是也指出瞬逝波只在造波板附近存在,离开造波板位置一定距离后瞬逝波能量会迅速衰减。与之相反,伪波会一直伴随着波浪往前传播,影响水池中波浪的品质。伪波的产生是由于理论上给定的垂向速度分布与实际造波板运动产生的垂向速度分布并不能完全匹配,尤其是基于低阶造波理论进行造波,如线性造波理论,会产生更明显的伪波。缓解或削弱伪波产生的方法之一,是运用高阶造波理论进行造波,如Schäffer等[10-11]发展的二阶造波理论。最近,Khait和Shemer[12]又基于现存的非线性波浪模型,即Zakharov方程[13]和薛定谔方程[14],提出了三阶波浪理论,意图进一步抑制伪波的产生,但是在强非线性波浪情形下,如近年来频发的海上突发极端巨浪[15],上述理论的适用性依然不强。

关于尾端波浪反射问题,在物理水池中尤为令人关注。一方面,由于物理水池长度的限制,波浪在传播一定距离之后必定会发生一定程度的波浪反射,因此通常的做法是在物理水池的尾端放置消波网进行消波,但是这对于低频波浪成分,其消波效果并不理想;另一方面,在进行波浪与结构物相互作用的试验中,结构物通常放置在物理水池的中部,波浪在传播的过程中会先与结构物发生作用,而后才会继续传播至水池尾端,因此波浪与结构物相互作用产生的反射波几乎是不可避免的,这些反射波会在一定程度上干扰后续波浪生成的品质。因此,开发在造波的同时兼有消波功能的造波机,即主动吸收式造波机,意义非凡。

上述关于造波方法的研究大多是基于规则波情形的,然而实际海洋中的波浪常以波群的形式出现,在波群演化中有时会出现一个甚至多个异常大波高或不对称性的波浪,这样的波浪称为极端波浪,又称畸形波[15-17]。极端波浪破坏性强,能够对海洋结构物、船舶等结构安全构成巨大的威胁。极端波浪容易造成海洋结构损坏、船舶失事和人员伤亡[18-20],因此对极端波浪的研究也受到学者们的广泛关注。有关极端波浪的研究十分丰富,常见的极端波浪生成机制理论主要有四种,即色散引起的时空聚焦、调制不稳定性作用、空间聚焦和波浪相互作用[21],然而在真实海洋中,极端波浪的生成可能由多种机制共同作用引起[17, 22-23],对于其形成机制,目前仍没有统一的定论。为了对极端波浪进行深入研究,在试验/数值水槽中生成极端波浪成为首先需要解决的问题。因此,高效、精准、定点可控地产生极端大浪已成为造波领域一个极具挑战性的前沿科学问题。

鉴于此,本文接下来将重点阐述主动吸收式造波和极端波浪造波方法的相关研究进展。其中,2.1小节是关于主动吸收式造波的研究进展。2.2小节是关于在造波板运动的初始阶段添加斜坡函数来达到抑制瞬态波前波幅的目的。由于瞬态波的波前成分主要为低频波浪成分,在物理水池中较难消除,易产生波浪反射,添加斜坡函数相当于从造波源头上减少波前的能量。因此,2.2小节也与波浪尾端反射问题相关。2.3~2.5小节是关于极端波浪的生成问题。

2.1 基于IIR滤波器的主动吸收式波浪生成方法

Milgram[24]在1970年首先发表了关于主动吸收系统方面研究的文章。他在线性造波理论基础上推导了主动吸收控制方程,并在二维水槽中对该理论进行了验证。Salter[25]采用力传感器测量造波板上的力,以此作为波浪的反馈信号并通过模拟递归滤波器计算造波板的速度信号,实现了造波机的主动吸收功能。该系统是第一个用于实验室设备中的主动吸收系统。Bullock和Murton[26]设计了一个二维楔形造波机无反射系统,通过特定机构使得浪高仪仅随楔形造波板在水平方向移动,避免了垂直方向的移动。测量的波高信号输入一个模拟递归滤波器并转换为造波板的运动信号。滤波器的传递函数在某一特定频率进行了优化,但是该系统忽略了衰减模态。虽然如此,该系统将造波机和主动吸收系统集成到了一起,使得造波机产生波浪的同时吸收反射波浪,并且效果相比传统造波机有了明显改善。Hirakuchi等[27]设计了适用于不规则波的吸收式造波机。该系统为二维推板式造波机,波浪的波高反馈信息通过固定在造波板上的浪高仪来获取,并通过一套完整的模拟控制回路实现了造波板速度的控制。Hirakuchi等推导了吸收模式下带有衰减模态的造波板运动速度方程。将衰减模态改写为用造波板加速度表示后,可以通过一个平均传递函数来代替不规则波各频率下的传递函数值。实验结果显示,尽管水槽中存在高反射的防波堤模型,但是与传统造波机相比,在主动吸收模式下,不规则波的谱密度分布和理论值更为接近。目前国内在造波机主动吸收技术研究方面尚属起步阶段,多集中在二维水槽吸收系统研究。王永学[28]在VOF数值水槽中应用了无反射方法,有效地减小了计算区域,使在计算机中进行长时间模拟试验成为可能。高恒庆[29]将 Salter 的成果引入国内。柳淑学等[30]在 Hirakuchi 等的研究基础上提出适用于不规则波吸收的代表频率法，可以适应较宽频域内不规则波吸收。陈汉宝和郑宝友[31]通过实际计算得出水槽不规则波造波机的基本参数，探讨了无反射造波机的实现思路。王先涛[32]针对不规则波的吸收提出了代表频率加权平均法，并提出了一套分析和评价吸收式造波机效果的指标。

杨洪齐[33]针对不规则波的多频率特性，选择在频域内对吸收控制方程求解，得到了关于造波机冲程和造波板前波高的频域传递函数。但是由于无法获得色散方程的解析解，造成该传递函数仅存在数值解，不能直接参与时域控制。为解决该问题，杨洪齐采用以差分方程系统函数逼近主动吸收传递函数的频率响应的方法，代替主动吸收传递函数实现时域控制，提出了基于 IIR(infinite impulse response)模型的差分方程系统函数的递归重加权最小二乘法(iterative reweighted least squares，IRLS)，使系统函数以更小的误差逼近主动吸收传递函数的频率响应，代替其实现时域控制。相较于 FIR(finite impluse response)滤波器，IIR 滤波器由于其递归项的存在，可通过更少的阶次来实现指定的频率响应。通常可减少数百个变量的存储和计算，对于内存和计算时间要求苛刻的实时控制系统而言，极大降低了控制器内存占用、控制程序复杂性和运行时间。但是，IIR 滤波器的设计远比 FIR 滤波器困难。因为递归项的存在，IIR 滤波器的系统响应中存在分母多项式，使得待优化的目标函数具有很强的非线性，需要更高级的优化方法来解决。此外，分母多项式存在为零的情况，IIR 滤波器的系统响应存在极点。设计中必须进行稳定性约束，确保极点位于平面的单位圆内。这也是 IIR 滤波器难于 FIR 滤波器的另一原因。

在开始主动吸收实验前，需要标定造波机的水动力传递函数。在实际的物理水槽中，水动力传递函数往往偏离其理论值。这种情况来自多方面原因，比如造波板与水槽壁间的缝隙造成的水体侧漏；造波板与水面的空间垂直度误差；控制系统及机械系统造成的响应误差等。鉴于水槽中的真实水动力传递函数往往偏离理论值，杨洪齐给出了造波板前行进波及非传播模态传递函数的修正方法。另外，控制系统中的延时对主动吸收效果的影响非常大，杨洪齐提出了带有延时条件的控制方程，并得到了考虑延时补偿的主动吸收传递函数。实验证明其效果较非延时补偿有明显改善，并提高了系统在小周期波浪下的稳定性。最后，通过规则波和不规则波实验验证了该造波机系统在多个周期下的吸收效果，结果证明该方法所设计的滤波器能获得较高的吸收率，并有效避免造波板漂移。

由于延时的存在，实际系统中瞬时的数据传递不可能实现，因此许多控制动作是基于过去时刻的信息产生的，数据的延迟会降低和限制受控系统可实现的性能，甚至诱发其不稳定性。为简化延时问题的处理，杨洪齐将造波机系统看作恒定延时系统，不考虑其中延时量随时间的变化。他将直立反射墙放置在水槽中间，两支浪高传感器放置在直立反射墙前，测试时长超过 240 s，并采用两点法分离启用吸收功能和不启用功能吸收条件下的入射波谱。结果表明，不启用吸收功能时所分离出的入射波谱远超过理论谱，而采用该方法修正后的滤波器所获得的入射波谱与理论谱非常接近。

2.2 基于造波板运动含任意斜坡函数的瞬态波浪生成方法

在物理水池造波的过程中，造波板通常都是由静止状态开始至突然运动，这使得其加速度在短时间内急剧增加，从而产生一瞬态波前。若造波板的起始运动幅值较大，瞬态波前波幅也会很大，从而易使波浪在未传播到预定位置时就发生提前破碎。此外，由于瞬态波前主要是由低频波浪成分组成，其引发的波浪反射在物理水池中尤其难以消除。在数值模拟方面，若起始阶段有较大的瞬态波前，也易产生数值震荡，致使数值造波过程程序发散。因此，通常需要在造波的初始若干个周期内添加一个斜坡函数，使造波板由静止状态平稳过渡到运动状态，以此来达到减少瞬态波前波幅的目的。但是，由于理论解的缺乏，在进行物理水池试验或数值模拟之前，并不能提前预知所添加斜坡函数的性能如何，相关参数的调整对瞬态波前的影响也只能通过物理水池试验或数值模拟进行逐个测试，耗时费力。

由于瞬态波前理论问题的复杂性，学者们通常通过理想化的造波场景来研究瞬态波前的特性。例如，Wu[34]通过在自由液面处放置震荡点压力生成的瞬态波浪，来研究瞬态波前的传播演化规律。Miles[35]也考察了震荡点压力产生的瞬态波前特性，同时在理论上给出了一个渐近解。Mei[36]研究了在深水条件下垂直板运动产生的瞬态波前特征。在有限水深的情形下，Dai 和 He[37]给出了闭合形式的瞬态波基本解，该瞬态波的生成方式是由垂向弹性板做简谐运动产生的，其水平运动速度的表达式为线性速度势关于水平方向的导数。这与数值水池中普遍使用的速度入口边界造波一致，因此其瞬态波面的理论解可以直接与数值水池速度入口造波的数值解直接进行对比，评估数值水池的造波精度。然而，由于 Dai 和 He 给出的关于波数无穷积分的表达式具有奇异性，在数值计算中颇有不便。Chen 和 Li[38]在复平面上对此波数积分表达式重新进行分析，将其进一步转化为含四个波浪成分的非奇异解析形式的表达形式，并且瞬态波前成分也得以从瞬态波中独立分离出来，方便以后对瞬态波前进行单独的研究。

上述理论工作都是关于造波板单纯简谐运动产生瞬态波浪的情形，并不能用来研究造波板运动的起始阶段含斜坡函数的情形。由于瞬态理论问题本身的复杂性且斜坡函数的表达形式也是多种多样的，这两个问题的叠加使得含任意斜坡函数的瞬态波理论问题变得更加复杂。最近，大连理工大学董国海教授团队与法国船级社（BV）陈晓波教授合作，提出了关于含任意斜坡函数的瞬态波理论模型[39]，通过该理论模型可以研究任意斜坡函数在瞬态波传播演化过程中所起的作用到底如何。他们对含斜坡函数与不含斜坡函数在某一测点处所对应的时间序列进行比较，其中斜坡函数 ETRF 代表 Eatock 文章中[40]（17）式所表示的斜坡函数，LRF 是借助 Lighthill 书中[41]第 5 章（12）式所构造的斜坡函数，发现斜坡函数的添加确实显著减少了瞬态波前的波幅。

2.3　基于波前能量聚集的极端波浪生成方法

由波浪的色散关系可知，不同频率的波浪其传播速度是互不相同的，长波（低频成分）的传播速度快，短波（高频成分）的传播速度慢。聚焦波正是利用波浪的色散性特征而形成的极端波浪。根据 Chaplin[42]的分类，色散聚焦波生成方法可以进一步划分为相速度法[43-44]、逆色散法[45]和群速度法[46]。

当前，一个普遍采用的方法是利用相速度法来生成极端波浪[46,47-50]。例如，Rapp 和 Melville[51]采用该方法在物理模型试验中生成了不同破碎强度的破碎波浪，并系统研究了波浪破碎过程中波浪场演化、能量耗散及流场特性。Baldock 等[44]也借助相速度法在物理水池中生成了不同非线性强度的非破碎聚焦波，探究非线性对聚焦波传播演化的影响。除了对极端波浪本身的研究之外，学者们还采用该方法生成极端波浪，进而研究极端波浪与结构物的相互作用问题[52-55]，如 Chaplin 等[52]研究桩柱结构铃震（ringing）现象时所采用的入射波浪场。但是基于相速度法的波浪聚焦原理，其聚焦时刻通常需要选取一个相对较大的值，才能形成一个完美的聚焦波形，而较长的聚焦时间会带来如下两个问题：第一，在进行物理水槽试验时，由于水槽长度有限，易产生波浪反射；第二，在数值模型中，较长的聚焦时间需要消耗更多的计算资源，特别是采用计算流体动力学（CFD）数值模型模拟极端波浪引起的波浪破碎的相关问题[57-58]。此外，长时间的数值模拟也会导致数值误差累积，从而造成数值结果发散。

最近，大连理工大学成功构造了基于波前能量聚集的极端波浪生成方法，并得到了理论模型 FWWF（focused wave model based on wave fronts）。不同于相速度法所有波浪频率成分在初始时刻同时被生成，在 FWWF 模型中不同波浪频率成分的生成时刻是互不相同的，即短波先生成，而后才生成长波。通过精准调控不同波浪频率成分的初始相位及生成时刻，使得所有波浪频率成分的最大波皆在聚焦时刻传播至指定的聚焦位置处，因此相比于传统的相速度法，此种造波方法所形成的聚焦波幅更大，同等理论聚焦波幅输入情况下，可生成比相速度法大约 14% 的理论聚焦波幅。此外，值得注意的是，不同于群速度法，这种极端波浪生成方法需要用到瞬态波中最大波的传播速度，而非波浪的群速度或相速度。因此，这种方法不同于Chaplin等[52]所归纳的三种聚焦波生成方法,属于第四种聚焦波生成方法,也可称之为"最大波速度法"。

2.4 基于全相位傅里叶变换的定点极端波浪生成方法

水槽中模拟极端波浪对结构物的作用时,结构模型往往体积庞大,造价高,不方便移动。所以,需要一种能够精准控制波浪聚焦位置的方法,在指定位置生成所需的不同形状的极端波浪,从而准确地模拟极端大浪、崩破波浪和卷破波浪在不同作用位置下对结构物的影响。

相速度法相位聚焦方法是目前研究极端大浪最常用的方法。这种方法假定不同频率的波浪在某一位置处都达到其波峰相位,从而生成一个波峰很高的极端大浪。但是,在现有的相位聚焦生成极端波浪的方法中,由于波与波的非线性相互作用,波浪在传播过程中,色散关系发生了改变,各组成波的传播速度不再符合线性波浪理论[54]。所以,在指定位置处,各组成波的相位和理论相位产生了偏差,波浪的聚焦位置和聚焦时间都发生了改变。因此,在常用的生成极端波浪的方法中,无法准确控制波浪的相位演化情况,导致极端波浪生成的位置和预设位置有很大偏差,需要反复移动模型结构,造成了时间与成本的浪费。

但是,相位聚焦由于其机制的可控性与可操作性,目前仍被很多学者用来进行极端波浪的生成。Grue等[49]通过生成的聚焦波分析了极端波浪的流场分布特性,总结了流场的演化规律。Johannessen和Swan[48]在实验室的三维水池中,通过控制造波板的运动,生成了不同方向和频率的组成波,从而在实验室中实现了三维极端波浪的模拟。在他们的实验中,聚焦点的位置都出现了偏离预设位置的现象。李金宜[58]在三维水池中生成了极端波浪,并且研究了三维聚焦波与圆柱结构的作用。利用相位聚焦的方法,Perlin等[59]在实验室中生成了单向破碎波浪并对波浪破碎的现象进行了研究,发现了波浪破碎时能量谱的传播演化规律。刘殿勇[60]利用双向聚焦波的方法生成了三维破碎波浪,研究了三维破碎波的生成和演化现象。Sriram等[61]研究了波浪聚焦生成方法中造波板非线性运动的影响。他们对比了一阶和二阶造波板运动对聚焦波生成的影响,发现了造波板的非线性运动可以影响极端波浪的特性。

为了在特定位置产生所需要的极端波浪,人们通过经验性地调整组成波的相位来生成极端波浪。Fernández等[62]在实验室中通过调整组成波的相位和波幅来生成极端波浪,这种方法被成功用于实验室中极端波浪的模拟。然而这种方法迭代速度较慢,相位计算不精确,可靠性不够强。最近Buldakov等[63]利用谐波分离技术,分析了极端波浪的组成成分,较好地在实验室中生成了极端波浪。但是他的方法中,需要生成大量的不同相位波浪,过程烦琐,造成了时间与成本的浪费。此外,上述实验中,均没有考虑造波板的非线性运动对波浪生成的影响。

Niu等提出了一种通过调制波浪相位,定点生成极端波浪的方法[64]。该定点产生极端大浪的模拟技术包含以下优点:一是利用全相位傅里叶变换精准计算相位差。全相位傅里叶变换通过子序列的变换与位移,可以减少相位测量中的计算误差,从而精确地求出每个组成波的实际相位。二是加入了高阶不规则波的造波方法。在线性造波方法中,造波板的运动不能与波浪的非线性进行耦合,从而产生伪长波等非实际的波浪成分。在实验室中利用高阶的造波方法,可以造出更接近实际海况的波浪,抑制伪长波的影响,使波浪精准聚焦产生极端大浪。

运用该方法可以灵活控制水槽中极端波浪与结构模型的作用位置,精准地在水槽指定位置产生不同形态的极端波浪,从而减少了移动实验模型带来的成本消耗,提高了实验效率和精度。这种方法已被用于模拟极端波浪与平板式结构和直立圆柱作用的实验中[65],大大加快了实验进度,提高了实验精度。

2.5 基于时间反演法的极端波浪生成方法

为了更接近实际情况,一些学者将海洋中的实测极端波浪按照比例在物理/数值水槽中进行重构,而波浪的高效重构方法(即目标波浪生成方法)也成为亟待解决的问题。

在对海洋实测波面进行重构时,目标波面的生成通常基于线性造波理论,并采用一定的矫正方法对实测波面进行修正,例如相位矫正法[64,66]、幅值-相位矫正法[67]等。然而,此种造波方法不仅实现起来复杂,且需要较多的修正次数才能获取与目标值较为一致的波面结果。最近,Ducrozet 等[68]将时间反转(time-reversal,TR)法应用于波面的重构,其重构结果与目标值吻合较好,且相较于传统的造波方法,基于 TR 法的波面重构算法更简单。TR 法由 Fink 团队[69]于 1992 年研究并推广,是一种具有独特优势的自适应聚焦方法。目前,该方法经由 Fink 团队的不断发展完善,已成功应用于超声疗法、医学成像、无损检测、水下声学、震波成像、触觉材料、电磁通信等众多领域[70]。TR 法的实现主要分三个步骤:首先在原始源 x_1 位置发射信号 $s(x_1,t)$,经过 T 时间后,由 x_2 位置接收信号为 $s(x_2,t)$;然后将接收信号 $s(x_2,t)$ 时间反转为 $s(x_2,T-t)$;最后若在 x_2 位置处以源的形式发射信号 $s(x_2,T-t)$,则该信号经过时间 T 后传播至 x_1 位置处的信号将为 $s(x_1,-t)$。该方法不仅可以实现当源信号已知时,在任意位置重现源信号,而且当源信号未知时,可通过接收位置信号对未知源的位置及大小进行反演。值得注意的是,该方法在实现过程中不必对信号传播过程中的复杂机制进行研究。然而,Ducrozet 等[71]发现波浪非线性和色散性会影响 TR 法的波浪重构精度。

最近,有学者提出了一种改进的时间反演造波方法,该方法将二阶造波理论、时间反演法和幅值相位矫正法进行了结合,从而给出了比时间反演造波方法精度更高的结果。

Haver 等对著名的北海"新年波"(New Year Wave)[72]进行了重构,该水槽长 60.0 m、宽 4.0 m、深 2.5 m,定义波浪传播方向为 x 轴,原点设置在造波板运动的平均位置。时域对比结果表明,改进的 TR 造波方法所生成的重构波面相比 TR 造波方法能够与目标波面具有更好的一致性,特别是对最大波而言,其波峰和波谷均有较大程度的提高。频域对比结果表明,TR 法重构波面的频谱几乎在整个频域上均小于目标频谱,进一步说明了能量耗散的影响。而当采用改进的 TR 造波方法,其重构波面的频谱几乎与目标频谱完全一致。总而言之,相比 TR 法,改进的 TR 造波方法能够在时域和频域均获取到与目标值更具一致性的结果。

对不同重构位置下基于改进的 TR 造波方法重构波面,其中重构位置 x_{mirror} 分别为 17.47 m 和 28.47 m,结果表明,当 $x_{\text{mirror}} = 17.47$ m 时,重构波浪的目标位置距离造波板较近,重构波面在极端大波附近与目标值吻合较好,而在远离极端大波区域,其一致性有所降低;而对于 $x_{\text{mirror}} = 28.47$ m,重构波浪的目标位置距离造波板较远,重构波浪除了最大峰值有所偏低,其他区域与目标值吻合较好。值得注意的是,虽然选择不同的重构位置,其重构波面有少量的差异,但整体而言,重构波面与目标值有着较好的一致性。

3 结论与展望

本文简要阐述了造波理论及其相关波浪生成方法的国内外研究现状,重点回顾了造波领域目前比较关注的主动吸收式造波方法及强非线性极端波浪生成方法。

一方面,从发展现状来看,造波板的主动吸收技术主要还是聚焦在二维水槽方面,在多向波造波的主动吸收方面[73],由于此时不但要考虑物理水池尾端产生的波浪反射,还要考虑物理水池侧边壁的波浪反射问题,关于这方面的技术还有待进一步完善。另一方面,强非线性波浪的精准模拟技术近几年虽然有了长足的进步,但是各类方法操作步骤依然较为烦琐,大部分需要多次迭代调整才能生成满意的波形。如何精简造波过程,发展更加简便、高效、定点可控的极端波浪生成方法是值得探索的一个研究方向。

此外,与波浪模拟相比,目前物理水池中水流、风场的模拟精度普遍不高,因此,需要进一步提高物理水池的水流、风场模拟精度，发展功能强大的多功能造波水池，使之能更为精准地模拟自然环境要素，为海洋工程结构物的设计提供更加可靠的科学依据。

参考文献

[1] HAVELOCK T H. Forced surface-waves on water[J]. The London, Edinburgh, and Dublin Philosophical Magazine and Journal of Science, 1929, 8(51):569-576.

[2] FRIGAARD P, HØEDAL M, CHRISTENSEN M. Wave generation theory[R]. Aalborg, Denmark: Hydraulic & Coastal Engineering Laboratory, Department of Civil Engineering, Aalborg University, 1993.

[3] HUGHES S A. Physical models and laboratory techniques in coastal engineering.[M]. Singapore: World Scientific, 1993.

[4] CHWANG A T, LI W. A piston-type porous wavemaker theory[J]. Journal of Engineering Mathematics, 1983, 17(4):301-313.

[5] CHWANG A T. A porous-wavemaker theory[J]. Journal of Fluid Mechanics, 1983, 132:395-406.

[6] BIÉSEL F, SUQUET F. Les appareils générateurs de houle en laboratoire[J]. La Houille Blanche, 1951:147-165.

[7] NEYRPIC. Les appareils gnérateurs de houle en laboratoire[J]. La Houille Blanche, 1952:843-850.

[8] URSELL F, DEAN R G, YU Y S. Forced small-amplitude water waves: a comparison of theory and experiment[J]. Journal of Fluid Mechanics, 1960, 7(1):33-52.

[9] DEAN R G, DALRYMPLE R A. Water wave mechanics for engineers and scientists[M]. Singapore: World Scientific,1991.

[10] SCHÄFFER H A. Second-order wavemaker theory for irregular waves[J]. Ocean Engineering, 1996, 23(1):47-88.

[11] SCHÄFFER H A, STEENBERG C M. Second-order wavemaker theory for multidirectional waves[J]. Ocean Engineering, 2003, 30(10):1203-1231.

[12] KHAIT A, SHEMER L. Nonlinear wave generation by a wavemaker in deep to intermediate water depth[J]. Ocean Engineering, 2019, 182:222-234.

[13] ZAKHAROV V E. Stability of periodic waves of finite amplitude on the surface of a deep fluid[J]. Journal of Applied Mechanics and Technical Physics, 1968, 9(2):190-194.

[14] DYSTHE K B. Note on a modification to the nonlinear Schrödinger equation for application to deep water waves[J]. Proceedings of the Royal Society of London A Mathematical and Physical Sciences, 1979, 369:105-114.

[15] DIDENKULOVA E G, PELINOVSKY E N. Freak waves in 2011-2018[J]. Doklady Earth Sciences, 2020, 491:187-190.

[16] DYSTHE K, KROGSTAD H E, MÜLLER P. Oceanic rogue waves[J]. Annual Review of Fluid Mechanics, 2008, 40:287-310.

[17] ONORATO M, RESIDORI S, BORTOLOZZO U, et al. Rogue waves and their generating mechanisms in different physical contexts[J]. Physics Reports, 2013, 528(2):47-89.

[18] TU Y, CHENG Z, MUSKULUS M. Global slamming forces on jacket structures for offshore wind applications

[J]. Marine Structures, 2018, 58(1):53-72.

[19] DIAS F, GHIDAGLIA J-M. Slamming: recent progress in the evaluation of impact pressures[J]. Annual Review of Fluid Mechanics, 2018, 50(1):243-273.

[20] GHADIRIAN A, BREDMSE H. Pressure impulse theory for a slamming wave on a vertical circular cylinder[J]. Journal of Fluid Mechanics, 2019, 867:R1-1-R1-14.

[21] KHARIF C, PELINOVSKY E, SLUNYAEV A. Rogue waves in the ocean[M]. Berlin: Springer Science & Business Media, 2008.

[22] 廖波. 基于Peregrine呼吸子的水流对畸形波影响的研究[D]. 大连:大连理工大学, 2018.

[23] FARAZMAND M, SAPSIS T P. Extreme events: mechanisms and prediction[J]. Applied Mechanics Review, 2019, 71(5):050801.

[24] MILGRAM J H. Active water-wave absorbers[J]. Journal of Fluid Mechanics, 1970, 42(4):845-859.

[25] SALTER S H. Absorbing wave makers and wide tanks[C]. Proceedings of the Conference on Directional Wave Applications, 1981.

[26] BULLOCK G N, MURTON G J. Performance of a wedge-type absorbing wave maker[J]. Journal of Waterway, Port, Coastal, and Ocean Engineering, 1989, 115(1):1-17.

[27] HIRAKUCHI H, KAJIMA R, KAWAGUCHI T. Application of a piston-type absorbing wavemaker to irregular wave experiments[J]. Coastal Engineering in Japan, 1990, 33(1):11-24.

[28] 王永学. 无反射造波数值波浪水槽[J]. 水动力学研究与进展(A辑), 1994, 9:205-214.

[29] 高恒庆. 吸收式造波机和宽式波浪槽[J]. 海岸工程, 1996(4):67-75.

[30] 柳淑学, 吴斌, 李木国, 等. 无反射不规则波造波机系统的研究[J]. 水动力学研究与进展(A辑), 2003, 18(5):532-539.

[31] 陈汉宝, 郑宝友. 水槽造波机参数确定及无反射技术研究[J]. 水道港口, 2002, 23(2):60-65.

[32] 王先涛. 吸收式造波机理论[D]. 大连:大连理工大学; 2002.

[33] 杨洪齐. 造波机主动吸收技术研究[D]. 大连:大连理工大学; 2016.

[34] WU T. Water waves generated by the translatory and oscillatory surface disturbance[D]. California: California Institute of Technology, 1957.

[35] MILES J W. Transient gravity wave response to an oscillating pressure[J]. Journal of Fluid Mechanics, 1962, 13(1):145-150.

[36] MEI C C. Radiation and scattering of transient gravity waves by vertical plates[J]. The Quarterly Journal of Mechanics and Applied Mathematics, 1966, 19(4):417-440.

[37] DAI Y, HE W. The transient solution of plane progressive waves[J]. China Ocean Engineering, 1993, 7(3):305-312.

[38] CHEN X, LI R. Reformulation of wavenumber integrals describing transient waves[J]. Journal of Engineering Mathematics, 2019, 115(1):121-140.

[39] CHEN Q, CHEN X, MA Y, et al. Transient waves generated by a vertical flexible wavemaker plate with a general ramp function[J]. Applied Ocean Research, 2020, 103:102335.

[40] EATOCK T R. On modelling the diffraction of water waves[J]. Ship Technology Research, 2007, 54:54-80.

[41] LIGHTHILL M J. An introduction to Fourier analysis and generalised functions[M]. Cambridge: Cambridge University Press, 1958.

[42] CHAPLIN J R. On frequency-focusing unidirectional waves[J]. International Journal of Offshore and Polar Engineering, 1996, 6(2):131-137.

[43] GREENHOW M, VINJE T, BREVIG P, et al. A theoretical and experimental study of the capsize of Salter's duck in extreme waves[J]. Journal of Fluid Mechanics, 1982, 118:221-239.

[44] BALDOCK T E, SWAN C, TAYLOR P H. A laboratory study of nonlinear surface waves on water[J]. Philosophical Transactions of the Royal Society A-Mathematical and Physical Sciences, 1996, 354:649.

[45] MANSARD E P D, FUNKE E R. A new approach to transient wave generation[C]. The 18th International Conference on Coastal Engineering, 1982.

[46] LONGUET-HIGGINS M S. Breaking waves in deep or shallow water[C]. Proleedings of the 10th Symposium on Naval Hydrodynamics, 1974, 597:597-605.

[47] BROWN M G, JENSEN A. Experiments on focusing unidirectional water waves[J]. Journal of Geophysical Research: Oceans, 2001, 106(C8):16917-16928.

[48] JOHANNESSEN T B, SWAN C. A laboratory study of the focusing of transient and directionally spread surface water waves[J]. Philosophical Transactions of the Royal Society A:Mathematical and Physical Sciences, 2001, 457(2008):971-1006.

[49] GRUE J, CLAMOND D, HUSEBY M, et al. Kinematics of extreme waves in deep water[J]. Applied Ocean Research, 2003, 25(6):355-366.

[50] NING D Z, ZANG J, LIU S X, et al. Free-surface evolution and wave kinematics for nonlinear unidirectional focused wave groups[J]. Ocean Engineering, 2009, 36(15-16):1226-1243.

[51] RAPP R J, MELVILLE W K. Laboratory measurements of deep-water breaking waves[J]. Philosophical Transactions of the Royal Society of London Series A:Mathematical Physical and Engineering Sciences, 1990, 331:735-800.

[52] CHAPLIN J R, RAINEY R C T, YEMM R W. Ringing of a vertical cylinder in waves[J]. Journal of Fluid Mechanics, 1997, 350:119-147.

[53] TAI B, MA Y, NIU X, et al. Experimental investigation of impact forces induced by plunging breakers on a vertical cylinder[J]. Ocean Engineering, 2019, 189:106362.

[54] FENG X, TAYLOR P H, DAI S, et al. Experimental investigation of higher harmonic wave loads and moments on a vertical cylinder by a phase-manipulation method[J]. Coastal Engineering, 2020, 160:103747.

[55] MA Y X, DING G H, PERLIN M, et al. Higher-harmonic focused-wave forces on a vertical cylinder[J]. Ocean Engineering, 2009, 36(8):595-604.

[56] GAO J, CHEN H, ZANG J, et al. Numerical investigations of gap resonance excited by focused transient wave groups[J]. Ocean Engineering, 2020, 212:107628.

[57] CHEN L F, ZANG J, HILLIS A J, et al. Numerical investigation of wave-structure interaction using OpenFOAM[J]. Ocean Engineering, 2014, 88:91-109.

[58] 李金宣. 多向聚焦极限波浪的模拟研究[D]. 大连:大连理工大学, 2008.

[59] PERLIN M, CHOI W, TIAN Z. Breaking waves in deep and intermediate waters[J]. Annual Review of Fluid Mechanics, 2013, 45:115-145.

[60] 刘殿勇. 弱三维波浪破碎的实验研究[D]. 大连:大连理工大学, 2018.

[61] SRIRAM V, SCHLURMANN T, SCHIMMELS S. Focused wave evolution using linear and second order wavemaker theory[J]. Applied Ocean Research, 2015, 53:279-296.

[62] FERNÁNDEZ H, SRIRAM V, SCHIMMELS S, et al. Extreme wave generation using self correcting method:revisited[J]. Coastal Engineering, 2014, 93:15-31.

[63] BULDAKOV E, STAGONAS D, SIMONS R. Extreme wave groups in a wave flume:controlled generation and breaking onset[J]. Coastal Engineering, 2017, 128:75-83.

[64] NIU X, MA X, MA Y, et al. Controlled extreme wave generation using an improved focusing method[J]. Applied Ocean Research, 2020, 95:102017.

[65] TAI B, MA Y, DONG G, et al. An experimental study of a solitary wave impacting a vertical slender cylinder[C]. Coastal Engineering Proceedings, 2020.

[66] GAO N B, YANG J M, ZHAO W H, et al. Numerical simulation of deterministic freak wave sequences and wave-structure interaction[J]. Ships and Offshore Structures, 2016, 11(8):802-817.

[67] FITZGERALD C J, TAYLOR P H, TAYLOR R E, et al. Phase manipulation and the harmonic components of ringing forces on a surface-piercing column[C]. Proceedings of the Royal Society A:Mathematical Physical and Engineering Sciences, 2014, 470(2168):1-21.

[68] DUCROZET G, BONNEFOY F, MORI N, et al. Experimental reconstruction of extreme sea waves by time reversal principle[J]. Journal of Fluid Mechanics, 2020, 884:A20.

[69] CASSEREAU D, FINK M. Time reversal of ultrasonic fields-part Ⅰ:basic principles[J]. IEEE Trans Ultrason Ferroelectr Freq Control, 1992, 39(5):579.

[70] 罗旌胜. 基于时间反转镜的聚焦方法及其应用研究[D]. 成都:电子科技大学,2013.

[71] DUCROZET G, FINK M, CHABCHOUB A. Time-reversal of nonlinear waves:applicability and limitations[J]. Physical Review Fluids, 2016, 1(5):054302.

[72] HAVER S. A possible freak wave event measured at the draupner jacket january 1 1995[C]. Proceedings of Rogue Waves, 2004.

[73] SCHÄFFER H A, KlOPMAN G. Review of multidirectional active wave absorption methods[J]. Journal of Waterway, Port, Coastal and Ocean Engineering, 2000, 126(2):88-97.

海洋波浪环境

张新曙[1]　马玉祥[2]　姚靷羽[1]　刘　帅[1]

(1. 上海交通大学;2. 大连理工大学)

1　畸形波模拟

Bitner-Gregersen 等[1]对非线性波的时间和空间参数的统计特征进行了比较。在过去,最常见的方法是从波高的时间序列中得到波浪参数的统计信息。波浪记录的持续时间通常限制在 20~30 min。近年来,波浪在空间域的参数特征越来越受到人们的重视,特别是引入了用于收集海面高程时空集合的立体摄像系统之后。我们利用线性、二阶和三阶数值模型,比较了波浪参数的时空统计特性。数值模型基于高阶谱(HOS)方法构建,在三阶模型中考虑了波浪调制的不稳定性。基于北海联合海浪计划(JONSWAP Joint North Sea)谱($\gamma=1,3.3$ 和 6)的线性、二阶和三阶 HOS 模拟表明,波浪参数的时间和空间的统计存在差异。这里考虑的波浪参数包括最大波高、偏度和峰度。其结果还表明,相对于二阶和线性结果,三阶数值模拟对采样样本的变化更加敏感。三阶非线性对波浪参数,特别是对波场内的最大波高有着很大的影响。三阶结果和线性结果之间的差距比二阶结果和线性结果之间的差距要大得多。波浪谱的形状不会明显影响与二阶非线性相关的偏度的大小,但会影响峰度和最大波高。此外,与先前的研究结果一致,方向谱会显著降低峰度。在同一海况下的三阶 HOS 模拟中,时间域统计得到的偏度和峰度与空间域统计得到的偏度和峰度是一致的。但是,时间域统计得到的最大波高明显小于空间域的统计结果,这是因为空间域统计比单点时间域统计考虑了更多的波浪。由于采样的随机性,统计结果可能会在平均值处波动,时间域统计结果比空间域统计结果波动大。在海洋结构物设计及波浪预报中,应考虑这一点。

Liu 和 Zhang[2]基于 HOS 方法分析了双峰谱海况下畸形波的产生概率和其他波浪统计参数。文中考虑了不同波陡的非共线双峰谱海况,并对每种情况进行了 10 次不同随机相位组合的计算,分析了频谱和方向谱的时间演化、波峰极值分布及波面的峰度和偏度等。其结果表明,偏度和峰度在一个小的时间尺度内由初始的高斯分布值迅速增加,之后保持稳定。另外,由三阶理论推导的波峰极值概率分布会低估大波陡双峰谱海况的结果。

Luxmoore 等[3]开展了双峰谱海况的试验研究。其结果表明,方向谱谱宽比传播夹角对波浪的三阶非线性的影响更大。他们还发现,利用 Mori 等[4]提出的基于二维调制不稳定指数的经验关系,可以从方向谱谱宽中定量估计峰度的大小,即衡量波场中三阶非线性效应的影响。最近,Liu 和 Zhang[5]推导了一个新的耦合的二维调制不稳定指数,该指数可准确地量化三阶非线性效应。其推导结果与实验结果非常吻合。

Ross 等[6]对当前环境等值线方法的应用实践进行了回顾。环境等值线是海洋和海岸结构物可靠性分析的一种常用的近似方法,用于确定环境变量分布的边界,识别引起极端结构荷载和响应的环境条件。计算环境等值线有不同的方法,有些方法与结构可靠性分析方法直接相关,每种环境等值线计算方法都有各自的优缺点。虽然环境等值线的应用方法已经在很多文章中介绍过,但很多细节的描述仍然是模棱两可的，从业者在使用等值线时仍有许多不确定性因素。另外，如何很好地计算环境等值线也不是很清楚。在过去的四年里，DNV-GL、Shell、University of Oslo 和 HR Wallingford 共同总结了环境等值线的使用方法。

Huang 和 Zhang[7]提出了一种描述非线性长峰波的波峰极值分布的半经验公式。与模拟和测量数据相比，该经验公式给出了令人满意的结果。然而，其未考虑波浪破碎带来的影响，这可能导致预测结果在波陡较大海况中偏高。如 Buchner 等[8]所述，波浪破碎可导致波峰高度减小。

Liu 和 Zhang[9]将涡流黏性模型与 HOS 相结合并改进了 HOS 方法，使其可以考虑波浪破碎的影响。基于该方法，他们研究了长峰随机波的波峰极值分布，数值结果与水池试验中的测量结果十分吻合。基于大量海况 3 小时的波浪模拟数据，他们提出了一种描述波峰极值分布的半经验公式，该公式可用于在水池试验前的波浪校准工作。

Klein 等[10]对 HOS 用于确定性波浪预报进行了系统的试验验证，目的是确定和评估基于 HOS 的海浪预报模型的可应用领域及使用限制。为此，通过数值模拟和模型试验，研究了不同参数（如波陡和波谱形状等）的不规则波海况。此外，还讨论了传播距离的影响。为了评估 HOS 预报的准确性，定义了表面相似参数（SSP），从而可以对结果进行定量的评估。将所得结果与线性波浪预报结果进行比较，讨论了非线性波浪预报的优缺点。结果表明，基于 HOS 的非线性确定性波浪预报方法大大提高了对中高波陡不规则波列的预报质量。

Fujimoto 和 Waseda[11]开发了一种用于波重建的四维变分法（4DVAR），以研究畸形波的产生。4DVAR 方法通过扰动系统模拟来估计误差平方的梯度，并且易于并行化。他们还采用了 HOS 来模拟非线性波的演化，研究发现，考虑 HOS 中的非线性对准确模拟畸形波至关重要。

McAllister 等[12]在 FloWave 水池进行了试验，重现了著名的 Draupner 波，并证明在大角度（60°~120°）双峰谱海况下，可能会产生与 Draupner 波波陡相同甚至更大的畸形波。此外，他们还研究了波浪破碎的影响。

Essen[13]讨论了耐波性试验中遇到波浪的波浪参数变化。他们研究了两种波浪条件：沿水池长度方向的大波陡波浪（wave A）和波陡相对较小的斜波（wave B）。由于船舶响应对波高时间序列中的每个点的敏感性不同，文中讨论了整体相似性及单个波峰高度、陡度的变化。其结果表明，对于 wave A，随着波浪传播距离的增加，测量到的入射波峰及其时间的可变性增加；而 wave B 的波峰高度变化很小，且在整个沿水池长度方向上几乎不变（因为斜波中到模型的传播距离是恒定的，波破碎的可能性较小）。另外，在靠近造波处波浪参数的小范围变化是由"输入"不确定性引起的，如造波器运动的精度、测量托架位置、它们的同步和测量精度等。

Kim 等[14]提出了一种新的网格优化方法，利用基于计算流体动力学（CFD）的数值水池模拟波浪演化，通过分析波浪特征，确定数值波浪水槽开发最佳网格设置。用解析方法推导了笛卡儿网格系统中波的线性色散关系，基于该色散关系给出了最佳网格纵横比。基于该方法提出了开发及验证 CFD 数值水池的技术路线，并将其应用于数值水池指南，如工业界联合项目"Reproducible CFD modeling practices for offshore applications"[15]。

Baquet 等[16]研究了完全非线性波浪中的非高斯分布对海上平台响应的影响。在该研究中，以相位随机分布的不规则波作为完全非线性数值水槽的输入，对两种浮式平台进行整体性能分析。其结果表明，利用非线性波的方法可以得到更真实的运动响应，且气隙计算的不确定性更小。

Watanabe 等[17]开发了一个立体摄像系统来重建三维波场，并结合相位解析的非线性波浪模型在更大面积的海域重构波面。新提出的基于集成无伴随数据同化的表面波重建（SWEAD）方法被成功地用于波场的重建。他们对该方法在不同的参数值和模型设置下进行了测试，以提高成像域外波浪重建的正确性。SWEAD方法并不限于立体成像系统,也适用于分析与重构来自船载雷达的波面数据。

Ducrozet等[18]应用时间反演(TR)方法在实验水池中重建了真实的海洋畸形波。为了验证该方法的有效性,在波浪水槽中进行了三次实测试验。试验所选择的海况波陡大、非线性强,在实验室环境条件下重现有一定难度。波浪水槽的特性和传播过程中的波浪破碎可能会引起波浪形状的变化。文章还对水槽中畸形波重现位置的选择问题进行了探讨。结果表明,与文献中描述的其他方法相比,文章提出的TR方法能够以良好的质量重现畸形波。

Xie等[19]分析了在中国南海海域200~1 500 m深处测量的1年波浪数据。结果表明,JONSWAP谱适用于南海海域,峰值升高因子平均值约为2.15,最大波高与有义波高之比约为1.7。

Niu等[20]开发了一种改进的聚焦方法,称为全相位校正法(APCM)。它被用于在波浪水槽中的指定位置产生精确的畸形波。该方法基于一种改进的相位估计算法和二阶造波机理论对产生的相位和振幅进行迭代校正。与Fernández等[21]提出的自校正方法相比,APCM获得了更快的收敛速度和更高的相关系数。

Houtani等[22]提出了一种基于HOS的新的造波方法,用于计算造波机控制信号。在长峰不规则波和短峰不规则波中生成畸形波,得到波高的时间序列、频谱和空间波剖面,将基于高阶谱方法生成的波浪的水池测量结果与基于高阶谱方法的模拟结果进行了比较,验证了该方法的可行性。

Khait和Shemer[23]提出了一种造波机运动非线性校正的分析方法,该方法允许在傅里叶空间或物理空间中定义目标波场。与Schäffer理论从控制势流方程开始推导不同,他们利用了现有的非线性波浪模型,并在造波机处附加了非线性边界条件。由于现有的非线性水波理论可以精确到三阶或更高阶,该方法可以绕过Schäffer理论。这种方法大大简化了确定造波机驱动信号非线性校正所需的程序,这在许多实际应用中是至关重要的。他们特别研究了在完全非线性数值模拟中得到的造波机传递函数与线性理论预测的显著偏差,在许多实验工作中都会观察到这种偏差。在完全非线性模拟中,这种偏差的存在表明,黏性摩擦和造波机处可能的泄漏只能起到很小的作用。传递函数与线性理论的偏差值与波陡的平方密切相关,这表明波浪速度差与造波机表面速度场的非线性相互作用所产生的二阶平均流是造成这种不准确现象的可能原因。

Liu和Zhang[24]使用三种方法分析了不同水深下的调制不稳定性的增长率,包括基于扎哈罗夫(Zarharov)方程和非线性薛定谔(NLS)方程的理论分析,以及基于HOS方法的直接数值模拟,并在此基础上探讨了水深变化对长峰不规则波中调制不稳定性和波浪演变特征的影响。此外,还分别使用了两个与水深有关的不稳定性因子来描述波浪在演化中不稳定性的强弱。其结果全面地展示了以上三种研究调制不稳定性最常用方法的异同之处,验证了不稳定性因子在有限水深下的可靠性,并且首次提出了描述波高峰度值与不稳定性因子关系的半经验公式。

海底地形变化会使波浪进入非平衡的演化状态。Trulsen等[25]通过试验研究了长峰波通过"台阶状"地形前后的演化,发现海底地形变化也会显著提高畸形波出现的概率。当海底水平时,作为畸形波形成的重要原因之一,调制不稳定性会随水深的下降而逐渐减弱,并在$kh<1.363$(k为波数,h为水深)时消失。但如果海底呈"台阶状"变化,即使深水、浅水区域均满足$kh<1.363$,波浪从深水驶向浅水时仍会在台阶顶部出现峰度极值。在峰度极值处,偏度也达到局部最大值,且波浪的超越函数偏离瑞利(Rayleigh)分布,畸形波形成概率大大增加。

Zeng和Trulsen[26]运用改进的非线性薛定谔方程模拟了长峰波在变化地形上的演化过程。波浪由深水区域驶向浅水区域。深水与浅水区域海底水平,两区域通过缓坡过渡。数值模拟工况中,深水区$kh=10$,浅水区kh从1.2逐渐变化至4。研究发现,长峰波的峰度与偏度在缓坡上逐渐减小,到达浅水区后仍需较长时间达到稳定,且当浅水区$kh<1.2$时,缓坡顶部会出现局部最小值。

Gramstad[27]等基于Bounssinesq模型研究了长峰波通过地形突起前后的统计特征值。当地形突起为梯形时,波浪在梯形一斜边上方从深水驶向浅水;稳定后,又沿梯形另一斜边驶入深水。模拟中发现,在波浪刚到达浅水区域时,峰度、偏度和畸形波生成概率均出现局部最大值,这一特征与Trulsen等[25]的实验结果一致。但当梯形坡度较缓,浅水区域水深较浅时,以上三个统计特征值不会在坡顶出现局部极值,仅在坡上呈缓慢变化趋势。此外,他们还选择了三角形的地形突起,与梯形下的工况对比发现,坡后的地形并不影响统计特征值在坡顶的出现,且波浪由浅水驶向深水时,不会增加畸形波的生成概率。通过理论分析,他们认为当波浪到达坡顶时,二阶束缚波因水深减小立刻被加强,使统计特征值出现极大值,但随后波浪开始在浅水平地区域传播,二阶束缚波被其他作用弱化,使统计特征值逐渐减小并趋于稳定。

Viotti和Dias[28]运用光谱映射法处理变化地形的情况,用tanh函数构造具有梯形隆起的海底地形。他们认为波浪由深水传播至浅水过程中产生的畸形波,是两种平衡状态过渡的结果。通过对比坡上不同位置的海浪谱,他们发现能量由主频向高频递减趋势缓慢,满足ω^{-5}规律。

Ducrozet和Gouin[29]提出了考虑地形变化的三维高阶谱模型。它是一种基于泰勒级数展开与快速傅里叶变换的完全非线性模型,自由液面和海底地形可分别展开至不同阶数。运用该三维模型,他们计算了Trulsen等[25]的试验工况,数值结果与试验结果接近,验证了模型的准确性。接着,他们考虑波浪方向分布的影响,模拟了不同方向谱下的短峰波在同一地形下的演化,发现短峰波在坡顶的峰度幅值远小于长峰波,而偏度极值则受方向分布影响较小。

Kashima和Mori[30]通过试验研究了波浪在缓坡上演化时的三阶非线性作用。波浪从深水区域($kh>1.363$)驶向浅水区域($kh<1.363$)后的一段时间内,超越概率明显偏离Rayleigh分布,说明三阶非线性作用虽在浅水区域受到抑制但仍然存在。此外,他们还研究了峰度与偏度的关系。当在深水区域时,峰度受三阶非线性主导,与偏度关联不大;当水深向$kh<1.363$过渡时,峰度与偏度稳定增长,且在$kh<1.363$初期仍存在增长。

Trulsen等[31]在试验中设置了梯形的海底地形突起,模拟长峰波从深水驶向浅水再驶入深水的过程。除了波面升高的峰度与偏度,他们还关注了水平流速的峰度与偏度。试验发现,当波浪由深水驶入浅水时,波面升高、水平流速的偏度及波面升高的峰度会在坡顶附近出现极大值;当波浪由浅水驶入深水时,波面升高和水平流速的偏度会同时出现极小值,水平流速的峰度会出现极大值,而波面升高的峰度并不会有极值出现。

Zhang和Benoit[32]将自由表面速度势用切比雪夫多项式展开,提出了一种模拟波浪在变化地形上演化的谱方法。为了解释波浪在驶入浅水区域时统计特征值出现峰值的现象,他们还运用了谐波提取技术,分别考虑了一至四阶谐波对峰度和偏度的影响。研究发现:对于偏度,一阶谐波无明显贡献,二阶谐波则起到了主导作用,三阶谐波仅在波浪驶入浅水区域后的一段时间作用明显,这也就解释了偏度极值出现的原因;对于峰度,一阶作用使峰度下降,二阶、三阶作用对峰度影响明显,且三阶谐波贡献更大。除了自由波面的峰度与偏度,他们还对速度在水平和垂向上分量的峰度与偏度随地形变化进行了讨论。

除了波浪本身与地形变化的相互作用会促使畸形波产生外,船舶驶过地形变化处也可能使原本平静的水面产生畸形波。Grue[33]在挪威观察到,当船舶以亚临界航速通过地形变化点时,船前会产生以浅水速度向前传播的大波,即"迷你海啸"。他基于格林函数,运用快速傅里叶变换,在频域上进行时间积分,运用移动压力源模拟运动的船舶,研究了船舶通过台阶地形前后线性波面的演化,重现了迷你海啸的生成过程。此外,他还研究了水深弗劳德数与航道宽度对迷你海啸波高的影响。研究发现,波高随水深弗劳德数呈指数增加。在宽航道下,迷你海啸的波峰线近似圆形;而在窄航道下,迷你海啸的波峰线近似一条与船舶行驶方向垂直的直线。Grue[34]考虑船体本身的影响,解释了迷你海啸的生成机理:船身基于水面的下压力会使液体向海底运动,触底后速度等值反向。反射的速度使水面抬升,出现迷你海啸。以上两个模型均为线性波面演化模型,为了考虑非线性对迷你海啸的影响,Yao 和 Zhang[35]使用高阶谱模型模拟船舶驶过台阶地形前后的非线性波面演化。当高阶谱模型的波面阶数取 1 时,结果与 Grue 方法计算出的线性结果一致;当高阶谱模型的波面阶数取 3 时,结果与另一完全非线性模型 FUNWAVE-TVD 的结果相似,验证了高阶谱模型的准确性。通过数值模拟,他们发现非线性模型计算出的波高比线性模型计算出的波高有明显提升,且这种非线性作用在大弗劳德数或深船舶吃水的情况下更为显著。

2 波浪破碎

2.1 波浪破碎的运动学特征

Duz 等[36]使用实验和数值方法研究了激破波和卷破波的运动学特征。在实验室水槽中,基于色散聚焦产生波浪破碎,并利用粒子图像测速(PIV)技术测量波浪破碎时的运动学特征。得益于高速摄像机的使用,可以获取高采样率下的测量结果,无须进行锁相平均分析。此外,采用基于有限体积的纳维-斯托克斯(Navier-Stokes)求解器和分段线性界面重建方法,在单相条件下进行模拟,利用迭代法在计算域中重构了试验中的激破波和卷破波,模拟结果与实测波形吻合良好。结果表明,实测的运动学参数比模拟结果要大一些,尤其在波浪激破和卷破区域。就整体而言,CFD 模拟仍然可以准确地捕捉到流动的相关细节,并且与 PIV 结果进行比较得到较为准确的运动参数。

Alberello 和 Iafrati[37]对波浪破碎流进行了数值模拟和试验研究。他们采用了双流体数值模型,波浪破碎之前的流场通过 HOS 方法进行模拟,破碎发生时代入 Navier-Stokes 求解器中求解,利用 PIV 测量速度场,并与数值结果进行了比较。结果发现,数值结果总体上与实测结果十分吻合,但在波峰附近数值结果比实测值低。这可能是由一些数值限制,如网格分辨率或界面厚度,以及初始条件的略微不同等引起的。

2.2 波浪破碎对波浪谱的影响

Huang 和 Zhang[7]在模拟和测量中发现波浪谱的高频成分能量会减小。由于这种能量减小只发生在波陡较大的海况,文中推测其可能与波浪破碎有关。

Iafrati 等[38]和 De 等[39]讨论了波浪破碎引起的变化。在 Iafrati 等的试验中,初始波面基于 JONSWAP 谱产生,然后使用 HOS 方法模拟其演化,在破波发生前,将 HOS 的结果代入双相流 Navier-Stokes 求解器,从而模拟波浪破碎后的演变。通过比较 HOS 和 Navier-Stokes 中的波浪谱结果,可以区分由时间演化带来的变化和由波浪破碎带来的影响。结果表明,波浪破碎主要是对高频成分有影响。

De 等[39]基于数值模拟详细讨论了由调制不稳定性引起的波浪破碎,这与 Tulin 和 Waseda[40]的结果相似,研究发现调制不稳定性导致波浪能量向低频成分转移,但波浪破碎会抑制这一能量转移过程。

Dong 等[41]开展了一项新的试验研究,在特殊的"X"形水槽中产生大量的聚焦波群。通过改变初始波的陡度,波群从近似于线性的波陡波浪变化为可产生剧烈破碎的大波陡波浪。试验结果表明,波-波相互作用产生的非线性能量传递对方向分布十分敏感。这与长峰波的试验相似,在非破碎情况下,一阶成分和二阶成分间存在非线性能量传递,而波浪破碎时能量损失主要来自一阶成分的高频分量。波浪的方向分布决定了破碎的剧烈程度,当两列波群以较大的夹角传播时,会发生严重的波浪破碎,因此能量损失会随着传播夹角的增加而增大。

2.3 波浪破碎对波浪参数的影响

Babanin[42]全面概述了波浪破碎的相关知识,包括破碎的定义、判定条件及波浪破碎的发生概率。他讨论并阐述了与波浪破碎有关的各种定义，探讨了破碎检测和测量的方法。波浪破碎的产生概率和剧烈程度的研究一直是人们关注的焦点，他的文章综述了试验、海洋实测、数值模拟和理论分析方法及其结果，介绍了关于波浪破碎的研究现状，并指出了存在的主要问题。

Toffoli 等[43]通过海洋实测数据和水池试验分析了波浪的最大陡度。当波浪太陡时破裂会发生，但由于波浪破碎的复杂性，关于波浪的最终形状尚未达成共识。为了解决这一问题，研究对大量数据进行统计分析。数据来源于水槽试验中的测量数据及各种海况下海面的实测数据。研究结果表明，波陡可以达到比 Stokes 极限波陡更大的值。由于统计分析的数据众多，结果具有一定的可靠性。

3 风的影响

3.1 CFD 模拟计算风载荷

风载荷是船舶及海洋结构物系泊系统设计中需要考虑的重要参数之一。将风载荷的不确定性影响降至最低是设计生产的第一步。近年来，为了实现风载荷的准确预报，多国专家合作开发了一种基于 CFD 的风载荷评估方法。该方法由 SNAME OC-8 CFD 工作组的 Kim 等[44]于 2018 年和 2019 年提出，并在半潜式平台的风载荷评估中得到了验证。在 TechnipFMC、EURC、三星重工和 Krio（韩国船舶与海洋工程研究所）的合作下，Yeon 等[45]进一步验证了该方法在表层结构更复杂的海洋浮式结构物中的可靠性。此外，Xu 等[46]还对浮式生产储油装置（FPSO）进行了研究，分析了 CFD 模拟和模型试验之间的不确定性。研究发现，FPSO 底部与风洞转台之间的间隙对垂直力、横摇和纵摇力矩的计算有一定的影响。另外，Huang 和 Kim[47]还利用简化模型研究了上部模块孔隙率对风载荷的影响。在由 TechnipFMC、Chevron 和三星重工共同发起的另一个合作项目中，实施了一个可持续的大气边界层，并扩展到 NPD 剖面及 ESDU 剖面。NPD 剖面是一个中性大气边界层，Richard 和 Hoxey[48]证明了它是 Navier-Stokes 方程的解析解。因此，NPD 剖面满足可持续性条件。ESDU 剖面是一个不稳定的大气边界层，但它可通过修改可持续性条件实现可持续性。

3.2 强风条件下的风场特征

基于墨西哥湾 2000 年后的飓风记录数据，Vickery[49]研究了 API RP 2MET[50]中的大气湍流模型用于海上飓风特征描述时的适用性。结果表明，API RP 2MET 模型低估了所考虑高度范围内的真实阵风系数。并且，在该模型中阵风系数随风速增加而增加，这一趋势在实测数据中并没有发现，可能是因为 API RP 2MET 模型是基于北海数据建立的。另外，相对 API RP 2MET 模型，ESDU[51-52]模型给出的阵风因子与实测数据更为吻合。

3.3 模型试验方法

Tsukada 等[53]开发了一个风载荷模拟器（WiLS），它直接使用三对小型风扇来模拟力和力矩。该风载荷模拟器可用于船舶在实际海上的模型试验，采用反馈控制方法来考虑实际风速和风向，以及瞬时船舶速度、漂移和航向角的影响，通过加速度计测量的风扇惯性力对风扇进行校正。

3.4 风浪相互作用

Kristofersen 等[54]在纽卡斯尔大学的浪-流联合水槽中进行了一系列关于风对柔性圆柱的影响的实验研究，详细分析了圆柱上不同位置的局部载荷。这些实验的动机来自其他实验和数值研究，这些研究表明,在波幅较大的波浪的背风侧,气流分离会导致额外的风能转移,从而导致冲击波载荷的增加。在实验中,比较了有风和无风时作用在圆柱体上的最大力。当波浪波幅较小时,引入风之后柱体上的力减小。对于最大波幅的工况,风的作用使圆柱体上的最大力响应增加了6.5%。另外,在有风和无风的情况下,观察到自由表面波高的时间序列存在一些差异,但波高的最大值没有明显变化,最大波陡的变化也很小,这意味着由风引起的波高变化基本可以忽略。

Iafrati 等[55]研究了风对调制不稳定性的影响。对调制波列在均匀风场影响的演化进行了数值模拟,并与无风条件下的相应演化结果进行了比较。模拟中观测到了与 Buckley 和 Veron[56]实验发现的类似的波峰分离现象。结果表明,风的存在对波浪的陡波具有稳定作用,延缓了破碎的发生,从而使波浪达到较大的陡度。这些结果与 Touboul 等[57]和 Kharif[58]的结果大体一致。

Liu 等[59]基于第三代海浪模式 SWAN 模拟风影响下波浪的演变,并且基于长短期神经网络(LSTM)预测海浪谱的变化。他们使用分水岭算法将波浪谱分为风浪谱和涌浪谱,分别预报其有义波高、特征周期、平均波向和方向谱宽四个波浪谱特征参数的变化。结果表明,LSTM 可以准确地对波浪谱信息进行短时预报。其中,有义波高、特征周期、平均波向和方向谱宽的 1 小时预报的平均绝对误差为 5.9%、3.3%、3.5% 和 3.3%,即使是 10 小时预报,有义波高的误差也不超过 15.5%。

3.5 热带气旋

Grey 和 Liu[60]提出了一种新的概率分析方法以增加热带气旋样本。该方法以 Hall 和 Jewson[61]及 Casson 和 Coles[62]生成 10 000 年不同路径、强度和范围大小的气旋的轨迹为依据,根据这些轨迹在最有可能被影响的相关地点采用时变风场进行模拟。该方法基于荷兰的 Holland[63]模式,然后由流体动力学模式 TELEMAC-2D 和 SWAN 波浪模式的耦合模型进行模拟。由于对 10 000 年的热带气旋进行模拟是不切实际的,因此基于高斯过程将气旋条件与相关参数(如路径位置、航向、强度和最大风力半径)联系起来。

Tao 等[64]对香港的热带气旋的持续时间、同一年中两次热带气旋之间的时间间隔及每年最后一次气旋与下一年的第一次气旋的时间间隔进行了统计研究。

3.6 南海风谱及相关参数

Xie 等[65]利用南海某平台长期风观测资料,研究了台风和季风影响下阵风因子和风谱参数的特征。结果表明,阵风因子和湍流与风速之间不存在显著的正相关关系,阵风因子随风持续时间的增加而减小,湍流强度随风持续时间的增加而增大,天气情况对阵风因子和湍流强度有显著影响。另外,观测到阵风湍流强度的季节变化趋势为夏季湍流强度变化大,而冬季相对稳定。基于观测数据,推荐使用 NPD 谱来描述南海的风场。

3.7 南大洋风和波浪特征

Young[66]根据 30 多年卫星监测数据和 5 个地点的现场浮标测量数据,对南大洋风和波浪的数据进行了统计分析。南大洋环境独特,全年都有强风,其风的距离非常长,而其他北半球夏季高纬度海域相对平静,南大洋持续的强风所产生的涌浪会传播到南太平洋、南大西洋和印度洋。因此,南大洋的波浪气候影响着几乎世界上一半的海洋,南大洋的风速和波高(特别是极值)正在发生变化这一事实对于研究波浪形成和海岸侵蚀等具有重要意义。独特的环境致使这里的海浪与其他海域完全不同。研究表明,波浪谱为单峰,谱参数与风生浪的参数十分类似,波浪的传播速度总是大于当地的风速,这些谱清楚地表明了非线性相互作用在风中的重要作用。

4 流的影响

4.1 CFD模拟计算流载荷

在船舶和海上浮式结构物的系泊系统设计中,海流载荷是一个重要参数。为准确预测系泊系统的运动,应首先确定海流载荷。Xu等[67]基于CFD模拟,建立并验证了海流载荷的计算模型,还验证了该模型在其他CFD求解器中的应用。Koop等[15]将该模型预测结果与试验数据比较,发现结果吻合较好,误差在10%以内。

4.2 浪和流联合作用下的载荷

Bruserud[68]提出了用于预测波浪和海流载荷的随机模型。他讨论了建立可靠的海洋气象载荷联合计算模型所需的高质量、长时间的海洋气象参数(风、浪、流)数据。由于缺乏这些数据,挪威设计标准NORSOK N-003建议将保守的海洋气象参数大小用于载荷估算。然而,其保守程度是相当不确定的。对于北海北部海域,NORSOK N-003评估了应用数据的保守程度。为了进行这样的评估,需要波浪和海流的长时间精确数据。

他分析了近五年来在北海北部海域获得的实测波浪和海流数据,全面评估之后,得出以下重要结论:

(1) 当前测量数据的质量比预期的差;

(2) 在某些地方,海流主要是由风引起的惯性振荡而产生的;

(3) 不同年份的海流信息有着明显的区别。

对于北海北部海域的波浪信息,测量和后报数据都具有不错的质量和持续时间以供分析计算,但对于海流来说,测量和后报数据都不具有足够的质量或持续时间。为了获得足够的海流数据,研究者在北海北部海域的某处搭建了一个简单的风生惯性振荡模型并进行了验证。由此,获取了高质量和长时间的波浪和海流数据。另外,还通过一个案例,评估了NORSOK N-003中载荷估计的可靠性。这里分析由波浪和海流引起的一个导管架的简化模型的载荷,第一种方法是根据NORSOK N-003建议估算海洋气象载荷,第二种方法是直接根据载荷时间序列估算。两种不同方法的比较清楚表明,由于在载荷估算的步骤中进行了一些简化,NORSOK N-003建议在北海北部海域载荷估算并不一定是保守的。

4.3 流对畸形波的影响

在海洋中,负的水平速度梯度(即加速的反向流或减速的同向流)会使波浪变短、变高,从而使波陡增大。"调制不稳定性"这一波浪非线性机理显著增强,最终诱发波高极大的波浪(所谓的"畸形波")。Toffoli等[69]通过试验和数值模拟研究了反向流对单向随机波场波浪参数的影响。结果表明,反向流会导致波浪参数从弱非高斯状态迅速转变为强非高斯状态,并且增加畸形波的产生概率。试验在普利茅斯大学的波浪水槽和矩阵水池两种设备中进行。以JONSWAP谱的形式给出了造波机的初始条件。当波浪进入逆流区时,波高增加。当流速与波群速度比值$U/C_g > 0.3$时,流场中观察到了非常明显的波浪破碎耗散。另外,流的存在也加速了波浪谱峰值的下移,波浪能量在传播几十个波长范围内从高频传递至低频,这与Onorato等[70]关于调制不稳定性的研究结果一致。借助峰度(波高概率密度函数的四阶矩)描述畸形波的统计特性,峰度可以表示畸形波的生成概率(高斯海况下的峰度值为3)。随着海流速度的增加,海况由弱非高斯状态变为强非高斯状态,峰度的最大值达到3.5甚至更高。这一现象在两种试验设备中均可以观察到。然而,矩形水池中得到的峰度值(大于4)远高于水槽中的结果。这种转变可以归因于由海流引起的非线性准共振作用。

Liao 等[71]导出了波浪在线性剪切流作用下的有限水深的二维非线性薛定谔方程。利用该方程,研究了线性剪切流影响下的波浪调制不稳定性。结果表明,剪切流显著改变了弱非线性波的调制不稳定性。此外,还研究了线性剪切流对非线性薛定谔方程呼吸子解的影响,其中呼吸子与畸形波形成密切相关。在有限水深下,水深、水流和相应的涡度对呼吸器的结构都有显著的影响。结果表明,水深均匀的反向流在时间域和空间域上都能降低呼吸子的增长幅度,但同向流对呼吸子有着相反的影响。此外,如果水足够深,剪切流对呼吸子特性的影响可以忽略不计。

Liao 等[72]在反向流的波浪水槽中对呼吸子(通常被认为是海洋畸形波的原型)的演变进行了一系列试验。试验选取无因次水深 kh (k 为波数,h 为水深)为 3.11~8.17,初始波陡 ka (a 为波幅)为 0.065~0.120。试验结果表明,与无流的情况相比,反向流会使聚焦点向上游移动。此外,研究还发现,在时域内逆流可以减小呼吸子的延伸。

参考文献

[1] BITNER-GREGERSEN E, GRAMSTADO. Comparison of temporal and spatial statistics of nonlinear waves[C]. In Proceedings of the ASME 38th International Conference on Ocean, Offshore and Arctic Engineering, OMAE 2019-95357, Glasgow, UK, 2019.

[2] LIU S, ZHANG X. Numerical investigation on the rogue wave occurrence in crossing wave fields[C]. Proceedings of the ASME 38th International Conference on Ocean, Offshore and Arctic Engineering, OMAE2019-96029, Glasgow, UK, 2019.

[3] LUXMOORE J, ILIC S, MORI N. On kurtosis and extreme waves in crossing directional seas: a laboratory experiment[J]. Journal of Fluid Mechanics,2019,876: 792-817.

[4] MORI N, ONORATO M, JANSSEN P A E M. On the estimation of the kurtosis in directional sea states for freak wave forecasting[J]. Journal of Physical Oceanography,2011,41(8): 1484-1497.

[5] LIU S, ZHANG X. A modified benjamin-feir index for crossing sea states[C]. 35th International Workshop on Water Waves and Floating Bodies, Seoul, Korea, 2020.

[6] ROSS E, ASTRUP O C, BITNER-GREGERSEN, et al. On environmental contours for marine and coastal design[C]. Proceedings of the ASME 38th International Conference on Ocean, Offshore and Arctic Engineering, OMAE 2019-96587, Glasgow, UK, 2019.

[7] HUANG J, ZHANG Y. Semi-empirical single realization and ensemble crest distributions of long-crest non-linear waves[C]. Proceedings of the ASME 2018 37th International Conference on Ocean, Offshore and Arctic Engineering, OMAE2018-78192, Madrid, Spain, 2018.

[8] BUCHNER B, FORRISTALL G, EWANS K, et al. New insights in extreme crest height distributions: a summary of the "CresT" JIP[C]. Proceedings of the ASME 30th International Conference on Ocean, Offshore and Arctic Engineering, OMAE2011-49846, Rotterdam, The Netherlands, 2011.

[9] LIU S, ZHANG X. Extreme wave crest distribution by direct numerical simulations of long-crested nonlinear wave fields[J]. Applied Ocean Research,2019,86:141-153.

[10] KLEIN M, DUDEK M, CLAUSS G, et al. Systematic experimental validation of high-order spectral method for deterministic wave prediction[C]. Proceedings of the ASME 2020 39th International Conference on Ocean, Offshore and Arctic Engineering, OMAE20219-95063, Florida, USA,2019.

[11] FUJIMOTO W, WASEDA T. Reproduction of freak waves using variational data assimilation and observation[C]. Proceedings of the ASME 37th International Conference on Ocean, Offshore and Arctic Engineering, OMAE2018-77771, Madrid, Spain, 2018.

[12] MCALLISTER M L, DRAYCOTT S, ADCOCK T A A, et al. Laboratory recreation of the draupner wave and the role of breaking in crossing seas[J]. Journal of Fluid Mechanics, 2019, 860: 767-786.

[13] ESSEN S. Variability in encountered waves during deterministically repeated seakeeping tests at forward speed[C]. Proceeding of the ASME 38th International Conference on Ocean, Offshore and Arctic Engineering, OMAE2019-95065, Glasgow, UK, 2019.

[14] KIM J W, JANG H, XU W, et al. Developing industry guidelines for the CFD-based evaluation of wind load on offshore floating facilities[C]. Offshore Technology Conference, OTC-29270-MS, 2019.

[15] KOOP A, YEON SEONG M, YU K, et al. Development and verification of modeling practice for CFD calculations to obtain current loads on FPSO[C]. Proceedings of the ASME 39th International Conference on Ocean, Offshore and Arctic Engineering, OMAE2020-19173, Florida, USA, 2020.

[16] BAQUET A, LIM H, KIM J. Effect of non-gaussian distribution of fully-nonlinear waves on offshore platform motion responses[C]. Proceedings of the ASME 38th International Conference on Ocean, Offshore an Arctic Engineering, OMAE2019-96465, Glasgow, UK, 2019.

[17] WATANABE S, FUJIMOTO W, KODAIRA T, et al. Data assimilation of the stereo reconstructed wave fields to a nonlinear phase resolved wave model[C]. Proceedings of the ASME 38th International Conference on Ocean, Offshore and Arctic Engineering, OMAE2019-95949, Glasgow, UK, 2019.

[18] DUCROZET G, BONNEFOY F, MORI N, et al. Experimental reconstruction of extreme sea waves by time reversal principle[J]. Journal of Fluid Mechanics, 2020, 884: A20.

[19] XIE B, REN X, LI J, et al. Study on gust parameters and wind spectrum of south China Sea[C]. In Proceedings of the ASME 38th International Conference on Ocean, Offshore and Arctic Engineering, OMAE2019-95779, Glasgow, UK, 2019.

[20] NIU X, MA X, MA Y, et al. Controlled extreme wave generation using an improved focusing method[J]. Applied Ocean Research, 2020, 95: 102017.

[21] FERNÁNDEZ H, SRIRAM B, SCHIMMELS S, et al. Extreme wave generation using self correcting method: revisited[J]. Coastal Engineering, 2014, 93: 15-31.

[22] HOUTANI H, WASEDA T, FUJIMOTO W, et al. Generation of a spatially periodic directional wave field in a rectangular wave basin based on higher-order spectral simulation[J]. Ocean Engineering, 2018, 169: 428-441.

[23] KHAIT A, SHEMER L. Nonlinear wave generation by a wavemaker in deep to intermediate water depth [J]. Ocean Engineering, 2019, 182: 222-234.

[24] LIU S, ZHANG X. A wave prediction framework based on machine learning and the third generation wave model[J]. Journal of Offshore Mechanics and Arctic Engineering, 2022, 144: 011202.

[25] TRULSEN K, ZENG H, GRAMSTAD O. Laboratory evidence of freak waves provoked by non-uniform bathymetry[J]. Physics of Fluids, 2012, 24(9): 740-310.

[26] ZENG H, TRULSEN K. Evolution of skewness and kurtosis of weakly nonlinear unidirectional waves over a sloping bottom[J]. Natural Hazards and Earth System Sciences, 2012, 12(3): 631-638.

[27] GRAMSTAD O, ZENG H, TRULSEN K, et al. Freak waves in weakly nonlinear unidirectional wave

trains over a sloping bottom in shallow water[J]. Physics of Fluids,2013,25: 122103.

[28] VIOTTI C, DIAS F. Extreme waves induced by strong depth transitions: Fully nonlinear results[J]. Physics of Fluids,2014,26(5): 287-310.

[29] DUCROZET G, GOUIN M. Influence of varying bathymetry in rogue wave occurrence within unidirectional and directional sea-states[J]. Journal of Ocean Engineering and Marine Energy, 2017, 3(4): 309-324.

[30] KASHIMA H, MORI N. After effect of high-order nonlinearity on extreme wave occurrence from deep to intermediate water[J]. Coastal Engineering,2019, 153: 103559.

[31] TRULSEN K, RAUSTL A, JORDE S, et al. Extreme wave statistics of long-crested irregular waves over a shoal[J]. Journal of Fluid Mechanics, 2019, 882: R2.

[32] ZHANG J, BENOIT M. Wave-bottom interaction and extreme wave statistics due to shoaling and deshoaling of irregular long-crested wave trains over steep seabed changes[J]. Journal of Fluid Mechanics, 2021,912: A28.

[33] GRUE J. Ship generated mini-tsunamis[J]. Journal of Fluid Mechanics,2017, 816: 142-166.

[34] GRUE J. Mini-tsunami made by ship moving across a depth change[J]. Journal of Waterway Port Coastal and Ocean Engineering,2020,146(5): 04020023.

[35] YAO J, ZHANG X. Nonlinear effect on ship generated mini-tsunamis[C]. 37th International Workshop on Water Waves and Floating Bodies, Giardini Naxos, Italy, 2022.

[36] DUZ B, SCHARNKE J, HALLMANN R, et al. Comparison of the CFD results to PIV measurements in kinematics of spilling and plunging breakers[C]. Proceedings of the ASME 39th International Conference on Ocean, Offshore and Arctic Engineering, OMAE2020-19268, Florida, USA, 2020.

[37] ALBERELLO A, IAFRATI A. The velocity field underneath a breaking rogue wave: laboratory experiments versus numerical simulations[J]. Fluids,2019,4(2): 68.

[38] IAFRATI A, VITA F D, ALBERELLO A, et al. Strongly nonlinear phenomena in extreme waves[J]. SNAME Transactions,2015, 123: 17-38.

[39] DE V F, VERZICCO R, IAFRATI A. Breaking of modulated wave groups: kinematics and energy dissipation processes[J]. Journal of Fluid Mechanics,2018, 855: 267-298.

[40] TULIN, M P, WASEDA T. Laboratory observation of wave group evolution, including breaking effects [J]. Journal of Fluid Mechanics, 1999,378: 197-232.

[41] DONG G, LIU D, MA Y,et al. Experimental investigation of weakly three-dimensional nonlinear wave interactions[J]. European Journal of Mechanics B / Fluids,2019, 77: 239-251.

[42] BABANIN A. Breaking of ocean surface waves[J]. Acta Phys. Slovaca,2009,56(4):305-535.

[43] TOFFOLI A, BABANIN A, ONORATO M, et al. Maximum steepness of oceanic waves: field and laboratory experiments[J]. Geophysical Research Letters, 2010,37(5): L05603.

[44] KIM J W, JANG H, XU W, et al. Numerical modeling of neutrally-stable and sustainable atmospheric boundary layer for the wind load estimation on an offshore platform[C]. Proceedings of the ASME 37th International Conference on Ocean, Offshore and Arctic Engineering, OMAE2018-78699, Madrid, Spain, 2018.

[45] YEON S, JANG H, KIM J W,et al. Numerical modeling practice and verification of the wind load estimation for FPSO and semi-submersible[C]. Proceedings of the ASME 38th International

Conference on Ocean, Offshore and Arctic Engineering, OMAE2019-96429, Glasgow, UK, 2019.

[46] XU W, HUANG J, KIM H. Thorough verification and validation of CFD prediction of FPSO current load for confident applications[C]. Proceedings of the ASME 38th International Conference on Ocean, Offshore and Arctic Engineering, OMAE2019-95017, Glasgow, UK, 2019.

[47] HUANG J, KIM H. Physical modeling and simplification of FPSO topsides module in wind tunnel model tests[C]. Proceedings of the ASME 39th International Conference on Ocean, Offshore and Arctic Engineering, OMAE2020-19058, Florida, USA, 2020.

[48] RICHARD P, HOXEY R. Appropriate boundary conditions for computational wind engineering models using the $k-\varepsilon$ turbulence model[J]. Journal of Wind Engineering Industrial Aerodynamics, 1993, 46: 145-153.

[49] VICKERY P J. Analysis of hurricane winds[C]. Proceedings of Offshore Technology Conference, OTC-25244-MS, Houston, Texes, USA, 2014.

[50] American Petroleum Institute (API). Derivation of metocean design and operating conditions[S], API RP 2MET, Committee Draft, September, 2013.

[51] Engineering Sciences Data Unit (ESDU). Strong winds in the atmospheric boundary layer, part 1: mean hourly wind speed[S]. Item No. 82026, London, England, 1982.

[52] Engineering Sciences Data Unit (ESDU). Strong winds in the atmospheric boundary layer, part 2: discrete gust speeds[S]. Item No. 83045, London, England, 1983.

[53] TSUKADA Y, SUZUKI R, UENO M. Wind loads simulator for free-running model ship test[C]. Proceedings of the ASME 36th International Conference on Ocean, Offshore and Arctic Engineering, OMAE2017-61158, Oslo, Norway, 2017.

[54] KRISTOFERSEN J C, BREDMOSE H, GEORGAKIS C T, et al. Preliminary experimental study on the influence of the local wind field on forces from breaking waves on a circular cylinder[C]. Proceedings of the ASME 38th International Conference on Ocean, Offshore and Arctic Engineering, OMAE2019-95179, Glasgow, UK, 2019.

[55] IAFRATI A, VITA FD, VERZICCO R. Effect of the wind on the breaking of modulated wave trains[J]. European Journal of Mechanics / B-Fluids, 2019, 73: 6-23.

[56] BUCKLEY M P, VERON F. The turbulent airflow over wind generated surface waves[J]. European Journal of Mechanics / B-Fluids, 2019, 73: 132-143.

[57] TOUBOUL J, GIOVANANGELI J P, KHARIF C, et al. Freak waves under the action of wind: experiments and simulations[J]. European Journal of Mechanics/B-Fluids, 2006, 25(5): 662-676.

[58] KHARIF C, GIOVANANGELI J, TOUBOUL J, et al. Influence of wind on extreme wave events: experimental and numerical approaches[J]. Journal of Fluid Mechanics, 2008, 594: 209-247.

[59] LIU S, ZHANG X, YANG J, et al. Modulational instability and statistical properties of irregular waves in finite water depth[J]. Applied Ocean Research, 2022, 120: 103031.

[60] GREY S, LIU Y. A probabilistic approach to tropical cyclone modelling[C]. Proceeding of the ASME 38th International Conference on Ocean, Offshore and Arctic Engineering, OMAE2019-96245, Glasgow, UK, 2019.

[61] HALL T M, JEWSON S. Statistical modeling of north atlantic tropical cyclone tracks[J]. Tellus, 2007, 59(4): 486-498.

[62] CASSON E, COLES S. Simulation and extremal analysis of hurricane events[J]. Journal of Royal Statistical Society, Series C,2000,49(3): 227-245.

[63] HOLLAND G. An analytic model of the wind and pressure profiles in hurricanes[J]. Monthly Weather Review,1980,108(8): 1212-1218.

[64] TAO S, SONG J, WANG Z, et al. Statistical analysis for the duration and time intervals of tropical cyclones, Hong Kong[C]. Proceedings of the ASME 38th International Conference on Ocean, Offshore and Arctic Engineering, OMAE2019-95791, Glasgow, UK, 2019.

[65] XIE B, REN X, XU J, et al. Research on wave spectrum and parameter statistics in the northern South China Sea[C]. Offshore Technology Conference, 2019.

[66] YOUNG I R. The wave climate of the southern ocean[C]. Proceedings of the ASME 38th International Conference on Ocean, Offshore and Arctic Engineering, OMAE2019 - 95168, Glasgow, UK, 2019.

[67] XU W, HUANG J, KIM H. Thorough verification and validation of CFD prediction of FPSO wind load for confident applications[C]. Proceedings of the ASME 38th International Conference on Ocean, Offshore and Arctic Engineering, OMAE2019-95018, Glasgow, UK, 2019.

[68] BRUSERUD K. Simultaneous stochastic model of waves and currents for prediction of structural design loads[C]. Proceedings of the ASME 37th International Conference on Ocean, Offshore and Arctic Engineering, OMAE2018-77219, Madrid, Spain, 2018.

[69] TOFFOLI A, DUCROZET G, WASEDA T, et al. Ocean currents trigger rogue waves[C]. Proceedings of the Twenty-ninth International Ocean and Polar Engineering Conference, Honolulu, Hawaii, USA, 2019.

[70] ONORATO M, CAVALERI L, FOUQUES S, et al. Statistical properties of mechanically generated surface gravity waves: a laboratory experiment in a three-dimensional wave basin[J]. Journal of Fluid Mechanics, 2009,627: 235-257.

[71] LIAO B, DONG G, MA Y, et al. Linear-shear current modified schrodinger equation for gravity waves in finite water depth[J]. Physical Review E,2017, 96: 043111.

[72] LIAO B, MA Y, MA X, et al. Experimental study on the evolution of peregrine breather with uniform-depth adverse currents[J]. Physical Review E,2018,97: 053102.

第二篇

海冰环境篇

船-冰相互作用的数值模拟

孙 哲　邱勇进　杨碧野　张桂勇　宗 智

（大连理工大学）

1　研究背景

北极地区拥有丰富的油气和矿产资源，有着巨大的经济利益，同时位于北极的东北航道和西北航道也逐渐成为航运界的主要交通路线。作为极地交通运输的主要交通工具，极区船舶的相关研究逐渐成为热点。与常规水域内航行的船舶相比，极区航行船舶需要重点考虑船-冰之间的相互作用过程，冰载荷、水动力载荷及二者的耦合载荷会给船舶的航行性能和结构安全性能带来明显的影响。此外，浮冰的几何特征及材料力学属性上的随机性也给相关的研究带来了一定的困难。

船-冰相互作用过程是一个复杂的非线性问题，涉及因素众多，包括船速、船型及浮冰的种类、分布、尺寸、形状、材料性质等。准确预报冰载荷及冰阻力，掌握船-冰相互作用过程的物理现象，是关乎极区船舶航行安全及结构安全的关键问题。

早期有关船-冰相互作用的研究以模型试验和相应的经验或理论公式为主，随着计算机科学技术的发展，目前越来越多的学者使用数值模拟方法研究该问题。数值模拟方法不仅能够计算船-冰之间的相互作用力，还可以直观地反映结构损伤变形、材料非线性和结构失效等情况，可以真实地模拟船舶与冰相互作用的现象[1]。

使用数值模拟方法研究船-冰相互作用问题需要定义结构和冰之间的相对关系，将船舶在冰区航行时的连续破冰过程归纳为船舶与浮冰边界之间发生的"接触-挤压-破坏"的循环过程[2]。其中，问题的关键在于对该物理过程进行全面且准确的模拟，定义从接触到挤压，以及从挤压到破坏之间的准则。因此，根据不同的计算方法和不同的计算情况衍生出多种数值模拟方法。

2　研究基础

2.1　有限元法

2.1.1　概述

有限元法的基本思想是将连续的求解域离散化为按一定方式连接在一起的单元组合体，利用单元内假设的近似函数可以求解域的未知场函数。单元内的近似函数通常用未知场函数及其导数在单元的各节点的数值和其插值函数来表达，从而使一个连续的无限自由度问题变成了离散的有限自由度问题。求解出这些未知量后，通过插值函数计算出各单元内场函数的近似值，得到整个求解域内的近似解。通过增加单元数目、增加单元自由度或提高插值函数精度，解的近似程度将不断提高，最后收敛于精确解。

在实际工程中，非线性问题普遍存在，船-冰碰撞过程属于高度动态过程，强非线性是其特性之一。非线性问题可分为以下三种：几何非线性问题、材料非线性问题和接触非线性问题。

几何非线性的特点是碰撞体在碰撞过程中经历大的变形,节点处的变形和结构内部变形关系呈现非线性,是大转动、大位移。此时,原有的小变形原理已不再适用。材料非线性体现为碰撞过程中应力-应变呈现非线性关系。例如,在船-冰碰撞过程中,钢材料所受应力在弹性范围内时,应力-应变的变化处于线性范围以内,卸载后变形可以恢复;但当应力超出弹性范围时,应力保持恒定,而应变持续增加,卸载后塑性变形无法恢复到原来的状态;当所受应力大于屈服应力极限时,材料则进入塑性阶段,使得材料出现破坏。同时,船-冰碰撞过程中也存在接触非线性问题。碰撞过程中结构之间发生急剧接触与摩擦作用,使得二者的接触边界存在高度的非线性。因此研究碰撞问题普遍要将边界条件考虑进来。

2.1.2 动力学方程求解

通过非线性有限元法可以实现对船-冰相互作用问题的模拟。非线性有限元动态过程求解的有限元方程分为隐式和显式,二者的力学平衡方程组成均包括外力、节点加速度及单元内力等参数,且单元内力由加速度解得,二者区别在于求解加速度的方法上。显式求解可用于求解位移与速度。显式时间积分的求解步骤如下:

$$M\ddot{x}_n + C\dot{x}_n + Kx_n = F_n^{\text{ext}} \tag{2.1}$$

式中,M 为质量矩阵;C 为阻尼矩阵;K 为刚度矩阵;$\ddot{x}_n$、$\dot{x}_n$、x_n、F_n^{ext} 分别表示 t_n 时刻的加速度、速度、位移及外力。

记

$$F_n^{\text{int}} = C\dot{x}_n + Kx_n \tag{2.2}$$

则

$$M\ddot{x}_n = F_n^{\text{ext}} - F_n^{\text{int}} \tag{2.3}$$

记

$$F_n^{\text{residual}} = F_n^{\text{ext}} - F_n^{\text{int}} \tag{2.4}$$

则

$$M\ddot{x}_n = F_n^{\text{residual}} \tag{2.5}$$

式中,F_n^{residual} 为 t_n 时刻剩余的力矢量。

将质量矩阵等价代换到方程右边,可求出节点加速度

$$\ddot{x}_n = M^{-1} F_n^{\text{residual}} \tag{2.6}$$

基于质量集中假定,则质量矩阵 M 为对角阵,求解的线性方程组是非耦合的,进一步优化了存储空间和计算时间。

假定在一个时间步长内加速度为一恒定值,且使用显式中心差分法,则节点加速的求解可通过下式进行:

$$\begin{cases} \dot{x}_{n+\frac{1}{2}} = \dot{x}_{n-\frac{1}{2}} + \frac{1}{2}(\Delta t_{n-\frac{1}{2}} + \Delta t_{n+\frac{1}{2}})\ddot{x}_n \\ x_{n+1} = x_n + \dot{x}_{n+\frac{1}{2}} \Delta t_{n+\frac{1}{2}} \\ t_{n-\frac{1}{2}} = \frac{1}{2}(t_n + t_{n-1}) \\ t_{n+\frac{1}{2}} = \frac{1}{2}(t_n + t_{n+1}) \\ \Delta t_{n+\frac{1}{2}} = \frac{1}{2}(\Delta t_n + \Delta t_{n+1}) \\ \Delta t_n = (\Delta t_n - \Delta t_{n-1}) \\ \Delta t_{n+1} = (\Delta t_{n+1} - \Delta t_n) \end{cases} \tag{2.7}$$

根据上述递推公式可以求得整个时域范围内各离散时间点的节点速度、位移及加速度。

2.2 离散元法

2.2.1 概述

在离散元法求解中,离散体通常以具有一定形状和质量且相互独立的颗粒单元的形式存在,其可以发生接触和碰撞,同时单元之间有相互作用力。单元的几何特征包括形状、尺寸及初始排列等,根据需要计算的材料不同,赋予颗粒单元不同的特征。在离散单元运动状态模拟中,单元间的接触力采用线性接触模型计算,运动信息根据单元运动方程的直接积分求解,最后由运动信息更新单元位置。

2.2.2 接触方程

单元间的接触力可解耦为法向分量和切向分量,单元之间因相互接触而产生的接触力包括垂直于接触平面的法向接触力 F_i^n 和平行于接触平面的切向接触力 F_i^s,并有如下关系:

$$F = F_n + F_s \tag{2.8}$$

接触点的法向接触力为

$$F_n = k_n U^n n_i \tag{2.9}$$

式中,U^n 为两颗粒单元间法线方向的重叠量。

$$U^n = r_A + r_B - d \tag{2.10}$$

其中,r_A、r_B 分别为颗粒单元 A、B 的半径;d 为颗粒球心坐标距离。

式(2.9)中 k_n 为法向接触刚度。一般对于线性接触模型,其为常数,对于非线性接触模型,其表达式为

$$k_n = \frac{k_n^A k_n^B}{k_n^A + k_n^B} \tag{2.11}$$

式中,k_n^A、k_n^B 分别为两个接触单元的法向接触刚度。

单元间的法向阻尼系数为

$$C_n = \xi_n \sqrt{2MK_n} \tag{2.12}$$

$$\xi_n = \frac{\ln e_i}{\sqrt{\pi^2 + (\ln e_i)^2}} \tag{2.13}$$

式中,ξ_n 为阻尼比;e_i 为颗粒单元回弹系数;M 为两个颗粒单元的等效质量

$$M = \frac{m^A m^B}{m^A + m^B} \tag{2.14}$$

式中,m^A、m^B 分别为颗粒单元 A、B 的质量。

颗粒单元间切向接触力的计算不同于法向接触力,颗粒单元运动导致接触平面的方位发生变化,所以采用增量叠加的形式来计算:

$$\Delta F_s = K_s \Delta x_s \tag{2.15}$$

式中,Δx_s 为两个颗粒单元在接触点的切向位移增量,假设单元的接触力满足库伦摩擦定律,接触点的剪应力与该点的速度和位移的关系为

$$F_s = \min(|k_s x_s - C_s v_s|, |\mu F_n|) \tag{2.16}$$

式中,v_s 为两个颗粒单元在接触点的相对切向速度。

切向刚度 k_s 和 C_s 阻尼通常采用常系数 α 和 β 表示,即 $k_s = \alpha k_n$,$C_s = \beta C_n$。

2.2.3 运动方程

运动方程可以表示为

$$m\ddot{x}_i = F_i \qquad (2.17)$$

$$I\ddot{\theta}_i = M_i \qquad (2.18)$$

式中,m 为单元质量;I 为单元转动惯量。一般采取直接积分法求解单元的运动方程,首先用上一时刻的速度和当前时刻的加速度来更新当前时刻的速度,再用上一时刻的位移和这一时刻的位移更新当前时刻的位移,角速度同理:

$$x_i^n = x_i^{n-1} + \dot{x}_i^n \Delta t \qquad (2.19)$$

$$\dot{x}_i^n = \dot{x}_i^{n-1} + \ddot{x}_i^n \Delta t \qquad (2.20)$$

$$\theta_i^n = \theta_i^{n-1} + \dot{\theta}_i^n \Delta t \qquad (2.21)$$

$$\dot{\theta}_i^n = \dot{\theta}_i^{n-1} + \ddot{\theta}_i^n \Delta t \qquad (2.22)$$

采用以上方程计算每个单元的运动参数,通过更新每个单元在当前时刻的位移和转角,确定单元间的相互作用力,用于下一时刻单元运动参数的计算。由此循环可迭代计算每一步单元的位置信息及运动轨迹。

2.3 船-冰相互作用形式

2.3.1 冰排在船首前的破坏进程

Timco 和 Frederking[3]通过模型试验研究发现,冰排中出现径向裂纹时,载荷达到最大值;而冰排环向裂纹生长扩展时,载荷开始下降。Valanto[4]在研究中将冰排在船首前的弯曲破坏进程划分为三个阶段:断裂、翻转和滑移清除。断裂进程的研究主要关注环向裂纹、径向裂纹的形成与扩展。Lindqvist[5]通过重力势能与动能相互转换的关系,对碎冰块撞击及滑移清除时的船体阻力进行了公式推导,并指出通过船首线型的合理设计可使碎冰块沿船舶的滑移清除运动,这样避免了碎冰在船首前的碎冰堆积现象出现。

黄焱等[6]的研究表明冰排中径向裂纹的发生先于环向裂纹,环向裂纹的出现最终使得冰排发生断裂破坏;并且还发现冰排发生初次断裂破坏后,还可能发生再次断裂。Valkonen[7]等在 2007 年和 2008 年的冬季,对挪威 KV Svalbard 号破冰船的航行过程进行了一系列的现场观测工作。

2.3.2 冰排在船首的挤压破坏模式

船舶在平整冰条件下航行时,冰排的断裂进程产生载荷较大,会对航行的安全性和快速性产生较大影响。在实际作用过程中,冰排在船首前具有多种破坏模式,并且通常几种破坏模式会混合在一起,但主要由挤压破坏模式和弯曲破坏模式组成。其中,挤压破坏模式为船舶航行中在艏柱区域较为常见的载荷。船舶在冰区转向航行时,艏柱趋于与完整冰排直接作用,艏柱区域类似于现实海工结构中的窄径桩型结构,冰排一般呈现挤压破坏模式。Jordaan[8]在 2001 年的研究中发现,当冰载荷发生挤压破坏时,冰载荷大部分集中在所谓的"高压力区"。高压力区的应力方向是三向的,边界封闭处的应力较低,中心位置处的应力较高,从边界到中心整体呈现从低到高的分布趋势。这些区域中还会发生剪切破坏,剪切破坏导致了冰排内部微观结构的改变。这种微观结构改变后的冰排与完整冰排相比在顺应性方面有了明显的提高。当压力较小时,靠近高压力区边缘的地方伴随碎冰的重新结晶而出现微观断裂。同时,会有重新结晶的材料出现在高压力区的中心位置,一般认为这一过程是由低压力造成的。当冰载荷达到某一水平时,碎冰层整体上变得非常松软,此时会出现碎冰体频繁被挤出的现象。伴随着挤压破坏,冰体沿轴线两侧的碎冰沫沿着45°方向以剥落的形式发生破坏,也就是说,冰排也在同时发生着剪切破坏。

2.3.3 冰排在船首的弯曲破坏模式

由于船首型线都会具有一定的纵剖线角及外倾角,而冰材料是一种弯曲强度小于抗压强度的材料,因此冰排在船首两侧主要以弯曲破坏形式为主。在平整冰与船首发生作用时,冰排在发生弯曲破坏的同时还会伴随剪切破坏。这是因为柱状晶体沿轴向的剪切强度通常较低,是一种剪切与弯曲联合破坏的形式,同时还会发生侧向剪切的冰排破坏模式。在实际冰与船相互作用的过程中,船首通常会引起径向裂纹与环向裂纹,使得冰排在船首前是一种复杂的破坏模式。这种径向裂纹与环向裂纹的扩展,通常伴随着剪切破坏进行。

3 研究进展

3.1 有限元法在船-冰相互作用数值模拟中的研究进展

有限元方法的发展较早,理论相对完善,是目前数值模拟领域内的主流算法。但是在计算浮冰破坏及裂纹拓展时,由于其基于连续介质力学的固有特点,传统的有限元法并不能对相关问题进行准确模拟。采用单元删除的手段模拟浮冰的失效行为,往往会导致整个系统的能量不守恒。针对该问题,出现了一系列基于传统有限元法的改进算法。其中,以扩展有限元方法和黏聚力单元法在船-冰相互作用问题上应用最为普遍。

在有限元法发展早期,Jebaraj 等[9-10]利用基础的非线性有限元法模拟船舶与冰的相互作用,将载荷的转移机理视为一个接触的过程,考虑接触面积,进行了肋骨角度、船舶冲撞速度和冰排厚度对冰载荷的参数影响分析。

随着计算机性能的提高,利用 LS-DYNA、Abaqus 等有限元软件可以实现对船-冰相互作用场景进行计算。

上海交通大学的王健伟[2]基于 LS-DYNA 研究船舶与冰层发生碰撞时,将海冰模拟为各向同性的弹塑性断裂模型,并建立数值模型对冰材料进行验证。葛媛[11]运用编程语言对破冰船海冰模型进行二维离散化,并对船-冰连续破冰过程进行数值模拟,应用 LS-DYNA 软件对三棱柱-海冰运动模型进行数值求解,通过计算沙漏能与内能的比值来考虑软件模拟结果的准确性,并计算海冰弯曲失效时各分力的变化情况。Kim 等[12-13]应用 LS-DYNA 软件使用有限元方法模拟了破冰型货船在碎冰条件下的阻力性能,并与韩国的非冻结模型冰试验结果及加拿大的冻结模型冰试验结果进行了对比,探讨了不同速度对阻力性能的影响。Mravak 等[14]利用 LS-DYNA 软件讨论了船舶与冰山碰撞时的总体载荷和局部变形情况。

Sawamura 等[15]使用 ABAQUS 软件研究了冰-船碰撞过程中的冰弯曲现象。Lindstrom[16]利用 ABAQUS 软件模拟了破冰力,同时用理论计算的方法计算了碎冰旋转滑移过程中的接触力,提出了计算冰力和动态载荷的数值方法。

近年来,在有限元方法的基础上,为使计算更加接近实际,将附加质量加入数值模拟之中,许多研究者在计算中考虑了附加水质量[17-20]。在考虑受水动力影响的情况下,Aksnes[21]考虑船舶与平整冰之间的相对运动和速度结合弹性梁理论与摩擦理论建立了冰力模型。Liu 等[22-23]按照 TSAI-WU 屈服面提出了一种冰的材料模型,并运用在球鼻艏与冰山相撞的模拟中,同时也利用内外部动力学方法与 LS-DYNA

结合计算舷侧与冰山相撞。在 Gagnon 和 Derradji-Aouat[24] 及 Liu 等的成果基础上，Storheim 等[25] 分别总结了利用其材料计算不同形状的冰山与船舶相撞问题。江苏科技大学的张健等[26] 建立了相应的数值仿真模型；然后又设计并进行了水中冰体撞击板架的模型试验，在水池中测得了不同速度冰体撞击板架过程中板架结构各部位的应变值及板架变形量，并将试验和仿真计算获得变形及应力峰值做了对比。

除了基础的非线性有限元法，还可以考虑各向应力位移耦合与非耦合的黏聚力模型及模拟裂纹扩展时无须网络重构的扩展有限元法（XFEM）等。

黏聚力单元法最早由 Dugdale[27] 和 Barenblatt[28] 提出。该理论介于损伤力学和断裂力学之间，其特点是通过选取适当的参数，反映界面层物质的模量、强度、韧性、裂纹的形成和扩展等。黏聚力模型将裂纹分为两部分，即裂纹表面不受应力作用的断裂区和裂纹表面有应力作用的黏聚力区（断裂过程区）。当牵引力-展开位移曲线下的区域面积等于临界能量释放率时，界面上的牵引力减为零，界面产生宏观裂纹，开始破裂。

Konuk 等[29] 对灯塔所受到的冰载荷进行了研究，并提出使用黏聚力模型作为层冰的材料模型，进行斜坡结构的防冰模拟及多桩与层冰的碰撞模拟。上海交通大学的卢腾超等[30] 结合黏聚力单元法建立了含缺陷的平整冰模型，对平整冰-锥体碰撞场景进行了模拟，更加真实地模拟了层冰的特征。黄志刚[31] 采用黏聚力单元法和流固耦合算法研究极地航行船舶与层冰、冰山相互作用。中国船舶科学研究中心的王志鹏等[32] 采用黏聚力单元法构建海冰数值模型，开展了冰样单轴压缩强度和三点弯曲强度试验过程数值模拟，并验证了模型的合理性。

扩展有限元法是由 Belytschko 等[33] 提出的，其理论上是一种与网格无关的方法，它允许裂纹在不重新划分网格的情况下通过单元传播。这是通过用不连续函数丰富微分方程解的解空间来实现的。由于该方法的无网格特性，在模拟裂纹萌生和扩展问题上具有很好的应用前景。

在扩展有限元法的研究方面，Lu 等[34] 使用四种可用的数值方法结合黏性区方法对冰弯曲问题进行了模拟，得出扩展有限元法是一种很有发展前景的模拟裂纹扩展的方法，但仍处于发展阶段，仍有一些实际问题需要解决。李放等[35] 使用扩展有限元法对船-冰相互作用中冰的破坏模型进行了模拟，然后采用机器学习对多种破坏情况进行了处理，总结出了破坏应力的公式。上海交通大学的 Xu 等[36] 采用扩展有限元法对冰的断裂过程进行了模拟，并采用黏聚区概念来描述裂纹的扩展过程。通过对波罗的海某登陆艇船首与水平冰碰撞现场试验的模拟，验证了该方法的有效性。

3.2 离散元法在船-冰相互作用数值模拟中的研究进展

离散元法由 Cundall[37] 于 1971 年首次提出，求解过程为先将求解空间离散成离散元单元阵，根据实际问题将相邻的单元连接起来，根据单元间的相对位移和与其他单元间的作用力，利用牛顿第二定律求得单元的加速度，对时间进行积分，进而得到单元的速度和位移。

在不同的尺度下，海冰都具有离散的特点，因此可以采取离散元法进行研究。20 世纪 80 年代，离散元法开始应用于海冰研究中，通过单元之间碰撞研究平均应力与应变率的关系[38]。近年来，离散元法在研究冰与船舶相互作用方面取得很大进展。

使用离散元法进行数值模拟，最简便的方法是将冰假设为二维圆盘[39-44]。Karuli 和 Karulina[45] 利用基于二维圆盘的离散元法模拟了不同速度下饼状冰与停泊船舶的相互作用过程，并与模型试验进行对比。Hansen 和 Løset[46] 对浮冰撞击下锚泊定位的海洋结构物响应进行分析，利用圆盘状单元模拟浮冰，建立考虑了浮冰与浮冰及浮冰与结构物间碰撞采用线黏弹性关系的模型，并考虑了摩擦作用。

但是从 20 世纪 90 年代开始，学者们逐渐认识到在描述冰块时，由冰的厚度产生的角度所带来的影响是不可忽视的[47-48]。从那时起，大多数离散元法数值模拟中使用二维多边形和三维多面体[49-53] 或膨胀多面体[54]来描述冰块形状。Lau 等[55]采用离散元软件 DECICE,分别针对二维和三维海冰的问题进行了计算,对一系列的冰-结构物和冰-船的碰撞问题进行了模拟。此外,也有用三维的有限厚度圆盘来描述浮冰的[56-57]。Hopkins 提出的增强算法中将浮冰设置为三维圆盘状,以模拟冰场的压缩[56]、波浪场中的浮冰[58],以及与一个不稳定的水力模型耦合来模拟河流冰塞的形成[59]。

大多数冰力学模拟的核心部分是冰的变形和失效,变形是通过使用弹性键[60]或铁木辛柯梁[61]连接在一起的刚性离散单元,或使用可变形离散单元[62]来模拟的。而破坏的准则可以采取沿单元边界和穿过单元的断裂莫尔-库仑压缩准则[63]、弯曲最大抗拉强度准则[64]、混合模态准则和能量耗散准则[61]。

此外,也可以使用黏粒模型,即通过将假定的球体由弹性黏粒粘在一起组成冰块。Morgan 等[65]采用三维离散单元法(3D DEM)结合颗粒模型模拟冰-锥体的相互作用。在模型中考虑了冰的厚度和锥体斜率。Dorival 等[66]利用六边形离散元模拟了冰排与刚体碰撞,离散单元之间通过轴向弹簧-阻尼器相连,当连接器伸长量达到一定程度后,连接失效并删除,以模拟断裂行为。

近年来,国内基于离散元模型对海冰与结构物相互作用的研究取得了很大的进展[67]。季顺迎等[68]采用颗粒离散单元模型数值模拟海冰与直立体之间的碰撞,确定不同桩腿直径下结构的冰振响应和冰载荷,并与实验数据对比,验证了模型的准确性。狄少丞等[69]采用海冰离散单元模型和船舶在敞水中回转的操纵运动方程,对"雪龙"船在不同冰厚、不同密集度的浮冰区和不同厚度的平整冰区回转过程中的冰阻力与运动特性进行了模拟。王超等[70]运用离散元模型结合欧拉多相流,研究了船舶在碎冰区域航行时与碎冰之间的相互作用关系。

在离散元法的基础上,又出现了非光滑离散元法。在非光滑离散元法中,碰撞和摩擦黏滑转换被认为是瞬时事件,使速度在时间上不连续。而接触力和冲量根据运动学约束和约束力与接触速度之间的互补条件来建模,接触网络变得强耦合,任何动态事件都可以瞬间在系统中传播。大连理工大学的王超等[71]基于非光滑离散元法建立了中-低覆盖率下船舶的碎冰阻力预报模型,通过与非冻结模型冰试验验证了模型的可行性,并对碎冰形状、厚度等因素展开了探究。非光滑离散元法试验与物理引擎模拟对比如图 1 所示。

(a)实验　　　　　　　　　　　　　　(b)物理引擎模拟

图 1　非光滑离散元法试验与物理引擎模拟对比

为了模拟变形和破坏,离散元法也可以与其他方法扩展结合。Robb 等[72]将光滑粒子流体动力模型(SPH)与离散元法相结合,模拟了含有海冰固体的自由表面液体流动问题。

3.3　其他方法

除了有限元法和离散元法,近年来还有几种应用于船-冰相互作用数值模拟的新兴方法,包括近场动力学方法、光滑粒子动力学方法(smoothed particle hydrodynamics,SPH)、物质点法(material point method,MPM)及环向裂纹法等。

3.3.1 近场动力学方法

近场动力学方法是美国 Sandia 国家实验室的 Silling 博士提出的一种无网格方法[73-74]。其利用积分方式控制方程而非求解偏微分方程,避免了对裂纹尖端位移场求空间导数,有效地减小了列尖的奇异性,克服了连续介质力学求解大变形问题的困难,适用于求解材料的大尺度变形问题。

Lubbad 和 Løset[75]基于近场动力学建立了新的解析闭合解并用于描述破冰过程,且将其用于一个实时模拟船-冰相互作用的数值模型。除此以外,还首次利用 PhysX 求解了计算域内所有浮冰的六自由度刚体运动方程。验证试验表明,模型计算与试验测量结果吻合较好。Silling 和 Bobaru[76]于 2005 年引入了新的微势能函数(micro-potential),建立了薄壳结构在 PD 理论中的力学模型,使其不再是简单的线性关系,并对薄壳结构的拉伸、撕裂、爆炸、振荡性的裂纹进行了扩展,对纤维材料的大变形进行了数值模拟。Liu 和 Hong[77]于 2012 年提出增加虚拟作用力对的方法,即在垂直于物质点连线的方向增加补偿作用力,以此来描述横向变形,使其应用于模拟任意泊松比材料。Madenci 和 Oterkus[78]于 2015 年利用普通状态型近场动力学理论,以 von Mises 准则作为屈服准则,模拟了等向硬化的塑性材料。文中对边界条件的处理、失效准则的确定都进行了详细讨论,并以金属材料为例,模拟匀质平板在加载和卸载条件下的等效应力;又分别对中心包含圆孔和预制裂纹的平板拉伸进行了数值模拟,得出能量释放率及拉伸判定准则的确定与材料的塑性变形程度有关。

陆锡奎[79]采用近场动力学与有限元耦合法对破冰船船首连续破冰过程进行了数值模拟。王超等[80]将层冰简化为长方体,将船体表面三维模型离散为一系列四边形网格单元,并用近场动力学方法建立了海冰模块,由此建立了破冰阻力预报模型。通过数值模拟同模型试验结果进行对比,验证了模型的有效性。卢巍[81]在键型近场动力学模型的基础上提出了物质点间的微梁模型,以克服其应用方面受到的材料泊松比的限制;在状态型近场动力学的阐述中,引入极分解定理,并以最大主应变为断裂准则,建立冰梁的近场动力学模型进行数值模拟,分析了数值模拟中的应力分布及局部破坏现象,与试验测得的结果进行对比,验证了数值模型的准确性。

3.3.2 光滑粒子动力学方法

光滑粒子动力学方法是近几十年来逐步发展起来的一种无网格方法,该方法的基本思想是将连续的流体或固体用相互作用的质点组来描述,各物质点上承载各种物理量,包括质量、速度等,通过求解质点组的动力学方程并跟踪每个质点的运动轨道,求得整个系统的力学行为。由于船-冰相互作用是一个高度非线性的物理过程,碰撞过程中海冰将会经历大变形,会产生高应变率,用具有一定物理特性的粒子来进行计算,是避免大变形影响计算结果的一种较好途径。SPH 方法船舶边界处理示意图如图 2 所示。

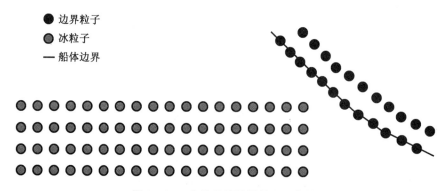

图 2 SPH 方法船舶边界处理示意图

近年来,SPH方法作为一种无网格方法已广泛应用于计算流体模拟[82-86]。SPH方法还被扩展到解决流体-固体相互作用问题,包括板在水冲击下的塑性和脆性断裂行为[87]、流体流动与饱和多孔介质的相互作用[88]、流体-弹性固体相互作用[89]及柔性油杆在波浪和水流联合作用下的失效过程[90]。此外,由于其拉格朗日性质,SPH方法可以有效地用于固体的大变形和破坏行为[91-96]。

3.3.3 物质点法

物质点法(material point method, MPM)是拉格朗日法和欧拉法的结合,它能有效解决与历史有关的大变形问题,不会引起任何网格变形。MPM由Sulsky等[97]于1994年提出。在这种方法中,求解对象被离散成一组粒子,并把背景网格作为计算暂存区,储存物体的所有信息,如速度、应力率、温度等;在求解每个时间步长的运动方程的过程中,每一个时间步都会建立新的背景网格,并将信息从上一个时间步传递到下一个时间步,实现计算过程。

王瑶妹[98]利用物质点法模拟了冰温、速度、结构物宽度和冰厚度对冰载荷大小的影响,并将模拟结果与一系列经验公式结果进行了比较。结果表明,物质点法模拟得到的冰载荷值介于经验公式计算结果构成的区间内,物质点法得到的结果与经验公式具有相似的趋势。Sulsky和Schreyer[99]将物质点法应用于坯料镦粗和圆柱体冲击刚性壁的泰勒问题。Nairn[100]对物质点法进行了扩展,允许模型材料中存在显式裂纹,结果表明其改进的CRAMP方法可以有效地模拟裂纹。Andersen S.和Andersen L.[101]将物质点法应用于滑坡模型中,并对内摩擦角等参数进行了讨论。Zhang等将物质点法应用于超高速碰撞问题[102]和爆炸问题[103]。

除此以外,物质点法还被用于二维海冰动力学[104-106]。

3.3.4 环向裂纹法

环向裂纹法来自船-冰相互作用中的一个现象:在平整冰与船体相互作用的过程中,冰块会承受竖直方向的拉压作用和水平方向的拉伸作用。在这两种应力的作用下,冰块会发生平行于接触面方向的环向裂纹或垂直于接触面方向的径向裂纹。

Zhou等[107]建立了水平冰中破冰船的动态冰载荷数值模型,考虑了完整冰的破碎对水线附近冰的作用和破碎浮冰的淹没作用,最后将数值模拟结果与冰槽试验进行了比较,结果吻合很好。Su等[108]考虑了连续冰力与船舶运动的耦合,采取环向裂纹法,用数值积分的方法求解了浪涌、横摆和偏航三自由度刚体方程。通过与AHTS/IB Tor Viking Ⅱ号破冰船冰迹数据的比较,验证了数值分析的正确性。

Zhang等[109]讨论了两种临界冰破坏模式:局部破碎和弯曲断裂。他们将冰的弯曲破冰情况看作是在弹性基础上受分布载荷作用的半无限大的板,通过生成环向裂纹建立了破坏模型;其模型中加入了随机模型,考虑了船-冰碰撞位置的随机性和破冰生成冰楔的数量。通过和一艘穿梭客运渡轮的模型冰试验进行对比,验证了该模型的准确性。

4 结论

有限元模型利用拉格朗日网格的变形计算物体的运动,即在模拟过程中将网格附着在流体上,流体的运动会引起网格压缩、膨胀和变形。有限元模型可求解计算域内物质点上所有场变量的整个时间历程,可采用不规则的网格单元描述复杂的几何形状,具有较好的执行效率。

有限元法作为一种成熟的数值计算方法,已经被成功地应用在了冰破坏及结构物冰载荷计算当中。但是其在处理冰的破碎时所需模型较为复杂,对冰的力学和物理参数模型要求较高。

离散元法用途广泛,用离散元法可做到微观尺度下描述海冰材料的结构,能够模拟冰从完整状态到破裂状态的过程,在宏观上又能够合理地模拟海冰与结构作用时的破碎规律。离散元法耗时长的地方,一是检测粒子单元的接触状态,在计算接触力之前,首先要判断单元间的接触状态,这一过程需要反复的接触探测,非常耗时;二是动力学方程求解,对于复杂的方程求解也需要较长时间。在此基础上,非光滑离散元也开始被越来越多的学者采用。

近场动力学方法能有效避免类似连续介质力学在处理不连续问题时存在的发散问题,在计算断裂、损伤、破碎及大变形模型时可避免发散,适用于船-冰相互作用模型。

SPH法计算空间导数时不需要使用任何网格,而被插值公式中的解析微分式子所替代,避免了高维拉氏差分网格法中的网格缠结和扭曲等问题。另一个突出的优点表现在其对缺乏对称性和内含真空的三维系统的计算特别有效。

在物质点法中,物体被离散成一系列的物质点,物体的所有信息都被保存在物质点上。该方法中需要引入背景网格,但是网格只用于每一时间步内运动方程的求解。下一时间步开始时,已经变形的背景网格会被舍弃,需要重新建立一套新的、规则的背景网格。因此,在求解碰撞、接触、破坏及爆炸问题上,物质点法已经被证明是一种简单、有效的方法。但是,物质点法在处理裂纹时较为困难,存在一定缺陷。

环向裂纹法基于环向裂纹物理现象做出假定,较好地还原了真实的物理现象。该方法目前较为新颖,其潜力还有待发掘。

5 需要研究的基础科学问题/发展方向

极地有丰富的自然资源,同时也有巨大的军事、经济利益,随着全球变暖、海冰融化,极地的科考开发工作越来越受到各国的重视。这使得极地海域海上航行量急剧增加,而极地的航行都离不开破冰船,它有着开辟航道的重要作用。

在极地海域,海冰有的以密实的冰块即层冰的形式存在,有的以许多较小的浮冰形式存在。在实际情况中,冰上航行的船舶,即为在冰中航行而进行特殊设计的船舶,它们的破冰能力通常是在模型比例尺的水平冰场中确定的,并在全尺度的层冰场中进行验证。因此,船舶在层冰中的航行性能在极地航行研究中显得十分重要。

冰区船舶在冰水混合环境中航行与操纵时,作用在船体的外力称为冰水动力,包括水动力及船-冰作用力等。冰区航行与操纵状态下船舶的外界作用力受冰的作用力影响较大,相互作用过程复杂,所以采用数值模拟的方法存在难度。

未来在模型试验及数据更加充分的条件下,有限元法及概率方法能够更加准确地模拟船-冰相互作用发生情况。同时,未来在算法优化的情况下,离散元的动力学方程求解速度能有所提高,离散元法能大大降低时间复杂度。

除此以外,有限元-离散元结合的方法也是未来发展方向,在此基础上采用统计学方法能更有效地归纳船-冰相互作用的规律。同时,许多新兴的计算船-冰相互作用的方法正在逐渐成熟,各种方法之间的耦合可以做到优势互补,处理现阶段难以解决的问题。

参考文献

[1] 何菲菲. 破冰船破冰载荷与破冰能力计算方法研究[D]. 哈尔滨:哈尔滨工程大学,2011.

[2] 王健伟. 基于非线性有限元方法的船舶-冰层碰撞数值研究[D]. 上海:上海交通大学,2015.

[3] TIMCO G W, FREDERKING R M W. A review of sea ice density[J]. Cold Regions Science and Technology, 1996, 24(1): 1-6.

[4] VALANTO P. The resistance of ships in level ice[J]. SNAME Transactions, 2001, 109: 53-83.

[5] LINDQVIST G. A straightforward method for calculation of ice resistance of ships[C]. Proceedings of the 10th International Conference on Port and Ocean Engineering under Arctic Conditions, Lulea, Sweden, 1989.

[6] 黄焱, 史庆增, 宋安. 冰破坏机理的试验研究[J]. 中国造船, 2003, 44(Z): 379-385.

[7] VALKONEN J, CAMMAERT G, MEJLÆNDER-LARSEN M. Field program for simulation of station-keeping conditions for Arctic drilling and production vessels[C]. The Proceedings of ICETECH, Banff, Canada, 2008.

[8] JORDAAN I J. Mechanics of ice-structure interaction[J]. Engineering Fracture Mechanics, 2001, 68(17-18): 1923-1960.

[9] JEBARAJ C, SWAMIDAS A S J, SHIH L Y. Numerical modelling of ship/ice interaction[J]. Offshore & Arctic Operations Symposium Tex Houston, 1989(3): 310-318.

[10] JEBARAJ C, SWAMIDAS A S J, SHIH L Y, et al. Finite element analysis of ship/ice interaction[J]. Computers & Structures, 1992, 43(2): 205-221.

[11] 葛媛. 二维离散方法的破冰船层冰破冰阻力数值预报[D]. 大连: 大连海事大学, 2020.

[12] KIM M C, LEE W J, SHIN Y J. Comparative study on the resistance performance of an icebreaking cargo vessel according to the variation of waterline angles in pack ice conditions[J]. International Journal of Naval Architecture and Ocean Engineering, 2014, 6(4): 876-893.

[13] KIM M C, LEE S K, LEE W J, et al. Numerical and experimental investigation of the resistance performance of an icebreaking cargo vessel in pack ice conditions[J]. International Journal of Naval Architecture and Ocean Engineering, 2014, 5(1): 116-131.

[14] MRAVAK Z, RUDAN S, TRYASKIN V, et al. Iceberg collision with offshore unit[C]. International Conference on Port and Ocean Engineering under Arctic Conditions, 2009.

[15] SAWAMURA J, RISKA K, MOAN T. Finite element analysis of fluid-ice interaction during ice bending[C]. Proceeding of the 19th IAHR Symposium on Ice, Vancouver, Canada, 2008.

[16] LINDSTROM C A. Numerical estimation of ice forces acting on inclined structures and ships in level ice[C]. Offshore Technology Conference, 1990.

[17] WANG B, YU H C. Ship and ice collison modeling and strength evaluation of LNG ship structure[C]. International Conference on Offshore Mechanics and Arctic Engineering, shanghai, China, 2008.

[18] LIU Z H, AMDAHL J, LØSET S. A parametric study on the external mechanics of ship/iceberg collision[C]. Proceedings of the ASME 29th International Conference on Ocean Offshore and Arctic Engineering, Shanghai, China, 2010(4): 741-749.

[19] LIU Z H, AMDAHL J, LØSET S. Integrated numerical analysis of an iceberg collision with a foreship structure[J]. Marine Structures, 2011, 24(4): 377-395.

[20] MYHRE S A. Analysis of accidental iceberg impacts with membrane tank LNG carriers[D]. Trondheim Norwegian University of Science and Technology, 2010.

[21] AKSNES V. A simplified interaction model for moored ships in level ice[J]. Cold Regions Science and Technology, 2010, 63(1): 29-39.

[22] LIU Z, AMDAHL J. A new formulation of the impact mechanics of ship collisions and its application to a ship-iceberg collision[J]. Marine Structures, 2010, 23(3): 360-384.

[23] LIU Z, AMDAHL J, LØSET S. Plasticity based material modelling of ice and its application to ship-iceberg impacts[J]. Cold Regions Science & Technology, 2012, 65(3):326-334.

[24] GAGNON R E, DERRADJI-AOUAT A. First results of numerical simulations of bergy bit collisions with the CCGS Terry Fox icebreaker[C]. Proceedings of the 18th IAHR International Symposium on Ice, Aouat, 2006.

[25] STORHEIM M, KIM E, AMDAHL J, et al. Iceberg shape sensitivity in ship impact assessment in view of existing material models[C]. ASME 2012 31st International Conference on Ocean, Offshore and Arctic Engineering, 2012:507-517.

[26] 张健, 王甫超, 刘海冬, 等. 水介质中船体板架模型与冰体碰撞试验研究[J]. 船舶力学, 2020, 24(4), 492-500.

[27] DUGDALE D S. Yielding of steel sheets containing slits[J]. Journal of the Mechanics & Physics of Solids, 1960, 8(2): 100-104.

[28] BARENBLATT G I. The mathematical theory of equilibrium cracks in brittle fracture[J]. Advances in Applied Mechanics, 1962, 7(C): 55-129.

[29] KONUK I, GÜRTNER A, YU S. A cohesive element framework for dynamic ice-structure interaction problems part Ⅰ: review and formulation[C]. Proceedings of 28th International Conference on Ocean, Offshore and Arctic Engineering, Honolulu, USA, 2009.

[30] 卢腾超, 邹早建, 王阳, 等. 考虑初始缺陷的平整冰-锥体结构碰撞数值模拟[J]. 振动与冲击, 2021, 40:250-256.

[31] 黄志刚. 船舶-层冰和船舶-冰山碰撞数值模拟研究[D]. 大连:大连理工大学, 2018.

[32] 王志鹏, 郝寨柳, 田于逵, 等. 基于FEM/SPH耦合方法的极地运输船舶冰阻力预报研究[J]. 船舶力学, 2021, 25(1): 9-15.

[33] BELYTSCHKO T, MOËS N, DOLBOW J. A finite element method for crack growth without remeshing[J]. International Journal for Numerocal Methods in Engineering, 1999, 46(1):131-50.

[34] LU W, LUBBAD R, LØSET S, et al. Cohesive zone method based simulations of ice wedge bending: a comparative study of element erosion[C]. 21st IAHR International Symposium on Ice, 2012:920-38.

[35] LI F, KÕRGESAAR M, KUJALA P, et al. Finite element based meta-modeling of ship-ice interaction at shoulder and midship areas for ship performance simulation[J]. Marine Structures, 2020, 71: 102736.

[36] XU Y, KUJALA P, HU Z, et al. Numerical simulation of level ice impact on landing craft bow considering the transverse isotropy of Baltic Sea ice based on XFEM[J]. Marine Structures, 2020, 71: 102735.

[37] CUNDALL P A. A computer model for simulating progress large scale movement in black rock system[C]. Symposium ISRM, 1971:129-136.

[38] SHEN H H, HIBLRER W D, LEPPARANTA M. On applying granular flow theory to a deforming broken ice field[J]. Acta Mechanica, 1986, 63(1):143-160.

[39] BABIC M, SHEN H, BEDOV G. Discrete element simulations of river ice transport[C]. Proceedings of the 12th IAHR International Symposium on Ice, Espoo, Finland, 1990: 564-574.

[40] HOPKINS M, HIBLER Ⅲ W D. Numerical simulations of a compact convergent system of ice floes

[J]. Annals Glaciol. 1991,15(1):26-30.

[41] SERRERR M, SAVAGE S, SAYED M. Visualization of marginal ice zone dynamics[J]. Transactions On Information and Communication Technologies,1993, 5:363-375.

[42] LØSET S. Discrete element modelling of a broken ice field:part I :model development[J]. Cold Regions Science and Technology,1994,22(4): 339-347.

[43] LØSET S. Discrete element modelling of a broken ice field:part II :simulation of ice loads on a boom [J]. Cold Regions Science and Technology, 1994,22(4):349-360.

[44] HERMAN A. Molecular-dynamics simulation of clustering processes in sea-ice floes[J]. Physical Review, E. Statistical, Nonlinear, And Soft Matter Physics,2011,84:056104.

[45] KARULI EN B, KARULINA M M. Numerical and physical simulations of moored tanker behaviour[J]. Ships and Offshore Structures,2011, 6(3): 179-184.

[46] HANSEN E H, LØSET S. Modelling floating offshore units moored in broken ice:model description [J]. Cold Regions Science and Technology, 1999,29(2): 97-106.

[47] HOPKINS M, HIBLER III W D. On the shear strength of geophysical scale ice rubble[J]. Cold Regions Science and Technology, 1991,19: 201-212.

[48] HOPKINS M, HIBLER III W, FLATO G. On the numerical simulation of the sea ice ridging process [J]. Journal of Geophysical Research,1991,96(C3):4809-4820.

[49] POLOÄJRVI A, TUHKURI J. 3D discrete numerical modelling of ridge keel punch through tests[J]. Cold Regions Science and Technology, 2009,56:18-29.

[50] METRIKIN I, LØSET S. Nonsmooth 3D discrete element simulation of a drillship in discontinuous ice [C]. Proceedings of the 22nd International Conference on Port and Ocean Engineering Under Arctic Conditions, Espoo, Finland,2013.

[51] BERG M V D. A 3-D random lattice model of sea ice[C]. Arctic Technology Conference, Houston, Canada,2016.

[52] LUBBAD R, LØSET S. A numerical model for real-time simulation of ship-ice interaction[J]. Cold Regions Science and Technology,2011,65(2):111-127.

[53] TSARAU A, LUBBAD R, LØSET S. 2014 A numerical model for simulation of the hydrodynamic interactions between a marine floater and fragmented sea ice[J]. Cold Regions Science and Technology,2014,103: 1-14.

[54] HOPKINS M. Discrete element modeling with dilated particles[J]. Engineering Computations,2004,21 (2-4):422-430.

[55] LAU M, LAWRENCE K P, ROTHENBURG L. Discrete element analysis of ice loads on ships and structures[J]. Ships and Offshore Structures,2011,6(3) : 211- 221.

[56] HOPKINS M, TUHKURI J. Compression of floating ice fields[J]. Journal of Geophysical Research: Oceans,1999,104(C7): 15815-15825.

[57] JI S, LI Z, I C,et al. Discrete element modeling of ice loads on ship hulls in broken ice fields[J]. Acta Oceanologica Sinica,2013,32(1): 50-58.

[58] HOPKINS M A,SHEN H H. Simulation of pancake-ice dynamics in a wave field[J]. Annals of Glaciology,2001,33(1) : 355-360.

[59] HOPKINS M. On the mesoscale interaction of lead ice and floes[J]. Journal of Geophysical Research:

Part C: Oceans, 1996, 101(C8): 18315-18326.

[60] HOPKONS M. On the ridging of intact lead ice[J]. Journal of Geophysical Research., 1994, 99(C8): 16351-16360.

[61] PAAVILAINEN J, TUHKURI J, POLOJÄRVI A. 2D combined finite-discrete element method to model multi-fracture of beam structures[J]. Engineering Computations, 2009, 26(6): 578-598 (2009).

[62] HOCKING G. The discrete element method for analysis of fragmentation of discontinua[J]. Engineering Computations, 1992, 9(2): 145-155.

[63] HOCKING G, MUSTOE G, WILLAMS J. Validation of the CICE code for ice ride-up and ice ridge cone interaction[C]. Proceedings of the Conference Arctic'85 Civil Engineering in the Arctic Offshore, New York, 1985.

[64] HOPKINS M, HIBLER Ⅲ W. On the ridging of a thin sheet of lead ice[J]. Annals of Glaciology, 1991, 15: 81-86.

[65] MORGAN D, SARRACINO R, MCKENNA R, et al. Simulations of ice rubbling against conical structures using 3D DEM[C]. Proceedings of the 23rd International Conference on Port and Ocean Engineering under Arctic Conditions, POAC'15, Trondheim, Norway, 2015.

[66] DORIVAL O, METRIKINE A, SIMONE A. A lattice model to simulate ice-structure interaction[C]. 27th International Conference on Offshore Mechanics and Arctic Engineering, 2008.

[67] 季顺迎,李紫麟,李春花,等.碎冰区海冰与船舶结构相互作用的离散元分析[J].应用力学学报, 2013,30(4):520-526.

[68] 季顺迎,狄少丞,李正,等. 海冰与直立结构相互作用的离散单元数值模拟[J].工程力学,2013,30(1): 463-469.

[69] 狄少丞,王庆,薛彦卓,等.破冰船冰区操纵性能离散元分析[J].工程力学,2018,35(11): 149-256.

[70] 王超,封振,李兴,等.航行于碎冰区船舶冰阻力与冰响应探析[J].中国舰船研究,2018,13(1): 73-78.

[71] YANG B Y, SUN Z, ZHANG G Y, et al. Numerical estimation of ship resistance in broken ice and investigation on the effect of floe geometry[J]. Marine Structures, 2021, 75: 102867.

[72] ROBB D M, GASKIN S J, MARONGIU J C. SPH-DEM model for free-surface flows containing solids applied to river ice jams[J]. Journal of Hydraulic Research, 2016, 54(1): 27-40.

[73] SILLING SA, EPTON M, WECKNER O, et al. Peridynamic states and constitutive modeling[J]. Journal of Elasticity, 2007, 88(2): 151-184.

[74] SILLING SA, ASKARI E. A meshfree method based on the peridynamic model of solid mechanics[J]. Computers and Structures, 2005, 83(17): 1526-1535.

[75] LUBBAD R, LØSET S. A numerical model for real-time simulation of ship-ice interaction[J]. Cold Regions Science and Technology, 2011, 65(2): 111-127.

[76] SILLING S A, BOBARU F. Peridynamic modeling of membranes and fibers[J]. International Journal of Non-Linear Mechanics, 2005, 40(2): 395-409.

[77] LIU W, HONG J W. Discretized peridynamics for linear elastic solids[J]. Computational Mechanics, 2012, 50(5): 579-590.

[78] MADENCI E, OTERKUS S. Ordinary state-based peridynamics for plastic deformation according to von Mises yield criteria with isotropic hardening[J]. Journal of the Mechanics & Physics of Solids, 2015, 86:192-219.

[79] 陆锡奎. 基于近场动力学与有限元耦合的破冰船冰载荷计算[D]. 哈尔滨:哈尔滨工程大学, 2018.

[80] 王超, 曹成杰, 熊伟鹏, 等. 基于近场动力学的破冰阻力预报方法研究[J]. 哈尔滨工程大学学报, 2021, 42(1): 1-7.

[81] 卢巍. 海冰弯曲破坏的近场动力学数值计算方法研究[D]. 哈尔滨:哈尔滨工程大学, 2017.

[82] MORRIS J, FOX P, ZHU Y. Modeling low reynolds number incompressible flows using SPH[J]. Journal of Computational Physics, 1997, 136(1):214-226.

[83] SHAO S D, LO E Y M. Incompressible SPH method for simulating Newtonian and non-Newtonian flows with a free surface[J]. Advances in Water Resources, 2003, 26(7): 787-800.

[84] ZHENG X, MA Q W, DUAN W Y. Incompressible SPH method based on Rankine source solution for violent water wave simulation[J]. Journal of Computational Physics, 2014, 276:291-314.

[85] ZHENG X, SHAO S D, KHAYYER A, et al. Corrected first-order derivative ISPH in water wave simulations[J]. Coast Engineering, 2017, 59(1):1750010.

[86] GOTOH H, KHAYYER A. On the state-of-the-art of particle methods for coastal and ocean engineering[J]. Coast Engineering, 2018, 60(1): 79-103.

[87] EGHTESAD A, SHAFIEI A R, MAHZOON M. A new fluidesolid interface algorithm for simulating fluid structure problems in FGM plates[J]. Fluid Struct. 2012, 30(2):141-158.

[88] KHAYYER A, GOTOH H, SHIMIZU Y, et al. An enhanced particle method for simulation of fluid flow interactions with saturated porous media[J]. Journal of Japan Society of Civil Engineers Ser B2 (Coastal Engineering), 2017, 73(2):I_841-I_846.

[89] KHAYYER A, GOTOH H, FALAHATY H, et al. An enhanced isph-sph coupled method for simulation of incompressible fluid-elastic structure interactions[J]. Computer Physics Communications, 2018, 232:139-164.

[90] SHI Y, LI S W, CHEN H B, et al. Improved SPH simulation of spilled oil contained by flexible floating boom under wave ecurrent coupling condition[J]. Fluid Struct, 2018, 76:272-300.

[91] LIBERSKY L D, PETSCHEK A G. Smoothed particle hydrodynamics with strength of materials[C]. Proceedings of the Next Free Lagrange Conferencer, New York, 1991:248-257.

[92] BENZ W, ASPHAUG E. Simulations of brittle solids using smooth particle hydrodynamics[J]. Computer Physics Communications, 1995, 87(1): 253-265.

[93] RANDLES P, LIBERSKY L. Smoothed particle hydrodynamics: some recent improvements and applications[J]. Computer Methods Applied Mechanic and Engineering, 1996, 139(1-4):375-408.

[94] BUI H, FUKAGAWA R, SAKO K, et al. Lagrangian meshfree particles method (SPH) for large deformation and failure flows of geomaterial using elasticeplastic soil constitutive model[J]. International Journal For Numerical and Analytical Methods in Geomechanics, 2008, 32(12):1537-1570.

[95] DEB D, PRAMANIK R. Failure process of brittle rock using smoothed particle hydrodynamics[J]. Journal of Engineering Mechanics, 2013, 139(11):1551-1565.

[96] ZHANG N B, ZHENG X, MA Q W. Updated smoothed particle hydrodynamics for simulating bending

and compression failure progress of ice[J]. Water,2017,9(11):882.

[97]　SULSKY D, CHENB Z, SCHREYERE H L. A particle method for history-dependent materials[J]. Computer Methods in Applied Mechanics & Engineering, 1993,118(1-2):179-196.

[98]　王瑶妹. 基于物质点法的冰与结构物相互作用数值模拟[D]. 大连:大连理工大学, 2018.

[99]　SULSKY D, SCHREYER H L. Axisymmetric form of the material point method with applications to upsetting and taylor impact problems[J]. Computer Methods in Applied Mechanics & Engineering, 1996,139(1): 409-429.

[100]　NAIRN J A. Material point method calculations with explicit cracks[J]. Computer Modeling in Engineering & Sciences, 2003,4(6):649-664.

[101]　ANDERSEN S, ANDERSEN L. Modeling of landslides with the material-point method[J]. Computational Geosciences, 2010,14(1): 137-147.

[102]　MA S, ZHANG X, QIU X M. Three dimesional material point method for hypervelocity impact[J]. Explosion & Shock Waves, 2006,26(3):273-278.

[103]　ZHANG X, LIAN Y P, YANG P F, et al. 3D Simulation based on material point method for impact and explosion problems[J]. Computer Aided Engineering,2001,14(1):156-166.

[104]　SULSKY D, SCHREYER H, PETERSON K, et al. Simulations of sea-ice dynamics using the material-point method[R]. Report No. H31D-1463, American Geophysical Union, San Francisco,2006.

[105]　PETERSON K. Modeling arctic sea ice using the material-point method and an elastic-decohesive rheology[D]. Albuquerque:The University of New Mexico,2008.

[106]　PETERSON K J, BOCHEV P B. Arctic sea ice modeling with the material-point method[R]. Report No. SAND2010-2688C, Sandia National Laboratories, Albuquerque,2010.

[107]　ZHOU L, RISKA K, MOAN T, et al. Numerical modeling of ice loads on an icebreaking tanker: comparing simulations with model tests[J]. Cold Regions Science and Technology, 2013, 87: 33-46.

[108]　SU B, RISKA K, MOAN T. A numerical method for the prediction of ship performance in level ice[J]. Cold Regions Science and Technology, 2010, 60(3): 177-188.

[109]　ZHANG M, GARME K, BURMAN M, et al. A Numerical ice load prediction model based on ice-hull collision mechanism[J]. Applied Sciences, 2020, 10(2): 692.

海 冰 载 荷

董 胜　廖振焜　赵玉良

(中国海洋大学)

1　研究背景

海冰是高纬度海区的海水结冰现象,它严重威胁着海上建筑物的安全。以往在设计和建造海上建筑物时,由于对海冰作用力的估计不足,致使建筑物在海冰强烈作用下而被毁坏[1]。例如,1962年和1963年在阿拉斯加库克湾先后建造的两座海上钻井平台,由于设计强度未考虑冬季冰的作用力,于1964年冬均被海冰摧毁;1960年在日本稚内港外声问崎海上设置的声问崎灯标,于1965年3月因受到强大的流冰群袭击而倒坍。我国渤海和黄海北部均属于高纬度海区,在冬季受北方冷空气的影响,每年均会出现不同程度的冰情。重冰年时,海冰可封锁海湾和航道、毁坏过往船舶、摧垮海上建筑物,构成严重的海洋灾害(表1)。由于海冰对海上建筑物的作用力是寒冷地区海上水工建筑物设计的控制载荷,因此对海冰物理力学性能的探讨是国内外研究的热点之一。

表1　新中国成立以来海冰灾害统计[2]

年份	冰情	海冰灾害	备注
1951	局部封冻	塘沽港封冻	
1955	局部封冻	塘沽沿海封冻	
1957	重冰年	冰情严重,船舶无法航行	航海日志,访问渔民
1959	返冻	塘沽沿海渔船出海被冻在海上	
1966	返冻	莱州湾西部黄河口沿海在短时间内封冰离岸15 km,约400艘渔船和1 500名渔民因冰封困在海上	莱州湾海水调查报告
1968	偏重冰年	龙口港封冻,3 000 t的货轮不能出港	黄、渤海冰情资料汇编
1969	特大冰封(重冰年)	"海二井"(重500 t)生活平台、设备平台和钻井平台被海冰推倒,"海一井"(重500 t)平台支座拉筋被海冰割断。一个月内进出塘沽港的123艘客货轮有58艘受到不同程度的破坏,船舶严重进水	1969年渤海冰封调查报告
1971	局部封冻	滦河口至曹妃甸海面封冻	
1974	局部封冻	辽东湾冰情偏重,走锚5次,2艘货轮相撞	调查报告
1977	偏重冰年	"海四井"烽火台被海冰推倒,秦皇岛有多艘船只被冰夹住,需要破冰引航	调查访问
1979	常年偏轻	辽东湾发生海堤口门堵塞事故1起	调查报告

表1(续)

年份	冰情	海冰灾害	备注
1980	常冰年	龙口港封冻,万吨级"津海105号"轮被海冰所困,由破冰船引航方脱险	海冰调查报告
1986	常冰年(局部封冻)	3艘万吨级货轮在大同江口受困,由破冰船破冰引航方脱险	访问破冰船
1990	常冰年(局部封冻)	辽东湾封冻,2艘5 000 t货轮受阻,走锚37起	调查访问
1996	常年偏轻	一艘2 000 t级外籍油轮受海冰的碰撞,在距鲅鱼圈港37 n mile附近沉没,4人死亡	海洋灾害公报
1997	常年偏轻	辽东湾JZ20-2石油平台受海冰撞击强烈震动;辽东湾内一艘2 000 t级外籍货轮受海冰碰撞沉没	海洋灾害公报
1998	常年偏轻	鸭绿江入海口发生了当地50年来最严重的一次冰灾,码头17处严重破坏,沉船11艘,严重受损船舶19艘	海洋灾害公报
2000	偏重冰年	辽东湾海上石油平台及海上交通运输受到影响,有些渔船和货船被海冰围困	海洋灾害公报
2001	偏重冰年	秦皇岛港口航道灯标被流冰破坏,数十艘船舶被围困,航运中断,锚地有40多艘船舶走锚;天津港船舶进出困难;大东港船舶航行受到影响;渤海海上石油平台受到流冰严重威胁	海洋灾害公报
2003	常年偏轻	冰情严重期间,海冰对辽东湾沿岸港口航行的船只影响较为严重,进出天津港的船只也受到影响	海洋灾害公报
2004	常年偏轻	冰情严重期间,出入辽东湾沿岸港口的船只影响较为严重;黄海北部东港及鸭绿江口附近港口受海冰影响较为严重	海洋灾害公报
2005	常年	由于海冰影响,中国海洋石油有限公司位于辽东湾的石油平台需靠破冰船引航才能保证平台供给及石油运输	海洋灾害公报
2006	常年偏轻(局部严重冰情)	莱州湾海域的冰情为近25年来最为严重的一年,沿岸多个港口处于瘫痪状态;莱州市芙蓉岛外海有20艘渔船被海冰包围,53名船员被困;辽东湾的石油平台被海冰挤压发生剧烈震动	海洋灾害公报
2007	轻冰年	葫芦岛市龙港区先锋渔场发生罕见的海冰上岸现象,坚硬的冰块堆积上岸推倒民房	海洋灾害公报
2008	常年偏轻	渤海及黄海北部的部分港口封港和滞航;葫芦岛港锚地因海冰挤压造成船舶断锚;营口港附近部分船舶冷却系统进水口被海冰堵塞;辽东湾海上油气生产作业受到一定影响	海洋灾害公报

表1(续)

年份	冰情	海冰灾害	备注
2009	常年偏轻	辽宁省盘锦市1个码头封航120天;河北省沿岸7个码头封冻共计60多天;山东省昌邑市1个码头封冻滞航,11艘船只受损	海洋灾害公报
2010	偏重冰年	辽宁、河北、天津、山东受灾人口6.1万人,船只损毁7 157艘,港口及码头封冻296个,水产养殖受损面积207 870公顷,因灾直接经济损失63.18亿元;浙江台州"兴龙舟288号"油轮,在驶入潍坊港时因受海冰挤压和撞击,偏离航道,撞上了防浪堤,导致左侧两个压载舱破损进水	海洋灾害公报
2011	常年	渔船和水产养殖受损,其中营口市渔船损毁8艘	海洋灾害公报
2013	常年略偏重	船只损毁2艘	海洋灾害公报
2015	常年明显篇偏轻	船只损毁18艘	海洋灾害公报
2016	常年	连云港市1 670千公顷鲜紫菜严重受损	海洋灾害公报

2 研究现状

2.1 海冰的物理力学特性

海冰对建筑物作用力的大小不仅取决于建筑物的尺度和结构形式,而且与海冰的物理力学性质紧密相关。与海冰作用力相关的物理力学特性主要有密度、温度、盐度、压缩强度、抗弯强度、抗拉强度等。由于海冰的形成机理及其对建筑物的作用过程都依赖于工程所处的地理位置和海冰的生成环境,从而使得不同海域的海冰力学特性呈现出显著的区域差别。目前,关于海冰在这方面的研究成果存在差异,为了推算海冰对平台结构的作用力,本文仅从工程设计的角度,引用已有成果,对海冰的物理力学特性进行简单介绍。

2.1.1 海冰的物理特性

(1)海冰密度

海冰密度是指单位体积海冰的质量,它主要取决于海冰的温度、盐度和气泡的含量。渤海和黄海北部平整冰的密度通常为750~950 kg/m³,多为840~900 kg/m³,堆积冰的密度减少5%~15%,海冰在垂直方向上的变化不明显[3]。

(2)海冰温度

海冰的温度是指冰层内部的温度。渤海和黄海北部平整冰的表层温度通常为 $-9 \sim -2$ ℃,多为 $-5 \sim -3$ ℃;有时表层冰温可用海上日平均气温代替。冰层厚20 cm以下的温度基本不变,$-1.8 \sim -1.6$ ℃;表层至20 cm冰层之间的冰温近似呈线性变化[3]。

冰层的温度主要受气温、冰厚和冰的传热系数等因素的控制,工程中常常采用等效冰温来确定这些因素的综合影响。根据冰温的垂直分布在极端低气温时符合稳定热流的传热条件,由传热量计算公式

$$Q = \lambda/h(T_{iw} - T_{ia}) = K(T_w - T_a) = \alpha_1(T_w - T_{iw}) = \alpha_2(T_{ia} - T_a) \tag{2.1}$$

得等效冰温的计算公式为[4]

$$T_i = 0.5(T_{iw}+T_{ia}) \qquad (2.2)$$

式中

$$T_{iw} = T_w - K(T_w-T_a)/\alpha_1$$
$$T_{ia} = T_a + K(T_w-T_a)/\alpha_2$$
$$K = (1/\alpha_1 + h/\lambda + 1/\alpha_2)^{-1}$$

以上式中，Q 为热通量，单位为 $kJ/(m^2·h)$；K 为传热系数，单位为 $kJ/(m^2·h·℃)$；T_w 为海水温度，单位为 ℃；T_a 为空气温度，单位为 ℃；T_{iw} 为冰水界面温度，单位为 ℃；T_{ia} 为冰与空气界面温度，单位为 ℃；α_1 和 α_2 为系数，单位为 $kJ/(m^2·h·℃)$；λ 为海冰导热系数，单位为 $kJ/(m·h·℃)$；h 为冰厚，单位为 m。

对于辽东湾的海冰，可取 $\alpha_1 = 523.35\ kJ/(m^2·h·℃)$，$\alpha_2 = 19.678\ kJ/(m^2·h·℃)$，$\lambda = 8.3736\ kJ/(m·h·℃)$，$T_w = -1.4\ ℃$，将冰厚代入式（2.2）可求得等效冰温。

(3) 海冰盐度

海冰盐度是指海冰融化成海水后所含的盐度，其高低取决于形成海冰的海水的盐度、结冰速度和海冰在海中生存的时间。渤海和黄海北部平整冰的盐度通常为 3.0~12.0，多为 4.0~7.0，河口浅滩附近海冰的盐度多为 1.0~4.0[3]。

(4) 盐水体积

盐水体积是指海冰内盐囊总体积与海冰总体积之比。《中国海海水条件及应用规定》[5]推荐平整冰盐水体积公式为

$$V_b = S_i(0.532 - 49.185/T_i) \qquad (2.3)$$

式中，V_b 为平整冰盐水体积；S_i 为平整冰盐度；T_i 为平整冰温度，且 $-22.9\ ℃ < T_i < -0.5\ ℃$。

(5) 设计冰厚

不同重现期年最大平整冰厚是有冰海区结构物设计的关键指标之一。当实测冰厚资料的年限太短，而气温资料的年限较长时，需要通过气温资料推算出已知气温年份的冰厚，对这个较长时间的年冰厚极值序列进行长期统计分析，可得到多年一遇的冰厚值。

由气温推算历年平整冰厚的公式为[4]

$$h = \alpha[(FDD-3TDD)-K]^{1/2} \qquad (2.4)$$

式中，h 为冰厚，单位为 cm；α 为冰厚增长系数，单位为 $cm/(℃·d)^{1/2}$；FDD 为冰厚增长期内 -2 ℃ 以下的累积冻冰度日，单位为 ℃·d；TDD 为冰厚增长期内 0 ℃ 以上的累积冻冰度日，单位为 ℃·d；K 为初生冰出现时所需的冻冰度日，单位为 ℃·d。

经过计算，葫芦岛港冰厚计算公式中的 α 和 K 分别可取 $1.64\ cm/(℃·d)^{1/2}$ 和 $151.4\ ℃·d$；鲅鱼圈港则分别可取 $1.92\ cm/(℃·d)^{1/2}$ 和 $35.35\ ℃·d$。

2.1.2 海冰的力学特性

(1) 海冰的压缩强度

海冰无侧限压缩强度是指冰样单轴无侧限受压破坏时单位面积上承受的极限载荷。其大小受应变率、冰温、盐度、晶体结构（柱状、粒状）、加载方向（沿冰面方向、垂直冰面方向）等的影响明显[6]。

海冰的挤压强度明显依赖于加载速率：当加载速率较低（$\dot{\varepsilon} < 5\times10^{-4}/s$）时，海冰呈现延性，变形时不出现裂纹，强度随加载速率增大而提高，称为延性阶段；当加载速率较高（$\dot{\varepsilon} > 10^{-2}/s$）时，海冰呈现脆性，破坏为脆性断裂，且有较大的随机性，但其强度均值基本上不随加载速率而改变，称为脆性阶段。在延性阶段和脆性阶段之间为过渡阶段，此时海冰在不同程度上兼有延性和脆性性质。强度的峰值一般出现在

过渡阶段。

影响海冰挤压强度的其他重要因素是海冰的温度和盐度。随着冰温的降低,不仅海冰的挤压强度有所提高,而且由延性转变为脆性的临界加载速率也相应有所降低,这反映出温度较低时,海冰的脆性表现较强。

由于天然海冰结构的复杂性,在定量分析上获得的压缩强度公式不尽统一,目前我国固定冰区的平整冰单轴压缩强度 σ_c 可按下式估算[4]:

$$\sigma_c = 4\,420 - 300\sqrt{V_b} \quad (\text{kPa}) \tag{2.5}$$

式中,σ_c 为水平方向单轴压缩强度;V_b 为平整冰盐水体积。

平整冰侧限压缩强度 σ_A 可按下式估算[4]:

$$\sigma_A = (1.5 \sim 2.5)\sigma_c (\text{kPa}) \tag{2.6}$$

(2)海冰的拉伸强度

海冰的拉伸强度是指冰样单轴受拉破坏时单位面积上承受的极限载荷。拉伸破坏基本是脆性破坏,只有当应变速率低于 $10^{-6}/s$ 时,才是韧性破坏。拉伸强度随温度变化微小,而对应变速率变化不明显。Dykins[7]给出了海冰拉伸强度与盐水体积关系的试验结果,在实测资料缺乏的情况下,可以按照 Dykins 经验公式估计拉伸强度 σ_t。

$$\sigma_t = 820(1 - \sqrt{V_b/0.142}) \quad (\text{kPa}) \tag{2.7}$$

(3)海冰的弯曲强度

海冰的弯曲强度是指现场悬臂梁弯曲试验测量的海冰抗弯强度。它是冰样梁的自由端加载荷时,冰样梁因弯曲而破坏的强度。现场悬臂梁法能够获得符合实际的海冰抗弯强度指标,但是由于其工作量大,受环境条件限制,无法系统进行研究,因而往往采用三点弯曲法获得海冰的弯曲强度。此法可以对不同冰温、不同加载方向、不同应力速率进行系统试验研究。试验中,现场取出大冰块,在实验室加工成 7.0 cm×7.0 cm×6.5 cm 的试样,放入电冰柜内恒温 24 h 以上以备试验。试验通过海冰压力机配以加载梁和三个支点来完成,用记录仪同时记录载荷-时间、跨中挠度-时间全过程曲线,然后用下式计算海冰的弯曲强度:

$$\sigma_f = \frac{3Fl}{2bh^2} \tag{2.8}$$

式中,F 为梁的破坏载荷;l、h 和 b 分别为梁的跨度、截面高度和宽度。

当盐度为 7.0~9.0 时,Dykins[7]和 Vaudrey[8]进行了大尺寸现场试验。在实测资料缺乏的情况下,平整冰的弯曲强度 σ_f 可以按照 Vaudrey 经验公式估计:

$$\sigma_f = 960(1 - 0.063\sqrt{V_b}) \quad (\text{kPa}) \tag{2.9}$$

(4)海冰的剪切强度

迄今为止,海冰的纯剪切试验进行得不多。Paige 和 Lee[9]完成了有限数量的小试样剪切试验。设计时若无实测资料,可按下式估计:

$$\tau = 0.5\sigma_c \tag{2.10}$$

式中,σ_c 为水平方向单轴压缩强度。

(5)海冰的弹性模量和泊松比

Vaudrey[8]给出了弹性模量与盐水体积的试验结果,他给出的数值是通过静力测量获得的。我国的工程设计中多采用 Vaudrey 的经验公式:

$$E = 5.32(1 - 0.077\sqrt{V_b}) \quad (\text{GPa}) \tag{2.11}$$

在我国工程设计时,弹性分析中泊松比取 0.3,塑性分析中泊松比取 0.5。

2.2 海冰对海洋建筑物的作用

海冰对海洋建筑物的作用力称为冰压力。冰力大小可能受环境驱动力的限制,也可能受海冰强度的限制。当海冰尺度有限,而环境参数(如风和流)较小时,海冰可能停止于结构前面不被破坏,此时的冰力为环境对冰的作用力;反之,海冰被破坏时,作用于结构的力则是海冰的破坏载荷[10]。设计时应取二者中的小值。

2.2.1 受环境驱动力限制的冰力

环境条件,如风和流,产生的冰力 $F(\mathrm{kN})$ 为[5]

$$F=\frac{1}{2}\rho \cdot C_\mathrm{d} \cdot A \cdot V^2 \tag{2.12}$$

式中,ρ 为空气或海水的密度;C_d 为风或流的拖曳系数,按表 2 确定;A 为受到风或流作用的冰体面积;V 为风或流的速度。

表 2　拖曳系数的取值

类别	光滑冰面	粗糙冰面	一般
风	0.002	0.01	0.005
流	0.01	0.1	0.04

2.2.2 受冰强度限制的冰力

海洋建筑物受到的冰载荷主要有挤压冰力、弯曲冰力、压曲冰力、冻结冰力、冰脊冰力等。以下着重介绍挤压冰力和弯曲冰力的计算。

(1) 挤压冰力

作用于孤立垂直桩柱上(与水平面的夹角大于 75°)的冰力可按下式计算[5]:

$$F = m \cdot I \cdot f_\mathrm{c} \cdot \sigma_\mathrm{c} \cdot D \cdot h \tag{2.13}$$

式中,m 为桩柱的形状系数,圆形桩柱取 0.9,对于方形桩柱,若冰正向作用,则取 1.0,若冰斜向作用,则取 0.7;I 为嵌入系数;f_c 为桩柱与冰层间的接触系数;σ_c 为冰的压缩强度;D 为冰挤压结构的宽度;h 为冰厚。

对于圆形截面的墩柱,m 取 1.0,嵌入系数 I 与接触系数 f_c 的乘积可由经验公式确定[5]:

$$If_\mathrm{c}=3.57h^{0.1}/D^{0.5} \tag{2.14}$$

式中,h 和 D 的单位为 cm。

对于井口区堵塞的导管架平台,在堵塞区,If_c 取 0.4,桩柱形状系数 m 在冰正向作用时取 1.0,在冰斜向作用时取 0.9。位于隔水导管群后方破碎带内的桩柱受到的冰力为 0,位于非破碎带的桩柱受到的冰力按 0.5 倍系数折减。

对于全部堵塞的导管架平台及柱式平台、沉箱式结构、人工岛等其他建筑物的冰力计算,If_c 取 0.25~0.40,具体如表 3 所示。

表3 If_c 的推荐值

结构尺度/m	If_c 取值
<2.5	按式(2.14)
2.5~10.0	0.40
10.0~100.0	0.40~0.20

(2)弯曲冰力

①倾斜结构冰力计算

作用于倾斜结构的冰力可按下式推算[5]：

$$\begin{cases} F_h = K_n \sigma_f h^2 \tan \alpha \\ F_v = K_n \sigma_f h^2 \end{cases} \quad (2.15)$$

式中，F_h 为水平冰力，单位为 kN；F_v 为垂直冰力，单位为 kN；K_n 为系数，可取 $0.1B$，B 为结构倾斜面的宽度；h 为冰厚，单位为 m；σ_f 为冰的弯曲强度，单位为 kPa；α 为斜面与水平面的夹角，应小于75°。

②锥体冰力计算

作用于锥体上的冰力可按下式推算[11]：

$$\begin{cases} F_h = [A_1 \sigma_f h^2 + A_2 \rho_w g h D^2 + A_3 \rho_w g h_r (D^2 - D_t^2)] A_4 \\ F_v = B_1 F_h + B_2 \rho_w g h_r (D^2 - D_t^2) \end{cases} \quad (2.16)$$

式中，F_h 为水平冰力，单位为 kN；F_v 为垂直冰力，单位为 kN；ρ_w 为海水密度，单位为 kg/m³；σ_f 为冰的弯曲强度，单位为 kPa；h 为冰厚，单位为 m；h_r 为上爬冰的厚度，单位为 m；D 为水线处锥体的直径，单位为 m；D_t 为锥体顶部的直径，单位为 m；g 为重力加速度，单位为 m/s²；α 为斜面与水平面的夹角，应小于75°；无因次系数 A_1、A_2、A_3、A_4、B_1 和 B_2 可参考 API RN 2N[11] 相关图表确定。

作用于倒锥体上的冰力可按下式推算：

$$\begin{cases} F_h = [A_1 \sigma_f h^2 + (1/9) A_2 \rho_w g h D^2 + (1/9) A_3 \rho_w g h_r (D^2 - D_t^2)] A_4 \\ F_v = B_1 F_h + (1/9) B_2 \rho_w g h_r (D^2 - D_t^2) \end{cases} \quad (2.17)$$

式中各符号意义同式(2.16)。

(3)压曲冰力

求作用于结构的压曲冰力 F，首先计算 R/L_c（R 为结构半径或宽度，L_c 为冰体的特征长度）计算式为[11]

$$L_c = \left[\frac{Eh^3}{12(1-\nu^2)\rho_w g} \right]^{1/4} \quad (2.18)$$

式中，E 为冰的弹性模量；h 为冰厚，单位为 m；ρ_w 为海水密度，单位为 kg/m³；ν 为冰的泊松比。

参考 API RP 2N[11] 相关图表查得 $F/B\rho_w g L_c^2$（B 为结构与冰体的作用宽度）与 R/L_c 的关系，进而计算压曲冰力 F。

(4)冻结冰力

冻结冰力是指与结构冻结在一起的冰随着水位变化而对结构产生的垂直作用力。此时，冰对结构可能产生弯曲或剪切形式的破坏，取二者中的小者作为设计值。冰弯曲或剪切时的冰力分别按式(2.19)和式(2.20)计算[5]：

$$F_v = 0.8\sigma_f h^{1.75} D^{0.25} \tag{2.19}$$

$$F_v = A\tau_f \tag{2.20}$$

式中，σ_f 为冰的弯曲强度，单位为 MPa；h 为冰厚，单位为 m；D 为结构在水面处的直径，单位为 m；τ_f 为冻结剪切强度，可取 0.5 倍的海冰剪切强度；A 为冰与结构的冻结面积。

关于其他类型的静冰力，如局部冰压力、动冰力等的计算，可参照有关规范、标准或参考文献。设计之前进行冰与结构的模型试验将有助于冰力的确定。

2.3 ISO 19906 规范[12]中推荐的冰载荷计算方法

结构类型是决定冰载荷的一个重要因素。ISO 19906 规范中总结，垂直结构使海冰主要以挤压形式破坏，而斜坡结构则使海冰主要以弯曲形式破坏，分别对应不同的冰压力计算方法[13]。

（1）垂直结构

根据多海域的全尺度观测资料分析研究，垂直结构受到的冰压力可由下式计算：

$$P_G = C_R \left(\frac{h}{h_1}\right)^n \left(\frac{w}{h}\right)^m \tag{2.21}$$

式中，P_G 为平均冰压力，单位为 MPa；w 为结构的投影宽度，单位为 m；h 为冰厚，单位为 m；h_1 为参考冰厚，取 1 m；m 为经验系数，取 -0.16；n 为经验系数，当 $h<1$ m 时为 $-0.5+h/5$，当 $h\geq 1$ m 时为 -0.3；C_R 为冰强度系数，在亚极区推荐取 1.8 MPa，具体取值方法可参考 ISO 19906 规范中的相关规定。

（2）斜坡结构

对于斜坡结构有两种冰载荷计算方法，分别是塑性方法和弹性梁弯曲模型。

①塑性方法

该方法考虑了冰弯曲破坏的作用和冰上爬作用，因此冰作用力由两部分组成，即上爬分量和破碎分量。

a. 上爬分量

假设上爬的海冰只有一层，上爬分量的水平力 H_R 和竖向力 V_R 可由下式计算：

$$H_R = W\frac{\tan\alpha+\mu E_2-\mu g_r\cos\alpha}{1-\mu g_r} \tag{2.22}$$

$$V_R = W\cos\alpha\left(\frac{\pi}{2}\cos\alpha-\mu\alpha-fh_v\right)+H_R h_v \tag{2.23}$$

式中，W 是上爬海冰的毛重；g_r、f 和 h_v 是锥体结构的几何参数。

各变量计算式如下：

$$W = \rho_i g h_r \frac{w^2-w_T^2}{4\cos\alpha} \tag{2.24}$$

$$g_r = \frac{\sin\alpha+\dfrac{\alpha}{\cos\alpha}}{\dfrac{\pi}{2}\sin^2\alpha+2\mu\alpha\cos\alpha} \tag{2.25}$$

$$f = \sin\alpha+\mu E_1\cos\alpha \tag{2.26}$$

$$h_v = \frac{f\cos\alpha-\mu E_2}{\dfrac{\pi}{4}\sin^2\alpha+\mu\alpha\cos\alpha} \tag{2.27}$$

式中，α 为结构面与水平面的夹角；μ 为冰与结构表面之间的动摩擦系数；w 为圆锥结构的吃水线直径或倾斜结构的宽度,单位为 m；w_T 为圆锥结构顶部直径,单位为 m；ρ_i 为冰的密度,单位为 kg/m³；g 为重力加速度,单位为 m/s²；h_r 为海冰爬上斜坡后的厚度,单位为 m，$h_r \geq h$；E_1 和 E_2 分别为第一类椭圆积分和第二类椭圆积分,计算式如下：

$$E_1 = \int_0^{\pi/2} (1 - \sin^2\alpha \sin^2\eta)^{-1/2} d\eta \tag{2.28}$$

$$E_2 = \int_0^{\pi/2} (1 - \sin^2\alpha \sin^2\eta)^{1/2} d\eta \tag{2.29}$$

b. 破碎分量

破碎分量的水平力 H_B 和竖向力 V_B 可由下式计算：

$$H_B = \frac{\sigma_f h^2}{3} \frac{\tan \alpha}{1-\mu g_r} \left[\frac{1+Yx\ln x}{x-1} + G(x-1)(x+2) \right] \tag{2.30}$$

$$V_B = H_B h_v \tag{2.31}$$

式中

$$G = \frac{\rho_i g w^2}{4\sigma_f h} \tag{2.32}$$

$$x = 1 + \left(3G + \frac{Y}{2}\right)^{-1/2} \tag{2.33}$$

式中,σ_f 为冰的弯曲强度,单位为 kPa；h 为冰厚,单位为 m；α 为结构面与水平面的夹角；μ 为冰与结构表面之间的动摩擦系数；g_r 为锥体结构的几何参数,见式(2.25)；Y 为屈服常数,Tresca 屈服准则时取 2.711,Johansen 屈服准则时取 3.422。

因此,总的水平作用力和竖向作用力分别为

$$F_H = H_B + H_R \tag{2.34}$$

$$F_V = V_B + V_R \tag{2.35}$$

②弹性梁弯曲的模型

当冰作用于宽阔的斜坡或圆锥体时,可以将冰作为弹性基础上的弹性梁来考虑其抗弯破坏。

冰的水平作用力可按下式计算：

$$F_H = \frac{H_B + H_P + H_R + H_L + H_T}{1 - \dfrac{H_B}{\sigma_f l_c h}} \tag{2.36}$$

式中,H_B 为破碎载荷；H_P 为推动薄冰通过碎冰所需要的载荷；H_R 为将冰块通过碎冰推上斜坡的载荷；H_L 为在冰盖破碎前,将碎冰抬上前进的冰盖所需要的载荷；H_T 为在斜坡坡顶转动冰块的载荷；σ_f 为冰的弯曲强度,单位为 kPa；h 为冰厚,单位为 m；l_c 为沿锥体周向的冰裂纹总长度,可由下式计算：

$$l_c = w + \frac{\pi^2}{4} L_c \tag{2.37}$$

其中,L_c 为冰的特征长度,可由下式计算：

$$L_c = \left[\frac{Eh^3}{12\rho_w g(1-\nu)^2} \right]^{1/4} \tag{2.38}$$

式中,E 为冰的弹性模量；ν 为冰的泊松比；ρ_w 为海水的密度,单位为 kg/m³。

载荷分量 H_B 由下式得到：

$$H_B = 0.68\xi\sigma_f \left(\frac{\rho_w g h^5}{E} \right)^{0.25} \left(w + \frac{\pi^2 L_c}{4} \right) \tag{2.39}$$

式中,σ_f 为冰的弯曲强度,单位为 kPa;ρ_w 为海水的密度,单位为 kg/m³;g 为重力加速度,单位为 m/s²;h 为冰厚,单位为 m;E 为冰的弹性模量;w 为结构的宽度,单位为 m;L_c 为冰的特征长度,单位为 m,计算式见式(2.38);ξ 为与冰载荷水平和垂直分量有关的参数,计算式如下:

$$\xi = \frac{\sin\alpha + \mu\cos\alpha}{\cos\alpha - \mu\sin\alpha} \tag{2.40}$$

式中,μ 为冰与结构表面之间的动摩擦系数;α 为结构面与水平面的夹角。

载荷分量 H_P 由下式得到:

$$H_P = wh_r\mu_i\rho_i g(1-e)\left(1 - \frac{\tan\theta}{\tan\alpha}\right)^2 \frac{1}{2\tan\theta} \tag{2.41}$$

式中,w 为结构的宽度,单位为 m;h_r 为碎冰高度,单位为 m;μ_i 为冰之间相互作用系数;ρ_i 为冰的密度,单位为 kg/m³;g 为重力加速度,单位为 m/s²;e 为碎冰的孔隙;θ 为碎冰与水平线的夹角;α 为结构面与水平面的夹角。

载荷分量 H_R 由下式得到:

$$H_R = wP \frac{1}{\cos\alpha - \mu\sin\alpha} \tag{2.42}$$

式中,w 为结构的宽度,单位为 m;α 为结构面与水平面的夹角;μ 为冰与结构表面之间的动摩擦系数。

$$P = 0.5\mu_i(\mu_i+\mu)\rho_i g(1-e)h_r^2\sin\alpha\left(\frac{1}{\tan\theta} - \frac{1}{\tan\alpha}\right)\left(1 - \frac{\tan\theta}{\tan\alpha}\right) + \cdots +$$
$$0.5(\mu_i+\mu)\rho_i g(1-e)h_r^2\frac{\cos\alpha}{\tan\alpha}\left(1 - \frac{\tan\theta}{\tan\alpha}\right) + h_r h\rho_i g\frac{\sin\alpha + \mu\cos\alpha}{\sin\alpha} \tag{2.43}$$

式中,μ_i 为冰之间相互作用系数;ρ_i 为冰的密度,单位为 kg/m³;g 为重力加速度,单位为 m/s²;e 为碎冰的孔隙;θ 为碎冰与水平线的夹角;h_r 为碎冰高度,单位为 m;h 为冰的厚度,单位为 m。

载荷分量 H_L 由下式得到:

$$H_L = 0.5wh_r^2\rho_i g(1-e)\xi\left(\frac{1}{\tan\theta} - \frac{1}{\tan\alpha}\right)\left(1 - \frac{\tan\theta}{\tan\alpha}\right) + \cdots +$$
$$0.5wh_r^2\rho_i g(1-e)\xi\tan\varphi\left(1 - \frac{\tan\theta}{\tan\alpha}\right)^2 + \xi cwh_r\left(1 - \frac{\tan\theta}{\tan\alpha}\right) \tag{2.44}$$

式中,w 为结构的宽度,单位为 m;h_r 为碎冰高度,单位为 m;ρ_i 为冰的密度,单位为 kg/m³;g 为重力加速度,单位为 m/s²;e 为碎冰的孔隙;ξ 为与冰载荷水平和垂直分量有关的参数,计算式见式(2.40);θ 为碎冰与水平线的夹角;α 为结构面与水平面的夹角;φ 为碎冰的摩擦角;c 为碎冰的黏聚力。

载荷分量 H_T 由下式得到:

$$H_T = 1.5wh^2\rho_i g\frac{\cos\alpha}{\sin\alpha - \mu\cos\alpha} \tag{2.45}$$

式中,w 为结构的宽度,单位为 m;h 为冰厚度,单位为 m;ρ_i 为冰的密度,单位为 kg/m³;g 为重力加速度,单位为 m/s²;α 为结构面与水平面的夹角;μ 为冰与结构表面之间的动摩擦系数。

此外,考虑由于施加水平载荷而导致冰的内压应力,利用水平作用的计算值对弯曲强度进行修正:

$$\sigma_f^{(1)} = \frac{F_H}{l_c h} + \sigma_f \tag{2.46}$$

式中,F_H 为水平载荷;l_c 为沿锥体周向的冰裂纹总长度,计算式见式(2.37);h 为冰厚,单位为 m;σ_f 为冰的弯曲强度,单位为 kPa。

竖向作用力可由下式计算:

$$F_{\mathrm{V}} = \frac{F_{\mathrm{H}}}{\xi} \tag{2.47}$$

式中，ξ 为与冰载荷水平和垂直分量有关的参数，计算式见式(2.40)。

3 基本理论与最新进展

随着寒冷地区资源勘探活动的迅速发展，在寒区海域近岸上已建造并运行着大量的海上结构物。为确保结构的安全性，必须计算海洋结构受到的冰载荷。近年来，斜面结构相互作用的实时模拟由于其潜在的应用前景而获得关注。因此，需要建立解析或半解析弯曲破坏模型以达到合理的效率和精度水平。此外，海冰与海洋结构相互作用的峰值冰载荷和破坏机理对结构设计具有重要意义。出于这一需求，我们将介绍海冰载荷相关方向的最新进展。

3.1 全尺度测量

在气候寒冷的海域，对海冰载荷的深入研究对于开发可靠有效和经济合理的海上结构至关重要。全尺度试验是测量冰面与结构相互作用力的可靠方法。近年来，采用全尺度测量的方法，学者们对海冰载荷相关计算开展了许多研究。Paquette 和 Brown[14]使用全尺寸的载荷数据，通过 ISO 19906 规范标准中的公式研究了海上结构物的冰破碎力，探索了冰-结构相互作用参数是如何影响整体有效压力的。Savin 等[15]首次尝试采用全尺度测量方法，给出波浪能转换器相连浮标与冰面相互作用力的方程。该方程提供了浮冰作用力的重要信息，这对于寒冷气候地区浮标的设计和建造非常重要。2013—2017 年春季，俄罗斯北极和南极研究所与俄罗斯石油公司北极研究中心合作，在喀拉海和拉普捷夫海组织了四次复杂的考察。Kovalev 等[16]根据观测数据，研究喀拉海和拉普捷夫海中海冰的物理和力学特性，更新了海冰局部强度和单轴压缩强度等比较系数的范围。冰山极大地影响着北极近海水域水利工程结构的运行状况。Buzin 等[17]在 2012—2017 年间，借助无线电浮标收集现场数据，重点研究了在喀拉海和拉普捷夫海中的冰山漂移。May 等[18]根据在巴伦支海、喀拉海和拉普捷夫海的仪器测量和航空数据，导出了确定冰山质量和几何形状的经验关系，可用来模拟冰山的漂移，并估计了其对近海结构和船舶的影响。Shamaei 等[19]利用概率半经验方法，基于短期全尺寸冰载荷测量值的母分布，估计了船舶所受长期最大冰载荷的水平。

3.2 实验室试验及验证

从实验室尺度的测试中获得的研究方法和结论有助于对冰-海洋结构相互作用进行更准确的描述。近年来，学者们采用实验室试验方法开展了许多研究，探讨冰的机械性质、冰载荷及冰与结构相互作用等相关问题。Huang 等[20]通过在天津大学的冰池中进行模型试验，研究渤海导管架平台导管阵中的冰堆积行为。试验表明，水位和迎冰向对破冰锥和导管阵列前的冰破坏有显著影响，从而导致导管阵中不同的冰堆积模式。Li 等[21]对渤海多桩油码头的冰载荷进行了试验研究。在不同条件下观察到了多种冰的破坏模式，并将试验结果与根据 ISO 19906 规范计算的结果进行了比较。Wang 和 Poh[22]从冰盖撞击宽倾斜结构发生弯曲破坏的模型试验中发现速度对冰破裂载荷有显著影响。此外，他们还通过对冰盖采用欧拉-伯努利梁理论，对流体采用势能理论，研究了冰-流体相互作用过程。Zhang 等[23]研究了自升式平台在冰载荷下的动态响应，通过对自升式平台冰载荷的模型试验，研究了冰与带齿圆柱支腿之间的相互作用。Tian 等[24]在中国船舶科学研究中心新建立的冰池实验室中进行了一系列测试，研究模型冰的物理和力学性能。通过对三种略有变化冰样本进行大量试验，分析得出了模型冰的单轴抗压强度特征，并初步研究了模型冰的破坏模式和断裂行为,以及抗压强度随载荷/应变率变化的范围。Kim 等[25]在实验室试验中研究了冰与结构相互作用时发生的冰载荷及压力分布,并发现使用压力指示膜(PIF)能准确测量冰与结构相互作用时的接触面积。Dehghani-Sanij 等[26]在制冷室里对海洋平台垂直板进行周期性喷雾试验,对板结冰所积聚的冰载荷进行研究。测量并讨论了板上冰形成的质量和厚度,以及相对湿度、垂直板的前后表面温度、水的初始温度及撞击在板上的喷雾质量通量等参数。Liu 等[27]进行了半潜式平台的冰载荷实验并分析了一系列参数的影响,如圆柱形状、方向,圆柱间距比,浮冰形状,冰漂移速度和冰密集度等。Tian 等[28]进行了一系列模型测试,以模拟 4 MW 动力单桩式海上风力发电机的冰激振动事件(IIV)。试验在不同冰况下进行,并考虑了减振器的影响。Sun 和 Huang[29]在冰池中试验模拟极地研究船与巨大浮冰之间的摩擦撞击事件,研究冲击载荷的时空变化。试验研究了初始方法校准和触觉数据处理技术相关问题,包括船冰接触区域的识别,冰块装载轨迹的描绘及局部冰压的空间分布轮廓等。Ahn 和 Lee[30]采用船首侧壳框架和冰试块进行了冰撞击试验,发现了冰载荷信号的中间峰值产生的机制。

3.3 理论分析方法

近年来,学者们也在不断加深理论分析和建立概率模型以研究海冰载荷相关问题。Charlebois 等[31]使用了波弗特海沉箱平台上冰力的概率模型,比较了描述浮冰压力的两种不同方法,将 ISO 19906 规范中的冰脊和结构作用方程与最近导出的超越度曲线(EC)方法进行了比较。Bhatia 和 Khan[32]提出了一种基于概率因果关系的模型来预测船舶或海上钻井平台上的冰积聚。该模型使用贝叶斯概率方法来建立影响结冰的因素之间的关系。Kinnunen 等[33]提出了一种方位推进器的动态冰接触载荷模型。采用向前差分法解决动态接触问题,并通过可控实验室尺度测试对该方法进行了验证。Wang 和 Poh[34]关注了半无限冰盖在周向开裂之前的径向断裂模式的弯曲破坏。研究表明,对于具有较大断裂能的海冰,最大的冰载荷并不像前人研究中通常认为的发生在周向裂纹萌生处。Ranta 和 Polojärvi[35]研究了限制海冰对海洋结构物载荷的机制,并介绍了一种概率极限载荷模型。该模型可用于分析宽倾斜海上结构物的冰载荷峰值事件,并估算冰载荷最大峰值。Kong 等[36]建立了一种新的基于 Green 核和正则化方法的冰载荷识别模型,利用冰载荷的离散卷积积分,建立了冰载荷识别的正演模型。

3.4 冰载荷数值模拟

有海冰覆盖海域建设的海洋工程结构常面临数月的海冰载荷作用。这些结构常是圆锥形或倾斜的,使得弯曲破坏成为冰盖破坏的主要模式。为研究倾斜/倾斜结构体或其他类型海上结构体的冰载荷,常基于冰的物理性质、变形和结构形状及大小建立预测冰破坏的数值模型。离散元法(DEM)是模拟水平冰盖破坏过程的常用方法,冲击过程中的冰载荷可以通过有限元法及数值软件 ANSYS 或 LS-DYNA 来计算。使用数值模拟计算冰载荷对于寒冷地区的海上结构设计起着重要作用。Teo 等[37]针对倾斜结构研究了厚度达 6 m 的冰的破坏载荷。他们在控制方程中考虑了加载偏心引起的边弯矩、轴向载荷引起的二阶弯曲效应,以及冰与倾斜结构接触点处发生的局部压碎。Dehghani-Sanij 等[38]回顾了过去在寒冷海域的船只和建筑物上积冰的预测和建模方面的进展,研究了由海雾引起的海洋平台结冰模型。Di 等[39]研究了一种数值方法,通过使用 DEM 模拟水平冰的破坏过程来预测圆锥形结构上的冰载荷。Ghoshal 等[40]对由于流体动力和冰载荷共同作用导致的紧系泊的参数与自参数不稳定性进行了全面研究。结果表明,几何非线性及耦合的水动力和冰载荷在模态相互作用中起重要作用,这可能导致大振幅振动。Wang 等[41]应用了一种被称为"近场动力学"的无网格方法来模拟水平冰与加强板之间的相互作用过程。Ranta 等[42-44]基于二维有限元-离散元法模拟了水平冰对结构的破坏过程,研究了倾斜海洋结构上冰载荷峰值的机制和极限,讨论了冰载荷的概率分布。Tsarau 等[45],在挪威科技大学研究创新中心可持续北极海洋海岸技术开发的一系列科学模型的基础上,开发了一个通用的数值工具——北极海洋结构模拟器(SAMS),用于分析海冰的作用及其对北极近海结构的影响。Hasegawa 等[46]开发了一种数值模拟方法,用于评估在可控冰条件下施加于海上结构的整体载荷。通过模拟结果与模型试验结果比较,在不发生诸如弯曲和分裂等整体性冰破坏的情况下,模型可以很好地定性重现冰载荷和浮冰行为的趋势。此外基于此模型,冰层破裂效应有望在未来非光滑离散元模拟中实现。Gong 等[47]提出了一种计算结构上冰力的方法,该方法考虑了冰环境的不确定性,例如冰厚和抗拉强度,通过对有限元分析(FEA)商业软件 ABAQUS 的修改有效地模拟了海冰。Wang 等[48]基于黏性单元模型对倾斜海洋结构与平整冰相互作用进行研究。在圆锥破冰角与平整冰作用的情况下,将弹塑性线性软化本构模型引入规则的三棱柱体元中,描述了冰的微观破碎过程,而冰的弯曲破坏是由于黏性体单元失效造成的。Liu 和 Ji[49]开发了具有扩张多面体元素的离散元方法,以模拟浮冰和漂浮结构之间的相互作用。Li 等[50]提出了使用软件 LS-DYNA 考虑冰水耦合的冰载荷数值计算方法,研究了冰水耦合对冰载荷的影响。Wong 和 Brown[51]提出了一个三维模型来描述具有一系列特征的冰-结构相互作用载荷。Ji 等[52]开发了一种扩展的动态 van der Pol 数值模式,模拟非同步冰破坏对冰-结构相互作用的影响。Xu 等[53]提出了一种具有非线性黏弹塑性构件串联作用的三维本构模型,用于冰-结构相互作用的动力学模拟。Su 等[54]建立了一个数值模型用于模拟漂流冰中系泊结构的系泊力和动力响应,模型考虑了结构与系泊线和漂流冰的相互作用,模拟了结构的六自由度刚体运动,并基于黏弹塑性流变模型计算了冰-冰和冰-结构的相互作用力。为了研究淡水和盐水冰在弯曲破坏期间的比尺效应,Ommani 等[55]研究了涉及典型钻井平台和冰川冰的作用情景,开发了一个典型半潜式钻井平台的最新数值模型,并根据模拟结果提出了浮式平台前冰川冰动力学建模的建议。Pradana 等[56]提出了一种使用多边形单元的有效二维离散元模拟方法,并将其与系泊系统建模和流体动力学计算式顺利结合在一起。Long 等[57]采用离散元法模拟了海冰与圆锥形结构相互作用期间的冰破坏模式和冰载荷。通过模拟结果,他们提出了考虑破冰长度影响的静态冰力公式,以预测结构的冰载荷并验证结构的可靠性。Pradana 等[58]试图通过研究不同离散元参数对模拟力学性能的影响来减少迭代工作,特别是杨氏模量、抗弯强度和抗压强度。他们通过研究提出了一套连接局部离散元参数和整体力学特性的定量关系。Wang 等[59]利用弹性冰模型对碎冰区船舶上的冰载荷进行了数值模拟。对冰载荷的主要特性,包括平均冰载荷、极端冰载荷和特征频率进行了全面分析。此外,还分析了航行速度和冰密集度对冰载荷的影响。Lemström 等[60]基于二维有限元-离散元组合方法研究了浅水中一个宽倾斜近海结构体上的冰-结构相互作用过程。Huang 等[61]采用计算流体力学和离散元相结合的方法分析了船舶在浮冰中作业时的阻力。Berg 等[62]采用三维离散元法研究冰池试验的可重复性,每个测试案例被重复模拟了 20 次,结果表明,用碎冰进行的冰池试验的可重复性很差,不受控制条件(如初始浮冰位置)的变化会导致试验结果发生较大变化。

4 结论

目前,海洋建筑物结构的冰载荷预报方法及结构安全性能评估已经取得了一定的发展。冰材料模型作为冰载荷的计算研究关键问题,主要包括弹塑性模型、黏弹性模型及黏弹塑性模型等,海冰材料在韧性破坏阶段表现出弹塑性,在韧性与脆性转化阶段表现出黏弹塑性,在脆性破坏阶段表现出黏弹性。极地多年海冰性质复杂,虽然学者们研究了众多的海冰材料与本构模型,但并未涵盖海冰自身的全部物理力学特性。海冰结构的破坏模式也不局限于单纯的挤压弯曲破坏,还应考虑其断裂、劈裂等破坏形式,在应用到数值仿真模拟过程中要根据不同的海冰破坏模式选取不同海冰模型参数及本构关系。

由于目前关于海冰材料特性的研究仍有限,开发有效的本构模型及对数值方法应用的改进是船-冰作用研究的关键。总结上述研究内容,冰载荷确定的主要方法包括了实验法、有限元法、离散元法和概率法。由海冰模型试验可以得到直接的冰载荷数据,同时也可根据试验结果建立海冰本构模型,但试验成本高;有限元法理论相对成熟,有较多的商业软件可进行模拟,方便实现,但其在模拟冰的脆性破坏和碎冰大尺度移动方面能力有限;离散元法可以更好地模拟冰的破碎与离散等特点,但目前发展仍不够完善;由于冰的某些特性,如内部缺陷大小和方向具有随机性,因此概率法也被认为适于研究冰的部分问题。

5 需要研究的基础科学问题/发展方向

冰载荷的分析主要有两个方向:一是本构模型的开发与完善,二是数值方法的改进。对本构模型的开发一般需要试验数据的支持,也可参考相似材料和领域中的方法,如混凝土和某些岩石,对平整冰、重叠冰的不同海冰结构模型进行探究。对数值方法的改进,如有限元法和离散元法,已有很多应用,但目前开发得并不完善。此外,与冰相关的某些子问题可以采用统计学的方法,并与有限元法或离散元法相结合。目前,已对抗冰锥等锥体结构及破冰船的壳体结构与海冰作用下的冰载荷进行了一些研究,可考虑研究其他结构形式,如海洋平台立柱等,以及结构表面的光滑程度对海冰载荷的影响值也须进一步探究。冰-水-结构相互作用是流固相互作用的新延伸,对极地船舶及海洋结构物的设计和使用具有重要意义。它涉及多媒介和多界面,因此无论是从数学还是机械的角度都是非常复杂的,需要研究人员开发各种方法来处理[63]。

参考文献

[1] 董胜,孔令双. 海洋工程环境概论[M]. 青岛:中国海洋大学出版社,2005.

[2] 中华人民共和国自然资源部. 中国海洋灾害公报[R]. 1996—2020.

[3] 吴辉碇,杨国金,张方俭,等. 渤海海冰设计作业条件[M]. 北京:海洋出版社,2001.

[4] 丁德文. 工程海冰学概论[M]. 北京:海洋出版社,1999.

[5] 中国海洋石油总公司. 中国海海冰条件及应用规定:Q/HSn 3000_2002[S]. 北京:中国海洋石油总公司,2002.

[6] 杨国金. 海冰工程学[M]. 北京:石油工业出版社,2000.

[7] DYKINS J E. Ice engineering-tensile properties of sea ice grown in a confined system[R]. Naval Civil Engineering Laboratory Report,R-869. Port Hueneme,California,1970.

[8] VAUDREY K D. Ice engineering –study of related properties of floating sea-ice sheets and summary of elastic and viscoelastic analyses[R]. Naval Civil Engineering Laboratory Technical Report,R-860. Port Huencme,California,1977.

[9] PAIGE R,LEE C. Preliminary studies on sea ice in Mcmurdo Sound,Antarctica,during "Deep Freeze 65"[J]. Journal of Glaciology,1967,6(46):515-528.

[10] 方华灿. 冰区海洋石油钢结构工程力学:海洋石油钢结构强度与安全可靠性评估[M]. 东营:石油大学出版社,1996.

[11] AMERICAN PETROLEUM INSTITUTE. Recommended practice for planning, designing, and constructing fixed offshore structures in ice environments:API RP 2N—1998[S]. 1988.

[12] INTERNATIONAL ORGANIZATION FOR STANDARDIZATION. Petroleum and natural gas industries-Arctic offshore structures:ISO 19906[S]. 2010.

[13] 屈衍, 张大勇, 许宁, 等.《中国海冰条件及应用》与ISO 19906冰荷载规定比较[J]. 哈尔滨工程大学学报, 2018, 39(4): 629-634.

[14] PAQUETTE E, BROWN T G. Ice crushing forces on offshore structures: global effective pressures and the ISO 19906 design equation[J]. Cold Regions Science and Technology, 2017, 142:55-68.

[15] SAVIN A, STRÖMSTEDT E, LEIJON M. Full-scale measurement of reaction force caused by level ice interaction on a buoy connected to a wave energy converter[J]. Journal of Cold Regions Engineering, 2019, 33(2):04019001.

[16] KOVALEV S M, SMIRNOV V N, BORODKIN V A, et al. Physical and mechanical characteristics of sea ice in theKara and Laptev seas[J]. International Journal of Offshore and Polar Engineering, 2019, 29(4):369-374.

[17] BUZIN I V, NESTEROV A V, GUDOSHNIKOV Y P, et al. Thepreliminary results of iceberg drift studies in the russian arctic throughout 2012—2017[J]. International Journal of Offshore and Polar Engineering, 2019, 29(4): 391-399.

[18] MAY R I, GUZENKO R B, MIRONOV Y U, et al. Morphometry andmass of icebergs in the russian arctic seas[J]. International Journal of Offshore and Polar Engineering, 2019, 29(4):375-382.

[19] SHAMAEI F, BRGSTRÖM M, LI F, et al. Local pressures for ships in ice: probabilistic analysis of full-scale line-load data[J]. Marine Structures, 2020, 74:102822.

[20] HUANG Y, SUN J, WAN J, et al. Experimental observations on the ice pile-up in the conductor array of a jacket platform in Bohai Sea[J]. Ocean Engineering, 2017, 140:334-351.

[21] LI W, HUANG Y, TIAN Y. Experimental study of the ice loads on multi-piled oil piers in Bohai Sea[J]. Marine Structures, 2017, 56:1-23.

[22] WANG Y, POH L H. Velocityeffect on the bending failure of ice sheets against wide sloping structures[J]. Journal of Offshore Mechanics and Arctic Engineering, 2017, 139(6):061501.

[23] ZHANG D, QU Y, YUE Q, et al. Ice-resistant performance analysis of jackup structures[J]. Journal of Cold Regions Engineering, 2018, 32(1): 04017022.

[24] TIAN Y, JI S, ZHANG X, et al. Experimentalanalysis of uniaxial compressive strength for columnar saline model ice[C]. Proceedings of the 28th International Ocean and Polar Engineering Conference, Sapporo, Japan, 2018, 1763-1767.

[25] KIM H, DALEY C, COLBOURNE B. A study on the evaluation of ice loads and pressure distribution using pressure indicating film in ice-structure interaction[J]. Ocean Engineering, 2018, 165:77-90.

[26] DEHGHANI-SANIJ A R, DEHGHANI S R, NATERER G F, et al. Marine icing phenomena on vessels and offshore structures: prediction and analysis[J]. Ocean Engineering, 2017, 143:1-23.

[27] LIU L, LI X, WU X, et al. Ice model tests for semi-submersible platforms in pack ice conditions[C]. Proceedings of the ASME 2019 38th International Conference on Ocean, Offshore and Arctic Engineering, Glasgow, Scotland, UK, 2019.

[28] TIAN Y, HUANG Y, LI W. Experimental investigations on ice induced vibrations of a monopile-type offshore wind turbine in Bohai sea[C]. Proceedings of the 28th International Ocean and Polar Engineering Conference, Honolulu, Hawaii, USA, 2019, 327-334.

[29] SUN J, HUANG Y. Investigations on the ship-ice impact: part 1. experimental methodologies[J]. Marine Structures, 2020, 72: 102772.

[30] AHN S, LEE T. An experimental study on occurrence of intermediate peaks in ice load signals[J]. International Journal of Naval Architecture and Ocean Engineering, 2020, 12:157-167.

[31] CHARLEBOIS L, FREDERKING R, TIMCO G W, et al. Evaluation of pack ice pressure approaches and engineering implications for offshore structure design[J]. Cold Regions Science and Technology, 2018, 149:71-82.

[32] BHATIA K, KHAN F. A predictive model to estimate ice accumulation on ship and offshore rig[J]. Ocean Engineering, 2019, 173:68-76.

[33] KINNUNEN A, TIKANMÄKI M, HEINONEN J, et al. Dynamic ice contact load model for azimuthing thrusters[J]. Ships and Offshore Structures, 2019, 14(8): 890-898.

[34] WANG Y H, POH L H. Initial-contact-induced bending failure of a semi-infinite ice sheet with a radial-before-circumferential-crack pattern[J]. Cold Regions Science and Technology, 2019, 168:102866.

[35] RANTA J, POLOJÄRVI A. Limit mechanisms for ice loads on inclined structures: local crushing[J]. Marine Structures, 2019, 67:102633.

[36] KONG S, CUI H, TIAN Y, et al. Identification of ice loads on shell structure of ice-going vessel with Green kernel and regularization method[J]. Marine Structures, 2020, 74:102820.

[37] TEO F C, POH L H, PANG S D. On the flexural failure of thick ice against sloping structures[J]. Journal of Offshore Mechanics and Arctic Engineering, 2017, 139(4):041501.

[38] DEHGHANI-SANIJ A, MAHMOODI M, DEHGHANI S, et al. Experimental investigation of vertical marine surface icing in periodic spray and cold conditions[J]. Journal of Offshore Mechanics and Arctic Engineering, 2019, 141(2):021502.

[39] DI S, XUE Y, WANG Q, et al. Discrete element simulation of ice loads on narrow conical structures [J]. Ocean Engineering, 2017, 146: 282-297.

[40] GHOSHAL R, YENDURI A, AHMED A, et al. Coupled nonlinear instability of cable subjected to combined hydrodynamic and ice loads[J]. Ocean Engineering, 2018, 148:486-499.

[41] WANG Q, WANG Y, YUAN L, et al. Simulation of brittle-ice contacting with stiffened plate with peridynamics[J]. Journal of Ship Mechanics, 2018, 22(3): 339-352.

[42] RANTA J, POLOJÄRVI A, TUHKURI J. Limit mechanisms for ice loads on inclined structures: buckling[J]. Cold Regions Science and Technology, 2018, 147: 34-44.

[43] RANTA J, POLOJÄRVI A, TUHKURI J. Scatter and error estimates in ice loads-results from virtual experiments[J]. Cold Regions Science and Technology, 2018, 148: 1-12.

[44] RANTA J, POLOJÄRVI A, TUHKURI J. Ice loads on inclined marine structures-virtual experiments on ice failure process evolution[J]. Marine Structures, 2018, 57:72-86.

[45] TSARAU A, BERG M V D, LU W, et al. Modelling results with a new simulator for arctic marine structures-SAMS[C]. Proceedings of the ASME 2018 37th International Conference on Ocean, Offshore and Arctic Engineering, Madrid, Spain, 2018.

[46] HASEGAWA K, UTO S, SHIMODA H, et al. Numerical and experimental investigations of managed ice loads acting on fixed conical structure[C]. Proceedings of the 28th International Ocean and Polar Engineering Conference, Sapporo, Japan, 2018.

[47] GONG Y F, ZHANG Z Y, LIU J X, et al. Research on short-term ice cases for predicting ice force on

conical structure in the Bohai gulf[J]. International Journal of Offshore and Polar Engineering, 2018, 28(1):72-79.

[48] WANG F, ZOU Z J, ZHOU L, et al. A simulation study on the interaction between sloping marine structure and level ice based on cohesive element model[J]. Cold Regions Science and Technology, 2018, 149:1-15.

[49] LIU L, JI S. Ice load on floating structure simulated with dilated polyhedral discrete element method in the broken ice field[J]. Applied Ocean Research, 2018, 75:53-65.

[50] LI H, YANG Z, FENG Y, et al. Study on the influence of ice-water coupling on numerical calculation of ice load[C]. Proceedings of the ASME 2018 37th International Conference on Ocean, Offshore and Arctic Engineering, Madrid, Spain, 2018.

[51] WONG C K, BROWN T G. A three-dimensional model for ice rubble pile-ice sheet-conical structure interaction at the piers of confederation bridge, Canada[J]. Journal of Offshore Mechanics and Arctic Engineering, 2018, 140(5):051501.

[52] JI X, KARR D G, OTERKUS E. A non-simultaneous dynamic ice-structure interaction model[J]. Ocean Engineering, 2018, 166:278-289.

[53] XU Y, HU Z, RINGSBERG J W, et al. Nonlinear viscoelastic-plastic material modelling for the behaviour of ice in ice-structure interactions[J]. Ocean Engineering, 2019, 173:284-297.

[54] SU B A, ARSAETHER K G, KRISTIANSEN D. Numerical study of a moored structure in moving broken ice driven by current and wave[J]. Journal of Offshore Mechanics and Arctic Engineering, 2019, 141(3):031501.

[55] OMMANI B, BERTHELSEN P A, LIE H, et al. Hydrodynamic modelling and estimating response of glacial ice near a drilling rig[C]. Proceedings of the ASME 2019 38th International Conference on Ocean, Offshore and Arctic Engineering, Glasgow, Scotland, UK, 2019.

[56] PRADANA M R, QIAN X, AHMED A. Efficient discrete element simulation of managed ice actions on moored floating platforms[J]. Ocean Engineering, 2019, 190:106483.

[57] LONG X, LIU S, JI S. Discrete element modelling of relationship between ice breaking length and ice load on conical structure[J]. Ocean Engineering, 2020, 201:107152.

[58] PRADANA M R, QIAN X D. Bridging local parameters with global mechanical properties in bonded discrete elements for ice load prediction on conical structures[J]. Cold Regions Science and Technology, 2020, 173:102960.

[59] WANG C, HU X, TIAN T, et al. Numerical simulation of ice loads on a ship in broken ice fields using an elastic ice model[J]. International Journal of Naval Architecture and Ocean Engineering, 2020, 12:414-427.

[60] LEMSTRÖM I, POLOJÄRVI A, TUHKURI J. Numerical experiments on ice-structure-interaction in shallow water[J]. Cold Regions Science and Technology, 2020, 176:103088.

[61] HUANG L, TUHKURI J, IGREC B, et al. Ship resistance when operating in floating ice floes: a combined CFD&DEM approach[J]. Marine Structures, 2020, 74:102817.

[62] BERG M V D, LUBBAD R, LØSET S. Repeatability of ice-tank tests with broken ice[J]. Marine Structures, 2020, 74:102827.

[63] 徐莹,胡志强,陈刚,等. 船舶相互作用研究方法综述[J]. 船舶力学, 2019, 23(1):110-124.

第三篇

内波环境篇

海洋非线性内波的生成和演化

邹 丽 王 振 张九鸣

(大连理工大学)

1 研究背景

针对海洋环境条件,人类过去往往更关注海面以上的波浪和海流流动,而忽略了海面以下的水体波动。随着声呐、雷达、卫星遥感及其他海洋测量技术的发展,人们发现海洋内部并不如我们想象的那么平静,而是无时无刻不发生着各种形式的水体运动,内波就是其中一种典型的水体运动形式。

受日照、温度、盐度等因素的影响,海水时常会出现密度分层的情况[1]。内波是在海洋内部稳定密度跃层处生成和传播的水体波动,是一种常见且重要的物理海洋现象[2]。根据生成机制、非线性程度和传播时间尺度的不同,内波可以分为小波幅线性内波、斜压 Rossby 波、线性内潮波和非线性内波等形式[3]。其中,非线性内波通常可用孤立子模型来进行描述,这种形式的内波也被称为内孤立波。近年来,内孤立波作为重要的海洋环境载荷,由于具有波幅大、传播距离长、携带能量巨大等特点,已受到了工程界和学术界广泛的关注和研究。

内波与表面重力波具有相似的物理性质,不同之处在于表面波的回复力是重力,而内波的回复力是浮力作用下的约化重力。这种差异导致了内波往往波幅更大,传播时间更长。具体而言,内波的波幅多为几十米到上百米,传播过程应以小时为时间尺度进行衡量[4]。内波通常不会表现为稳定的线性色散波,而多为非线性的内孤立波形态[5]。Bourgault 利用回声探测仪在加拿大 Saguenay 峡湾处观测到的内波就是典型的孤立波形态[6]。

孤立波是以一定速度传播,且在传播过程中及相互碰撞后仍能够维持其形状和速度不变的特殊水波形式,其行波解被称为孤立子[7]。该现象最早由英国造船工程师 Russell 发现,Bona 和 Rayleigh 针对小波幅水波进行的解析研究也印证了 Russell 的观察[8-10]。其后,Korteweg 和 de Vries 建立了用以描述这种水波现象的 Korteweg-de Vries(KdV)方程,并得到了该方程一类"$sech^2$"形式的孤立子解[11]。上述这些针对孤立波的研究都是围绕表面波问题展开的,Benney 和 Benjamin 在 KdV 方程的基础上又给出了密度分层流体问题中孤立波的传播方程,即内孤立波的表现形式[12-13]。

虽然内孤立波是内波的常见形式,但并不是所有海洋内波都会演化为内孤立波,且从内波生成到形成稳定传播的内孤立波还需要一定的演化过程和时间。海洋内波具有多种生成机制,潮流-地形相互作用和海表面风作用是最主要的能量输入方式,分别贡献了内波场约50%的能量。其中,潮流-地形相互作用以潮频率输入能量,所形成的内波称为内潮波,而海表面风作用则形成了近惯性内波[14-17]。这两种机制下生成的内波都能够自其生成源在深海中传播数千公里[18-19]。另外,河流羽流、Kelvin 波与地形相互作用、地形共振流等也是常见的内波生成机制[20-24]。针对内孤立波而言,其生成机制中最著名的是 Maxworthy 所提出的背风波(Lee wave)机制[25]。具体为当处于分层流体中的潮汐流传播经过一个三维地形时,会在该三维地形的背风面处激发形成 Lee 波,并在随后的传播过程中逐渐发展为内孤立波。另外,经过理论的不断完善,后人又提出了正压潮流与海底地形间的相互作用激发内孤立波,背景剪切流不稳定性和涡旋场变化激发生成内孤立波等其他多种生成机制[26-27]。Alford 等就中国南海北纬21°区域的横截面,给出了真实海洋中内孤立波的生成、传播,直至破碎与消散的完整演化过程[4]。

由于耗散作用较小而能够长距离传播的内波通常生成于深海区域,其在向大陆架传播的过程中,随着水深变浅,非线性效应会逐渐增强。在非线性效应和色散效应的不平衡作用下,线性或弱非线性的内波波面会逐渐变陡,最终裂化形成一组波长更短、非线性程度更强的内孤立波群[28]。因此,内孤立波是内波在大陆架附近区域的重要表现形式,同时其在大陆架上的传播演化过程及波面、流场变化也备受关注[3]。

以发生的地理位置为标准,非线性内波可分为大洋内波、近海内波、极地内波及赤道内波;从其形态上,可分为单向突起的 mode-1 型内孤立波和双向突起的 mode-2 型内孤立波。其中,mode-1 型内孤立波又有上凸型和下陷型两种。内波波形的上凸与下陷,往往与传播跃层所处的垂向位置有关。当跃层位置上层水深较大时,内波表现为上凸型,当跃层位置下层水深较大时,内波则表现为下陷型[29]。

工程中关注内孤立波的原因在于,内孤立波导致的海水密度变化及传播过程中伴随的突发性剧烈流动是深潜器和海洋工程的重要威胁。极端情况下,大波幅内孤立波可使海水水体在数分钟内下沉超过 150 m,水温变化 12 ℃ 以上,对海洋油气设备和其他海洋结构物造成严重的破坏[30]。国内外存在大量由于内孤立波载荷导致安全事故的相关记录。例如:1963 年,美国海军"Thresher"号核潜艇在马萨诸塞州海岸外 350 km 处由于遭遇内孤立波而失事[31];加拿大 Davis 海峡的石油钻井平台曾因内波的影响而被迫停止作业[32];20 世纪 90 年代初,中国南海东部石油公司在石油勘探时,曾受到内波流的破坏性影响[33];1990 年,东沙岛附近,内孤立波诱发的突发性强水平流动使锚定的油罐箱 5 min 内摆动超过 110°[34];2011 年,流花油田半潜式平台脱锚过程中,受内孤立波作用影响在 15 min 内漂移了 120 m[35];2014 年,"南海八号"钻井平台在作业期间遭遇内孤立波载荷,被推出 101 m,发生了守护船与平台桩腿的碰撞事故[36];2017—2018 年仅一年间,南海东部就遭遇了 11 次对提油作业影响较大的内孤立波载荷。在内孤立波作用下,海上浮式生产储油船(FPSO)艏向发生快速变化,使得提油船和 FPSO 夹角增大至 80°,船位位移近 150 m[37]。由此可见,明晰内孤立波的传播演化规律及载荷特性对保证海洋工程和深潜器的安全作业有着重要工程意义。

内孤立波不仅是深潜器作业和海洋工程建设需要关注的环境载荷,对海洋生态、海洋探测也有着重要的影响。海水不同密度层间的混合是大尺度海洋温盐环流的重要组成部分,内孤立波在该过程中扮演着重要角色[38-41]。在海洋环境上,内波可以实现海洋上层与深层之间的能量交换,完成海底营养沉积物的再悬浮,进而促进海洋生物种群的生息与繁衍[42]。在海洋工程中,内波的运动会导致海水间密度跃层发生改变,从而改变声速的大小与方向,进而影响水声工程的探测工作[43]。

我国南海石油资源十分丰富,是重要的油气产区,但同时其海洋环境复杂,也是内孤立波的多发区[34]。Jackson 统计了 2002 年 8 月至 2004 年 5 月间 MODIS 卫星遥感资料中出现的共 3 581 组内孤立波数据。其中,中国南海出现的内孤立波数量为 278 组,占全球总数量的 7.8%,仅少于印度洋和印度尼西亚区域[44]。中国南海是西太平洋的边缘海,经吕宋海峡与太平洋相连,吕宋海峡表现为南北平行双海脊的不对称地形,具备内孤立波生成的典型地形结构[45]。南海内孤立波多由吕宋海峡传入的内潮波演化形成,或直接在吕宋海峡形成[46-47]。卫星资料显示,由吕宋海峡传入的内孤立波通常经由东沙岛区域,向南海北部的大陆架传播[48]。与内孤立波在典型大陆架地形上的传播不同,南海的海洋环境更为复杂,故而内孤立波在南海特殊岛礁地形下的演化过程也受到广泛的关注。另外,南海的内孤立波多为大尺度情况,常见的波长为 1 km 量级,波幅为 100 m 量级,波速为 1 m/s 量级[49]。目前,有记录的最大波幅内孤立波就是在南海观测到的,其波幅可超过 300 m,同时最强内波流也发生于我国南海,其水平流速和垂向流速分别超过了 2.0 m/s 和 0.7 m/s[4, 50-51]。

综上所述,内孤立波是一种重要的非线性物理海洋现象,也是深潜器和海洋工程可能遭遇到的重要环境载荷,深入研究内孤立波的传播演化规律兼具科学和工程意义。另外,内孤立波的生成和传播均发生于海面之下,这使得其过程的观测较为困难,目前针对内孤立波的生成机理及演化机制仍存在着尚未完全解决的问题,有待做进一步的讨论研究。

2 研究现状

内孤立波现象自发现以来,一直都是物理海洋学和海洋工程环境载荷中的研究热点问题,其具体的生成模式、数学描述、传播过程模拟及与海洋工程结构物相互作用的过程目前仍被广泛地关注和研究。针对稳定传播的内孤立波而言,解析模型是描述其流动结构的有效方式,而关于内孤立波生成、演化及与典型结构物相互作用的机理,可采用模型试验和数值模拟进行研究。本文主要围绕这两部分内容介绍内孤立波的研究现状。

2.1 内孤立波理论的研究现状

在内孤立波的传播过程中,普遍认为非线性效应会使其波形变陡,色散效应会使其波形变坦,内孤立波能够保持形状不变地稳定传播正是因为非线性效应和色散效应达到了平衡。为了描述稳定传播的内孤立波形式,需要建立非线性效应和色散效应平衡的解析模型。基于不同的密度分层简化条件和非线性假设,目前已经形成了一系列的内孤立波解析模型,并获得了能够稳定传播的部分行波解。密度层化流体主要分为密度连续分层和密度间断分层。密度连续分层情形下的内波由于等压力面和等密度面不平行会产生涡量,从而不满足势流理论的无旋假设,所以连续分层流体不能采用势流理论简化模型。密度间断分层主要是指两层流体或多层流体,其中每层流体的密度保持不变,层与层之间为强间断,并且每层流体不能汇溶。密度间断分层的流体经常简称为两层模式或多层模式,如每层为无旋无黏流体则可认为满足势流理论,在界面处满足压力连续和速度连续条件,整个流体可以采用势流论进行建模求解。

理想的两层流体系统是能够承载内孤立波现象的最简单分层系统,可用两相流体的交界面来表示内孤立波波形。针对这类分层系统,Benjamin 基于弱非线性假设和浅水长波假设,建立了描述单向稳定传播内孤立波的 KdV 方程[12]。当改变浅水长波假设时,又可由 KdV 方程进一步推导得到中等长波方程或 Benjamin-Ono(BO)方程[52-53]。另外,通过在 KdV 方程中添加三阶非线性项所得到的 Gardner 方程,也展现出了一些新的内孤立波特征[54]。

考虑到随着内孤立波波幅变大,其非线性程度增强,弱非线性模型并不能准确地描述较大波幅的内孤立波,Choi 和 Camassa 针对两层流体系统又建立了完全非线性的 Miyata-Choi-Camassa(MCC)模型,并求得了其行波解[55]。MCC 模型通过引入层平均量的概念,建立控制方程,在内孤立波方程的推导过程中只需要假设色散系数为小量,而不需要对非线性系数和内孤立波波幅做任何小量假设,因此该模型是弱色散性、完全非线性的解析模型[56-57]。所建立的控制方程形式为齐次层演化方程的完整集,可看作是两层流体系统中一维内波方程的耦合 Green-Naghdi(GN)方程[58]。该方程在弱非线性假设下,针对浅水条件、深水条件和无限水深条件分别可以退化为 KdV 方程、中等长波方程和 BO 方程。在此基础上,Ostrovsky 和 Grue 通过结合 Whitham 法和 Riemann 不变量给出了 MCC 模型的更简单形式[59]。Debsarma 等又提出了更高阶的 MCC 模型[60]。MCC 模型的可靠性和稳定性已经在物理模型试验中得到了验证,其描述的内孤立波波形除了尾波部分外与试验生成的内孤立波波形吻合良好[61]。Zhao 等在 GN 方程的基础上,发展了考虑自由表面影响的两层流体高阶 GN(HLGN-FS)模型,以此为控制方程,数值模拟得到的结果在深水和浅水条件下都能够很好地描述试验中的内孤立波波形[62]。针对强非线性情况,除 MCC 方程外,Gardner 方程也有描述大振幅内孤立波的修正形式[63]。Wang 等基于势流理论采用边界积分方法分析了两层流体中运动点涡引起内波的完全非线性模型,并给出了线性化问题的解析解,同时与完全非线性数值结果进行比较,发现当点涡强度较大时,引起的内波非线性较强,与线性解析解具有较大区别,表现出孤立波特征[64]。一对不同间距的点涡引起的内波波形会表现出更复杂的行为,点涡的符号和强度都会产生影响[65]。王振等进一步将全非线性边界积分方法应用到二维简化翼型引起的内波分析,发现内波能量存在最大值[66]。

与两层流体系统相比,密度连续分层流体系统更接近于实际海洋情况,但由于无法利用单一内波界面处的位移和压力连续建立层间关系,其推导过程和内孤立波表现形式与两层流体系统不完全相同。针对密度连续分层系统,可基于分离变量法和摄动展开法建立弱非线性的内孤立波模型,其行波解表示为垂向结构函数和水平演化函数的乘积,分别代表内孤立波各参数的特征垂向结构和水平传播的扰动形式[67-68]。值得注意的是,该模型的水平演化函数具有与KdV方程相同的偏微分方程形式,这意味着内孤立波的弱非线性模型在两种典型密度分层系统间具有形式上的一致性。

为了建立密度连续分层系统中内孤立波的完全非线性模型,需要引入Boussinesq近似来简化问题,即认为系统的局部密度变化较小,浮力在流体质点的运动中起主导作用,只在重力项中考虑密度的变化,其他各项密度均假设为常数。在Boussinesq近似的条件下,Dubreil-Jacotin-Long(DJL)方程可以描述稳定传播的完全非线性内孤立波的等密度线位移,并且根据等密度线位移和背景剪切流速可以进一步计算得到对应的内孤立波密度场和流场。由于DJL方程描述的内孤立波等密度线位移非直接描述密度场或流场,其形式与弱非线性模型截然不同[69-70]。另外,以DJL方程初始化的内孤立波在传播过程中并不是总能维持稳定,当波幅较大时可能会出现自发不稳定[71]。除此之外,Camassa等还从密度连续分层系统的内孤立波形式出发,构建了对应两层流体系统的最优近似情况,这部分研究是讨论两种分层密度系统间自洽性的重要工作[72]。

通过根据地形改变方程中的非线性系数和色散系数作为简化模型的KdV模型能够很好地应用到实际工程问题当中。Grimshaw等阐明了缓变地形条件下,能够使用变系数KdV方程描述内孤立波演化过程的机理。他们认为方程中与地形相关的参数代表着当地非线性效应和色散效应的变化程度,当非线性效应或色散效应改变时,数值求解的波形也会随之出现局部的变陡或变坦[73]。Osborne和Burch就根据KdV理论研究了安达曼海域的内孤立波传播情况[7]。Squire在考虑浅化效应引起耗散的前提下,利用KdV方程研究了苏禄海域中大振幅强非线性内波和纽约湾海域中孤立波的传播过程[74]。Liu等利用mKdV方程,对台湾东北侧海域的孤立波传播过程中遇到陆坡时极性转变过程进行了研究[75]。考虑地转效应会增加内潮波的相速度,进而影响波群中内孤立波的数量和形式,Holloway等针对添加地转效应源项的扩展KdV方程进行离散求解并分析了其演化规律[76]。张善武综合考虑了非线性、非静力频散、高阶非线性、地转效应、二维效应、黏性作用等因素的影响,建立了一般化的变系数KdV方程,并以此模拟研究了南海北部大振幅内孤立波的传播演化规律和裂化现象[77-78]。陈万坤等利用变系数KdV方程模拟的海洋内孤立波波形与实测数据吻合良好,这也在一定程度上说明了使用这类模拟方法讨论变化地形上内孤立波演化规律的可靠性[79-80]。因为变系数解析方程是基于物理假设来描述特定现象的数学方程,其本身就蕴含着各物理量间的数量关系,王静涛等根据非等谱变系数KdV方程分析了内孤立波波幅与有效波长间的关系[81]。除地形的影响外,Grimshaw等还考虑了用高阶KdV方程描述自由表面边界条件下,分层剪切流中内孤立波的形式[82]。

近年来,有关内孤立波解析模型的研究已经逐渐系统化,通过理论的不断完善,形成了面向不同流体分层情况、不同边界条件及不同非线性假设的解析模型体系。考虑到解析模型通常针对特定研究对象做不同的简化假设,只适用于特定研究问题,为进一步讨论理论模型的适用性,往往还需要采用实测数据或物理模型试验对解析模型进行验证。同时,物理模型试验还能够复现内孤立波传播演化的完整复杂物理过程。

2.2 内孤立波水槽试验的研究现状

虽然内孤立波是海洋环境中的常见现象,但其实际观测困难较大,这也在很大程度上阻碍了人们对内孤立波的研究与探索。而内孤立波的解析模型通常只能用来描述能够稳定传播的行波结构,即使将方程中的系数与地形建立起联系,形成变系数波面方程的求解体系,也因为其仅考虑了地形造成的非线性效应和色散效应的变化,或只是添加了简化表示的地转效应和底摩擦作用等因素的源项,并未能充分考虑到内孤立波流场与地形的相互作用过程,而不适用于内孤立波伴生流动与地形发生明显相互作用的演化过程模拟分析。为讨论内孤立波流场受到明显地形阻碍作用时,其波形和流动结构的变化规律,国内外研究者基于分层流体试验水槽或数值水槽开展了内孤立波与典型地形结构相互作用过程的大量研究。

内孤立波发生的两个要素为稳定层化流体和扰动源。稳定层化流体的制备主要包括盐水法、温度控制法和两层溶液法等;扰动源的制备则主要分为重力塌陷造波法、推板造波法等。目前,针对分层流体水槽试验,已有多种内孤立波的控制造波方法,其中最经典的方法是通过制造分层界面处的初始液位差来施行的重力塌陷法。Kao 等建立了如图 1 所示的内孤立波试验水槽,以在水槽中设置抽拉挡板的方式进行重力塌陷法造波[83]。图中,H 为流体总深度;H_1、H_2 和 ρ_1、ρ_2 分别为上、下两层流体的厚度和密度;a 为内波波幅;L_w 为内波的特征波长,是表征生成内波形状特征的物理量;L 为塌陷区长度;η_0 为塌陷区高度,是控制造波的物理参数;h_s 为地形特征参数。其中,水槽的右端为造波区域,在挡板两侧人工制造液位差后,通过提升抽离挡板来实现内孤立波的生成,进而研究了所生成的内孤立波后续在斜坡上的传播、浅化和破碎的过程。Chen 等在使用相同的造波方式进行内孤立波的生成试验中发现,若想生成稳定传播的上凸型或下陷型内孤立波,除了需要控制造波塌陷区内淡水和盐水水头的势能大小外,还要确定合适的上下层水深比等参数[84]。以此为基础,Chen 又讨论了内孤立波经过不同障碍物时所引起的上下层流体混合情况[85]。针对重力塌陷法生成的内孤立波形式,Kodaira 等将其与自由表面条件和刚盖条件下的 MCC 解析模型进行对比,并给出了内孤立波生成时伴随产生的表面波和其主体波形间的关系[86]。

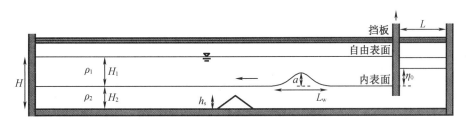

图 1　重力塌陷法内孤立波生成装置及水槽示意图[83]

虽然在实验室生成内孤立波的方法中,重力塌陷法已得到了广泛应用,但此方法仍有一定的局限性。比如挡板抽拉得快慢会直接影响内孤立波生成的质量;针对确定振幅的内孤立波生成,无法直接给出对应的造波参数等。双推板联动法是另一种经典造波方式,其造波装置由 Wessels 和 Hutter 设计完成[87]。该造波方法的主要思想是设置两块与上下层水位高度相等、与试验水槽宽度相同的推板,造波时使两块推板做反向运动,并通过改变推板的运动方向及运动速度,实现内孤立波的控制生成。其试验示意图如图 2 所示。图中 $P_1 \sim P_6$ 为捕捉内表面的浪高仪;H_1、H_2 为上、下两层流体的厚度;h_s 为地形特征参数。该装置较重力塌陷法造波更为复杂,且也存在着一定的局限性。一是造波时会引起上层流体自由液面处的剧烈震荡,从而干扰到内孤立波的生成和传播;二是相比于重力塌陷法,在可混溶流体系统中会导致交界面处的流体混合现象更严重,从而影响到内孤立波的生成质量。

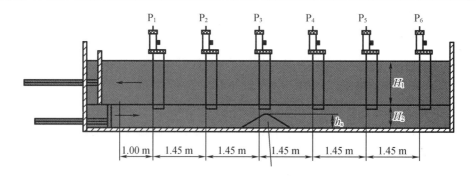

图 2 Wessels-Hutter 双板联动法内孤立波生成装置及水槽示意图[87]

在研究 mode-2 型内孤立波时，Weidman 和 Johnson 还提出了设置流体混合室、分隔板和顶部刚盖的造波方法。使用这种造波方法能够很大程度上减小造波区域中流体的混合及表面波的生成，其装置如图 3 所示。图中，ρ_1、ρ_0、ρ_2 分别为从上至下三层流体的密度；D_1、H、D_2 分别为三层流体的厚度；由于采用的可混溶流体间有明显的密度跃层存在，$2h_1$ 和 $2h_2$ 分别表示两个密度跃层的厚度。基于该造波装备及试验水槽，Weidman 和 Johnson 观察到了一种新的三孤立子共振现象所需的上游和下游间的能量转移形式[88]。针对不混溶的两层流体系统，大连理工大学则以水和硅油为两种溶液制备了内波的传播环境，并以重力塌陷法进行造波，实现了控制波幅的稳定内孤立波生成与测量。

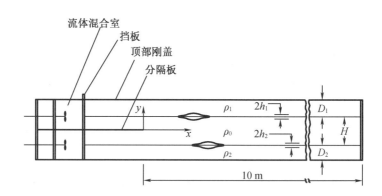

图 3 Weidman-Johnson 内孤立波生成装置及水槽示意图[88]

在实现内孤立波的实验室生成之后，为捕捉后续演化过程中的波面和流场特征，形成了配套的测量技术。针对波面的测量而言，Cheng 等在其搭建的国立中山大学分层水槽中采用了基于超声波探针的测量方式[89]。黄文昊等则使用了电导率探头阵列来监测内孤立波的波面，根据各阵列中电导率探头捕捉的密度扰动信号，处理得到浮力频率最大位置所对应的密度时历曲线，进而获得内孤立波的波面及相速度信息[90]。上述两种测量方法均为接触式测量方法，这类方法虽然能够自动地捕捉到较为准确的波面信息，但探针的存在也会一定程度上影响内孤立波的波形和流场演化，同时分散布置的探针也很难获得空间上连续的波面信息。另外，在使用电容式浪高仪进行波面测量时，硅油附着于浪高仪探头上会导致测量不准确的现象，这也是接触式测量的弊端之一[91]。

为解决接触式波面测量中探针造成的流场干扰和测量数据空间不连续的问题，又发展出了通过在单层流体中添加染色剂来标示内孤立波波面位置的非接触式波面测量方法。Du 等就利用了这种测量方法研究了重力塌陷造波区中内孤立波生成过程的波面变化情况，以及与海底山脊地形相互作用时内孤立波的破碎和分裂现象，如图 4 所示[92-93]。虽然非接触式测量方法既能够获得满足精度的空间连续波面数据，又能够避免接触式测量方法中存在的流场干扰问题，但上述方法通常需要先在水槽壁面覆盖透明网格纸,并以人工描点的方式来确定波面位置,这在极大程度上增加了波面识别的工作量,降低了试验测量的效率。为解决这个问题,邹丽等又提出了基于阈值分割方法的内波界面自动捕捉技术。使用蓝色染色剂对单层流体进行染色,然后提取全彩图片中红通道数据(或 HSV 色彩空间中的饱和度数据)对图片进行灰度化,再以灰度直方图中两个峰值间的谷值作为阈值分割位置,进而实现了自动化的内波界面无接触式高效监测[94]。试验拍摄图片对应的灰度直方图及内孤立波波面上下两相流体的阈值分割情况如图 5 所示。另外,为验证该自动化波面捕捉方法的可靠性,李振浩还将其测量结果与通过人工描点方法获得的波幅数据进行了对比,发现两者的差异很小,每组试验数据的相对误差均小于 2%[95]。

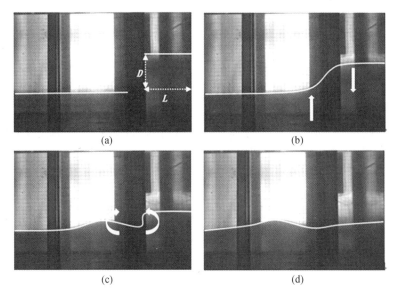

图 4　通过对单层流体染色标示重力塌陷造波区中内孤立波生成过程的波面[93]

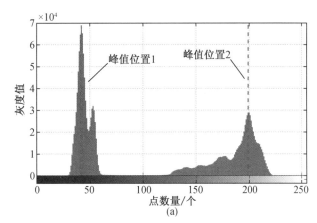

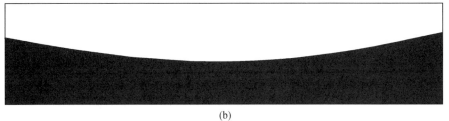

图 5　以红通道进行灰度化得到的图片灰度直方图
和使用阈值分割法识别得到的内孤立波界面

目前,针对试验中内孤立波的流场可视化问题,应用最多的是粒子图像测速(particle image velocimetry,PIV)技术。Grue 等利用 PIV 技术获得了稳定内孤立波在无变化平坦地形上传播的速度场,但其得到的流场数据较为粗糙[96]。Dalziel 等进一步结合合成纹影技术对内孤立波流场的 PIV 测量数据进行校正,以此消除了与折射率变化有关的误差[97]。合成纹影技术来源于纹影法和莫尔条纹法,通过架设相机,透过试验水槽拍摄其后方放置的纹理蒙版,并根据拍摄图片中纹理蒙版上图案的变形,来推算水槽中不同位置处光线的折射率和对应的流体密度[98]。

为关注内孤立波演化过程中的拉格朗日特征或特定位置处流体运动的速度和轨迹,Sveen 等还在试验测量中采用了粒子追踪测速(particle tracking velocimetry,PTV)技术[99]。与 PIV 技术中通过粒子群位置的空间互相关特征来测量速度场的方式不同,PTV 技术则是在图像序列中追踪单个粒子,当流体的局部加速度相对较小时,这种方法是十分理想的。利用 PTV 技术,Sveen 等讨论了内孤立波与山脊地形相互作用的破碎过程。Troy 和 Koseff,还在内波试验中引入了平面激光诱导荧光成像(planar laser-induced fluorescence,PLIF)技术,该技术能够清晰地显示内孤立波波面发生的 Kelvin-Helmholtz(K-H)不稳定及破碎现象[100]。

上述造波方法和测量技术的形成,为基于水槽试验进行内孤立波的传播演化及其与地形相互作用过程的研究提供了有效手段。至今研究者们已针对不同地形条件展开了大量的研究,下面简述内波试验研究中的一些进展。

由于深海至大陆架的二维地形剖面可以被简化为上缓坡的地形,同时坡度不变的斜坡又能够用单一参数(倾斜角)表示,方便控制分析地形参数的影响,因此内孤立波在缓坡上的浅化过程被广泛研究。针对该类问题,Helfrich 在清水-盐水制备的分层试验水槽中开展了早期的试验研究,并根据试验结果,初步提出了内孤立波在斜坡地形上破碎的无量纲判据,认为内孤立波的破碎程度主要与其波幅和斜坡上方的下层流体厚度相关[101]。Michallet 等又针对不同坡度、不同流体层厚度比及不同流体密度比条件,进一步研究了内孤立波在斜坡上的浅化问题,确定了斜坡地形上内孤立波能量反射率的决定因素[102]。

Vlasenko 和 Hutter 研究了 mode-1 型内孤立波经过山脊地形过程中的演化规律,并指出了当与地形相互作用时一部分内孤立波能量将透射越过地形,而另一部分将发生反射[103]。Umeyama 研究了周期性内波在爬坡过程中的流场演化规律,发现由于入射波和反射内波之间的相互作用,辐射应力与时间平均动量通量有关[104]。Hult 等针对周期性渐进性内波过高斯地形问题,讨论了入射波和地形尺寸的影响,并评估了波面破碎的发生条件。其定量结果显示剪切和对流都在波面破碎中起到一定的作用[105]。Fructus 等通过 24 组试验研究了剪切不稳定条件下的大振幅内孤立波的流场结构,发现里查森数在相对较厚的密度层中会变得不对称,其最小值将出现在密度层的顶部[106]。Mercier 等首次通过试验研究了内潮撞击温跃层而产生内孤立波的当地生成机制,并提出了该非线性过程中会产生反射生成的平均流和高次谐波,及出现在密度跃层位置的内孤立波两种类型的波动[107]。Talipova 等研究了上凸型和下陷型内孤立波过台阶地形时的波形变化,并分析了该过程中内孤立波的能量损失情况[108]。针对内孤立波与台阶地形的相互作用问题,Zou 等进一步将其细化为投射、过渡、破碎和反射四种模式,并界定了这四种模式的参数范围[109]。在关注内孤立波破碎的发生条件及后续演化过程时,Zou 等又给出了评估遭遇台阶地形时入射内孤立波是否会发生破碎的无量纲参数,并发现即使是完全变形破碎的内孤立波也会在其后续的演化中重新成形[110]。屈子云等通过染色显影法和探头阵列获得在内孤立波传播过程中等密度面的空间分布,给出了内孤立波经过台阶地形时的演变特征[111]。黄鹏起等定量分析了内孤立波破碎引起的流体混合现象,讨论了在斜坡地形上破碎时的湍耗散率与波幅间的关系[112]。武军林等对下陷型内孤立波的流场结构进行了精细测量,并讨论了其与横置细长潜体的相互作用情况[113-115]。

此外,随着人们对内孤立波的机理理解及试验研究的不断深入,近些年学者们也开展了一些比较新颖的试验尝试。比如，Shishkina 等将卫星图片与试验结果结合起来，讨论了深处礁石和浅处礁石对内孤立波生成和演化的影响[116]。Grimshaw 等讨论了背景旋转效应在非线性内波生成和演化中的影响，认为其抑制了内孤立波的形成，取而代之的是形成波包形式的非线性内波[117]。Payam 和 Leon 首次在水槽中完成了内孤立波引起的海底沉积物再悬浮过程中三维瞬时速度场的试验研究，发现沉积物再悬浮主要发生在内孤立波尾部的负压力梯度区，在垂向速度的作用下，海底沉积物会被提升到水体中[118]。

2.3 内孤立波数值模拟的研究现状

针对内孤立波的生成演化问题还存在着大量的数值研究。解析理论可以对稳定传播的内孤立波波形和流动结构进行描述，同时也能在一定程度上讨论缓变地形条件下的演化状态，但是会在内孤立波与地形发生剧烈相互作用时失效；模型试验可以重现内孤立波与地形相互作用的真实物理过程，以此分析波形和流场的演化规律，但其成本较高，且很难规避尺度效应的影响；数值模拟则可以更方便地进行多工况的计算，且能够通过实尺度模拟的方式来规避尺度效应的影响，但其计算耗时往往较长，且结果的可信度相比于模型试验而言也要稍低一些。这三种方法相辅相成，构建起了内孤立波生成演化问题的研究体系。

根据不同的计算需要，内孤立波的数值模拟方式又可做进一步细分。当将其看作是普通的流体力学问题时，则可基于传统的计算流体力学方法进行数值模拟。这一部分中，有时可将动量方程简化为 Euler 方程或不可压缩的 Boussinesq 模型。除使用商业软件计算外，Rickard 等基于以四叉树形式进行网格自适应划分的开源软件 Gerris 模拟了内孤立波与斜坡地形相互作用的过程[119]。Li 等在 OpenFOAM 开源代码的基础上，以完整的三维 Navier-Stokes 方程为控制方程，建立了密度连续分层、不可压缩、有黏流体系统中内孤立波演化的数值模型——ISWFoam[120]。

当研究实尺度三维条件下的内孤立波演化情况时，传统的计算流体力学方法则因其所需计算资源巨大而往往难以胜任，需要采用面向大范围海洋环境模拟的数值手段。在引入静力平衡近似的条件下，目前可用于研究内孤立波生成演化问题的有海军研究实验室海洋预报/预测系统（naval research laboratory ocean nowcast/forecast system, ONFS）、区域性霍尔贝格等温线潮汐模型（regional hallberg isopycnal tide model, RHITM）、Ostrovsky-Hunter 模型等多套大范围海洋环境数值模拟的计算方法[121-123]。但是考虑到内孤立波在其演化过程中往往难以满足静力近似的假设，这些模型实际上并未得到广泛应用。相比之下，非静力模型则是针对内孤立波传播演化过程更有效也是更常用的实尺度三维数值模拟手段，目前适用于内孤立波问题的非静力模型主要包括卑尔根海洋模型（Bergen ocean model, BOM）、区域海洋模拟系统（regional ocean modeling system, ROMS）、斯坦福大学非结构非静力地形跟踪自适应 Navier-Stokes 方程求解器（stanford unstructured nonhydrostatic terrain-following adaptive navier-stokes simulator, SUNTANS）及麻省理工学院的通用环流模型（Massachusetts Institute of Technology general circulation model, MITgcm）等，其中 ROMS、MITgcm 开展的内孤立波生成演化研究最为广泛。

基于数值模拟的手段，内孤立波与典型地形相互作用的过程也得到了系统的研究。针对内孤立波斜坡上的浅化问题，Vlasenko 等以 Reynolds 方程为基础，利用流函数建立起垂向连续分层的内孤立波上斜坡模型，并通过数值求解分析了内孤立波上斜坡过程中出现的翻卷和破碎现象[124]。Aghsaee 等针对海洋流动中更常见的窄波峰形状内孤立波进行了数值模拟，给出了斜坡地形上内孤立波的流场变化，并讨论了不同坡度条件下内孤立波的破碎情况。根据模拟结果，将内孤立波与陡坡地形相互作用的破碎过程划分为三个不同阶段[125]。Arthur 等通过直接数值模拟进一步关注了内孤立波破碎过程中的三维流场形式，并讨论了局部湍流特征和流体混合情况，计算得到了内孤立波流场三维湍流特征[126]。

Lamb 在研究内孤立波浅化破碎的过程中还发现内孤立波破碎发生后会在波谷位置处形成一个随其向前传播的流体团[127]。因为波动的本质是信息或能量的传递，而不是物质的传递，所以通常情况下参与水波传播的流体质点都仅进行局部运动,不会以波动的相速度向前运动。因此 Lamb 的发现表明了在一定条件下,内孤立波还能够输运物质,这种特殊的流动结构被命名为内孤立波的受困流动（trapped core）。在此基础上,Lamb 又进一步讨论了内孤立波受困流动形成的临界条件及机理,指出波受困流动是在大波幅内孤立波临界破碎状态和波谷水平共轭流动的共同作用下形成的,其典型等密度线结构如图 6 所示[128]。

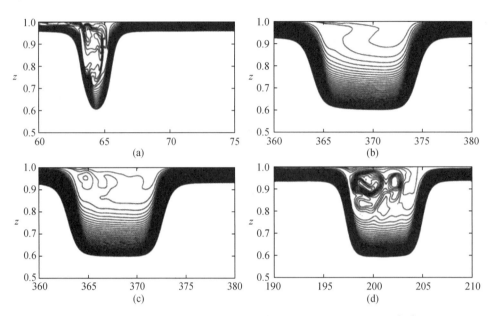

图 6 内孤立波浅化过程中产生的受困流动结构的等密度线情况[128]

内孤立波传播上大陆架的演化过程是其与地形相互作用中最常见的海洋现象,也是备受关注的热点问题。三角形地形和台阶地形作为海底山脊和突变地形的抽象形式,也是值得重点关注的典型地形结构。Sutherland 等将数值模拟和水槽试验相结合,分析了内孤立波流经山脊地形时发生的透射和反射现象,计算了透射波和反射波的能量。在此基础上,提出了内孤立波的无因次临界波幅,以讨论与地形相互作用过程中内孤立波的稳定性及透射系数[129]。Hsieh 等研究了在数值模拟中与山脊地形相互作用时内孤立波的流场变化情况,发现了地形前坡面处形成的涡旋结构和水跃现象[130]。Zhu 等通过直接数值模拟了内孤立波的能量损耗规律,发现相互作用导致的最大能量损耗可达 35%,产生的最大局部流速约为入射内孤立波相速度的 1.8 倍[131]。除了用三角形结构来简化表示海底山脊外,林颖典等还针对更光顺的高斯地形讨论了地形处边界层分离和反向射流的现象[132]。

台阶地形作为水深突变情况的简化形式,也是内孤立波传播过程中需要考虑的典型地形。Maderich 等同时基于完全非线性的数值模型和 Gardner 方程研究了与台阶地形发生相互作用过程中的内孤立波变化情况。发现即使在强非线性的条件下,Gardner 方程依然能够有效地描述该过程中的内孤立波[133]。Maderich 等又对 Boussinesq 条件近似下的非线性 Navier-Stokes 方程进行数值求解,发现了内孤立波变形过程中出现的剪切不稳定性现象和导致密度跃层变厚的翻卷流动结构。这种翻卷流动结构是由 K-H 不稳定性造成的,随着非线性程度的增强,流体层之间发生的混合将会逐渐被该流动结构代替[61]。

3 基本理论与近期进展

3.1 内孤立波解析模型

在建立内孤立波的二维解析模型时,须基于不同的简化假设,即密度连续分层系统和两层流体系统。

如果忽略自由表面的影响,那么可将其顶部定义为不可渗透、自由滑移的刚盖条件。因为表面波的尺度与内孤立波相比很小,这种假设有一定的合理性,且能够将问题进一步简化。

上述两种密度系统均假设在受到扰动之前,系统中密度场的垂向结构是均匀一致的,而水平和时间上的密度不均匀性则完全是由内孤立波的传播引起的。基于这种假设,密度场可表示为由未经扰动的流体密度垂向结构项 $\bar{\rho}$ 和内孤立波传播引起的密度扰动项 ρ' 组成,即

$$\rho = \bar{\rho}(z) + \rho'(x,z,t) \tag{3.1}$$

式中,密度垂向结构项 $\bar{\rho}$ 是只与垂向坐标相关的函数。如果系统中该项连续可导,则可认为是密度连续分层系统,其示意图如图 7 所示。该系统中,假设流体无黏,则控制方程为 Euler 方程,即

$$\frac{\partial \rho \boldsymbol{u}}{\partial t} + \boldsymbol{u} \cdot \nabla \rho \boldsymbol{u} = -\nabla P - \rho g \hat{k} \tag{3.2}$$

式中,$\hat{k}$ 为垂直向上的单位向量;$\boldsymbol{u}$ 为速度适量;t 为时间;P 为压力;g 为重力加速度。

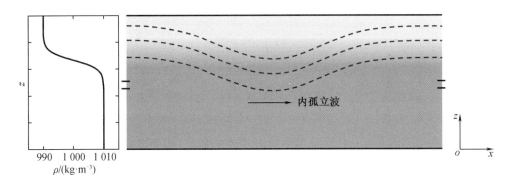

图 7　针对内孤立波问题的密度连续分层系统示意图

因为内孤立波问题是宏观、低速的,其最大流速远低于需要考虑可压缩性的临界流速,故还应满足连续性方程和不可压缩方程:

$$\nabla \cdot \boldsymbol{u} = 0 \tag{3.3}$$

$$\frac{\partial \rho}{\partial t} + (\boldsymbol{u} \cdot \nabla)\rho = 0 \tag{3.4}$$

为方便引入物理量间的量级关系假设,将控制方程中各变量进行无量纲化。设特征速度为 $U_0 = \sqrt{gh}$,以水深 h、特征波长 L、特征速度 U_0 和参考密度 ρ_0 为标准量的无量纲变量形式为

$$\left.\begin{array}{l} x = L x^* \\ z = h z^* \\ t = (L/U_0) t^* \\ \rho = \rho_0 \rho^* \\ P = (\rho_0 U_0^2) P^* \\ u = U_0 u^* \\ w = (h/L) U_0 w^* \end{array}\right\} \tag{3.5}$$

式中,u 为水平速度;w 为垂向速度。将无量纲化后的物理量重新代入控制方程中,同时为了方便表示,去掉用来表示无量纲的符号上标,可得到二维连续密度分层系统中无量纲化控制方程的分量形式如下:

$$\left.\begin{array}{l}\dfrac{\partial u}{\partial x}+\dfrac{\partial w}{\partial z}=0 \\[2mm] \dfrac{\partial \rho}{\partial t}+u\dfrac{\partial \rho}{\partial x}+w\dfrac{\partial \rho}{\partial z}=0 \\[2mm] \dfrac{\partial \rho u}{\partial t}+u\dfrac{\partial \rho u}{\partial x}+w\dfrac{\partial \rho u}{\partial z}=-\dfrac{\partial P}{\partial x} \\[2mm] \left(\dfrac{h}{L}\right)^2\left(\dfrac{\partial \rho w}{\partial t}+u\dfrac{\partial \rho w}{\partial x}+w\dfrac{\partial \rho w}{\partial z}\right)=-\dfrac{\partial P}{\partial z}-\rho\end{array}\right\} \quad (3.6)$$

观察式(3.6),相较 Euler 方程,在垂向分量上多出系数$(h/L)^2$。考虑内孤立波的非线性程度和色散性程度分别体现在其波幅、波长与水深的关系上,故结合内孤立波波幅 a、特征波长 L 和水深 h,引入了非线性系数 $\alpha=a/h$ 和色散系数 $\varepsilon=h/L$,则控制方程无量纲化后的垂向分量多出的系数即为色散系数 ε 的平方。另外,表征波幅相对大小的非线性系数也能够代表内孤立波引起各物理量扰动的量级,Benney 基于非线性系数,改写了水平剪切流动条件下系统中速度、密度和压力带有背景项和扰动项的表示形式[12]为

$$\left.\begin{array}{l}\rho=\bar{\rho}(z)+\alpha\cdot\rho'(x,z,t) \\ u=u_b+\alpha\cdot u'(x,z,t) \\ w=\alpha\cdot w'(x,z,t) \\ P=\alpha\cdot P'(x,z,t)\end{array}\right\} \quad (3.7)$$

式中,背景项包括未扰动流体密度 $\bar{\rho}$ 和背景水平剪切流动速度 u_b,其余各项均是以 α 进行缩放的扰动项。这种表示方法方便了后续对问题的非线性程度进行假设。将上述各物理量以非线性系数改写的扰动格式代入可得到

$$\left.\begin{array}{l}u'_x+w'_z=0 \\ \rho'_t+u_b\rho'_x+w'\bar{\rho}_z+\alpha(u'\rho'_x+w'\rho'_z)=0 \\ (\bar{\rho}+\alpha\rho')(u'_t+u_b u'_x+w'u_{bz})+(\alpha\bar{\rho}+\alpha^2\rho')(u'u'_x+w'u'_z)=-P'_x \\ \varepsilon^2(\bar{\rho}+\alpha\rho')(w'_t+u_b w'_x)+\varepsilon^2(\alpha\bar{\rho}+\alpha^2\rho')(u'w'_x+w'w'_z)=-P'_z-\dfrac{\bar{\rho}(z)+\alpha\cdot\rho'}{\alpha}\end{array}\right\} \quad (3.8)$$

因为未扰动流体密度 $\bar{\rho}(z)$ 和水平剪切流动速度 $u_b(z)$ 均由系统给定且不发生变化,所以求解扰动项与求解原函数对于该问题而言是等价的。为方便表示,在式(3.10)中再去掉表示扰动项的符号上标,以表示待求解项。另外,由于研究的是二维不可压缩问题,速度分量可以用流函数 ψ 表示为

$$\left.\begin{array}{l}u=\psi_z \\ w=-\psi_x\end{array}\right\} \quad (3.9)$$

将式(3.8)中的后两个方程分别对 z 和 x 求导,则两式中压力导数项均为 P_{xz} 的形式。方程联立可消去压力项,进而得到关于密度项和流函数的方程为

$$\left.\begin{array}{l}\rho_t+u_b\rho_x-\bar{\rho}_z\psi_x+\alpha(\rho_x\psi_z-\rho_z\psi_x)=0 \\ [\bar{\rho}(\psi_{zt}+u_b\psi_{xz}-u_{bz}\psi_x)]_z+\alpha[\rho(\psi_{zt}+u_b\psi_{xz}-u_{bz}\psi_x)+\bar{\rho}(\psi_z\psi_{xz}-\psi_x\psi_{zz})]_z+ \\ \alpha^2[\rho(\psi_z\psi_{xz}-\psi_x\psi_{zz})]_z+\varepsilon^2\bar{\rho}(\psi_{xxt}+u_b\psi_{xxx})+\varepsilon^2\alpha[\rho(\psi_{xt}+\bar{u}\psi_{xx})+\bar{\rho}(\psi_z\psi_{xx}-\psi_x\psi_{xz})]_x+ \\ \varepsilon^2\alpha^2[\rho(\psi_z\psi_{xx}-\psi_x\psi_{xz})]_x-\rho_x=0\end{array}\right\} \quad (3.10)$$

在自由表面边界条件下,结合摄动展开法和分离变量法引入行波假设,可获得水平剪切流动中内波

的孤立子形式。不过,如果只关注稳定传播的内孤立波形式,则可令水平剪切流动速度 $u_b(z) = 0$。另外,在内孤立波问题中,表面波的波幅相对较小,通常可以将上表面的边界条件定义为刚盖条件,则上下边界均为不可渗透边界条件,进而可得到控制方程及定解条件为

$$\left.\begin{aligned}&\rho_t - \bar{\rho}_z\psi_x + \alpha(\rho_x\psi_z - \rho_z\psi_x) = 0 \\ &(\bar{\rho}\psi_{zt})_z + \alpha[\bar{\rho}\psi_{zt} + \bar{\rho}(\psi_z\psi_{xz} - \psi_x\psi_{zz})]_z + \alpha^2[\rho(\psi_z\psi_{xz} - \psi_x\psi_{zz})]_z + \varepsilon^2\bar{\rho}\psi_{xxt} + \\ &\varepsilon^2\alpha[\bar{\rho}\psi_{xt} + \bar{\rho}(\psi_z\psi_{xx} - \psi_x\psi_{xz})]_x + \varepsilon^2\alpha^2[\rho(\psi_z\psi_{xx} - \psi_x\psi_{xz})]_x - \rho_x = 0 \\ &\psi(z=0)_x = 0 \\ &\psi(z=1)_x = 0\end{aligned}\right\} \quad (3.11)$$

根据非线性系数和色散系数的物理意义,当 $\alpha = 0, \varepsilon^2 \neq 0$ 时,所描述的波浪为线性正弦色散波;当 $\alpha \neq 0, \varepsilon^2 = 0$ 或 $\alpha = 0, \varepsilon^2 = 0$ 时,则为线性长波问题,其控制方程为

$$\left.\begin{aligned}&\rho_t - \bar{\rho}_z\psi_x = 0 \\ &(\bar{\rho}\psi_{zt})_z - \rho_x = 0 \\ &\psi_x = 0, \quad 在 z = 0, 1 处\end{aligned}\right\} \quad (3.12)$$

在线性长波的基础上,假设内波是弱非线性和弱色散性的,则可利用摄动展开法进一步研究弱非线性长波问题。定义非线性系数 α 与色散系数的平方 ε^2 为同量级小量:

$$\mathcal{O}(\alpha) = \mathcal{O}(\varepsilon^2) \ll 1 \quad (3.13)$$

流函数和密度扰动项基于这两个小量进行摄动展开,可将各阶控制方程均进行线性化表示:

$$\left.\begin{aligned}\psi(x,z,t) &= \sum_{i=0}^{\infty}\sum_{j=0}^{\infty}\alpha^i\varepsilon^{2j}\psi^{(i,j)}(x,z,t) \\ \rho(x,z,t) &= \sum_{i=0}^{\infty}\sum_{j=0}^{\infty}\alpha^i\varepsilon^{2j}\rho^{(i,j)}(x,z,t)\end{aligned}\right\} \quad (3.14)$$

式中,零阶项 $\psi^{(0,0)}$ 和 $\rho^{(0,0)}$ 项即为线性长波问题中的流函数和密度函数。针对各阶项,均存在分离变量解,线性长波问题中的分离变量形式为

$$\left.\begin{aligned}\psi(x,z,t) &= A_H(x,t)\psi_E(z) \\ \rho(x,z,t) &= A_H(x,t)\rho_E(z)\end{aligned}\right\} \quad (3.15)$$

式中,A_H 是水平演化函数,表示内孤立波的传播形式;ψ_E 和 ρ_E 是不同物理量的垂向结构函数,表示内孤立波的波动结构。考虑到内孤立波的行波特性,水平演化函数也应满足行波变换,针对线性长波问题有

$$\frac{\partial A_H}{\partial t} = -c_0 \frac{\partial A_H}{\partial x} \quad (3.16)$$

将式(3.15)和式(3.16)代入式(3.12)中,可简化为本征值问题。$\psi_E(z)$ 为本征函数,c_0^2 为本征值,c_0 的物理意义为线性长波速度。

$$\left.\begin{aligned}&[\bar{\rho}\psi_E(z)_z]_z - \frac{\bar{\rho}_z}{c_0^2}\psi_E(z) = 0 \\ &\psi_E(0) = \psi_E(1) = 0\end{aligned}\right\} \quad (3.17)$$

在线性长波的基础上,将摄动展开形式的式(3.14)代入有定解条件的控制方程式(3.11)中,通过各阶项对齐,则可获得更高阶项。其中,一阶项 $\{\psi^{(1,0)}, \rho^{(1,0)}\}$ 和 $\{\psi^{(0,1)}, \rho^{(0,1)}\}$ 在分离变量和行波变换后得到的边值问题为

$$\left.\begin{array}{l}(\bar{\rho}\psi_{E\ z}^{(1,0)})_z-\dfrac{\bar{\rho}_z}{c_0^2}\psi_E^{(1,0)}=2r\dfrac{\bar{\rho}_z}{c_0^3}\psi_E^{(0,0)}+\dfrac{1}{2c_0}(\bar{\rho}_z\psi_E^{(0,0)}\psi_{E\ z}^{(0,0)})_z+\\ \qquad\qquad\dfrac{1}{2c_0}[\bar{\rho}(\psi_{E\ z}^{(0,0)2}-\psi_E^{(0,0)}\psi_{E\ zz}^{(0,0)})]_z-\dfrac{1}{2c_0^3}\bar{\rho}_{zz}\psi_E^{(0,0)2}\\ \psi_E^{(1,0)}(0)=\psi_E^{(1,0)}(1)=0\end{array}\right\} \quad (3.18)$$

$$\left.\begin{array}{l}(\bar{\rho}\psi_{E\ z}^{(0,1)})_z-\dfrac{\bar{\rho}_z}{c_0^2}\psi_E^{(0,1)}=-\bar{\rho}\psi_E^{(0,0)}+\dfrac{2s\bar{\rho}_z\psi_E^{(0,0)}}{c_0^3}\\ \psi_E^{(0,1)}(0)=\psi_E^{(0,1)}(1)=0\end{array}\right\} \quad (3.19)$$

于是，包含流函数和密度函数一阶项的分离变量解可写为

$$\left.\begin{array}{l}\psi(x,z,t)=A\psi_E^{(0,0)}(z)+\alpha A^2\psi_E^{(1,0)}(z)+\varepsilon^2 A_{xx}\psi_E^{(0,1)}(z)+\cdots\\ \rho(x,z,t)=A\rho_E^{(0,0)}(z)+\alpha A^2\rho_E^{(1,0)}(z)+\varepsilon^2 A_{xx}\rho_E^{(0,1)}(z)+\cdots\end{array}\right\} \quad (3.20)$$

对应的水平演化函数为

$$A_t=-c_0 A_x+\alpha 2rAA_x+\varepsilon^2 sA_{xxx}+\cdots \quad (3.21)$$

式中，$\psi_E^{(0,0)}$、$\rho_E^{(0,0)}$ 和 c_0 需通过式(3.17)中线性长波的本征值问题求解。针对一组物理量的本征值和本征向量，可通过分部积分计算得到对应的其他系数：

$$\left.\begin{array}{l}r=-\dfrac{3}{4}\dfrac{\int_0^1\bar{\rho}\psi_{Ez}^{(0,0)3}\mathrm{d}y}{\int_0^1\bar{\rho}\psi_{Ez}^{(0,0)2}\mathrm{d}y}\\ s=-\dfrac{c_0}{2}\dfrac{\int_0^1\bar{\rho}\psi_E^{(0,0)2}\mathrm{d}y}{\int_0^1\bar{\rho}\psi_{Ez}^{(0,0)2}\mathrm{d}y}\end{array}\right\} \quad (3.22)$$

式(3.21)中针对各物理量的水平演化函数与经典 KdV 方程的形式相同。当 $\alpha=\varepsilon^2$ 时，水波的非线性和色散性将达到平衡状态，其行波解能够表现为稳定的孤立波形态。虽然这部分推导得到了密度连续分层系统中的内孤立波解析形式，为推导可适用于大波幅内孤立波的解析模型，还需要引入 Boussinesq 近似对问题做进一步简化[69]。

Boussinesq 近似的核心想法为：假设系统中的局部密度变化很小，浮力是主导运动的因素，则可以在动量方程中只考虑重力项的密度变化，其余各项中密度均取常数。这种假设与海洋中的真实情况相差不大，且能够轻微地降低问题的非线性程度，便于解析和数值求解。采用 Boussinesq 近似后，可约去参考密度 ρ_0，进而将式(3.2)和式(3.4)改写为

$$\dfrac{\partial \boldsymbol{u}}{\partial t}+\boldsymbol{u}\cdot\nabla\boldsymbol{u}=-\dfrac{1}{\rho_0}\nabla P-\tilde{\rho}g\hat{k} \quad (3.23)$$

$$\dfrac{\partial\tilde{\rho}}{\partial t}+\boldsymbol{u}\cdot\nabla\tilde{\rho}=0 \quad (3.24)$$

式中，$\tilde{\rho}$ 为无量纲密度，$\tilde{\rho}=\rho/\rho_0$。

虽然，内孤立波的理论波长趋近于无穷，但其引起的波面变化和速度扰动主要只集中于特征波长范围内，故又可引入无穷远处的渐近特性：

$$\rho(x,z)\to\bar{\rho}(z),\psi(x,z)\to 0,\text{在}|x|\to\infty\text{处} \quad (3.25)$$

如果将内孤立波的波动形式抽象为背景等密度线的垂向位移 $\eta(x,z)$，则在永形波假设下有

$$\rho(x,z)=\bar{\rho}[z-\eta(x,z)] \tag{3.26}$$

另外，为保证波形不变，等密度线位移还应满足

$$\eta_x^2+(1-\eta_y)^2=0 \tag{3.27}$$

同时，还可以建立等密度线位移与流函数的关系

$$\psi=c\eta \tag{3.28}$$

以等密度线位移和浮力频率替换 Boussinesq 近似的控制方程中各变量，即可得到完全非线性内孤立波方程，即 DJL 方程[69]：

$$\nabla^2\eta+\frac{N^2(z-\eta)}{c^2}\eta=0 \tag{3.29}$$

式中，$N^2(z)$ 为浮力频率，$N^2(z)=-\frac{g}{\rho_0}\cdot\frac{\mathrm{d}\bar{\rho}(z)}{\mathrm{d}z}$。

与密度连续分层系统不同，两层流体系统作为更简化的条件，其假设由两相密度不同的不混溶流体组成，内孤立波在两相流的界面处生成和传播。采用这种简化模型的优势在于，内孤立波的波面形态能够直接用两相流的交界面来表示，进而可在内波波面处建立起连续性条件。该系统是能够承载内孤立波运动的最简单、最直观的分层形式，其示意图如图 8 所示。为方便后续推导，将该系统中未扰动波面高度设为 z 方向的坐标原点位置。

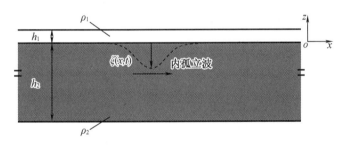

图 8　针对内孤立波问题的两层流体系统示意图

两层流体系统中的控制方程可针对上下两相流体分别建立，并以界面连续条件关联。在无黏、不可压缩假设下，各相流体内部的速度和压力应满足 Euler 方程和不可压缩方程：

$$\frac{\partial \boldsymbol{u}_{n=1,2}}{\partial t}+\boldsymbol{u}_{n=1,2}\cdot\nabla\boldsymbol{u}_{n=1,2}=\frac{\nabla P}{\rho_{n=1,2}}-g \tag{3.30}$$

$$\nabla\cdot\boldsymbol{u}_n=0 \tag{3.31}$$

另外，在内波波面 $\zeta(x,t)$ 处，两相流体应满足垂向位移连续条件和压力连续条件：

$$\zeta_t+u_n\zeta_x=w_n,P_1=P_2，在 z=\zeta(x,t)处 \tag{3.32}$$

对照密度连续分层系统，在两层流体系统中也采用刚盖假设和底部无渗透条件：

$$\left.\begin{aligned}w_1(x,h_1,t)&=0\\w_2(x,-h_2,t)&=0\end{aligned}\right\} \tag{3.33}$$

相比于密度连续分层系统，两层流体系统中以上层流体厚度 h_1 代替水深 h，上层流体密度 ρ_1 代替参考密度 ρ_0，进行无量纲化：

$$\left.\begin{array}{l} x = Lx^* \\ z = h_1 z^* \\ t = (L/U_0)t^* \\ \zeta = h_1 \zeta^* \\ P_n = (\rho_1 U_0^2) P_n^* \\ u_n = U_0 u_n^* \\ w_n = (h_1/L) U_0 w_n^* \end{array}\right\} \tag{3.34}$$

由于在无量纲化中未涉及总水深及下层流体厚度,因此该系统中的内孤立波解析模型可以存在无限水深形式。同样,非线性系数和色散系数也用上层流体厚度 h_1 代替水深表示:

$$\left.\begin{array}{l} \alpha = |a|/h_1 \\ \varepsilon = h_1/L \end{array}\right\} \tag{3.35}$$

在引入界面连续条件前,需要对两相流体内的各物理量以色散系数进行摄动展开。考虑上下两层流体的这部分推导过程类似,这里以上层流体为例进行推导。为能够充分利用交界面处的连续性条件,通过引入层平均量函数将层内 z 方向上的各物理量变化进行集中表达。定义上层流体的层平均量函数为[56]

$$\left.\begin{array}{l} \bar{f}(x,t) = \dfrac{1}{\tau_1} \int_{\zeta}^{h_1} f(x,z,t) \mathrm{d}z \\ \tau_1 = h_1 - \zeta \end{array}\right\} \tag{3.36}$$

其无量纲化格式为

$$\left.\begin{array}{l} \bar{f}(x,t) = \dfrac{1}{\tau_1} \int_{\zeta}^{1} f(x,z,t) \mathrm{d}z \\ \tau_1 = 1 - \zeta \end{array}\right\} \tag{3.37}$$

则可得到关于层平均量的波面方程和水平方向的动量方程:

$$\left.\begin{array}{l} \tau_{1t} + (\tau_1 \bar{u}_1)_x = 0 \\ (\tau_1 \bar{u}_1)_t + (\tau_1 \overline{u_1 u_1})_x = -\tau_1 \bar{P}_{1x} \end{array}\right\} \tag{3.38}$$

再关注无量纲化后的动量方程形式,与式(3.6)相同,z 方向的动量方程中也会多出一项色散系数:

$$\left(\dfrac{h_1}{L}\right)^2 (w_{1t} + u_1 w_{1x} + w_1 w_{1z}) = -P_{1z} - 1 \tag{3.39}$$

进而,压力的垂向导数可以写为关于色散系数的形式:

$$p_{1z} = -1 - \varepsilon^2 (w_{1t} + u_1 w_{1x} + w_1 w_{1z}) \tag{3.40}$$

如果假设色散系数 ε 为小量,则可以将压力和速度进行摄动展开为

$$\left.\begin{array}{l} P_1 = p_1^{(0)} + \varepsilon^2 P_1^{(1)} + \mathcal{O}(\varepsilon^4) \\ u_1 = u_1^{(0)} + \varepsilon^2 u_1^{(1)} + \mathcal{O}(\varepsilon^4) \\ w_1 = w_1^{(0)} + \varepsilon^2 w_1^{(1)} + \mathcal{O}(\varepsilon^4) \end{array}\right\} \tag{3.41}$$

压力摄动展开式中的零阶项根据内波界面处的连续条件有

$$P_1^{(0)} = -(z-\zeta) + P_2(x,\zeta,t) \tag{3.42}$$

将其代入控制方程,如果初始时刻 $u_{1z}^{(0)} = 0$,那么水平速度零阶项 $u_1^{(0)}$ 是只与 x、t 相关的函数,而与 z 方向无关。代入界面处的运动连续条件,可得到垂向速度的零阶项为

$$w_1^{(0)} = -(u_{1x}^{(0)})(z-\zeta) + \zeta_t + u_1^{(0)}\zeta_x \tag{3.43}$$

另一方面,将摄动展开项代回层平均函数中。因为摄动展开是针对非线性系数的平方进行的,故有

$$\overline{\tau_1 u_1 u_1} = \tau_1 \overline{u}_1 \overline{u}_1 + \mathcal{O}(\varepsilon^4) \tag{3.44}$$

进而,层平均的水平动量方程可改写为

$$\overline{u}_{1t} + \overline{u}_1 \overline{u}_{1x} = -\overline{P}_{1x} + \mathcal{O}(\varepsilon^4) \tag{3.45}$$

根据速度的零阶项可进一步求得压力垂向导数的一阶项:

$$\overline{P}_{1z}^{(1)} = -[w_{1t}^{(0)} + u_1^{(0)} w_{1x}^{(0)} + w_1^{(0)} w_{1z}^{(0)}] = G_1(x,t)(z-\zeta) - \tau_1 G_1(x,t) \tag{3.46}$$

式中

$$G_1(x,t) = \overline{u}_{1xt} + \overline{u}_1 \overline{u}_{1xx} - (\overline{u}_{1x})^2 = \frac{\zeta_{tt} + 2u_1^{(0)}\zeta_{xt} + u_1^{(0)2}\zeta_{xx}}{\tau_1} + \mathcal{O}(\varepsilon^4) \tag{3.47}$$

进一步将式(3.46)中的压力垂向导数进行积分,可得到压力的一阶项形式:

$$P_1^{(1)}(x,z,t) = \frac{1}{2}G_1(x,t)(z-\zeta)^2 - \tau_1 G_1(x,t)(z-\zeta) \tag{3.48}$$

结合式(3.42)和式(3.48),能够得到二阶精度的压力水平导数:

$$\overline{P}_{1x} = \overline{(P_{1x}^{(0)} + \varepsilon^2 P_1^{(1)})} + \mathcal{O}(\varepsilon^4) = \zeta_x + P_2(x,z,t) - \frac{\varepsilon^2}{\tau_1}\left(\frac{1}{3}\eta_1^3 G_1\right)_x + \mathcal{O}(\varepsilon^4) \tag{3.49}$$

在下层流体推导中,以$(-\zeta, -g)$代替(ζ, g),$\tau_2 = h_2 + \zeta$代替τ_1,则能够获得与上层流体中相同的结果。于是针对两层流体系统的内波问题,可建立包括波面函数ζ、上下层流体的层平均水平速度$\overline{u}_{i=1,2}$以及交界面压力P四个未知量的方程组:

$$\left.\begin{array}{l} \tau_{1t} + (\tau_1 \overline{u}_1)_x = 0 \\ \tau_{2t} + (\tau_2 \overline{u}_2)_x = 0 \\ \overline{u}_{1t} + \overline{u}_1 \overline{u}_{1x} + g\zeta_x = -\dfrac{P_x}{\rho_1} + \dfrac{1}{\tau_1}\left(\dfrac{1}{3}\tau_1^3 G_1\right)_x + \mathcal{O}(\varepsilon^4) \\ \overline{u}_{2t} + \overline{u}_2 \overline{u}_{2x} + g\zeta_x = -\dfrac{P_x}{\rho_2} + \dfrac{1}{\tau_2}\left(\dfrac{1}{3}\tau_2^3 G_2\right)_x + \mathcal{O}(\varepsilon^4) \end{array}\right\} \tag{3.50}$$

对应于$G_1(x,t)$,$G_2(x,t) = \overline{u}_{2xt} + \overline{u}_2 \overline{u}_{2xx} - (\overline{u}_{2x})^2$。该方程组是 Green-Naghdi 方程在两层流体系统中的形式[134]。上下两层中层平均水平流速的关系为

$$\overline{u}_2 = -\left(\frac{\tau_1}{\tau_2}\right)\overline{u}_1 \tag{3.51}$$

与密度连续分层系统相同,为获得孤立波形式的内波方程,需要对波形和速度做永形波假设和行波变换:

$$\left.\begin{array}{l} \zeta(x,t) = \zeta(X) \\ \overline{u}_n(x,t) = \overline{u}_n(X) \\ X = x - ct \end{array}\right\} \tag{3.52}$$

将式(3.52)代入式(3.50)中有

$$\overline{u}_n = c\left(1 - \frac{h_n}{\tau_n}\right) \tag{3.53}$$

同样认为在无穷远处,内孤立波引起的波动很小。

当 $|X|\to 0$ 时, $\tau_n \to h_n$ (3.54)

消去上述方程中的压力项,可以得到关于波面方程的常微分方程形式:

$$(\zeta_x)^2 = \frac{3\zeta^2[\rho_1 c^2 \tau_2 + \rho_2 c^2 \tau_1 - g(\rho_2-\rho_1)\tau_1\tau_2]}{\rho_1 c^2 h_1^2 \tau_2 + \rho_2 c^2 h_2^2 \tau_1} \tag{3.55}$$

简化该方程形式,即得到 MCC 方程[58]:

$$(\zeta_X)^2 = \left[\frac{3g(\rho_1-\rho_2)}{c^2(\rho_1 h_1^2 - \rho_2 h_2^2)}\right] \frac{\zeta^2(\zeta-a_-)(\zeta-a_+)}{(\zeta-a_*)} \tag{3.56}$$

式中

$$a_* = -\frac{h_1 h_2 (\rho_1 h_1 + \rho_2 h_2)}{\rho_1 h_1^2 - \rho_2 h_2^2} \tag{3.57}$$

$a_\pm$ 是下式中二次方程的两个根:

$$\zeta^2 + \left(-\frac{c^2}{g} - h_1 + h_2\right)\zeta + \left[h_1 h_2\left(\frac{c^2}{c_0^2} - 1\right)\right] = 0 \tag{3.58}$$

将波面方程改写为这种形式,是为了更直接地体现各参数间的关系,Choi 和 Camassa 也在此基础上给出了内孤立波存在的三种条件和 MCC 方程形式存在的极限振幅[55]。由于 MCC 方程的推导中,只假设了色散系数为小量,并以此做摄动展开。因此得到的内孤立波形式是完全非线性和弱色散性的。如做行波变换前,在式(3.50)的 Green-Naghdi 方程中引入弱非线性假设和浅水假设,即

$$\left.\begin{array}{l}\dfrac{u_n}{U_0} = \mathcal{O}\left(\dfrac{\zeta}{h_n}\right) = \mathcal{O}(\alpha) = \mathcal{O}(\varepsilon^2) \\[2mm] \dfrac{h_{n=1,2}}{L} \to 0\end{array}\right\} \tag{3.59}$$

则针对单向传播的行波问题,可得到 KdV 方程形式的波面方程:

$$\zeta_t + c_0 \zeta_x + \alpha \zeta \zeta_x + \varepsilon \zeta_{xxx} = 0 \tag{3.60}$$

式中

$$\left.\begin{array}{l} c_0^2 = \dfrac{g h_1 h_2 (\rho_2 - \rho_1)}{\rho_1 h_2 + \rho_2 h_1} \\[2mm] \alpha = -\dfrac{3 c_0}{2} \dfrac{\rho_1 h_2^2 - \rho_2 h_1^2}{\rho_1 h_2^2 + \rho_2 h_1^2 h_2} \\[2mm] \varepsilon = \dfrac{c_0}{6} \dfrac{\rho_1 h_1^2 h_2 - \rho_2 h_1 h_2^2}{\rho_1 h_2 + \rho_2 h_1} \end{array}\right\} \tag{3.61}$$

同时能够获得对应的孤立子解:

$$\left.\begin{array}{l}\zeta_{\text{KdV}}(X) = a\,\text{sech}^2(X/\lambda_{\text{KdV}}) \\ X = x - ct\end{array}\right\} \tag{3.62}$$

式中

$$\left.\begin{array}{l}\lambda_{\text{KdV}} = \sqrt{\dfrac{12\varepsilon}{a\alpha}} \\[2mm] c = c_0 + \dfrac{\alpha}{3}a\end{array}\right\} \tag{3.63}$$

除了完全非线性的 MCC 方程外,为克服 KdV 方程的弱非线性问题,还可通过添加三阶非线性项建立 eKdV 方程[135]:

$$\frac{\partial \zeta}{\partial t}+(c_0+c_1\zeta+c_3\zeta^2)\frac{\partial \zeta}{\partial x}+c_2\frac{\partial^3 \zeta}{\partial x^3}=0 \tag{3.64}$$

式中的 $c_3\zeta^2\frac{\partial \zeta}{\partial x}$ 项,即为所添加的高阶非线性项,其中

$$c_3=\frac{3c_0}{h_1^2h_2^2}\left[\frac{7}{8}\left(\frac{\rho_1h_2^2-\rho_2h_1^2}{\rho_1h_2+\rho_2h_1}\right)^2-\frac{\rho_1h_2^3+\rho_2h_1^3}{\rho_1h_2+\rho_2h_1}\right] \tag{3.65}$$

方程(3.64)具有如下的行波解析解形式:

$$\zeta(x,t)=\frac{a}{B+(1-B)\cosh^2[\lambda_{eKdV}(x-c_{eKdV}t)]} \tag{3.66}$$

式中

$$B=\frac{-ac_3}{2c_1+ac_3} \tag{3.67}$$

$$c_{eKdV}=c_0+\frac{a}{3}\left(c_1+\frac{1}{2}c_3a\right) \tag{3.68}$$

$$\lambda_{eKdV}=\frac{a(2c_1+c_3a)}{24c_2} \tag{3.69}$$

式中,c_{eKdV} 为以 eKdV 方程描述的内孤立波相速度;λ_{eKdV} 为波形的特征长度。

由上述方程可以看出,当 $c_3=0$,则 $B=0$,此时 eKdV 方程将退化为 KdV 方程。与 KdV 理论不同的是,eKdV 理论存在极限振幅[64],其极限振幅为

$$a_{max}=\frac{4h_1h_2(h_1-h_2)}{h_1^2+h_2^2+6h_1h_2} \tag{3.70}$$

当内孤立波振幅明显小于上述的极限振幅时,eKdV 方程能够更好地描述内孤立波的形态,但当振幅开始逼近极限振幅时,其解可能会发生畸变。

另外,在 KdV 方程中,当 $\rho_1h_2^2-\rho_2h_1^2$ 趋近于零时,则 c_1 趋近于零,此时 KdV 解无法成立。因此还需定义一个临界水深比:

$$\left(\frac{h_1}{h_2}\right)_c=\sqrt{\frac{\rho_1}{\rho_2}} \tag{3.71}$$

当 $h_1/h_2\rightarrow(h_1/h_2)_c$ 时,$c_1\rightarrow 0$,KdV 理论将不再适用。针对此问题,可提出如下 mKdV 方程形式[136]:

$$\zeta(x,t)=\frac{a\operatorname{sech}^2[\lambda_{mKdV}(x-c_{mKdV}t)]}{1-\mu\tanh[\lambda_{mKdV}(x-c_{mKdV}t)]} \tag{3.72}$$

式中

$$\mu=\begin{cases}h''/h', & \bar{h}>0 \\ h'/h'', & \bar{h}<0\end{cases} \tag{3.73}$$

$$\bar{h}=h_2-h_c \tag{3.74}$$

$$h_c=\frac{h}{1+\sqrt{\rho_1/\rho_2}} \tag{3.75}$$

$$\left.\begin{array}{l}h'=-\bar{h}-|\bar{h}+a| \\ h''=-\bar{h}+|\bar{h}+a|\end{array}\right\} \tag{3.76}$$

$$\lambda_{mKdV} = \frac{1}{2(h-h_c)}\sqrt{\frac{3hh'h''}{(h-h_c)^3+h_c^3}} \tag{3.77}$$

$$c_{mKdV} = c_0\left[1-\frac{1}{2}\left(\frac{\bar{h}+a}{h-h_c}\right)^2\right] \tag{3.78}$$

$$c_0 = \left(\frac{gh}{2}\left\{1-\left[1-\frac{4(\rho_2-\rho_1)h_c(h-h_c)}{\rho_2 h^2}\right]^{1/2}\right\}\right)^{1/2} \tag{3.79}$$

式中，c_{mKdV} 为以 mKdV 方程描述的内孤立波相速度。同样，mKdV 理论也存在着一个极限振幅：

$$a_{max} = \frac{h_1\sqrt{\rho_2/\rho_1}-h_2}{\sqrt{\rho_2/\rho_1}+1} \tag{3.80}$$

目前，关于 mKdV 模型，已有文献对其进行了适用性分析，仅当两层流体的上下层深度比趋近于临界水深比时，mKdV 理论波形才能与实验值相吻合，而当远离该临界深度时，mKdV 理论解则表现得较差。

3.2 自由表面条件下的 KdV 模型与 MCC 模型

上述内孤立波模型均基于刚盖假定建立，如果再引入自由表面边界条件，则 KdV 模型与 MCC 模型也存在着对应的形式，将其对应形式称为 KdV-FS 模型与 MCC-FS 模型。

设自由表面波面位于 $z=h_1+\zeta_1$ 处，交界面位于 $z=\zeta_2$ 处，即自由表面波面为 ζ_1，两层流体的交界面为 ζ_2，则具有 $O(\varepsilon^4)$ 精度的强非线性模型 MCC-FS 方程形式为

$$\eta_{1_t} + (\eta_1\bar{u}_1)_x = 0 \tag{3.81}$$

$$\eta_1 = h_1+\zeta_1-\zeta_2 \tag{3.82}$$

$$\eta_{2_t} + (\eta_2\bar{u}_2)_x = 0 \tag{3.83}$$

$$\eta_2 = h_2+\zeta_2 \tag{3.84}$$

$$\bar{u}_{1_t}+\bar{u}_1\bar{u}_{1_x}+g(\eta_1+\eta_2) = \frac{1}{\eta_1}\left(\frac{1}{3}\eta_1^3 G_1\right)_x - \frac{1}{\eta_1}\left(\frac{1}{2}\eta_1^2 D_1^2\eta_2\right)_x + \left(\frac{1}{2}\eta_1 G_1 - D_1^2\eta_2\right)\eta_{2_x} \tag{3.85}$$

$$\bar{u}_{2_t}+\bar{u}_2\bar{u}_{2_x}+g\left(\frac{\rho_1}{\rho_2}\eta_1+\eta_2\right) = \frac{1}{\eta_2}\left(\frac{1}{3}\eta_2^3 G_2\right)_x + \frac{\rho_1}{\rho_2}\left(\frac{1}{2}\eta_1^2 G_1-\eta_1 D_1^2\eta_2\right)_x \tag{3.86}$$

当忽略方程右端的色散项时，可以求解得到如下的内孤立波线性长波速度 c_0。

$$c_0^4 - g(h_1+h_2)c_0^2 + g^2 h_1 h_2\left(1-\frac{\rho_1}{\rho_2}\right) = 0 \tag{3.87}$$

求解式(3.87)可以得出较快的正压模式的线性长波速(c_0^+)和较慢的斜压模式的线性长波速(c_0^-)，其中 $(c_0^-)^2 < gh_1 < (c_0^+)^2$。因为自由表面的位移与交界面位移之间的比值为

$$\frac{\zeta_1}{\zeta_2} = \frac{c_0^2}{c_0^2-gh_1} \tag{3.88}$$

则在正压模式下，自由表面将与内波界面表现为相同方向($\zeta_1/\zeta_2>0$)；而在斜压模式下，自由表面将与内波界面表现为相反方向($\zeta_1/\zeta_2<0$)。

因为在内孤立波问题中，密度的变化往往相对较小，即 $\delta\rho=(\rho_2-\rho_1)/\rho_2\ll 1$，则线性长波速度可以近似表达为

$$(c_0^+)^2 = g(h_1+h_2)\left[1-\frac{h_1 h_2}{(h_1+h_2)}\delta\rho+O(\delta\rho^2)\right] \tag{3.89}$$

$$(c_0^-)^2 = \frac{gh_1h_2}{(h_1+h_2)}\delta\rho + O(\delta\rho^2) \tag{3.90}$$

式中，±分别表示内波的正压模式和斜压模式。于是正压和斜压模式下，自由表面的位移与内波界面的位移之间的比值可写为

$$\left(\frac{\zeta_1}{\zeta_2}\right)^+ = \left(\frac{h_1+h_2}{h_2}\right)[1+O(\delta\rho)] \tag{3.91}$$

$$\left(\frac{\zeta_1}{\zeta_2}\right)^- = -\left(\frac{h_2}{h_1+h_2}\right)\delta\rho[1+O(\delta\rho)] \tag{3.92}$$

针对参考系中波速为 c 的行波问题，上述 MCC-FS 理论解可以简化为如下的二阶耦合微分方程组的非线性系统形式[137]：

$$\alpha_{j1}\eta_1'' + \alpha_{j2}\eta_2'' + \alpha_{j3}\eta_1'^2 + \alpha_{j4}\eta_2'^2 + \alpha_{j5}\eta_1'\eta_2' = \alpha_{j6}, \quad j=1,2 \tag{3.93}$$

式中

$$\left.\begin{aligned}
\alpha_{11} &= \frac{1}{3}\frac{c^2h_1^2}{\eta_1} \\
\alpha_{12} &= \frac{1}{2}\frac{c^2h_1^2}{\eta_1} \\
\alpha_{13} &= -\frac{1}{6}\frac{c^2h_1^2}{\eta_1} \\
\alpha_{14} &= \frac{1}{2}\frac{c^2h_1^2}{\eta_1^2} \\
\alpha_{15} &= 0 \\
\alpha_{16} &= -g[(\eta_1-h_1)+(\eta_2-h_2)] + \frac{1}{2}c^2\left[1-\left(\frac{h_1}{\eta_1}\right)^2\right] \\
\alpha_{21} &= \frac{1}{2}\frac{\rho c^2 h_1^2}{\eta_1} \\
\alpha_{22} &= \frac{\rho c^2 h_1^2}{\eta_1} + \frac{1}{3}\frac{c^2h_2^2}{\eta_2} \\
\alpha_{23} &= -\frac{1}{2}\frac{\rho c^2 h_1^2}{\eta_1^2} \\
\alpha_{24} &= -\frac{1}{6}\frac{c^2h_2^2}{\eta_2^2} \\
\alpha_{25} &= -\frac{\rho c^2 h_1^2}{\eta_1^2} \\
\alpha_{26} &= -g[\rho(\eta_1-h_1)+(\eta_2-h_2)] + \frac{1}{2}c^2\left[1-\left(\frac{h_2}{\eta_2}\right)^2\right]
\end{aligned}\right\} \tag{3.94}$$

综上所述，为确定 MCC-FS 方程的内孤立波解，应先给定一个波速 c，然后再通过数值方法来求解方程组。考虑到内孤立波问题中的大部分情况都为斜压模式，因此再计算其波形时也常令 $c = c_0^-$。与刚盖条件下的 MCC 方程不同，MCC-FS 因为引入假设，其形式更为复杂，且波速与波幅之间没有一个明确的

解析形式,需要根据给定的波速来计算对应的波幅。

KdV方程同样也存在着自由表面形式的KdV-FS方程。KdV-FS方程的形式是与KdV方程相同的,即

$$\frac{\partial \zeta}{\partial t}+c_0\frac{\partial \zeta}{\partial x}+c_1\zeta\frac{\partial \zeta}{\partial x}+c_2\frac{\partial^3 \zeta}{\partial x^3}=0 \qquad (3.95)$$

不过,应将式中的 c_1 和 c_2 分别修改为

$$c_1=\frac{3c_0}{2h_2}\frac{1+(\rho_1/\rho_2)h_1h_2^2/(c_0^2/g-h_1)^3}{1+(\rho_1/\rho_2)h_1h_2/(c_0^2/g-h_1)^2} \qquad (3.96)$$

$$c_2=\frac{c_0h_2^2}{6}\frac{1+(\rho_1/\rho_2)(h_1/h_2)[3+3h_1/(c_0^2/g-h_1)+h_1^2/(c_0^2/g-h_1)^2]}{1+(\rho_1/\rho_2)h_1h_2/(c_0^2/g-h_1)^2} \qquad (3.97)$$

3.3 内孤立波波面方程的适用性研究

为讨论各内孤立波理论模型的适用性和准确性,设计进行了系列的水槽试验,并将试验中捕捉到的内孤立波模型与理论解进行对比。试验是在大连理工大学船舶工程学院自主搭建的小型分层流体试验水槽中进行的。试验水槽使用角钢和超白玻璃作为框架结构,以水和二甲基硅油组成了不混溶的两层流体系统,通过水准仪校平保证其底面的水平及两侧壁面间的二维特性。分层流体水槽实物图如图9所示。

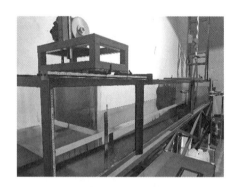

图9 分层流体试验水槽实物图

所搭建的分层流体试验水槽长5 m,宽0.425 m,深0.55 m。以水和二甲基硅油作为内孤立波生成和传播的介质,是为了避免流体间混合和扩散效应的影响,进而将内孤立波问题简化,更好地捕捉其波面的演化特征。其中,试验中使用的二甲基硅油的密度和运动黏度系数分别约为 $\rho_1=941\ \text{kg/m}^3$,$v_1=1\times 10^{-5}\ \text{m/s}^2$;水的密度和运动黏度系数分别约为 $\rho_2=1\ 006\ \text{kg/m}^3$,$v_2=1\times 10^{-6}\ \text{m/s}^2$。试验在约25 ℃的室温环境下进行。

该试验水槽中,使用重力塌陷法进行内孤立波的控制生成。在水槽左侧的造波区域,设置一个可上下垂直运动的门形结构。通过在该门形结构两侧人为制造下层流体的液位差以提供生成内孤立波的重力势能,再快速提升该门形结构,可近似看作在两相流体的交界面处发生溃坝。由于两相流体的密度差较小,在交界面处发生的溃坝现象也较空气中的水体溃坝更为轻缓,能够很好地保存液位差提供的重力势能,也会很快趋于稳定状态。经过一段距离的演化,界面溃坝所产生的扰动将会发展为稳定传播的内孤立波,造波装置所提供的初始重力势能也将转化为内孤立波的动能和重力势能。为保证试验的重复性和造波的稳定性,需使造波机中门形结构能够迅速垂直提升,且不在液面下增设任何其他结构,故以伺服电机、齿轮、齿条构成提升系统。本试验中门式造波机的实物图如图10所示,其中门形结构的厚度约为5 mm,抬升速度为匀速,抬升时间不到1 s。

(a)伺服电机、齿轮、齿条构成的提升系统　　(b)可上下垂直运动的门形结构　　(c)门形结构两侧下层流体液位差

图 10　门式造波机的实物图

试验采用 CCD 相机进行拍摄采集数据，CCD 相机距抽板 3.5 m。相机分辨率为 2 736×2 192 个像素，帧速率为 25 fps。本试验的误差来源主要有两方面：一是随机噪声，主要来源于试验设置，如抽板抬升引起扰动的不确定性。为了减小此误差，每组工况重复三次进行。二是来源于数据采集和数据处理，难以充分考虑相机镜头畸变影响，这部分误差对波幅测量造成的最大相对误差约为 2%。

试验工况设置如表 1 所示。分别进行总水深为 0.25 m 和 0.30 m 的两种水深试验，总水深为 0.25 m 时，上、下层流体厚度分别为 0.05 m 和 0.20 m；总水深为 0.30 m 时，上、下层流体厚度分别为 0.05 m 和 0.25 m、0.03 m 和 0.27 m 及 0.02 m 和 0.28 m。试验时，x_L 大小固定，通过改变塌陷高度 d_i 生成不同波形的内孤立波。

表 1　试验工况设置

工况	总水深 h/m	上层水深 h_1/m	下层水深 h_2/m
1	0.25	0.05	0.20
2	0.30	0.05	0.25
3	0.30	0.03	0.27
4	0.30	0.02	0.28

内孤立波在其传播过程中受两个因素的影响，一个是非线性效应，一个是色散效应。非线性效应使波形变陡，色散效应使波形变得平坦，内孤立波可以在水中长距离传播而保持波形和波速不变就是两个因素达到平衡时的结果。为了定量表征哪种理论模型与具有不同特征的内孤立波最吻合，本文对两个系数进行了新的定义，非线性系数 $\varepsilon=a/h$ 和色散系数 $\mu=h/\lambda$。其中，h 为总水深，a 为内孤立波最大振幅，λ 为内孤立波的特征长度，定义为振幅等于最大振幅一半之间的水平距离。各参数示意图如图 11 所示。

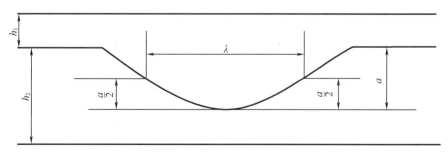

图 11　内孤立波参数示意图

工况 1 中得到的试验结果如表 2 所示,通过与同波幅条件下的各理论模型进行对比,可以确定描述不同条件下内孤立波波形最适用的理论模型。试验中捕捉到的波形与理论模型对比的情况示意如图 12 所示。

表 2 工况 1 的试验结果

塌陷高度区 d_i/cm	波幅 a/m	特征波长 λ/m	非线性系数 ε	色散系数 μ	最适用的模型
2.5	0.013 6	0.496	0.054	0.504	eKdV
5.0	0.029 6	0.452	0.118	0.553	eKdV 与 MCC-FS 之间
7.5	0.042 5	0.506	0.170	0.494	
10.0	0.052 6	0.566	0.210	0.442	MCC-FS
12.5	0.059 4	0.596	0.238	0.419	
15.0	0.063 7	0.800	0.255	0.313	

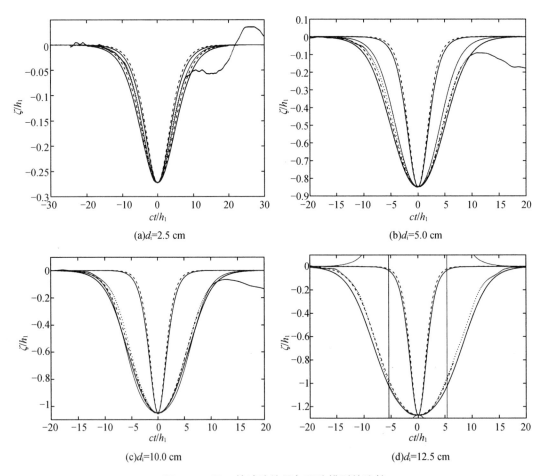

图 12 工况 1 的试验结果与理论模型的比较

工况 2 中得到的试验结果如表 3 所示,其与各理论模型的对比情况示意如图 13 所示。当 d_i = 2.5 cm 时,KdV 方程的解与试验波形吻合最好。当 d_i = 5 cm 时,eKdV 方程则更适用于描述试验中的内孤立波波形。在工况 2 中,上层流体的厚度与工况 1 相同,下层流体的厚度则要比工况 1 增加 5 cm。对比表 2 和

表 3 中的结果,可以发现当 $d_i \leqslant 10$ cm 时两种工况下产生的内孤立波的波幅和特征长度相差不大。而当 $d_i \geqslant 12.5$ cm 时,相较于工况 1、工况 2 中所生成的内孤立波波幅更大,特征长度更小。与工况 1 中情况相同的是,当 $0.100 < \varepsilon < 0.200$ 时,eKdV 方程的解与工况 2 中的试验波形相比要更窄,MCC-FS 方程的解则要略宽。当 $\varepsilon > 0.200$ 时,eKdV 方程所描述的波形会继续变宽或发生畸形,此时 MCC-FS 方程的解与试验波形最为接近。

表 3 工况 2 的试验结果

塌陷高度区 d_i/cm	波幅 a/m	特征波长 λ/m	非线性系数 ε	色散系数 μ	最适用的模型
2.5	0.012 6	0.508	0.042	0.591	KdV
5.0	0.028 4	0.450	0.095	0.667	eKdV
7.5	0.042 2	0.468	0.141	0.641	eKdV 与 MCC-FS 之间
10.0	0.054 2	0.508	0.181	0.591	
12.5	0.063 9	0.578	0.213	0.519	MCC-FS
15.0	0.071 9	0.622	0.240	0.482	

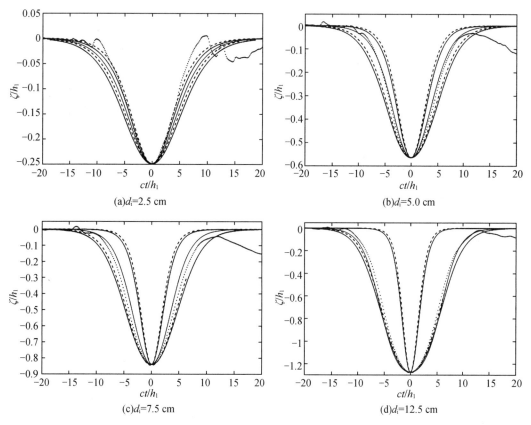

图 13 工况 2 的试验结果与理论模型的比较

工况 3 和工况 4 的试验结果如表 4 所示。与工况 2 中所示的情况相比,这两个工况中并未出现 KdV 方程或 eKdV 方程的解能够很好地描述内孤立波波形的情况。虽然当塌陷区高度较小时,其对应的非线性系数 ε 也很小,但由于特征长度较小,会导致色散系数 μ 较大。由此可见,色散性也是决定内孤立波形态的一个重要参数。在描述内孤立波时,不仅要考虑非线性,色散性也必须考虑。对比表 3 和表 4 中的结果可以看出,在总水深相同的条件下,保持其他参数不变时,上层流体厚度越小,则所生成的内孤立波波形越窄。

表 4 工况 3,4 的试验结果

工况	塌陷高度区 d_i/cm	波幅 a/m	特征波长 λ/m	非线性系数 ε	色散系数 μ	最适用的模型
3	2.5	0.014 7	0.340	0.049	0.882	eKdV 与 MCC-FS 之间
	5	0.031 2	0.340	0.104	0.882	
	7.5	0.045 7	0.368	0.152	0.815	
	10	0.057 5	0.396	0.192	0.758	MCC-FS
	12.5	0.068 0	0.444	0.227	0.676	
	15	0.074 1	0.484	0.247	0.620	
4	2.5	0.012 7	0.260	0.042	1.154	eKdV 与 MCC-FS 之间
	5	0.028 3	0.276	0.094	1.087	
	7.5	0.044 7	0.292	0.149	1.027	
	10	0.056 4	0.338	0.188	0.888	MCC-FS
	12.5	0.066 3	0.376	0.221	0.798	
	15	0.079 2	0.454	0.243	0.661	

除波形特征外,波速也是内孤立波的一个重要特征,同样需要关注。图 14 即为上述 4 组工况中试验结果与各理论模型的波速对比情况示意。从图中可以看出,KdV 方程理论下的波速总是要大于试验波速,且随着波幅的增大,两者间表现出的差异会愈发明显。相比之下,eKdV 方程理论和 MCC 方程理论所描述的内孤立波波速则相差不大,且均能够与试验中的波速较好地吻合。

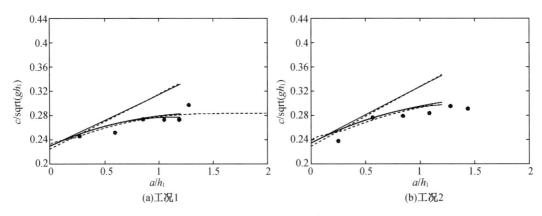

图 14 实验波速与理论模型波速对比

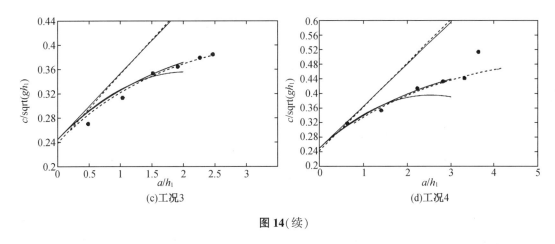

(c)工况3   (d)工况4

图14(续)

不过,随着内孤立波波幅的不断增大,在工况3和工况4中,eKdV方程的波速会小于试验波速。这是由于当内孤立波的波幅接近或超过eKdV方程的理论极限波幅,该理论将不再能够准确地描述内孤立波的特征。整体来看,就波速而言,MCC方程理论与试验结果最接近,且自由表面边界条件不会对波速产生明显的影响,具体表现在刚盖边界条件下的MCC方程与自由表面边界条件下的MCC-FS方程所描述的内孤立波波速相差很小。

本部分以水深为基准变量,定义非线性系数ε和色散系数μ,并基于水槽试验讨论了各内孤立波理论模型的适用性条件。由于内孤立波的波形特征与总水深、上下层流体厚度等多因素相关,因此很难确定精确的ε值或μ值,以直接划分各理论模型的适用范围。不过,通过多工况的试验研究也可得到一些结论:不论是在KdV方程理论中还是MCC方程理论中,自由表面边界条件下的内孤立波波形总是要比刚盖边界条件下的更窄;KdV方程理论和eKdV方程理论主要适用于$\varepsilon \leqslant 0.1$的情况。当$\varepsilon \leqslant 0.1$且$\mu$值较小时,试验波形与自由表面边界条件下的KdV方程所描述的内孤立波波形吻合更好,而当μ值较大时,试验波形则与eKdV方程的理论解吻合更好;当$\varepsilon > 0.1$时,KdV理论解则要明显比试验波形更窄,此时波形介于eKdV理论解与自由表面条件下的MCC理论解之间的状态,具体表现为在eKdV方程的极限波幅内,其理论解较试验波形略窄,而MCC自由表面理论解则要较试验波形略宽;最后,当$\varepsilon > 0.2$或内孤立波波幅超过eKdV方程的极限波幅时,自由表面条件下的MCC方程则为描述试验波形最为合适的解析模型。

针对内孤立波的波速而言,是否考虑自由表面边界条件并不会对其产生很大的影响。KdV方程理论下的波速总是要大于试验波速的,且随着内孤立波波幅的增大,这种差异性会更加明显;而eKdV方程理论和MCC方程理论所描述的内孤立波波速间的差别不大,且均与试验结果吻合良好,不过当内孤立波波幅接近或超过eKdV方程的极限波幅时,该模型将失效。总体来看,MCC方程是描述试验中内孤立波波速的最可靠模型。

4 关于内孤立波模型及传播演化问题的近期进展

针对内孤立波模型而言,因为两层流体系统可以看作是密度连续分层系统在密度跃层厚度无穷小时的极限情况,所以两种分层系统之间的内孤立波模型应该保持一致性。另外,弱非线性模型是完全非线性模型在采用弱非线性假设时的一个特例问题,因此完全非线性模型也应该可以退化为弱非线性模型。

通过观察上述几种内孤立波的解析模型可以发现,两种分层系统在弱非线性假设下是统一的,因为其传播过程都可以表示为KdV方程形式,只不过密度连续分层系统又以垂向结构函数来表达其垂向特点;两层流体系统中的完全非线性模型和弱非线性模型也是统一的,因为做行波变换前的MCC方程可直接退化为 KdV 方程。但是，由于 DJL 方程的偏微分波面方程形式与 MCC 方程完全不同，且由于引入了 Boussinesq 近似和等密度线位置不能直接退化为弱非线性的形式，各系统间仍存在一些不自洽的地方。

为了消除这种不自洽，我们希望 MCC 形式的模型可以应用于连续分层系统中，这样既可以统一不同分层系统，又可以统一不同非线性假设。退而求其次，我们也关注 DJL 形式的方程能否在两层流体系统中稳定传播，这样至少可以统一两种分层系统的完全非线性模型。另外，作为方程推导需要的简化条件和表示分层系统间差异性的关键参数，密度连续分层系统中 Boussinesq 近似和密度跃层厚度的影响也同样值得关注。基于这部分讨论，提出了针对内孤立波模型应关注的三个问题。

问题一：在连续密度分层系统中，是否存在与 MCC 方程形式相似的完全非线性模型？

问题二：当密度跃层厚度逐渐减小时，DJL 方程所描述的内孤立波表现为什么形式？它是否能够在两层流体中稳定传播？

问题三：在密度连续分层系统中，Boussinesq 近似对于内孤立波影响的具体表现是什么？是否可以忽略不计？

从另一个角度来看，两层流体系统同样也能够用式(3.1)进行描述，其中垂向结构项 $\bar{\rho}(z)$ 为间断阶跃函数。然而，由于阶跃函数不可导，浮力频率在两层流体系统中无意义，这导致 DJL 方程并不适用于两层流体系统。反过来，推导 MCC 方程时用到的层平均函数和内波界面处的连续性条件在密度连续分层系统中也难以定义。因此，还需要研究如何将 DJL 方程和 MCC 方程向另一种分层系统中进行拓展。

围绕上述三个问题，通过提取密度跃层厚度合适的 DJL 方程中的特征波面位置可建立针对两层流体系统的 DJL 方程拓展格式，将 MCC 方程的波面位移与连续分层流体中 KdV 方程的垂向特征函数相结合，可建立针对连续分层流体系统的 MCC 方程拓展形式。通过讨论各模型的传播稳定性发现，所构造的 DJL 方程拓展形式可以被认为是描述两层流体系统中内孤立波的合理模型。另外，通过比较其两种速度场的初始化方法发现，对于内孤立波的稳定传播，弱非线性假设比密度跃层厚度的影响更大[138]。

另外，针对内孤立波的传播演化问题，虽然目前已经开展了大量的研究工作，但因为在缺少合适的流场分析方法时，往往难以捕捉和提炼该过程中的流动变化规律，针对这个问题，发展了适用于内孤立波演化分析的分段动力学模态分解法。

动力学模态分解法（dynamic mode decomposition，DMD）是一种数据驱动的流动或其他信息分析方法，可将一个非线性演化过程分解为多个线性过程的叠加，以此捕捉其本质的动力学规律[139]。虽然该方法已经被广泛地应用到各学科的数据分析中，但其针对内孤立波这类强非线性问题仍有一定的局限性，主要表现在：对输入数据矩阵的初值特别敏感，初始帧包含的有效信息过少很容易导致重构失真；要求输入的数据矩阵要有足够高的空间维度，也就是测量的流场要有足够高的分辨率。同时，为了提高近似高维线性拟合的准确性，还要求相邻的流场快照间呈现为更平缓的演化形式，也就是流场数据要有足够短的采样间隔；要求数据矩阵的空间维度要明显大于其时间维度，这相当于是限制所能分析的演化过程长度。

将上述局限性具体到内孤立波问题中，则体现为：首先，因为内孤立波是能量局部集中的孤立子形式物理现象，在其传入视野范围的开始阶段和传出视野范围的结束阶段，时间快照都只会包含很少的流动信息；其次，内孤立波问题是一个宏观、低速的物理问题，其测量并不需要过高的空间和时间分辨率，对于这样一个强非线性过程，常规分析中使用数据矩阵的尺寸往往不能满足方法的要求；最后，内孤立波与地形相互作用是一个较长时间过程的演化问题，限制数据矩阵的时间维度将不能满足全演化过程的分析要求。

为克服上述局限性对该方法应用到内孤立波问题中的限制，针对问题的特点对其做进一步的改进。改进的核心思想是将整个演化过程分割为多个近似线性过程，然后在每个分段中重新选择线性算子的计算方向,最后再对各近似线性分段单独进行动力学模态分解。将所改进的方法命名为分段动力学模态分解法,该方法能够很好地胜任内孤立波问题的波形及流动演化分析[140]。另外,为了量化分解后各线性过程的重要程度,又建立了同时考虑衰减率和振荡信息的能量评估方法,并以此完成了内孤立波演化过程的频谱分析,所得到的各演化阶段流场的频谱情况如图15所示[141]。

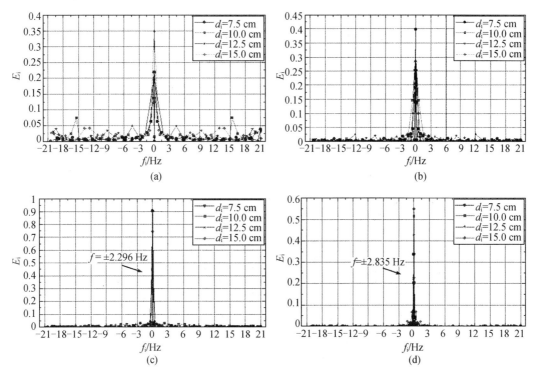

图15 内孤立波与台阶地形相互作用各阶段的流场频谱[141]

另外,内孤立波的不稳定性通常表现为随时间推进的演化过程,试验测量得到的单帧瞬时速度场往往无法充分地表达内孤立波流动结构的变化特征,因此我们还需要一种能够有效汇总一段时间内流动信息的分析手段。Lagrange拟序结构(Lagrangian coherent structure,LCS)就是这样一种数学工具,其主要目的是在Lagrange观点下定义流场演化中的特征流动结构[142-143]。通过计算LCS可以捕捉到演化中潜在的相干过程,便于理解不稳定流动的物质输运动力学情况,LCS的物理意义为流动变化中任意时间长度内相邻物质线间的排斥和吸引情况[144-146]。所提取到的物质线可以看作是流体运动的内在骨架[147]。

针对内孤立波问题,Luzzatto-Fegiz用LCS代替闭合流线来确定受困流动结构的特征边界位置,为其提供了鲁棒性更强的定义方法[148]。这种改进的定义方式对流场中存在的噪声更不敏感,可以更精准地识别到受困流动结构。Vieira和Allshouse通过引入频谱聚类算法确定了内孤立波上斜坡地形过程中流体团的LCS,并以此分析了其动力学机理和传播特性。在连续分层流体系统中,内孤立波的流体团会区域变大且逐渐分离,这也与海洋中观察到的物理现象是一致的[149]。Tang和Peacock将提取了内波吸引子的位置,并通过将吸引子看作LCS计算了其吸引率[150]。

尽管LCS能够识别到内孤立波问题中的一些特征流动结构,但由于内孤立波行波特性,经典方法并不能充分地描述其不稳定过程。于是从内孤立波问题的特点出发,可以发展出更适合其不稳定性的Lagrange描述方法,并以此分析所关注的演化过程。

因为波动实际上是信息或能量的传递,而流体质点只会在相对局部的区域内运动,这就导致了随着内孤立波的传播,表示其流动结构的主要流体粒子群在每个时刻都会发生替换。当初始参与到内孤立波传播的粒子远离波动的主体部分时,它们的运动也不再能代表内孤立波的流动结构,并将逐渐趋于静止。这使得内孤立波流动结构的不稳定特征并不能通过对同一批粒子进行Lagrange描述来表达。这也是经典方法在内孤立波问题中局限性的具体表现。

为显示内孤立波的流动结果及其发生轻微不稳定性时的流场变化过程,可以通过引入一个与内孤立波同时移动的计算窗口来改进LCS的定义,将其转化为类Lagrange描述形式。因为计算窗口的坐标平移操作是完全由内孤立波传播的物理过程决定的,所以这种方法仍满足Lagrange描述的客观性要求。另外,有学者基于所提出的方法,讨论了DJL模型中引入的Boussinesq近似的影响,发现了不稳定过程中尾波从主体波形分离的特征流动结构。

5 结论

内孤立波作为非线性内波中一种最重要的表现形式已经被广泛研究,且仍是当下的研究热点。针对该现象已经建立起了相对完备的理论体系,并对其传播演化规律进行了大量的讨论,但目前仍有一些问题亟待解决。如两层流体系统下的解析模型均为弱色散性模型,但研究表明内孤立波传播过程中色散效应的影响不应被忽略,因此需要发展兼顾完全色散性和完全非线性的内孤立波模型;虽然已研究不同内孤立波模型间的一致性,但目前仍没有一套在两层流体系统-连续分层流体系统、弱非线性假设-完全非线性假设间完全自洽的内孤立波模型体系,现有模型体系中的不一致性需要解决;另外,针对内孤立波与地形相互作用的强非线性过程,目前虽已得到了大量的规律和结论,但因该过程十分复杂且影响因素很多,仍有尚不清晰的机理及规律,有待做进一步研究。

参考文献

[1] ZHANG H, JIA H, GU J, et al. Numerical simulation of the internal wave propagation in continuously density-stratified ocean[J]. Journal of Hydrodynamics, 2014, 26(5): 770-779.

[2] LAMB K G. Are solitary internal waves solitons? [J]. Studies in Applied Mathematics, 1998, 101(3): 289-308.

[3] JACKSON C R, DA SILVA J C, JEANS G. The generation of nonlinear internal waves[J]. Oceanography, 2012, 25(2): 108-123.

[4] ALFORD M H, PEACOCK T, MacKinnon J A, et al. The formation and fate of internal waves in the South China Sea[J]. Nature, 2015, 521(7550): 65-69.

[5] HELFRICH K R, MELVILLE W K. Long nonlinear internal waves[J]. Annual Review of Fluid Mechanics, 2006, 38: 395-425.

[6] BOURGAULT D, GALBRAITH P S, CHAVANNE C. Generation of internal solitary waves by frontally forced intrusions in geophysical flows[J]. Nature Communications, 2016, 7(1): 13606.

[7] OSBORNE A R, BURCH T L. Internal solitons in the Andaman Sea[J]. Science, 1980, 208(4443): 451-460.

[8] RUSSELL J S. Report on waves: made to the meetings of the british association in 1842-43[M]. London: Palala Press, 1845.

[9] BONA J L, CHEN M, SAUT J. Boussinesq equations and other systems for small-amplitude long waves in nonlinear dispersive media. Ⅰ: Derivation and linear theory[J]. Journal of Nonlinear Science, 2002,

12(4): 283-318.

[10] RAYLEIGH J W S. On waves[J]. Philosophical Magazine and Journal of Science, 1876, 1: 257-279.

[11] KORTEWEG D J, DE VRIES H. On the change of form of long waves advancing in a rectangular canal, and on a new type of long stationary waves[J]. Philosophical Magazine, 1895, 39(240): 422-443.

[12] BENNEY D J. Long non-linear waves in fluid flows[J]. Journal of Mathematics and Physics, 1966, 45(1-4): 52-63.

[13] BENJAMIN T B. Internal waves of finite amplitude and permanent form[J]. Journal of Fluid Mechanics, 1966, 25(2): 241-270.

[14] SIMMONS H L, ALFORD M H. Simulating the long-range swell of internal waves generated by ocean storms[J]. Oceanography, 2012, 25(2): 30-41.

[15] ALFORD M H. Improved global maps and 54-year history of wind-work on ocean inertial motions[J]. Geophysical Research Letters, 2003, 30(8): 10.1029/2002GL016614.

[16] NIWA Y, HIBIYA T. Numerical study of the spatial distribution of the M2 internal tide in the Pacific Ocean[J]. Journal of Geophysical Research: Oceans, 2001, 106(C10): 22441-22449.

[17] BAINES P G. On internal tide generation models[J]. Deep Sea Research Part A: Oceanographic Research Papers, 1982, 29(3): 307-338.

[18] KUNZE E, MACKAY C, MCPHEE-SHAW E E, et al. Turbulent mixing and exchange with interior waters on sloping boundaries[J]. Journal of Physical Oceanography, 2012, 42(6): 910-927.

[19] WASAN D T, NIKOLOV A D. Spreading of nanofluids on solids[J]. Nature, 2003, 423(6936): 156-159.

[20] STASTNA M. Resonant generation of internal waves by short length scale topography[J]. Physics of Fluids, 2011, 23(11): 116601.

[21] NASH J D, MOUM J N. River plumes as a source of large-amplitude internal waves in the coastal ocean[J]. Nature, 2005, 437(7057): 400-403.

[22] HOSEGOOD P, van Haren H. Near-bed solibores over the continental slope in the Faeroe-Shetland Channel[J]. Deep Sea Research Part II: Topical Studies in Oceanography, 2004, 51(25-26): 2943-2971.

[23] BOGUCKI D, DICKEY T, REDEKOPP L G. Sediment resuspension and mixing by resonantly generated internal solitary waves[J]. Journal of physical oceanography, 1997, 27(7): 1181-1196.

[24] GRIMSHAW R H J, SMYTH N. Resonant flow of a stratified fluid over topography[J]. Journal of Fluid Mechanics, 1986, 169: 429-464.

[25] MAXWORTHY T. A note on the internal solitary waves produced by tidal flow over a three-dimensional ridge[J]. Journal of Geophysical Research: Oceans, 1979, 84(C1): 338-346.

[26] LERCZAK J A. Internal waves on the southern California shelf[D]. San Diego: University of California, 2000.

[27] LAMB K G. Numerical experiments of internal wave generation by strong tidal flow across a finite amplitude bank edge[J]. Journal of Geophysical Research: Oceans, 1994, 99(C1): 843-864.

[28] LAMB K G. Internal wave breaking and dissipation mechanisms on the continental slope shelf[J]. Annual Review of Fluid Mechanics, 2014, 46(1): 231-254.

[29] LEE O S. Observations on internal waves in shallow water[J]. Limnology and Oceanography, 1961, 6(3): 312-321.

[30] 淳明浩, 冷述栋, 梁树森, 等. 南海内波监测预警技术研究与应用[J]. 石油工程建设, 2021, 47(4): 70-74.

[31] BOKAEEYAN M, ANKIEWICZ A, AKHMEDIEV N. Bright and dark rogue internal waves: The Gardner equation approach[J]. Physical Review E, 2019, 99(6-1): 62224.

[32] 董卉子, 许惠平. 南海北部非线性内波的特征研究及生成模拟[J]. 海洋技术学报, 2016, 35(2): 20-26.

[33] 宋玲安. 海洋内波流对深水钻井影响技术分析[J]. 石化技术, 2021, 28(7): 67-68.

[34] 蔡树群, 甘子钧. 南海北部孤立子内波的研究进展[J]. 地球科学进展, 2001, (2): 215-219.

[35] 原庆东, 冒家友, 冯丽梅, 等. 南海孤立内波对海上安装作业的影响及预防[J]. 石油工程建设, 2013, 39(6): 27-29.

[36] 王火平, 陈亮, 郭延良, 等. 海洋内孤立波预警监测识别技术及其在流花16-2油田群开发中的应用[J]. 海洋工程, 2021, 39(2): 162-170.

[37] 陈德庆, 陆家尉, 孙钢. 南海东部提油作业受内波流影响及对策探讨[J]. 航海, 2018, (3): 46-49.

[38] 董卉子, 许惠平. 南海北部非线性内波的特征研究及生成模拟[J]. 海洋技术学报, 2016, 35(2): 20-26.

[39] JAYNE S R. The impact of abyssal mixing parameterizations in an ocean general circulation model[J]. Journal of Physical Oceanography, 2009, 39(7): 1756-1775.

[40] KUHLBRODT T, GRIESEL A, MONTOYA M, et al. On the driving processes of the Atlantic meridional overturning circulation[J]. Reviews of Geophysics, 2007, 45(2): 10.1029/2004RG000166.

[41] SAENKO O A. The effect of localized mixing on the ocean circulation and time-dependent climate change[J]. Journal of physical oceanography, 2006, 36(1): 140-160.

[42] LAMB K G. Particle transport by nonbreaking, solitary internal waves[J]. Journal of Geophysical Research: Oceans, 1997, 102(C8): 18641-18660.

[43] LEE O S. Effect of an internal wave on sound in the ocean[J]. The Journal of the Acoustical Society of America, 1961, 33(5): 677-681.

[44] JACKSON C. Internal wave detection using the moderate resolution imaging spectroradiometer (MODIS)[J]. Journal of Geophysical Research, 2007, 112(C11): 10.1029/2007JC004220.

[45] XU Z, LIU K, YIN B, et al. Long-range propagation and associated variability of internal tides in the South China Sea[J]. Journal of Geophysical Research: Oceans, 2016, 121(11): 8268-8286.

[46] ZHAO Z, ALFORD M H. Source and propagation of internal solitary waves in the northeastern South China Sea[J]. Journal of Geophysical Research, 2006, 111(C11): 10.1029/2006JC003644.

[47] RAMP S R, TANG T Y, DUDA T F, et al. Internal solitons in the northeastern south china sea Part I: sources and deep water propagation[J]. IEEE Journal of Oceanic Engineering, 2004, 29(4): 1157-1181.

[48] REEDER D B, MA B B, YANG Y J. Very large subaqueous sand dunes on the upper continental slope in the South China Sea generated by episodic, shoaling deep-water internal solitary waves[J]. Marine Geology, 2011, 279(1-4): 12-18.

[49] BUIJSMAN M C, McWilliams J C, JACKSON C R. East-west asymmetry in nonlinear internal waves

from Luzon Strait[J]. Journal of Geophysical Research: Oceans, 2010, 115(C10): 10. 1029/2009JC006004.

[50] KLYMAK J M, ALFORDd M H, PINKEL R, et al. The breaking and scattering of the internal tide on a continental slope[J]. Journal of Physical Oceanography, 2011,41(5): 926-945.

[51] KLYMAK J M, PINKEL R, LIU C T, et al. Prototypical solitons in the South China Sea[J]. Geophysical Research Letters, 2006,33(11):10. 1029/2006GL205932.

[52] JOSEPH R I. Solitary waves in finite depth fluid[J]. Journal of Physics A: Mathematical and General, 1977,10: L395-L425.

[53] ONO H. Algebraic solitary waves in stratified fluids[J]. Journal of the Physical Society of Japan, 1975,39: 1082-1091.

[54] OSTROVSKY L, PELINOVSKY E, SHRIRA V, et al. Beyond the KdV: post-explosion development [J]. Chaos: An Interdisciplinary Journal of Nonlinear Science, 2015,25(9): 97620.

[55] CHOI W, CAMASSA R. Fully nonlinear internal waves in a two-fluid system[J]. Journal of Fluid Mechanics, 1999,396: 1-36.

[56] CAMASSA R, LEVERMORE C D. Layer-mean quantities, local conservation laws, and vorticity[J]. Physical Review Letters, 1997,78(4): 650-653.

[57] WU T Y. Long waves in ocean and coastal waters[J]. Journal of the Engineering Mechanics Division, 1981,107(3): 501-522.

[58] GREEN A E, NAGHDI P M. A derivation of equations for wave propagation in water of variable depth [J]. Journal of Fluid Mechanics, 1976,78(2): 237-246.

[59] OSTROVSKY L A, GRUE J. Evolution equations for strongly nonlinear internal waves[J]. Physics of Fluids, 2003,15(10): 2934-2948.

[60] DEBSARMA S, DAS K P, KIRBY J T. Fully nonlinear higher-order model equations for long internal waves in a two-fluid system[J]. Journal of Fluid Mechanics, 2010,654: 281-303.

[61] MADERICH V, TALIPOVA T, GRIMSHAW R, et al. Interaction of a large amplitude interfacial solitary wave of depression with a bottom step[J]. Physics of Fluids, 2010,22(7): 76602.

[62] ZHAO B, WANG Z, DUAN W, et al. Experimental and numerical studies on internal solitary waves with a free surface[J]. Journal of Fluid Mechanics, 2020,899, A17.

[63] 郅长红,陈科,尤云祥. 大振幅内孤立波的修正Gardner传播演化模型[J]. 水动力学研究与进展(A辑), 2021,36(3): 395-400.

[64] WANG Z, ZOU L, LIANG H, et al. Nonlinear steady two-layer interfacial flow about a submerged point vortex[J]. Journal of Engineering Mathematics, 2017, 103(1): 39-53.

[65] WANG Z, LIU D, AN X. Interference of internal waves due to two point vortices: linear analytical solution and nonlinear interaction[J]. Royal Society Open Science, 2022,9(4): 211476.

[66] WANG Z, WU C, ZOU L, et al. Nonlinear internal wave at the interface of two-layer liquid due to a moving hydrofoil[J]. Physics of Fluids, 2017, 29(7): 072107.

[67] LAMB K G Y L. The evolution of internal wave undular bores: comparisons of a fully nonlinear numerical model with weakly nonlinear theory[J]. Journal of Physical Oceanography, 1996,26: 2712-2734.

[68] BENNEY D J. Long non-linear waves in fluid flows[J]. Journal of Mathematics and Physics, 1966,45 (1-4): 52-63.

[69] STASTNA M, LAMB K G. Large fully nonlinear internal solitary waves: the effect of background current[J]. Physics of Fluids, 2002, 14(9): 2987-2999.

[70] TURKINGTON B, EYDELAND A, WANG S. A computational method for solitary internal waves in a continuously stratified fluid[J]. Studies in Applied Mathematics, 1991, 85(2): 93-127.

[71] XU C, STASTNA M, DEEPWELL D. Spontaneous instability in internal solitary-like waves[J]. Physical Review Fluids. 2019, 4(1): 14805.

[72] CAMASSA R, TIRON R. Optimal two-layer approximation for continuous density stratification[J]. Journal of Fluid Mechanics, 2011, 669: 32-54.

[73] GRIMSHAW R, PELINOVSKY E, TALIPOVA T, et al. Internal solitary waves: propagation, deformation and disintegration[J]. Nonlinear Processes in Geophysics, 2010, 17(6): 633-649.

[74] SQUIRE V A. Of ocean waves and sea-ice revisited[J]. Cold Regions Science and Technology, 2007, 49(2): 110-133.

[75] LIU A K, CHANG Y S, HSU M, et al. Evolution of nonlinear internal waves in the East and South China Seas[J]. Journal of Geophysical Research: Oceans, 1998, 103(C4): 7995-8008.

[76] HOLLOWAY P E, PELINOVSKY E, TALIPOVA T. A generalized Korteweg-de Vries model of internal tide transformation in the coastal zone[J]. Journal of Geophysical Research: Oceans, 1999, 104(C8): 18333-18350.

[77] 张善武, 范植松, 石新刚. 变系数 EKdV 模型在模拟南海北部大振幅内孤立波传播和裂变中的应用[J]. 中国海洋大学学报(自然科学版), 2015, 45(4): 9-17.

[78] 张善武. 基于变系数 KdV-type 理论模型的南海北部内孤立波传播演变过程研究[D]. 青岛: 中国海洋大学, 2014.

[79] 陈万坤, 袁春鑫. 变系数 KdV 方程在海洋内孤立波的应用[J]. 中国海洋大学学报(自然科学版), 2020, 50(8): 19-24.

[80] 拜阳, 宋海斌, 关永贤, 等. 利用地震海洋学方法研究南海东北部东沙海域内孤立波的结构特征[J]. 科学通报, 2015, 60(10): 944-951.

[81] 王静涛, 许晓革, 孟祥花, 等. 基于非等谱变系数 KdV 方程的海洋内孤立波研究[J]. 北京信息科技大学学报(自然科学版), 2013, 28(2): 66-70.

[82] GRIMSHAW R, PELINOVSKY E, POLOUKHINA O. Higher-order Korteweg-de Vries models for internal solitary waves in a stratified shear flow with a free surface[J]. Nonlinear Processes in Geophysics, 2002, 9(3-4): 221-235.

[83] KAO T W, PAN F, RENOUARD D. Internal solitons on the pycnocline: generation, propagation, and shoaling and breaking over a slope[J]. Journal of Fluid Mechanics, 1985, 159: 19-53.

[84] CHEN C, HSU J R, CHEN C, et al. Wave propagation at the interface of a two-layer fluid system in the laboratory[J]. Journal of Marine Science and Technology, 2007, 15(1): 2.

[85] CHEN C. An experimental study of stratified mixing caused by internal solitary waves in a two-layered fluid system over variable seabed topography[J]. Ocean Engineering, 2007, 34(14-15): 1995-2008.

[86] KODAIRA T, WASEDA T, MIYATA M, et al. Internal solitary waves in a two-fluid system with a free surface[J]. Journal of Fluid Mechanics, 2016, 804: 201-223.

[87] WESSELS F, HUTTER K. Interaction of internal waves with a topographic sill in a two-layered fluid[J]. Journal of Physical Oceanography, 1996, 26(1): 5-20.

[88] WEIDMAN P D, JOHNSON M. Experiments on leapfrogging internal solitary waves[J]. Journal of Fluid Mechanics, 1982,122: 195-213.

[89] CHENG M, HSU J R, CHEN C. Laboratory experiments on waveform inversion of an internal solitary wave over a slope-shelf[J]. Environmental Fluid Mechanics, 2011,11(4): 353-384.

[90] 黄文昊,尤云祥,王旭,等. 有限深两层流体中内孤立波造波实验及其理论模型[J]. 物理学报, 2013,62(8): 354-367.

[91] 于宗冰. 畸形波和内孤立波演化过程的解析及过地形试验研究[D]. 大连:大连理工大学, 2020.

[92] DU H, WANG S, WANG X, et al. Experimental investigation of elevation internal solitary wave propagation over a ridge[J]. Physics of Fluids, 2021,33(4): 42108.

[93] DU H, WEI G, WANG S, et al. Experimental study of elevation-and depression-type internal solitary waves generated by gravity collapse[J]. Physics of Fluids, 2019,31(10): 102104.

[94] 邹丽,张九鸣,李振浩,等. 一种实验室提取强分层流体中内孤立波特征的方法:CN110118640B [P]. 2020-06-02.

[95] 李振浩. 内孤立波传播演化及与地形作用的试验研究[D]. 大连:大连理工大学, 2019.

[96] GRUE J, JENSEN A, RUSAS P, et al. Breaking and broadening of internal solitary waves[J]. Journal of Fluid Mechanics, 2000,413: 181-217.

[97] DALZIEL S B, CARR M, SVEEN J K, et al. Simultaneous synthetic schlieren and PIV measurements for internal solitary waves[J]. Measurement Science and Technology, 2007,18(3): 533.

[98] DALZIEL S B, HUGHES G O, Sutherland B. R. Whole-field density measurements by synthetic schlieren[J]. Experiments in Fluids, 2000,28(4): 322-335.

[99] SVEEN J K, GUO Y, DAVIES P A, et al. On the breaking of internal solitary waves at a ridge[J]. Journal of Fluid Mechanics, 2002,469: 161-188.

[100] TROY C D, KOSEFF J R. The generation and quantitative visualization of breaking internal waves [J]. Experiments in Fluids, 2005,38(5): 549-562.

[101] HELFRICH K R. Internal solitary wave breaking and run-up on a uniform slope[J]. Journal of Fluid Mechanics, 1992,243(1): 133-154.

[102] MICHALLET H, IVEY G N. Experiments on mixing due to internal solitary waves breaking on uniform slopes[J]. Journal of Geophysical Research: Oceans, 1999,104(C6): 13467-13477.

[103] VLASENKO V I, HUTTER K. Generation of second mode solitary waves by the interaction of a first mode soliton with a sill[J]. Nonlinear Processes in Geophysics, 2001,8(4-5): 223-239.

[104] UMEYAMA M. PIV techniques for velocity fields of internal waves over a slowly varying bottom topography[J]. Journal of Waterway, Port, Coastal, and Ocean Engineering, 2008,134(5): 286-298.

[105] HULT E L, TROY C D, KOSEFF J R. The breaking of interfacial waves at a submerged bathymetric ridge[J]. Journal of Fluid Mechanics, 2009,637: 45-71.

[106] FRUCTUS D, CARR M, GRUE J, et al. Shear-induced breaking of large internal solitary waves[J]. Journal of Fluid Mechanics, 2009,620: 1-29.

[107] MERCIER M J, MATHUR M, GOSTIAUX L, et al. Soliton generation by internal tidal beams impinging on a pycnocline: laboratory experiments[J]. Journal of Fluid Mechanics, 2012,704: 37-60.

[108] TALIPOVA T, TERLETSKA K, MADERICH V, et al. Internal solitary wave transformation over a

bottom step: loss of energy[J]. Physics of Fluids, 2013,25(3):32110.

[109] ZOU L, WEN Z, SUN T, et al. Experimental study on transformation and energy properties of depression internal solitary wave over a bottom step[J]. Physics of Fluids, 2021,33(3):32109.

[110] ZOU L, ZHANG J, SUN T, et al. Experimental study for the breaking properties of internal solitary waves flowing over a bottom step[J]. Applied Ocean Research, 2020,100:102150.

[111] 屈子云,魏岗,杜辉,等.下凹型内孤立波沿台阶地形演化特征试验[J].河海大学学报(自然科学版),2015,43(1):85-89.

[112] 黄鹏起,陈旭,孟静,等.内孤立波破碎所致混合的实验研究[J].海洋与湖沼,2016,47(3):533-539.

[113] 武军林,魏岗,杜辉.下凹内孤立波流场与横置细长潜体相互作用特性的实验研究[J].水动力学研究与进展(A辑),2017,32(5):592-599.

[114] 武军林,魏岗,杜辉,等.下凹内孤立波致流场结构及其影响因素的实验研究[J].海洋科学,2017,41(9):114-122.

[115] 武军林,魏岗,徐峻楠.下凹内孤立波致流场精细结构的PIV测量与分析[C].第十四届全国水动力学学术会议暨第二十八届全国水动力学研讨会,2017.

[116] SHISHKINA O D, SVEEN J K, GRUE J. Transformation of internal solitary waves at the "deep" and "shallow" shelf: satellite observations and laboratory experiment[J]. Nonlinear Processes in Geophysics, 2013,20(5):743-757.

[117] GRIMSHAW R H, HELFRICH K R, JOHNSON E R. Experimental study of the effect of rotation on nonlinear internal waves[J]. Physics of Fluids, 2013,25(5):56602.

[118] AGHSAEE P, BOEGMAN L. Experimental investigation of sediment resuspension beneath internal solitary waves of depression[J]. Journal of Geophysical Research: Oceans, 2015,120(5):3301-3314.

[119] RICKARD G, O CALLAGHAN J, POPINET S. Numerical simulations of internal solitary waves interacting with uniform slopes using an adaptive model[J]. Ocean Modelling, 2009,30(1):16-28.

[120] LI J, ZHANG Q, CHEN T. ISWFoam: a numerical model for internal solitary wave simulation in continuously stratified fluids[J]. Geoscientific Model Development, 2022,15(1):105-127.

[121] KO D S, MARTIN P J, ROWLEY C D, et al. A real-time coastal ocean prediction experiment for MREA04[J]. Journal of Marine Systems, 2008,69(1-2):17-28.

[122] HALLBERG R. Stable split time stepping schemes for large-scale ocean modeling[J]. Journal of Computational Physics, 1997,135(1):54-65.

[123] HALLBERG R, RHINES P. Buoyancy-driven circulation in an ocean basin with isopycnals intersecting the sloping boundary[J]. Journal of Physical Oceanography, 1996,26(6):913-940.

[124] VLASENKO V, HUTTER K. Numerical experiments on the breaking of solitary internal waves over a slope-shelf topography[J]. Journal of physical oceanography, 2002,32(6):1779-1793.

[125] AGHSAEE P, BOEGMAN L, LAMB K G. Breaking of shoaling internal solitary waves[J]. Journal of Fluid Mechanics, 2010,659:289-317.

[126] ARTHUR R S, KOSEFF J R, FRINGER O B. Local versus volume-integrated turbulence and mixing in breaking internal waves on slopes[J]. Journal of Fluid Mechanics, 2017,815:169-198.

[127] LAMB K G. A numerical investigation of solitary internal waves with trapped cores formed via shoaling

[J]. Journal of Fluid Mechanics, 2002,451: 109-144.

[128] Lamb K. G. Shoaling solitary internal waves: on a criterion for the formation of waves with trapped cores[J]. Journal of Fluid Mechanics, 2003,478: 81-100.

[129] SUTHERLAND B R, KEATING S, SHRIVASTAVA I. Transmission and reflection of internal solitary waves incident upon a triangular barrier[J]. Journal of Fluid Mechanics, 2015,775: 304-327.

[130] HSIEH C, HWANG R R, HSU J R C, et al. Numerical modeling of flow evolution for an internal solitary wave propagating over a submerged ridge[J]. Wave Motion, 2015,55: 48-72.

[131] ZHU H, WANG L, AVITAL E J, et al. Numerical simulation of interaction between internal solitary waves and submerged ridges[J]. Applied Ocean Research, 2016,58: 118-134.

[132] 林颖典, 余俊扬, 罗辕野, 等. 海底山脊作用下内孤立波破碎研究[J]. 海洋与湖沼, 2021,52(3): 584-592.

[133] MADERICH V, TALIPOVA T, GRIMSHAW R, et al. The transformation of an interfacial solitary wave of elevation at a bottom step[J]. Nonlinear processes in geophysics, 2009,16(1): 33-42.

[134] LISKA R, MARGOLIN L, WENDROFF B. Nonhydrostatic two-layer models of incompressible flow [J]. Computers and Mathematics with Applications, 1995,29(9): 25-37.

[135] FUNAKOSHI M, OIKAWA M. Long internal waves of large amplitude in a two-layer fluid[J]. Journal of the Physical Society of Japan, 1986,55(1): 128-144.

[136] MICHALLET H, BARTHELEMY E. Experimental study of interfacial solitary waves[J]. Journal of Fluid Mechanics, 1998,366: 159-177.

[137] KODAIRA T, WASEDA T, MIYATA M, et al. Internal solitary waves in a two-fluid system with a free surface[J]. Journal of Fluid Mechanics, 2016,804: 201-223.

[138] ZHANG J, ZOU L, SUN T, et al. Discussion on the extended form of internal solitary wave models between two typical stratification systems[J]. Journal of Hydrodynamics, 2023,35: 155-170.

[139] SCHMID P J. Dynamic mode decomposition of numerical and experimental data[J]. Journal of Fluid Mechanics, 2010,656: 5-28.

[140] ZHANG J, ZOU L, SUN T, et al. Experimental investigation on the propagation characteristics of internal solitary waves based on a developed piecewise dynamic mode decomposition method[J]. Physics of Fluids, 2020,32(8): 1-17.

[141] ZHANG J, SUN T, ZOU L, et al. Spectral analysis of internal solitary waves propagating over a stepped bottom topography via the Koopman operator[J]. AIP Advances, 2021,11(4): 1-12.

[142] HALLERr G. Distinguished material surfaces and coherent structures in three-dimensional fluid flows [J]. Physica D: Nonlinear Phenomena, 2001,149(4): 248-277.

[143] HALLER G. Finding finite-time invariant manifolds in two-dimensional velocity fields[J]. Chaos: An Interdisciplinary Journal of Nonlinear Science, 2000,10(1): 99-108.

[144] BALASURIYA S, OUELLETTE N T, RYPINA I I. Generalized Lagrangian coherent structures[J]. Physica D: Nonlinear Phenomena, 2018,372: 31-51.

[145] PEACOCK T, HALLER G. Lagrangian coherent structures: the hidden skeleton of fluid flows[J]. Physics Today, 2013,66(2): 41-46.

[146] PEACOCK T, DABIRI J. Introduction to focus issue: Lagrangian coherent structures[J]. Chaos, 2010,20(1): 17501.

[147] DARWISH A, NOROUZI S, DI LABBIO G, et al. Extracting Lagrangian coherent structures in cardiovascular flows using Lagrangian descriptors[J]. Physics of Fluids, 2021, 33(11): 111707.

[148] LUZZATTO-FEGIZ P, HELFRICH K R. Laboratory experiments and simulations for solitary internal waves with trapped cores[J]. Journal of fluid mechanics, 2014, 757: 354-380.

[149] VIEIRA G S, ALLSHOUSE M R. Internal wave boluses as coherent structures in a continuously stratified fluid[J]. Journal of Fluid Mechanics. 2020, 885: A35.

[150] TANG W, PEACOCK T. Lagrangian coherent structures and internal wave attractors[J]. Chaos, 2010, 20(1): 17508.

水下航行体运动激发的内波效应

何广华 刘 双

(哈尔滨工业大学(威海))

1 研究背景

自然界中的真实流体(如海洋、大气和湖泊),由于其密度、盐度和温度常常随深度而变化,一般来说都是分层流体。实际的分层流体是复杂多样的,通常可以将分层流体分为以下三类:

(1)间断分层(也称强分层)流体,即每层为均匀常密度,层与层之间不相溶混,可用作有跃层大气或水体的简化模型;

(2)连续分层流体,即密度在深度变化范围内连续变化,密度是深度的连续函数,如线性函数、指数函数、双曲函数等;

(3)由连续分层和均匀分层组合而成的分层流体,如有跃层的海洋、大气和湖泊等。

海水因盐度与温度的垂向差异造成密度层结现象,进而由于海洋系统的内部扰动与外部扰动造成等密面的波动,这一现象称为内波[1]。海洋内波的产生应具备两个条件:一是海水密度稳定分层,二是要有扰动能源,两者缺一不可。在海底深层,当海水因温度、盐度的变化出现密度分层后,经大气压力变化、地震影响及舰船运动等外力扰动,就可能在海水内部引发起内波。与表面波相比,内波具有变化范围大的特性,如它的周期可以是一两分钟到几天或几周,振幅可以从几分米至几十、几百米,水平波长可以从百米至几十千米,铅垂波长可以从几十米至几千米。内波可以沿空间任意方向传播,它的群速度方向可与相速度方向垂直。

内波是在稳定分层介质中发生的,最大振幅出现在其内部的波动。海洋内波与海洋表面波都是液体波动,但又各不相同。空气的密度与水相比很小,以致前者可以被忽略不计;可是对于内波,两层水的密度几乎相同,因此两层海水存在较小的相对密度差,则恢复力也小,不多的能量便可掀起轩然大波。内波是海洋中的一大隐患,虽不像海面波浪那样汹涌澎湃,但它隐匿水中,常使人防范不及,有"水下魔鬼"之称。例如,内波会增大舰船航行的阻力,给航行带来困难;当潜艇在密度分层海洋中航行时,在一定的条件下会发生所谓的"死水"现象(图1)。由于潜艇的航行扰动会产生内波,使推进器的能量被消耗,使潜艇航速突然变慢,像被海水粘住似的。

此外,当潜艇等水下航行体在均匀流中航行时,会在自由液面处兴起波纹,被称为Kelvin波系。航行于分层流之间的水下航行体,由于体积效应及湍流尾迹效应会在密度分层处产生内波[2]。无论是自由液面处的Kelvin波还是内波交界面处的内波,均包含了大量的潜艇航行信息,常被作为非声探测的主要目标。海洋密度分层特性使得海洋内波具有比表面波更广的传播范围、更大的波幅且更持久。当潜艇运动生成的内波传播到水面时,其诱导的流场会改变海洋背景流动的性质,使得对水下航行体的踪迹进行非声探测成为可能。

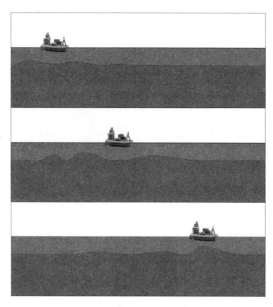

图1 "死水"现象示意图

全球海洋范围内广泛存在着内波,内波是海洋中普遍存在的一种动力学过程,它在海水动量、热量和质量的垂向输送中起着重要甚至决定性的作用。因而海洋内波在整个海洋动力学的研究中占有十分重要的地位,它也是物理海洋学的一个重要分支学科。内波可影响海洋中的温度、盐度和营养物质的分布;可改变海洋声波的传播方向,从而影响声呐的探测;内波可阻碍潜艇前进,也可破坏海洋结构物。

人们已普遍认识到,海洋内波与海洋生态学、海洋水声学、海洋工程、船舶航行、海洋遥感及海洋高技术等学科和工程应用有着密切的联系,海洋内波的研究一直为各国政府及海洋学家所关注。另外,内波具有很强的非线性特性,而非线性问题正是国际学术界研究的焦点,与非线性理论有关的内波研究具有很高的学术价值[3]。

2 研究现状

海水密度在垂向上是连续分层的,当有扰动源存在时,不仅会产生表面波模态的水波,在流体的内部还会产生所谓内波模态的水波。这种分层流内波模态的水波,有时会对海洋和海岸结构物的水动力特性产生很大的影响,而且还会产生一些与均匀流体不同的水动力现象。

海洋内波可以同时向深海区和浅水区传播相当远的距离。内波传播过程中所产生的扰动可导致海面海水强烈辐聚和突发性的强流(波致流),对于海洋工程、石油钻井平台和海底石油管道会造成严重的威胁;也会对水下航行器的操作性、稳定性和安全性造成影响。因此,研究分层流体中内波和结构物的作用问题具有重要的工程实用价值和军事国防意义。

2.1 分层流体中内波与海洋结构物的作用研究

从20世纪80年代中期开始,学者们对两层流体中内波与结构物的相互作用问题做了大量研究。他们基于各类理论方法,研究了不同类型、尺度、潜深的结构物在各类内波作用下的水动力特性,涵盖了线性与非线性两方面。

对于圆柱等简单的结构物,Sturova[4-5]同时考虑"刚盖"假定和包含自由液面两种情况,采用混合单元法对浸没在无限深下层流体中的水平圆柱和椭圆体进行了研究。Yeung和Neuyen[6]采用面元法研究了有限水深分层流体中波浪对矩形结构物的辐射和散射问题。叶春生和沈国光[7]引入表面波 Morison 公式,计算了圆柱体受不同参数内波作用时的载荷垂向分布特性。

对两层流中大尺度结构物与波浪相互作用问题,吴建华等[8]建立了系泊浮体的运动方程,并将边界元法和特征函数展开法应用到了数值计算中。尤云祥等[9-10]基于特征函数展开法建立了有限水深中大直径贯底圆柱及圆柱浮体辐射和绕射的解析解,提出了计算作用在圆柱上的波浪力、力矩及附加质量和阻尼系数的理论方法。研究发现,在两层流体中,对于一个给定的频率,会有两种不同模态波系的波浪存在;对于贯底圆柱体的绕射问题,当某一种模态的入射波遇到圆柱体时,只有该模态的绕射波存在;而对于贯底圆柱体的辐射问题,则两种模态的辐射波将同时存在。

此外,Manam 和 Sahoo[11]基于最小二乘法解决边值问题,得到了下斜向波对二维刚性和柔性透空圆柱辐射和绕射问题的解析解。付静等[12]基于特征函数法求解了有限水深条件下三维透空垂直大圆柱和双圆柱群的 Stokes 一阶绕射波场的边值问题。Kistovich 和 Chashechkin[13]理论分析了二维黏性分层流体中内波对刚性水平面的作用力及流场变化。尤学一和李占[14]基于 CFD 法得到内波与表面波流场,用 Morison 公式计算了同时存在内波与表面波情况下的水平小尺度圆柱的受力,研究结果表明表面波对界面内波有着不可忽略的影响。

2.2 分层流体中运动潜体激发内波研究

自 20 世纪中期以来,国内外学者对水下航行体在密度分层流体中产生内波的问题进行了大量研究。归纳起来,其主要研究方法有:理论分析、实验研究和数值计算。在分层流体的研究上,早期主要针对互不混合的流体,可分为两层流体系统、三层流体系统及多层强分层流体系统;随着分层流体技术的发展,对盐分层和温度分层流体等可混合的流体,逐步实现了密度随深度连续变化的连续分层流体系统;而对这一连续分层流体又根据密度随深度的变化规律,逐步发展了线性分层流体系统、强跃层分层流体系统和混合分层流体系统。

在应用当中我们常常从扰动源角度进行海洋内波的分类,如由正压潮与地形相互作用所产生的内波称为潮成内波;由风的惯性振荡所引起的内波称为惯性内波;由水下运动物体或局部扰动源所引起的内波称为源致内波等。其中,源致内波与水下运动体息息相关。可以将水下运动物体在密度分层流体中生成的内波分为两类。

(1)体积效应内波:当水下运动体在密度分层流体中运动时,运动体会挤压流体使其翻越物体表面形成回流区。无论是物体本身还是附着于其表面的回流区,都会产生排水体积效应,使海水微团偏离其平衡位置进而形成内波,这类内波称为体积效应内波。其相对于运动物体是定常的,借用气象学中风绕流山脊产生背风波这一概念,也称其为 Lee 波。从生成机理来看,体积效应内波与经典 Kelvin 波类似,不同的是体积效应内波存在多种模态的波系结构,而且其张角随物体运动速度及密度分层参数而变化,而经典 Kelvin 波只有一种模态的波系结构,而且张角与航速无关。

(2)尾迹效应内波:除了水下运动体的体积排水效应会激发内波外,其尾部也会随着运动而产生漩涡和湍流等尾迹,海洋密度的层结作用又会让这些尾迹中激发的各种扰动以内波的形式向各方向传播。通过在实验室中采用可视化方法,已有研究观察到水下运动物体尾迹的形成和演化过程,从先到后可分为近尾迹阶段、塌陷阶段和晚尾迹阶段。近尾迹中的涡结构、湍流等不稳定结构、尾迹塌陷激励及晚尾迹中的大尺度湍流相干结构等也会激发内波,通常将这类尾迹生成的内波统称为尾迹效应内波。

2.2.1 体积效应内波研究

对于体积效应内波,实验研究表明:体积效应内波激发源除物体自身体积外还应该包含物体阻挡产生的前方部分流体体积和后方回流区的部分流体体积[15]。图 2 为运动球体生成 Lee 波的等密度线示意图，V 为运动球体的速度。Long[16]开创了 Lee 波的理论研究，建立了小振幅物体在分层流体中产生二维 Lee 波的数学模型并给出了理论解。Lighthill[17-18]系统地建立了密度均匀流体和密度分层流体中移动源兴波理论。Wei 等[19]分析了有限深两层流体中移动源激发两种模态波的相互作用及其对自由面辐散场影响等问题。

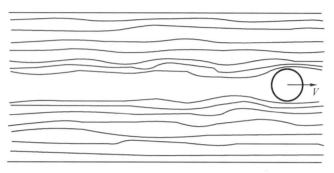

图 2 运动球体生成 Lee 波的等密度线示意图

对有限深两层流体，定义弗劳德数 $Fr=U/\sqrt{g(h_1+h_2)}$。其中，h_1 和 h_2 分别为上、下层流体厚度，Yeung 和 Ngayen[20]提出了移动源的格林函数法，表明可通过定义临界弗劳德数

$$Fr_n=[1/2+(-1)^{n+1}\sqrt{1/4-(1-\gamma)h_1h_2/(h_1+h_2)^2}]^{1/2}$$

来界定两类波系。其中，$n=1,2$ 分别为表面波模态和内波模态的临界值，当 $Fr<Fr_2$ 时，两种模态的界面波同时存在侧波系和横波系；当 $Fr_2<Fr<Fr_1$ 时，内波模态只有侧波系，而表面波模态同时存在侧波系和横波系；当 $Fr>Fr_1$ 时，两种模态的界面波只有侧波系。

对密度沿深度方向以指数形式变化的密度分层流体，在 Boussinesq 近似和非 Boussinesq 近似两种情况下，Voisin[21-22]对 Lee 波的空间形态进行了分析，并给出了脉动和移动奇性源激发 Lee 波场的格林函数。Miles[23]基于"刚盖"假定建立了移动奇性源及其组合激发 Lee 波场的理论模型。Borovikov 等[24]借助薄船理论研究了扁平体激发 Lee 波特性问题。为解决点源和偶极子等奇型源无法与运动物体的几何形状进行关联问题，Milder[25]建立了一个具有一定移动速度和体积的等效质量源。

2.2.2 尾迹效应内波研究

对于尾迹效应内波，国内外很多学者采用可视化定性和定量测量分析方法对水下运动物体在密度分层流体中的尾迹形成和演化特性展开了研究。由于分层流体中尾迹演化的复杂性和湍流尾迹及旋涡的随机性，使得尾迹效应内波的形成机理没有统一的定论。尾迹效应内波可分为塌陷内波和随机内波。

对于塌陷内波的形成机理，一般认为是由于湍流尾迹在垂向向上和向下的发展过程中，受浮力效应的垂向抑制作用，尾流区域内部发生密度混合和塌陷，进而产生的内波。Schooley 和 Stewart[26]研究了螺旋桨驱动电机在均匀层化流体中运动的尾迹演化特性，最早发现了这一塌陷内波。Wu[27]的试验研究进一步表明，初始塌陷过程可产生内波并以射线形式向外传播。Hartman 和 Lewis[28]建立了塌陷源致内波的数学模型，Meng 和 Rottmam[29]认为 Hartman 等模型预测的振幅较小的原因可能是初始密度条件不连续，基于这一设想提出了更为合理的模型。

对于随机内波的形成机理，Lin 等[30]的实验结果给出了随机内波在雷诺数和弗劳德数组合(Re、Fr)平面上的分布，并指出随机内波的波幅与弗劳德数成函数关系。Bonneton 等[31]在密度线性分层流体中对拖曳球产生随机内波的试验得出结论：随机内波是由尾流边界的周期性涡环发生溃破产生的，并指出随机内波可从 Lee 波中分离出来。对于随机内波的理论研究,Broutman 和 Rottman[32] 基于实验观察结果,提出了湍流尾迹的移动脉冲源汇组合法。在随机内波的数值研究方面,近年来也有了快速发展[33-34]。

大多情况下,水下运动体所激发的内波是十分复杂的,既包含体积效应内波又包含尾迹效应内波(图3)。在理论模型中,等效移动源的速度和尺寸的确定依赖内波的表现特征是以体积效应内波为主导还是以尾迹效应内波为主导。Robey[35] 关于分层流体中拖曳球激发内波的实验表明:存在临界弗劳德数 Fr_c,当 $Fr<Fr_c$ 时,Lee 波占主导地位;当 $Fr>Fr_c$ 时,尾流内波取代 Lee 波成为主控内波。当 $Fr<Fr_c$ 时,体积效应内波峰-峰幅值与 Fr 之间为非线性关系,存在对应最大值的弗劳德数 Fr_p;当 $Fr > Fr_c$ 时,尾迹效应内波的相关速度小于拖曳速度,其相应的弗劳德数 $Fr_{iw} \approx 0.8$,而且内波峰-峰幅值随 Fr 增大近似线性增加。

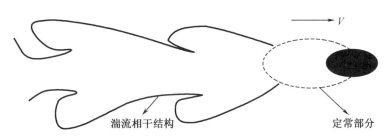

图 3　移动物体生成尾迹示意图(包含定常部分与湍流相干结构)

2.3　分层流体中潜艇受力特性研究

1902 年,挪威探险家 Nansen 在去北极的"Fram"号航程中,发现了"死水"现象,这被称为海洋内波的首次发现。1904 年,著名海洋学家 Ekman[36] 的研究指出,所谓的"死水"现象,其实是船只航行在下面冷的极流和上面暖的湾流海面上时,由于船只运动生成内波的内波增阻现象。针对舰船在分层流体中的受力情况,Miloh 等[37] 采用有限深度的两层流体模型,根据格林函数法得到了半潜扁球体所受波阻及自由表面扰动的解。John[38] 对"Fram"号航行过程进行了数值模拟,发现了与 Ekman 研究中相似的受力变化规律。Mercier 等[39] 通过实验的方式再现了 Ekman 的研究结果,并研究了三层线性密度分层流体中的内波现象。Duchene[40] 假定内波波长大于密度分层间距,结合舰船运动数据,采用几种非线性模型对"死水"现象进行了详细研究。

魏岗等[41] 通过在线性密度分层盐水中拖动球体,研究其生成内波的动力学及运动学特性。勾莹等[42] 采用模型试验的方法研究了箱型结构在两层流中拖动时的阻力特性,与单层流中拖航阻力试验进行了比较,研究了阻力增值与航速的关系。何广华等[43-45] 基于 RANS 方程,结合多相流模型及 VOF 界面捕捉技术,建立了用于密度分层流体中潜艇受力特性研究的数值模型,并对不同航速、位置、流体环境中潜艇的受力及兴波特性进行了研究(图4)。研究结果表明:随着航速增加,总阻力和摩擦阻力均增大,兴波阻力系数存在峰值点,位于 $Fr=0.5$ 附近;随着航速增加,内波效应对潜艇受力的影响逐渐增加;随着潜艇下沉,内波效应对潜艇受力的影响不断减弱;密度对于水下运动体水动力性能的影响较小。

何光华等[46] 还研究了密度分层流中潜艇在加装不同附体工况下的受力特性变化规律(图5)。研究表明:随着航速增加,潜艇的总阻力和摩擦阻力不断增加。低速时,附体对阻力的影响较小,高速时,附体对阻力有增大的作用;尾翼对摩擦阻力的影响要略大于指挥台,但两者对总阻力的影响几乎一致。此外,通过对加装不同附体工况下潜艇表面压力分布情况的研究表明,当存在附体时,附体带来的潜艇表面曲率突变会使该位置的压力产生较大波动。

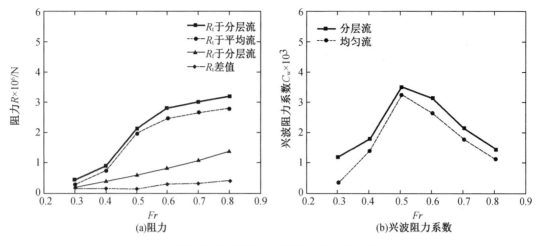

R_t—潜体受到的总阻力;R_f—潜体受到的摩擦阻力。

图 4 水下航行体以不同航速航行时的受力情况

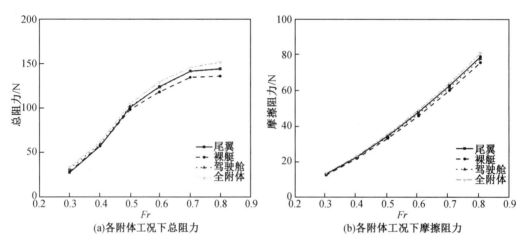

图 5 阻力随航速的变化

2.4 分层流体中潜艇兴波尾迹研究

在运动潜艇激发内波方面,国内诸多学者进行了大量研究。杨立等[47]进行了拖曳细长体产生塌陷内波的实验,梁川等[48]受尾流周期性涡泄现象启发,提出了移动脉动源方法,丰富了内波波形波系的表达,但在波幅方面并未做研究。尤云祥等[49]发展了 Milder 的等效质量源理论,将两端开口的圆柱体源改为封闭的椭球回转体源,所获结果与拖曳球实验结果吻合良好。

何广华等[50-52]对密度分层流体中潜艇自由面及内波面兴波开展了大量研究,建立了潜艇兴波尾迹与航行参数之间的联系。其中以不同航速航行于两层流体中上层流体内的潜艇自由液面及内波面兴波尾迹如图 6、7 所示。

研究表明:水下航行体会在内波交界面处兴起内波,这也导致了潜艇所受阻力的增加;且随着航速增加,自由液面处兴波波长不断加大,中速阶段($Fr = 0.5$)的波幅,尤其是艇尾之后的峰、谷数值要高于低速、高速阶段。

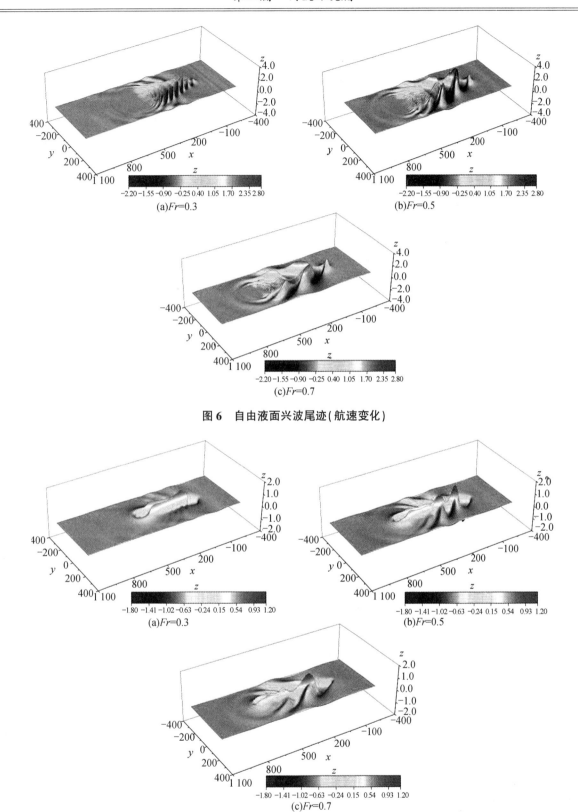

图6 自由液面兴波尾迹(航速变化)

图7 内波面兴波尾迹(航速变化)

此外,何广华等[53]还对位于深水密度层,即内波交界面以下航行潜艇的兴波尾迹特性进行了仿真研究。给出了位于此特殊位置处潜艇的内波尾迹特征,并与浅层航行潜艇的内波尾迹进行了对比分析(图8)。研究表明,在深水和浅水密度层中航行潜艇所激起的内波波形最直观的差异在于:

(1)航行于深水密度层中的潜艇在内波面处兴波前方为波峰,而航行于浅水密度层中潜艇在内波面处兴波前方为波谷;

(2)深水密度层航行潜艇兴波出现了类似于 Kelvin 波的波形,而浅水密度层中航行潜艇在内波面上的兴波并没有 Kelvin 模式,且横、散波分布特征不明显。

(3)位于深水密度层中航行潜艇的兴波在自由液面与内波面处的波幅整体相差不大,而浅水密度层中航行潜艇的自由面兴波波幅要明显高于内波面波幅。

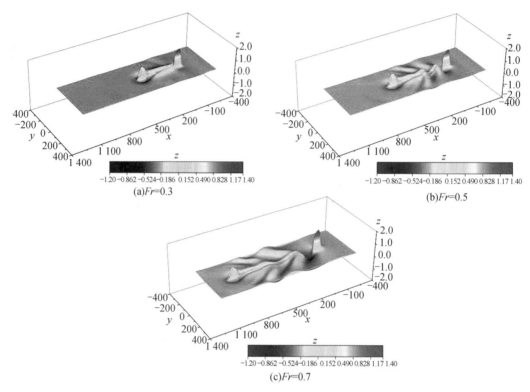

图 8 潜艇位于深水密度层中的内波面兴波尾迹

2.5 潜体隐蔽性研究

水下航行体在密度分层流体中运动所激发的内波可沿垂向传播至水表面,进而夹杂着潜体的运动信息与水表面轨迹相混合,这也使得分层流体内波研究在海洋军事领域尤其是水下非声探测领域有着潜在的应用。潜艇水下航行会在海面产生不同类型的水动力尾迹,包括伯努利水丘、开尔文尾迹、涡尾迹、湍流尾迹等[1](图9)。对于自由面的尾迹来说,位于水下的物体可以通过调整航速和潜深来改变或减弱影响,使得自身隐蔽性增强。但是当潜艇在密度分层的流体中运动时,其引发的内波所造成的扰动便可向上传播;当其传播到水面时就会改变海洋表面波浪场的特征,通过雷达监测其后向散射强度的改变即可得到其尾迹特征,进而可以对水下运动潜体进行非声探测。

海洋中潜艇产生的湍流尾迹是海洋内波形成的重要来源之一[54-55]。通常采用连续分层水体中拖曳球体来生成湍流尾迹,并由湍流尾迹来辐射生成内波,这一做法的好处是用来产生湍流的球体与海军研究对象的基本几何特征吻合。相比于物理模型实验室观测,数值计算可以在更高的雷诺数和弗劳德数下进行研究。Abdilghanie 和 Diamessis[56]将雷诺数提高到10、弗劳德数提高到64,在这样的参数条件下对内波尾迹进行了数值模拟。研究表明,在更高雷诺数下湍流尾迹辐射内波的时间长度有显著提高[57-59]。Toylor 的研究表明,雷诺数越大,内波的生成受黏性作用的影响越低[60],Sutherland 和 Linden 的研究表明,由于湍流尾迹的生成内波携带的动量显著增大[61]。

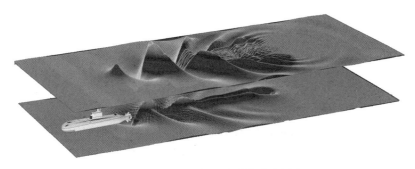

图 9　分层流体中运动潜体激发尾迹

2.6　内波试验研究

在水下航行体运动激发内波的实验中,内波水槽、潜艇拖曳方式及流体的分层途径可以有不同的选择。水槽的结构大致分为 4 类:深水槽[62]、浅水槽、窄长水槽[63]和循环水槽[64]。潜艇的拖曳方式大致有 5 种:垂直刚性支杆拖曳法、水平线拖曳法、三线拖曳法、悬线拖曳法和自驱动法(图 10)。流体的分层主要采用"双桶法"和"热分层法"。其中,"双桶法"用于可生成任意密度剖面的分层流体。近年来,中国海洋大学在分层流环境制备和内波造波等研究方面独具特色。"热分层法"用于在水槽任意水平层面生成温跃层结构。在内波的显示技术方面,通常采用阴影法、彩液显示法、示踪粒子法等来定性或半定量研究分层流体;分层流体定量研究也已从单纯的流场测量技术(如热膜方法、PIV 技术等)发展为具有测量和数据处理综合功能的技术(如 DPIV 技术、CIV 技术及图像灰度方法等)[65]。密度测量已从常规的测量仪器(如折射计、比重计等)发展为具有较高时空分辨率并可动态测量密度变化的技术(如铂丝探针(密度)测量仪、内波动态(电导率)测量仪等)。

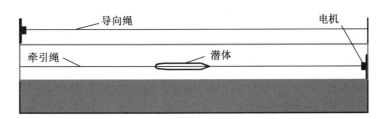

图 10　分层流体中物体运动激发内波实验装置

Long 开创了 Lee 波的实验研究,随后的实验主要针对水平运动圆球和二维圆柱体,旨在验证和补充理论研究工作。此外,大量学者对细长体和 Rankine 卵形体在密度跃层内运动产生内波特性进行了实验研究。赵先奇等[66]实验研究了长径比为 $\lambda=L/D=9$ 的拖曳圆柱体在强跃层密度分层流体中激发内波特性。王进等[67]以 4 个不同长径比($\lambda=1,4,7,9$)的回转体为对象开展了系列实验。李万鹏等[68]采用电导率探头法测量分析了密度分层流体中自航体生成内波相关速度和位移场特性。魏岗等[41]进行了强跃层密度分层流体中拖曳球激发内波的实验,研究表明了等效质量源理论模型在预测运动球体体积效应内波时的有效性。

3 基本理论与最新进展

3.1 控制方程

当前对于内波效应问题的研究,大多基于黏流理论,我们首先概述黏性流中运动潜体产生尾迹的理论模型。

1895 年,Reynolds 模仿气体分子运动论中的平均概念,对不可压缩流体 N-S 方程进行时间平均,得到了著名的 Reynolds-Averaged-Navier-Stokes (RANS)方程。这种平均可理解为一种滤波,它将参数变化的高频部分滤掉而使之平滑化。

将速度及压力的瞬时值分解为时均值与脉动值两项:

$$u_i = U_i + u_i' \tag{3.1}$$

$$p = P + p' \tag{3.2}$$

式中,U_i 为时均速度;P 为时均压力;u_i' 为脉动速度;p' 为脉动压力;下标 i 表示各物理量在 x 轴上的分量。

此时,不可压缩牛顿流体的控制方程在直角坐标系中可表示为

$$\frac{\partial U_i}{\partial x_i} = 0 \tag{3.3}$$

$$\frac{\partial U_i}{\partial t} + U_j \frac{\partial U_i}{\partial x_j} = -\frac{1}{\rho}\frac{\partial p}{\partial x_i} + \left[\nu\left(\frac{\partial U_i}{\partial x_j} + \frac{\partial U_j}{\partial x_i}\right)\right] - \frac{\partial \overline{u_i u_j}}{\partial x_j} + f_i \tag{3.4}$$

式中,$\overline{u_i u_j}$ 为雷诺应力项;x 为坐标轴方向;t 为时间;f 为质量力强度;ν 为流体的运动黏度;ρ 为流体密度;下标 j 表示各物理量在 y 轴上的分量。式(3.3)为连续性方程,式(3.4)为动量方程,两者均为时均计算处理后的形式,简称 RANS 方程。

3.2 湍流模型

RANS 方程(3.4)式中的雷诺应力项 $\overline{u_i u_j}$ 是未知的。为了求解此未知数,使方程封闭,须引入湍流模型。湍流模型有很多种,除了 N-S 方程外的微分方程的数量分为从零到七个方程模型,在一般的简单流动情况下,方程的数量越多精度也就越高,但是模拟的计算量也会变大,导致收敛性也会变差。当流动复杂时,这种规律将会由于模型的不同产生变化。

对于湍流模型的选择需要遵循以下准则:流体压缩性、计算精度、计算效率。下面概述几种常用的湍流模型。

3.2.1 标准 $k\text{-}\varepsilon$ 模型

标准 $k\text{-}\varepsilon$ 模型需要求解湍动能及其耗散率方程。湍动能输运方程是通过精确的方程推导得到的,但耗散率方程是通过物理推理得到的。该模型假设流动为完全湍流,分子黏性的影响可以忽略。因此,标准 $k\text{-}\varepsilon$ 模型只适合完全湍流的流动过程模拟。

标准 $k\text{-}\varepsilon$ 模型的湍动能 k 和耗散率 ε 方程为如下形式:

$$\rho \frac{\mathrm{d}k}{\mathrm{d}t} = \frac{\partial}{\partial x_i}\left[\left(\mu + \frac{\mu_t}{\sigma_k}\right)\frac{\partial k}{\partial x_i}\right] + G_k + G_b - \rho\varepsilon - Y_M \tag{3.5}$$

$$\rho \frac{\mathrm{d}\varepsilon}{\mathrm{d}t} = \frac{\partial}{\partial x_i}\left[\left(\mu + \frac{\mu_t}{\sigma_\varepsilon}\right)\frac{\partial \varepsilon}{\partial x_i}\right] + C_{1\varepsilon}\frac{\varepsilon}{k}(G_k + C_{3\varepsilon}G_b) - C_{2\varepsilon}\rho\frac{\varepsilon^2}{k} \tag{3.6}$$

在上述方程中,G_k 表示由于平均速度梯度引起的湍动能;G_b 是由浮力影响引起的湍动能;Y_M 是可压缩速湍流脉动膨胀对总的耗散率的影响;湍流黏性系数 $\mu_t = \rho C_\mu \dfrac{k^2}{\varepsilon}$;作为默认值常数,$C_{1\varepsilon} = 1.44$,$C_{2\varepsilon} = 1.92$,$C_\mu = 0.09$;湍动能 k 与耗散率 ε 的湍流普朗特数分别为 $\sigma_k = 1.0$,$\sigma_\varepsilon = 1.3$。

3.2.2 Realizable k-ε 模型

Realizable k-ε 模型具有稳定性良好、压力梯度求解精度高等优点,应用比较广泛,其湍动能及耗散率输运方程为

$$\rho \frac{\mathrm{d}k}{\mathrm{d}t} = \frac{\partial}{\partial x_t}\left[\left(\mu + \frac{\mu_t}{\sigma_k}\right)\frac{\partial k}{\partial x_i}\right] + G_k + G_b - \rho\varepsilon - Y_M \tag{3.7}$$

$$\rho \frac{\mathrm{d}\varepsilon}{\mathrm{d}t} = \frac{\partial}{\partial x_i}\left[\left(\mu + \frac{\mu_t}{\sigma_\varepsilon}\right)\frac{\partial \varepsilon}{\partial x_i}\right] + \rho C_1 S\varepsilon - \rho C_2 \frac{\varepsilon^2}{k + \sqrt{\nu\varepsilon}} + C_{1\varepsilon}\frac{\varepsilon}{k}C_{3\varepsilon}G_b \tag{3.8}$$

式中,x_t 表示在 x 轴方向上对时间 t 求偏导;μ 为分子扩散所造成的动力黏性;μ_t 为湍流黏性系数;σ_k 和 σ_z 分别为湍动能 k 和耗散率 ε 的湍流普朗特数;G_k 为平均速度梯度产生的湍动能;G_b 为由浮力产生的湍动能;Y_M 为湍流脉动膨胀对总耗散率的影响;$C_1 = \max[0.43, \eta/(\eta+5)]$,系数 $\eta = S \cdot k/\varepsilon$,$S$ 为平均应变率;C_2 和 $C_{1\varepsilon}$ 为常数;$C_{2\varepsilon}$ 为浮力对耗散率影响的函数;ν 为流体的运动黏度。参数取值为 $C_2 = 1.9$、$C_{1\varepsilon} = 1.44$、$\sigma_k = 1.0$、$\sigma_\varepsilon = 1.2$。

3.2.3 标准 k-ω 模型

标准 k-ω 模型主要修正了低雷诺数、可压缩性及剪切扩散等的影响,标准 k-ω 模型中的输运方程为

$$\frac{\partial}{\partial t}(\rho k) + \frac{\partial}{\partial x_i}(\rho k u_i) = \frac{\partial}{\partial x_j}\left[\Gamma_k \frac{\partial k}{\partial x_j}\right] + G_k - Y_k + S_k \tag{3.9}$$

$$\frac{\partial}{\partial t}(\rho\omega) + \frac{\partial}{\partial x_i}(\rho\omega u_i) = \frac{\partial}{\partial x_j}\left[\Gamma_\omega \frac{\partial k}{\partial x_j}\right] + G_\omega - Y_\omega + S_\omega \tag{3.10}$$

上述方程中,G_k 是由速度梯度造成的湍动能 k 的产生项;G_ω 是 ω 产生项,Y_k、Y_ω 是由湍流造成的 k 和 ω 的耗散项;S_k、S_ω 是自定义源项;Γ_k 和 Γ_ω 为 k 和 ω 的有效扩散系数。Γ_k、Γ_ω 和 μ_t 的表达式为

$$\Gamma_k = \mu + \frac{\mu_t}{\sigma_k} \tag{3.11}$$

$$\Gamma_\omega = \mu + \frac{\mu_t}{\sigma_\omega} \tag{3.12}$$

$$\mu_t = \alpha^* \frac{\rho k}{\omega} \tag{3.13}$$

3.2.4 SST k-ω 模型

Menter 结合了标准 k-ω 模型及标准 k-ε 两种模型的优点提出了 SST k-ω 模型[69],其主要特点为在物体表面附近处采用标准 k-ω 模型,而在远场流体采用标准 k-ε 模型,中间部分则通过一个过渡函数来连接,这样就创造性地结合了 k-ε 模型和 k-ω 模型。SST k-ω 模型的优势在于进一步提升了计算模型在近壁面区域的求解精度,并且使算法的稳定性得到了提升,因此大幅提升了 SST k-ω 模型的计算精度及计算结果的可靠性,同时使该模型适用于更多条件下的流体问题计算,包括水翼的计算及逆压梯度流动问题的求解等。

SST k-ω 模型的输运方程为

$$\frac{\partial}{\partial t}(\rho k)+\frac{\partial}{\partial x_i}(\rho k u_i)=\frac{\partial}{\partial x_j}\left(\Gamma_k\frac{\partial k}{\partial x_j}\right)+\widetilde{G}_k-Y_k+S_k \tag{3.14}$$

$$\frac{\partial}{\partial t}(\rho \omega)+\frac{\partial}{\partial x_i}(\rho \omega u_i)=\frac{\partial}{\partial x_j}\left(\Gamma_\omega\frac{\partial \omega}{\partial x_j}\right)+G_\omega-Y_\omega+D_\omega+S_\omega \tag{3.15}$$

式中,$\widetilde{G}_k$为由平均速度梯度所导致的湍动能;D_ω为交叉扩散项。

3.3 分层流数值模型

分层流体力学的控制方程可写为

$$\frac{\partial \rho}{\partial t}+\nabla\cdot(\rho\boldsymbol{V})=0 \tag{3.16}$$

$$\rho\frac{\mathrm{d}\boldsymbol{V}}{\mathrm{d}t}=\rho\boldsymbol{F}-\nabla P+\mu\Delta\boldsymbol{V}+\frac{\mu}{3}\nabla\nabla\cdot\boldsymbol{V} \tag{3.17}$$

$$\frac{\mathrm{d}\rho}{\mathrm{d}t}=0 \tag{3.18}$$

由式(3.16)可得

$$\frac{\partial \rho}{\partial t}+\boldsymbol{V}\cdot\nabla\rho+\rho\,\nabla\cdot\boldsymbol{V}=0 \tag{3.19}$$

结合式(3-18)和式(3-19)得不可压缩方程

$$\nabla\cdot\boldsymbol{V}=0 \tag{3.20}$$

这样可把分层流体力学控制方程写成

$$\nabla\cdot\boldsymbol{V}=0 \tag{3.21}$$

$$\rho\frac{\mathrm{d}\boldsymbol{V}}{\mathrm{d}t}=\rho\boldsymbol{F}-\nabla P+\mu\Delta\boldsymbol{V}+\frac{\mu}{3}\nabla\nabla\cdot\boldsymbol{V} \tag{3.22}$$

$$\frac{\partial \rho}{\partial t}+\boldsymbol{V}\cdot\nabla P=0 \tag{3.23}$$

假设分层流体由淡水和盐水混合而成,且盐水的体积分数比为α,则有

$$\rho=\rho_\mathrm{d}(1-\alpha)+\alpha\rho_\mathrm{y}=\rho_\mathrm{d}+\alpha(\rho_\mathrm{y}-\rho_\mathrm{d}) \tag{3.24}$$

进而,得到体积分数方程

$$\frac{\partial \alpha}{\partial t}+\boldsymbol{V}\cdot\nabla\alpha=0 \tag{3.25}$$

3.4 密度连续分层模型

在进行分层流体研究时所采用的间断密度模型,可为界面波的研究提供清晰的尾迹呈现,但这只是一种近似。实际的海洋环境中,分层流体常常是以连续密度分层的形式存在的,也更符合海洋的物理实际。Ambrose[70]利用泛函分析的方法从理论上证明了在不考虑表面张力的情况下,采用两层间断密度分层模型是不适用于非定常流问题的。因此,采用密度连续分层的模型方可消除密度间断模型所固有的不良性质。

3.4.1 弱非线性理论

选择合适的尺度对Boussinesq假设下的二维欧拉方程进行无量纲化,得到关于流函数ψ的控制方程如下(具体推导过程可见文献[71]):

$$\frac{\partial}{\partial t}\psi_{zz}-b_x=\varepsilon J(\psi,\psi_{zz})-\mu\frac{\partial}{\partial t}\psi_{xx}+\varepsilon\mu J(\psi,\psi_{xx}) \qquad (3.26)$$

$$b_t+N^2(z)\psi_x=\varepsilon J(\psi,b) \qquad (3.27)$$

3.4.2 完全非线性理论

通过求解 Dubreil-Jacotin-Long (DJL) 方程可获得密度连续分层流体中的大振幅内弧波。设 $\eta(x,t)$ 表示等密度位移，在 Boussinesq 近似下 DJL 方程可以表示为

$$\nabla^2\eta+\frac{N^2(z-\eta)}{c^2}\eta=0 \qquad (3.28)$$

式中，c 为波的相速度，需要和 η 一起求解，其边界条件为

$$\eta(x,0)=\eta(x,H)=0 \qquad (3.29)$$

$$\lim_{x\to\pm\infty}\eta(x,z)=0 \qquad (3.30)$$

在没有 Boussinesq 假设时，相应形式的 DJL 方程可表示为

$$\nabla^2\eta+\frac{N_{NB}^2(z-\eta)}{c^2}\eta+\frac{N_{NB}^2(z-\eta)}{2g}[\eta_x^2+\eta_z(\eta_z-2)]=0 \qquad (3.31)$$

4 结论

分层流体中运动潜艇所致内波的动力学过程具有多样性和复杂性的特征，如波-波、波-流、波-涡等相互作用，以及波破碎、湍流、随机内波等非线性相互作用，认识分层流体中内波尾迹的时空演化规律是一项极具学术意义和应用价值的研究课题。传统的解析理论、实验方法和数值模拟是研究这一问题的主要方法，值得指出的是：现代空间遥感技术的发展为传统的内波研究及其工程应用不断提出新的课题，促进了其理论研究与应用技术的紧密结合。随着计算机技术及数值方法的发展，数值模拟在刻画运动源生成内波的精细结构、解决复杂形状物体运动生成的内波问题，以及预测它们的特殊效应等方面正发挥着越来越重要的作用。概括起来，它主要包含两方面的研究内容：

（1）求解运动源致内波的控制方程及其本征值问题。

（2）采用各种数值方法模拟含源的 N-S 方程及边界条件，如有限差分法、边界元方法、有限元方法、有限体积法等。

纵观国内外关于两层流中内波与结构物作用的研究进展，当前研究主要针对简单结构物及理论模型，对于复杂三维非线性问题研究较少；同时，针对两层流体中内波生成及与结构物作用的研究较多，三层及以上流体分层的研究较少；背景内波场下结构物的受力问题研究较多，结构物与内波相互作用的流-固耦合问题研究较少。此外，需要指出的是，目前有关水下运动潜艇激发内波特性的研究尚有不完善之处，如：

（1）目前的实验结果大多是在物体位于某一个固定潜深及分层的情况下获得的，对于潜深等参数对两类源致内波之间的转捩特性及其流场时空分布特征的影响研究还较少。

（2）在研究湍流尾迹效应内波时，常常假定一个轴对称回转体激发的内波关于物体中纵剖面是对称的；在理论模型研究中，移动奇性源（点源、偶极子及等效质量源等）的设置都是轴对称的；同样，在实验研究中，通常只测量水槽中纵剖面一侧的内波信息，而另一侧的内波信息是通过对称方法获得的。但是，尾迹效应内波含有明显随机湍流成分，使用对称假设进行研究，可能是不合适的。

（3）针对潜艇在分层流体中的研究主要集中在其运动激发的内波模式上，而对由于内波存在引起的

潜艇受力变化研究并不多见;与受力相关的"死水"现象研究也大多关注水面舰船,且少有针对减缓"死水"现象措施的研究。

根据当前内波的理论发展水平及船舶与海洋工程的迫切需要,仍有大量基础性、机理性的研究工作需要进行,某些理论和观点还需要进一步补充、发展,才能用于实际的海洋工程中。

(1)应用CFD方法开展分层流体中内波效应研究,如编制CFD程序或用现有的CFD软件对分层流体中复杂几何体遭遇内波时的水动力特性进行计算,为实际工程提供服务。进一步建立复杂海况下,如风、表面波浪、流及内波等联合作用的黏性流内波数值水槽,数值模拟结构物与波浪的耦合水动力学问题。

(2)系统地建立三层等复杂海洋密度分层模式中的内波理论,研究非线性内波与结构物作用的机理,发展可用于海洋工程实践的结构物受内波作用时的水动力载荷及运动响应特性评估方法。

(3)发展实验研究的理论方法和测试技术,建立相关的模型相似比准则,以分层流水池为平台开展分层流实验,分析、验证层化海洋环境中结构物的水动力性能。

5 需要研究的基础科学问题/发展方向

海洋内波的研究工作已开展较长时间,随着人类对海洋探索的不断深入,以及不断增加的海洋工程、军事需求,使得海洋内波研究更加受到重视。我国南海是海洋油气聚集中心之一,也是内波这种自然现象频发的海域,尤其吕宋海峡更被认为是南海孤立波的重要源头。保障海上作业安全、建立早期的预警系统及在强内波来袭之后获得充足的应对时间显得十分重要。这使得我们需要在内波的理论研究、数值方法改进等方面进一步加强,并考虑以下几个研究方向。

5.1 三维效应的内波问题

几十年来,对于内波问题的研究大多以二维内波问题为主,且二维内波研究已经在理论、模拟以及试验等方面取得了明显的进展;而受限于计算资源及相关理论的发展,对于三维内波问题的研究尚处于起步阶段。目前有部分三维内波问题的研究是基于Kadomtsev-Petviashvili方程,但由于其各向异性以及单向传播的特征,使得其在研究实际问题时仍有缺陷,无法对真实海洋环境进行描述[1]。发展三维内波模型及理论对海洋内波进行研究非常重要,可考虑真实海底地形等因素对内波的影响。

5.2 基于密度连续多层模型的内波研究

近年来,对于潜艇源致内波的海洋表面特征研究已逐渐从理想模型过渡到实际应用中。但目前的研究主要集中在探讨远离物体处流场的性质,为了获得物体周围流场的信息,必须针对N-S方程发展高阶精度的算法。此外,对于内波问题的讨论大多采用强分层两层流体模型,而针对多层连续密度流体中潜艇及海工结构物受内波影响的研究更加贴近实际,是非常重要的研究方向。

5.3 水下航行体源致内波特性的深入研究

(1)体积效应内波(Lee波)研究

对于体积效应内波的理论研究大多是在线性框架中开展的,而Lee波中同样包含了强烈的非线性作用。所以,需要对现有的理论研究工作进行进一步的发展,通过不断验证和改进才能使得Lee波的预报更为准确可靠。当前,虽然有部分研究工作对体积效应波的流场进行预报,但对于其适用性、可靠性的讨论尚未有定论,对体积效应内波的准确预测还有赖于对其产生机理和影响条件进行系统的分析与研究。

(2)尾迹效应内波研究

尾迹效应的复杂性使得其产生机制和传播特征的研究尚未有统一结论。实海域中,尾迹效应内波主要是由螺旋桨驱动的运动物体产生的,而尾流场的初始混合程度很大程度上影响了其产生。因此,需要在同时考虑物体形状、螺旋桨作用和海水层化剖面的情况下,研究尾迹效应内波的产生机理与特征。

通过综述密度分层流体模型中运动物体激发尾迹(包含表面 Kelvin 尾迹及内波尾迹)的研究成果可认识到,诸多分层流体中运动物体生成内波问题的解决,远未达到人们的期望值。深入研究各类结构物与分层环境相互作用的机理,建立描绘运动物体源致内波动力学过程中特殊多样性作用机制的理论模型;加强在内波尾迹测量实验方法、可视化手段及其精密性方面的创新,发展以实验数据为依据、揭示潜艇在连续密度分层流中运动特征的三维数值模型,是目前水下航行体源致内波问题研究的主要方向。

参考文献

[1] 王展,朱玉可. 非线性海洋内波的理论、模型与计算[J]. 力学学报,2019,51(6):1589-1604.

[2] 徐肇廷. 海洋内波动力学[M]. 北京:科学出版社,1999.

[3] 谷超豪,孤立子理论与应用[M]. 杭州:浙江科学技术出版社,1990.

[4] STUROVA I V. Plane problem of hydrodynamic rocking of a body submerged in a two-layer fluid without forward speed[J]. Fluid Dynamics, 1994, 29(3): 414-423.

[5] STUROVA I V. The plane problem of hydrodynamic pitching of a submerged body at a forward speed in a two-layer fluid[J]. Zh. Prikl. Mekh. Tekhn. Fiz. , 1994, 5: 32-44.

[6] YEUNG R W, NGUYEN T. Radiation and diffraction of waves in a two-layer fluid[C]// Proceeding of the 22nd Symposium on Naval Hydrodynamics. Washington DC: National Academic Press, 1999: 875-891.

[7] 叶春生,沈国光. 海洋内波对小尺度圆柱体作用力的分析与计算[J]. 天津大学学报:自然科学与工程技术版,2005(2):102-108.

[8] 吴建华,吴秀恒,李世谟. 大尺度物体在层化海洋中的波浪绕射和散射理论(Ⅲ)边界元方法[J]. 水动力学研究与进展 A 辑,1990(1):74-80.

[9] 尤云祥,朱伟,缪国平. 分层海洋中大直径桩柱的波浪力[J]. 上海交通大学学报,2003,37(8):1181-1185.

[10] 尤云祥,石强,缪国平,等. 两层流体中大直径圆柱体的水动作用力[J]. 上海交通大学学报,2005,39(5):695-700.

[11] MANAM S, SAHOO T. Waves past porous structures in a two-layer Fluid[J]. Journal of Engineering Mathematics, 2005, 52(4): 355-377.

[12] 付静,黄华,朱庆勇,等. 二层流体中透空大直径桩柱的波浪特性分析[J]. 中山大学学报(自然科学版),2008,47(3):14-18.

[13] KISTOVICH Y V, CHASHECHKIN Y D. Mass transport and the force of a beam of two-dimensional periodic internal waves[J]. Journal of Applied Mathematics and Mechanics, 2001, 65(2): 237-242.

[14] 尤学一,李占. 密度层化流体波动场中小尺度水平圆柱体受力模拟[J]. 天津大学学报:自然科学与工程技术版,2008(7):854-858.

[15] MAKAROV S A, CHASHECHKIN Y D. Apparent internal waves in a fluid with exponential density

distribution[J]. Journal of Applied Mechanics and Technical Physics, 1981, 22(6): 772-779.

[16] LONG R R. Some aspects of the flow of stratified fluids: I. a theoretical investigation[J]. Tellus, 1953, 5(1): 42-58.

[17] LIGHTHILL M J. Studies on magneto-hydrodynamic waves and other anisotropic wave motions[J]. Philosophical Transactions of the Royal Society of London. Series A, Mathematical and Physical Sciences, 1960, 252(1014): 397-430.

[18] LIGHTHILL M J. On waves generated in dispersive systems by travelling forcing effects, with applications to the dynamics of rotating fluids[J]. Journal of Fluid Mechanics, 1967, 27(4): 725-752.

[19] WEI G, LE J C, QIANG D S. Surface effects of internal wave generated by a moving source in a two-layer fluid of finite depth[J]. Applied Mathematics and Mechanics, 2003, 24(9): 1025-1040.

[20] YEUNG R W, NGUYEN T C. Waves generated by a moving source in a two-layer ocean of finite depth[J]. Journal of engineering mathematics, 1999, 35(1): 85-107.

[21] VOISIN B. Internal wave generation in uniformly stratified fluids. Part 1: green's function and point sources[J]. Journal of Fluid Mechanics, 1991, 231: 439-480.

[22] VOISIN B. Internal wave generation in uniformly stratified fluids. Part 2: moving point sources[J]. Journal of Fluid Mechanics, 1994, 261: 333-374.

[23] MILES J W. Internal waves generated by a horizontally moving source[J]. Geophysical and Astrophysical Fluid Dynamics, 1971, 2(1): 63-87.

[24] BOROVIKOV V A, BULATOV V V, VLADIMIROV Y V. Internal gravity waves excited by a body moving in a stratified fluid[J]. Fluid Dynamics Research, 1995, 15(5): 325.

[25] MILDER M. Internal waves radiated by a moving source. Vol. 1: analytical simulation[R]. National Technical Information Service, Accession No. AD0782262, 1974.

[26] SCHOOLEY A H, STEWART R W. Experiments with a self-propelled body submerged in a fluid with a vertical density gradient[J]. Journal of Fluid Mechanics, 1963, 15(1): 83-96.

[27] WU J. Mixed region collapse with internal wave generation in a density-stratified medium[J]. Journal of Fluid Mechanics, 1969, 35(3): 531-544.

[28] HARTMAN R J, LEWIS H W. Wake collapse in a stratified fluid: linear treatment[J]. Journal of Fluid Mechanics, 1972, 51(3): 613-618.

[29] MENG J, ROTTMAM J. Linear internal waves generated by density and velocity perturbations in a linearly stratified fluid[J]. Journal of Fluid Mechanics, 1988, 186: 419-444.

[30] LIN Q, BOYER D L, FERNANDO H. Internal waves generated by the turbulent wake of a sphere[J]. Experiments in Fluids, 1993, 15(2): 147-154.

[31] BONNETON P, CHOMAZ J M, HOPFINGER E J. Internal waves produced by the turbulent wake of a sphere moving horizontally in a stratified fluid[J]. Journal of Fluid Mechanics, 1993, 254: 23-40.

[32] BROUTMAN D, ROTTMAN J W. A simplified Fourier method for computing the internal wavefield generated by an oscillating source in a horizontally moving, depth-dependent background[J]. Physics of Fluids, 2004, 16(10): 3682-3689.

[33] DIAMESSIS P J, GURKA R, LIBERZON A. Spatial characterization of vortical structures and internal

waves in a stratified turbulent wake using proper orthogonal decomposition[J]. Physics of Fluids, 2010, 22(8): 283-188.

[34] BRUCKER K A, SARKAR S. A comparative study of self-propelled and towed wakes in a stratified fluid[J]. Journal of Fluid Mechanics, 2010, 652: 373-404.

[35] ROBEY H F. The generation of internal waves by a towed sphere and its wake in a thermocline[J]. Physics of Fluids, 1997, 9(11): 3353-3367.

[36] EKMAN V W. On dead water[M]. Norwegian North Polar Expedition 1893—1896, Scientific Results. London, UK: Longmans Green and Co., 1906.

[37] MILOH T, TULIN M P, ZILMAN G. Dead-water effects of a ship moving in stratified seas[J]. Journal of Offshore Mechanics and Arctic Engineering, 1993, 115(2): 105-110.

[38] JOHN G. Nonlinear dead water resistance at subcritical speed[J]. Physics of Fluids, 2015, 27(8): 229-243.

[39] MERCIER M J, VASSEUR R, DAUXOIS T. Resurrecting dead-water phenomenon[J]. Nonlinear Processes in Geophysics, 2011, 18: 193-208.

[40] DUCHENE V. Asymptotic models for the generation of internal waves by a moving ship, and the dead-water phenomenon[J]. Nonlinearity, 2010, 24(8): 2281-2323.

[41] 魏岗, 赵先奇, 苏晓冰, 等. 分层流体中尾迹时间序列结构的实验研究[J]. 中国科学: G 辑, 2009 (9): 1338-1347.

[42] 勾莹, 张新未, 徐文彪, 等. 箱型结构在两层流中拖航阻力的实验研究[C]// 第十八届中国海洋(岸)工程学术讨论会论文集(上), 舟山: [出版者不详], 2017: 469-473.

[43] LIU S, HE G, WANG Z, et al. Resistance and flow field of a submarine in a density stratified fluid[J]. Ocean Engineering, 2020, 217: 107934.

[44] 何广华, 刘双, 王威, 等. 密度分层对近水面航行潜体兴波阻力影响分析[J]. 哈尔滨工程大学学报, 2021, 42(8): 1125-1132.

[45] 刘双, 何广华, 王威, 等. 深水密度层航行潜艇兴波阻力的影响分析[J]. 哈尔滨工程大学学报, 2021, 42(9): 1373-1379.

[46] 刘双, 何广华, 王威, 等. 附体对分层流中潜艇水动力特性的影响[J]. 兵工学报, 2021, 42(1): 108-117.

[47] 杨立, 初明忠, 张健, 等. 潜艇尾迹内波的实验研究[J]. 船舶力学, 2008, 12(1): 18-24.

[48] 梁川, 洪方文, 姚志崇. 有限深分层流体中运动物体尾流生成内波的一种移动脉动源方法[J]. 水动力学研究与进展 A 辑, 2015, 30(1): 9-17.

[49] 尤云祥, 赵先奇, 陈科, 等. 有限深密度分层流体中运动物体生成内波的一种等效质量源方法[J]. 物理学报, 2009, 58(10): 6750-6760.

[50] 刘双, 何广华, 王威, 等. 密度分层流中浅航艇兴波尾迹分析[J]. 哈尔滨工业大学学报, 2021, 53(7): 52-59.

[51] 何广华, 刘双, 张志刚, 等. 附体对潜艇兴波尾迹的影响分析[J]. 华中科技大学学报: 自然科学版, 2019(10): 56-62.

[52] 何广华, 王正科, 刘双, 等. 水下航行体兴波尾迹的快速分析法[J]. 华中科技大学学报(自然科

学版),2019,47(3):49-53.

[53] 何广华,刘双,张志刚,等. 深水密度层航行潜艇兴波尾迹分析[J]. 哈尔滨工业大学学报,2022,54(1):40-48.

[54] PAL A, STADLER M B, SARKAR S. The spatial evolution of fluctuations in a self-propelled wake compared to a patch of turbulence[J]. Physics of Fluids, 2013, 25(9):317-338.

[55] STADLER M B, SARKAR S. Simulation of a propelled wake with moderate excess momentum in a stratified fluid[J]. Journal of Fluid Mechanics, 2012, 692(2):28-52.

[56] ABDILGHANIE A M, DIAMESSIS P J. The internal gravity wave field emitted by a stably stratified turbulent wake[J]. Journal of Fluid Mechanics, 2013, 720(4):104-139.

[57] SPEDDING G R. The evolution of initially turbulent bluff-body wakes at high internal froude number[J]. Journal of Fluid Mechanics, 1997, 337:283-301.

[58] RILEY J J, DEBRUYNKOPS S M. Dynamics of turbulence strongly influenced by buoyancy[J]. Physics of Fluids, 2003, 15(7):2047-2059.

[59] DIAMESSIS P J, SPEDDING G R, DOMARADZKI J A. Similarity scaling and vorticity structure in high-Reynolds-number stably stratified turbulent wakes[J]. Journal of Fluid Mechanics, 2011, 671(3):52-95.

[60] TAYLOR J R, SARKAR S. Internal gravity waves generated by a turbulent bottom Ekman layer[J]. Journal of Fluid Mechanics, 2007, 590:331-354.

[61] SUTHERLAND B R, LINDEN P F. Internal wave excitation from stratified flow over a thin barrier[J]. Journal of Fluid Mechanics, 1998, 377:223-252.

[62] MOWBRAY D, RARITY B. A theoretical and experimental investigation of the phase configuration of internal waves of small amplitude in a density stratified liquid[J]. Journal of Fluid Mechanics, 1967, 28(1):1-16.

[63] GILREATH H, BRANDT A. Experiments on the generation of internal waves in a stratified fluid[J]. AIAA Journal, 1985, 23(5):693-700.

[64] SUTHERLAND B, LINDEN P. Internal wave excitation from stratified flow over a thin barrier[J]. Journal of Fluid Mechanics, 1998, 377:223-252.

[65] SPEDDING G R, BROWAND F K, FINCHAM A M. Turbulence, similarity scaling and vortex geometry in the wake of a towed sphere in a stably stratified fluid[J]. Journal of Fluid Mechanics, 1996, 314:53-103.

[66] 赵先奇,尤云祥,陈科,等. 分层流体中细长体生成内波的试验研究[J]. 上海交通大学学报,2009(8):1298-1301.

[67] 王进,尤云祥,胡天群,等. 密度分层流体中不同长径比拖曳潜体激发内波特性实验[J]. 科学通报,2012,57(8):606-617.

[68] 李万鹏,魏岗,杜辉,等. 分层流体中螺旋桨效应激发内波的实验分析[J]. 解放军理工大学学报(自然科学版),2014,15(6):576-582.

[69] MENTER F R. Two-equation eddy-viscosity turbulence models for engineering applications[J]. AIAA Journal, 1994, 32(8):1598-1605.

[70] AMBROSE D M. Well-posedness of vortex sheets with surface tension[J]. SIAM Journal on Mathematical Analysis, 2003, 35(1): 211-244.

[71] LEE C Y, BEARDSLEY R C. The generation of long nonlinear internal waves in a weakly stratified shear flow[J]. Journal of Geophysical Research, 1974, 79(3): 453-462.

第四篇

船舶响应篇

船舶耐波性

姚朝帮　冯大奎　孙小帅　刘李为

（华中科技大学）

1 概述

船舶波浪中运动的数值算法可分为频域方法、时域方法、黏性计算流体动力学(CFD)方法和黏势流耦合(匹配)方法。

1.1 频域方法的研究进展

(1) 移动脉动源格林函数(3DTP)的数值求解及应用

自由面格林函数法在无航速浮体的水动力计算中已经发展得比较成熟。满足零航速自由面条件的格林函数称为脉动源格林函数。Newman、Noblesse、Telste 和 Noblesse 等学者对脉动源格林函数进行了大量的研究工作，提出了不少快速算法，使得脉动源格林函数在无航速浮体的水动力计算中有了广泛的应用。Xie[1]对各种计算方法的精度与效率进行了系统的对比分析。Wamit、WADAM、Hydrostar、AQWA 等商用软件均采用了脉动源格林函数法，用于对无航速海洋浮式结构物进行波浪载荷和水动力计算。

航速问题一直是船舶耐波性计算中的难点和研究热点。对于频域有航速问题，满足有航速时自由面条件的格林函数称为移动脉动源格林函数。很多学者对此进行了大量的研究。早在 1946 年，Haskind 就导出了三维移动脉动源格林函数的傅里叶积分表达式。随后 Hanaoka、Havelock、高木又男、缪国平、Bessho 等又推导出了 Havelock 型、Michell 型和 Bessho 型的移动脉动源表达式。其中，Michell 型的表达式虽然有着明确的物理意义，但是其双重积分的形式使其难以在数值计算中大量使用，学者们更多是对 Havelock 型和 Bessho 型移动脉动源格林函数的快速算法进行研究。Inglis 和 Price[2]、宗智和黄鼎良[3]、Xu 和 Dong[4]、洪亮等[5]分别对 Havelock 型表达式开展了数值积分的快速算法研究。对于 Bessho 型表达式，Iwashita 和 Ohkusu[6]、Maury[7]、Yao 和 Dong[8]分别开展了数值积分方法研究，获得了计算效率较高的数值方法。其中 Yao 和 Dong[9]还针对 Bessho 型移动脉动源格林函数在线元以及面元上的解析表达式与其快速数值计算方法进行了研究。Huang 等推导了 Havelock 型移动脉动源格林函数在线元及面元上积分的解析表达式，并实现了快速数值求解[10]。移动源脉动源格林函数已成功应用于有航速船舶波浪中的运动响应[11]、船舶波浪中的阻力增值[12]、波浪中并行两船的水动力干扰[13-14]、SWATH 船波浪中的运动响应[15]、三体船波浪中的运动响应[16]等研究中。

(2) 频域 Rankine 源方法的应用

与自由面格林函数相对应的另一种船舶流场速度势的方法是 Rankine 源格林函数法(RPM)。该方法中，拉普拉斯方程的基本解 $1/r$ 被用作 Green 函数。其优点是计算简单、使用灵活，有利于考虑非线性自由面条件及定常势的影响。国内外已经有不少学者采用 Rankine 源格林函数对浮体进行频域水动力计算。Nakos[17]最早将 Rankine 源方法应用于流场定常速度势和非定常速度势的频域分析之中。Bertran 和 Yasukaw[18]基于 Rankine 面元法求解了船舶的频域运动响应。近年来，在合适的辐射条件方面，Das 和

Cheung[19]、Yuan 等[20]、Iwashita 等[21]、Yao 等[22-23]均开展了研究。

(3) 3DTP-Rankine 源内外域匹配方法

针对频域匹配方法的研究相对较少。Ten 和 Chen[24]提出解析半球控制面的频域匹配方法,将速度势在控制面上进行勒让德傅里叶级数展开,并建立了流场边界积分方程。通过速度势及其法向导数在控制面上相等将内外域进行匹配,但是由于控制面是半球面,导致水平方法和竖直方向耦合,增加了计算量和算法的复杂度,使求解变得困难。郝立柱[25]对基于无网格圆柱控制面的频域匹配方法预报有航速排水型船舶的运动与波浪载荷进行了研究,提出采用无网格圆柱面作为控制面,将整个流场划分为内域和外域,内域采用 Rankine 源,自由面仅在内域划分网格,提高了计算效率。外域采用有航速格林函数,无须设置数值海岸,同时由于控制面是无网格的,可以解析求解有航速格林函数在控制面水线上的积分,避免了奇异性和高频振荡特性带来的数值计算困难。

其他类似的研究是在控制面进行网格离散,在其上布置 3DTP,内域采用 Rankine 源,如 Yang 等[26]的研究。

1.2 时域方法的研究进展

(1) 基于脉冲响应函数方法的间接时域法

间接时域法是指频时域转换法,将在频域求解得到的水动力系数变换至时域,得到时延函数,进而求解时域内的运动方程。唐恺[27]的相关研究表明,与直接求解时延函数相比,这种频域转换至时域的方法计算更为便捷。值得注意的是,相关研究表明针对有航速船舶波浪中运动的间接时域法,在重心随动坐标系下建立船体时域运动方程,可以得到更为准确的耐波性计算结果。

(2) 时域 Rankine 面元法的应用

时域 Rankine 面元法相比频域法更为灵活,可以进一步研究自由面和物面非线性及船舶大幅运动问题,因此时域 Rankine 面元法在船舶耐波性计算中应用较为广泛。对于有航速问题。Kring[28]研究了时域 Rankine 面元法的数值稳定性,在有航速船舶耐波性计算中,选用叠模流作为定常流动以准确考虑航速效应。为提升数值稳定性,Kring 将扰动势分解为瞬时和记忆部分,消除了伯努利方程中与瞬时项相关的时间导数,同时采用 B 样条插值离散边界积分方程,基于该方法开发了 SWAN-2 软件。He 和 Kashiwagi[29]采用高阶面元法计算了 Wigley 型船线性辐射问题。Shao 和 Faltinsen[30]基于摄动法详细推导了有航速时的二阶理论,认为在惯性系中计算时,速度势的高阶导数不容易准确求解,因此引入一个固结于船体的非惯性系,在该坐标系下初边值问题不包含高阶导数项,进一步通过数值计算验证了相关理论。在工程计算中,为兼顾精度、效率和稳定性,可以采用弱非线性理论,通过在时域运动方程中加入非线性入射波浪力和非线性回复力,在不显著增加计算量的情况下即可计入部分物面非线性影响。Kim H. 和 Kim Y. 等[31]、陈曦[32]将该方法用于求解不同船型的水动力载荷及在波浪中的运动。此外,传统高阶边界元方法在处理角点奇异性和计算角点高阶导数时存在较大困难,而其他一些已存在的数值方法则都避免了高阶导数的直接求解问题,Duan 等[33]提出了泰勒展开边界元法,并将该方法应用于定常兴波、有航速船舶波浪中运动及阻力增值等领域。

(3) 时域内外场匹配方法的研究

与频域内外场匹配算法一致,时域内外场匹配方法也是引入一个靠近船体的垂直控制面、将流场分为内外两部分:内域采用 Rankine 面元法,对外飘船型也能够稳定计算,并且可以采用更复杂的物面边界条件;外域采用格林函数法,自动满足了辐射条件。唐恺[27]将内外场匹配方法应用于无航速和有航速船舶的水动力系数及时域运动,部分计算考虑了非线性入射力和回复力。陈纪康等推导了基于泰勒展开边界方法的内外场匹配方法[34]。

1.3 黏性 CFD 方法

随着计算机能力的大幅提升,计算流体动力学方法发展迅速,也逐渐应用于船舶波浪中运动特性分析。目前,常用的 CFD 方法有有限差分法(FDM)、有限体积法(FVM)、粒子法等。据不完全统计,公开发表的文献中 CFD 软件有 Fluent、Star CCM+、FineMarine、CFDShip-IOWA、ReFRESCO、ICARE、Foam-Star、naoe-FOAM-SJTU 等,这些算法已广泛应用于波浪中船舶运动、甲板上浪、阻力增值、船型优化、多船/多浮体水动力干扰等问题中。

1.4 黏势流耦合(匹配)方法

近年来,为了综合利用势流理论的高效和 RANSE 方法的可计及流体黏性与波浪中运动非线性的优势,适用于船舶水动力问题分析的黏势流耦合方法发展迅速。

黏势流耦合方法通常分为单向耦合和双向耦合。单向耦合时势流理论的解作为黏性流理论计算的输入,黏性流理论的计算结果并不反馈给势流解,现有商用流体力学软件中的边界造波就属于单向耦合的一种;双向耦合则是势流求解器与黏性流求解器实时相互耦合,数值计算中实时进行流场中速度、压力及波面高程等相关量的传递。无论是单向耦合还是双向耦合,根据耦合的具体算法又可进一步分成两大类,即区域分解耦合与功能分解耦合。

区域分解耦合是将整个计算流域分为多个区域,典型的是将流域分解为黏性流求解域、势流求解域及黏势流耦合重叠区域。比较有代表性的工作有 Campana 等[35]、Kim 等[36]及赵彬彬等[37]的研究,应用领域包括船舶静水兴波问题、浮体波浪载荷及运动响应等计算,在保证计算精度的同时,效率得到提升。

黏势流的功能分解耦合是基于亥姆霍兹速度分解的基本原理,将整个流场的速度分解为无旋部分及涡流部分,分别采用势流理论和黏性流理论进行求解。Ferrant 等[38]提出了显示波谱的纳维-斯托克斯(N-S)方程,将整个流场分解为入射波浪场和扰动场,入射波浪场部分从 N-S 方程中扣除,采用黏性流理论求解变形后的 N-S 方程,而入射波浪场通过势流理论实时给出,从而在黏性流计算中仅需在船体附近网格加密,计算量大大减小。目前,该方法已应用于船舶规则波和不规则波中运动求解(Ferrant 等[39]、Vukcevic[40])、浮体波浪载荷及运动的求解(Li[41]、Choi[42]),该方法的精度与效率也得到了验证。限于篇幅,后文仅对基于三维移动脉动源格林函数的船舶波浪中运动频域计算方法和基于黏性 CFD 的浪-涌联合环境下船舶波浪中运动响应分析。

2 基于三维移动脉动源格林函数的船舶波浪中运动频域计算方法

2.1 Bessho 三维移动脉动源格林函数的表达及其快速数值求解方法

设 $oxyz$ 为随体正交右手坐标系, x 轴正向与点源移动的速度方向相同, oxy 平面与未扰动时的静水面重合, z 轴正向垂直向上。在该坐标系中有一坐标为 (ξ,η,ζ) 的移动脉动源点 q,以速度 U 移动,以频率 ω_e 脉动,设场点 p 的坐标为 (x,y,z),考虑无限水深时的情形,则该移动脉动源在流场产生的速度势 G 满足的定解条件为

$$\begin{cases} [L] & \nabla^2 G = \delta(p-q) \\ [F] & -\omega_e^2 G + 2U\omega_e \mathrm{i}\dfrac{\partial G}{\partial x} + U^2 \dfrac{\partial^2 G}{\partial x^2} + g\dfrac{\partial G}{\partial z} = 0 \\ [B] & \lim_{z \to -\infty} |\nabla G| = 0 \\ [R] & \text{合适的远方辐射条件} \end{cases} \quad (2.1)$$

式中，[L]为流场内满足拉普拉斯方程；[F]为有航速下线性自由面条件；[B]和[R]分别为底部不可穿透条件和合适的远方辐射条件。通过定解方程的求解，并做进一步推导可得 Bessho 型三维移动脉动源格林函数的表达形式为

$$G(x,y,z;\xi,\eta,\zeta) = \frac{1}{4\pi}\left(\frac{1}{r}-\frac{1}{r_1}\right)+G^*$$

$$G^*(x,y,z;\xi,\eta,\zeta) = -\frac{\mathrm{i}}{2\pi}K_0 T(X,Y,Z)$$

(2.2)

式中

$$\begin{aligned}T(X,Y,Z) &= \int_{\theta_1}^{\theta_2}\frac{\mathrm{d}\theta}{\sqrt{1+4\tau\cos\theta}}\left[k_2\mathrm{e}^{k_2 w}-k_1\mathrm{e}^{k_1 w}\operatorname{sgn} c\right]\\ &= \int_{\theta_1}^{\theta_2}H(\theta)\mathrm{d}\theta\\ &= \int_{\theta_1}^{\theta_2}\frac{\mathrm{d}\theta}{\sqrt{1+4\tau\cos\theta}}\left[k_2\varphi_{k_2}(X,Y,Z,k_2)-k_1\varphi_{k_1}(X,Y,Z,k_1)\operatorname{sgn} c\right]\end{aligned}$$

(2.3)

$$\left.\begin{array}{c}r\\r_1\end{array}\right\} = \sqrt{(x-\xi)^2+(y-\eta)^2+(z\mp\zeta)^2}$$

$$\left.\begin{array}{c}k_1\\k_2\end{array}\right\} = \frac{1}{2\cos^2\theta}(1+2\tau\cos\theta\pm\sqrt{1+4\tau\cos\theta})$$

$$w = Z+\mathrm{i}(X\cos\theta+Y\sin\theta) = Z+\mathrm{i}R\cos(\theta-\gamma)$$

$$R = \sqrt{X^2+Y^2}$$

$$\gamma = \arg(X+\mathrm{i}Y)$$

$$\theta_1 = \begin{cases}-\pi+\arccos\left(\dfrac{1}{4\tau}\right) & 4\tau>1\\ -\pi-\mathrm{i}\operatorname{arccosh}\left(\dfrac{1}{4\tau}\right) & 4\tau<1\end{cases}$$

$$\theta_2 = -\frac{\pi}{2}+\varphi-\mathrm{i}\varepsilon$$

$$\varepsilon = \operatorname{arcsinh}\left(\frac{|Z|}{\sqrt{X^2+Y^2}}\right)$$

$$\tau = \frac{U\omega_e}{g}$$

$$\varphi_{k_j}(X,Y,Z,k_j) = \exp[k_j Z+\mathrm{i}k_j(X\cos\theta+Y\sin\theta)]$$

$$\varphi = \arccos\left(\frac{X}{\sqrt{X^2+Y^2}}\right)$$

$$K_0 = \frac{g}{U^2}$$

$$X = K_0(x-\xi)$$

$$Y = K_0|y-\eta|$$

$$Z = K_0(z+\zeta)$$

$$\operatorname{sgn} c = \operatorname{sgn}(\cos(\operatorname{Re}(\theta))) = \begin{cases} 1 & -\dfrac{\pi}{2} \leqslant \operatorname{Re}(\theta) \leqslant \dfrac{\pi}{2} \\ -1 & -\pi \leqslant \operatorname{Re}(\theta) \leqslant -\dfrac{\pi}{2} \end{cases}$$

Bessho 型移动脉动源格林函数的积分路径如图 1 所示。

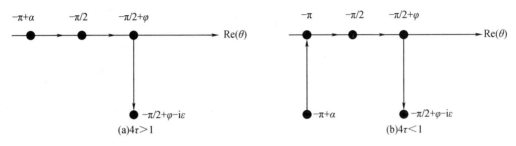

图 1 积分路径

尽管被积函数的积分上下限与 X、Y 及 Z 有关,但其三个方向的偏导数并不复杂。此外,调和函数 T 对场点的三个偏导数计算与其本身计算相比,并没有引入新的困难。因此 T 的数值积分方法同样适用于其偏导数的计算。

$$\begin{bmatrix} 1 \\ \operatorname{sgn}(y-\eta) \\ 1 \end{bmatrix} \begin{bmatrix} G_x^* \\ G_y^* \\ G_z^* \end{bmatrix} = \begin{bmatrix} 1 \\ \operatorname{sgn}(y-\eta) \\ 1 \end{bmatrix} \nabla T(X,Y,Z)$$

$$= K_0 \int_{\alpha-\pi}^{-\frac{\pi}{2}+\varphi-\mathrm{i}\varepsilon} \begin{bmatrix} \mathrm{i}\cos\theta \\ \mathrm{i}\sin\theta \\ 1 \end{bmatrix} \frac{1}{\sqrt{1+4\tau\cos\theta}} [k_2^2 \mathrm{e}^{k_2 w} - k_1^2 \mathrm{e}^{k_1 w} \operatorname{sgn} c] \mathrm{d}\theta + \hat{T}_0(X,Y,Z) \quad (2.4)$$

$$\hat{T}_0(X,Y,Z) = -\left[\frac{Y\sqrt{X^2+Y^2+Z^2}+\mathrm{i}X|Z|}{Y^2+Z^2}\right]^2 \cdot \begin{bmatrix} \dfrac{-Y}{X^2+Y^2}+\mathrm{i}\dfrac{X|Z|}{(X^2+Y^2)\sqrt{X^2+Y^2+Z^2}} \\ \dfrac{X}{X^2+Y^2}+\mathrm{i}\dfrac{Y|Z|}{(X^2+Y^2)\sqrt{X^2+Y^2+Z^2}} \\ \dfrac{\mathrm{i}}{\sqrt{X^2+Y^2+Z^2}} \end{bmatrix} \quad (2.5)$$

图 2 中给出了 k_j/τ^2 在 $[-\pi,-\dfrac{\pi}{2}]$、$[-\dfrac{\pi}{2},0]$ ($\tau \leqslant 0.25$) 和 $[\theta_1,-\dfrac{\pi}{2}]$、$[-\dfrac{\pi}{2},0]$ ($\tau > 0.25$) 时的变化曲线。k_j 是 τ、θ 的函数,其函数特性影响被积函数的振荡特性,它在物理上有明确的含义,即无因次波数。另外,k_j 的取值还跟 θ 的定义域有关,不同 θ 定义域时,k_j 也有较大变化。θ 的定义域由场点与源点的相对位置确定,因此场点、源点相对位置变化时 k_j 的取值也会发生相应的变化,这是与傅里叶型积分形式不同的地方。

从图 2 中可以看出:(1) 当 $\theta \to -\pi/2$ 时,$k_1/\tau^2 \to \infty$,这说明与 k_1 相关的被积函数在 $-\pi/2$ 附近是高频振荡函数且频率不断发生变化,这给积分带来了一定的困难;(2) 当 θ 从左侧和右侧趋近于 $-\pi/2$,k_2/τ^2 的极限存在且为 1,这说明与 k_2 相关的被积函数在 $-\pi/2$ 附近是有限振荡的函数,其积分相对简单。由于 k_1、k_2 特性的不同,与它们相关的被积函数的积分处理方法有所不同。

$\theta \to -\pi/2$,$k_2 \to \tau^2$,因此在 $-\pi/2$ 的小邻域内,k_2 的计算可以采用 Maury 的处理方式:

$$k_2 = \tau^2(1-2a+5a^2-14a^3+42a^4) \quad 当|\theta+\pi/2|<\kappa, a=\tau\cos\theta \tag{2.6}$$

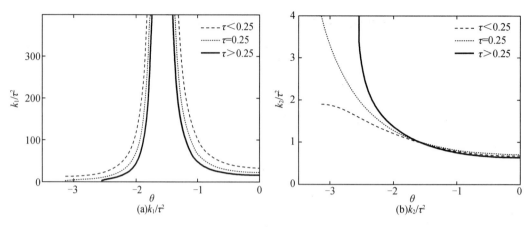

图 2 k_i/τ^2 变化曲线

2.1.1 端点奇异处的数值计算方法

从上述的分析可以看出，θ_1 同时是 k_1、k_2 相关被积函数的无穷间断点，本文采用诺比塔法则进行消除。值得注意的是，诺比塔法则计算振荡函数的收敛速度较慢，如果直接采用该方法计算 $[\theta_1, -\pi]$ ($\tau<0.25$) 或 $[\theta_1, -\pi/2]$ ($\tau>0.25$) 的积分，计算效率与计算精度难以保证。为此，本文仅将诺比塔法则应用于 $[\theta_1, \theta_d]$ 范围内，其中 θ_d 满足式(2.7) 的条件：

$$|\text{Im}(k_j w|_{\theta=\theta_1}) - \text{Im}(k_j w|_{\theta=\theta_d})| < \iota \quad j=1,2 \tag{2.7}$$

数值计算表明 ι 取 $\dfrac{\pi}{10}$ 能保证诺比塔法则的快速收敛性。

对 $H(\theta)$ 在积分区间 $[\theta_1, \theta_d]$ 内的积分采用诺比塔法则：

$$\int_{\theta_1}^{\theta_d} H(\theta)\mathrm{d}\theta = \int_a^b \frac{\mu(t)}{\sqrt{(t-a)(b-t)}}\mathrm{d}t \approx \sum_{n=1}^m \mu(t_n)\Delta\omega_n \tag{2.8}$$

式中，$\omega_n = (2n-1)/(2m)\pi$；$t_n = (a+b)/2 + (b-a)\kappa_n/2$；$\kappa_n = \cos\omega_n$；$\Delta\omega_n = \pi/m$；$m$ 为离散步数。

令 $m = \theta+\pi$，$t=\cos m$，经过推导可以得到 $\mu(t)$ 的表达式：

$$\mu(t) = \begin{cases} \dfrac{\mathrm{i}k_j \mathrm{e}^{k_j w}\sqrt{t-a}}{\sqrt{4\tau(t^2-1)}} & \tau<0.25 \\[2mm] \dfrac{k_j \mathrm{e}^{k_j w}\sqrt{t-a}}{\sqrt{4\tau(t^2-1)}} & \tau>0.25 \end{cases} \tag{2.9}$$

积分上限 $b = \cos(\theta_1+\pi) = 1/(4\tau)$，积分下限 $a = \cos(\theta_d+\pi)$。在 $[\theta_d, -\pi]$ ($\tau<0.25$) 或 $[\theta_d, -\pi/2]$ ($\tau>0.25$) 的积分采用变量代换法。

2.1.2 θ_1 相关项的计算方法

从 2.1.1 节可知，与 k_1、k_2 相关被积函数都是振荡的，而且振荡特性复杂，若按常规的方法进行积分，积分效率较低而且很难得到正确的结果。k_1 相关项的积分通常采用最速下降线法计算，但当积分变量 θ 位于实轴上时，最速下降线搜索算法复杂，且很难建立稳定的搜索算法。为了避免这种情形的影响，本文采用变量代换法来计算此时的积分。

(1) 实轴上的计算方法

首先给出实轴上变量代换法的推导过程。不失一般性,设$[\theta_e,\theta_s]$为$H(\theta)$的积分区间,令$A_j=k_jw$,则$H_j(\theta)$在该区间内的积分可化为

$$\int_{\theta_e}^{\theta_s} h_{ij}\mathrm{d}\theta = \int_{A_j(\theta_e)}^{A_j(\theta_s)} \frac{k_j}{\sqrt{1+4\tau\cos\theta}} e^{A_j} \mathrm{d}A_j' \quad (2.10)$$

其中,$\frac{\mathrm{d}A_j}{\mathrm{d}\theta}=\frac{\mathrm{d}k_j}{\mathrm{d}\theta}w+\frac{\mathrm{d}w}{\mathrm{d}\theta}k_j$,将$\frac{\mathrm{d}A_j}{\mathrm{d}\theta}$的实部和虚部分离为$\frac{\mathrm{d}A_j}{\mathrm{d}\theta}=c+\mathrm{i}d$的形式,并代入式(2.10),同时分子和分母同乘$(c-\mathrm{i}d)$,式(2.10)可化为

$$\int_{\theta_e}^{\theta_s} h_{ij}\mathrm{d}\theta = \int_{A_j(\theta_e)}^{A_j(\theta_s)} \frac{k_j(c-\mathrm{i}d)}{\sqrt{1+4\tau\cos\theta}(c^2+d^2)} e^{A_j} \mathrm{d}A_j \quad (2.11)$$

当$\theta\neq\pm\pi/2$时,$\frac{\mathrm{d}k_j}{\mathrm{d}\theta}=\frac{-\tau\sin\theta}{\cos^2\theta}\left(1-\frac{(-1)^{j+1}}{\sqrt{1+4\tau\cos\theta}}\right)+2k_j\tan\theta$;$\theta=\pm\pi/2$时,$\frac{\mathrm{d}k_1}{\mathrm{d}\theta}=\infty$,$\frac{\mathrm{d}k_2}{\mathrm{d}\theta}=\pm 2\tau^3$,$c=\frac{\mathrm{d}k_j}{\mathrm{d}\theta}Z$,$\frac{\mathrm{d}w_j}{\mathrm{d}\theta}=-\mathrm{i}R\sin(\theta-\gamma)$,$\gamma=\arg(X+\mathrm{i}Y)$,$d=R[\frac{\mathrm{d}k_j}{\mathrm{d}\theta}\cos(\theta-\gamma)-k_j\sin(\theta-\gamma)]$。

式(2.11)中被积函数变为一个复函数和指数函数的乘积,设该复函数为f_j,则

$$f_j = \frac{k_j(c-\mathrm{i}d)}{\sqrt{1+4\tau\cos\theta}(c^2+d^2)} \quad (2.12)$$

设$[\theta_1,\theta_2]$离散后的序列为$\theta_1,\theta_2,\theta_3,\cdots,\theta_m$,对应的$A_j$序列为$A_j(\theta_1),A_j(\theta_2),A_j(\theta_3),\cdots,A_j(\theta_m)$,若采用关于$A_j$的线性函数对$f_j$在相邻两点$A_j(\theta_n)$和$A_j(\theta_{n+1})$($1\leq n\leq m-1$)间的值进行拟合,则相邻两点之间的积分$I_n$可由(2.13)式给出:

$$I_n = [f_j(\theta_{n+1})e^{A_j(\theta_{n+1})}-f_j(\theta_n)e^{A_j(\theta_n)}] - \frac{[f_j(\theta_{n+1})-f_j(\theta_n)][e^{A_j(\theta_{n+1})}-e^{A_j(\theta_n)}]}{A_j(\theta_{n+1})-A_j(\theta_n)} \quad (2.13)$$

对I_n求和即可得到整个函数的积分值。式(2.13)的关键在于f_j的计算,而积分精度则取决于f_j本身的函数特性及所对应的离散方法。从f_j本身的表达式可以看出,f_j在积分区间内是连续的。

经过上述变量代换后,将振荡函数转换成易于计算的表达形式。值得注意的是,当$d=0$时,虽然f_j是连续函数,但在其对应的θ附近,f_j函数值变化剧烈,出现了一些看似奇异的现象,不妨称之为"伪奇异现象"。图3给出了f_j在积分区间内存在"伪奇异现象"的典型函数曲线。

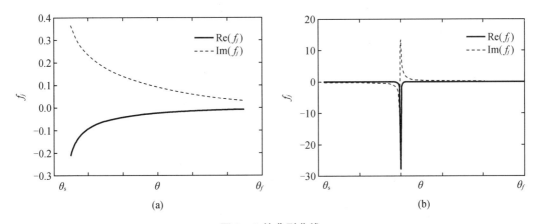

图3 f_j的典型曲线

这种"伪奇异性"会影响积分的精度和效率,因此在对整个积分区间离散时,需要采用局部加密的方

法处理。

通过前面的分析可知,伪奇异点对应于 $d=0$ 方程的根。进一步将 $d=0$ 化为如式(2.14)所示的方程。前期的研究表明,该式根的个数不会超过两个,采用数值方法很容易求解其根。

$$\tan\theta\left(1-(-1)^j\frac{1}{\sqrt{1+4\tau\cos\theta}}\right)-\tan(\theta-\gamma)=0 \quad (2.14)$$

(2)虚轴上的计算方法

本节所述的方法仅当 $\tau<0.25$ 时使用。$\tau<0.25$ 时,$[\theta_1,-\pi]$ 区间内,$[\theta_1,\theta_d]$ 的积分采用 2.1.1 节所述的诺比塔法则;在 $[\theta_d,-\pi]$ 范围内,被积函数也是振荡的,且振荡频率随着场点、源点位置的不同会发生改变,为了建立统一的数值积分方法,这里针对该部分的积分仍采用变量代换法。

不失一般性,设 $[\theta_{e2},\theta_{s2}]$ 为 $H(\theta)$ 的积分区间,令 $A_j=k_jw$,则 $H_j(\theta)$ 在该区间内的积分可化为

$$\int_{\theta_{e2}}^{\theta_{s2}}h_{ij}d\theta=\int_{A_j(\theta_{e2})}^{A_j(\theta_{s2})}\frac{k_j}{\sqrt{1+4\tau\cos\theta}A'_j}e^{A_j}dA_j \quad (2.15)$$

其中,$\frac{dA_j}{d\theta}=\frac{dk_j}{d\theta}w+\frac{dw}{d\theta}k_j$,将 $\frac{dA_j}{d\theta}$ 的实部和虚部分离为 $\frac{dA_j}{d\theta}=c+id$ 的形式,并代入式(2.15),同时分子和分母同乘 $(c-id)$,式(2.15)可化为

$$\int_{\theta_{e2}}^{\theta_{s2}}h_{ij}d\theta=\int_{A_j(\theta_{e2})}^{A_j(\theta_{s2})}\frac{k_j(c-id)}{\sqrt{1+4\tau\cos\theta}(c^2+d^2)}e^{A_j}dA_j \quad (2.16)$$

当 $\theta\neq\pm\pi/2$ 时,$\frac{dk_j}{d\theta}=\frac{-\tau\sinh m}{\cosh^2 m}\left(1-\frac{(-1)^{j+1}}{\sqrt{1+4\tau\cosh m}}\right)-2k_j\tanh m$,$m=\text{Im}(\theta+\pi)$。

$$\frac{dA}{d\theta}=\frac{dk_j}{d\theta}w+k_j\frac{dw}{d\theta}=\frac{dk_j}{d\theta}(Z+Y\sinh m)+k_jY\cosh m-iX(\frac{dk_j}{d\theta}\cosh m+k_j\sinh m)$$

$$c=\frac{dk_j}{d\theta}(Z+Y\sinh m)+k_jY\cosh m$$

$$d=-iX(\frac{dk_j}{d\theta}\cosh m+k_j\sinh m)$$

容易证明在 $[\theta_d,-\pi]$ 范围内,d 保持符号不变。

2.1.3 θ_2 相关项的计算方法

本文关于 θ_2 的积分区间划分参照 Iwashita 的方法,具体如图 4 所示,根据 θ_2 所处的具体位置分别采用不同的计算方法。实际计算中图 4 中的 δ 取 $\pi/16$。

(1)$\varepsilon\geq 10$,当 ε 趋于无穷大时,式(2.3)中的被积函数趋于 0,当 $\theta=-10i$ 时,该被积函数为 $O(10^{-8})$。针对这种情形,$[\theta_2,-10i]$ 之间的积分可以忽略,实际计算时的积分路径可取 $-\pi/2\to 0\to -10i$,且分别沿着实轴或虚轴。在实轴上的积分采用 2.1.1 节中提出的变量代换法,虚轴上的积分采用自适应辛普森法或变量代换法。

(2)$4\leq\varepsilon\leq 10$,实际数值积分时首先计算 $\theta_2\to -4i$ 之间的积分,积分的最速下降线采用近似方法确定,即采用 B 样条曲线,以 θ_2、$-4i$ 和 $\text{Im}(\theta_2)$ 三个点为控制点得到的曲线作为积分路径,其他区域的积分路径为 $-\pi/2\to 0\to -4i$,其积分方法与(a)类似;同时为了兼顾积分精度与效率,$[\theta_2,-4i]$ 沿着积分路径积分时采用参数域内的分段局部自适应积分方法,该方法的细节将在 3.3.4 节中详细介绍。

(3)$2\leq\varepsilon\leq 4$,此时的积分相对复杂,当 $\text{Re}(\theta_2)\leq -\pi/16$ 时,在 $[\theta_2,-\pi/2]$ 区域内直接在 θ 平面内采用最速下降线法;当 $-\pi/16\leq\text{Re}(\theta_2)\leq\pi/16$ 时,在 $[\theta_2,0]$ 区间的最速下降线仍采用近似的方法确定,其

确定方法与(2)中类似;当 $\text{Re}(\theta_2) \geqslant \pi/16$ 时,在 $[\theta_2, \pi/2]$ 区域内采用最速下降线法。

(4) $0 \leqslant \varepsilon \leqslant 2$,此时实轴上被积函数的振荡性比(3)要剧烈,积分方法与(3)完全一致,在实轴上积分仍采用变量代换法。

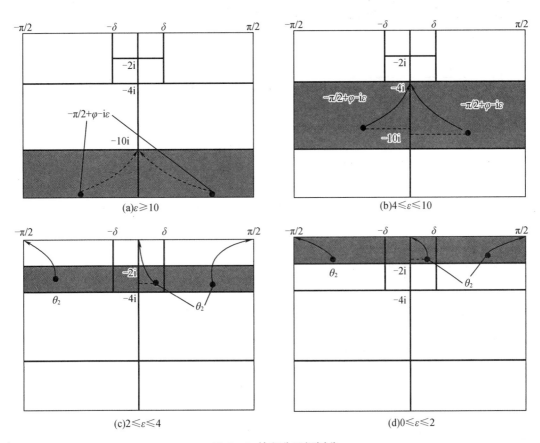

图 4 θ_2 的积分区间划分

当 $|X|$、$|Y|$ 与 $|Z|$ 相比较大时,ε 趋于 0,而如果此时 $|Y| < |X|$,以 θ_2 为起点的最速下降线上起点与终点非常接近,此时式(2.3)中的被积函数在最速下降线上将从初始的最大量级的值急剧衰减,严重影响数值分析的精度,此时采用 Iwashita 和 Ohkusu[43] 给出的补偿方法进行计算。

2.1.4 计算方法验证

为了验证本文方法计算 G^* 及其偏导的精度,分别采用文献中的算例进行验证。文献中主要分析了 G^*、G_x^*、G_y^* 及 G_z^* 随场点所在射线上的位置变化情况,本文方法计算结果与文献对比结果如图 5 所示。其中脉动频率 $\omega_e = 1.4$ rad/s,计算速度 $U = 1.1 \sim 2.0$ m/s,其他计算条件可参见文献[44]。文献[45]中计算了源点为 (0,0,0) 而场点位于轴上时(对应于 $Y=0$)格林函数及其偏导数 G_x 的实部沿 x 轴的变化规律,图 6 给出了本文结果与文献结果的对比曲线。

从图 5、图 6 中可见本文结果与文献结果吻合很好,这说明本文的计算方法是可靠的。对上述计算过程中 CPU 耗时进行统计,计算一次格林函数及其偏导数的时间总耗时在 $4 \times 10^{-3} \sim 6 \times 10^{-3}$ s,计算效率可满足工程计算的需要。

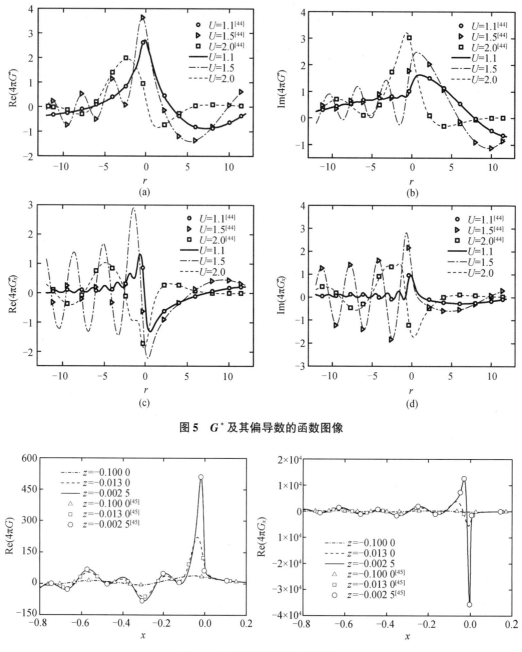

图5 G^* 及其偏导数的函数图像

图6 G 及其偏导数的函数图像

2.1.5 移动脉动源格林函数的典型应用

为验证上述积分方法在求解波浪中航行船舶的水动力及运动响应的有效性,采用边界元方法求解了 Wigley-Ⅲ模型、系列60($C_B=0.7$)模型水动力系数及运动响应,并与模型试验进行对比分析。图7给出了两条模型的横剖面图,表1给出了两条模型的基本参数。Wigley-Ⅲ模型的试验数据取自文献[46],系列60($C_B=0.7$)模型试验数据取自文献[47]。

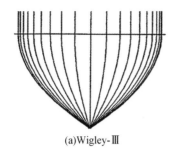
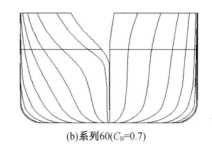

(a) Wigley-Ⅲ　　　　　　　　　　　(b)系列60(C_B=0.7)

图 7　Wigley-Ⅲ、系列 60(C_B=0.7)横剖面图

表 1　计算模型的基本参数

船名	Wigley-Ⅲ	系列 60(C_B=0.7)
设计水线长 L/m	3	3.048
设计水线宽 B/m	0.3	0.435
设计吃水 T/m	0.187 5	0.174
排水体积 ∇/m³	0.078	0.161 6
重心纵向位置 L_{CG}/m	距船舯 0	距船舯 −0.015
重心距基线高 VCG/m	0.17	0.146
纵向旋转半径 k_{yy}/m	0.75	0.762

图 8~图 11 给出了采用两种方法计算得到的 Wigley-Ⅲ 模型在规则波中顶浪航行且 Fr=0.3 时的水动力系数，图 12~图 16 给出了系列 60(C_B=0.7)模型在规则波中顶浪航行且 Fr=0.2 时水动力系数的计算结果。图中，ρ 为流体密度；A_{ij} 为船体的第 j 模态运动在第 i 方向的附加质量；B_{ij} 为船体的第 j 模态运动在第 i 方向的阻尼系数；3DP 表示采用三维脉动源格林函数计算得到的数值结果。从图可见：

(1) 两种方法预报的水动力系数在高频时差异不大，对于 Wigley-Ⅲ 模型，当 $\omega_e(L/g)^{0.5}$>7 时所得结果基本一致；对于系列 60(C_B=0.7)模型，当 $\omega_e(L/g)^{0.5}$>6 时所得结果基本一致。

(2) 在中低频段，两种方法所得结果存在较大差异，如图 8 中 Wigley-Ⅲ 模型的垂荡阻尼系数在低频时两种结果的变化趋势是相反的；图 12 中系列 60(C_B=0.7)模型的纵摇阻尼系数在 $\omega_e(L/g)^{0.5}$<4 时存在很大的差异。

(3) 与试验结果相比，在整个频段内 3DTP 预报结果和试验结果吻合较好，预报精度要高于 3DP。

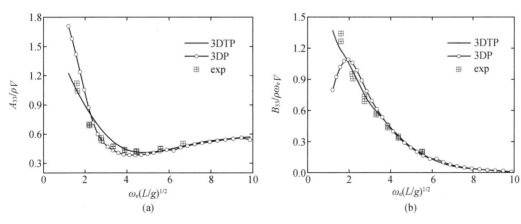

图 8　Wigley-Ⅲ的垂荡无因次附加质量和阻尼系数(Fr=0.3)

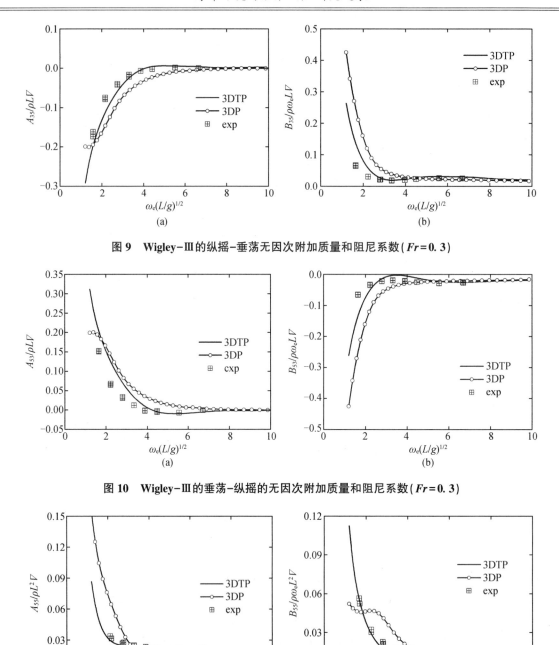

图 9 Wigley-Ⅲ的纵摇-垂荡无因次附加质量和阻尼系数($Fr=0.3$)

图 10 Wigley-Ⅲ的垂荡-纵摇的无因次附加质量和阻尼系数($Fr=0.3$)

图 11 Wigley-Ⅲ的纵摇无因次附加质量和阻尼系数($Fr=0.3$)

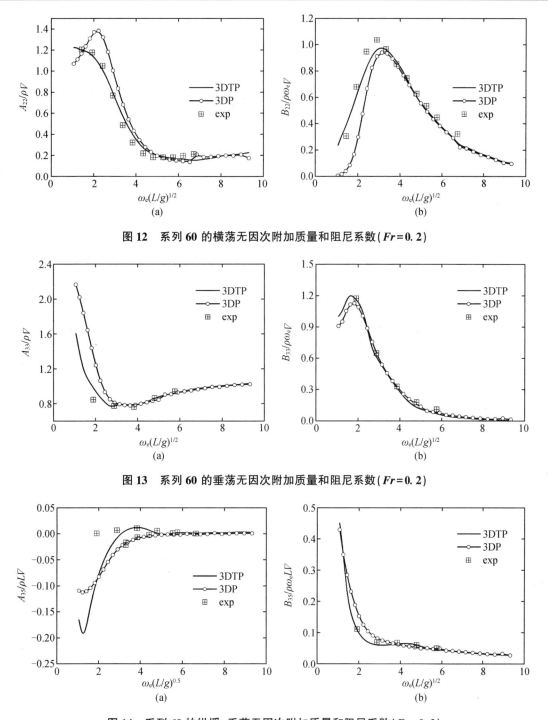

图 12 系列 60 的横荡无因次附加质量和阻尼系数($Fr=0.2$)

图 13 系列 60 的垂荡无因次附加质量和阻尼系数($Fr=0.2$)

图 14 系列 60 的纵摇-垂荡无因次附加质量和阻尼系数($Fr=0.2$)

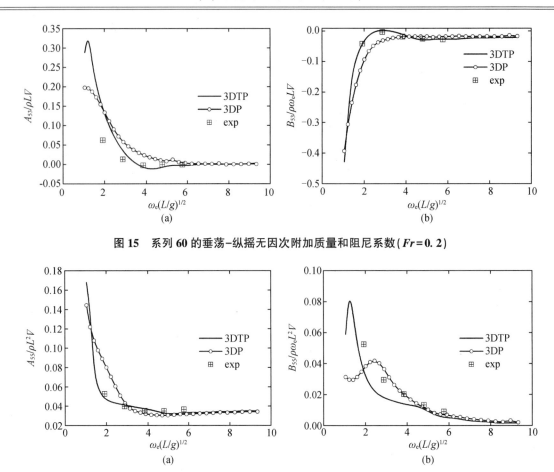

图 15 系列 60 的垂荡-纵摇无因次附加质量和阻尼系数($Fr=0.2$)

图 16 系列 60 的纵摇无因次附加质量和阻尼系数($Fr=0.2$)

图 17~图 19 给出了当 $Fr=0.2,0.3$ 和 0.4 时,Wigley-Ⅲ模型顶浪航行时的无因次垂荡和纵摇随入射波波长的变化曲线,图 20、图 21 分别给出了 $Fr=0.2$ 而浪向角 β 为 180°及 135°时系列 60($C_B=0.7$)模型的无因次垂荡及纵摇随入射波波长的变化曲线。图中垂荡运动响应幅值 $|\eta_3|$ 除以入射波波幅 ζ 进行了无因次化,纵摇运动响应幅值 $|\eta_5|$ 除以 $k_0\zeta$ 进行了无因次化,k_0 为入射波的波数。

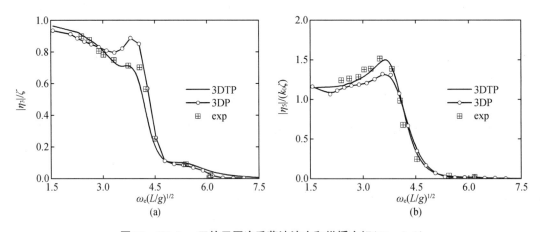

图 17 Wigley-Ⅲ的无因次垂荡波浪力和纵摇力矩($Fr=0.2$)

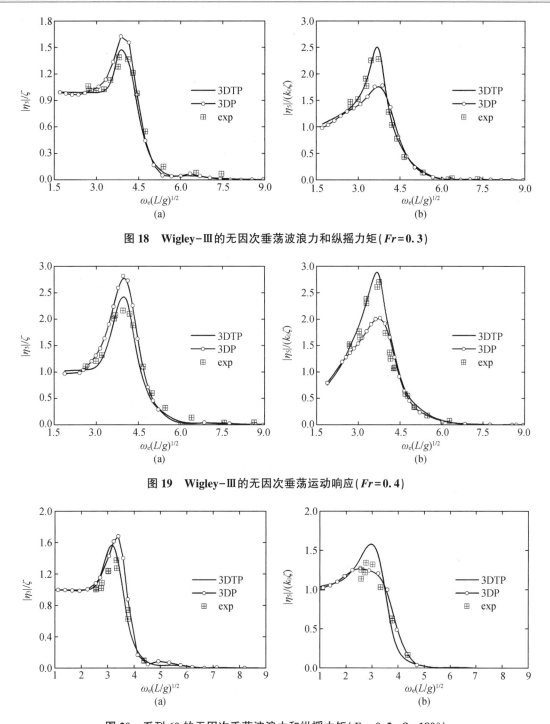

图 18 Wigley-Ⅲ的无因次垂荡波浪力和纵摇力矩($Fr=0.3$)

图 19 Wigley-Ⅲ的无因次垂荡运动响应($Fr=0.4$)

图 20 系列 60 的无因次垂荡波浪力和纵摇力矩($Fr=0.2, \beta=180°$)

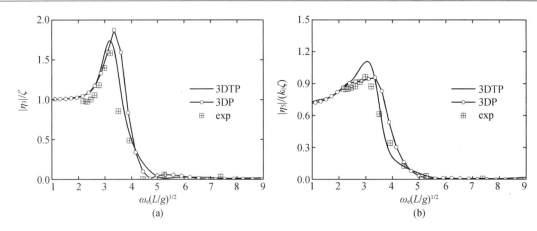

图 21 系列 60 的无因次垂荡波浪力和纵摇力矩（$Fr=0.2$，$\beta=135°$）

从运动响应的计算结果及试验结果可见：

(1) 对于 Wigley-Ⅲ 模型，两种方法所得运动响应的差异主要出现在共振点及其附近频段内。对垂荡而言，采用 3DP 所得结果在该区域内的预报值要大于采用 3DTP 所得预报结果，同时 3DP 所预报响应峰值区域和试验结果存在较大误差，而 3DTP 预报结果中除 $Fr=0.4$ 时对应共振点的垂荡响应外（高速时船体在共振区附近的运动为大幅运动，超出线性理论预报的范围），其他试验结果在共振点处非常吻合。对纵摇而言，两种方法预报结果的主要差异也体现在峰值响应及其附近区域，与试验结果相比，3DP 预报的共振点对应频率要大于试验结果中共振点对应的频率，且在数值上均明显小于试验值，3DTP 预报的共振点、对应频率及共振峰值均与试验结果吻合良好。

(2) 对于系列 60 模型，3DP 预报的垂荡在共振点及附近区域和试验结果存在较大差异，其共振点处幅值大于试验结果，相对而言 3DTP 预报的垂荡和试验结果更吻合。在整个波长范围内，3DTP 的预报精度及趋势与试验结果吻合良好。

2.2 基于 3DTP 的 SWATH 船波浪中运动响应分析

SWATH，小水线面双体船，是一种针对船舶耐波性提出的高新技术船舶设计方案，其在海洋考察、军用辅助、水温调查、水声监听等方面有很大的优势，被誉为"全天候"船舶。

在常规单体船的纵向运动预报中，兴波阻尼占主要成分，一般忽略了黏性阻尼的影响。但对 SWATH 而言，由于其两个下体深置于水中，导致船体的兴波较小。与常规单体船相比，SWATH 在纵向运动时的兴波阻尼相对较小。此外，由于两个下体的横向尺寸一般为小水线面支柱宽度的数倍，导致黏性阻尼大大增加。如果不计入黏性对阻尼的影响，则在共振区附近求得的运动计算结果会严重失真，因此需要计入黏性阻尼的影响来获得更为准确的运动预报结果。

准确地评估黏性阻尼的困难在于：

(1) 缺少合理完善的物理模型。

(2) 由小幅度强迫运动求得的黏性阻尼与 SWATH 在共振区附近大幅运动时的黏性阻尼之间存在差异。针对这一问题，Lee 在空气动力学的相关研究成果基础上，通过计入横向流阻力和黏性升力，提出了 SWATH 纵向运动模态的黏性阻尼水动力系数的半经验计算方法。采用 Lee 提出的半经验公式来求解由黏性阻尼引起的水动力系数和波浪干扰力，其详细推导过程参见文献[48]。

对纵向运动而言，黏性的影响主要体现在阻尼系数 $B_{ij}^{(v)}$、静回复力系数 $C_{ij}^{(v)}$ 和波浪干扰力 $F_i^{(v)}$。在由上述公式计算黏性引起的水动力系数与波浪干扰力时，需要输入未计入黏性影响时的船体运动幅值。因此，在计入黏性的影响时，先求解未计入黏性影响时的船体运动方程得到船体运动幅值，求得黏性引起的水动力系数与波浪干扰力后,再次求解船体运动方程。重复上述计算过程,直至运动计算结果收敛。

SWATH 安装稳定鳍的初衷是克服引起船体纵向运动失稳的蒙克(Munk)力矩,以提高船体高速航行时的稳定性。稳定鳍的安装同时可以减小 SWATH 船型的垂荡、纵摇和横摇运动响应。

计算稳定鳍产生的升力需要求解由于船体纵倾引起的攻角和流体相对稳定鳍的速度。船体纵倾角即为 SWATH 船体的纵摇角,但流体相对稳定鳍的速度涉及船体航速、入射波影响、绕射波影响及稳定鳍运动的影响。考虑到船体-稳定鳍之间的相互干扰、下体的阻滞效应、非定常干扰效应、边界层影响和其他稳定鳍的相互干扰等影响因素,准确计算稳定鳍产生的升力十分困难。为了简化问题,同时保留重要部分,仅考虑船体-稳定鳍之间的相互干扰。

图 22 给出了 SWATH 船体运动求解的流程图。SWATH 船体运动求解的具体过程如下:

(1)基于三维面元法获得主船体的水动力系数及波浪干扰力,求解船体运动方程后得到船体运动幅值的初始值。

(2)将船体运动幅值的初始值作为输入,按照半经验公式求解由于黏性和稳定鳍的影响引起的水动力系数和波浪干扰力,获得 SWATH 整船的水动力系数和波浪干扰力。

(3)再次求解船体运动方程,获得船体运动幅值。

(4)若前后两次计算得到的运动幅值相差小于 1%,则计算收敛,输出船体运动幅值即可;否则,重复(2)~(3)步骤直至船体运动幅值计算结果收敛。

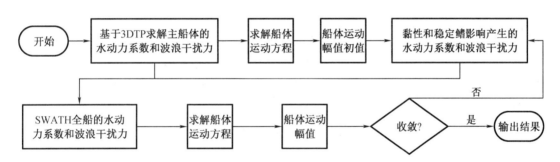

图 22 SWATH 船体运动求解的流程图

不少学者针对多型 SWATH 开展了耐波性模型试验研究,如 SWATH 6A、SWATH Ⅳ 和 Aegean Queen,相关的试验结果可参见文献[48]。为了验证上述基于三维移动脉动源格林函数的 SWATH 耐波性计算方法,下面将采用该方法求解的 SWATH 波浪力和运动数值计算结果,与二维切片法数值计算结果和试验结果进行对比。

为了便于描述和比较,将船体的波浪力和运动幅值进行无因次化处理。波浪力和运动响应算子的无因次化公式如表 2 和表 3 所示。表中,ζ_a 为入射波波幅;k_0 为波数;g 为重力加速度;Δ 为排水量;C_{33} 和 C_{55} 为静回复力系数;F_1、F_2、F_3、F_4、F_5 和 F_6 分别为纵荡力、横荡力、垂荡力、横摇力矩、纵摇力矩和艏摇力矩幅值;F'_1、F'_2、F'_3、F'_4、F'_5 和 F'_6 分别为无因次化后的纵荡力、横荡力、垂荡力、横摇力矩、纵摇力矩和艏摇力矩幅值;η_{1a}、η_{2a}、η_{3a}、η_{4a}、η_{5a} 和 η_{6a} 分别为船体的纵荡、横荡、垂荡、横摇、纵摇和艏摇运动幅值;TF_1、TF_2、TF_3、TF_4、TF_5 和 TF_6 分别为无因次化后的船体纵荡、横荡、垂荡、横摇、纵摇和艏摇运动响应算子。

表 2 波浪力的无因次化定义

波浪力	F_1'	F_2'	F_3'	F_4'	F_5'	F_6'
无因次化公式	$\dfrac{F_1}{k_0\zeta_a\rho g\Delta}$	$\dfrac{F_2}{k_0\zeta_a\rho g\Delta}$	$\dfrac{F_3}{\zeta_a C_{33}}$	$\dfrac{F_4}{k_0\zeta_a\rho g\Delta B}$	$\dfrac{F_5}{k_0\zeta_a C_{55}}$	$\dfrac{F_6}{k_0\zeta_a\rho g\Delta L}$

表 3 运动响应算子的无因次化定义

运动响应算子	TF_1	TF_2	TF_3	TF_4	TF_5	TF_6
无因次化公式	η_{1a}/ζ_a	η_{2a}/ζ_a	η_{3a}/ζ_a	$\eta_{4a}/(k_0\zeta_a)$	$\eta_{5a}/(k_0\zeta_a)$	$\eta_{6a}/(k_0\zeta_a)$

2.2.1 计算模型

用于验证数值计算方法的两条 SWATH 模型（SWATH 6A 和 Aegean Queen）的主要参数如表 4 所示。

表 4 模型的主要参数

参数	SWATH 6A	Aegean Queen
排水量 Δ/m^3	0.240	0.210
设计水线长 L_{WL}/m	2.333	2.212
下体长度 L/m	3.253	2.941
片体水线宽 B_s/m	0.098	0.153
片体中心距 D_y/m	1.018	1.647
设计吃水 T/m	0.360	0.294
下体最大直径 $D_{\max}/\mathrm{m}$	0.204	0.224
重心距下体首部距离 x_g/m	1.578	1.491
重心垂向高 z_g/m	0.462	0.429
横向惯性半径 K_{xx}/m	0.453	0.578
纵向惯性半径 K_{yy}/m	0.751	0.875

SWATH 6A 和 Aegean Queen 安装有稳定鳍，稳定鳍的主要参数如表 5 所示。

表 5 稳定鳍的主要参数

参数	SWATH 6A		Aegean Queen	
鳍	前鳍	后鳍	前鳍	后鳍
纵向位置/m	0.762 2	2.766 2	0.602 9	2.500 0
弦长/m	0.115 1	0.199 1	0.168 2	0.280 6
展长/m	0.138 2	0.238 3	0.140 0	0.336 5
最大厚度/m	0.017 2	0.029 8	0.021 2	0.042 4

图 23 给出了模型表面的面元划分和模型的横剖图。在 SWATH 6A 和 Aegean Queen 的船体平均湿表面上分布的面元数分别为 1 752 和 1 548。通过侧视图和横剖图可以看出，研究的 SWATH 船均具有垂

直且连续的小水线面支柱。相对而言，Aegean Queen 的支柱宽度与下体直径之比较大。

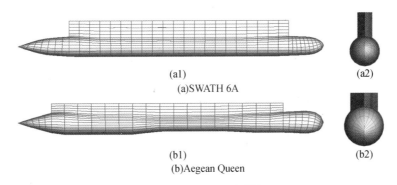

(a1)   (a2)
(a)SWATH 6A

(b1)   (b2)
(b)Aegean Queen

图 23 模型面元划分与横剖图

2.2.2 波浪力

对 SWATH 6A 的波浪力进行计算和分析。此时船体保持固定不动，在计入黏性和稳定鳍的影响时，船体的运动幅值均取为 0。图 24~图 26 给出了 SWATH 6A 以不同航速在顶浪规则波航行时受到的垂荡力和纵摇力矩。图中 λ 为波长，L 为 SWATH 下体长度，学者 Lee 和 Murray 的结果为基于 STF 切片法的结果。由图可知，在三个不同航速下，由本文方法和 STF 法求解得到的垂荡力数值结果均与试验值吻合较好。纵摇力矩的数值计算结果与试验结果呈现出相同的趋势，但两种数值方法求得的纵摇力矩均小于试验值。与 STF 法的数值结果相比，由本文方法求得的垂荡力结果与试验值之间的误差很小。对于纵摇力矩，STF 法的数值计算结果远小于试验值，而由本文方法求得的数值结果与试验值更为接近。

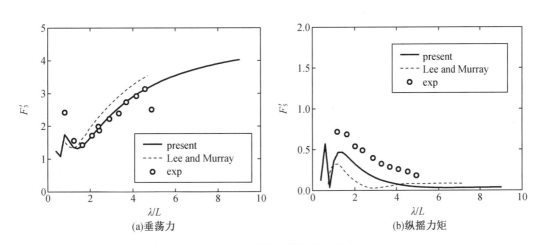

(a)垂荡力   (b)纵摇力矩

图 24 SWATH 6A 垂荡力和纵摇力矩对比（$Fr=0.0$）

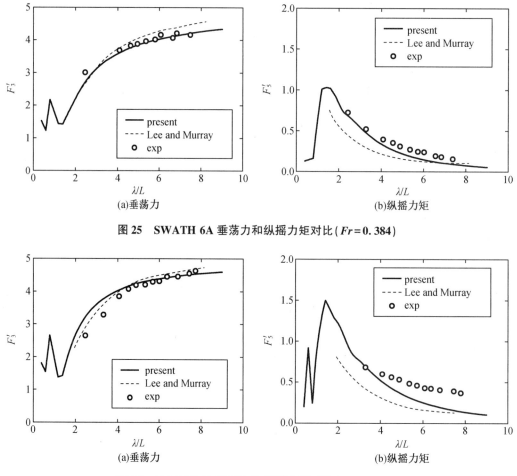

图 25　SWATH 6A 垂荡力和纵摇力矩对比（$Fr = 0.384$）

图 26　SWATH 6A 垂荡力和纵摇力矩对比（$Fr = 0.538$）

2.2.3　船体运动

(1) SWATH6A 船

图 27 和图 28 对比了 SWATH 6A 以不同航速在顶浪规则波中航行时的垂荡响应算子和纵摇响应算子。图中学者 Lee 的结果为基于 STF 切片法的结果。与波浪力的计算结果类似，在不同航速下，基于 3DTP 和 STF 法两种不同数值方法求得的垂荡响应算子 TF_3 均与试验结果吻合较好，而纵摇响应算子与试验值的误差相对较大。

由 STF 法求得的纵摇响应算子随着波长增加而增大，但在长波中的预报结果偏大。3DTP 法在 $Fr = 0$ 时求得的纵摇响应算子与试验值吻合较好，准确预报了在 $\lambda/L = 2$ 附近时纵摇响应算子的小幅下降；其计算结果显示在 $\lambda/L = 8.5$ 时纵摇响应算子达到极值，但缺少试验数据无法验证。在 $Fr = 0.538$ 时，3DTP 法的计算结果与试验值随波长增加呈现相同的趋势，但数值略微偏大。

图 29 对比了 SWATH 6A 在斜浪规则波中航行时的垂荡响应算子和纵摇响应算子。由图可知，由 3DTP 法和 STF 法求得的垂荡响应算子均与试验值吻合较好。对纵摇响应算子，两种数值方法求得的结果均与试验值呈现出相同的趋势。但 STF 法的多数计算结果偏大，而 3DTP 法在 $\lambda/L < 4.5$ 时的计算结果与试验值吻合较好，在 $\lambda/L > 4.5$ 时的计算结果偏小。

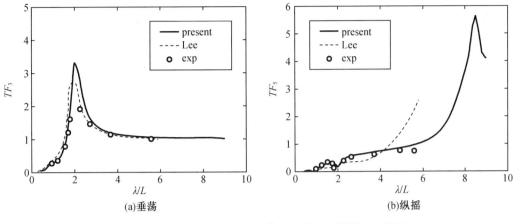

图 27 SWATH 6A 顶浪规则波中的垂荡响应算子和纵摇响应算子($Fr=0$)

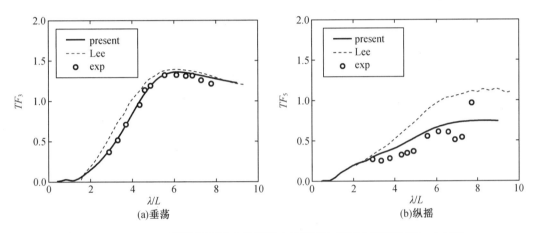

图 28 SWATH 6A 顶浪规则波中的垂荡响应算子和纵摇响应算子($Fr=0.538$)

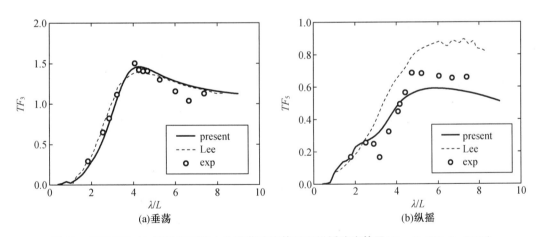

图 29 SWATH 6A 斜浪规则波中的垂荡响应算子和纵摇响应算子($Fr=0.384, \beta=135°$)

(2) Aegean Queen 船

图 30 和图 31 分别给出了 SWATH 船 Aegean Queen 未安装稳定鳍和安装稳定鳍时的垂荡响应算子和纵摇响应算子。图中学者 Schellin 的结果为基于 STF 切片法的结果。由图 30 可知,与 SWATH 6A 的运动预报结果类似,垂荡响应算子的数值计算结果与试验值吻合较好。纵摇响应算子在共振区之前和共振区附近的波长范围内预报较为准确,之后随着波长增加,数值计算结果和试验值呈现出两种不同的趋势。数值计算结果随着波长增加先减小后略微增大,而试验结果随着波长增加一直降低。

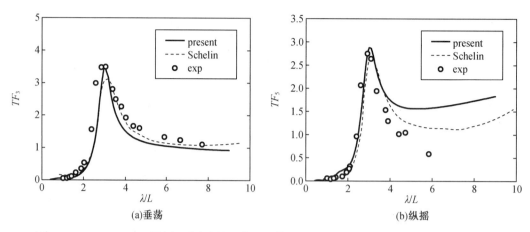

图 30　Aegean Queen 顶浪规则波中的垂荡响应算子和纵摇响应算子（$Fr=0.349$,无稳定鳍）

由图 31 可以看出,对于垂荡响应算子,3DTP 法在长波中计算结果与试验值吻合较好,而 STF 法的预报结果偏大。对于纵摇响应算子,3DTP 法和 STF 法的结果与试验结果有较大的差异。在 $\lambda/L<2.5$ 时,两种数值方法的计算结果与试验值相比误差很小。波长继续增大时,试验结果除 $\lambda/L=5.25$ 外呈现出略有下降趋势。3DTP 法的计算结果先有所增加,在 $\lambda/L>4$ 后基本保持不变。而 STF 的结果在 $\lambda/L=4$ 附近达到极值,之后逐渐降低,在 $\lambda/L=5.5$ 附近达到极小值后,随着波长增加而增大。

综合图 30 和图 31 可以发现,安装固定式稳定鳍后,船体随波长增加时的垂荡和纵摇响应特性发生较大改变,在共振区附近的运动极值显著降低。未安装稳定鳍时,船体的垂荡响应算子和纵摇响应算子分别为 3.49 和 2.75;而安装稳定鳍后,船体的垂荡响应算子和纵摇响应算子分别为 1.16 和 0.44。与未安装稳定鳍时相比,运动响应算子极值分别降低了 66.8% 和 84%,表明了稳定鳍在降低船体运动响应幅值上起到了良好的效果。

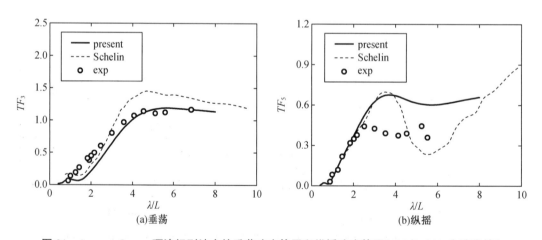

图 31　Aegean Queen 顶浪规则波中的垂荡响应算子和纵摇响应算子（$Fr=0.349$,有稳定鳍）

3　基于黏性 CFD 的浪-涌联合环境下船舶波浪中运动响应分析

3.1　数值方法

在数值模拟的过程中采用黏性 CFD 求解器。该求解器主要用于舰船水动力性能的预报,通过对非定常 RANS 方程的求解来获取流场特征,然后采用有限差分法对时间与空间项均进行二阶数值离散,并基于结构网格模型在每个网格点上对差分方程进行求解。

控制方程如下:

$$\frac{\partial U_i}{\partial x_i}=0 \tag{3.1}$$

$$\frac{\partial U_i}{\partial t}+\frac{\partial U_i U_j}{\partial x_j}=-\frac{1}{\rho}\frac{\partial P}{\partial x_i}+\frac{1}{\rho}\frac{\partial}{\partial x_j}(\mu\frac{\partial U_i}{x_j}-\rho\overline{u_i u_j}) \tag{3.2}$$

式中,U_i 和 $u_i(i=1,2,3)$ 分别为瞬时速度的平均值与脉动值;ρ 为流体密度;P 为时均压力;μ 为流体动力黏度;$\overline{\rho u_i u_j}$ 为代表湍流脉动的雷诺应力项。采用 SST k-ω 两方程湍流模型对控制方程进行封闭,以保证壁面处和远流场求解的精确性与可靠性。在流体控制方程的求解中,采用 PROJECTION 算法求解压力速度耦合方程。通过 Level-set 方法进行自由界面的捕捉,然后通过速度入口造波方式实现波浪条件的数值模拟。该 CFD 求解器已被应用于船舶在规则波与不规则波中的耐波性数值仿真。

CFD 求解器在对流场压力速度特性进行求解的同时,也会耦合刚体六自由度运动方程来进行力和力矩以及运动的实时预报。考虑到船舶在波浪中的大幅度运动、船后螺旋桨旋转及艉舵操纵运动特性,在 CFD 求解器中应用了重叠网格技术(HUST-Overset),用以实现船体网格模型与计算域之间的大幅相对运动,以及自航船舶的船、桨、舵多级耦合运动的数值仿真。另一方面,重叠网格模块的应用允许在前处理网格生成过程中单独对不同的对象(计算域、船体、各附体及推进器)进行网格划分,并通过重叠区域的构建实现网格之间的组装和数值计算模型的生成,这大大降低了全附体船舶结构化网格的生成难度,提高了结构化网格的质量。

重叠网格模块的重点是生成不同网格块之间的物面重叠及体重叠区域。在 HUST-Overset 中,首先通过洞映射方法进行洞点的处理及附近插值点的识别,包括洞边界点与外边界点;然后,基于交替数字树算法(ADT)为插值点搜寻相应的贡献点,其中插值点与贡献点之间通过三线性插值方法进行流场数据的传递;最后,基于插值点与贡献点之间的体积匹配及点距离进行重叠区域的优化,在保证网格单元体积匹配且至少 2 层网格互相重叠的前提下尽可能缩小重叠区域的面积。

3.2 数值波浪水池

在 $L_{PP}<x<4L_{PP}$,$L_{PP}<y<L_{PP}$ 与 $L_{PP}<z<0.4L_{PP}$ 范围内建立数值波浪水池,如图 32 所示,其中 x 轴正向指向船艉、y 轴正向指向船的右舷、z 轴正向竖直朝上。在数值波浪水池内划分笛卡儿正交网格,并在自由液面附近进行网格加密。静水面设置在 $z=0$ 平面处,船舶首部置于 $x=0$ 处且船尾置于 $x=L_{PP}$ 处。

数值波浪水池的去流面设置为压力出口边界条件(pressure outlet),水池顶部与两侧设置为零压力梯度条件(zero pressure gradient),水池底部设置为零动压边界条件(zero pressure)。进流面设置为速度入口边界条件(velocity inlet),并在此根据入射波条件输入特定速度场以进行相应入射波浪的生成。对于线性规则波,其波面方程为

$$\eta(t)=A\cos(kx-\omega t+\varphi) \tag{3.3}$$

式中,A 为波幅;k 为波数;ω 为波浪圆频率;φ 为初始相位。

相应的流体质点速度场如下:

$$u=A\omega e^{kz}\cos(kx-\omega t+\varphi) \tag{3.4}$$

$$w=A\omega e^{kz}\sin(kx-\omega t+\varphi) \tag{3.5}$$

式中,u 和 w 分别为流体质点在 x 和 z 方向上的速度分量。

长峰不规则波可假定为由许多不同波长、不同波幅和不同随机相位的线性规则波叠加而成,其波面

方程可表示为

$$\eta(t) = \sum_{i=1}^{N} A_i \cos(k_i x - \omega_i t + \varphi_i) \tag{3.6}$$

式中,N 为用于叠加的线性规则波数量;A_i 为第 i 个规则波的波幅;k_i 为其波数;ω_i 为其圆频率;φ_i 为其初始相位,可以取 0 到 2π 之间的任意值。

通过等分能量法或者等分频率法可对目标海浪谱进行离散,获取相应规则波的波浪参数,规则波波幅 A_i 可由下式计算:

$$A_i = \sqrt{2S(\omega_i)\Delta\omega_i} \tag{3.7}$$

式中,$\Delta\omega_i$ 为离散波之间的频率间隔。因此,长峰不规则波对应的流体质点速度场如下:

$$u = \sum_{i=1}^{N} A_i \omega_i e^{k_i z} \cos(k_i x - \omega_i t + \varphi_i) \tag{3.8}$$

$$w = \sum_{i=1}^{N} A_i \omega_i e^{k_i z} \sin(k_i x - \omega_i t + \varphi_i) \tag{3.9}$$

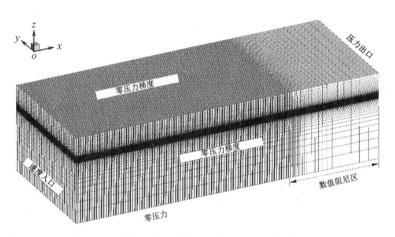

图 32　数值波浪水池内的网格生成与边界条件设置

将数值波浪水池的去流段($2.5L_{pp}<x<4L_{pp}$)设置为消波区(damping zone),在消波区内一方面通过稀疏纵向网格间距从而达到数值耗散的作用,进而衰减消波区内的波浪以抑制边界反射;另一方面通过在动量方程中添加阻尼项以达到人工消波的作用。经过数值消波作用后的自由波面示意图如图 33 所示。

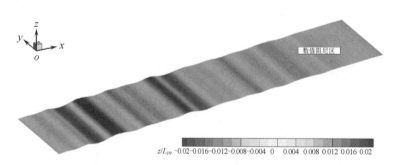

图 33　经过数值消波作用后的自由波面示意图

3.3　结构化重叠网格

分别对数值波浪水池与船体进行结构网格的生成。在船体表面进行双 O 型贴体网格的划分,便于更加精细地捕捉船体的复杂几何特征,如图 34 所示。对船体网格而言,其边界层区域内的法向网格分布至关重要,可通过以无量纲壁面距离 y^+ 为依据进行边界层内部第一层网格尺寸的确定:

$$y^+ = \frac{\rho u^*}{\mu} y \qquad (3.10)$$

式中,ρ 为流体密度;u^* 为壁面摩擦速度;y 为实际壁面距离。

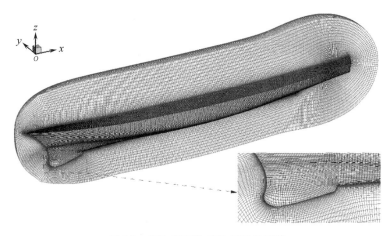

图 34 船体表面的结构化贴体网格

SST k-ω 湍流模型在模拟近壁面流动时要求 $y^+ \leqslant 1$,因此在船体表面划分的第一层网格厚度需要满足该要求。根据 ITTC 建议,壁面第一层网格厚度可近似为

$$\Delta s = \frac{y^+ L_{\text{PP}}}{\text{Re}\sqrt{C_\text{f}/2}} \qquad (3.11)$$

式中,Re 为雷诺数;C_f 为摩擦阻力系数,可通过 ITTC-57 经验公式进行估计。

对于 DTMB5512 船模而言,当弗劳德数 Fr 为 0.28 时,船体表面第一层网格厚度可取为 8×10^{-6} m,边界层内的网格以法向增长率 1.2 向外划分体网格。各部分网格进行重叠后的示意图如图 35 所示。

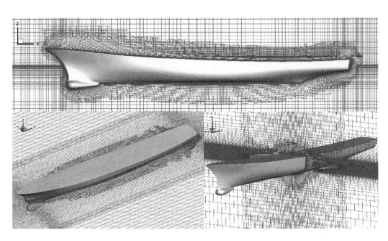

图 35 数值模拟中的重叠网格系统

3.4 数值结果与分析

3.4.1 数值计算方法验证

对 DTMB5512 船模在谐波波群中的运动特性进行了数值模拟,谐波波群设计成 16 个规则成分波的叠加,波长范围均在 $0.5 L_{pp}$ 至 $2.5 L_{pp}$ 之间。波群中不同成分波的遭遇频率根据下式确定:

$$\omega_{ei} = i\omega_f \tag{3.12}$$

式中,ω_f 为基频,用来确定谐波波群中各成分波的波浪圆频率。

由于谐波波群中各成分波频率均与基频成倍数关系,因此谐波波群会以 ω_f 为频率呈现周期性变化。图 36 为谐波波群中各成分波的波幅与初始相位,其中波幅的确定需保证规则成分波的波陡为一个较小的值,初始相位则随机生成。

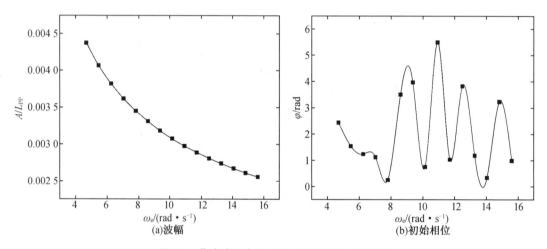

图 36 谐波波群中各成分波的波幅与初始相位

基于黏性流数值波浪水池,运用 CFD 求解器进行谐波波群的数值造波模拟,在距离水池入口边界一倍船长处设置探针以监测波面升高的时历曲线,结果如图 37 所示。由图可知,CFD 对于谐波波群的数值模拟结果与理论解吻合良好,同时谐波的周期性能够被 CFD 求解器准确捕捉。

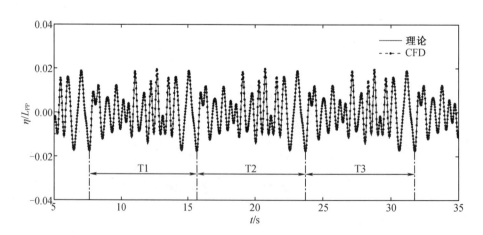

图 37 谐波波群的波面升高时历曲线的 CFD 与理论结果对比

运用 CFD 方法进行 DTMB5512 船模在谐波波群中以弗劳德数 $Fr = 0.41$ 时的耐波性模拟,其纵摇与

垂荡时历曲线如图 38 所示。可对船舶的运动时历曲线进行快速傅里叶变换,从而得到船舶运动的频域特性,如下所示:

$$\xi(t) = \xi_0 + \sum_{i=1}^{N} \xi_i \cos(\omega_{ei} t + \varphi_i) \tag{3.13}$$

式中,ξ_i 为船舶运动在 ω_{ei} 频率下的 i 阶幅值。根据频域结果可进而获取船舶在不同频率下对应的传递函数,如下所示:

$$TF_{3i} = \frac{\xi_{3i}}{A_i} \tag{3.14}$$

$$TF_{5i} = \frac{\xi_{5i}}{A_i k_i} \tag{3.15}$$

式中,TF_{3i} 和 TF_{5i} 分别为船舶垂荡与纵摇运动在 ω_{ei} 频率下的传递函数。根据上述计算过程,可对船舶在不同航速条件下的传递函数进行数值预报,图 39 给出了船舶在弗劳德数 $Fr=0.28$ 时纵摇与垂荡传递函数频响曲线的 CFD 与 EFD 预报结果对比。总体而言,CFD 方法对于船舶波浪中运动特性的数值模拟结果与模型试验结果吻合良好。

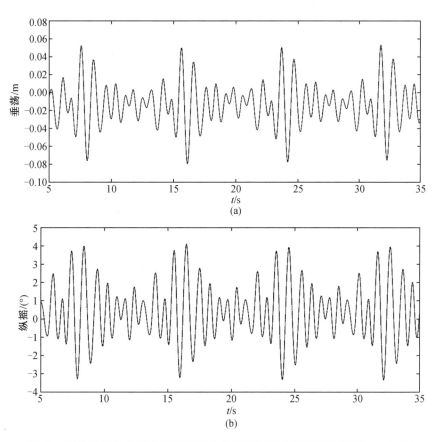

图 38 DTMB5512 船模在谐波波群中的纵摇与垂荡运动时历曲线($Fr=0.41$)

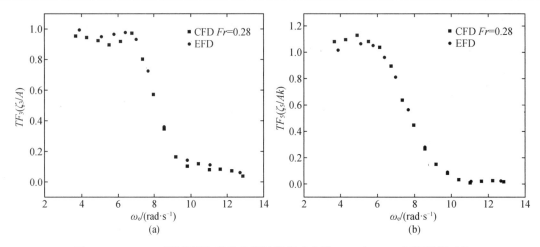

图39 $Fr=0.28$ 时的纵摇与垂荡传递函数频响曲线 CFD 与 EFD 预报结果对比

3.4.2 浪-涌联合环境下船体运动特性分析

正如文献综述中所提及的研究现状,目前多数针对船舶耐波性的研究主要集中于运用标准单峰谱表达的风浪环境展开。因此,为了分析涌浪环境对于船舶运动特性的影响,进行了 DTMB5512 船模在风、涌混合浪中航行过程时($Fr=0.28$)的两自由度(纵摇与垂荡放开,其他方向自由度约束)数值模拟,从而对船舶在不同类型波浪环境下的运动特性进行了对比。其中,风、涌混合浪均通过双峰谱进行描述,包括涌强风弱(swell dominated)、风涌相当(energy equivalent)与风强涌弱(wind-sea dominated)三种典型表现形式,风浪环境(wind sea)则通过标准单峰海浪谱进行描述,具体如图40(a)所示。图40(b)为 $Fr=0.28$ 条件下的遭遇海浪谱。不同类型波浪条件的有义波高均为 5.85 m,对应实际海域六级海况。

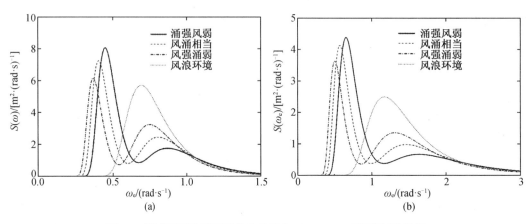

图40 描述不同海浪环境的海浪谱与 $Fr=0.28$ 时的遭遇海浪谱

图41 为船舶在风浪与涌强风弱混合浪下的纵摇与垂荡运动时历曲线对比,包括随时间累积的平均值(mean)与标准差(std.)。由图可知数值模拟过程中船舶运动的统计指标均达到了收敛。船舶在不同海浪环境下的运动平均值差异较小,但标准差差别较大。在涌强风弱混合浪下,船舶的垂荡与纵摇运动标准差相较于其在风浪环境下增大了 46.9% 和 16.2%。

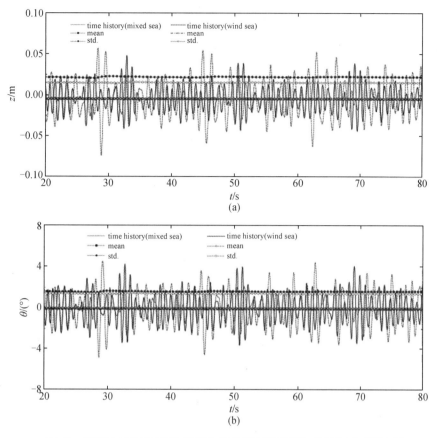

图 41　船舶在不同类型风、涌混合浪条件下的垂荡与纵摇运动时历曲线

表 6 显示了船舶在不同类型风、涌混合浪条件下垂荡与纵摇运动的有义幅值,以及相较于船舶在风浪环境下的变化率。由表可知,船舶在不同海浪环境下的纵摇运动幅值差别较小,但是在风、涌混合浪中的垂荡幅值相较于其在风浪环境下有显著的增大,且平均变化率达到 41.9%。

表 6　船舶在不同类型风、涌混合浪条件下垂荡与纵摇运动的有义幅值

工况	垂荡/m		纵摇/(°)	
	$A_{1/3}$	$\Delta A_{1/3}$	$A_{1/3}$	$\Delta A_{1/3}$
风浪	0.029 6	—	2.698	—
混合浪(风浪为主)	0.040 7	37.73%	2.409	−10.73%
混合浪(浪涌相当)	0.042 0	41.90%	2.582	−4.31%
混合浪(涌浪为主)	0.043 2	45.99%	3.088	14.45%

对船舶在不同海浪环境下的运动时历曲线进行快速傅里叶变换以获取其频域下的运动响应特征,如图 42 所示。在风浪环境下,船舶垂荡响应的峰值发生于风浪的谱峰频率附近,且远远低于其在风、涌混合浪下的响应峰值。这是由于涌浪的能量谱密度主要集中于低频区域($\omega_e<6.0$ rad/s),在该区域处船舶垂荡运动的传递函数较大,因此造成船舶在风、涌混合浪下发生较大的垂荡响应。由图 43(b)可知,在不同海浪环境下船舶的纵摇响应峰值并未有太大的差异。在低频区域($\omega_e<6.0$ rad/s),船舶的纵摇响应随着混合浪中涌浪成分能量占比的增大而增大,在风浪条件下该区域内船舶纵摇响应非常小。然而,船舶的纵摇响应在高频区域会随着风浪能量的增加而显著增大,并在风浪条件下达到最大值。总体而言,船

舶纵摇运动的有义幅值并未随着海浪环境的改变而发生太大的变化。

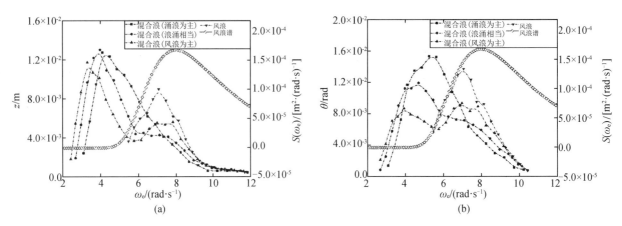

图 42　船舶在不同海浪环境下的垂荡与纵摇运动频域特性对比

4　小结

随着数值计算方法和计算机技术的发展,船舶耐波性数值计算方法发展迅速,也取得了诸多研究成果,后续还有待进一步深入研究。

(1)频域、时域内外场匹配方法:这一类方法综合利用 Rankine 源和自由面格林函数的优点,在显著降低计算域尺寸及网格数量下取得可靠稳定的数值结果。

(2)黏势流耦合类数值方法:区域分解耦合和功能分解耦合的黏势流耦合数值方法尚不完善,这类数值方法可显著降低黏性 CFD 计算区域的尺寸及网格分析,大幅提升计算效率。

(3)非线性波浪和极端波浪与船舶的相互作用:目前这方面的研究相对偏少,如果将非线性波浪和极端波浪理论与船舶波浪中运动相关理论相结合值得进一步深入研究。

参考文献

[1] XIE C M. An efficient method for the calculation of the free-surface Green function using ordinary differential equations[D]. Nantes: École Centrale de Nantes, 2019.

[2] INGLIS R B, PRICE W G. The influence of speed dependent boundary conditions in three dimensional ship motion problems[J]. International Shipbuilding Progress, 1981, 28(318): 22-29.

[3] 宗智,黄鼎良. 三维移动脉动源速度势的数值研究[J]. 水动力学研究与进展(A 辑),1991,6(增刊):55-63.

[4] XU Y, DONG W C. Study on characteristics of 3-D translating-pulsating source Green function of deep-water Havelock form and its fast integration method[J]. China Ocean Engineering, 2011, 25(3): 365-380.

[5] 洪亮,朱仁传,缪国平,等. 三维频域有航速格林函数的数值计算与分析[J]. 水动力学研究与进展(A 辑),2013,28(4):423-430.

[6] IWASHITA H, OHKUSU M. The Green function method for ship motions at forward speed[J]. Ship Technology Research, 1992, 39(2): 3-21.

[7] MAURY C. Etude du problem de la tenue a la mer avec vitesse d'avance quelconque par une method de singularites de kelvin[D]. Nantes: Laboratoire de Mecanique des fluids, 2001.

[8] YAO C B, DONG W C. A fast integration method for translating-pulsating source Green's function in Bessho form[J]. Journal of Zhejiang University-SCIENCE A (Applied physics & engineering), 2015, 16(12):987-100.

[9] YAO C B, DONG W C. Study on fast integration method for Bessho form translating-pulsating source Green's function distributing on a panel[J]. Ocean Engineering, 2014, 89(1):10-20.

[10] HUANG S, ZHU R C, HONG L. Havelock form translating-pulsating panel source Green's function and its numerical calculation[J]. Ocean Engineering, 2020, 216:107802.

[11] MAURY C, DELHOMMEAU G, BA M. Comparison between numerical computations and experiments for seakeeping on ship models with forward speed[J]. Journal of ship research, 2003, 47(4): 347-364.

[12] HONG L, ZHU R C, MIAO G P, et al. An investigation into added resistance of vessels advancing in waves[J]. Ocean Engineering, 2016, 123: 238-248.

[13] Numerical study on wave loads and motions of two ships advancing in waves by using three-dimensional translating-pulsating source[J]. Acta Mechinica Sinica, 2013, 29(4): 494-502.

[14] YAO C, DONG W. Numerical study on local steady flow effects on hydrodynamic interaction between two parallel ships advancing in waves[J]. Engineering analysis with boundary elements, 2016, 66: 129-144.

[15] SUN X S, YAO C B, YE Q. Numerical investigation on seakeeping performance of SWATH with three dimensional translating-pulsating source Green function[J]. Engineering Analysis with Boundary Elements, 2016, 73:215-225.

[16] 宗智,钱昆. 三维移动脉动源法在波浪中三体船型运动求解的应用研究[J]. 船舶力学, 2012, 16(11):1239-1247.

[17] NAKOS D E. Ship wave patterns and motions by a three dimensional Rankine panel method[D]. Cambridge: Massachusetts Institute of Technology, 1990.

[18] BERTRAM V, YASUKAWA H. Investigation of global and local flow details by a fully three-dimensional seakeeping method[C]. 23rd ONR Symposium on Naval Hydrodynamics. Washington DC: Nationnal Academy Press, 2000:355-367.

[19] DAS S, CHEUNG K F. Scattered waves and motions of marine vessels advancing in a seaway[J]. Wave Motion, 2012, 49: 181-197.

[20] YUAN Z M, INCECIK A, ALEXANDER D. Verification of a new radiation condition for two ships advancing in waves[J]. Applied Ocean Research, 2014, 48, 186-201.

[21] IWASHITA H, KASHIWAGI M, ITO Y, et al. Calculations of ship seakeeping in low-speed/low-frequency range by frequency domain Rankine panel method[J]. Journal of Society of Naval Architects, Japan, 2016, 24: 105-127.

[22] YAO C B, SUN X S, WANG W, et al. Numerical and experimental study on seakeeping performance of ship in finite water depth[J]. Applied Ocean Research, 2017, 67: 59-77.

[23] YAO C B, SUN X S, LIU W M, et al. Seakeeping computation of two parallel ships with Rankine source panel method in frequency domain[J]. Engineering Analysis with Boundary Elements, 2019,

109：70-80.

[24] TEN I, CHEN X B. Effective treatment of Fourier integrals associated with a hemi-sphere advancing in waves[C]. 27th IWWWFB, Openhagen, Denmark, 2012, 22-25.

[25] 郝立柱. 有航速船舶运动与波浪载荷响应频域匹配方法[D]. 哈尔滨：哈尔滨工程大学, 2018.

[26] YANG Y T, ZHU R C, HONG L. A frequency-domain hybrid HOBEM for motion responses and added resistance of ships sailing in head and oblique waves[J]. Ocean Engineering, 2019, 194:106637.

[27] 唐恺. 时域混合格林函数法及波浪中船舶运动的预报[D]. 上海：上海交通大学, 2014.

[28] KRING D C. Time domain ship motions by a three-dimensional Rankine Panel method[D]. Cabridge：Massachusetts Institute of Technology, 1994.

[29] HE G H, KASHIWAGI M. A time-domain higher-order boundary element for 3D forward-speed radiation and diffraction problems[J]. Journal of Marine Science and Technology, 2014, 19：228-244.

[30] SHAO Y L, FALTINSEN O M. Linear seakeeping and added resistance analysis by means of body-fixed coordinate system[J]. Journal of Marince Science and Technology, 2012, 17:493-510.

[31] KIM K, KIM Y. Numerical study on added resistance of ships by using a time-domain Rankine panel method[J]. Ocean Engineering, 2011, 38:1357-1367.

[32] 陈曦. 航行船舶三维时域水动力分析的数值与应用研究[D]. 上海：上海交通大学, 2018.

[33] DUAN W Y, CHEN J K, ZHAO B B, et al. Time domain hybrid TEBEM for 3D hydrodynamics of ship with large flare at forward speed[C]. The 32nd International Workshop on Water Wave and Floating Bodies, Dalian, China, 2017.

[34] CHEN J K, DUAN W Y, MA S, et al. Time domain TEBEM method of ship motion in waves with forward speed by using impulse response function formulation[J]. Ocean Engineering, 2021, 227:108617.

[35] CAMPANA EF, MASCIO A D, ESPOSITO P G, et al. Viscous-inviscid coupling in free surface ship flows[J]. International Journal for Numerical Methods in Fluids, 1995, 21(9):699-722.

[36] KIM J, JAIMAN R, COSGROVE S, et al. Numerical wave tank analysis of wave run-up on a truncated vertical cylinder[C]. Proceedings of the 30th International Conference on Ocean, Offshore and Arctic Engineering, 2011.

[37] 赵彬彬, 陈永博, 段文洋. 势黏流单向耦合的直立圆柱波浪爬升模拟[J]. 哈尔滨工程大学学报, 2019.

[38] FERRANT P, GENTAZ L, ALESSANDRINI B, et al. A potential/RANSE approach for regular water waves diffraction about 2D structures[J]. Ship Technology Research, 2003, 50: 165-171.

[39] FERRANT P, GENTAZ L, ALESSANDRINI B, et al. Fully nonlinear potential/RANSE simulation of wave interaction with ships and marine structures[C]. Proceedings of the ASME 27th International Conference on Offshore Mechanics and Arctic Engineering, 2008.

[40] VUKCEVIC V. Numerical modeling of coupled potential and viscous flow for marine applications[D]. Zagred：University of Zagreb, 2016.

[41] LI Z B. Two-phase spectral wave explicit Navier-Stokes equations method for wave-structure interaction[D]. Nantes：Ecole Centrale de Nantes, 2018.

[42] CHOI Y. Two-way coupling between potential and viscous flows for a marine application[D]. Nantes：

Ecole Centrale de Nantes, 2019.

[43] IWASHITA H, OHKUSU M. The Green function method for ship motions at forward speed[J]. Ship Technology Research, 1992, 39: 3-21.

[44] 杜双兴. 完善的三维航行船体线性水弹性学频域分析方法[D]. 无锡:中国舰船科学研究中心,1996.

[45] DU S X, HIDSON D A, PRICE W G, et al. Prediction of three-dimensional seakeeping characteristics of fast hull forms: influence of the line integral terms[C]. Proceedings of International Conference on Fast Sea Transportation, Petersburg, 2005.

[46] JOURNEE J M. Experiments and calculations on 4 Wigley hull forms in head waves[R]. Technical and Research Report of SNAME, 1992.

[47] VAN L G. The lateral damping and added masses of an oscillating ship model[R]. Report of Shipbuilding Laboratory in Delft University of Technology, 1964.

[48] LEE C M, MC CREIGHT K K. Investigation of effects of activated fins on vertical motion of a SWATH ship in waves[J]. DTNSRDC Report, 1977:SPD-763-01.

波浪中的船舶操纵性研究进展与发展方向

张 伟

(哈尔滨工业大学(威海))

1 研究背景

操纵性是船舶重要的水动力性能之一,与船舶的航行安全性密切相关。2002年,负责海事安全的国际海事组织(International Maritime Organization, IMO)加强了对船舶操纵性的衡准工作,并颁布了《船舶操纵性标准》(Standards for ship maneuverability),对船舶操纵性提出了明确的定量要求并建议各国政府执行。《船舶操纵性标准》的颁布实施,引起了各国政府及造船、航运、船检、海事管理部门的高度重视,极大地推动了船舶操纵性研究的发展。

然而,传统上的船舶操纵性研究都是针对船舶在静水中的运动。最为典型的情况是利用船舶在无限水深中的三自由度运动方程(纵荡、横荡、艏摇)研究船舶在水平面内的操纵运动,忽略外界环境因素对船舶操纵性的影响。这种研究方法虽能在船舶设计阶段提供一些有用的操纵性预报数据,但在船舶实际海上航行时不可避免地要受到风、浪、流等环境干扰力的影响,尤其是波浪的作用,即使在波幅较小的情况下,仍然会产生相当可观的流体力,从而导致船舶的操纵性能较静水中发生明显变化。所以,要切实通过改善船舶操纵性来提高海上船舶的航行性能,应该加强对波浪中的船舶操纵性研究。

波浪中的船舶操纵性研究虽然有数十年的历史,但由于问题的复杂性及受到学科发展水平的限制,早期的研究进展相当缓慢。只是到了近十年,随着船舶水动力学和相关技术的迅猛发展,波浪中的船舶操纵性研究才逐渐取得了实质性进展。国际拖曳水池会议(ITTC)操纵性委员会在2011年、2014年和2017年的报告[1-3]中,都将"波浪中的船舶操纵性"列为研究专题。2021年第29届ITTC会议更是成立了波浪中的操纵性专家委员会(The Specialist Committee on Manoeuvring in Waves, SC-MW)对波浪中的船舶操纵问题予以特别关注[4]。这充分说明波浪中的船舶操纵性研究是船舶水动力学领域的国际前沿课题,而且正在受到越来越多国内外学者的关注。

波浪中的船舶操纵性问题可以看作静水操纵性和经典耐波性问题的综合。当船舶在波浪中操纵时,一方面,波浪诱导的船舶摇荡运动将与船舶的操纵运动产生相互作用,可能显著影响船舶的水动力,进而造成船舶操纵运动轨迹较静水中发生明显的变化;另一方面,操纵运动带来航速、航向、遭遇频率乃至水线面形状等参数的不断变化,将导致船舶的耐波性与匀速直航时的显著差异。

由于问题的复杂性,目前国内外对波浪中船舶操纵运动的研究方法还没有形成统一的结论,甚至对于波浪中船舶操纵性能的评价,也缺乏统一的指标体系。为此,在29届(2021年)ITTC SC-MW基于静水中的操纵性评价指标体系,提出了如表1所示的波浪中的船舶操纵性表征指标。我们注意到,波浪中大舵角下的操纵性能,增加了"漂移距离"和"漂移方向"两个指标。ITTC专家委员会报告中采用了Hasnan等[5]的定义方式,具体如图1所示。为获得表1中的评价指标,目前常用的做法是通过物理模型试验或计算机数值模拟。下面将介绍相关领域中典型的研究工作。

表1 波浪中的船舶操纵性能表征指标[4]

	直航	小/中舵角	大舵角
静水工况	推进性能	10/10 或 20/20 Z 形操纵	35°回转
波浪工况	稳定航行性能		
波浪条件下的操纵性能指标	压舵角、漂角、速降等	超越角	进距、战术直径、漂移距离、漂移方向

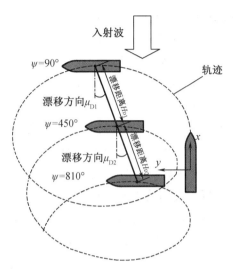

图1 漂移距离 H_D 和漂移方向 μ_D 的定义[5]

2 研究现状

当船舶在波浪中进行操纵时,一方面船舶由于操纵水动力的作用将产生水平面内航速、航向及位置的改变;另一方面波浪的存在会使操纵过程中的船舶产生六自由度摇荡运动。因此,波浪中的船舶操纵问题可以看作经典的静水操纵性和有航速船舶耐波性问题的综合。

传统的静水中船舶操纵运动和波浪诱导的船舶摇荡运动研究有共同之处,即都是基于刚体动力学来研究船舶在外力作用下的运动响应。不同之处在于操纵问题中的外力是由于船、桨、舵(或其他操纵装置)引起的水动力;而波浪诱导船舶运动问题中的外力是由波浪引起的激励力。理论上来说,若能将上述两种外力进行"结合",便可对波浪中的操纵性问题进行求解。但实际上,这种"结合"是有困难的,原因在于这两种外力在物理本质上的差别:在波浪诱导的船舶运动问题中,流体激励力是由非黏性力主导的,且主要部分(一阶波浪力)以遭遇频率随时间变化;而在操纵性问题中,流体外力受黏性的影响很大,主要是由流动分离现象明显导致的,并且是缓慢变化的。基于这种物理背景,大多的相关研究都力求寻找一种方法,能够以合理的方式同时计及两种不同属性的流体外力对船舶运动的作用,从而对船舶在波浪中的操纵性问题进行分析。ITTC 操纵性委员会在 2011 年的报告[1]中,将常见的有关波浪中的船舶操纵性研究方法分为以下四种:

(1)试验方法。
(2)基于统一理论(unified theory)的数值模拟方法。
(3)基于双时间尺度(two-time scale models)的数值模拟方法。
(4)基于 CFD 的数值模拟方法。

后文中将遵照此分类方法,对相关的研究进行介绍。

2.1 波浪中船舶操纵运动的试验方法

目前,试验方法仍是最为可靠的研究波浪中船舶操纵运动问题的方法。大多数的试验研究都是采用在波浪水池中进行自航船模试验,这样既能直观地获得船舶在波浪中的运动轨迹,也能为数值模拟提供有价值的对比验证数据。

Hirano 等[6]在规则波中进行了滚装船的自航模型试验,研究了波浪对回转轨迹的影响。Ueno 等[7]使用 VLCC 自航船模进行了规则波中回转、Z 形及制动试验,并且讨论了不同入射波长、遭遇角及船舶装载状态对试验结果的影响。Lee 等[8]采用 KVLCC 自航船模,在不同波高和波长的规则波中进行了回转和 Z 形试验,试验结果表明二阶波浪力对船舶操纵性的影响显著。Yasukawa 使用 SR108 自航船模进行了规则波中的回转试验[9]、Z 形和制动试验[10],并将试验结果与他们的数值结果进行了对比。Sanada 等[11]进行了 ONRT 船型在波浪中的回转、Z 形试验,并讨论了航速、波长对该船操纵运动的影响。Sprenger 等[12]基于 DTC 集装箱船和 KVLCC2 油轮,进行了不同浪向条件下的回转和 Z 形自航模试验。Kim 等[13]则进行了不同波长下 KVLCC2 船型在规则波中的回转试验。

近年来,一些学者在规则波中船舶自航试验的基础上,进一步考虑了不规则波中的自航模试验。Yasukawa 等[14]进行了 KVLCC2 在短峰不规则波中的回转与 10/10 Z 形操纵试验,并与数值模拟的结果进行了对比。Hasnan 等[15]使用 KCS 和 KVLCC2 两种船型,在短峰不规则波中进行了回转试验。Kim 等[16]则使用 KVLCC2 船型在长峰不规则波中进行了回转试验,并分析了不同不规则波种子和不同螺旋桨转速对回转运动的影响。

除上述规则波和不规则波中的自航模试验研究以外,也有学者在具备造波功能的循环水槽中开展约束模型试验。例如 Xu 等[17]、Kinoshita[18]等进行了波浪中的平面运动机构(PMM)试验,在试验中测量了船舶水动力和水平位移,讨论了作用在运动船体上的波浪漂移力的计算方法,并将计算得到的漂移力和试验测量值进行了比较,分析了低频漂移力对船舶操纵的影响。

模型试验给出的结果是可靠而直观的,但模型试验的开展对试验设施的要求较高,相关试验开展所需的人力物力也很大。为此,很多学者也尝试开发有效的数值方法,来对波浪中的操纵运动进行数值模拟。

2.2 基于统一理论的数值模拟方法

基于统一理论的数值模拟方法通常是以船舶在静水中的六自由度运动方程为基础,将由波浪引起的弗劳德-克雷洛夫(F-K)力、辐射力、绕射力等作为外力计入方程中,形成一组统一的六自由度刚体运动方程来描述船舶在波浪中的运动。这方面比较早的研究当属 Hamamoto 和 Kim[19]的工作,1993 年他们提出的水平随船坐标系使船舶在波浪中的六自由度运动描述得到了简化。基于 Hamamoto 和 Kim 的工作,Nishimura 和 Hirayama[20]将 F-K 力作为波浪外力加入六自由度船舶运动方程中,研究了小型渔船在波浪中的操纵性问题。考虑到船舶在波浪中运动时各方向的惯性力会随入射波的频率而变化,Baily[21]、Ayaz 等[22]学者除了将 F-K 力及绕射力计入船舶六自由度运动方程中,还使用脉冲响应函数法计算时域辐射力,从而计算由船舶运动所产生的所谓"记忆效应"的影响。Sutulo 和 Guedes[23]提出了一种辅助状态变量法,以简化"记忆效应"中的卷积积分计算问题。Fang 等[24]根据船舶回转过程中的瞬时遭遇频率计及船舶的附加质量和阻尼,提出了一种计算波浪中船舶回转轨迹的非线性模型。Lin 等[25]将三维耐波性软件 LAMP 进行了拓展,对多种船模在波浪中的操纵性问题进行了数值预报。Yen 等[26]在 Lin 等[25]工作的基础上,进一步计入了二阶波浪力的影响。最近,Subramanian 和 Beck[27]以及 Tello 等[28]使用的数学模型,也属于统一理论模型的范畴。

国内研究方面,朱军等[29]用二维Frank源汇分布法计算船舶随摇荡频率变化的附加质量及规则波F-K力,在六自由度运动方程中直接迭加所计算的波浪力,并引用静水操纵中船、桨、舵水动力的计算模型,建立了规则波中船舶操纵运动预报模型。范佘明等[30]将Hamamoto和Kim[19]提出的水平随船坐标系进行了改进,并对规则波中船舶的回转和Z形操纵试验进行了数值计算;他们在计算过程中使用远场法计算了二阶波浪力,并讨论了其对操纵运动的影响。谌栋梁等[31]同样采用水平随船坐标系,建立了船舶在波浪中的操纵运动的六自由度方程,并通过对某集装箱船在波浪中的回转运动进行模拟计算,指出一阶力对船舶操纵运动影响不明显;要全面考察波浪对船舶操纵运动的影响,必须同时考虑二阶力的作用。徐静等[32]采用三维面元法在频域内计算不同浪向下六自由度一阶波浪力及二阶波浪漂移力,并利用脉冲响应函数法将频域的计算结果转化到时域内,从而对S-175集装箱船在规则波中的六自由度回转运动进行了预报。

2.3 基于双时间尺度的数值模拟方法

与基于统一理论的数值模拟方法不同,基于双时间尺度的数值模拟方法将总的船舶运动分为低频的船舶操纵运动和高频的波浪诱导运动,并通过两组不同的运动方程分别予以描述。其中高频运动由一阶波浪力决定;而二阶漂移力则被计入船舶操纵运动方程中,以反映波浪对操纵运动的影响。

早在1966年,Inoue和Murahashi[33]通过模型试验发现,船舶在波浪中的回转轨迹较静水中发生明显的漂移。通过对此现象进行理论推导,他们认为这种漂移主要是由二阶波浪漂移力引起的。在Inoue和Murahashi工作的基础上,Hirano等[34]将试验测得的二阶波浪力加在静水分离型(MMG)操纵运动模型中,对船舶在波浪中的回转轨迹进行了计算。计算结果与试验结果吻合很好。这些早期的研究工作为双时间尺度法的发展奠定了基础。

对双时间尺度的数值模拟方法比较系统的研究当属Triantafyllou[35]的工作,其在处理无航速海洋结构物的高、低频运动叠加问题时,对双时间尺度法进行了系统的推导,指出了在研究波浪中的船舶操纵问题时将高、低频运动分开处理的可行性。1990年,Nonaka[36]将Triantafyllou的工作推广到有航速的情况,给出了波浪中船舶的高频摇荡运动和低频操纵运动分离后的数学表达式。Nonaka的工作在理论上是比较完备的,但由于其数学推导是基于六自由度运动方程进行的,得出的运动方程相对复杂,无法与常用的静水操纵运动数学模型建立联系,而且在其论文中也未见具体的数值实现。

进入21世纪以后,随着水动力学研究的不断发展,采用双时间尺度的观点分析波浪中船舶操纵运动的做法越来越流行。在双时间尺度的数值模拟方法的框架下,Skejic和Faltinsen[37]进行了波浪中的船舶操纵性计算,并且比较了使用四种不同理论所得到的二阶波浪漂移力计算结果。Yasukawa[38]进行了船舶在规则波中回转时的六自由度运动计算。他们在研究中采用三维面元法计算高频波浪力,采用Maruo的远场积分公式计算二阶波浪漂移力。在Skejic和Faltinsen[37]及Yasukawa和Nakayama[38]的工作中,耐波性的分析都是基于一种准静态的假定。Seo和Kim[39]突破了这种限制,他们使用了时域三维Rankine源面元法计算波浪力,并对规则波中的船舶进行了耦合的操纵-耐波性分析。Zhang等[40]进一步发展了Seo和Kim的方法,通过在耐波性速度势边值问题中增加泄出涡的模型,更好地模拟船舶低频操纵运动对高频耐波性运动的影响,基于改进后的数学模型得到的S-175集装箱船在波浪中35°回转轨迹与自航模试验的结果吻合良好。Lee和Kim[41]在Zhang等的数学模型基础上,进一步考虑了船舶回转过程中艏部和艉部形成的漩涡对波浪作用的影响。

我国国内发表的相关研究中也有不少学者采用基于双时间尺度的数值模拟方法对波浪中的船舶操纵性进行预报,但2000年之前的研究大多采用直接在MMG模型中添加二阶波浪力的方法,而二阶波浪力的获取通常根据试验测定[42-43]。近年来,不少学者也开始尝试对二阶波浪力进行理论计算。苏威等[44]基于商业软件 Hydrostar 计算二阶波浪力,对 VLCC 船在波浪中的操纵性进行了数值预报,并通过自航模试验对数值结果进行了验证。朱冬健等[45]同样基于 Hydrostar 软件,对在波浪中进行操纵运动船舶的横摇进行了预报,并对回转过程中舵效的变化情况进行了分析。

基于双时间尺度的数值模拟方法和基于统一理论的数值模拟方法各有特点,在实践中都有广泛的应用。但由于问题的复杂性,关于船舶在波浪中的操纵运动的机理目前仍没有统一的结论,因此相应的计算方法也还在不断发展当中。尽管如此,相关研究中得到的一个比较一致的结论是,二阶波浪力的效果对于波浪中的船舶操纵性有明显的影响,在数值模拟中是不应被忽略的。

从上述引用的工作来看,虽然一些基于统一理论的数值模拟方法在计算中也能够计入二阶波浪力的作用,但对二阶波浪力的计算通常需要引入一些近似的处理。造成这种情况的根本原因在于,基于统一理论的数值模拟方法将船舶的操纵运动和由波浪诱导的运动合并在一起进行处理,在二阶波浪力的计算中无法区分不同运动成分对二阶力的贡献,因此二阶波浪力的计算精度往往难以保证。相比较而言,基于双时间尺度的方法在二阶波浪力的计算方面有一定的优势,但不少相关研究都是直接将耐波性计算程序与操纵性分析程序结合,而忽略了操纵运动对波浪力的影响。特别是国内的相关研究,其二阶力的计算通常借助成熟的商业软件完成,而这些软件往往仅适用于船舶匀速直航时的情形,因此难以准确获得船舶在操纵运动过程中所受到的二阶波浪力。

2.4 基于 CFD 的数值模拟方法

近年来,随着计算资源的快速发展和计算流体动力学 CFD 理论的不断完善,采用 CFD 方法研究波浪中的船舶操纵性问题逐渐流行。目前,基于 CFD 理论的船舶操纵运动数值模拟方法大致可以分为如下两类。

第一类是基于操纵运动数学模型,采用 CFD 方法计算不同遭遇频率和遭遇角下的波浪漂移力;通过数值求解计及波浪漂移力的操纵运动微分方程,获得船舶在波浪中的操纵运动轨迹。这种方法的典型代表如 Cura-Hochbaum 和 Uharek 的工作[46]。他们基于雷诺时均(RANS)方法计算波浪漂移力,并将得到的结果与数值模拟 PMM 运动得出的静水操纵水动力结果一起代入刚体运动方程,形成六自由度的波浪中操纵运动数值模型。由于 CFD 中的波浪漂移力计算与波浪诱导的船舶六自由度运动无关,因此在考虑船舶运动方程时不需要考虑操纵性运动与波浪诱导运动的分解。这给了操纵运动方程更多的优化和完善空间。Yao 等[47]拓展了波浪中的船舶六自由度运动方程,以更好地描述波浪诱导的高频摇荡运动对低频操纵运动的影响,而在其扩展后的运动方程中,涉及的波浪漂移力和力矩仍按 Cura-Hochbaum 和 Uharek 的方法计算。

第二类方法是基于 CFD 中的动网格技术,直接在数值波浪水池中模拟船、桨、舵及波浪的运行情况,将得到的水动力计入刚体运动方程,计算船舶在波浪中的操纵运动。基于这种方法,Carrica 等[48]开展了 MARIN 7967 船型在静水、规则波和不规则波中的回转和 Z 形试验;Wang 和 Wan[49-50]则开展了全附体 ONR Tumblehome 船型在规则波中的自航与 Z 形操纵等数值模拟。这些工作的成功开展,充分说明基于 CFD 的数值模拟方法在直接模拟船舶操纵运动中的潜力。

在 CFD 中进行船、桨、舵周围流场的数值模拟,能够很好地反映出船-桨-舵之间相互干扰的复杂流场细节,这对了解波浪中船舶操纵的水动力性能是很有利的。但使用 CFD 的数值模拟方法模拟船舶在波浪中的操纵运动需要很高的计算资源和较长的计算时间;而且,许多技术方面的问题还需要更进一步的研究,只有有经验的研究人员才能给出较好的数值结果。

2.5 最小主机功率限制下的操纵性研究

上述的研究工作主要针对传统的船舶操纵运动,即回转运动和 Z 形操纵、停船操纵等。近年来,很多新造船为了满足船舶能效设计指数(EEDI),普遍采用降低主机功率的方法。IMO 海洋环境保护委员会(MEPC)提出,单纯降低主机功率,可能使船舶在恶劣海况下丧失操纵能力。因此,从操纵安全角度确定船舶所需的最小主机功率,已经成为波浪中船舶操纵性研究所面临的一个新问题。在 2017 年 7 月召开的 MEPC 71 会议中,"恶劣海况下维持船舶必要操纵能力所需的最小主机功率"已被列为专门议题。

在此背景下,考虑存在最小功率限制的波浪中船舶操纵问题研究,成为操纵领域中一项新的研究课题。Suzuki 等[51]采用自航模型试验的方法,分析了风浪中螺旋桨转矩的变化并考虑了最小功率限制的实尺度船舶操纵性问题。但相关的数值研究工作,目前还较少见诸文献,相关的研究工作将是未来研究的一个热点问题。

3 基本理论与最新进展

关于波浪中的船舶操纵运动数值研究方法是多样的,不同方法各有优点。本节介绍一种基于势流理论求解波浪漂移力并模拟船舶在波浪中操纵运动的数值方法。

3.1 数学模型

3.1.1 坐标系的定义

为了研究波浪中的操纵性问题,采用如图 2 所示的坐标系统,其中包含两个直角坐标系,第一个坐标系 $X=(X,Y,Z)$ 为空间固定坐标系,其 OX 轴指向正北方向;第二个坐标系 $x=(x,y,z)$ 为随船坐标系,该坐标系以船舶的操纵运动速度随船体一起运动,但并不随船体摇荡。随船坐标系中 oxy 平面与静水面重合,x 轴指向船首,z 轴垂直向上,坐标原点取在船中位置,δ 为舵角。空间坐标系与随船坐标系之间在初始时刻 $t=0$ 时相互重合,在 t 时刻满足转化关系:

$$\begin{cases} X=x\cos\psi(t)-y\sin\psi(t)+x_0(t) \\ Y=x\sin\psi(t)+y\cos\psi(t)+y_0(t) \\ Z=z \end{cases} \tag{3.1}$$

式中,ψ 为艏向角,即 ox 轴与 OX 轴正方向之间的夹角,本文中以逆时针方向为正;t 为时间;(x_0,y_0) 为随船坐标系原点在空间固定坐标系中的坐标,用来表示不同时刻船舶的空间位置。

为了标明波浪的传播方向,在空间固定坐标系内引入了 χ 作为浪向角,规定当 $\chi=0$ 时,规则波(或长峰不规则波)从正南方向流向正北方向,χ 的正方向按逆时针记。考虑短峰不规则波,则 χ 为波的主传播方向。χ 的正方向按逆时针记。

3.1.2 基本运动方程

假设船舶在规则波中以前进速度 u,横向速度 v 进行平移,以转艏角速度 r 进行转动,将这三种运动称为船舶的基本操纵运动。由于受规则波的影响,船舶除了基本操纵运动之外,还将同时伴有六自由度波浪诱导的摇荡运动。一般来说,船舶的操纵运动是低频且缓慢变化的,考虑到操纵运动和波浪诱导的运动在频率上相差很大,这里假设总的船舶运动能够分解为低频操纵运动和高频波浪诱导运动的叠加。其中低频操纵运动仍采用 MMG 操纵性模型进行表达:

$$\begin{cases}(m+m_x)\dot{u}-(m+m_y)vr-mx_Gr^2=X_H+X_P+X_R+X_W\\(m+m_y)\dot{v}+(m+m_x)ur+mx_G\dot{r}=Y_H+Y_R+Y_W\\(I_{zz}+J_{zz}+mx_G^2)\dot{r}+mx_G(\dot{v}+ur)=N_H+N_R+N_W\end{cases} \quad (3.2)$$

式中，m 为船舶的质量；I_{zz} 为船舶绕 z 轴的惯性矩；m_x 和 m_y 分别为 x、y 方向上的操纵运动的附加质量；J_{zz} 为艏摇运动的附加惯性矩；x_G 为重心的纵向位置；下标 H、P、R 分别为作用在船体、螺旋桨和舵上的水动力；下标 W 表示波浪漂移力。

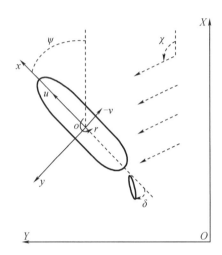

图 2　波浪中的操纵问题研究中使用的空间固定坐标系与随船坐标系[40]

六自由度波浪诱导的高频运动表示为

$$\sum_{j=1}^{6}[m_{ij}\ddot{\xi}_j(t)+c_{ij}\xi_j(t)]=F_i \quad i=1,2,\cdots,6 \quad (3.3)$$

式中，$(\xi_1,\xi_2,\xi_3)=\boldsymbol{\xi}_T$ 表示波浪诱导的线位移矢量；$(\xi_4,\xi_5,\xi_6)=\boldsymbol{\xi}_R$ 表示波浪诱导的角位移矢量；m_{ij} 和 c_{ij} 分别表示船舶的质量矩阵和静回复力矩阵中的元素；F_i 表示一阶波浪力，包括 F-K 力、辐射力和绕射力。

为了表达的方便，本文后续部分中将把低频操纵运动和高频波浪诱导的船舶摇荡运动分别简称为低频运动和高频运动；相应地，把与操纵运动相关的水动力称为低频水动力（其中包含波浪漂移力），而把一阶波浪力称为高频水动力。

要对船舶在波浪中的操纵运动进行数值模拟，首先必须确定(3.2)式中各方程右端的低频水动力。本研究中假设波浪对作用在船体、螺旋桨及舵上的水动力的影响可以忽略，这三部分低频水动力仍按照传统 MMG 操纵数学模型中的方法进行确定。同时，引入一个速度势来表示船体周围的流场，通过求解速度势边值问题来确定波浪漂移力和力矩。

3.1.3　考虑横向速度和转艏角速度的准确速度势边值问题

应用势流假定，记操纵状态下船舶周围的流场中存在扰动速度势为 $\Psi(\boldsymbol{x},t)$，其满足的基本控制方程为拉普拉斯方程。

在船体表面，速度势 Ψ 满足"物面不可穿透"条件，记为

$$\frac{\partial\Psi(\boldsymbol{x},t)}{\partial n}=\left(\boldsymbol{W}+\frac{\partial\boldsymbol{\xi}}{\partial t}\right)\cdot\boldsymbol{n} \quad (在 S_B 上) \quad (3.4)$$

式中，S_B 表示船体的瞬时湿表面；$\boldsymbol{n}$ 表示船体表面的单位内法线向量（指向流体域外）；$\boldsymbol{\xi}=\boldsymbol{\xi}_T+\boldsymbol{\xi}_R\times\boldsymbol{x}_0$ 表示

船体上任意一点(设船舶静止时该点在随船坐标系中的坐标为 x_0)由摇荡运动而产生的位移;W 为速度矢量,可表示为

$$W=(u-ry)\boldsymbol{i}+(v+rx)\boldsymbol{j}+0\boldsymbol{k} \tag{3.5}$$

式中,$(\boldsymbol{i},\boldsymbol{j},\boldsymbol{k})$ 表示随船坐标系中的三个方向上的单位矢量。

在自由面上,速度势 Ψ 应满足运动学和动力学边界条件:

$$\left[\frac{\partial}{\partial t}-(\boldsymbol{W}-\nabla\Psi)\cdot\nabla\right]\eta=\frac{\partial\Psi}{\partial z} \quad (\text{在 } z=\eta(x,y,t) \text{ 上}) \tag{3.6}$$

$$\left[\frac{\partial}{\partial t}-(\boldsymbol{W}-\nabla\Psi)\cdot\nabla\right]\Psi=-g\eta+\frac{1}{2}\nabla\Psi\cdot\nabla\Psi(\text{在 } z=\eta(x,y,t) \text{ 上}) \tag{3.7}$$

式中,$\eta(x,y,t)$ 表示总的波面抬高;g 表示重力加速度

除了物面和自由面边界条件,速度势 Ψ 必须满足"无穷远衰减条件":

$$\lim_{x\to\infty}\nabla\Psi\to 0 \tag{3.8}$$

考虑到操纵运动过程中,船舶的运动速度将随时间发生变化,需要使用时域方法对速度势边值问题进行求解,故补充初始条件为:

$$\Psi=\frac{\partial\Psi}{\partial t}=0 \quad (\text{在 } t=0 \text{ 时}) \tag{3.9}$$

最后还必须注意的是,由于操纵运动过程中的船舶可以看作一个升力体,需要在其随边施加库塔条件,以保证整个流场中的环量守恒。

3.1.4　边值问题的线性化

将总的扰动速度势分解为基本势和摄动势两部分:

$$\Psi(\boldsymbol{x},t)=\Phi(\boldsymbol{x})+\varphi_{\mathrm{P}}(\boldsymbol{x},t) \tag{3.10}$$

其中,基本势在总的扰动速度势中占主要成分,其量级为 $O(1)$,该势表示船舶在静水中进行操纵运动时船体周围的流场。这里采用考虑尾涡的叠模势作为基本势的一种近似,该叠模势除了应满足"刚性自由面条件"和"物面不可穿透"条件外,还应该满足库塔条件。

图 3 给出了基本势 $\Phi(\boldsymbol{x})$ 的计算模型。图中,重叠船模以外的泻出涡称为尾涡面(trailing vortex sheets)。该模型实际上略去了自由面兴波的影响,将操纵运动中的船舶视为一个小展弦比机翼(其翼展沿 z 方向)。

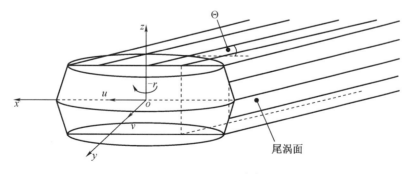

图 3　基本势模型[52]

基本势 $\Phi(\boldsymbol{x})$ 满足的边值问题:

$$\begin{cases} \nabla^2 \Phi = 0, & (\text{在流域内}) \\ \dfrac{\partial \Phi}{\partial n} = \boldsymbol{W} \cdot \boldsymbol{n}, & (\text{在}\ \bar{S}_B\ \text{上}) \\ \dfrac{\partial \Phi}{\partial z} = 0, & (\text{在}\ z=0\ \text{上}) \\ \nabla \Phi < \infty, & (\text{在基线和船尾}) \\ \lim\limits_{x \to \infty} |\nabla \Phi| \to 0 & \end{cases} \tag{3.11}$$

式中，$\bar{S}_B$ 为船体平均湿表面。

假定摄动势 $\varphi_P(\boldsymbol{x},t)$ 及波面升高 η 的量级为 $O(\varepsilon)$，它们被进一步分解为

$$\varphi_P(\boldsymbol{x},t) = \phi(\boldsymbol{x},t) + \varphi(\boldsymbol{x},t) + \varphi_I(\boldsymbol{x},t) \tag{3.12}$$

$$\eta(x,y,t) = \zeta(x,y,t) + \zeta_I(x,y,t) \tag{3.13}$$

式中，ϕ 和 φ 分别称为瞬时势和记忆势；ζ 代表总的波面升高中除去入射波之外的其他部分；φ_I 表示规则入射波速度势；ζ_I 表示规则入射波引起的自由面升高。

由于船舶横向速度和转艏角速度的存在，随船坐标系内入射波速度势 $\varphi_I(\boldsymbol{x},t)$ 变为

$$\varphi_I(\boldsymbol{x},t) = A \frac{g}{\omega_0} \mathrm{e}^{kz} \sin\{k[x\cos(\chi-\psi) + y\sin(\chi-\psi) + x_0\cos\chi + y_0\sin\chi] - \omega_0 t\} \tag{3.14}$$

式中，A 表示波幅；ω_0 为入射波的自然频率；k 表示波数；ψ 表示船舶艏向角；χ 表示固定坐标系内观察到的入射波传播方向；(x_0, y_0) 表示 t 时刻随船坐标系原点在空间固定坐标系中的坐标。

瞬时势 $\phi(\boldsymbol{x},t)$ 满足的边值问题为

$$\begin{cases} \dfrac{\partial \phi}{\partial n} = \sum\limits_{j=1}^{6} \left(\dfrac{\partial \xi_j}{\partial t} n_j + \xi_j m_j \right) & \text{on}\ \ \bar{S}_B \\ \phi = 0 & \text{on}\ \ z=0 \end{cases} \tag{3.15}$$

式中，$(n_1, n_2, n_3) = \boldsymbol{n}$，$(n_4, n_5, n_6) = \boldsymbol{x} \times \boldsymbol{n}$；$(m_1, m_2, m_3) = -(\boldsymbol{n}\cdot\nabla)(\boldsymbol{W} - \nabla\Phi)$，$(m_4, m_5, m_6) = -(\boldsymbol{n}\cdot\nabla)[\boldsymbol{x} \times (\boldsymbol{W} - \nabla\Phi)]$。

记忆势 $\varphi(\boldsymbol{x},t)$ 满足的初边值问题为

$$\begin{cases} \nabla^2 \varphi = 0 \\ \varphi = \dfrac{\partial \varphi}{\partial t} = 0 & (\text{在}\ t=0\ \text{时}) \\ \left[\dfrac{\partial}{\partial t} - (\boldsymbol{W} - \nabla\Phi)\cdot\nabla\right]\zeta = \dfrac{\partial^2 \Phi}{\partial z^2}\eta + \dfrac{\partial \varphi}{\partial z} + \dfrac{\partial \phi}{\partial z} - \nabla\Phi\cdot\nabla\zeta_I & (\text{在}\ z=0\ \text{时}) \\ \left[\dfrac{\partial}{\partial t} - (\boldsymbol{W} - \nabla\Phi)\cdot\nabla\right]\varphi = -g\zeta - \nabla\Phi\cdot\nabla\varphi_I & (\text{在}\ z=0\ \text{时}) \\ \dfrac{\partial \varphi}{\partial n} = -\dfrac{\partial \varphi_I}{\partial n} & (\text{在}\ \bar{S}_B\ \text{上}) \\ \text{Radiation condition} \end{cases} \tag{3.16}$$

式(3.15)和(3.16)的形式与船舶匀速航行时瞬时势和记忆势所满足的边值问题是完全一致的。但这里的 $\boldsymbol{W}$ 已经变为包含横向速度和转艏角速度的情形。此外，由于操纵运动的影响，$\boldsymbol{W}$ 不再保持定常，而是随时间变化的，尽管其变化频率是很低的。

理论上，摄动势 $\varphi_P(\boldsymbol{x},t)$ 与泻出涡之间应存在相互影响。但在自由面及入射波存在的情况下，准确地描述泻出涡的问题是困难的。因此，本研究中忽略了摄动势对泻出涡的影响。由于摄动势较叠模势低一个量级，这种忽略所引起的误差较小。另一方面，泻出涡对摄动势的影响通过 m 项及保留在线性自由

面条件中的叠模势相关项来反映。

3.1.5 规则波浪力的确定

若能解出摄动势 $\varphi_P(\boldsymbol{x},t)$，则一阶的波浪压力可通过伯努利方程获得

$$p^{(1)} = -\rho\left(\frac{\partial}{\partial t} - (\boldsymbol{W} - \nabla\Phi) \cdot \nabla\right)\varphi_P \tag{3.17}$$

将上式的结果在船体平均湿表面积分，即可得到高频水动力的各分量：

$$F_j = \iint_{\bar{S}_B} p^{(1)} n_j \mathrm{d}s \quad j = 1, 2, \cdots, 6 \tag{3.18}$$

参考文献[53]，将平均二阶波浪力记为广义力的形式，$\boldsymbol{F}^{(2)} = (F_x^{(2)}, F_y^{(2)}, F_z^{(2)}, M_x^{(2)}, M_y^{(2)}, M_z^{(2)})$，其计算采用的近场积分公式为

$$\begin{aligned}
\frac{1}{\rho}\boldsymbol{F}^{(2)} = & -\iint_{\bar{S}_B}\left(-\boldsymbol{W}\cdot\nabla\Phi + \frac{1}{2}\nabla\Phi\cdot\nabla\Phi + gz\right)\boldsymbol{n}^{(2)}\mathrm{d}s - \frac{1}{2}\iint_{\bar{S}_B}(\nabla\varphi_P\cdot\nabla\varphi_P)\boldsymbol{n}^{(0)}\mathrm{d}s - \\
& \iint_{\bar{S}_B}\left\{\frac{\partial\varphi_P}{\partial t} - (\boldsymbol{W}-\nabla\Phi)\cdot\nabla\varphi_P + g\xi_z + \nabla\left[-\boldsymbol{W}\cdot\nabla\Phi + \frac{1}{2}\nabla\Phi\cdot\nabla\Phi\right]\cdot\boldsymbol{\xi}\right\}\boldsymbol{n}^{(1)}\mathrm{d}s - \\
& \iint_{\bar{S}_B}\left\{\nabla\left[\frac{\partial\varphi_P}{\partial t} - (\boldsymbol{W}-\nabla\Phi)\cdot\nabla\varphi_P\right]\cdot\boldsymbol{\xi}\right\}\boldsymbol{n}^{(0)}\mathrm{d}s - \iint_{\bar{S}_B}\left[H\boldsymbol{x}_0\cdot\nabla\left(-\boldsymbol{W}\cdot\nabla\Phi + \frac{1}{2}\nabla\Phi\cdot\nabla\Phi + gz\right)\right]\boldsymbol{n}^{(0)}\mathrm{d}s + \\
& \frac{1}{2}\int_{WL} g(\eta-\xi_z)^2 \boldsymbol{n}^{(0)}\mathrm{d}l - \int_{WL}\left\{\nabla\left[-\boldsymbol{W}\cdot\nabla\Phi(0) + \frac{1}{2}\nabla\Phi\cdot\nabla\Phi(0)\right]\cdot\boldsymbol{\xi}\right\}(\eta-\xi_z)\boldsymbol{n}^{(0)}\mathrm{d}l - \\
& \int_{WL}\left[-\boldsymbol{W}\cdot\nabla\Phi(0) + \frac{1}{2}\nabla\Phi\cdot\nabla\Phi(0)\right](\eta-\xi_z)\cdot\boldsymbol{n}^{(1)}\mathrm{d}l
\end{aligned} \tag{3.19}$$

式中，$\xi_z = \xi_3 + \xi_4 y - \xi_5 x$ 表示由于船舶运动引起的垂向位移；$\boldsymbol{n}^{(0)}$、$\boldsymbol{n}^{(1)}$ 和 $\boldsymbol{n}^{(2)}$ 分别称为零阶、一阶和二阶法向量，其定义为

$$\boldsymbol{n}^{(0)} = \begin{Bmatrix} \boldsymbol{n}_0 \\ \boldsymbol{x}\times\boldsymbol{n}_0 \end{Bmatrix}$$

$$\boldsymbol{n}^{(1)} = \begin{Bmatrix} \boldsymbol{\xi}_R\times\boldsymbol{n}_0 \\ \boldsymbol{\xi}_T\times\boldsymbol{n}_0 + \boldsymbol{\xi}_R\times(\boldsymbol{x}_0\times\boldsymbol{n}_0) \end{Bmatrix}$$

$$\boldsymbol{n}^{(2)} = \begin{Bmatrix} H\boldsymbol{n}_0 \\ H(\boldsymbol{x}_0\times\boldsymbol{n}_0) + \boldsymbol{\xi}_T\times(\boldsymbol{\xi}_R\times\boldsymbol{n}_0) \end{Bmatrix}$$

$\boldsymbol{F}^{(2)}$ 的第一、第二及第六分量的平均值，分别等于规则波浪漂移力 X_W、Y_W 及漂移力矩 N_W。

3.1.6 不规则波中的船舶运动模型

若船舶在不规则波中以前进速度 u、横向速度 v 及转艏角速度 r 进行操纵运动，仿照规则波中问题的求解思路，可假定波浪对操纵运动的影响完全通过不规则波浪漂移力体现。因此，不规则波中船舶操纵运动的控制方程在形式上与方程(3.2)相同，只需要将其中的波浪漂移力成分修改为不规则波中的漂移力情形。

按不规则波浪理论，长峰不规则产生的低频慢漂力表示为[54]

$$F_i^{SV} = \sum_{j=1}^{N}\sum_{k=1}^{N} A_j A_k \left[T_{jk}^{ic}\cos\{(\omega_k-\omega_j)t + (\varepsilon_k-\varepsilon_j)\} + T_{jk}^{is}\sin\{(\omega_k-\omega_j)t + (\varepsilon_k-\varepsilon_j)\}\right] \tag{3.20}$$

式中，A_j、ω_j、ε_j 分别为第 j 个规则成分波的波幅、频率和随机相位；$i = 1, 2, \cdots, 6$ 表示六个方向上的低频慢漂力分量；T_{jk} 表示频率为 ω_j 和 ω_k 的规则成分波引起的二阶差频力传递函数，包含余弦成分 T_{jk}^{ic} 和正弦

成分 T_{jk}^{is}。可以采用 Newman 的假定[55]简化低频慢漂力的计算,取

$$\begin{cases} T_{jk}^{ic} = T_{kj}^{ic} = 0.5(T_{jj}^{ic} + T_{kk}^{ic}) \\ T_{jk}^{is} = T_{kj}^{is} = 0 \end{cases} \quad (3.21)$$

若进一步令式(3.20)中的 $k=j$,可得到平均漂移力表达式

$$\overline{F}_i^{SV} = \sum_{j=1}^{N} A_j^2 T_{jj}^{ic} \quad (3.22)$$

从式(3.21)、式(3.22)可见,长峰不规则波低频慢漂力(应用 Newman 假定后)和平均漂移力只依赖于二阶差频力传递函数矩阵中主对角线上的元素,即只需要考虑不同频率规则波引起的漂移力传递函数。与平均漂移力相比,低频慢漂力能反映出规则成分波不同初始相位所造成的影响。

若要考虑短峰不规则波,则需要将波浪谱 $S(\omega)$ 与方向扩展函数 $f(\theta)$ 相乘,得到

$$S_D(\omega,\theta) = S(\omega)f(\theta) \quad (3.23)$$

式中,θ 表示各成分波与波浪的主传播方向的夹角。方向扩展函数 $f(\theta)$ 的一般形式为

$$f(\theta) = k_n \cos^n \theta, \quad |\theta| \leq \frac{\pi}{2} \quad (3.24)$$

短峰不规则波引起的低频慢漂力和平均漂移力,只需在式(3.20)和(3.22)的基础上,进一步对不同方向上的各规则成分波引起漂移力求和,具体形式见文献[56]。

3.2 数值方法

3.2.1 操纵性与耐波性的耦合分析方法

在以上的数学模型中,操纵和耐波性问题是耦合的。一方面,操纵运动导致船舶航速、航向及波浪遭遇角的不断变化,因此会改变速度势的边值问题;另一方面,速度势的变化引起波浪漂移力的改变,又会相应使得船舶的运动速度和轨迹产生变化。对于如何计算船体上的波浪漂移力,目前国内外相关研究中还没有给出统一的结论,常用的处理方法包括两大类:准稳态计算法和时域直接计算法。本文针对这两类方法的计算结果,开展了相关的比较研究。

图 4 中给出了基于准稳态方法的操纵-耐波耦合求解流程图。图中的矩形框表示计算过程,圆角矩形表示数据传递过程。在每个操纵运动模拟的时间步长中,总是假定波浪与船体的相互作用已经进入"时谐状态"。因此,每当通过操纵运动方法更新船舶的速度、艏向角和空间位置之后,只需按频域方法计算波浪力的传递函数,再根据入射波的波幅计算当前的波浪漂移力并代回操纵方程,即可获得下一时刻的船舶操纵运动情况。

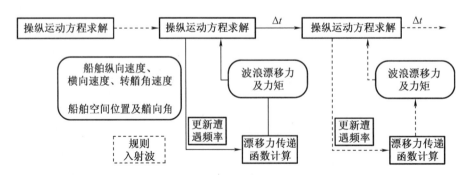

图 4 基于准稳态方法的操纵-耐波耦合求解流程图[57]

图 5 给出了基于时域直接计算方法的求解流程。这种方法参考 Seo 和 Kim[39]的工作,采用一种平行

的时间步进格式完成操纵性与耐波性的耦合时域计算。鉴于船舶低频运动与高频运动的频率差异,在操纵性和耐波性计算中采用了两种不同的时间尺度,分别记为 τ_L 和 τ_H。τ_L 和 τ_H 之间的比值记为 N_t,$N_t \gg 1$。

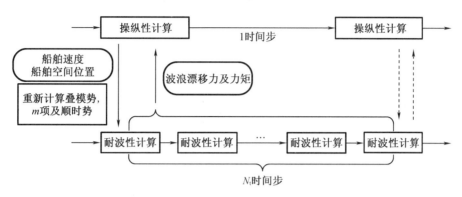

图5 基于时域直接计算方法的求解流程图[57]

时域直接计算数值求解的流程可以归纳如下:

(1) 首先求解方程(3.2)以获得船舶在航速 W 和船舶在空间固定坐标系中的位置 (x_0, y_0);

(2) 根据航速 W 重新计算叠模势,m 项及瞬时势,并更新记忆势所满足的边值问题式(3.16)。

(3) 使用时域 Rankine 法[40]对边值问题式(3.16)进行 N_t 个时间步的求解,通过方程(3.3)获得这个过程中船舶的高频运动,并通过方程式(3.19)计算二阶波浪力。对所得到的二阶波浪力求平均,获得波浪漂移力和力矩。

(4) 将所得到的波浪漂移力和力矩代回操纵运动方程(3.2),以进行下一步操纵性模拟。

(5) 重复以上四步,直到数值模拟达到要求的时长。

计算过程中假定在每个操纵性计算时间步长 τ_L 内,船舶低频运动是定常的。在此条件下,每个操纵时间步内叠模势只需计算一次,在实际计算中采用了图3中的模型来模拟叠模势中的泻出涡问题。

3.2.2 规则波浪漂移力的确定

通过式(3.19)计算得到二阶波浪力之后,可以通过拟合的方式计算平均二阶力,即波浪漂移力。假定在任意一个操纵时间步长 τ_L 内,已经解出了 N_t 个离散的 $\mathbf{F}^{(2)}$ 数据,考虑到二阶力振荡频率为遭遇频率的2倍,可以采用如下公式对 N_t 个离散数据进行拟合:

$$f(t) = \boldsymbol{a}\cos(2\omega_e t) + \boldsymbol{b}\sin(2\omega_e t) + \boldsymbol{c} \quad (3.25)$$

式中,ω_e 表示操纵运动过程中局部的遭遇频率。由于操纵过程中船舶航速及波浪遭遇角都随时间变化,可以采用下式估算:

$$\omega_e = \omega - k\left(\frac{\mathrm{d}x_0}{\mathrm{d}t}\cos\chi + \frac{\mathrm{d}y_0}{\mathrm{d}t}\sin\chi\right) \quad (3.26)$$

式(3.26)中忽略了 τ_L 内艏向角对时间的导数。

采用式(3.25)所解出的拟合结果中,系数向量 $\boldsymbol{a}$ 和 $\boldsymbol{b}$ 与船舶的二阶高频运动相关,在本研究中不予讨论。向量 $\boldsymbol{c}$ 的第一、第二及第六分量即为所求的规则波浪漂移力 X_W、Y_W 和漂移力矩 N_W。

3.2.3 不规则波浪漂移力的确定

如式(3.20)和(3.22)所示,不规则波产生的低频慢漂力和平均漂移力均依赖于不同频率规则波引起的漂移力传递函数。对操纵运动中的船舶而言,由于其航速、航向不断变化,要准确计算每个时刻下各规则成分波所引起的漂移力传递函数是无法实现的。但借助3.2.1节中提到的准稳态方法,仍然可以对不同状态下船舶受到的不规则波漂移力进行估算。

具体操作时,可以通过静水或规则波中船舶操纵运动的模拟结果,首先估算操纵过程中船舶速度、漂角、艏向角等参数所处的大致区间;而后在每个区间内进行采样计算,并将不同计算参数下单位波幅规则波所引起的漂移力传递函数进行汇总,进而通过插值的方式,可建立一组波浪漂移力传递函数随波长、速度、漂角及波浪遭遇角的变化的函数关系数据库,型如

$$\begin{cases} T_{jj}^{1c} = T_{jj}^{1c}(\omega, u, \chi-\psi) \\ T_{jj}^{2c} = T_{jj}^{2c}(\omega, \beta, \chi-\psi) \\ T_{jj}^{6c} = T_{jj}^{6c}(\omega, \beta, \chi-\psi) \end{cases} \quad (3.27)$$

根据此数据库,可插值计算不同参数下的规则波漂移力传递函数,进而根据式(3.20)或(3.22)获得不规则波浪低频慢漂力或平均漂移力。

3.3 计算结果

3.3.1 规则波中船舶回转运动模拟结果

为验证以上的数学模型和数值方法,选择 S-175 集装箱船作为船模,进行了不同入射波长、不同入射角度的规则波中的回转运动模拟。图 6 和图 7 分别给出了模型尺度的目标船在入射波长 $\lambda/L=0.7$ 规则波中,迎浪($\chi=180°$)和横浪($\chi=90°$)两种初始浪向下的左舵 35°回转轨迹,以及回转过程中的速度、转艏角速度、艏向角等参数的数值模拟结果。图中,"Incident Wave"为入射波;"数值结果(时域)"表示时域直接计算的结果;"数值结果(准稳态)"表示准稳态方法的结果,回转轨迹图中的"实验结果"为文献中公开发表的自航模试验结果[38]。

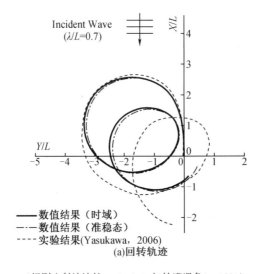

(规则入射波波长 $\lambda/L=0.7$,初始遭遇角 $\chi=180°$)

图 6 S-175 船模在迎浪时的左舵 35°回转轨迹及回转过程中的参数[57]

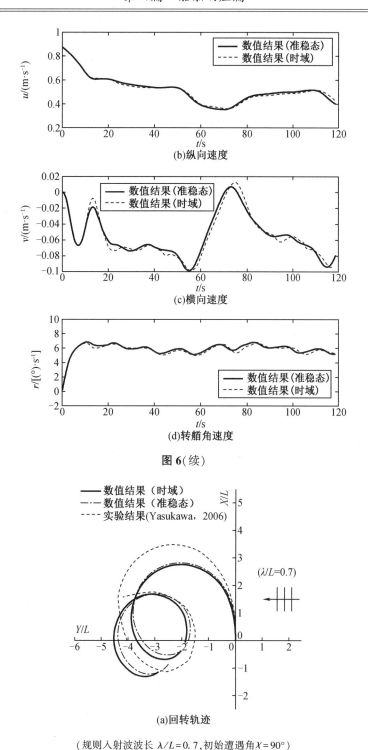

(b)纵向速度

(c)横向速度

(d)转艏角速度

图 6(续)

(a)回转轨迹

(规则入射波波长 $\lambda/L=0.7$,初始遭遇角 $\chi=90°$)

图 7　S-175 船模在横浪时的左舵 35° 回转轨迹及回转过程中的参数[57]

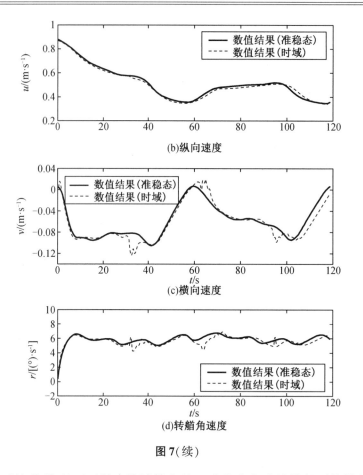

图 7(续)

从结果的比较中可以看到,基于时域直接计算和基于准稳态方法计算得到的结果相差并不大。总体上看,两种方法得到的回转轨迹与模型试验数据之间的吻合程度也基本令人满意。通过本文的研究,证明了采用准稳态方法解决波浪中的船舶操纵问题的可行性。

3.3.2 回转过程中的高频船舶运动

采用时域直接计算法进行操纵和耐波耦合分析时,船舶高频和低频运动均采用时域计算,因此除了船舶的低频操纵运动之外,还可以获得操纵过程中高频摇荡运动的时历曲线。图 8 和图 9 分别给出了浪向角 $\chi=180°$ 和 $\chi=-90°$ 时,S-175 船模在波长为 $\lambda/L=1.0$ 的规则波中进行左舵 35°回转时的横摇和纵摇运动时历曲线。图中上半部分为数值模拟的结果,下半部分为物理模型试验测量的结果[40]。

从图 8 和图 9 中可以看到,由于回转运动导致波浪遭遇频率的不断变化,船模的高频运动不再能够达到时谐状态,而是呈现出持续变化的趋势。但高频运动时历曲线的包络线仍呈现出一定的周期性。图 8 和图 9 记录的时间为 0~110 s。在这段时间内船模高频运动时历曲线的包络线经历了大约两个周期,每个周期的时间约为 55 s,该周期即为船模回转一周所需的时间。从数值与试验结果的对比来看,数值结果基本上捕捉到了回转过程中船模横摇和纵摇运动的变化规律。

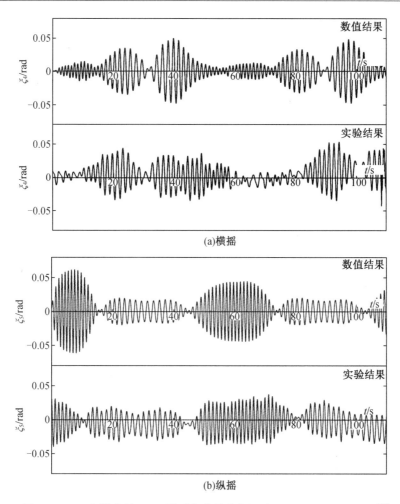

图8 S-175船模左舵35°回转过程中的高频运动($\lambda/L=1.0, \chi=180°$)[58]

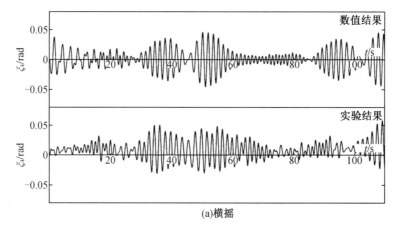

图9 S-175船模左舵35°回转过程中的高频运动($\lambda/L=1.0, \chi=-90°$)[58]

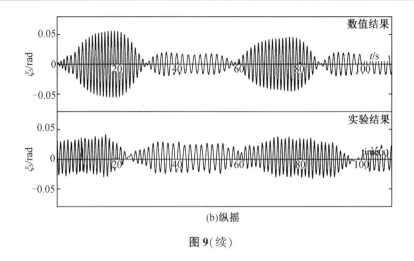

(b)纵摇

图 9(续)

3.3.3 不规则波中的回转轨迹

图 10 给出了采用本文方法模拟的 5 级(S.S.5)海况长峰不规则波中 S-175 集装箱船的回转运动情况。其中,图 10(a)为回转轨迹,图 10(b)为回转过程中处船中所遭遇的不规则波高,图 10(c)至图 10(e)为回转过程中船舶遭遇的纵向、横向漂移力及转艏漂移力矩。计算中假定波浪的传播方向与船舶的初始航向相反。

计算中分别采用了施加低频慢漂力和施加平均漂移力两种方案。由于低频慢漂力和不规则波的初始相位有关,计算中考虑了三组不同的随机数"种子",以生成不同的随机相位。三组随机数"种子"得到的数值结果在图中以 Seed 1、Seed 2、Seed 3 表示;平均漂移力作用下得到的结果则以"Averaged"表示。图 10(a)还包含了文献[38]的模型试验结果,以验证数值模拟的正确性。

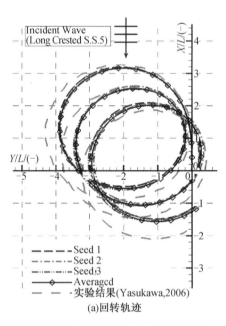

(a)回转轨迹

图 10 S-175 船模在长峰不规则波 5 级海况(S.S.5)下的左舵 35°回转运动模拟结果[59]

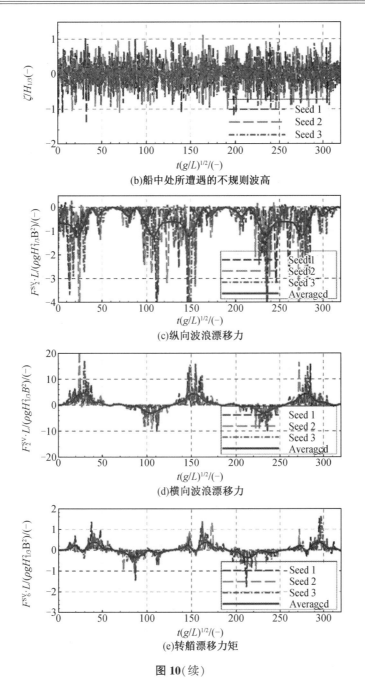

(b) 船中处所遭遇的不规则波高

(c) 纵向波浪漂移力

(d) 横向波浪漂移力

(e) 转艏漂移力矩

图 10 (续)

从结果中可以看到,在 5 级海况下,回转圈产生的漂移距离已经非常清晰。数值结果较好地预测了回转轨迹的漂移方向,漂移距离的数值结果也与模型试验的结果基本一致。在三组不同"种子"生成的低频慢漂力作用下,船舶的回转运动轨迹并没有发生明显的变化,且都与只考虑平均漂移力时的船舶回转运动预报结果相差不大。相比较而言,只计及平均漂移力的数学模型在数值实现上更加简单,因此更加适合工程中使用。

4 结论

波浪中的船舶操纵问题是传统的静水船舶操纵性和有航速船舶耐波性问题的结合。尽管物理模型试验仍然是当前最为可靠的研究手段,但近年来采用数值方法模拟波浪中的船舶操纵运动的相关研究已经取得了长足的进展。

本文介绍了一种势流理论求解波浪力,并将波浪力与静水 MMG 操纵性模型相结合。假设与船、桨、舵有关的基本操纵水动力仍按静水 MMG 模型确定,而波浪漂移力被作为附加外力项计入操纵运动方程,以描述波浪对船舶操纵运动的影响。

基于所建立的数学模型及相关的数值方法,对 S-175 集装箱船在不同入射波条件下的回转运动进行了数值模拟。对比数值结果与自航模型试验的结果表明,本文建立的数值模拟方法具有一定的可靠性。文中通过对比准稳态与时域直接计算的结果,证明了准稳态假定的有效性。通过对比不规则波平均漂移力和低频慢漂力的效果,证明了计及不规则波平均漂移力的操纵运动方程能够保证一定的预报精度,并带来计算过程的简化。

5 需要研究的基础科学问题/发展方向

本文采用 MMG 操纵性模型与线性势流理论相结合的方法,对规则和不规则波中的船舶操纵问题开展数值研究。从文中给出的数值结果来看,本文采用的方法具有一定的实用性,但由于问题的复杂性及时间的限制,还有一些工作没有进行。今后可以从以下几个方面做进一步深入研究:

(1)本文采用的运动方程是在操纵运动和耐波性运动互不影响的假定下建立的。从刚体运动学理论的角度来看,还可以进一步深入进行理论分析,推导更加严密的操纵-耐波耦合运动方程。

(2)本文在求解船舶在波浪中的操纵问题时,只考虑了波浪对船体的作用力,而忽略了波浪对螺旋桨和舵的干扰效果,这种处理方法可能导致计算精度的下降。因此,如何将波浪对桨和舵的干扰效果计入本文的模型,可以作为下一步研究的主要内容之一。

(3)从工程实用的角度而言,采用势流理论和操纵运动数学模型相结合的方法能够平衡计算的精度和效率。但由于波浪中的船舶操纵运动涉及复杂的波-船-桨-舵相互干扰,目前很多流场细节问题还未能完全明确。因此,采用 CFD 模拟自航模试验是有意义的,其结果可以为更加准确地分析水动力的特性提供有利的依据。

(4)本文介绍的数学模型中没有考虑主机功率的限制。对于操纵过程中的船舶,其螺旋桨的负荷会随着操纵的幅度产生变化,当主机功率受限时,有可能导致螺旋桨转速、舵的入流速度、舵效等一系列参数的变化。在后续工作中,可开展计及最小主机功率限制的波浪中操纵性相关研究。

参考文献

[1] ITTC Manoeuvring Committee. Final report and recommendations to the 26th ITTC[R]. 2011.

[2] ITTC Manoeuvring Committee. Final report and recommendations to the 27th ITTC[R]. 2014.

[3] ITTC Manoeuvring Committee. Final report and recommendations to the 28th ITTC[R]. 2017.

[4] The Specialist Committee on Manoeuvring in Waves. Final Report and Recommendations to the 29th ITTC[R]. 2021.

[5] HASNAN, M A A, et al. Study of ship turning in irregular waves[J]. Journal of Marine Science and Technology, 2020. 25(4): 1024-1043.

[6] HIRANO M, TAKASHINA J, TAKESHI K, et al. Ship turning trajectory in regular waves[J]. West-Japan Society of Naval Architects, 1980(60): 17-31.

[7] UENO M, NIMURA T, MIYAZAKI H. Experimental study on manoeuvrinc motion of a ship in waves

[C]. Proceedings of the International Conference on Marine Simulation and Ship Manoeuvrability, Kanazawa, Japan, 2003.

[8] LEE S, HWANG S, YUN S, et al. An experimental study of a ship manoeuvrability in regular waves [C]. Proceedings of the International Conference on Marine Simulation and Ship Manoeuvrability, Panama City, Panama, 2009.

[9] YASUKAWA H. Simulations of ship maneuvering in waves(1st report: turning motion)[J]. Journal of the Japan Society of Naval Architects and Ocean Engineers, 2006,4: 127-136.

[10] YASUKAWA H. Simulations of ship maneuvering in waves(2nd report: zig-zag and stopping maneuvers) [J]. Journal of the Japan Society of Naval Architects and Ocean Engineers, 2008, 7: 163-170.

[11] SANADA Y, TANIMOTO K, TAKAGI K, et al. Trajectories for ONR Tumblehome maneuvering in calm water and waves[J]. Ocean Engineering, 2013, 72: 45-65.

[12] SPRENGER F, MARON A, DELEFORTRIE G, et al. Experimental studies on seakeeping and maneuverability of ships in adverse weather conditions[J]. Journal of Ship Research, 2017. 61(3): 131-152.

[13] KIM D J, YUN K, PARK J, et al. Experimental investigation on turning characteristics of KVLCC2 tanker in regular waves[J]. Ocean Engineering, 2019, 175: 197-206.

[14] YASUKAWA H, HIRATA N, YONEMASU I, et al. Maneuvering simulation of a KVLCC2 tanker in irregular waves [C]. Proceedings of International Conference on Marine Simulation and Ship Manoeuvrability, Newcastle, UK, 2015.

[15] HASNAN M A A, YASUKAWA H, HIRATA N, et al. Study of ship turning in irregular waves[J]. Journal of Marine Science and Technology, 2020, 25(4): 1024-1043.

[16] KIM D J, YUN K, CHOI H, et al. Turning characteristics of KVLCC2 tanker in long-crested irregular head waves [C]. International Conference on Advanced Model Measurement Technology for the Maritime Industry (AMT19), 2019

[17] XU Y, BAO W, KINOSHITA T, et al. A PMM experimental research on ship maneuverability in waves [C]. Proceedings of the 26th International Conference on Offshore Mechanics and Arctic Engineering, San Diego, USA, 2007: 11-16.

[18] KINOSHITA T, BAO W, YOSHIDA M, et al. Effects of wave drift forces on maneuvering of ship[C]. Proceedings of the 27th International Conference on Offshore Mechanics and Arctic Engineering, Estoril, Portugal, 2008: 407-413.

[19] HAMAMOTO M, KIM Y S. A new coordinate system and the equations describing manoeuvring motion of a ship in waves[J]. Journal of the Society of Naval Architects of Japan, 1993, 173: 209-220.

[20] NISHIMURA K, HIRAYAMA T. Maneuvering and motion simulation of a small vessel in waves[C]. Proceedings of the International Conference on Marine Simulation and Ship Manoeuvrability, Kanazawa, Japan, 2003.

[21] BAILEY P, PRICE W, TEMAREL P. A unified mathematical model describing the manoeuvring of a ship travelling in a seaway[R]. Trans. RINA, 1997, 140131-149.

[22] AYAZ Z, VASSALOS D, SPYROU K J. Manoeuvring behaviour of ships in extreme astern seas[J]. Ocean Engineering, 2006, 33(17): 2381-2434.

[23] SUTULO S, GUEDES S C. A unified nonlinear mathematical model for simulating ship manoeuvring and seakeeping in regular waves[C]. Proceedings of the International Conference on Marine Simulation

and Ship Manoeuvrability, Terschelling, The Netherlands, 2006.

[24] FANG M C, LUO J H, LEE M L. A nonlinear mathematical model for ship turning circle simulation in waves[J]. Journal of Ship Research, 2005, 49(2): 69-79.

[25] LIN W, ZHANG S, WEEMS K, et al. Numerical simulations of ship maneuvering in waves[C]. Proceedings of the 26th Symposium on Naval Hydrodynamics, Rome, Italy, 2006.

[26] YEN T, ZHANGS S, WEEMS K, et al., Development and validation of numerical simulations for ship maneuvering in calm water and in waves [C]. Proceedings of the 28th Symposium on Naval Hydrodynamics, Pasadena, CA USA, 2010.

[27] SUBRAMANIAN R, BECK R F. A time-domain strip theory approach to maneuvering in a seaway[J]. Ocean Engineering, 2015,104, 107-118.

[28] TELLO R M, MANSUY M, DELEFORTRIE G, et al., Modelling the manoeuvring behaviour of an ULCS in coastal waves[J]. Ocean Engineering, 2019, 172: 213-233.

[29] 朱军,庞永杰,徐玉如. 规则波浪中舰船操纵运动计算[J].哈尔滨工程大学学报, 2004, 25(1): 1-5.

[30] 范佘明,盛子寅,陶尧森,等. 船舶在波浪中的操纵运动预报[J]. 中国造船, 2001, 42(2): 28-35.

[31] 谌栋梁,黄国樑,黄祥鹿,等. 船舶在随机波浪中操纵运动预报[J]. 海洋工程, 2009, 27(4): 54-60.

[32] 徐静,顾解忡,马宁. 规则波六自由度回转运动预报[J].中国舰船研究, 2014, 9(3): 20-27.

[33] INOUE S, MURAHASHI T. A calculation of turning motion in regular waves[C]. Transactions of the West-Japan Society of Naval Architects, 1966, 31: 77-99.

[34] HIRANO M, TAKASHINA J, TAKAISHI Y, et al. Ship turning trajectory in regular waves[C]. Transactions of the West-Japan Society of Naval Architects, 1980, 60: 17-31.

[35] TRIANTAFYLLOU M S. A consistent hydrodynamic theory for moored and positioned vessels[J]. Journal of Ship Research, 1982, 26(2): 97-105.

[36] NONAKA K. On the manoeuvring motion of a ship in waves[C]. Transactions of the West-Japan Society of Naval Architects, 1990, 80: 73-86.

[37] SKEJIC R, FALTINSEN O M. A unified seakeeping and maneuvering analysis of ships in regular waves [J]. Journal of Marine Science and Technology, 2008, 13(4): 371-394.

[38] YASUKAWA H. Simulations of ship maneuvering in waves: 1st report: turning motion[J]. Journal of the Japan Society of Naval Architects and Ocean Engineers, 2006,4: 127-136.

[39] SEO M G, KIM Y. Numerical analysis on ship maneuvering coupled with ship motion in waves[J]. Ocean Engineering, 2011, 38(17-18): 1934-1945.

[40] ZHANG W, ZOU Z J, DENG D H. A study on prediction of ship maneuvering in regular waves[J]. Ocean Engineering. 2017, 137:367-381.

[41] LEE J H, KIM Y. Study on steady flow approximation in turning simulation of ship in waves[J]. Ocean Engineering, 2002, 195: 1-19.

[42] 黄国樑,刘天威,严乃长,等. 船舶在规则波中回转运动的研究[J].上海交通大学学报, 1996, 30(10): 152-158.

[43] 沈定安,马向能,孙芦忠,等. 波浪中船舶操纵性预报[J]. 船舶力学, 2000, 4(4): 15-27.

[44] 苏威,马宁,顾解忡. VLCC 波浪中操纵性数值预报与自航模试验验证[J]. 中国造船, 2012, 53

(3): 9-17.

[45] 朱冬健, 马宁, 顾解忡,等. 波浪中船舶操纵横摇预报及舵效影响分析[J]. 中国造船, 2015, 56(A1): 146-154.

[46] CURA-HOCHBAUM A, UHAREK S. Prediction of ship manoeuvrability in waves based on RANS simulations[C]. Proceedings of 31st Symposium on Naval Hydrodynamics, Monterey, California, 2016.

[47] YAO J, LIU Z Y, SU Y, et al. A time-averaged method for ship maneuvering prediction in waves[J]. Journal of Ship Research, 2020, 64(3): 203-225.

[48] CARRICA P M, ISMAIL F, HYMAN M, et al. Turn and zigzag maneuvers of a surface combatant using a URANS approach with dynamic overset grids[J]. Journal of Marine Science and Technology, 2013, 18(2): 166-181.

[49] WANG J, WAN D. Investigations of self-propulsion in waves of fully appended ONR tumblehome model[J]. Applied Mathematics and Mechanics, 2016, 12(37): 1345-1358.

[50] WANG J, WAN D. CFD study of ship stopping maneuver by overset grid technique[J]. Ocean Engineering, 2020, 197: 106895.

[51] SUZUKI R, TSUKADA Y, UENO M. Estimation of full-scale ship manoeuvring motions from free-running model test with consideration of the operational limit of an engine[J]. Ocean Engineering, 2019, 172: 697-711.

[52] ZHANG W, El MOCTAR O, SCHELLIN T E. Numerical simulations of a ship obliquely advancing in calm water and in regular waves[J]. Applied Ocean Research, 2020, 103: 102330.

[53] JONCQUEZ S A G. Second-order forces and moments acting on ships in waves[D]. Denmark: Technical University of Denmark, 2009.

[54] FALTINSEN O M, Sea loads on ships and offshore structures[M]. Cambridge, England: Cambridge University Press, 1990.

[55] NEWMAN J N, Second-order, slowly-varying forces on vessels in irregular waves[C]// Symposium on the Dynamics of Marine Vehicles and Structures in Waves, London, England, 1974: 182-186.

[56] KIM M H, YUE D K P. Slowly-varying wave drift forces in short-crested irregular seas[J]. Applied Ocean Research, 1989, 11(1): 2-18.

[57] 张伟, 程杰, 何广华. 波浪中船舶操纵运动的时域与准稳态模拟方法比较研究[C]// 第十六届全国水动力学学术会议暨第三十二届全国水动力学研讨会论文集,北京:海洋出版社,2021.

[58] ZHANG W, ZOU Z. Time domain simulations of the wave-induced motions of ships in maneuvering condition[J]. Journal of Marine Science and Technology, 2016, 21, 154-166.

[59] 张伟,师超,程杰,等. 长峰和短峰不规则波中船舶回转运动数值研究[J]. 中国造船,2022,63(5): 167-180.

恶劣海况中维持操纵性的最小推进功率

毛筱菲　詹星宇

(武汉理工大学)

1 研究背景

1.1 波浪中操纵性衡准

操纵性是船舶重要的航行性能之一,包括船舶的回转能力、初始回转能力、偏航纠正和航向稳定能力、停船性能等。2002年起,国际海事组织(IMO)对100 m以上船舶施行了《船舶操纵性标准》,对静水中船舶操纵性提出了详细而明确的要求。但是,现实中的船舶在海上航行时不可避免地要受到风、浪、流等环境干扰力的影响,这会引起船舶发生摇荡运动、航迹漂移和航速下降,导致恶劣海况下船舶的操纵能力发生显著变化,包括无法维持航向稳定性、需要避开不利于航行安全的风向和浪向等,甚至可能因失去操纵能力而发生安全事故。因此,波浪中的操纵性问题实质上是船舶快速性、耐波性与操纵性问题的综合,过去针对静水制定的规范和标准已不足以全面、完整地评价船舶的航行性能。

对于在开阔海域中恶劣天气条件下航行的情形而言,船舶操大舵角做回转操纵运动的频次较低,且产生的回转漂移和转艏响应迟缓等并非此时船舶操纵性的主要关注点,而船舶操纵航行时的稳定性与安全性能显得更为突出。欧盟项目SHOPERA(Energy Efficient Safe Ship Operation)[1]通过回顾现有法规、船长访谈、开展事故分析和调查等方式,结合实船的实际运营情况,总结了3类衡准场景和标准,用以评估船舶操纵时的推进和转向能力在恶劣海况下是否充分,概述如表1所示。第29届国际拖曳水池大会(ITTC)波浪中操纵性专家委员会报告[2]对波浪中船舶操纵性能也做出了初步定义:船舶在最不利的风浪条件下,具有维持特定前进航速以及改变和保持航向的能力。因此,最小推进功率也应当看作衡量船舶在波浪中操纵性及航行安全性的重要指标之一。

表1　欧盟项目SHOPERA提出的波浪中操纵性衡准场景与要求[1]

衡准场景	衡准要求概述
开敞海域中风标效应状态下的操纵	对操纵性的要求较低,要求具备风标效应能力,即能够在迎浪至艉斜浪中改变和保持航向。此场景应当考虑更为恶劣的天气条件。操纵能力丧失并在横浪中漂移的情形采用考虑更加恶劣海况的天气衡准评估
近海水域中的操纵	对船舶操纵性有较强的功能性要求,包括具备足够的转向能力,避免搁浅、碰撞或接触事故,能够在任意风向、浪向下执行任意操纵运动;具备足够的推进能力,能够及时驶离近岸地区,在任意风向、浪向下维持某一航速(建议为6 kn)。因在近岸地区遭遇发展中的风暴环境时,船长将及时寻找避风港或驶入开阔海域,此场景对于恶劣天气的要求适中
限制水域和限制航速下的操纵	针对进出港航行的场景,不会引起对最小装机功率的限制

1.2 最小推进功率规范

2011年,国际海事组织海洋环境保护委员会(MEPC)出于船舶节能减排、提高能效的目的考虑,提出了船舶能效设计指数(EEDI)的要求,并于2013年正式生效。在此背景下,船东和船舶设计者可能采取降低富余的主机推进功率或减少辅助性操纵设备的方式,以满足该项强制性指标的要求。然而这成了EEDI施行的衍生问题之一,因为在风和浪引起阻力增加的作用下,重载状态的螺旋桨所需转矩增加,主机功率的不足可能导致转速下降,引起航速的降低和舵效的下降。同时,由波浪引起的横向漂移力和转艏漂移力矩会使船舶产生偏离目标航线的趋势,产生的船体漂角及操舵角也将引起船舶所需克服阻力的增加,这要求船舶有富余的主机功率。因此,若忽视或未能准确预报和确保恶劣天气下船舶维持安全航行所需的主机功率,船舶遭遇恶劣天气时可能无法维持操纵性(尤其是航向稳定性),难以及时驶离危险海域或避开不利于航行安全的风向和浪向,甚至引发安全事故。

为在EEDI框架下同时保证船舶的能效与航行安全,2012年国际船级社协会(IACS)牵头提出了恶劣天气条件下船舶最小装机功率的概念,针对任意风向和浪向中船舶维持前进航速和航向保持性要求起草了《最小推进功率评估导则草案》[3]。该草案给出了开展最小功率评估时的恶劣海况条件,并提出了包括最小功率线评估、简化评估和综合评估在内的三个评估层次。经IMO针对此问题的讨论和修订,于2013年在MEPC.232(65)决议[4]中正式发布了《恶劣海况下维持船舶操纵性的最小推进功率临时导则》。该临时导则由最小功率线与简化评估两个层次组成,并未采纳综合评估层次。2015年MEPC.262(68)决议[5]对临时导则进行了修订,调整了第一层次最小功率基线的系数。随后,在2015年以后召开的数次MEPC会议上,多国研究机构提交了《关于第二层次评估方案修订意见的提案》,主要聚焦于恶劣海况及最小航速要求、波浪增阻计算和自航因子取值等。2021年6月IMO召开了MEPC 76次会议,以MEPC.1/Circ.850/Rev.3通函发布了最终修正案《恶劣海况下维持船舶操纵性的最小推进功率导则》[6],临时导则升级为正式导则。该导则修正案对于恶劣海况条件的要求更为严格,同时将第二层次评估更名为"最小功率评估"并对其计算方法进行修订,其中中国建议的推力减额系数和伴流分数默认值方案被大会采纳。

2 研究现状

2.1 最小推进功率第一、二层次研究

当前,国内外有关船舶最小推进功率评估方面的研究数量较少,且大多以基于导则的第一、二层次评估为研究手段,对目标船进行了第一、二层次最小推进功率计算验证和算例分析,波浪增阻的试验或计算方法对于评估结果的影响是研究中重点关注的内容[7-13]。已有研究指出,第一、二层次评估的关注点和目标并不相同,导致评估值存在明显差异,具有不对等性[9-10]。

此外,还有基于导则开展的其他相关研究。在舵设计方面,部分研究从最小推进功率角度对高升力舵进行性能评估[14],或是依据导则确定船舶在最小前进航速为4 kn时所需的舵面积[15];在船型优化方面,部分研究提出满足最小推进功率要求的船型优化方法[16],或是将最小功率作为约束条件,以EEDI为目标函数进行船舶主尺度的综合快速优化[17];由于最小功率导则中未考虑节能装置对于推进性能的影响,也有研究分析了舵球推力鳍对于最小推进功率评估结果的影响[18]。

从导则第二层次的评估内涵来看,导则修正案相较临时导则发生了显著变化,总结于表2。临时导则明确了对于船舶的航向保持性要求,其中航向保持性的要求也由最小前进速度反映,与船型、舵参数密切相关。然而,导则修正案虽引入了表1中第一个波浪中操纵性衡准场景的概念,其评估内涵涉及航向

保持能力,但并未明确建立与船型、舵的具体关联。

表 2 最小推进功率导则修正案与临时导则的第二层次评估内涵变化

	2013 临时导则	2021 修正案
评估要求	如果船舶有足够的装机功率能够在迎风迎浪中以最小前进速度航行,那么认为该船也能够在任何风向和浪向下保持航向	处于风标效应状态下的船舶,能够在迎风迎浪至 30°艏斜风浪范围内,能够以最小前进速度航行
最小前进速度的确定	选取以下两类航速值中的最大值: (1)最小航行速度:具备充裕时间离开近岸地区,减小不利风向和浪向带来的危险影响(取为 4 kn)。 (2)最小航向保持速度:在所有风向和浪向下具有航向保持性(取为 4~9 kn,具体结合主尺度、受风面积、舵面积等计算)	取为 2 kn

由于最小推进功率评估涉及众多复杂理论及影响因素,现行的导则修正案尚存在一些不足,如:

(1)第一层次评估依赖于有限船型的统计资料,暂时无法推广至散货船、液货船和兼装船以外的其他船型及 2 万载重吨以下的船舶。

(2)式(2.1)为第二层次评估中所使用的纵向单自由度简化平衡方程。第二层次评估做了较多简化处理,便于在工程实际中开展评估,但是其局限性也十分突出。例如,未明确指出如何保证船舶具有足够的操纵性(尤其是航向稳定性)和航行安全性,未对船舶的艏向角或偏航角做出定性或定量要求;未能考虑艏斜浪中二阶波浪漂移力(矩)及操舵对航向稳定性的影响等。

$$X_S + X_A + X_W + X_R = X_P(1 - t_P) \tag{2.1}$$

式中,X_S 为静水阻力;X_A 为风阻力;X_W 为波浪增阻;X_R 为舵阻力;X_R 为桨推力;t_P 为推力减额分数。

(3)导则修正案要求船舶在恶劣天气中需达到的最小前进速度为 2 kn,但 MEPC 76/5/1 文件[19]指出,该取值并非规范制定工作组所有成员的共识,应当如何选取尚存在争议。

2.2 最小推进功率第三层次综合研究

现行最小功率导则主要基于工程快速评估的背景,尚不能全面反映船舶在恶劣海况中的安全操纵性能。因此,除了应用规范导则开展快速、简便的评估,也应当根据需要发展精细化的综合评估层次。另一方面,通过从学术上加强直接评估方法和影响因素敏感性分析研究,寻找最小功率评估中的关键问题和主要矛盾,进一步提出相较现行规范更加符合最小功率评估内涵的、经合理简化的第二层次评估方法,更为简便实用地服务于工程实际。

2012 年 IACS 提交的 MEPC 64/4/13 草案[3]曾提出了最小推进功率的综合评估,忽略时变力项而保留时均项,通过式(2.1)至式(2.3)组成的 3 自由度稳态平衡方程,计算船舶在恶劣海况中以某一前进速度航行时的螺旋桨推力(转速、功率)、漂角和舵角,但因涉及的理论和评估方法相对更为复杂,工程实际中实施难度较大,而未被纳入正式决议。

$$Y_S + Y_A + Y_W + Y_R = 0 \tag{2.2}$$

$$N_S + N_A + N_W + N_R = 0 \tag{2.3}$$

式中,Y 为横向力,N 为转艏力矩,各下标含义与式(2.1)相同。

2016 年,丹麦等国在 MEPC 69/INF.23 文件[20]中建议根据特定设计需求采用不同复杂程度的评估手段;综合评估方法能求解非线性耦合运动,可作为最精确的评估层次,并通过模型试验、数值方法或经验公式等实现。荷兰在提交的 MEPC 70/INF. 28 报告[21]中指出,最小功率导则中的阻力-推力平衡方程仅适用于计算迎浪时的可持续航速和推进功率,而对于船舶由斜浪恢复到迎浪航行的情况则必须考虑动态过程。ITTC 操纵性委员会自第 25 届会议起,已连续多年设立船舶在波浪中的操纵性研究专题,对此研究方向的科学内涵做出了进一步明确。第 29 届 ITTC 新成立的波浪中操纵性专家委员会于 2021 年发布的专委会报告中[2],对最小推进功率研究背景和进展做了详细概述,并在建议部分明确指出以先进和综合的方法对第二层次简化评估进行验证。

当前关于最小功率综合评估的计算研究工作较少:

(1)采用三自由度稳态平衡方程的方法。如欧盟 SHOPERA 研究项目将操纵性评估分为推进能力衡准与转向能力衡准两部分,通过平衡方程式(1)至式(3)求解船舶的螺旋桨推力(转速、功率)、操舵角和漂角,绘制满足上述两项衡准下的航速-浪向极坐标界限图,得到船舶的装机功率界限、前进速度界限和转向效果界限[22-23];进一步对平衡方程中的各项参数做了敏感性分析,分别对两部分衡准做了进一步简化,尤其缩小了所需输入平均波浪漂移力的浪向范围,验证了各项力计算的经验公式,可作为第二层次评估,提高衡准的简易性和实用性[24]。

(2)采用操纵-耐波耦合的时域直接模拟方法。如通过六自由度仿真程序计算了迎风和规则迎浪中船舶维持 4 kn 前进速度所需的最小推进功率[25];荷兰 MacRAW 研究项目[21]开展了不规则波中船舶转向和恢复迎浪航行仿真,并提出可采用有效系柱推力替代最小推进功率进行评估;毛筱菲等[26-28]建立了实海域操纵-耐波运动统一模型,开展恶劣海况下船舶直航操纵模拟及航向稳定性分析,以平均航速与偏航角为指标实现最小推进功率的综合评估。

(3)部分关于波浪中操纵性与航行安全性的研究[29-33]也对船舶装机功率的影响进行了讨论,包括建立船舶在波浪中操纵运动时域模型,预报恶劣海况中不同装机功率对航向保持和回转运动的影响;通过稳态平衡方程计算船舶稳定航行时的航速、漂角与舵角,通过线性化操纵运动方程特征值判定航向稳定性,以此开展不同主机功率对船舶安全操纵界限的研究。

另一方面,一些关键因素将对综合评估结果产生重要影响,如:

(1)在进行恶劣海况中最小推进功率的评估时,波浪增阻往往占船舶总阻力的 70% 以上,因此低航速下波浪增阻的准确预报是最小功率评估的决定性因素之一[2]。此外,综合评估中横向漂移力与转艏漂移力矩的计算也将对航向保持性的评估产生重要影响。

(2)恶劣海况中船舶的推进特性相较静水中将发生明显变化,部分研究在时域模型中考虑高海况中船舶运动引起的螺旋桨飞车和舵出水,对比了不同主机功率和裕度对于改变航向操纵过程的影响[31];考虑规则波中船舶运动对螺旋桨平均来流速度的影响,以及水质点轨圆运动对振荡来流速度的影响,并由此通过进速的变化计入波浪中伴流分数的波动[34];通过总结不同类型的螺旋桨出水发生机制和若干因素影响研究,提出计算推力损失系数的经验公式[35]。

(3)部分研究[31-32,34,36]对于实海域环境下主机特性变化有更为精细的考虑,更加接近实船运营的真实状态。如建立的时域模型中,在主机负荷界限上增设燃油消耗界限;基于燃料喷射因子添加主机转速控制器;考虑包括主机热负荷、空气过剩率、排气阀温度、缸内温度等的变化;考虑准静态的主机-轴系-螺旋桨的动力学平衡方程,根据主机输出转矩、螺旋桨转矩、摩擦损失转矩等计算轴系转速的变化。

此外,最小推进功率综合评估的另一途径为开展模型试验。目前试验研究存在的难点有:需开展若干组长时间不规则波中的试验获得统计结果,试验代价大;模型试验存在尺度效应问题;极低航速下池壁效应对试验结果的影响等。

2.3 波浪中操纵性预报方法研究

最小功率评估涉及的核心问题是波浪中的操纵性问题。目前,波浪中操纵性研究方法包括试验、计算流体动力学(CFD)和数学建模仿真。模型试验方法仍是最具可靠性的方法,但因耗费较多的人力和物力,不适宜开展多工况的系列研究;CFD计算方法能够捕捉和分析更多的流场细节,充分考虑波浪中船舶运动的黏性和非线性,但在当前技术条件下,对计算资源要求高,计算效率仍较低。本文主要涉及数学模型仿真的方法,构建数学模型时,目前常采用的方法包括以下几种:

(1)操纵性方程+波浪力的模型。在传统分离型(MMG)操纵性方程右端直接添加波浪漂移力项,更多运用于波浪中操纵运动的预报,准确获取模型中的各项系数后可取得良好的预报精度。

(2)统一理论法(亦称混合法)。统一模型以船舶在静水中的操纵运动方程为基础,将辐射力和由波浪引起的弗劳德-克里洛夫(Froude-Krylov)力、绕射力等作为外力计入方程中,形成一组统一的运动方程来描述船舶在波浪中的操纵运动和耐波摇荡运动。该方法中,附加质量取船体在波浪中振荡频率趋于无穷时的值,摇荡运动产生辐射力的自由面流体记忆效应在时延函数积分中考虑。该方法在各研究中也受到广泛应用,且以较容易实现、计算效率较高的间接时域模型居多;或是采用通过布置面元实时求解的直接时域模型,计算更为精准,但计算量也有增加。

(3)双时间尺度法(亦称双时标法)。双时间尺度模型在不同的时间尺度上交替求解操纵运动方程与耐波运动方程,能够对低频和高频运动成分及影响做出区分。该方法同样实现操纵与耐波问题的结合,虽然在求解上各自独立,但通过数据的交互传递实现耦合,实际上也可认为是另一种形式的统一理论方法。

此外,波浪中操纵性研究的重难点还包括基于瞬时物面、瞬时自由表面的非线性辐射力、入射与绕射波浪力、静回复力计算,波浪增阻与二阶漂移力计算,大漂角斜航状态对波浪漂移力的影响,螺旋桨与舵出水作用等,本文不在此做深入叙述。

接下来将简要介绍操纵-耐波统一理论模型,并通过船舶在指定海况中的操纵运动仿真实现最小推进功率的综合评估。

3 操纵-耐波统一理论模型

3.1 坐标系与运动方程

定义两个独立坐标系,$O_0-x_0y_0z_0$为固定的惯性坐标系,x_0y_0平面与静水面重合,表达船舶的位置、航向、姿态、(角)速度、(角)加速度、波面升高等;$O-xyz$为随船运动的随体坐标系,原点位于船中处,重心G坐标为(x_G,y_G,z_G),表达船舶的摇荡运动、外力与船舶的相互作用等。在随体坐标系中定义船舶的纵向、横向、垂向速度分量u、v和w,船体在水平面上的合速度$U=\sqrt{u^2+v^2}$,横摇和纵摇角φ和θ,艏向角(艏摇角)ψ,横摇、纵摇和艏摇角速度p、q和r,舵角δ,漂角$\beta=\arctan(-v/u)$,以及航速角$\psi_0=\psi-\beta$。假定惯性坐标系和随体坐标系在初始时刻是重合的,初始艏向角ψ为$0°$。χ_0为空间固定坐标系中的绝对浪向角,初始时刻船舶的迎浪、横浪和随浪浪向定义为$180°$、$90°$和$0°$。

基于统一理论建立船舶在波浪中的六自由度运动方程:

$$m[\dot{u}-vr+wq-x_G(q^2+r^2)+y_G(pq-\dot{r})+z_G(pr+\dot{q})]=X_H+X_W+X_A+X_R+X_P \quad (3.1)$$

$$m[\dot{v}-wp+ur-y_G(r^2+p^2)+z_G(qr-\dot{p})+x_G(qp+\dot{r})]=Y_H+Y_W+Y_A+Y_R \quad (3.2)$$

$$m[\dot{w}-uq+vp-z_G(p^2+q^2)+x_G(rp-\dot{q})+y_G(rq+\dot{p})]=Z_H+Z_W \quad (3.3)$$

$$I_{xx}\dot{p}+(I_{zz}-I_{yy})qr+m[y_G(\dot{w}+pv-qu)-z_G(\dot{v}+ru-pw)]=K_H+K_W+K_A+K_R \quad (3.4)$$

$$I_{yy}\dot{q}+(I_{xx}-I_{zz})rp+m[z_G(\dot{u}+qw-rv)-x_G(\dot{w}+pv-qu)]=M_H+M_W \quad (3.5)$$

$$(I_{zz}+x_G^2m)\dot{r}+(I_{yy}-I_{xx})pq+m[x_G(\dot{v}+ur-pw)-y_G(\dot{u}+qw-rv)]=N_H+N_W+N_A+N_R \quad (3.6)$$

式中,m、I_{xx}、I_{yy}、I_{zz}分别为船舶的质量、绕$O-x$轴、$O-y$轴和$O-z$轴旋转的惯性矩;X、Y、Z、K、M、N分别表

示船舶所受到的纵向力、横向力、垂向力、横摇力矩、纵摇力矩和艏摇力矩;下标 H、W、A、R 和 P 分别表示船体力、波浪力、风力、舵力和螺旋桨推力。

上述方程(3.1)至方程(3.3)中,船体力包括附加质量项、摇荡运动辐射力的记忆效应项、操纵水动力导数项,其中纵向船体力中还含有静水阻力的成分。方程(3.4)至方程(3.6)的船体力中包含附加惯性矩项、阻尼力矩、回复力矩,其中横摇船体力矩含有舵力引起的横摇力矩项。

对于波浪中维持船舶操纵性,尤其是直航时航向保持性的船舶最小推进功率问题来说,水平方向上的三个运动自由度为主要影响因素,耐波运动较为显著的横摇、垂荡和纵摇自由度及其影响可忽略。方程右端各项的计算有如下方法:

(1)通过脉冲响应法解决附加质量和阻尼系数项随遭遇频率实时变化的问题,其中流体辐射力的记忆效应项(以下标 M 表示)通过时延函数 $K_{ij}(t)$ 与速度(角速度)的卷积积分求解,如式(3.7)所示。

$$\begin{cases} X_M = -\int_0^t K_{11}(t-\tau)u(\tau)d\tau \\ Y_M = -\int_0^t [K_{22}(t-\tau)v(\tau) + K_{26}(t-\tau)r(\tau)]d\tau \\ N_M = -\int_0^t [K_{66}(t-\tau)r(\tau) + K_{62}(t-\tau)v(\tau)]d\tau \end{cases} \quad (3.7)$$

(2)水动力系数、波浪二阶定常漂移力系数 $\overline{C}_W^{(2)}$ 的计算,可由时域格林函数法,通过时域速度势的计算求解,并考虑船舶非线性大幅运动的影响;或是采用间接时域法,其频域结果通过面元法或 STF 切片法等预先计算获得。数值仿真时,根据船舶实时的航速、遭遇浪向与位置完成漂移力系数的插值与调用。其中波浪增阻(纵向漂移力)的计算可直接使用最小功率导则所推荐的(SNNM)半经验方法。除平均漂移力外,对于考虑差频成分的二阶不规则漂移力,可通过势流理论计算完全二次传递函数(QTF)矩阵表达,或是运用工程中常用、简化的 Newman 近似法,由平均漂移力系数间的关系计算含有差频成分在内的波浪漂移力系数矩阵 $\boldsymbol{C}_{WP^-}^{(2)}$。漂移力计算表达式如式(3.8)所示。

$$\begin{cases} X_W^{(2)} = \dfrac{\rho g B^2}{L} \sum_{i=1}^{n} \sum_{j=1}^{n} \zeta_{ai}\zeta_{aj} \boldsymbol{C}_{WP^-X}^{(2)} \cos(\Lambda) \\ Y_W^{(2)} = \dfrac{\rho g B^2}{L} \sum_{i=1}^{n} \sum_{j=1}^{n} \zeta_{ai}\zeta_{aj} \boldsymbol{C}_{WP^-Y}^{(2)} \cos(\Lambda) \\ N_W^{(2)} = \rho g B L \sum_{i=1}^{n} \sum_{j=1}^{n} \zeta_{ai}\zeta_{aj} \boldsymbol{C}_{WP^-N}^{(2)} \cos(\Lambda) \end{cases} \quad (3.8)$$

式中,$\Lambda = (\omega_i - \omega_j)^2 \cdot (x_0 \cos\chi_0 - y_0 \sin\chi_0)/g - (\omega_i - \omega_j)t + \varepsilon_i - \varepsilon_j$;$\zeta_a$、$\omega$、$\varepsilon$ 分别为成分波的波幅、波频和初相位。

(3)操纵水动力可采用经典的 MMG 模型表达,水动力导数可由模型试验或 CFD 数值计算获得。

(4)螺旋桨推力通过敞水推力系数、进速系数和转速等计算,舵力通过流体作用在舵上的法向力及相关特征参数表达。

(5)风的作用力可采用以风载荷系数表达的经验公式计算。

(6)自动舵控制模型可采用经典 PID 控制器等,实时根据船舶艏向角的偏离误差计算舵角 δ 指令,模拟船舶在波浪中航行时的航向保持操纵运动。

(7)船舶主机工作界限能够对主机和螺旋桨的转速加以控制,避免螺旋桨因负荷过大转矩超限。考虑主机工作界限的影响,能够更准确地反映船舶在实海域中航行时的性能。图 1 描述了低速柴油主机的工作负荷界限,P 和 n 为主机运转时的功率和转速,n_{MCR} 为 MCR 对应的转速。主机在图线①~④所围成的工作区域可安全运转且无时长限制。若某一工况下主机发出的功率超出工作界限,则取该工况下主机功率曲线与工作限界线的交点所对应的转速和功率值。

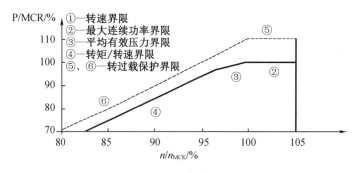

图 1 主机负荷限制图

3.2 数值仿真流程

将船舶在波浪中的操纵运动归纳为多元常微分方程组 $F=f(u,v,r,p,\psi,\varphi,x_0,y_0;t,\delta,n)$ 的求解问题,数值仿真主要流程如图 2 所示。采用四阶龙格-库塔(Runge-Kutta)法求解微分方程组 F,采用牛顿迭代法计算主机功率曲线与负荷限界线的交点。

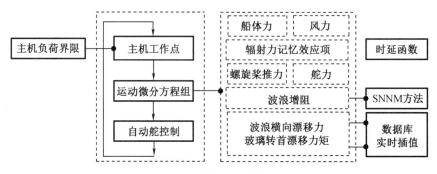

图 2 数值仿真主要流程

4 波浪中航向保持操纵运动计算

4.1 计算对象

大型油轮在船舶操纵性,尤其是航向稳定性方面,已成为研究的典型船型之一。本研究以广泛用作基准验证标模的 KVLCC2 为例开展相关研究,船桨舵主要参数如表 3 所示。假定主机转速与螺旋桨转速相等,主机最大连续运转功率(MCR)对应的转速 $n_{MCR}=84.3$ r/min。

表 3 KVLCC2 的船桨舵主要参数

项目	单位	数值	项目	单位	数值
垂线间长 L	m	320	螺旋桨直径 D_P	m	9.86
型宽 B	m	58	舵高 h_R	m	15.8
吃水 d	m	20.8	舵面积 A_R	m²	112.5
排水体积 ∇	m³	312 421	舵展弦比 λ	1	1.827
初稳性高 GM	m	5.71	舵速 $\dot\delta$	°/s	2.34

4.2 波浪中航向保持操纵运动

根据《最小推进功率评估导则修正案》中对恶劣海况的要求,KVLCC2 的评估海况即对应 $H_S=6.0$ m 和 $\overline{U}_{A0}=22.6$ m/s,并选择导则推荐的 JONSWAP 海浪谱。导则第二层次要求计算波浪增阻时选取的谱峰周期范围为

$$T_P = 3.6\sqrt{H_S} \sim \max(5.0\sqrt{H_S}, 12) \tag{4.1}$$

该式对应至 KVLCC2 为 8.8~12.2 s,这与导则中对恶劣海况定义的周期范围 7.0~15.0 s 有所不同,这里及下文均取前者进行计算。PID 自动舵参数取值为比例系数 $k_p=20$,积分系数 $t_i=50$,微分系数 $t_d=10$。

在迎浪和艏斜浪中,KVLCC2 的航速、艏向角、偏航角和操舵角时历曲线分别如图 3 和图 4 所示。在迎浪条件下,当装机功率满足需要时船舶能够维持一定的航速,通过操舵使偏航角接近于零,航向保持稳定。在艏斜浪中,虽然自动舵将艏向角维持在目标航向 0°附近,但波浪横向漂移力和转艏漂移力矩的干扰引起非零的漂角和航速角,使实际航向和航迹发生一定程度的偏离。当装机功率较小时,船舶前进速度低且平均偏航角达到 20°以上,所需操舵偏转角度大,平均航速仅约为 2 kn;而当装机功率充足时,上述问题得到显著改善,平均航速达到约 4 kn。

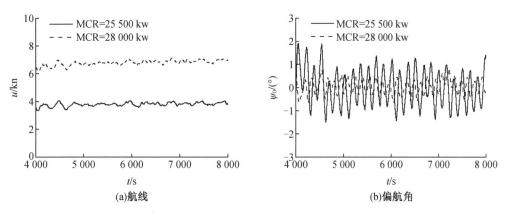

图 3　迎浪中不同 MCR 下的操纵运动时历($\chi_0=180°$, $T_p=12$ s)

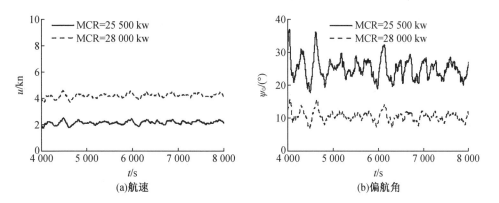

图 4　艏斜浪中不同 MCR 下的操纵运动时历($\chi_0=150°$, $T_p=12$ s)

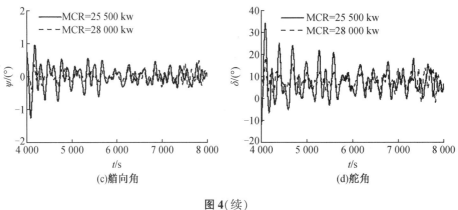

图 4（续）

现以 2 组 MCR 为例,计算 KVLCC2 在迎浪和艉斜浪中做航向保持运动的计算结果,并通过数据插值绘制平均航速和偏航角云图,如图 5 所示。偏航角增加区域与航速降低区域大致接近,体现了偏航角与航速的变化之间的相关性。对于相对浪向角最大的斜浪短波区域,船舶主要受到绕射增阻和大角度入射波浪漂移作用的影响,船舶可维持的航速最低,偏航程度最严重。

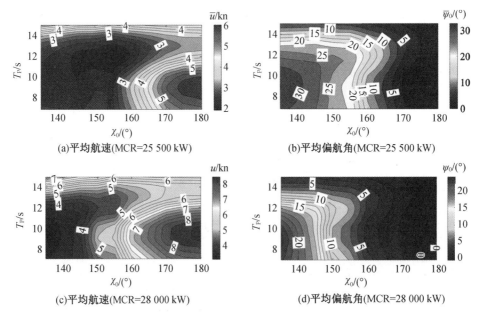

图 5　各浪向和谱峰周期下装机功率对平均航速和平均偏航角的影响

4.3　MCR 界限

通过对不同主机功率下航向保持操纵运动的系列直接模拟,可得到不同浪向中船舶的平均航速和航向偏离,并选择适当的标准评估装机功率 MCR 的界限。

例如,分别在平均航速大于 2 kn 要求、平均航向偏差小于 10° 要求及联合上述两项要求作为衡准条件的情况下得到 MCR 界限图,如图 6(a) 至图(c) 所示。图中的每个评估点对应一个 MCR 和一个浪向,只有在所有参与计算的波浪周期内均满足相应衡准要求,方可评估为通过衡准要求。图 6(a) 表明,150°~155° 浪向对能够维持前进速度的 MCR 要求最为严格。同时,航向准则对评估结果影响显著,图 6(b) 中的未通过衡准区域几乎覆盖甚至扩展了图 6(a) 中的未通过衡准区域。图 6(c) 表明,联合衡准下的 MCR 界限与仅施行航向衡准下的界限基本重叠,且对于从迎浪到 135° 的艉斜浪,船舶克服侧向漂移力和偏航力矩所需的 MCR 值显著增加。

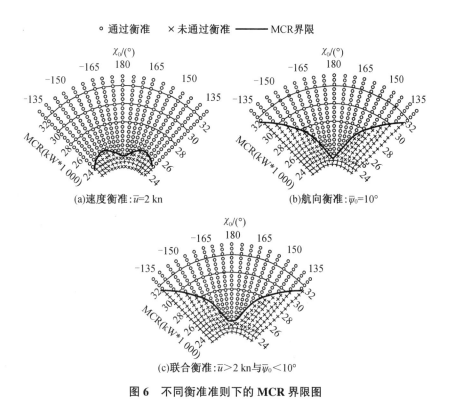

图 6　不同衡准准则下的 MCR 界限图

5　最小推进功率评估与分析

5.1　最小推进功率第一、二层次评估

在第一层次评估中使用的最小功率线是基于大量样船统计资料回归得到的,它是载重吨的函数,如图 7 所示。对于 KVLCC2,其载重吨参考取值为 302 273 t[2],在第一层次评估中最小功率 MCR_{min1} 取值为 25 586 kW。

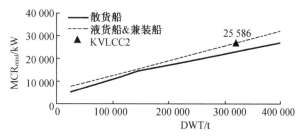

图 7　最小功率线(第一层次评估)

在进行第二层次评估时,首先确定各浪向下船舶的最大总阻力,根据纵向稳态平衡方程式(2.1)获得各波浪周期下所需的螺旋桨推力,并结合螺旋桨特性曲线求得所需的主机转速 n_{REQ} 及制动功率 P_{REQ}。最小功率导则第二层次评估的目的是校核 n_{REQ} 和 P_{REQ} 是否超出船舶的装机负荷界限。这里求其反问题,计算需要的装机最大持续功率 MCR_{REQ}。图 8 的示例中,假定转速和功率最大点恰好落在主机负荷界

限上,那么在 n_{MCR} 确定的情况下即可根据主机负荷界限推算此时的 MCR_{REQ}。

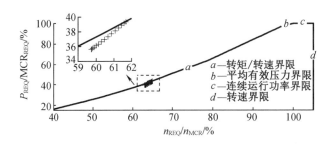

图8 所需转速和功率($\chi_0 = 180° \sim 150°$, $u_{min} = 2$ kn)

依照上述思路,计算最小前进速度和最大偏航角要求时的 MCR_{REQ},如图9中各曲线所示。在恶劣海况中波浪增阻在总阻力中占比增大,它随谱峰周期的变化趋势基本决定了 MCR_{REQ} 曲线的变化规律。图9中,阴影区域表示参与最小功率评估的波浪周期范围,标记点符号表示该周期范围内所需功率的最大值,也就是最小推进功率第二层次的评估值 MCR_{min2}。现行导则给定的 $u_{min} = 2$ kn 对功率的要求相对最低,导则考虑艏斜浪增阻情况后最小推进功率显著上升。而最小航速要求提升至 $4 \sim 6$ kn 或浪向范围取 $180° \sim 135°$ 后,最小推进功率的增幅明显。

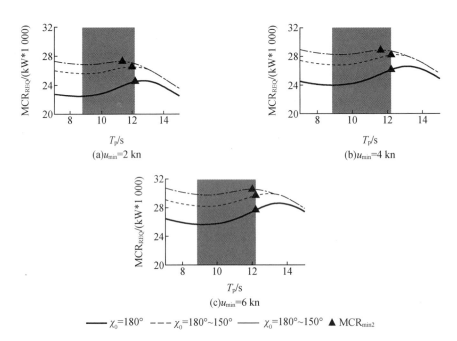

图9 给定最小速度和浪向时所需的装机功率(第二层次评估)

5.2 最小推进功率第三层次综合评估

基于所建立的数学模型,开展最小推进功率第三层次的直接模拟、综合评估研究,同时选取若干影响因素的不同取值,开展敏感性分析研究,如表4所示。

表 4 评估影响因素敏感性分析取值

评估影响因素		取值
评估要求	最小平均前进速度 u_{min}	<u>2 kn</u>、4 kn、6 kn
	最大平均偏航角 ψ_{0max}	<u>NR</u>、15°、10°、5°
计算参数取值	浪向范围 χ_0	180°、<u>180°~150°</u>、180°~135°
	自航因子 w_p、t_p	[$w_p=0.15$, <u>$t_p=0.10$</u>]、[$w_p=0.21$, $t_p=0.15$]、[$w_p=0.34$, $t_p=0.21$]
	自动舵参数 k_p、t_i、t_d	[$k_p=2$, $t_i=t_d=0$]、[$k_p=20$, $t_i=50$, $t_d=10$]

注:下划线项表示现行导则要求,NR 表示现行导则未提出该项要求。

开展综合评估时,通过对不同主机功率时航向保持运动的系列时域模拟,获得各浪向和谱峰周期下船舶的平均航速和偏航角,作为综合评估指标值。综合评估时应满足以下条件:

$$\overline{u} > u_{min}, \overline{\psi_0} < \psi_{0max} \tag{13}$$

具体做法是:寻找跨越 u_{min} 或 ψ_{0max} 值的两个点 $MCR_{cri1,2}(\chi, T_p)$,将内插值作为最小推进功率综合评估值 MCR_{min3}。在兼顾 u_{min} 及 ψ_{0max} 的要求时,先满足其中所需功率较低的一项要求,然后确定与另一项要求对应的 $MCR_{cri1,2}$ 并插值。

图 10(a)至图(e)为 KVLCC2 第三层次(Level-3)综合评估结果与第一、二层次(Level-1 和 Level-2)评估结果的对比,同时体现了各评估因素的影响。可见:

(1)由于综合评估所采用的时域数学模型更为精细,相较基于简化平衡方程的第二层次评估更加贴近实际操纵运动,当未施加偏航角要求时,综合评估结果低于第二层次的评估结果;因综合评估能够考虑船舶偏转、漂移及操舵的动态影响,增加偏航角要求后评估的所需最小功率值显著增加,其结果接近或大于无法考虑该要求的第二层次评估结果。同时,为了直接计算 MCR_{min} 而非校核已有装机功率,计算中所使用的 $nMCR$ 对评估结果有一定影响,这里第二层次评估值结果超过了基于统计经验的第一层次评估值。

(2)导则修正案制定最小前进速度要求为 2 kn,但目前尚存在不一致的意见。图 10(a)表明,在 u_{min} 取值 2 kn 时的综合评估结果与基于实船统计数据的第一层次评估结果基本相等,而 $u_{min}=6$ kn 时综合评估结果显得过于严格。

(3)最小功率导则未指定对于航向保持性的明确要求。图 10(b)显示,偏航角要求对评估结果的影响是显著的,当 ψ_{0max} 取值为 15°时的综合评估结果与第一、二层次的评估结果相近,要求较为适中。而 ψ_{0max} 降低至 5°以下时的评估结果则过于保守。

(4)为了将舷斜浪中的波浪增阻大于迎浪时的情况考虑进来,导则修正案已将浪向的评估范围由原来的仅限于 180°迎浪扩大至 150°舷斜浪。而是否需要进一步拓展浪向范围,以更全面地考虑航行可能受到的影响还有待讨论。如图 10(c)所示,对于仅迎浪的浪向条件,波浪的偏航扰动影响有限,ψ_{0max} 对评估结果几乎没有约束。当浪向范围扩大后,波浪漂移力和力矩的作用显著,船舶所需装机功率明显升高。当 $\chi_0=180°~135°$时,综合评估结果与现行导则要求的 $\chi_0=180°~150°$相比显得更为严格。

(5)图 10(d)表明,无偏航角要求时 PID 参数取值对评估结果的影响不大。当平均航向偏离要求提出后,不同的 PID 参数对综合评估有明显的影响。开展综合评估时,需适当考虑船舶实际控制策略。

(6)图 10(e)中,选取的三组自航因子分别为导则修正案中的默认值、设计航速对应的自航因子(与临时导则推荐值相近)及一组中间值。结果表明,自航因子的取值对于最小推进功率的影响显著,而修正案默认值也更加切合现实船舶低速航行时的自航因子,在评估结果的数值上也降低了对装机功率的要求。

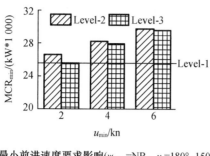
(a)最小前进速度要求影响(ψ_{0max}=NR,χ_0=180°~150°,w_p=0.15,t_p=0.10,k_p=20,t_i=50,t_d=10)

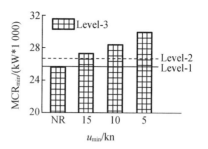
(b)最大偏航角要求影响(u_{min}=2 kn,χ_0=180°~150°,w_p=0.15,t_p=0.10,k_p=20,t_i=50,t_d=10)

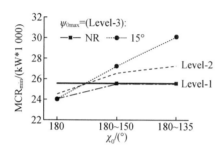
(c)浪向范围取值影响(u_{min}=2 kn,w_p=0.15,t_p=0.10,k_p=20,t_i=50,t_d=10)

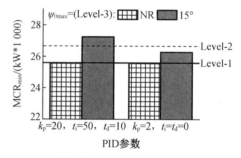
(d)PID参数取值影响(u_{min}=2 kn,χ_0=180°~150°,w_p=0.15,t_p=0.10)

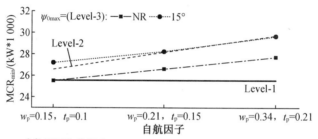
(e)自航因子取值影响(u_{min}=2 kn,χ_0=180°~150°,k_p=20,t_i=50,t_d=10)

图 10　综合评估结果与导则中第一、第二层次评估结果对比

6　结论

自 EEDI 要求提出后,在保证船舶满足快速性要求的前提下,降速和减小装机功率成为一种简便措施。在此背景下,维持船舶具有足够操纵能力的最小推进功率这一概念被提出,其内涵为波浪中的操纵性问题,而非单一的快速性问题。IMO 现行的最小功率导则包括第一层次的最小功率线及简化的第二层次评估,目前已应用于相关样船计算研究和实际船舶的主机功率校核工作中。而该项规范主要基于工程快速评估的背景,尚无法全面和真实地反映船舶操纵的实际情况。

本文概述了船舶最小推进功率的内涵、规范发展及国内外研究现状,建立了实海域船舶操纵-耐波运动数学模型,以 KVLCC2 为例介绍了最小推进功率的第一、二层次评估,提出了第三层次综合评估的主要方法和过程,并结合各层次评估结果对比及各影响因素敏感性分析,对现行最小推进功率导则的合理性进行了评述。建立的船舶运动数学模型能为最小推进功率和航行安全的综合评估提供指导和参考。主要建议如下:

(1)对横向漂移力和转艏漂移力矩的作用考虑与否可使偏航角预报产生很大的偏差。最小推进功率的综合评估完整考虑波浪漂移力、力矩和操舵动态过程的影响,能够反映船舶的航向稳定性,它与基于单自由度稳态平衡方程的第二层次评估相比考虑得更为全面和细致。

(2) 在最小功率导则中对浪向范围和最小前进速度的要求较为合理，但未对航向稳定性提出明确要求。建议将描述航向稳定与偏离的相关指标纳入最小推进功率的评估标准，更能切合提出该导则时的初衷。

7 需要研究的基础科学问题/发展方向

评估船舶在恶劣天气中维持操纵性能的最小推进功率是综合快速性、操纵性、耐波性等诸多船舶水动力性能研究分支的复杂问题。同时，最小推进功率规范也对新船设计、主机选型等产生重要影响。需进一步完善的问题及发展的方向包括但不限于：

(1) 提高数学模型的预报精度，以提升最小推进功率综合评估结果的准确性。尤其对于所要求的恶劣海况，进一步准确考虑船舶在高海况中的大幅运动，包括非平均位置瞬时湿表面引起F-K力、回复力、辐射力、绕射力的非线性效应，引起的桨、舵瞬时出水，波浪中操纵水动力导数的影响等。

(2) 波浪增阻曲线和自航因子取值对最小推进功率的第二层次评估及综合评估有显著影响。应当进一步发展波浪中、低航速下的模型试验或CFD虚拟试验研究，确定该种情形下伴流分数和推力减额分数的变化和短波段的绕射增阻，提高最小推进功率评估的准确度。

(3) 确切评判现行最小推进功率导则的合理性，深入探讨和建立考量维持恶劣海况中船舶操纵性这一初衷目标的评估机制，为准则的完善及综合评估规范的制定提供支撑和建议。

(4) 发展完善综合EEDI要求与最小推进功率评估的主机选型、船型优化和舵设计方法。

参考文献

[1] DENMARK, GERMANY, NORWAY, et al. Results of research project "energy efficient safe ship operation" (SHOPERA)[R]. MEPC 70-INF. 33, 2016.

[2] ITTC. Report of thespecialist committee on manoeuvring in waves[C]. Proceedings of the 29th ITTC, 2021.

[3] IACS, BIMCO, INTERCARGO, et al. Consideration of the energy efficiency design index for new ships-minimum propulsion power to maintain the manoeuvrability in adverse conditions[R]. MEPC 64/4/13, 2012.

[4] IMO. Interim guidelines for determining minimum propulsion power to maintain the manoeuvrability of ship in adverse conditions[S]. Resolution MEPC.232(65), 2013.

[5] IMO. Amendments to the 2013 interim guidelines for determining minimum propulsion power to maintain the manoeuvrability of ships in adverse conditions[S]. Resolution MEPC.262(68), 2015.

[6] IMO. Guidelines for determining minimum propulsion power to maintain the manoeuvrability of ships in adverse conditions[S]. MEPC.1/Circ.850/Rev.3, 2021.

[7] 李传庆, 董国祥. 最小推进功率评估方法研究[J]. 中国造船, 2014, 55(1):110-118.

[8] 魏锦芳, 王杉, 苏甲, 等. 船舶最小推进功率跟踪研究[J]. 中国造船, 2014, 55(4): 20-25.

[9] 刁峰, 周伟新, 魏锦芳, 等. EEDI背景下船舶最小装机功率跟踪研究[C]//第二十七届全国水动力学研讨会论文集, 北京:海洋出版社, 2015:917-922.

[10] 丁惊雷, 吴思莹, 甘水来. 试验确定最小功率的方法及其与基线法对比[J]. 船舶与海洋工程,

2020, 36(3): 12-16.

[11] HOLT P, NIELSEN U D. Preliminary assessment of increased main engine load as a consequence of added wave resistance in the light of minimum propulsion power[J]. Applied Ocean Research, 2021(108):102543.

[12] 彭贵胜, 高阳, 王文华, 等. 基于最小推进功率的阿芙拉级油船波浪增阻计算方法的研究[J]. 中国造船, 2020, 61(1):69-80.

[13] FENG P Y, LIU S K, SHANG B G, et al. Minimum propulsion power assessment of a VLCC to maintain the maneuverability in adverse conditions[J]. Journal of Marine Science and Engineering, 2021(9):1287.

[14] SUZUKI R, TSUKADA Y, TSUJIMOTO M, et al. A study on high-lift rudder performance in adverse weather based on model tests under high propeller load[J]. Ocean Engineering, 2017(136): 152-167.

[15] 谢敏, 蔡跃胜, 吴安. 最小推进功率要求对舵面积预估的影响[J]. 船海工程, 2021, 50(1): 46-50.

[16] HEO J, PARK D, BERG-JENSEN J H, et al. Hull form optimization to fulfil minimum propulsion power by using frequency and time domain potential flow solvers[J]. Lecture Notes in Civil Engineering, 2021(65):220-236.

[17] 王艳霞, 王杉, 魏锦芳. 关于EEDI和最小推进功率综合优化的研究[J]. 中国造船, 2018, 59(4): 60-68.

[18] 杨帆, 殷晓俊, 李传庆, 等. 舵球推力鳍对最小推进功率的影响[J]. 中国造船, 2019, 60(2): 69-76.

[19] JAPAN. Report of the correspondence group on air pollution and energy efficiency[R]. MEPC 76/5/1, 2021.

[20] DENMARK, GERMANY, JAPAN, et al. Progress report of SHOPERA and JASNAOE projects for development of the revised minimum propulsion power guidelines[R]. MEPC 69/INF.23, 2016.

[21] NETHERLANDS. Study on minimum power requirements (MacRAW)[R]. MEPC 70/INF.28, 2016.

[22] SHIGUNOV V. Manoeuvrability in adverse conditions[C]. Proceedings of the ASME 2015 34th International Conference on Ocean, Offshore and Arctic Engineering, 2015.

[23] SHIGUNOV V. Manoeuvrability in adverse conditions: rational criteria and standards[J]. Journal of Marine Science and Technology, 2018(23): 958-976

[24] SHIGUNOV V. Practical assessment of manoeuvrability in adverse conditions[J]. Ocean Engineering, 2020(203): 107113.

[25] SPRENGER F, SELVIK Ø, FATHI D, et al. Simulating minimum required power and manoeuvrability in adverse conditions[C]. Proceedings of the ASME 2014 33rd International Conference on Ocean, Offshore and Arctic Engineering (OMAE), 2014.

[26] ZHAN X Y, MAO X F. Comprehensive assessment of course stability and minimum propulsion power of ship in adverse conditions[C]. Proceedings of the 1st International Conference on the Stability and Safety of Ships and Ocean Vehicles, 2021.

[27] 詹星宇, 毛筱菲. 基于操纵-耐波统一理论的最小推进功率综合评估[J]. 中国造船, 2022, 63(4):24-33.

[28] MAO X F, ZHAN X Y. Course-keeping ability and minimum propulsion power assessment in adverse weather conditions using a manoeuvring-seakeeping unified model[C]. The 15th International Symposium on Practical Design of Ships and Other Floating Structures (PRADS), 2022.

[29] YASUKAWA H, ZAKY M, YONEMASU I, et al. Effect of engine output on maneuverability of a VLCC in still water and adverse weather conditions[J]. Journal of Marine Science and Technology, 2017(22):574-586.

[30] YASUKAWA H, SAKUNO R. Application of the MMG method for the prediction of steady sailing condition and course stability of a ship under external disturbances[J]. Journal of Marine Science and Technology, 2020(25):196-220.

[31] AUNG M Z, UMEDA N. Manoeuvring simulations in adverse weather conditions with the effects of propeller and rudder emergence taken into account[J]. Ocean Engineering, 2020, 197:106857.

[32] SUZUKI R, TSUKADA Y, UENO M. Estimation of full-scale ship manoeuvrability in adverse weather using free-running model test[J]. Ocean Engineering, 2020(213): 107562.

[33] SUZUKI R, UENO M, TSUKADA Y. Numerical simulation of 6-degrees-of-freedom motions for a manoeuvring ship in regular waves[J]. Applied Ocean Research, 2021(113):102732.

[34] SUI C B, VOS P, HOPMAN H, er al. Effects of adverse sea conditions on propulsion and manoeuvring performance of low-powered ocean-going cargo ship[J]. Ocean Engineering, 2022(254):11348.

[35] KOZLOWSKA A M, STEEN S, KOUSHAN K. Classification of different type of propeller ventilation and ventilation inception mechanisms [C]. The 1st International Symposium on Marine Propulsors, 2009.

[36] TSUJIMOTO M, ORIHARA H. Performance prediction of full-scale ship and analysis by means of on-board monitoring (part 1 ship performance prediction in actual seas)[J]. Journal of Marine Science and Technology, 2019(24):16-33.

船舶波浪增阻

段文洋　陈纪康

(哈尔滨工程大学)

1　船舶波浪增阻问题的来由

船舶与各类海洋航行器前进时,都会受到来自水与船体湿表面相对运动产生的摩擦阻力。由于航行器形状各异,其在水中以不同速度前进时,排挤周围水流形成的流线封闭或开敞尾流半封闭曲面形状也有很大差别,从而产生形状阻力。水面船舶或者近水面航行器,随着航速增大,还会产生显著的兴波现象,兴波必然耗能,从而产生兴波阻力。摩擦阻力、形状阻力和兴波阻力都与航速关联,属于静水阻力研究的范畴。然而,实际海况中海洋上风平浪静的静水环境是很少的,不同等级的风浪海况是常态,同一船舶在不同海况下前进时,其遭受的平均水阻力与静水阻力相比有显著增加,这就是波浪增阻,同一海况下,不同大小和形状的船舶,其波浪增阻也有很大差异。

历史上,船舶阻力的研究主要集中于船舶静水阻力,这是船舶设计时主机功率计算所必需的内容。虽然众所周知,实际海况下存在的波浪增阻会造成航速损失,但是由于海洋风浪环境的复杂性、随机性以及波浪增阻的非线性,设计师往往简单选择一个主机附加储备功率,以考虑海况对保持航速时功率增加的实际需求。

21世纪以来,由于全球气候变化日益受到国际社会的关注,国际海事组织不断推出新的船舶碳排放限制法规和愈加严厉的排放基线,重新设计船舶能效设计指数(EEDI)逐渐扩大到各类新旧船舶的EEDI,其中能效计算和改善的基础是优化并降低船舶静水阻力,如直接降低船速,采用船底气层降低摩擦阻力,优化船首外形降低形状和兴波阻力,以及改善船艉伴流的多种节能附体等措施。但是,由于船舶航行于海上风浪环境是常态,国际海事组织成员也对海洋气象环境引起的船舶失速对船舶能效和碳排放的影响定量计算给予了极大的关注。这些关注主要有两个方面,一是正常海况下,由于风浪增阻导致的船舶 EEDI 折算气象因子 f_w；二是恶劣海况下,对于通过降低主机功率进而满足 EEDI 求的船舶,能否在遭遇大的风浪时保持安全操纵所需最小装机功率。无论是气象因子 f_w 还是最小装机功率,都需要获得量化的船舶风浪增阻。目前,采用的是船舶上层建筑风阻叠加船体波浪增阻的计算方法,其中不同海况下的船舶波浪增阻准确获取是关键。

由于船舶几何形状的复杂性,实船波浪增阻没有理论解析解,一般采用船模水池试验或者数值计算的方法。正常航速下,顶浪船模增阻试验容易在带有造波功能的拖曳水池开展,但是其他浪向的波浪增阻试验在拖曳水池难以实现。对于最小装机功率要求的船舶极低航速,开展波浪增阻水池试验,由于池壁波浪反射和拖车定速困难,即使是常规拖曳水池也有很大困难。此外,由于不规则波试验获取船舶平均增阻非常困难,一般采用规则波下试验,获取波浪增阻频率响应算子,按照波浪谱换算为增阻谱,进而获得不同海况下的波浪增阻。但是,由于船舶尺度增大,水池造波频率范围有限,水池短波试验存在极大挑战。所以船舶波浪增阻实用的数值计算方法成为模拟、评估和衡量船舶波浪增阻的重要途径,受到国际船舶水动力学领域的重点关注。

2 船舶波浪增阻的实用计算理论

正如船舶静水阻力的构成,船舶波浪增阻的计算可以从局部受力和总体能量损失两个方面来分析。从局部受力来讲,静水中前进船体湿表面分布有切向摩擦应力和法向应力,前者投影到前进方向后积分导致摩擦阻力,后者投影到前进方向后积分导致黏压阻力。从能量损失来看,摩擦阻力和黏压阻力来源于黏性作用导致的边界层和尾流中的涡流能量耗散,而兴波阻力来源于外传兴波能量耗散。从局部受力来看,波浪中前进船舶的波浪增阻主要是由波浪中船舶表面法向应力与静水中前进船舶表面法向应力的差值投影到前进方向后积分导致,其中波浪沿着船体水线起伏这部分变动湿表面的压力差值贡献最大。从能量损失来看,相对于静水兴波,船舶六自由度摇荡兴波和反射与绕射兴波都会产生能量耗散,其等价于船体增阻对水做功。

根据上述船舶波浪增阻构成的力学和能量分析原理,波浪增阻的理论计算获取手段,可以分为压力积分法和能量分析法。由于压力积分法关键是压力分布的正确值获取,而二十世纪中后期发展的船舶耐波性计算的切片理论,对于船体表面无法给出首尾准确的三维压力分布,因此基于切片理论的增阻压力积分法虽有研究,但是并未实用。相反,基于船和波相对运动的辐射波能计算增阻方法却获得了实用[1]。进入 21 世纪以来,船舶大型化愈发显著,船舶的短波绕射增阻所占成分增大,虽有比拟直立墙波浪反射的绕射增阻简化公式提出[2-4],但是该类公式无法反映水线形状相同而水下湿表面形状不同的船体之间绕射增阻的差异。

近十年来,航速船舶三维势流计算方法有了突破性进展,主要体现在速度势定解问题中船体水线附近三维压力分布的计算精度有了极大提高,而这是压力积分法获得波浪增阻的必要条件。实用并且准确数值求解增阻的关键技术有两条:一是获得了定常绕流影响非定常辐射和绕射波速度势自由面和物面定解条件的高精度数值解;二是准确获得了二阶水动压力分布和船体水线的非定常波面起伏。下面对该理论模型和创新数值方法泰勒展开边界元方法(TEBEM)给以简介。

2.1 有航速船舶速度势定解问题和受力计算公式

对于有航速船舶水动力学问题,建立如图 1 所示的随船平动直角坐标系。坐标系原点位于船舶重心在静水面的投影上,水平面 xOy 位于静水面上,z 轴垂直向上。船速正方向指向 x 轴正方向。

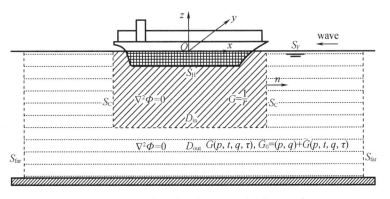

图 1 有航速船舶水动力学问题平动坐标系示意图

对于流体假设无黏不可压缩,且流动无旋。则流体质点运动可通过速度势函数表示,其满足如下的控制方程和边界条件:

$$\begin{cases} \nabla^2 \phi = 0 \\ \dfrac{\partial \phi}{\partial n} = \boldsymbol{U} \cdot \boldsymbol{n} + \boldsymbol{V} \cdot \boldsymbol{n} \quad (\text{on} \quad S_H) \\ \dfrac{\partial \phi}{\partial z} = \left(\dfrac{\partial}{\partial t} - \boldsymbol{U} \cdot \nabla\right)\zeta + \dfrac{\partial \zeta}{\partial x}\dfrac{\partial \phi}{\partial x} + \dfrac{\partial \zeta}{\partial y}\dfrac{\partial \phi}{\partial y} \quad (\text{on} \quad z = \zeta(x,y,t)) \\ \left(\dfrac{\partial}{\partial t} - \boldsymbol{U} \cdot \nabla\right)\phi + \dfrac{1}{2}(\nabla \phi)^2 + g\zeta = 0 \quad (\text{on} \quad z = \zeta(x,y,t)) \\ \text{Far-field} \quad \text{condition} \end{cases} \quad (2.1)$$

式中,$\boldsymbol{U},\boldsymbol{V},\zeta$ 和 g 分别是船舶前进速度、船舶六自由度运动速度、波面升高和重力加速度。

有船舶航速速度势定解问题(2.1)是全非线性自由面流固耦合问题,其中自由面空间瞬态位置与其速度势的变化是耦合的,该问题实际耐用的计算方法尚未建立。由于船舶波浪增阻是有航速船舶沿着船体纵向的波浪漂移载荷的时均值,属于二阶定常波浪载荷,只包含一阶量对二阶量的贡献,因此可将船舶有航速速度势定解问题(2.1)进行线性化处理。

波浪中有航速船舶线性水动力学问题中流体质点总速度势可分解为定常兴波速度势和非定常兴波速度势两部分。对定常兴波做叠模流近似,分解为来流速度势和叠模速度势。非定常兴波速度势分为入射波势和非定常扰动波速度势。基于线性假设,忽略定常兴波对非定常兴波的影响,非定常波面升高可分解为非定常入射波面和扰动波面升高。即

$$\phi = \Phi + \varphi = -Ux + \Phi + \varphi_I + \varphi_d$$
$$\zeta = \zeta_I + \zeta_d \qquad (2.2)$$

式中,Φ 是叠模速度势,量纲为 $O(1)$;$\varphi \cdot \varphi_I \cdot \varphi_d$ 分别表示非定常水波总速度势、入射波速度势和扰动波速度势,量纲为 $O(\varepsilon)$。与之对应的波面升高项量纲也为 $O(\varepsilon)$。

首先对于叠模速度势,其定解问题如下式所示:

$$\begin{cases} \nabla^2 \Phi = 0 \\ \dfrac{\partial \Phi}{\partial n} = \boldsymbol{U} \cdot \boldsymbol{n} \quad (\text{on} \quad S_H) \\ \dfrac{\partial \Phi}{\partial z} = 0 \quad (\text{on} \quad S_F) \\ \Phi = 0 (\sqrt{x^2 + y^2 + z^2} \to \infty) \end{cases} \quad (2.3)$$

基于叠模流假设和量阶分析,定解问题(2.1)中的全非线性运动学和动力学自由面条件线性化后可表示为

$$\left[\dfrac{\partial}{\partial t} + (\nabla \Phi - \boldsymbol{U}) \cdot \nabla\right]\zeta = \dfrac{\partial \varphi}{\partial z} + \zeta\dfrac{\partial^2 \Phi}{\partial z^2} \quad (\text{on} \quad z = 0)$$
$$\left[\dfrac{\partial}{\partial t} + (\nabla \Phi - \boldsymbol{U}) \cdot \nabla\right]\varphi = -g\zeta_d \quad (\text{on} \quad z = 0) \qquad (2.4)$$

消除波面升高项后,可获得线性的综合型自由面条件,即

$$\left[\dfrac{\partial}{\partial t} + (\nabla \Phi - \boldsymbol{U}) \cdot \nabla\right]^2 \varphi + g\dfrac{\partial \varphi}{\partial z} = f(\Phi, \varphi, t) \qquad (2.5)$$

式中,$f(\Phi, \varphi, t) = \dfrac{\partial^2 \Phi}{\partial z^2}\left[\dfrac{\partial \varphi}{\partial t} + (\nabla \Phi - \boldsymbol{U}) \cdot \nabla \varphi\right] - (\nabla \Phi - \boldsymbol{U}) \cdot [\nabla(\nabla \Phi - \boldsymbol{U})\nabla \varphi]$。

定解问题(2.1)中非线性物面条件线性化后可表示为[5]

$$\frac{\partial \varphi}{\partial n} = \sum_{j=1}^{6}\left(\frac{\partial \eta_j}{\partial t}n_j + \eta_j m_j\right)$$

$$(n_1, n_2, n_3) = n_j, \quad (n_4, n_5, n_6) = \boldsymbol{r} \times n_j$$

$$(m_1, m_2, m_3) = -(\boldsymbol{n} \cdot \nabla)(\nabla \Phi - \boldsymbol{U})$$

$$(m_4, m_5, m_6) = -(\boldsymbol{n} \cdot \nabla)[\boldsymbol{r} \times (\nabla \Phi - \boldsymbol{U})] \tag{2.6}$$

式中,$\eta_j(j=1,2,\cdots,6)$ 为船舶六自由运动位移;$\boldsymbol{r}$ 为从船舶中心出发的流体质点位置矢径。因此非定常扰动速度势函数的定解问题如下式所示,即

$$\begin{cases} \nabla^2 \varphi_d = 0 \\ \left[\dfrac{\partial}{\partial t} + (\nabla \Phi - \boldsymbol{U}) \cdot \nabla\right]^2 \varphi_d + g \dfrac{\partial \varphi_d}{\partial z} = f_d(\Phi, \varphi_I, \varphi_d, t) \quad (on \ z=0) \\ \dfrac{\partial \varphi_d}{\partial n} = \sum_{j=1}^{6}\left(\dfrac{\partial \eta_j}{\partial t}n_j + \eta_j m_j\right) - \dfrac{\partial \varphi_I}{\partial n} (on \ S_H) \\ \text{Far-field condition} \end{cases} \tag{2.7}$$

式中,$f_d(\Phi, \varphi_I, \varphi_d, t) = -2\nabla\Phi \cdot \nabla\varphi_{I,t} - (U-\Phi_x)^2\nabla^2\varphi_I + U^2\dfrac{\partial^2\varphi_I}{\partial x^2} + \dfrac{\partial^2\Phi}{\partial z^2}\left[\dfrac{\partial(\varphi_d+\varphi_I)}{\partial t} - (\boldsymbol{U}-\nabla\Phi)\cdot\nabla(\varphi_d+\varphi_I)\right] - (U-\Phi_x)(-\Phi_{xx})\dfrac{\partial(\varphi_d+\varphi_I)}{\partial x} - (U-\Phi_x)(-\Phi_{xy})\dfrac{\partial(\varphi_d+\varphi_I)}{\partial y} - (-\Phi_y)(-\Phi_{xy})\dfrac{\partial(\varphi_d+\varphi_I)}{\partial x} - (-\Phi_y)(-\Phi_{yy})\dfrac{\partial(\varphi_d+\varphi_I)}{\partial y}$。

求解完线性定解问题(2.2)和(2.7)后,可获得叠模速度势和非定常扰动速度势及其空间导数。利用压力积分法获得作用于船舶上的流体载荷,再基于牛顿第二定理,利用四阶龙格库塔方法时域步进求解船舶运动方程。对于流体质点速度势及其空间导数、六自由度运动位移等物理量的数值解,利用近场压力积分方法获得船舶波浪增阻[6]。

$$\begin{aligned}
\boldsymbol{F}^{(2)} = & \int_{WL} \frac{1}{2}\rho g[\zeta - \delta_3]^2 \cdot \boldsymbol{n}^{(0)} dL - \rho\int_{WL}\left[-\left(\boldsymbol{U}-\frac{1}{2}\nabla\Phi\right)\cdot\nabla\Phi\right][\zeta-\delta_3]\cdot\boldsymbol{n}^{(1)}dL - \\
& \rho\int_{WL}\boldsymbol{\delta}\cdot\nabla\left[-\left(\boldsymbol{U}-\frac{1}{2}\nabla\Phi\right)\cdot\nabla\Phi\right][\zeta-\delta_3]\cdot\boldsymbol{n}^{(0)}dL - \\
& \rho\iint_{S_H}\frac{1}{2}\nabla\varphi^2\cdot\boldsymbol{n}^{(0)}ds - \rho\iint_{S_H}\boldsymbol{\delta}\cdot\nabla\left[\frac{\partial\varphi}{\partial t}+(\nabla\Phi-\boldsymbol{U})\cdot\nabla\varphi\right]\cdot\boldsymbol{n}^{(0)}ds - \\
& \rho\iint_{S_H}\left[g\delta_3+\frac{\partial\varphi}{\partial t}+(\nabla\Phi-\boldsymbol{U})\cdot\nabla\varphi\right]\cdot\boldsymbol{n}^{(1)}ds - \\
& \rho\iint_{S_H}\boldsymbol{\delta}\cdot\nabla\left[-\left(\boldsymbol{U}-\frac{1}{2}\nabla\Phi\right)\cdot\nabla\Phi\right]\cdot\boldsymbol{n}^{(1)}ds - \\
& \rho\iint_{S_H}\left[-\left(\boldsymbol{U}-\frac{1}{2}\nabla\Phi\right)\cdot\nabla\Phi\right]\cdot\boldsymbol{n}^{(2)}ds - \rho\iint_{S_H}gz\cdot\boldsymbol{n}^{(2)}ds
\end{aligned} \tag{2.8}$$

式中,$\boldsymbol{\delta} = (\delta_1, \delta_2, \delta_3)$ 为船舶空间点合成位移;$\boldsymbol{n}^{(0)}$ 为静水中船舶法矢。然后 $\boldsymbol{n}^{(1)} = \boldsymbol{H}^{(1)}\boldsymbol{n}^{(0)}$,$\boldsymbol{n}^{(2)} = \boldsymbol{H}^{(2)}\boldsymbol{n}^{(0)}$;旋转运动变换矩阵为[5]

$$\boldsymbol{H}^{(1)} = \begin{bmatrix} 0 & -\eta_6 & \eta_5 \\ \eta_6 & 0 & -\eta_4 \\ -\eta_5 & \eta_4 & 0 \end{bmatrix}$$

$$H^{(2)} = -\frac{1}{2} \begin{bmatrix} \eta_5^2+\eta_6^2 & 0 & 0 \\ -2\eta_4\eta_5 & \eta_4^2+\eta_6^2 & 0 \\ -2\eta_4\eta_6 & -2\eta_5\eta_6 & \eta_4^2+\eta_5^2 \end{bmatrix}$$

2.2 叠模速度势及其二阶导数的 TEBEM 计算方法

叠模速度势对非定常速度势的影响主要体现在物面条件和自由面条件中,尤其是 m_j 项的计算。我们发现利用 TEBEM 求解叠模速度势及其二阶空间导数是目前最有效且实用的方法。

从叠模速度势自由面条件出发,利用镜像格林函数方法避免了在自由面上划分网格,进而提高了叠模势的计算效率。这里格林函数取为 $G = \frac{1}{r} - \frac{1}{r'}$。式中,$r$ 表示场点 $p(x,y,z)$ 与源点 $q(\xi,\eta,\zeta)$ 间的距离;r' 表示场点 $p(x,y,z)$ 与源点关于自由面镜像点 $q'(\xi,\eta,-\zeta)$ 间的距离。

将船体湿表面 S 划分为 N 个四边形或三角形网格。对格林函数 G 和叠模速度势 Φ 利用格林第三公式构建边界积分方程,其直接离散形式为

$$2\pi\Phi(p) + \sum_{j=1,j\neq i}^{N} \iint_{\Delta S_j} \Phi(q_0) \cdot G_{,n}(p,q)\mathrm{d}s = \sum_{j=1}^{N} \iint_{\Delta S_j} \Phi_{,n}(q_0) \cdot G(p,q)\mathrm{d}s \tag{2.9}$$

船体湿表面是高度复杂的任意非解析曲面,各尖角和非光滑边界处流体质点的切向速度无法精确求解[7]。本文采用 TEBEM 求解边界积分方程(2.9)。TEBEM 假定偶极强度在面元内部是一阶连续的。定义 $(\bar{\xi},\bar{\eta},\bar{\zeta})$ 为源点所在面元的局部坐标,$(\bar{x},\bar{y},\bar{z})$ 为场点所在面元的局部坐标(图 2)。对式(2.9)中的偶极强度在各个离散曲面面元局部坐标系下进行泰勒展开,并保留一阶导数项,即

$$\Phi(q) = \Phi(q_0) + \bar{\xi}\Phi_{,\bar{\xi}}\big|_{q_0} + \bar{\eta}\Phi_{,\bar{\eta}}\big|_{q_0} \tag{2.10}$$

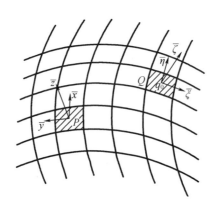

图 2 局部坐标系示意图

将式(2.10)代入式(2.9)中即可得到新的边界积分方程为

$$2\pi\Phi(p) + \sum_{j=1,j\neq i}^{N} \Phi(q_0) \cdot \iint_{\Delta S_j} G_{,n}(p,q)\mathrm{d}s + \sum_{j=1}^{N} \Phi_{,\bar{\xi}}(q_0) \cdot \iint_{\Delta S_j} \bar{\xi} G_{,n}(p,q)\mathrm{d}s + \sum_{j=1}^{N} \Phi_{,\bar{\eta}}(q_0) \cdot \iint_{\Delta S_j} \bar{\eta} G_{,n}(p,q)\mathrm{d}s = \sum_{j=1}^{N} \Phi_{,n}(q_0) \cdot \iint_{\Delta S_j} G(p,q)\mathrm{d}s \tag{2.11}$$

在式(2.11)中可发现未知数为 $\Phi(q_0)$、$\Phi_{,\bar{\xi}}(q_0)$ 和 $\Phi_{,\bar{\eta}}(q_0)$。一个方程对应三个未知数,无法形成封闭的方程组。在 TEBEM 中分别对格林第三公式中关于场点求其当地曲面两个相互正交的切向导数,从而得到两类格林公式的扩展积分方程组,其离散形式如下式所示:

$$2\pi \frac{\partial \Phi(p)}{\partial \bar{x}} + \sum_{j=1}^{N} \Phi(q_0) \cdot \frac{\partial}{\partial \bar{x}} \iint_{\Delta S_j} G_{,n}(p,q)\mathrm{d}s + \sum_{j=1,j\neq i}^{N} \Phi_{,\bar{\xi}}(q_0) \cdot \frac{\partial}{\partial \bar{x}} \iint_{\Delta S_j} \bar{\xi} G_{,n}(p,q)\mathrm{d}s +$$

$$\sum_{j=1}^{N} \Phi_{,\bar{\eta}}(q_0) \cdot \frac{\partial}{\partial \bar{x}} \iint_{\Delta S_j} \bar{\eta} G_{,n}(p,q)\mathrm{d}s = \sum_{j=1}^{N} \Phi_{,n}(q_0) \cdot \frac{\partial}{\partial \bar{x}} \iint_{\Delta S_j} G(p,q)\mathrm{d}s \qquad (2.12)$$

$$2\pi \frac{\partial \Phi(p)}{\partial \bar{y}} + \sum_{j=1}^{N} \Phi(q_0) \cdot \frac{\partial}{\partial \bar{y}} \iint_{\Delta S_j} G_{,n}(p,q)\mathrm{d}s + \sum_{j=1}^{N} \Phi_{,\bar{\xi}}(q_0) \cdot \frac{\partial}{\partial \bar{y}} \iint_{\Delta S_j} \bar{\xi} G_{,n}(p,q)\mathrm{d}s +$$

$$\sum_{j=1,j\neq i}^{N} \Phi_{,\bar{\eta}}(q_0) \cdot \frac{\partial}{\partial \bar{y}} \iint_{\Delta S_j} \bar{\eta} G_{,n}(p,q)\mathrm{d}s = \sum_{j=1}^{N} \Phi_{,n}(q_0) \cdot \frac{\partial}{\partial \bar{y}} \iint_{\Delta S_j} G(p,q)\mathrm{d}s \qquad (2.13)$$

式(2.11)、式(2.12)和式(2.13)形成了求解叠模速度势及其空间一阶导数的 TEBEM。具体数值实施过程可参考最新论文[8]。有航速船舶求解的困难之一是物面条件中涉及 m_j 项计算,如式(2.6)所示。其本质是叠模速度势的二阶导数,虽然对于光滑解析物面,已有若干算法,但是针对实际复杂船型难以实用,即使可算,也并不准确。我们引入辅助函数 $\psi = \Phi_{,x}$; $\psi = \Phi_{,y}$,并对辅助函数 ψ 利用格林第三公式建立边界积分方程,与叠模速度势数值实施方式一致。从而获得辅助函数 ψ 的空间导数场,即叠模速度势 Φ 的二阶导数场[9]。

2.3 非定常扰动速度势的自由面条件计算方法

戴遗山教授提出积分格式自由面条件实现时域步进[10]。以任意函数 $f(t)$ 为例,阐述积分格式自由面条件的核心思想:即对被积函数做时间二次积分。

$$\int_0^\tau \mathrm{d}\tau_1 \int_0^{\tau_1} f(t)\mathrm{d}t = \int_0^\tau f(t)\int_t^\tau \mathrm{d}\tau_1 = \int_0^\tau (\tau - t)f(t)\mathrm{d}t = \int_0^t (t - \tau)f(\tau)\mathrm{d}\tau \qquad (2.14)$$

根据式(2.14)对非定常扰动速度势的定解问题(2.7)中综合自由面条件进行二次时间积分,可得到自由面上各离散点处扰动速度势函数的表达式为

$$\varphi_d(p,t) = -g\int_0^t (t-\tau) \frac{\partial \varphi_d(p,\tau)}{\partial z}\mathrm{d}\tau -$$

$$\int_0^t 2[(\nabla \Phi - \boldsymbol{U}) \cdot \nabla](\varphi_I + \varphi_d)\mathrm{d}\tau + \int_0^t 2U \frac{\partial \varphi_I}{\partial x}\mathrm{d}\tau -$$

$$\int_0^t (t-\tau)\left\{[(\nabla \Phi - \boldsymbol{U}) \cdot \nabla]^2(\varphi_I + \varphi_d) + U^2 \frac{\partial^2 \varphi_I}{\partial x^2}\right\}\mathrm{d}\tau +$$

$$\int_0^t \frac{\partial^2 \Phi}{\partial z^2}(\varphi_I + \varphi_d)\mathrm{d}\tau + \int_0^t (t-\tau)\frac{\partial^2 \Phi}{\partial z^2}(\nabla \Phi - \boldsymbol{U}) \cdot \nabla(\varphi_I + \varphi_d)\mathrm{d}\tau +$$

$$\int_0^t (t-\tau)(\nabla \Phi - \boldsymbol{U}) \cdot [\nabla(\nabla \Phi - \boldsymbol{U})\nabla(\varphi_I + \varphi_d)]\mathrm{d}\tau \qquad (2.15)$$

从式(2.15)中可以看出,当前时刻 t 的扰动速度势 $\varphi_d(p,t)$ 可利用该点历史时刻速度势及其空间导数的卷积积分来表示。该积分格式相较差分格式可显著改善时域步进的稳定性,放宽时间步长和空间步长匹配的限制条件,显著提高计算效率[11]。

2.4 非定常扰动速度势内外流域匹配 TEBEM 计算

前述的非定常扰动速度势定解问题中未显示给出远方辐射条件的表达式或处理方法。我们利用内外域匹配方法实现扰动波无反射外传。匹配法核心思想是在近船体域建立辅助面 S_c。该辅助面将流体

域划分为内流区域和外流区域。由物面 S_H,近物面自由面 S_F 和辅助面 S_C 组成的内流域,由辅助面 $S_{F'}$、远方自由面 $S_{F'}$和无穷远控制面 S_{far} 包围的外流域。内外流域设置如图1所示。需要指出的是,对于内流域边界法矢指向域外,对于外流域边界法矢指向域内。

在内流域中对非定常扰动速度势 φ 和格林函数 $\frac{1}{r}$ 利用格林第三公式构建边界积分方程。

$$2\pi\varphi(p,t) = \iint_{S_H+S_F+S_C}\left[\frac{\partial\varphi(q,t)}{\partial n_q}\frac{1}{r(p,q)} - \varphi(q,t)\frac{\partial}{\partial n_q}\left(\frac{1}{r(p,q)}\right)\right]dS_q \qquad (2.16)$$

在物面 S_H、近物面自由面 S_F 和辅助面 S_C 上分别离散 N_H、N_F、N_C 三个四边形或三角形网格,则内流域边界积分方程可离散表示为

$$\begin{bmatrix} D_{H-H} & D_{H-F} & D_{H-C} \\ D_{F-H} & D_{F-F} & D_{F-C} \\ D_{C-H} & D_{C-F} & D_{C-C} \end{bmatrix}\begin{bmatrix} \varphi_H \\ \varphi_F \\ \varphi_C \end{bmatrix} = \begin{bmatrix} S_{H-H} & S_{H-F} & S_{H-C} \\ S_{F-H} & S_{F-F} & S_{F-C} \\ S_{C-H} & S_{C-F} & S_{C-C} \end{bmatrix}\begin{bmatrix} \varphi_{nH} \\ \varphi_{nF} \\ \varphi_{nC} \end{bmatrix} \qquad (2.17)$$

式中,$D = \iint_Q \frac{\partial}{\partial n_q}\left(\frac{1}{r(p,q)}\right)dS_q$;$S = \iint_Q \frac{1}{r(p,q)}dS_q$。

在外流域中格林函数为时域自由面格林函数,即

$$G = G_0 + \widetilde{G}(p,q,t,\tau) = \left(\frac{1}{r} - \frac{1}{r'}\right) + 2\int_0^\infty \sqrt{gk}\, e^{k(z+\zeta)}J_0(kR)\sin[\sqrt{gk}(t-\tau)]dk \qquad (2.18)$$

利用格林第三公式构建外流域边界积分方程,如式(2.19)所示。需要指出的是对于外流域而言,边界法向指向域内,因此边界积分方程的柯西积分主值是 -2π。

$$-2\pi\varphi(p,t) + \iint_{S_C}\varphi(q,t)\frac{\partial}{\partial n_q}\left(\frac{1}{r} - \frac{1}{r'}\right)dS_q$$

$$= \iint_{S_C}\frac{\partial\varphi(q,t)}{\partial n_q}\left(\frac{1}{r} - \frac{1}{r'}\right)dS_q + \int_0^t d\tau\left\{\iint_{S_C}\left(\widetilde{G}\frac{\partial\varphi}{\partial n_q} - \varphi\frac{\partial\widetilde{G}}{\partial n_q}\right)dS_q\right.$$

$$\left. - \frac{1}{g}\int_{WL}\left[U^2\left(\widetilde{G}\frac{\partial\varphi}{\partial\xi} - \varphi\frac{\partial\widetilde{G}}{\partial\xi}\right) - U\left(\widetilde{G}\frac{\partial\varphi}{\partial\tau} - \varphi\frac{\partial\widetilde{G}}{\partial\tau}\right)\right]d\eta\right\} \qquad (2.19)$$

离散后,边界积分方程为

$$[D'_{C-C}][\varphi_C] = [S'_{C-C}][\varphi_{nC}] + [M] \qquad (2.20)$$

式中,$D' = \iint_Q \frac{\partial}{\partial n_q}\left(\frac{1}{r} - \frac{1}{r'}\right)dS_q$;$S' = \iint_Q\left(\frac{1}{r} - \frac{1}{r'}\right)dS_q$;$[M]$ 表示时域格林函数卷积积分,对任意时间步该项都是已知值。

因此,可构建辅助面上速度势及其法向导数间的关系,为

$$[\varphi_C] = [D'_{C-C}]^{-1}[S'_{C-C}][\varphi_{nC}] + [D'_{C-C}]^{-1}[M] \qquad (2.21)$$

由物面条件可知在物面单元上未知数是速度势,由自由面条件可知在自由面单元上法向导数是未知数。因此离散型边界积分方程(2.17)可变换成

$$\begin{bmatrix} D_{H-H} & D_{H-F} & D_{H-C} \\ -S_{F-H} & -S_{F-F} & -S_{F-C} \\ -S_{C-H} & -S_{C-F} & -S_{C-C} \end{bmatrix}\begin{bmatrix} \varphi_H \\ \varphi_{nF} \\ \varphi_{nC} \end{bmatrix} = \begin{bmatrix} S_{H-H} & S_{H-F} & S_{H-C} \\ -D_{F-H} & -D_{F-F} & -D_{F-C} \\ -D_{C-H} & -D_{C-F} & -D_{C-C} \end{bmatrix}\begin{bmatrix} \varphi_{nH} \\ \varphi_F \\ \varphi_C \end{bmatrix} \qquad (2.22)$$

将式(2.21)代入式(2.22)中,可得到基于内外域匹配方法得到的边界积分方程为

$$\begin{bmatrix} D_{H\text{-}H} & D_{H\text{-}F} & D_{H\text{-}C}+D_{C\text{-}C}D'^{-1}_{C\text{-}C}S'_{C\text{-}C} \\ -S_{F\text{-}H} & -S_{F\text{-}F} & -S_{F\text{-}C}+D_{C\text{-}C}D'^{-1}_{C\text{-}C}S'_{C\text{-}C} \\ -S_{C\text{-}H} & -S_{C\text{-}F} & -S_{C\text{-}C}+D_{C\text{-}C}D'^{-1}_{C\text{-}C}S'_{C\text{-}C} \end{bmatrix} \begin{bmatrix} \varphi_H \\ \varphi_{nF} \\ \varphi_{nC} \end{bmatrix} = \begin{bmatrix} S_{H\text{-}H} & S_{H\text{-}F} & S_{H\text{-}C}D'^{-1}_{C\text{-}C} \\ -D_{F\text{-}H} & -D_{F\text{-}F} & -D_{F\text{-}C}D'^{-1}_{C\text{-}C} \\ -D_{C\text{-}H} & -D_{C\text{-}F} & -D_{C\text{-}C}D'^{-1}_{C\text{-}C} \end{bmatrix} \begin{bmatrix} \varphi_{nH} \\ \varphi_F \\ M \end{bmatrix} \quad (2.23)$$

对于该边界积分方程,本文依然利用泰勒展开边界元方法求解,详见参考文献[6]。

2.5 典型船舶的波浪增阻计算

目前,基于上述时域计算方法对多种实际船型进行了计算,并通过船模试验进行了验证。这里以 Wigley 船、S60 船、S175 船、KCS 船、KVLCC2 船等国际标模型和实际的 8 000 箱集装箱船、14 000 箱集装箱船、57 000 吨散货船、95 000 吨散货船等 9 条船为例与物理水池对标,如图 3 至图 12 所示。

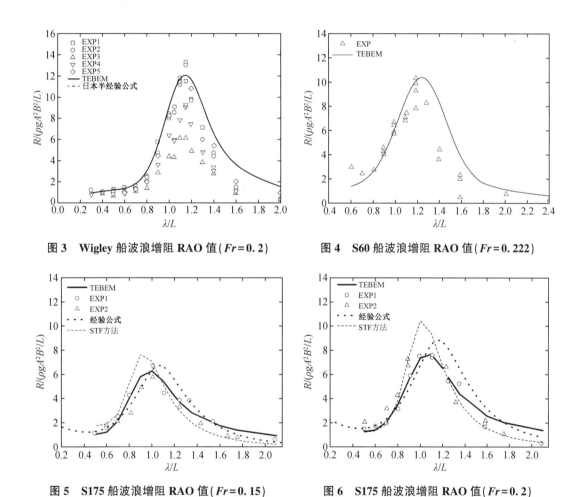

图 3　Wigley 船波浪增阻 RAO 值($Fr=0.2$)

图 4　S60 船波浪增阻 RAO 值($Fr=0.222$)

图 5　S175 船波浪增阻 RAO 值($Fr=0.15$)

图 6　S175 船波浪增阻 RAO 值($Fr=0.2$)

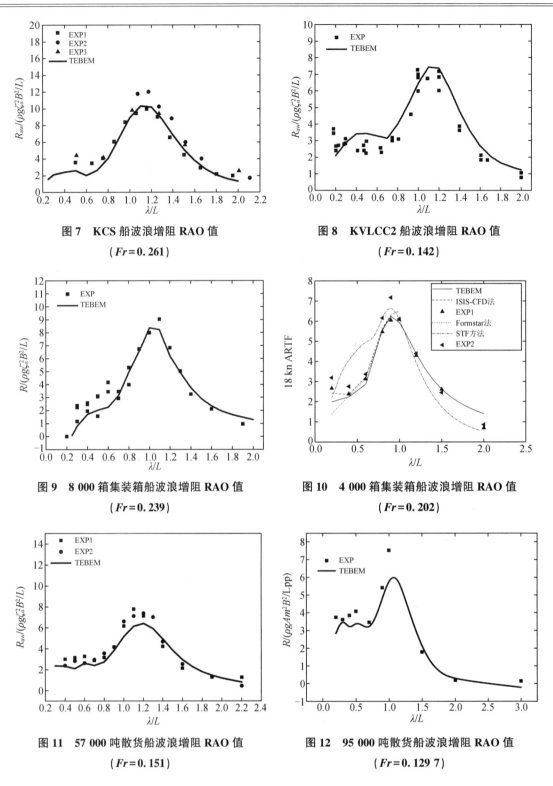

图7 KCS 船波浪增阻 RAO 值 ($Fr=0.261$)

图8 KVLCC2 船波浪增阻 RAO 值 ($Fr=0.142$)

图9 8 000 箱集装箱船波浪增阻 RAO 值 ($Fr=0.239$)

图10 4 000 箱集装箱船波浪增阻 RAO 值 ($Fr=0.202$)

图11 57 000 吨散货船波浪增阻 RAO 值 ($Fr=0.151$)

图12 95 000 吨散货船波浪增阻 RAO 值 ($Fr=0.129\ 7$)

将这些波浪增阻 RAO 值结果换算到 BF 六级海况,误差都在 20% 以内。这与基于黏流计算流体动力学(CFD)模拟得到的二阶波频时域结果基本吻合,在精度上满足工程需求,但在计算效率上远高于黏流 CFD 方法,因此基于本文方法计算船舶波浪增阻,并指导船型优化是非常实用的。

3 关于船舶波浪增阻计算的基本结论

基于势流理论可给出微幅波中前进船舶的三维波浪增阻定解问题,其中定常绕流可采用叠模流假设。

叠模流问题可采用泰勒展开边界元法给出准确的二阶导数数值计算结果,满足非定常流边界条件所需。

有航速船舶辐射和绕射速度势可以采用内外流域匹配的线性时域方法求解。外域采用时域自由面格林函数源偶混合分布积分方程,内域采用简单格林函数混合分布积分方程,边界积分方程采用 TEBEM 离散求解。

二阶波浪力采用沿着船体平均湿表面和水线的二阶力积分方法获得。波浪增阻可取二阶纵向力的平均值。

对于散货船、油轮和集装箱船等三大主力船型,该方法可以获得波长船长比为 0.2~2 的船舶波浪增阻 RAO 值,这与水池试验结果吻合良好。计算效率比黏流 CFD 软件高 3 个数量级。

4 船舶波浪增阻需要研究的实际问题

4.1 高海况中船舶波浪增阻问题

模型试验和黏流-势流比较计算表明,入射波陡较大时,二阶定常力随着波高增大不再满足平方关系,如何修正线性微幅波假设的定解问题,既保持线性势流计算的高效率,又能合理反映非线性波浪力的变化,需要进一步分析研究。

4.2 更高效率的船舶波浪二阶载荷计算理论

除了压力积分获得波浪增阻外,可进一步研究采用能量观点获得波浪中的船舶二阶定常载荷的计算理论。满足波浪中船舶操纵和稳性预报需求。

4.3 其他船型的波浪增阻问题

对于多体船舶,往往存在片体连接桥结构,波浪中会在波面和桥底甲板之间形成气腔,影响船舶运动和荷载,需要研究耦合动态气压的速度势求解方法。

参考文献

[1] GERRITSMA J, BEUKELMAN W. Analysis of the resistance increase in waves of a fast cargo ship [J]. International Shipbuilding Progress, 1972, 19(217):285-292.

[2] FALTINSEN O M, MINSASS K, LIAPIS N, et al. Prediction of resistace and propulsion of a ship in a seaway[C]. Proceedings of the 13th Symposium on Naval Hydrodynamics, 1980:505-529.

[3] MASARU TSUJIMOTO, KAZUYA SHIBATA. A practical correction method for added resistance in waves [J]. Journal of the Society of Naval Architects of Japan, 2008, 8:177-184.

[4] DUAN W, LI C. Estimation of added resistance for large ship in waves[J]. Journal of Marine Science

and Application, 2013, 12(1):1-12.

[5] 戴遗山. 舰船在波浪中运动的频域与时域势流理论[M]. 北京:国防工业出版社,1998.

[6] DUAN W, LI J, CHEN J, et al. Time-domain TEBEM method for wave added resistance of ships with forward speed [J]. Journal of Marine Science and Technology, 2021,26 (1): 174-189.

[7] 徐刚. 不规则波中浮体二阶水动力时域数值模拟[D]. 哈尔滨:哈尔滨工程大学, 2010.

[8] DUAN W, MENG F, CHEN J. PTEBEM for wave drift forces based on hydrodynamic pressure integration [J]. Engineering Analysis with Boundary Elements, 2021, 122:155-167.

[9] CHEN J, DUAN W. A novel method for the M-terms of ship with forward speed [J]. Brodogradnja, 2020,71(4): 95-108.

[10] 戴遗山, 段文洋. 船舶在波浪中的势流理论[M]. 北京:国防工业出版社,2008.

[11] 陈纪康. 基于泰勒展开边界元法的水波与浮体二阶水动力问题数值模拟[D]. 哈尔滨:哈尔滨工程大学,2015.

船舶波激振动

汪雪良[1,2]　杨　鹏[3]

(1. 中国船舶科学研究中心; 2. 深海技术科学太湖实验室; 3. 华中科技大学)

1　波激振动

1.1　当前进展

尽管波激振动在波浪载荷理论和水弹性理论中已经被研究了40余年,预报的理论模型从二维到三维、从两步走方法到直接的流固耦合相互作用、从频域到时域、再从线性到非线性,但数值预报的结果和模型试验或实船测试的结果之间仍然存在着一定偏差。这些偏差来源于理论的基本假设、程序数值代码实现的困难、高航速假定、砰击力的简化处理、非线性近似以及结构建模的误差等诸多因素的影响。

波激振动是一种船体在持续波浪激励下的谐振现象。由于船体结构是一个小阻尼系统,这种谐振现象将持续较长时间。在低海况条件下,大型船舶的船体将易产生线性波浪诱导的振动;在中等或严重海况下,船体将产生非线性的波激振动。Jesen等[1]认为,弯曲刚度较小的传统船舶高速航行时,其非线性的激励是严重的,而波浪诱导的振动则会更严重。Storhaug和Moan[2]开展的一艘大型散货船的波浪诱导和砰击振动响应研究表明,四种非线性程序对波激振动的数字预报结果都比模型试验结果要小。这表明所用的四种非线性程序都没能很好地反映波激振动的机理并实现数值预报。

大型船舶海上航行时的波激振动将导致船舶结构遭受频繁的疲劳载荷。Gu等[3]对一艘船长为300 m的散货船实船结构进行应力测量和分析表明,波激振动引起的疲劳损伤在总损伤中占比可达到50%,这和低频波浪载荷所致的疲劳损伤几乎相当。对大型的集装箱船来说,由于其甲板的开口结构特征,横向弯矩和扭转载荷也将导致相当程度的结构疲劳损伤[4]。Drummen[5]研究了现代大型集装箱船以波激振动和砰击颤振形式表现的非线性波浪载荷对结构疲劳损伤的影响。其研究表明波激振动是大型船舶总结构振动的主要成分,而细长船体船舶的结构振动来源主要是砰击颤振。在过去的数十年里,集装箱船的尺度逐渐增大,而船体尺度的增大意味着船体两节点垂向振动频率的下降,并且波激振动和砰击颤振的水弹性效应的重要性变得越来越显著[6-8]。Jesen等[9-10]研究了随机波浪诱导的船舶振动。其主要的结果分析表明,波激振动主要在低海况和顶浪附近发生,波激振动响应的非线性贡献和线性部分一样重要。由于大型集装箱船斜浪中会遭受扭转载荷的作用,Malenica等[11]建议有必要开展扭转模态和横向弯曲模态的耦合研究。国际船舶海洋结构大会(ISSC)[12]的载荷研究报告指出,船体的波浪诱导振动与装载条件、波浪条件以及船体的总振动相关,不同的船型会产生不同模态的振动,即垂向波浪诱导振动、横向波浪诱导振动和扭转波浪诱导振动。

1.1.1　结构建模的影响

就水弹性结构建模而言,主要采用一维梁模型和三维有限元模型。Malenica等[13]提出了用一扭转和水平弯曲的简化梁模型来评估船舶初始设计阶段的扭转和水平弯曲载荷。对一艘驳船,就采用了简化梁模型和全三维有限元模型进行了比较。Zhu 等[14]采用弹性梁模型同时模拟一艘集装箱船的垂向、横向和扭转刚度,并研究了船体的垂向、横向和扭转载荷。

Hirdaris 等[15]研究了一艘散货船在规则波中的二维和三维水弹性模型。二维梁和三维结构的前几阶垂向弯矩和剪力的模态均符合较好。舱口所致的结构不连续性总体上没有对上述比较产生影响。然而,这些不连续性使得甲板和龙骨的模态直接应力显示出了一些差异。

Senjanović 等[16]对一艘 11 400 TEU 的大型集装箱船的水弹性分析结构建模进行了研究,对基于先进梁理论梁结构模态进行了特别关注。研究表明,超大型集装箱船的剪力对弯曲和扭转、横舱壁对船体刚度的贡献以及相对较短的机舱室结构的适当建模都会产生影响。一维梁和三维有限元模型在低频时的水平弯矩和扭矩是一致的,但在包含二阶响应的高频部分,两种模型存在着显著的差异。基于包含剪切对扭转的影响和横舱壁对船体扭转刚度的贡献先进薄壁梁理论的复杂梁模型的应用,在设计的初始阶段是一个合理的选择。船舶结构的三维有限元模型对最终的强度分析和疲劳评估中应力集中的确定更为适用。

Shin 等[17]采用不同的水弹性建模方法对一艘 16 000 TEU 超大型集装箱船设计时的对称和反对称响应进行了研究。采用二维和三维的线性以及弱非线性弹性流固耦合模型,分别结合 B 样条 Rankine 面元和 Green 函数的 Vlasov 梁和三维结构动力学有限元分析,对船舶的水动力学性能进行了分析和比较。梁模型与三维有限元模型之间的垂向弯矩、横向弯矩和扭矩存在着一定的差异。然而,部分差异可能来自方法本身,即梁模型是在时域上与 Rankine 源结合的,三维有限元模型是在频域上与 Green 函数结合的。

采用一维梁模型和三维有限元模型进行水弹性响应船体波浪载荷分析是存在差异的,因为梁模型的弯曲、剪切和扭转表征的船体变形与三维有限元模型的垂向弯矩、剪力、水平弯矩和扭矩表征的船体变形并不完全一致。两种模型之间的差异与梁模型的精度相关。船体梁模型的垂向和水平弯曲相对容易模拟,而剪力和扭转变形较难模拟,因为后者要求复杂的梁模型或更多的梁模型。因此,建议一维梁模型可应用与方案设计阶段,而三维有限元模型则应用于详细设计阶段。

1.1.2 数值方法

关于数值方法,Gu 等[3]研究了一大型船舶营运过程中由于频繁的波浪诱导振动所致的严重结构损伤问题。这里一共有四种船体波浪诱导振动的数值预报程序,包含线性、非线性、二阶、频域、时域、二维和三维等方面,这些方法的数值结果在低频时更加一致。随着频率的增大,数值预报结果在垂向两节点频率附近的差异很大,并且载荷响应峰值的位置也不同。根据数值分析的结构应力谱可以看出,每种预报方法的结果都比实船测试的大,这表明当前的数值预报程序需要进一步的改进。Kim Yooil 和 Kim Yonghwan[18]研究了零航速斜浪下的波浪诱导振动,并且一维梁和三维有限元方法都在结构的水动力响应计算中得到了应用。他们提出了一个混合的边界元-有限元(BEM-FEM)方法,可以计算频域中的线性波激振动和时域中的非线性砰击颤振。进一步地,Kim 等[19]采用混合 BEM-FEM 方法研究了时域中的线性和非线性波激振动。Kim 等[20]采用完全耦合的水弹性方法对一艘船舶的波激振动和砰击响应进行了计算,即考虑了耦合流场的结构弹性变形。

在频域和时域方面,数个三维线性水弹性方法均得到了提出和发展。Kashiwagi 等[21]提出了有航速船舶水弹性问题的两种实用方法,一种是三维时域 Green 函数方法,另一种是频域 Rankine 面元方法。基于采用三维瞬时自由表面 Green 函数的边界积分方程,Kara[22]和 Sengupta 等[23]发展的三维时域水弹性方法可用于预报浮体的水弹性响应,数值结果之间比较显示出了较好的符合性。

Kim Y 和 Kim J[24]对 17 个耐波性分析程序的性能进行了统计分析。为了研究航速的影响、对弗劳德数(Froude)从 0.05 到 0.12 之间的垂荡、纵摇以及垂向弯矩进行了研究。研究表明,在高 Froude 数时数值结果变得更离散,这表明随着航速的增大,数值计算方法难以获得较好的结果。

Yao 和 Dong[25]研究了局部定常流场对波浪中并行的两条船舶水动力相互作用的影响。通过边界条件中的 m 项,他们发展的频域方法可包含或不包含局部定常流场的作用。他们对数值和试验结果进行了比较,包含两条船以同样航速在规则波顶浪并行时的波浪载荷和自由运动,发现对局部定常效应预报的方法能给出更精确的结果,尤其是在谐振频率周围。

包含二维切片理论、三维时域水弹性理论和三维时域刚体理论的三种方法被用于对大型集装箱船的垂向弯矩、垂荡和纵摇响应进行数值预报[26-27]。与试验结果比较表明,高海况中的垂向运动数值预报结果略高,垂向弯矩的符合较好。

Kalske 和 Manderbacka[28]拓展了三维面元法来有效地进行频域中的有航速计算。拓展的应用采用了零航速 Green 函数,此函数包含改进切片理论的遭遇频率修正项和速度修正项。这种方法对船舶的运动进行了验证。

1.1.3 模型试验和实船测试

林吉如[29]开展了一艘船长为 221.3 m 的渤海"长青"号油轮的实船测试。甲板应力的谱分析表明船体在 7 级到 9 级风作用的海况下确实发生了波激振动,并且波激振动导致船体垂向弯曲应力增大了 13%~17%。Storhaug 等[30]进行了一艘大型矿砂船的实船测试,该船设计为从圣劳伦斯湾运输铁矿到鹿特丹。由于在实船测试过程中没有记录到底部的砰击现象,因此可以认为振动应力主要来自波激振动载荷,并且从测试中得到了结构的波浪诱导阻尼系数为 0.5%。从压载工况时的时间历程曲线可以清晰地看到波激振动和波浪诱导的船体振动应力幅值都较小。满载工况时的应力测试表明波激振动的应力水平比预想估计的要小,这是因为船底的波动压力随着吃水的增大是呈指数减小的,并且在满载工况时船舶主要在随浪下航行。

Moe 等[31]对一艘两柱间长为 281 m 的矿砂船进行了实船测试。测试时间持续了近 4 个月,其航线为从美国到中国和日本的太平洋航线。当有义波高达到 3 m 或更大时,最低阶弯曲模态的振动损伤占了总疲劳损伤的将近一半。Storhaug 等[32]开展了一艘典型好望角型散货船的实船测试,测试的时间为从 2003 年 11 月到 2005 年 5 月。船舶的测试结果与 Moe 等[31]的结果进行了比较,发现波激振动导致的疲劳损伤占到了总损伤的 56%。

根据 1998 年到 2001 年间对一艘 6 700 TEU 的集装箱船进行为期三年的实船监测数据分析[33]表明,包含与不包含波激振动的累计疲劳损伤率分别为 0.105 和 0.050,即包含波激振动的累计疲劳损伤是翻倍的。通过 VLCC、LNG 以及 ULOC 的波浪载荷模型试验和理论研究,汪雪良等[34-39]发现船体结构在压载工况下较满载工况下更易产生波激振动。

Chen 等[40]通过 13 000 TEU 集装箱船的分段模型水池试验发现,高频振动载荷比低频波浪载荷对浪向更敏感。随着浪向从斜浪到随浪再到横浪,总载荷中的高频载荷成分逐渐下降。总载荷中高频砰击载荷的最大占比为 58.73%。Jiao 等[41]对一艘军船在长峰不规则波中的运动和载荷响应通过分段模型在水池进行了试验。为了搞清船舶非线性波浪载荷在短峰波中的行为,开展了大尺度的分段模型在实际海洋波浪条件下的试验。通过新设计的一条采用 U 型开口横截面龙骨梁且缩尺比为 1:64 的分段船模,满足垂向、水平和扭转刚度同时弹性相似,Lin 等[42]给出了水弹性响应中非对称冲击影响的试验研究结果,在规则波试验中采用了不同的浪向角和波长。

1.2 展望

目前,关于垂向波浪诱导振动的研究非常多,涵盖了大量的数值计算和模型试验。一些水平波浪诱导的振动也得到了开展,但关于扭转的波浪诱导振动研究较少,这主要是由于试验中的模型模拟困难所致。此外,尽管大量的二维和三维数值计算方法能够准确地评估波浪诱导的振动响应以及零航速和低航速下的波浪载荷,但是在高航速时数值计算结果和模型试验结果之间仍然存在较大的偏差。因而有必要对船舶波激振动响应和波浪载荷开展进一步的研究,内容如下:

(1)高航速条件下,需要改进水弹性响应的数值预报程序,并提高预报的准确性和效率;
(2)应开展模型试验、实船测试以及多船型验证的基准试验研究并建立数据库;
(3)对存在大开口结构的船舶应开展进一步研究,如集装箱船等,特别是模型试验和实船测试。

2 非线性的处理

2.1 当前进展

ISSC 2006 的载荷委员会[43]报告指出,在数十年的发展之后,势流理论覆盖了二维和三维理论、频域理论和时域理论、线性理论和非线性理论,以及水弹性理论,计算波浪载荷的方法也是如此。目前,二维线性和二维非线性水弹性方法以及三维线性水弹性方法相对成熟并得到了广泛应用,并且考虑非线性水动力因素的三维非线性水弹性方法或结构非线性弹性变形还不是很成熟。Temarel[44]意识到有必要在将来的水弹性研究中考虑非线性因素的影响。与频域方法相比,时域方法在求解非线性三维水弹性问题方面更具优势。吴有生等[45]对三维线性和非线性水弹性理论和试验技术进行了回顾;Temarel 和 Hirdaris[46]在第五届国际水弹性会议上总结了水弹性理论在船舶和海洋结构物中的发展和应用。此外,ISSC 的载荷委员会报告[47]也对当前的水弹性理论研究进展和方法进行了总结,包含 Temarel 和 Hirdaris、Takagi 和 Ogawa、第 5 届和第 8 届国际水弹性会议等。

在中高海况下,船舶运动尤其是波浪载荷的非线性影响不能被忽略。此外,海洋工程中系泊系统的低频非线性波浪力的影响也需要被考虑。同时,随着海洋结构物尺度的增大,高频非线性波浪力对结构水弹性响应的影响也变得越来越显著。这些实际的需求使得三维非线性理论的发展变得越来越迫切。一般来说,海洋结构物的非线性效应主要包含船体湿表面的变化、自由表面的非线性、高阶波浪力、砰击效应、甲板上浪等,这些会导致船体的静水回复力、入射波浪力、辐射波浪力和绕射波浪力呈现非线性。非线性计算大致分为频域方法和时域方法两种。

在势流理论的假定下,海洋浮体和波浪之间的非线性相互作用主要来自以下几个方面:
(1)流体伯努利方程中压力表达式的速度平方项;
(2)船体大幅运动时的瞬时湿表面和其法线的变化;
(3)自由表面非线性条件;
(4)底部砰击、外飘砰击和甲板上浪。

2.1.1 频域中的数值计算方法

典型的频域非线性方法为 Jensen 和 Pedersen[48]建立的基于摄动原则的二阶理论。这个方法属于二维切片理论。理论中的二阶项考虑了非线性波浪激励力、船舶非右舷以及船舶垂向运动中水动力的非线性变化这些因素。Pinkster[49-50]提出了一种频域中三维二阶波浪力的计算方法,这种方法用船体表面的压力分布来计算船体的总波浪力和力矩。二阶波浪力的最终形式包含了以下五项:相对波高的贡献、流体速度平方导致的压力变化、一阶压力梯度和一阶运动的耦合、一阶力的旋转作用、二阶速度势的作用。Pinkster[50]的计算结果表明,二阶力的前两项起主要作用,并且 Pinkster 对二阶速度势进行了近似。Liu

和 Miao[51]通过推导发现 Pinkster 得出的二阶力遗漏了一阶运动之间的耦合影响。

在三维频域水弹性理论方面,吴有生等[52]提出了三维频域二阶非线性水弹性理论,并且 Maeda 等[53]和 Ikoma 等[54]研究了超大型浮体的二阶水弹性响应。Chen[55]、Tian 和 Wu[56]发展了基于二阶非线性水弹性理论的软件,并对不规则波中的系泊系统和小水线面双体船的非线性水弹性响应进行了预报。Hu 等[57]采用前述的三维频域非线性水弹性程序计算了一超大型矿砂船的波激振动,给出了零航速、有航速、顶浪和斜浪时的波浪载荷传递函数。不规则波中的水弹性响应计算结果与试验结果进行了比较,计算了波激振动引起的结构疲劳损伤。Wang[39]采用三维线性和非线性频域水弹性方法和模型试验方法对一超大型矿砂船和 LNG 船开展了比较研究。同时,对结构阻尼、船舶吃水、装载工况、船体刚度对波激振动及其疲劳损伤的影响都进行了分析。

一般来说,频域中的二阶波浪理论主要考虑速度势的二阶项、伯努利方程的平方项、湿表面的变化以及湿物面法向。同时,理论主要分为近场压力积分和远场压力积分方法。近场压力积分方法是对船体表面的波浪压力进行积分;从动量和能量守恒出发,导出了远场压力积分方法。近场积分能考虑完全自由的力和力矩,而远场积分方法仅能考虑水平方向的力和力矩,但远场方法的精度要高于近场积分,并且计算也不会太困难。频域中二阶波浪力理论的近场和远场方法已经应用于商用软件,如 WADAM(DNV),AQWA(AYSYS)和 Hydrostar(BV)。这些软件的远场方法计算结果是一致的,但近场方法计算结果存在较大的偏差。Park 等[58]采用了一个完全的流固耦合相互作用模型计算一个弹性驳船的平均漂移力,近场方法和远场方法都在计算中得到了应用。

杨鹏[59]基于混合边界元法,结合模态叠加法,建立了基于内外场匹配技术的有航速船舶三维时域水弹性力学理论方法,随后杨鹏等[60-61]通过边界积分法和在流体内域自由面施加刚性边界,消除了三维水弹性频域求解中的不规则频率问题,并且建立了有限水深的三维时域 Green 函数水弹性计算方法。

2.1.2 时域中的数值计算方法

三维线性频域水弹性理论不能考虑船舶的大幅运动、瞬时湿表面以及船体运动和总体载荷响应中的砰击作用。三维频域二阶非线性水弹性理论考虑了一阶速度势和一阶响应(包含刚体运动和结构弹性变形)到平均湿表面上二阶水动力的贡献,但仍受限于二阶响应的范畴。大量的模型试验和实船测试表明,高阶的水动力能显著地引起船体的弹性振动,诸如三阶、四阶和五阶的高频波浪力,尤其是与船体结构二节点垂向弯矩或者一节点扭转耦合的高阶部分,在船体上会导致显著的高阶振动响应[62-63]。所有的这些需求迫切需要时域非线性水弹性方法和相关数值预报软件得到发展。

时域方法是直接在时域内建立初始边界值来求解问题。与频域方法相比,时域方法在处理瞬时问题时(砰击、甲板上浪等)具有不可替代的优势。全非线性时域理论最初由 Longutt-Higgins 和 Cokelet[64]提出。在湿表面及其方向变化的每个时刻都考虑了自由表面的非线性、伯努利方程的平方项和非线性入射势。在全非线性理论中,需要在每个时刻对船体的瞬时湿表面和自由表面求解积分方程,这对计算机的计算速度和存储能力提出了高性能要求。众多学者对时域内全非线性问题均开展过研究,如 Isaacson[65]、Lin 等[66]、Dommermuth 和 Yue[67]、Kring 等[68]、Kring 等[69]等。Landrini 等[70]采用 Rankine 源方法和 B 样条函数研究了全非线性自由表面流问题。在线性自由表面的假定下,船体的表面条件在瞬时湿表面得到满足,利用时域 Green 函数计算了水下驱动球的大幅运动和作用力[71-72]。Lin 和 Yue[73]、Lin 等[74]对诸如椭球体和 Wilgley 船型等浮体的大幅运动进行了研究。Chapman[75]也讨论了采用 Rankine 源方法的表面非线性。针对改进 Wigley 船型,Shao 和 Faltinsen[76]采用高阶单元方法研究了时域内无限水深顶浪中的二阶波浪激励力,其中波浪力的作用是主要的,而伯努利方程中平方项的贡献较小。

对一艘 6 500 TEU 的集装箱船的剖面载荷预报时,Von Graefe 等[77]比较了三维 Rankine 面元方法 GL

Rankine 和零航速自由表面 Green 函数方法。GL Rankine 面元方法在频域内求解耐波性问题,直接考虑了速度的影响,而 Green 函数方法中对航速的影响则通过遭遇频率的修正来考虑。一般来说,GL Rankine 面元方法得到了较好的结果,尤其是在航速较高时。

Kim 等[20]对一艘 18 000 TEU 的集装箱船砰击和颤振载荷采用全耦合的水弹性分析和试验测试比较,其中水弹性分析中采用了时域的 Rankine 源方法。

Sengupta 等[23]给出了基于瞬时自由表面 Green 函数的三维时域面元的简化方法,对非线性的船舶波浪载荷和运动进行了预报。作者提出了一个修正的物体-运动条件形式,以近似地将部分非线性引入到绕射势中,并给出了 Wigley 船体和 S175 船体的力、运动和垂向弯矩的结果。

Chen 和 Liang[78]采用环绕物体的解析控制表面给出了一个新的多域方法。在控制表面外部的解析域中,采用 Green 函数方法使得自由表面的线性边界条件得到满足。在包含物体控制表面的内部区域,可以应用不同的方法,如黏性效应和非线性建模等。

Chen 和 Zhu[79]给出了一个采用高阶边界单元(HOBEM)的三维时域 Rankine 源方法,求解有航速和无航速并行船舶之间的水动力相互作用问题。结果表明,该方法总体上具有较好的精度,表明定常流预报的精度对并行船舶非定常预报的精度有显著影响。

2.2 展望

Hirdaris 等[80]通过四种不同的数值方法以及模型试验对一艘 10 000 TEU 的集装箱船的对称水弹性响应的非线性影响进行研究。他们的发现之一就是,预报和测量的垂向弯矩的变化取决于位置和浪向,并建议将来的研究要关注船中以外的位置。Riesner 等[81]提出了一个非线性时域边界元方法用于预报波浪中船舶的运动和载荷。对预报的辐射势附加阻尼和附加质量进行的比较表明,零航速时附加阻尼的数值计算结果是一致的,并且有航速时的附加质量也显示了较好的一致性。Yang 等[82]分别给出了两种基于时域 Green 函数和内外域匹配技术的时域方法用于预报航行船舶在波浪中的水弹性响应。

通过考虑瞬时湿表面、非线性入射波浪力、非线性回复力和砰击力等,三维时域非线性水弹性方法得到了持续的发展。Kim 等[83]给出了几个水弹性响应数值分析的高保真程序和包含三维 Rankine 面元方法、二维广义 Wagner 模型以及一维/三维有限元的全耦合模型。通过考虑非线性回复力和砰击力,Chen 等[79,84]发展了一个三维非线性时域水弹性方法,该方法采用比例积分导数(PID)自动驾驶仪模型来求解一艘 13 000 TEU 的集装箱船在斜浪中的运动方程和载荷响应的散度问题。

Jiao 等[41]对一艘具有艏外飘的船舶在严重的不规则波中航行时的波浪诱导运动和载荷采用数值方法和试验方法进行了研究。一个间接三维时域水弹性理论用于预报船舶在长峰不规则波浪中的运动、波浪载荷和砰击载荷,这个理论包含了记忆效应航速和弗劳德-克雷洛夫(Froude-Krylov)非线性。与水池试验结果比较,数值计算的结果对极端纵摇峰值的预报偏大,这可能是由于在计算辐射力和绕射力时没有考虑物面非线性所致。此外,垂向弯矩的中垂中拱不对称性分布,尤其是水池试验中船首的结果要比数值计算结果显著,船首总中垂弯矩的数值计算结果明显是被低估了。

采用时域中 Rankine 源和数值阻尼海滩方法,Chen 等[85]对一艘 13 000 TEU 的集装箱船的非线性水弹性响应、垂向弯矩和水平弯矩进行了计算,并对数值计算结果和模型试验结果进行了比较,非线性的因素包括入射波浪激励力、回复力和砰击力。研究表明,横浪和顶斜浪中回复力的非线性是主要的。高频载荷成分对浪向更敏感,由于砰击力的影响,顶浪和顶斜浪中的船舶高频振动必须被考虑。

也有采用商用软件进行的非线性波激振动研究。例如,Lakshmynarayanana 和 Temarel[86-87]基于商用软件 Star-CCM+ 和 Abaqus,采用隐式迭代算法将水动力计算同船体结构响应计算相互耦合,船体刚度采用 Timoshenko 梁进行模拟,分别对驳船和 S175 集装箱船规则波中运动响应和结构响应进行了研究。研究发现,在不考虑结构阻尼的情况下,S175集装箱船出现了较为明显的非线性波激振动,该方法属于双向耦合计算方法。

尽管关于非线性水弹性的研究取得了一些进展,三维非线性水弹性响应和波浪载荷还需要进一步开展研究,如:

(1)改善非线性水弹性程序的预报精度,使其能精确地预报每一阶波浪诱导的振动响应。

(2)恰当地考虑高航速的影响,改善数值程序在高航速条件下的预报精度。

(3)针对不同类型大型船舶的实船测试和模型试验需要制定标准规程。通过考虑不同非线性形式、高阶响应和高航速、数值计算程序和测试数据之间的交叉比较对改进数值程序的预报精度是重要的。

(4)当前砰击压力颤振响应的计算方法应当改进,并形成一个更加准确的数值预报程序。

(5)时域水弹性软件的计算效率和稳定性需要进一步提升。

参考文献

[1] JENSEN J J, VIDIC-PERUNOVICE J. On springing of mono-hull ships[C]. DNV Workshop on Fatigue Strength Analysis of Ships, Finland, 2002.

[2] STORHAUG G, MOAN T. Springing/whipping response of a large ocean-going vessel investigated by an experimental method[C]. 4th Hydroelasticity in Marine Technology, Wuxi, China, 2006, 89-102.

[3] GU X K, STORHAUG G, VIDIC-PERUNOVIC J, et al. Theoretical predictions of springing and their comparison with full scale measurements[J]. Journal of Ship Mechanics, 2003, 7(6):100-115.

[4] PARK I K, LEE S M, JUNG J J, et al. Springing effects on the design of modern merchant ships[C]. The 9th International Symposium on Practical Design of Ships and Other Floating Structures, 2004, 2: 863-868.

[5] DRUMMEN I, STORHAUG G, MOAN T. Experimental and numerical investigation of fatigue damage due to wave-induced vibration in a containership in head seas[J]. J Mar Sci Technol, 2008, 13(4): 428-445.

[6] PEDERSEN P T, JENSEN J J. Estimation of hull girder vertical bending moments including non-linear and flexibility effects using closed form expressions[C]. Proceeding of IMechE, Part M: J. Engineering for the Maritime Environement, 2009, 223(3):377-390.

[7] TUIMAN J T. Hydro-elastic responses of ship structure to slamming induced whipping[D]. Netherland: Delft University of Technical, 2010.

[8] WU M K, MOAN T. Sensitivity of extreme hydroelastic load effects to changes in ship hull stiffness and structural damping[J]. Ocean Engineering, 2007, 32:1745 – 1756.

[9] JENSEN J J, DOGLIANI M. Wave-induced ship hull vibrations in stochastic seaways[J]. Marine Structures, 1996, (9):353 – 387.

[10] JENSEN J J. Stochastic procedures for extreme wave load predictions-wave bending moment in ships [J]. Marine Structures, 2009, 22:194-208.

[11] MALENICA S, SENJANOVIC I, TOMASEVIC S, et al. Some aspects of hydroelastic issues in the design of ultra large container ships[C]. Proceeding of the 23rd International Workshop on Water Waves and Floating Bodies IWWWFB, Korea, 2008.

[12] ISSC. Loads[C]. 17th International Ship and Offshore Structures Congress, August, Seoul,

Korea, 2009.

[13] MALENICA S, SENJANOVIC I, TOMASEVIC S. An efficient hydroelastic model for wave induced coupled torsional and horizontal ship vibrations[C]. Proceeding of the 21st International Workshop on Water Waves and Floating Bodies IWWWFB, UK, 2006.

[14] ZHU S J, WU M K, MOAN T. Experimental investigation of hull girder vibrations of a flexible backbone model in bending and torsion[J]. Applied Ocean Research, 2011, 33:252-274.

[15] HIRDARIS S E, PRICE W G, TEMAREL P. Two- and three-dimensional hydroelastic modelling of a bulker in regular waves[J]. Mar Struct, 2003, 16(8):627 – 658.

[16] SENJANOVIĆ I, VLADIMIR N, TOMIĆ M, et al. Some aspects of structural modelling and restoring stiffness in hydroelastic analysis of large container ships[J]. Ships and Offshore Structures, 2014, 9(2):199-217.

[17] SHIN K H, JOA J W, HIRDARIS S E, et al. Two- and three-dimensional springing analysis of a 16 000 TEU container ship in regular waves[J]. Ships and Offshore Structures, 2015, 10(5): 498-509.

[18] KIM Y, KIM Y. Analysis of springing effects on floating barges in time domain by a fully coupled hybrid BEM-FEM[C]. Proceeding of the 23rd International Workshop on Water Waves and Floating Bodies IWWWFB, Korea, 2008.

[19] KIM Y, KIM K H, KIM Y. Springing analysis of a seagoing vessel using fully coupled BEM-FEM in the time domain[J]. Ocean Engineering, 2009, 36: 785-796.

[20] KIM J H, KIM Y W, YUCK R H, et al. Comparison of slamming and whipping loads by fully coupledhydroelastic analysis and experimental measurement[J]. Journal of Fluid and Structures, 2015, 52:145-165.

[21] KASHIWAGI M, KUGA S, CHIMOTO S. Time- and frequency-domain calculation methods for ship hydroelasticity with forward speed[C]. Proceedings of 7th International Conference on Hydroelasticity in Marine Technology, Split, Croatia, 2015.

[22] KARA F. Time domain prediction of hydroelasticity of floating bodies[J]. Applied Ocean Research, 2015, 51: 1-13.

[23] SENGUPTA D, DATTA R, SEN D. A simplified approach for computation of nonlinear ship loads and motions using a 3D time-domain panel method[J]. Ocean Engineering, 2016, 117: 99-113.

[24] KIM Y, KIM J H. Benchmark study on motions and loads of a 6750-TEU containership[J]. Ocean Engineering, 2016, 119: 262-273.

[25] YAO C B, DONG W C. Numerical study on local steady flow effects on hydrodynamic interaction between two parallel ships advancing in waves[J]. Engineering Analysis with Boundary Elements. 2016, 66: 129-144.

[26] RAJEMDRAN S, FONSECA N, SOARES C G. A numerical investigation of the flexible vertical response of an ultra large containership in high seas compared with experiments [J]. Ocean Engineering, 2016, 122:293-310.

[27] RAJENDRAN S, SOARES C G. Numerical investigation of the vertical response of a containership in large amplitude waves[J]. Ocean Engineering, 2016, 123: 440-451.

[28] KALSKE S, MANGERBACKA T. Development of a new practical ship motion calculation method with

forward speed[C]. Proceedings of the 27th International Ocean and Polar Engineering Conference, San Francisco, California, 2017.

[29] 林吉如. 超大型油船波激振动研究[J]. 船舶工程, 1995(2):4-9.

[30] STORHAUG G, VIDIC-PERUNOVIC J, RUDINGER F, et al. Springing/whipping response of a large ocean-going vessel – A comparison between numerical simulations and full scale measurements[C]. Proceeding of the 3rd International Conference on Hydroelasticity in Marine Technology, Oxford, UK, 2003.

[31] MOE E, HOLTSMARK G, STORHAUG G. Full scale measurements of the wave induced hull girder vibrations of an ore carrier trading in the North Atlantic. In: Transactions Royal Institution of Naval Architects[R], Conference on Design & Operation of Bulk Carriers. London, UK, 2005.

[32] STORHAUG G, MOE E. Measurements of wave induced vibrations onboard a large container vessel operating in harsh environment[C]. Proceeding of the 10th International Symposium on Practical Design of Ships and Other Floating Structures PRADS, Houston, USA, 2007.

[33] OKADA T, TAKEDA Y, MAEDA T. On board measurement of stresses and deflections of a post-panamax containership and its feedback to rational design[J]. Marine Structures, 2006, 19:141-172.

[34] WANG X, GU X, TEMAREL P, et al. Investigation of springing in ship structures using experimental methods and 3-D hydroelastic theory[J]. Journal of Marine Science and Technology, 2016, 21: 271-281.

[35] WANG X, TEMAREL P, HU J, et al. Investigation of hydroelastic ship responses of an ULOC in head seas[J]. China Ocean Engineering, 2016, 30(5):687-702.

[36] 汪雪良. 船体结构波激振动及其疲劳损伤研究[D]. 无锡:中国船舶科学研究中心,2012.

[37] 汪雪良,赵南,丁军,等. VLCC在波浪中弹性响应的理论与模型试验研究[J]. 船舶力学,2016, 20:127-136.

[38] 汪雪良,顾学康,胡嘉骏. 基于模型试验与三维水弹性理论的船舶波激振动响应研究. 船舶力学, 2012, 16(8): 915-925.

[39] 汪雪良,顾学康,胡嘉骏,等. 大型LNG船波激振动模型试验研究[J]. 中国造船,2012,53(4):1-12.

[40] CHEN Z Y, JIAO J L, LI H. Time-domain numerical and segmented ship model experimentalanalyses of hydroelastic responses of a large container ship in obliqueregular waves[J]. Applied Ocean Research, 2017, 67: 78-93.

[41] JIAO J L, YU H C, CHEN C H, et al. Time-domain numerical and segmented model experimental study on ship hydroelastic responses and whipping loads in harsh irregular seaways[J]. Ocean Engineering, 2019, 185: 59-81.

[42] LIN Y, MA N, GU X C, et al. Experimental study on the asymmetric impact loads and hydroelasticresponses of a very large container ship[J]. International Journal of Naval Architecture and Ocean Engineering, 2020,12:226-240.

[43] ISSC. Loads[C]. 16th International Ship and Offshore Structures Congress, August, Southampton, UK. Seoul, Korea, 2006.

[44] TEMAREL P. Hydroelasticity of ships: taking stock and moving forward[C]. 22nd Asian-Pacific Technical Exchange and Advisory Meeting on Marine Structures, 2008.

[45] 吴有生,张效慈,司马灿,等. 我国船舶水弹性力学研究的部分进展[C]//固体力学进展及应用：庆贺李敏华院士90华诞文集,科学出版社,2007:17.

[46] TEMAREL P, HIRDARIS SE. Hydroelasticity in marine technology [C]. Proceedings of The 5th International Conference. 2009.

[47] ISSC. Loads[C]. 20th International Ship and Offshore Structures Congress, September, Rostock, Germany, 2018.

[48] JENSEN J J, PEDERSON P T. Wave-induced bending moments in ships-a quadratic theory[J]. Trans RINA, 1979, 121: 151-165.

[49] PINKSTER J A. Low frequency phenomena associated with vessels moored at sea[J]. Society of Petroleum Engineers Journal, 1975, 15:487-494.

[50] PINKSTER J A. Low frequency second order wave exciting forces on floating structures[D]. Netherland: Delft University of Technology, 1980.

[51] 刘应中,缪国平. 波浪中船舶运动理论[M]. 上海:上海交通大学出版社,1987.

[52] WU YS, MAEDA H, KINOSHITA T. The second order hydrodynamic actions on a flexible body[J]. Seisan-Kenkyu, 1997, 49(4): 190-201.

[53] MAEDA H, MASUDA K, IKOMA T. Hydroelastic responses of pontoon type very large floating offshore structure (the 3rd report), the effects of 2nd - order wave loads[J]. Journal of Society of Naval Architects of Japan, 1997, 182: 319-328.

[54] IKOMA T, MAEDA H, MASUDA K. Effects of second-order hydroelastic responses on pontoon type Mega-Float[C]. Proc. OMAE98, 1998.

[55] CHEN X J. Second order nonlinear hydroelastic analysis of floating systems [D]. China Ship Scientific Research Center, Wuxi, China, 2001.

[56] TIAN C, WU Y S. The second-order hydroelastic analysis of a SWATH ship moving in large-amplitude waves[J]. Journal of Hydrodynamics, Ser. B., 2006, 18(6): 631-639.

[57] HU J J, WU Y S, TIAN C, et al. Hydroelastic analysis and model tests on the structural response and fatigue behaviours of an untra-large ore carrier in waves[J]. Journal of Engineering for the Maritime Environment, 2012, 226(2): 135-155.

[58] PARK D M, KIM J H, KIM Y. Numerical study of mean drift force on stationary flexible barge[J]. Journal of Fluids and Structures, 2017, 74: 445-468.

[59] 杨鹏. 船舶三维时域非线性水弹性响应研究[D]. 无锡:中国船舶科学研究中心, 2016.

[60] YANG P, LI J, WU D,, et al. Irregular frequency elimination of three-dimensional hydroelasticity in frequency domain[J]. Ocean Engineering, 2020, 196: 106817.

[61] YANG P, LI J, GU X, et al. Application of the 3D time-domain Green's function for finite water depth in hydroelastic mechanics[J]. Ocean Engineering, 2019, 189: 106386.

[62] KIM B W, HONG S Y, KIM K W. Resonant and non-resonant whipping responses of a container model ship in regular and irregular waves[C]. 7th International Conference on Hydroelasticity in Marine Technology Split, Croatia, 2015.

[63] ZHU S J, MOAN T. Effect of heading angle on wave-induced vibrations and extreme vertical bending moments in an ultra large container ship model[C]. 7th International Conference on Hydroelasticity in Marine Technology Split, Croatia, 2015.

[64] LONGUET-HIGGINS M S, COKELET E D. The deformation of steep surface waves on water - I. A numerical method of computation [J]. Proceedings of the Royal Society of London. Series A, Mathematical and Physical Sciences, 1976, 350(1660): 1-26.

[65] ISAACSON M. Nonlinear-wave effects on fixed and floating bodies[J]. Journal of Fluid Mechanics, 1982, 120: 267-281.

[66] LIN W M, NEWMAN J N, YUE D K P. Nonlinear forced motions of floating bodies[C]. 15th ONR, 1984.

[67] DOMMERMUTH D G, YUE D K P. Numerical simulations of nonlinear axisymmetric flows with a free surface[J]. Journal of Fluid Mechanics, 1987, 178: 195-219.

[68] KRING D C, KORSMEYER FT, SINGER J, et al. Accelerated non-linear wave simulations for large structures[C]. 7th International Conference on Numerical Ship Hydrodynamics, Nantes, France, July, 1999.

[69] KRING D C, KORSMEYER F T, SINGER J, et al. Analyzing mobile offshore bases using accelerated boundary-element methods[J]. Marine Structures, 2000, (13): 301-313.

[70] LANDRINI M, GRYTPYR G, FALTINSEN O M. A B-spline based BEM for unsteady free-surface flows[J]. Journal of Ship Research, 1999, 43(1): 13-24.

[71] BECK R F, MAGEE A R. Time-domain analysis for predicting ship motions[C]. Proceeding of the IUTAM Symposium on Dynamics of Marine Vehicles and Structures in Waves, Oxbridge, UK, 1990.

[72] FERRANT P. An accelerated computational method for time-domain analysis of 3D wave-body interactions[C]. Proc. 3rd Int. Workshop on Water Waves and Floating Bodies, 1988.

[73] LIN W M, YUE D K P. Numerical solution for large-amplitude ship motions in the time domain[C]. Proceedings of the eighteenth Symposium on Naval Hydrodynamics, ONR, 1990.

[74] LIN W M, MEINHOLD M, SALVESEN N, et al. Large-amplitude motions and wave loads for ship design[C]. Proc. 20th Symp. On Naval Hydrodynamics, 1994.

[75] CHAPMAN R B. Time-domain method for computing forces and moments acting on 3-D surface piercing hull with forward speed[C]. Proceedings of the Third International Conference on Numerical Ship Hydrodynamics, 1981.

[76] SHAO Y L, FALTINSEN O M. A numerical study of the second-order wave excitation of ship springing in infinite water depth [J]. Journal of Engineering for the Maritime Environment, 2012, 226(2): 103-119.

[77] VON GRAEFE A, EL MOCTAR O, OBERHAGEMANN J, et al. Linear and nonlinear sectional loads with potential and field methods[J]. Journal of Offshore Mechanics and Arctic Engineering, 2014, 136(3): 031602.

[78] CHEN X, LIANG H. Wave properties and analytical modelling of free-surface flows in athe development of the multi-domain method[J]. Journal of Hydrodynamics, 2016, 28(6): 971-976.

[79] CHEN X, ZHU R C. Time domain analysis of side by side vessel's motion responses during offshore installation and underway replenishment[C]. Proceedings of the 27th International Ocean and Polar Engineering Conference, San Francisco, California, 2017.

[80] HIRDARIS S E, LEE Y, MORTOLA G, et al. The influence of nonlinearities on the symmetric hydrodynamic response of a 10 000 TEU Container ship [J]. Ocean Engineering, 2016, 111:

166-178.

[81] RIESNER M, VON GRAEFE A, SHIGUNOV V, et al. Prediction of non-linear ship responses in waves considering forward speed effects[J]. Ship Technology Research, 2016, 63 (3):135-144.

[82] YANG P, GU X K, TIAN C, et al. 3D hydroelastic response of a large bulk carrier in time domain [C]. Proceedings of 7th International Conference on Hydroelasticity in Marine Technology, Split, Croatia, 2015.

[83] KIM Y, KIM J H, KIM Y. Development of a high-fidelity procedure for the numerical analysis of ship structural hydroelasticity[C]. Proceedings of 7th International Conference on Hydroelasticity in Marine Technology, Split, Croatia, 2015.

[84] CHEN Z Y, LU G C, HE G H. Hydroelastic analysis of effect of various nonlinear factors on load responses[C]. Proceedings of the Twenty-fifth International Ocean and Polar Engineering Conference, Hawaii, USA, 2015.

[85] CHEN Z Y, YU C L, DONG P S. Rankine source method analysis for nonlinear hydroelastic responses of acontainer ship in regular oblique waves[J]. Ocean Engineering, 2019, 187:106168.

[86] LAKSHMYNARAYANANA P A, TEMAREL P. Application of CFD and FEA coupling to predict dynamic behaviour of a flexible barge in regular head waves[J]. Marine Structures, 2019, 65: 308-325.

[87] LAKSHMYNARAYANANA P A, TEMAREL P. Application of a two-way partitioned method for predicting the wave-induced loads of a flexible containership[J]. Applied Ocean Research, 2020, 96: 102052.

船舶砰击颤振

李 辉

(哈尔滨工程大学)

1 砰击颤振问题的由来

恶劣海况海面一般伴随着波浪卷曲、破碎融合和水汽掺混等强非线性波特征,其出现概率较低,但蕴含着巨大的能量和破坏性。对于超大型集装箱船、大型驱逐舰、航母等具有大外飘特征的船型,在远海恶劣海况下船体大幅运动,船首高频出水、底部和外飘砰击等现象显著,其高度非定常、强非线性的动力学特性使得载荷预报异常复杂。砰击发生时,流体会对结构产生瞬时水动力的作用,所造成的砰击载荷会引起局部结构的动力响应,同时也能引起整个船体梁的高频瞬态弹性振动,即颤振。严重的颤振响应会在船底板以及船体中横剖面的强力甲板上产生瞬间高应力,砰击引起的瞬间高应力与波浪诱导弯矩引起的应力叠加给船体结构强度的安全性带来了极大的威胁,导致结构动力屈曲、塑性累积和低周疲劳问题突出。

针对船体非线性运动与载荷预报问题,考虑恶劣海况下砰击载荷及其引起的船体颤振响应,目前主要通过数值模拟和模型试验等方法研究,其中数值模拟方法分为势流理论和黏流理论两种类型。势流理论通常假定浮体所处的海洋环境为理想流场,其速度势满足线性的拉普拉斯方程,通过采用非线性的边界条件,能有效考虑影响船舶运动和载荷的主要非线性因素。由于势流理论模型简单,计算效率高,对船舶载荷预报和结构设计起到很好的支撑作用。黏流理论通过求解纳维-斯托克(N-S)方程模拟非线性波浪问题并预报船体的运动与载荷,可以考察由于黏性作用而导致的各种复杂流动特征,如自由面大变形、波浪翻卷破损、各种尺度的湍流涡团、表面涡及分离流动等。而且可以处理船舶在波浪激励下的大变形、大幅度运动问题,预报砰击和上浪等强非线性载荷,已成为当今国际上的一个重点发展方向。模型试验方法是研究波浪载荷问题的一种重要手段,对于船波相互作用的复杂现象和机理,通常需要借助试验手段揭示其科学本质和规律,同时也为新的理论和数值模型提供验证结果。由于模型试验的诸多限制,基于势流理论/黏流理论的数值计算方法依然是模拟、评估和衡量船舶砰击颤振响应的重要途径。

2 船舶砰击颤振的实用计算理论

对于砰击作用引起船体瞬态强迫振动,通常采用水弹性方法来研究,它需要将水动力模型与结构的动态响应在每个时间步内进行耦合模拟。最常见的水弹性模型包括三部分,船舶的结构模型、流体的水动力模型和确保适当考虑相互作用的耦合方法。

对于基于势流理论的砰击颤振数值预报方法而言,结构模型可以是有限元模型或梁模型,结构模型与水动力模型的耦合作用可以通过模态叠加方法来考虑,而水动力模型中非线性因素的处理则是该方法的难点[1-6]。目前对船舶水动力问题求解应用最为广泛的是线性频域方法,但该方法未能考虑非线性因素对船体运动和载荷的影响。已有研究表明,非线性入射力、恢复力以及辐射绕射力是引起船舶非线性运动和载荷的主要因素,能部分考虑这些非线性因素的方法主要有弱非线性方法和物面非线性方法。在非线性主要来自入射波力和静水恢复力的假定下,形成了弱非线性方法,由于采用的平均湿表面和平均自由液面假设,无法考虑物面以及自由面的变化对扰动力的影响。物面非线性方法在弱非线性方法的基础上,进一步考虑物面及其法向变化引起的非线性,理论基础更加完善,提高了数值求解精度。但上述方法无法考虑高海况下砰击、上浪等强非线性载荷的影响,剖面载荷计算结果偏小。为此,部分学者提出了强非线性方法。该方法基于弱非线性方法和水弹性理论,同时采用边界元法或动量定理计算砰击、上浪等强非线性载荷,从而实现了对船体砰击颤振响应的预报。针对强非线性方法不能考虑物面以及自由面的变化对扰动力的影响、砰击和上浪载荷的数值方法计算精度较低的不足,研究人员提出了全非线性方法。该方法采用非线性边界条件,全面考虑非线性水动力对船体运动和波浪载荷的影响,更接近于恶劣海况下船舶的实际受力情况。

相较于势流理论方法,基于黏流理论的计算流体动力学(CFD)方法能更为真实地处理由大振幅运动、自由表面波浪破碎等强非线性因素引起的船体砰击颤振。目前,CFD 方法已经可以有效模拟恶劣海况下非常复杂的耐波性问题,常用的 CFD 软件有 OpenFoam[7-8]、StarCCM+[9]、ICARE[10] 等。近十年来,随着计算流体力学技术和数值格式的发展,CFD 在船舶砰击颤振领域中的应用也变得更加成熟和稳健。基于 CFD 的船体砰击颤振研究的实现方法主要包括两种:CFD-FEM 直接动力计算和 CFD-模态叠加计算。计算流体动力学-有限元法(CFD-FEM)直接动力计算通过将 CFD 求解器与结构求解商业软件结合求解水弹性问题。为了精确地捕捉自由面变形及弹性船体响应,流场通常采用 VOF、Level Set、无网格粒子法等方法,结构场采用有限元方法的梁模型理论。当流场与结构场耦合求解时采取双向耦合,将作用于结构的流体压力传递给结构求解器,结构变形也同时反馈到流体求解器中。目前已有方法对于黏性流固耦合典型模型的求解结果符合一般规律,然而较难精确捕捉大自由面变形及大刚体位移叠加相对小弹性变形的典型船体运动。CFD-模态叠加计算方法可以有效保证结构低频响应的精度,但在处理高频响应和精确预估船体非线性载荷方面,还未得到有效解决。

2.1 全非线性方法

2.1.1 初边值问题

为了描述船波相互作用,建立三个笛卡儿右手坐标系。如图 1 所示,$O\text{-}XYZ$ 为大地固定坐标系,其中 $O\text{-}XY$ 在初始静水面上,$O\text{-}Z$ 向上为正,$o\text{-}xyz$ 以船舶前进速度 U 移动,$G\text{-}x'y'z'$ 与船体固结在一起,原点在船舶重心处,S_B 为物体表面,S_F 为自由面,S_C 为远方控制面。在初始时刻,$O\text{-}XYZ$ 与 $o\text{-}xyz$ 重合,并与 $G\text{-}x'y'z'$ 平行。仅考虑垂荡和纵摇运动时,$o\text{-}xyz$ 和 $G\text{-}x'y'z'$ 有如下转换关系[11]:

$$\begin{pmatrix} x \\ y \\ z \end{pmatrix} = \begin{pmatrix} x_g \\ y_g \\ z_g \end{pmatrix} + \begin{pmatrix} 0 \\ 0 \\ \eta_3 \end{pmatrix} + \begin{bmatrix} \cos\eta_5 & 0 & \sin\eta_5 \\ 0 & 1 & 5 \\ -\sin\eta_5 & 0 & \cos\eta_5 \end{bmatrix} \cdot \begin{pmatrix} x' \\ y' \\ z' \end{pmatrix} \quad (2.1)$$

式中,(x_g, y_g, z_g) 为 $o\text{-}xyz$ 坐标系下的重心初始坐标,η_3、η_5 为 $o\text{-}xyz$ 坐标系下的平移和旋转位移,即船舶的垂荡和纵摇运动。

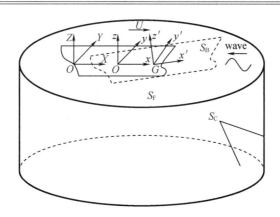

图 1 建立坐标系

流体满足无黏、不可压缩、无旋假设,则有速度势在流场内满足拉普拉斯方程:

$$\nabla^2 \varphi = 0 \tag{2.2}$$

在物体表面 S_0 上,满足不可穿透条件

$$\frac{\partial \varphi}{\partial \boldsymbol{n}} = (\boldsymbol{U} + \dot{\boldsymbol{\eta}}_3 + \dot{\boldsymbol{\eta}}_5 \times \boldsymbol{r}_b) \tag{2.3}$$

式中,$\boldsymbol{U} = [U,0,0]$,$\dot{\boldsymbol{\eta}}_3 = [0,0,\dot{\eta}_3]$,$\dot{\boldsymbol{\eta}}_5 = [0,\dot{\eta}_5,0]$,$\boldsymbol{r}_b = [x-x_g, y-y_g, z-z_g-\eta_3]$,$\boldsymbol{r}_b \times \boldsymbol{n} = [n_4, n_5, n_6]$,单位法向量 $\boldsymbol{n} = [n_1, n_2, n_3]$ 指向流域外部。

在自由表面边界 S_F 上,欧拉运动学和动力学边界条件在 $o-xyz$ 坐标系下可写为

$$\frac{\partial \zeta}{\partial t} = \frac{\partial \varphi}{\partial z} - \left(\frac{\partial \varphi}{\partial x} - U\right) \cdot \frac{\partial \zeta}{\partial x} - \frac{\partial \varphi}{\partial y} \cdot \frac{\partial \zeta}{\partial y} \tag{2.4}$$

$$\frac{\partial \varphi}{\partial t} = -\frac{\nabla \varphi \cdot \nabla \varphi}{2} - gz + \frac{\partial \varphi}{\partial x} \cdot U \tag{2.5}$$

式中,ζ 为波面升高;$\frac{\partial}{\partial t}$ 为考虑船舶常速度 U 时对时间的偏导数。

在无穷远处,扰动波少,因此速度势趋于入射势 φ_I。

$$\frac{\partial \varphi}{\partial \boldsymbol{n}} \to \frac{\partial \varphi_I}{\partial \boldsymbol{n}} \tag{2.6}$$

在初始时刻,自由面无扰动,因此在 S_F 上满足:

$$\varphi = \varphi_I, \zeta = \zeta_I \tag{2.7}$$

式中,ζ_I 为入射波的波面升高。

2.1.2 边界积分方程的离散

采用 4 节点的四边形边界单元将计算域离散成一些曲面单元,通过数学变换将每个单元转换成参数坐标 (ξ,ζ) 下的等参单元,利用二次形状函数插值方法保证单元内几何量和物理量分布的连续性。单元内任一点的几何坐标、速度势和速度势法向导数可表达为如下形式:

$$[x,y,z] = \sum_{k=1}^{K} h_k(\xi,\zeta)[x_k, y_k, z_k] \tag{2.8}$$

$$\phi = \sum_{k=1}^{K} h_k(\xi,\zeta) \phi_k \tag{2.9}$$

$$\frac{\partial \phi}{\partial \boldsymbol{n}} = \sum_{k=1}^{K} h_k(\xi,\zeta) \left(\frac{\partial \phi}{\partial \boldsymbol{n}}\right)_k \tag{2.10}$$

式中,(ξ,ζ) 是单元内规范化的局部正交曲线坐标,K 是单元节点个数,$[x_k, y_k, z_k]$、ϕ_k、$\left(\dfrac{\partial \phi}{\partial \boldsymbol{n}}\right)_k$ 和 h_k 分别是节点 k 的坐标值、速度势、速度势法向导数和形状函数。形状函数由解析表达式给出,为在参考单元上的高阶多项式。参考单元是由一个任意形状的边界单元通过变量转换得到,对于4节点参考单元,二次插值函数形式可写为

$$\begin{cases} h_1 = \dfrac{1}{4}(1+\xi)(1+\zeta) \\ h_2 = \dfrac{1}{4}(1-\xi)(1+\zeta) \\ h_3 = \dfrac{1}{4}(1-\xi)(1-\zeta) \\ h_4 = \dfrac{1}{4}(1+\xi)(1-\zeta) \end{cases} \tag{2.11}$$

总体坐标系下的微面积在等参坐标系下可表示为

$$\mathrm{d}s = |J(\xi,\zeta)|\mathrm{d}\xi\mathrm{d}\zeta \tag{2.12}$$

式中,$|J(\xi,\zeta)|$ 为雅可比行列式。

通过上述转化,积分方程可离散成

$$\alpha(p)\cdot\phi(p) - \sum_{i=1}^{N_{e2}}\int_{-1}^{1}\int_{-1}^{1}\sum_{k=1}^{K} h_k(\xi,\zeta)\phi_k \cdot \frac{\partial G(p,q(\xi,\zeta))}{\partial \boldsymbol{n}} - G(p,q)\cdot\frac{\partial \phi(q)}{\partial \boldsymbol{n}}|J(\xi,\zeta)|\mathrm{d}\xi\mathrm{d}\zeta +$$
$$\sum_{i=1}^{N_{e1}}\int_{-1}^{1}\int_{-1}^{1}\sum_{k=1}^{K} h_k(\xi,\zeta) G(p,q(\xi,\zeta))\cdot\frac{\partial \phi_k}{\partial \boldsymbol{n}} - G(p,q)\cdot\frac{\partial \phi(q)}{\partial \boldsymbol{n}}|J(\xi,\zeta)|\mathrm{d}\xi\mathrm{d}\zeta$$
$$= -\sum_{i=1}^{N_{e2}}\int_{-1}^{1}\int_{-1}^{1}\sum_{k=1}^{K} G(p,q(\xi,\zeta))\cdot\frac{\partial \phi(q(\xi,\zeta))}{\partial \boldsymbol{n}}|J(\xi,\zeta)|\mathrm{d}\xi\mathrm{d}\zeta + \sum_{i=1}^{N_{e1}}\int_{-1}^{1}\int_{-1}^{1}\sum_{k=1}^{K}\phi(q(\xi,\zeta))\cdot$$
$$\frac{\partial G(p,q(\xi,\zeta))}{\partial \boldsymbol{n}}|J(\xi,\zeta)|\mathrm{d}\xi\mathrm{d}\zeta \tag{2.13}$$

式中,N_{e1} 和 N_{e2} 分别是自由水面和船体表面上的单元数。当源点 p 在自由水面上时,速度势 $\phi(p)$ 为已知量,这时方程左端第一项 $\alpha(p)\cdot\phi(p)$ 将被移到方程右端;当源点在固体边界面上时,速度势 $\phi(p)$ 为未知量,这时方程左端第一项 $\alpha(p)\cdot\phi(p)$ 将保留在方程左端,这样方程左端均为未知量,右端均为已知量。由此通过配点法,将源点 p 分别取在各个节点上,可建立如下线性方程组

$$\begin{bmatrix} G_{sf} & -H_{ss} \\ G_{ff} & -H_{fs} \end{bmatrix}\cdot\begin{bmatrix} \varphi_{nf} \\ \varphi_s \end{bmatrix} = \begin{bmatrix} H_{sf} & -G_{ss} \\ H_{ff} & -G_{fs} \end{bmatrix}\cdot\begin{bmatrix} \varphi_f \\ \varphi_{ns} \end{bmatrix} \tag{2.14}$$

由于积分边界是不断随时间变化的,在每一时刻都要重新建立系数矩阵,并在每一时刻都要对方程求解。

2.1.3 船体运动与强非线性流体力解耦

浮体与波浪作用时,结构运动会引起流场变化,而流场变化又会对结构运动产生影响,所以对流体的流动与结构运动的耦合问题进行处理比较关键。要求得浮体的运动必须先计算浮体所受到的外力,那么问题归结到对浮体表面压力的计算上,根据伯努利公式可知压力的计算需要先得到速度势在时间与空间上的导数。

包括动态浮力、砰击压力在内的水动压力可由伯努利方程得到:

$$p = -\rho(\phi_t + \frac{1}{2}\nabla\phi \cdot \nabla\phi + gz) \tag{2.15}$$

船体上的水动力和力矩可以通过对船体的湿表面压力进行积分来计算:

$$\boldsymbol{F} = \iint_{S_B} p\boldsymbol{n}_i \mathrm{d}s \, (i=3,5) \tag{2.16}$$

如果速度势已知那么其空间导数可以求解,但是 φ_t 代表着空间点的速度势在时间上的偏导,在数学上可通过有限差分的形式或者物质导数进行计算,然而在程序中的数值求解却十分不容易。这是由于流体边界上网格的位置在时域中一直处于动态变化的状态,比如对网格拓扑结构重新规划时,对 φ_t 进行计算的有些网格节点会消失。本文以垂荡运动为例,介绍船体运动和流体力的解耦过程。

在本文数值程序中采用了辅助函数方法间接地解决这个问题,即将 φ_t 定义为一个调和函数,那么在流域中其 φ_t 满足

$$\nabla^2 \varphi_t = 0 \tag{2.17}$$

根据之前的假设,假定在自由水面上压力为0,那么通过伯努利方程可以得到

$$\phi_t = -\frac{1}{2}\nabla\phi \, \nabla\phi - gz \tag{2.18}$$

很明显,一旦 φ_t 项已知,水动力和加速度就可以得到。该项由辅助函数表示,而辅助函数可以通过求解边值问题得到。物面边界条件随着前进速度以及垂荡和俯仰运动而改变。这样物面上便有

$$\begin{aligned}\frac{\partial \varphi_t}{\partial \boldsymbol{n}} &= [(\dot{\boldsymbol{U}}+\ddot{\boldsymbol{\eta}}_3)+\dot{\boldsymbol{\eta}}_5 \times \boldsymbol{r}_b] \cdot \boldsymbol{n} - (\boldsymbol{U}+\boldsymbol{\eta}_3) \cdot \frac{\partial \nabla\varphi}{\partial \boldsymbol{n}} + \boldsymbol{\eta}_5 \cdot \frac{\partial}{\partial \boldsymbol{n}}[\boldsymbol{r}_b \times (\boldsymbol{U}+\boldsymbol{\eta}_3-\nabla\varphi)] \\ &= \ddot{\boldsymbol{\eta}}_3 \cdot \boldsymbol{n}_3 + \ddot{\boldsymbol{\eta}}_5 \cdot \boldsymbol{n}_5 - (\boldsymbol{U}+\boldsymbol{\eta}_3) \cdot \frac{\partial \nabla\varphi}{\partial \boldsymbol{n}} + \boldsymbol{\eta}_5 \cdot \frac{\partial}{\partial \boldsymbol{n}}[\boldsymbol{r}_b \times (\boldsymbol{U}+\boldsymbol{\eta}_3-\nabla\varphi)] \end{aligned} \tag{2.19}$$

引入辅助函数 χ_3、χ_5 和 χ_7,可以将 φ_t 构成以下格式:

$$\varphi_t = \ddot{\boldsymbol{\eta}}_3 \cdot \chi_3 + \ddot{\boldsymbol{\eta}}_5 \cdot \chi_5 - (\boldsymbol{U}+\boldsymbol{\eta}_3) \cdot \nabla\varphi + \boldsymbol{\eta}_5 \cdot [\boldsymbol{r}_b \times (\boldsymbol{U}+\boldsymbol{\eta}_3-\nabla\varphi)] + \chi_7$$

其中,辅助函数 χ_1 和 χ_2 在流场中符合拉普拉斯方程且满足下列边界条件,即在湿表面 S_0 上有

$$\begin{cases} \dfrac{\partial \chi_3}{\partial \boldsymbol{n}} = n_3 \\ \dfrac{\partial \chi_5}{\partial \boldsymbol{n}} = n_5 \\ \dfrac{\partial \chi_7}{\partial \boldsymbol{n}} = 0 \end{cases} \tag{2.20}$$

而在自由面 S_F 上有

$$\chi_3 = 0$$
$$\chi_5 = 0$$
$$\chi_7 = -\frac{1}{2}|\nabla\varphi|^2 - gz + (\boldsymbol{U}+\boldsymbol{\eta}_3) \cdot \nabla\varphi - \boldsymbol{\eta}_5 \cdot [\boldsymbol{r}_b \times (\boldsymbol{U}+\boldsymbol{\eta}_3-\nabla\varphi)] \tag{2.21}$$

并且在远方边界面 S_C 上满足

$$\frac{\partial \varphi_t}{\partial \boldsymbol{n}} = \frac{\partial \varphi_{It}}{\partial \boldsymbol{n}} = \nabla\frac{\partial \varphi_I}{\partial t} \cdot \boldsymbol{n} \tag{2.22}$$

将上述边界条件结合起来形成使用辅助函数 χ_3、χ_5 和 χ_7 组成的边界问题的控制方程,可以得到 φ_t 的解,与求解扰动势的方法相同,即可得到压力

$$p = -\rho\{\ddot{\boldsymbol{\eta}}_3 \cdot \boldsymbol{\chi}_3 + \ddot{\boldsymbol{\eta}}_5 \cdot \boldsymbol{\chi}_5 - (\boldsymbol{U}+\boldsymbol{\eta}_3) \cdot \nabla\varphi + \boldsymbol{\eta}_5 \cdot [\boldsymbol{r}_b \times (\boldsymbol{U}+\boldsymbol{\eta}_3 - \nabla\varphi)] + \chi_7 + \frac{1}{2}\nabla\varphi \cdot \nabla\varphi + gz\} \quad (2.23)$$

由牛顿第二定律得

$$\boldsymbol{M}\ddot{\boldsymbol{\eta}} = \boldsymbol{F} + \boldsymbol{F}_e \quad (2.24)$$

式中，$\boldsymbol{M} = \begin{bmatrix} m & 0 \\ 0 & I_{22} \end{bmatrix}$，$m$ 为船体总质量，I_{22} 为垂向惯性矩，$\boldsymbol{F}$ 为垂直水动力和力矩矩阵，$\boldsymbol{F}_e$ 为垂直外力和力矩矩阵。那么浮体受到的载荷可通过压力积分进行求解，得到的力为

$$F_i = -\iint_{S_0} \rho\chi_3 n_i \mathrm{d}s \cdot \ddot{\boldsymbol{\eta}}_3 - \iint_{S_0} \rho\chi_5 n_i \mathrm{d}s \cdot \ddot{\boldsymbol{\eta}}_5 + F'_i \quad i=3,5 \quad (2.25)$$

$$F'_i = \iint_{S_0} \rho\{(\boldsymbol{U}+\boldsymbol{\eta}_3) \cdot \nabla\varphi + \boldsymbol{\eta}_5 \cdot [\boldsymbol{r}_b \times (\boldsymbol{U}+\boldsymbol{\eta}_3 - \nabla\varphi)] + \chi_7 + \nabla\varphi \cdot \nabla\varphi/2 + gz\} n_i \mathrm{d}s \quad (2.26)$$

式(2.25)的前两项可表达为矩阵形式的附加质量 M_a，综上所述，运动方程可写为

$$(\boldsymbol{M} + \boldsymbol{M}_a)\ddot{\boldsymbol{\eta}}_{35} = \boldsymbol{F}'_{35} = \begin{bmatrix} F'_3 \\ F'_5 \end{bmatrix} \quad (2.27)$$

因此，求解此方程可以获得垂直运动的加速度，并解耦船舶运动和水动力。然后用经典四阶龙格-库塔(Runge-Kutta)方法对速度和位移进行更新。

物体的运动方程同样可以采用标准的四阶龙格-库塔方法进行数值积分。将刚体运动方程写为下面的二阶微分方程形式

$$\ddot{\boldsymbol{\eta}} = h[\Delta t, \boldsymbol{\eta}, \dot{\boldsymbol{\eta}}] \quad (2.28)$$

应用四阶龙格-库塔方法求解时，物体的位移和速度可以分别表示为

$$\boldsymbol{\eta}(t+\Delta t) = \boldsymbol{\eta}(t) + \Delta t \cdot \dot{\boldsymbol{\eta}}(t) + \Delta t \cdot (M_1 + M_2 + M_3)/6 \quad (2.29)$$

$$\dot{\boldsymbol{\eta}}(t+\Delta t) = \dot{\boldsymbol{\eta}}(t) + (M_1 + 2M_2 + 2M_3 + M_4)/6 \quad (2.30)$$

式中 M_1、M_2、M_3 和 M_4 分别为

$$M_1 = \Delta t \cdot h[t, \boldsymbol{\eta}(t), \dot{\boldsymbol{\eta}}(t)] \quad (2.31)$$

$$M_2 = \Delta t \cdot h\left[t + \frac{\Delta t}{2}, \boldsymbol{\eta}(t) + \frac{\Delta t \cdot \dot{\boldsymbol{\eta}}(t)}{2}, \dot{\boldsymbol{\eta}}(t) + \frac{M_1}{2}\right] \quad (2.32)$$

$$M_3 = \Delta t \cdot h\left[t + \frac{\Delta t}{2}, \boldsymbol{\eta}(t) + \frac{\Delta t \cdot \dot{\boldsymbol{\eta}}(t)}{2} + \frac{\Delta t \cdot M_1}{4}, \dot{\boldsymbol{\eta}}(t) + \frac{M_2}{2}\right] \quad (2.33)$$

$$M_4 = \Delta t \cdot h\left[t + \frac{\Delta t}{2}, \boldsymbol{\eta}(t) + \Delta t \cdot \dot{\boldsymbol{\eta}}(t) + \frac{\Delta t \cdot M_2}{2}, \dot{\boldsymbol{\eta}}(t) + M_3\right] \quad (2.34)$$

利用上述方法对物体的运动方程进行求解时，需要在每个时间步内迭代四次。首先根据 t 时刻物体的位移 $\boldsymbol{\eta}(t)$ 和速度 $\dot{\boldsymbol{\eta}}(t)$，求解一次流场的边界积分方程，进而求解刚体运动方程得到 M_1。根据 M_1 的值可以求出下一次迭代的刚体位移和速度，同样求解流场的边界积分方程，根据刚体运动方程来计算物体加速度并求得 M_2。如此循环便可依次求出 M_3 和 M_4。最后利用公式便可以求出 $t+\Delta t$ 时刻物体的位移和速度。然后继续离散新时刻 $t+\Delta t$ 流场的积分方程，得出新时刻的流体运动，进行下一个时间步的迭代计算，周而复始直到计算结束。

2.1.4 三维结构动力学方程求解

三维结构动力学方程是基于有限元方法推导得到的。假设船体结构是连续的、线弹性的、材料是线性的、船体结构相对于平衡位置做微幅运动和变形，利用三维结构有限元法将船体结构离散为具有有限个自由度的系统，其动力学基本方程为

$$M\ddot{U}+C\dot{U}+KU=P+F+G \tag{2.35}$$

式中,M、C、K 分别为系统的总质量矩阵、总阻尼矩阵和总刚度矩阵;U 为系统总节点位移列阵;P、F、G 分别为结构所承受的分布外力、集中力和体积力的等效节点力列阵。

对结构动力学系统进行特征分析,可以获得系统的固有频率 ω_r 和振型 D_r($r=1,2\cdots N$,表示振动模态的阶数)。

考虑船体结构的特点,在研究船体在波浪等外部激励下的总体振动时,一般从模态振型向量中截取有限阶(m 阶)低频总体运动和变形模态。

在得到自由振动结构的模态振型函数和固有频率后,利用线性系统模态叠加法,在外载荷作用下的动力学系统的节点位移 U 可以表示为

$$U=Dp \tag{2.36}$$

式中,p 为广义主坐标列阵,$p_r(t)$ 为相应于其中第 r 阶模态的主坐标分量。将(2.35)式方程两端左乘 D^T,并将(2.36)式代入,可以得出结构离散系统的主坐标运动方程式为

$$a\ddot{p}+b\dot{p}+cp=Z+\Delta+Q \tag{2.37}$$

式中,$a=D^TMD$,$b=D^TCD$,$c=D^TKD$,分别为结构广义质量矩阵、广义阻尼矩阵、广义刚度矩阵;$Z=D^TP$,$\Delta=D^TF$,$Q=D^TG$,分别为广义表面分布力、广义集中力和广义体积力列阵。

对于无约束动力系统的位移模态振型,除了包含弹性体自由振动的弹性模态外,还包含结构做六个自由度运动的刚体模态。对第 j 个节点,刚体运动的振型写成

$$\begin{cases} D_{1j}=\{1,0,0,0,0,0\} \\ D_{2j}=\{0,1,0,0,0,0\} \\ D_{3j}=\{0,0,1,0,0,0\} \\ D_{4j}=\{0,-(z_j-z_C),(y_j-y_C),1,0,0\} \\ D_{5j}=\{(z_j-z_C),0,-(x_j-x_C),1,0,0\} \\ D_{6j}=\{-(y_j-y_C),(x_j-x_C),0,1,0,0\} \end{cases} \tag{2.38}$$

节点 j 的位移可表示为

$$\begin{cases} u_1=\{1,0,0\} \\ u_2=\{0,1,0\} \\ u_3=\{0,0,1\} \\ u_4=\{0,-(z_j-z_C),(y_j-y_C)\} \\ u_5=\{(z_j-z_C),0,-(x_j-x_C)\} \\ u_6=\{-(y_j-y_C),(x_j-x_C),0\} \end{cases} \tag{2.39}$$

则刚体部分对应的主坐标就是船舶六自由度运动,这与船舶耐波性的规定是吻合的。至此,以节点位移 U 为待定变量的运动方程转化为以主坐标 p 为待定变量的运动方程,使数值计算得到了简化。当作用于结构上的广义力的量值或广义力与主坐标之间的关系确定后,通过求解该运动方程,即可获得系统各模态的主坐标值,进而可通过几何和物理关系求解其他变量值。

2.1.5 弹性体船边界条件

对于弹性体船舶,扰动势中包含了由于船体弹性变形的成分。

物面边界条件可表示为

$$\frac{\partial \Phi}{\partial n} = \frac{\partial \phi_S}{\partial n} + \frac{\partial \phi_I}{\partial n} = U_0 \cdot n_x + \sum_{r=1}^{m} p_r(t) \dot{u}_r \cdot n \qquad (2.40)$$

则扰动速度势 φ_S 满足

$$\frac{\partial \phi_S}{\partial n} = U_0 \cdot n_x + \sum_{r=1}^{m} p_r(t) \dot{u}_r \cdot n - \frac{\partial \phi_I}{\partial n}$$

$$= U_0 \cdot n_x + \dot{\eta}_{123} \cdot n + \dot{\eta}_{456} \cdot (r \times n) + \sum_{r=7}^{m} p_r(t) \dot{u}_r \cdot n - \frac{\partial \varphi_I}{\partial n} \qquad (2.41)$$

2.1.6 弹性体船广义流体力的表达

为求解船体结构的主坐标运动方程,需要确定作用在弹性船体上的广义流体力、广义体积力和广义集中力。

(1) 广义流体力

根据伯努利方程,作用于瞬时湿表面上的流体压力分布可表达为

$$p = -\rho \left(\phi_t + \frac{1}{2} \nabla \phi \cdot \nabla \phi + gz \right) \qquad (2.42)$$

作用于物体的第 r 阶广义流体力可表达为

$$Z_r = -\iint_{S_B} p(\boldsymbol{n} \cdot \boldsymbol{u}_r) \mathrm{d}s \quad (r = 1, 2, \cdots, m) \qquad (2.43)$$

(2) 广义体积力

通常船舶结构系统所承受的体积力为重力,广义重力可以写为

$$Q_r = \iiint_V \rho_b g w_r \mathrm{d}v \quad (r = 1, 2, \cdots, m) \qquad (2.44)$$

式中,ρ_b 为结构质量密度。

(3) 广义集中力

广义集中力可以表示为船体结构所承受的所有集中力与其作用点上的位移阵型矢量的点乘,无约束动力系统可不考虑。

得到上述广义力后,即可对式(2.37)进行求解得到主坐标,利用模态叠加原理,可得到船体结构的位移 $w(x,t)$、弯矩 $M(x,t)$ 和剪力 $V(x,t)$,具体如下:

$$\begin{cases} w(x,y,z,t) = \sum_{r=7}^{m} w_r(x,y,z) \cdot p_r(t) \\ M(x,y,z,t) = \sum_{r=7}^{m} M_r(x,y,z) \cdot p_r(t) \\ V(x,y,z,t) = \sum_{r=7}^{m} V_r(x,y,z) \cdot p_r(t) \end{cases} \qquad (2.45)$$

2.1.7 典型船舶的砰击颤振计算

基于上述全非线性方法,对某船在中高海况下的颤振响应进行计算,并通过船模试验进行了验证。这里以迎浪、波高为 9 m、航速为 18 kn、波长船长比为 1.0 的工况为例,展示船舯剖面弯矩时历及傅里叶变换所得幅值谱与模型试验的对比结果,如图 2、图 3 所示。

计算结果表明,模型与试验结果的幅值结果相近,垂向弯矩的高频成分发生位置接近吻合,傅里叶变换所得幅值谱中各阶高频载荷比对结果一致。

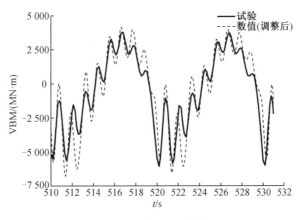

图 2 垂向弯矩时历

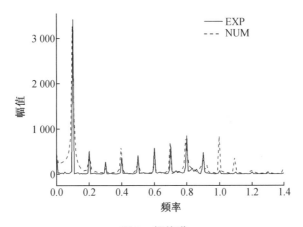

图 3 幅值谱

2.2 CFD 方法

2.2.1 CFD-FEM 直接动力计算

对于流域中船舶砰击颤振问题,建立如图 4 所示的船舶 CFD 计算流域示意图。在随船坐标系 $OXYZ$ 中,原点 O 位于船底基线与尾垂线交点处,X 轴正方向从船头指向船尾,Y 轴正方向指向右舷,Z 轴正方向垂直向上,浪高仪(wave probe)位于船首前端 0.2 m 位置处。

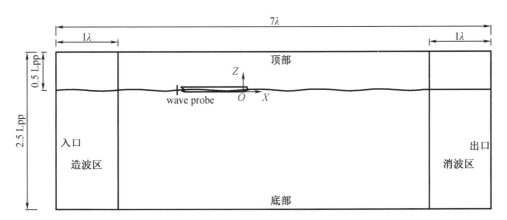

图 4 船舶 CFD 计算流域示意图

对于不可压缩的两相黏性流体(即水和空气)其控制方程为 N-S 方程。由于整个过程不考虑热量传递,故只考虑连续性方程与动量守恒方程。此外,在大多数流体动力学问题中,重力或其他惯性力占主导地位,因此表面张力效应可以忽略不计[12]。

N-S 方程如下:

$$\nabla \cdot \boldsymbol{u} = 0 \tag{2.46}$$

$$\frac{\partial \rho \boldsymbol{u}}{\partial t} + \nabla \cdot (\rho \boldsymbol{u}\boldsymbol{u}^{\mathrm{T}}) - \nabla \cdot (\mu_{\mathrm{e}} \nabla \boldsymbol{u}) = -\nabla p_{\mathrm{rgh}} - \boldsymbol{g} \cdot \boldsymbol{x} \nabla \rho \tag{2.47}$$

式中,$\boldsymbol{u}=(u,v,w)$ 为平均速度矢量;ρ 为流体密度;μ_{e} 为有效动力黏度;p_{rgh} 为相对压力,即 $p_{\mathrm{rgh}}=p-\rho\boldsymbol{g}\cdot\boldsymbol{x}$;$\boldsymbol{g}$ 为重力加速度矢量;$\boldsymbol{x}=(x,y,z)$ 为笛卡儿坐标。

船体砰击颤振问题是全非线性自由液面流固耦合问题,其自由液面在空间瞬态位置与船体速度和压力变化是耦合的,该问题的实际适用方法尚未完全建立,自由液面的精确捕捉对计算准确性的影响尤为重要。基于流体体积(volume of fluid, VOF)方法的自由液面捕捉是当前发展较为成熟的方法,得到了广泛的验证与使用。VOF 方法中,水的体积分数 α 定义如下:

$$\alpha = \frac{V_{\mathrm{w}}}{V} \tag{2.48}$$

式中,V 为一个网格体积;V_{w} 为该网格体积中水的体积。因此,α 介于 $0\sim1$ 之间,其输运方程为

$$\frac{\partial \alpha}{\partial t} + \nabla \cdot (\alpha \boldsymbol{u}) + \nabla \cdot [\alpha(1-\alpha)\boldsymbol{u}_{\mathrm{r}}] = 0 \tag{2.49}$$

为防止自由液面捕捉模糊,可在式(2.49)中加入人工压缩项(方程左侧第三项),用于自由液面压缩。压缩速度 $\boldsymbol{u}_{\mathrm{r}}$ 定义为

$$\boldsymbol{u}_{\mathrm{r}} = C_{\alpha} \boldsymbol{n}_{\eta} \frac{Co_{\mathrm{r}}|d_{\mathrm{f}}|}{\Delta t} \tag{2.50}$$

式中,C_{α} 为压缩常数,用于控制自由液面形状;$\boldsymbol{n}_{\eta}$ 为面法向单位矢量;$Co_{\mathrm{r}}|d_{\mathrm{f}}|$ 为相对压缩库朗数;$|d_{\mathrm{f}}|$ 为同一内表面的两个网格中心距离;Δt 为时间步。

CFD 中的波浪产生与消除可采用区域造波与消波技术,通过在入口处边界和出口处边界设置区域,实现波浪的稳定产生与消除。区域函数 γ_{R} 定义如下:

$$\gamma_{\mathrm{R}} = 1 - \frac{\exp(\chi_{\mathrm{R}}^{3.5}) - 1}{\exp(1) - 1} \tag{2.51}$$

$$\varphi = \gamma_{\mathrm{R}} \varphi_{\mathrm{computed}} + (1-\gamma_{\mathrm{R}}) \varphi_{\mathrm{target}} \tag{2.52}$$

式中,φ 为速度矢量 $\boldsymbol{u}$ 或者体积分数 α;$\chi_{\mathrm{R}} \in [0,1]$;通常,入口造波区域与出口造波区域设置为 $1\sim2$ 倍波长。

N-S 方程进行雷诺时均化处理后,出现方程不封闭问题。为此,可选用湍流模型对方程进行封闭。截至目前,湍流模型的封闭技术仍在不断完善与发展,湍流模型在自由液面波浪模拟的应用中仍存在不完全适用问题,尤其对于波浪破碎、上浪等强非线性问题,当前基础湍流模型理论发展仍有广阔的发展空间。可在现有湍流模型理论基础上进一步发展适用于船舶 CFD 砰击颤振计算的数值模型。

选用 k-ω SST 模型作为基础湍流模型,其湍流动能 k 和湍流特征频率 ω 的对流耗散方程为

$$\frac{\partial k}{\partial t} + \nabla \cdot (\boldsymbol{u}k) = P_k - \beta^* k\omega + \nabla \cdot [(\nu + \sigma_k \nu_{\mathrm{T}})\nabla k] \tag{2.53}$$

$$\frac{\partial \omega}{\partial t} + \nabla \cdot (\boldsymbol{u}\omega) = \sigma S^2 - \beta \omega^2 + \nabla \cdot [(\nu + \sigma_\omega \nu_{\mathrm{T}})\nabla \omega] + 2(1-F_1)\frac{\sigma_{\omega 2}}{\omega}\nabla k \cdot (\nabla \omega)^{\mathrm{T}} \tag{2.54}$$

$$\nu_T = \frac{a_1 k}{\max(a_1\omega; SF_2)} \quad (2.55)$$

式中，$P_k = \min[\nu T(\nabla \times \boldsymbol{u}) \cdot (\nabla \times \boldsymbol{u})T, 10\beta^* k\omega]$；$S$ 是涡度绝对值。根据实验测定，通常 $\sigma_{k1} = 0.85$，$\sigma_{k2} = 1.0$，$\sigma_{\omega1} = 0.5$，$\sigma_{\omega2} = 0.856$，$\beta_1 = 0.075$，$\beta_2 = 0.0828$，$a_1 = 0.31$，$\delta_1 = 0.5532$，$\delta_2 = 0.4403$，$\beta^* = 0.09$。

边界条件同样是影响船体砰击颤振数值计算结果的因素之一，主要包括速度入口条件、压力出口条件、壁面边界条件、对称边界条件以及自由液面条件。其中自由液面条件即为上文 VOF 界面捕捉方法；速度入口条件根据造波方式不同而不同，其本质都是求解波浪模型在边界上流体质点速度与波面高度；压力出口条件是保持消波区的压力场与静水压力分布相同；物理水池底部、侧部通常设置为壁面速度不可穿透条件；此外，当进行半船 CFD 计算时，由于船体左右对称，可对物理水池设置对称边界，此时边界上全部物理量梯度为 0。

实际 CFD 流场求解时，首先对流场进行时间和空间离散，后采用合适的求解方法进行 CFD-FEM 两方程耦合求解。时间离散采用欧拉（Euler）方法实现。空间离散采用有限体积法（FVM）实现，其过程如下：

$$\frac{\partial \rho \phi}{\partial t} + \nabla \cdot (\rho U \phi) - \nabla \cdot (\rho \Gamma_\phi \nabla_\phi) = Y_\phi(\phi) \quad (2.56)$$

$$\int_t^{t+\Delta t} \left[\frac{\partial}{\partial t} \int_V \rho \phi \mathrm{d}V + \int_V \nabla \cdot (\rho U \phi) \mathrm{d}V - \int_V \nabla \cdot (\rho \Gamma_\phi \nabla_\phi) \mathrm{d}V \right] \mathrm{d}t = \int_t^{t+\Delta t} \left(\int_V Y_\phi(\phi) \mathrm{d}V \right) \mathrm{d}t \quad (2.57)$$

基于时间 Euler 法的最终空间离散方程为

$$\frac{\rho_p^n \phi_p^n - \rho_p^0 \phi_p^0}{\Delta t} V_p + \left[\sum_f F\phi_f - \sum_f (\rho \Gamma)_f S_f \cdot (\nabla \phi)_f \right] = (Y_c V_p + Y_l \phi_p V_p) \quad (2.58)$$

对时间与空间离散后代数方程，采用 PIMPLE 算法步进求解，得到船体速度与压力。其基本思想是：在每个时间步内采用 SIMPLE 稳态算法求解（将每个时间步内看成稳态流动），当稳态求解器迭代计算一定的次数后，收敛性满足要求，采用 PISO 算法进行时间步长的更新。其流程图如图 5 所示。

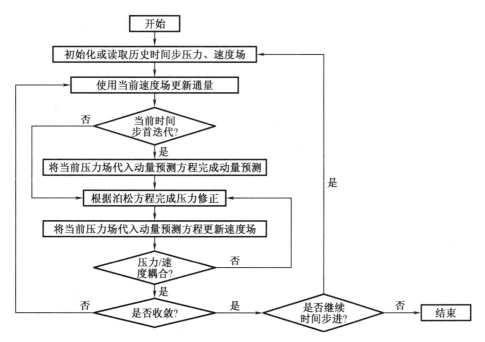

图 5 PIMPLE 算法求解流程

船体周边 CFD 流场计算完成后,即得到船体瞬时湿表面面积、瞬时速度与瞬时压力。耦合结构控制方程时,假设船体各向同性,并相对于平衡位置做弹性变形运动。基于拉格朗日方法,结构的质量守恒,即在变形过程中结构的质量与最初未变形的质量相同:

$$M = \int_{V_1} \rho_1 dV = \int_{V_0} \rho_0 dV = \text{constant} \quad (2.59)$$

船体结构动量守恒方程由柯西平衡方程表达:

$$\rho \ddot{u} + c\dot{u} - \nabla \cdot \sigma - b = 0 \quad (2.60)$$

使用虚功原理对上式进行处理,将式(2.60)两侧同时乘以虚位移,并在空间域上进行积分可得:

$$\delta \prod = \int_V \delta u \cdot (\rho \ddot{u} + c\dot{u} - \nabla \cdot \sigma - b) dV = 0 \quad (2.61)$$

引入虚位移后,必须满足狄利克雷边界条件(即指定微分方程解在边界处的值),通过分部积分引入诺伊曼边界条件(即边界上给定法向导数,外部载荷施加条件)后,公式简化为

$$\delta \prod = \int_V \delta u \cdot \rho_0 \ddot{u} dV - \int_V \delta u \cdot c\dot{u} dV + \int_V \delta u \cdot b dV + \int_V \delta E : S dV + \int_{\Gamma_\tau} \delta u \cdot \bar{\tau} d\Gamma = 0 \quad (2.62)$$

CFD-FEM 直接动力计算的流固耦合边界条件包括运动学连续条件、动力学连续条件以及能量守恒方程。其中,运动学联系条件是指流固交界面上,结构与流体的位移保持一致:

$$d_s = d_f \quad (2.63)$$

动力学连续条件是指流体与结构的接触面上,任意位置处的受力保持平衡:

$$\sigma_s \cdot n_s = \sigma_f \cdot n_f \quad (2.64)$$

能量守恒定律是指在双向求解中,流体引起的波浪载荷与结构受力在同一接触面上做的功是相同的:

$$\delta u_s \cdot f_s = \delta u_f \cdot f_f \quad (2.65)$$

基于上述边界条件,在耦合方程求解时,对结构进行有限元离散,建立离散方程组,求解平衡方程,得到结构内各离散节点的位移与应力的变形情况。

采用基于黏流理论的 CFD-FEM 直接动力求解方法进行船舶砰击颤振响应求解。同时求解 N-S 方程与结构控制方程。其中,外部流域采用 CFD 方法求解得到流场中的速度场与压力场的变化;船体结构采用 FEM 方法进行计算,获得结构内各节点的变形与应力变化情况。实际求解流程如图 6 所示。

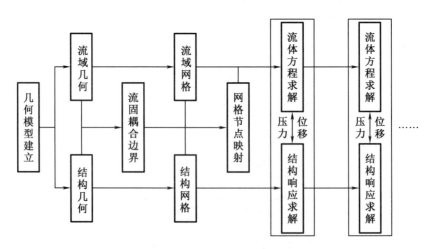

图 6 CFD-FEM 直接动力方法耦合求解流程

2.2.2 CFD-模态叠加计算

CFD-Model 船体截面载荷积分计算基本思想是:通过 CFD 计算得到船体周围流场的瞬时速度与船体表面瞬时湿表面积,进而得到作用在船体上的瞬时波浪力,包括入射波力 $F_I(t)$、绕射波力 $F_D(t)$、辐射波力 $F_R(t)$ 以及砰击力 $F_{slam}(t)$ 等。其次,将船体沿船长方向划分 20 个剖面,通过船体模态分析得到各阶模态下的振形特征。最后,基于船体振动控制方程得到振动主坐标 p_a。

$$([a]+[A])\ddot{p}_a(t)+([b]+[B])\dot{p}_a(t)+([c]+[C])p_a(t)$$
$$=\{F_I(t)\}+\{F_D(t)\}+\{F_R(t)\}+\{F_{slam}(t)\} \tag{2.66}$$

式中,[a]、[b]、[c]分别代表船体广义质量、阻尼、刚度矩阵;[A]、[B]、[C]分别代表流体广义附加质量、阻尼、恢复力矩阵。

CFD 流场相关计算理论如 2.2.1 节所示,此处不再赘述。

基于 CFD 计算得到船体振动主坐标 p_a 后,利用模态叠加计算砰击处的结构位移 $w(x,t)$、砰击处船体剖面的波浪弯矩 $M(x,t)$ 以及剪力 $V(x,t)$。

$$w(x,t)=\sum_{r=0}^{m}p_r(t)\cdot w_r(x) \tag{2.67}$$

$$M(x,t)=\sum_{r=0}^{m}p_r(t)\cdot M_r(x) \tag{2.68}$$

$$V(x,t)=\sum_{r=0}^{m}p_r(t)\cdot V_r(x) \tag{2.69}$$

2.2.3 典型船舶 CFD 方法砰击颤振计算

Lakshmynarayanana 等[13]使用 CFD-FEM 方法对一艘柔性驳船在规则波中的运动和响应进行计算,得到了船舶计算点上的垂向位移 RAO 及剖面垂向弯矩,结果与试验测量值对比良好,仅在某些高频处存在一些误差,如图 7 和图 8 所示。

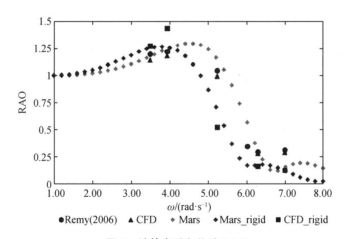

图 7 计算点垂向位移 RAO

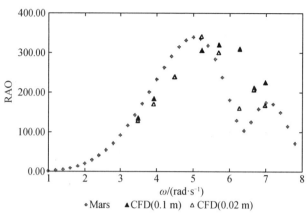

图 8　剖面垂向弯矩 RAO

3　关于船舶砰击颤振计算的基本结论

全非线性方法能够考虑船舶艏艉出入水、砰击、上浪等一系列强非线性因素带来的影响，更接近于恶劣海况下船舶的实际受力情况，可有效提高强非线性运动和载荷预报精度，是解决船-波相互作用问题的重要发展方向。

CFD 方法的直接动力计算方法与模态叠加计算方法各有优势。直接动力计算方法具有更高的计算精度，同样需要耗费较长的时间成本；模态叠加方法在保证一定的计算精度下，时间成本相对较低，但船体瞬时湿表面网格数据更新与交互则是保证计算准确的核心问题。

4　船舶砰击颤振需要研究的实际问题

4.1　全非线性方法的高效算法

目前，全非线性方法尚处于发展阶段，对于复杂船型数值计算速度慢、易发散，对计算机性能要求高，有必要进一步开发更为高效的算法，以达到工程实际应用标准。

4.2　基于气-液-固耦合的砰击载荷精细化预报方法

船舶首部的砰击现象中包含着高速水气两相流动冲击作用以及结构的局部变形，属于强非线性气-液-固耦合问题。以往使用 CFD 方法的流固耦合研究中广泛采用有限体积-有限元结合的方法求解水动力作用下的固体局部变形，目前只考虑流体对固体作用的单向耦合研究居多，少数双向耦合研究中仍存在着计算稳定性和计算量的问题。另一方面，当前主要研究只建立了流、固耦合模拟方法，缺乏针对船首局部砰击气-液-固三相介质耦合模拟方法，因此需对其进行进一步研究。

4.3　CFD 方法针对不同工况的适用性

直接动力计算方法与模态叠加计算方法在船舶砰击颤振响应计算方面鲜有应用，相关的试验验证工作也亟待开展。当前，针对不同工况下的计算方法选取也尚需进一步研究。

参考文献

[1] BENNETT S, PHILLIPS A. Experimental investigation of the influence of hull damage on ship responses in waves[C]. International Conference on Marine Structures, 2015.

[2] HEO K U, KOO W, PARK I K, et al. Quadratic strip theory for high-order dynamic behavior of a large container ship with 3D flow effects[J]. International Journal of Naval Architecture and Ocean Engineering, 2016, 8(2):127-136.

[3] LIU D, TANG W, WANG J, et al. Hybrid RANS/LES simulation of sloshing flow in a rectangular tank with and without baffles[J]. Ships & Offshore Structures, 2017, 12(8):1005-1015.

[4] RAJENDRAN S, VÁSQUEZ G, SOARES C G. Effect of bow flare on the vertical ship responses in abnormal waves and extreme seas[J]. Ocean Engineering, 2016, 124:419-436.

[5] WANG S, KARMAKAR D, SOARES C G. Hydroelastic impact of a horizontal floating plate with forward speed[J]. Journal of Fluids & Structures, 2016, 60:97-113.

[6] WU M K. Fatigue analysis for a high-speed vessel with hydroelastic effects[C]. Procceedings of the 7th International Conference on Hydroelasticity in Marine Technology, Split, Croatia, 2015.

[7] EL MOCTAR O, LEY J, OBERHAGEMANN J, et al. Nonlinear computational methods for hydroelastic effects of ships in extreme seas[J]. Ocean Engineering, 2017, 130:659-673.

[8] OBERHAGEMANN J, SHIGUNOV V, RADON M, et al. Hydrodynamic load analysis and ultimate strength check of an 18 000 TEU containership[C]. 7th International Conference on Hydroelasticity in Marine Technology, 2015.

[9] LAKSHMYNARAYANANA P A, TEMAREL P, CHEN Z. Coupled fluid structure interaction to model three-dimensional dynamic behaviour of ship in waves[C]. International Conference on Hydroelasticity in Marine Technology, 2015.

[10] ROBERT M, MONROY C, RELIQUET G, et al. Hydroelastic response of a flexible barge investigated with a viscous flow solver[C]. 7th International Conference on Hydroelasticity in Marine Technology, 2015.

[11] TANG Y, SUN S L, REN H L. Numerical investigation on a container ship navigating in irregular waves by a fully nonlinear time domain method[J]. Ocean Engineering, 2021, 223:108705.

[12] HUGHES S A. Physical models and laboratory techniques in coastal engineering[M]. Singapore: World Scientific, 1993.

[13] LAKSHMYNARAYANANA P A, TEMAREL P. Application of CFD and FEA coupling to predict dynamic behaviour of a flexible barge in regular head waves[J]. Marine Structures, 2019, 65:308-325.

船舶参数横摇

周耀华

(中国船级社上海规范研究所)

1 船舶参数横摇现象引起的工程问题及其物理机理

船舶在开敞水域中航行时,通常会受到风浪等外部环境条件引起的能量输入而产生运动响应。船舶完整稳性性能是保证船舶不会发生倾覆事故的主要安全保障条件。在船舶的实际工程设计和运营中,传统上对于稳性安全水平的评估主要采用经典的静力学理论方法。最具代表性的是国际海事组织(IMO)以静力学方法为基础,基于瘫船假定,根据20世纪中期收集的船舶营运事故统计资料所制定的《2008年国际完整稳性规则》[1]。该规则中给出了目前国际航行船舶所必须强制性满足的完整稳性衡准技术要求,同时也指出了船舶在波浪中可能遭受危险稳性状况,进而危及船舶安全的可能性。船舶在波浪中的参数横摇现象就是一种危险的典型波浪中稳性失效模式。著名的"APL China"号集装箱船事故[2]表明,发生参数横摇时船舶甚至可能会出现超过30°的大幅横摇,导致甲板装载集装箱的严重甩箱货损。有鉴于参数横摇现象对于船舶安全的严重危害,为了进一步提高船舶在波浪中稳性安全水平,IMO将其纳入了第二代完整稳性衡准所覆盖的五种波浪中稳性失效模式之一。通过制定分层次衡准校核方法,采用经验公式或数值模拟方法,评估实际船舶的工程设计方案对参数横摇现象的敏感性(即是否容易发生该现象)。经过历时10年的艰苦努力,IMO正式于2020年以通函形式批准并颁布实施了《第二代完整稳性衡准临时导则》[3],并已于2020年12月10日正式生效。未来经过试用收集信息和完善后,包括参数横摇衡准在内的第二代完整稳性衡准将最终作为强制性要求适用于国际航行船舶。

不同于常规由于入射波引起的船舶谐摇现象,参数横摇现象的本质是一种波浪引起的参数激励振动现象。常规的船舶谐摇共振现象是动力学系统在周期性激励的作用下,当激励频率接近系统固有频率时产生的大幅运动响应,而参数激励振动是由于系统本身存在周期性时变参数的结果,此时系统也会表现出大幅运动响应。对于船舶的参数横摇现象而言,其产生机理是由于船舶在波浪中航行时在特定范围的波长和波高等条件共同作用下,导致船舶的稳性发生了周期性的变化[4]。如果参数激励输入的能量较大或船舶阻尼不足以抵消因参数激励共振而积累的能量时,则船舶就容易发生参数横摇现象。

发生参数横摇时(图1),由于船舶和波浪峰谷处于不同相对位置时会使湿表面积发生变化,将会引起波浪中船舶横向稳定性(即波浪中横摇复原力臂曲线或初稳性高)的周期性变化。如果船舶横摇固有周期和波浪遭遇周期比例关系适当,则当船舶向一侧发生横摇时,船舶稳性的周期性降低会促使船舶进一步增加横摇幅值;而当船舶在复原力矩作用下向反方向横摇时,船舶稳性的周期性增加恰好会促使船舶进一步增加横摇幅值。

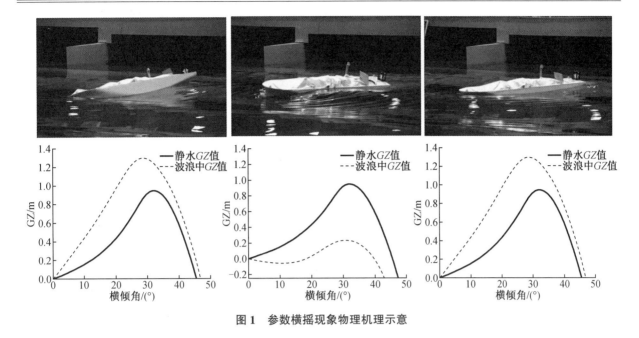

图 1　参数横摇现象物理机理示意

参数横摇现象主要在迎浪、随浪、船首斜浪和船尾斜浪中发生[5]。已有研究结果表明，参数横摇现象的发生需要满足以下四个条件[6-9]：

(1) 横摇固有周期接近两倍的遭遇周期；

(2) 入射波长范围与船长尺度近似，约 0.8~1.2 倍的垂线间长；

(3) 波陡超过一个临界值，使得波浪中初稳性高度(GM) 和复原力臂(GZ) 曲线的变化范围能够超过一定的临界值；

(4) 横摇阻尼较小。

在实船事故调查分析和模型试验机理研究的基础上，工程应用中对于实船参数横摇现象的预报主要采用数值模拟方法。

2　船舶参数横摇的数值模拟方法

对于参数横摇现象的数值模拟主要有简化单自由度非线性力学模拟方法、基于势流理论的数值模拟方法和基于黏流理论的数值模拟方法。

2.1　简化单自由度非线性力学模拟方法

对于参数横摇现象的研究，Mathieu 方程作为一个非常著名的研究工具脱颖而出。该方程是一个包含周期性变化系数的二阶微分方程的特殊情况。许多应用非线性力学方法模拟参数横摇现象的数学模型的理论基础均来源于 Mathieu 方程。

例如，国际拖曳水池会议(ITTC)对于顶浪条件下规则波中参数横摇模拟给出了一个推荐的横摇方程：

$$\ddot{\varphi}+2\zeta\omega_\varphi\dot{\varphi}+\omega_\varphi^2\{1-h\cos(\omega_e t)\}\varphi-C_3\omega^2\varphi^3-C_5\omega^2\varphi^5=0 \quad (2.1)$$

式中，ζ 为横摇阻尼比；C_3 和 C_5 为复原力矩系数；ω_e 为遭遇频率；h 为波浪中 GM 的变化量。

Umeda 提出了一种基于求解稳定解的平均方法(AVM)[10]，采用简化的横摇单自由度方程，通过对不同船波相对位置下的波浪中 GM 和 GZ 曲线进行拟合的方法，模拟波浪中 GZ 曲线的周期性变化：

$$\ddot{\varphi} + 2\alpha\dot{\varphi} + \gamma\dot{\varphi}^3 + \omega_\varphi^2 \frac{GZ}{GM} = 0$$

$$GZ = GM\left(\varphi + \sum_{k=1}^{n} l_{2k+1}\varphi^{2k+1}\right) + \{GM_{mean} + GM_{amp}\cos\omega_e t\}\left[1 - \left(\frac{\varphi}{\pi}\right)^2\right]\varphi \tag{2.2}$$

式中，φ 为横摇角；GM_{mean} 为波浪中稳心高变化量的平均值；GM_{amp} 为波浪中稳心高变化量的幅值；w_φ 为横摇固有圆频率；ω_e 为遭遇频率；l_{2k+1} 为采用最小二乘法拟合静水中的 GZ 曲线得到的拟合系数，k 为拟合阶数；α,γ 分别为线性和三次横摇阻尼系数。应用平均法即可得到参数横摇发生时横摇幅值的稳态解。该方法的优点是无须进行时域模拟，可以直接获得参数横摇幅值。

由于非线性力学方法将船舶运动方程和受力计算进行了大量简化，因此开展时域计算时具有相对简便、快捷的特点。此类基于 Mathieu 方程的非线性力学模型在参数横摇现象的非线性和随机性特征等诸多方面的研究得到了广泛应用，同时也在实际船舶的工程计算中得到了应用。IMO 经过广泛讨论和长期研究，在第二代完整稳性衡准暂行指南中，最终采用了下列简化单自由度横摇运动方程用于第二层薄弱性衡准的参数横摇时域数值模拟（TDM）[3]。

$$(I_x + A_{44})\ddot{\varphi} + (I_x + A_{44})(\delta_1\dot{\varphi} + \delta_3\dot{\varphi}^3) + \text{sign}(\varphi)\rho\nabla g GZ(t,|\varphi|) = 0 \tag{2.3}$$

$$\left.\begin{array}{l}\text{sign}(\varphi) = \begin{cases} 1, & \varphi \geq 0 \\ -1, & \varphi < 0 \end{cases} \\ I_x + A_{44} = \dfrac{\rho\nabla g \cdot GM_0}{4\pi^2 T_0^2}\end{array}\right\} \tag{2.4}$$

式中，$I_x + A_{44}$ 为横摇动惯量和附加动惯量；∇ 为排水体积；ρ 位海水密度；g 为重力加速度；GM_0 为静水中初稳性高度；T_0 为横摇固有周期；$\delta_1 = 2\alpha,\delta_3 = \gamma$ 为阻尼系数；$GZ(t,|\varphi|)$ 为波浪中横摇回复力臂（GZ 值），即船与入射波处于时刻 t 的相对位置，波浪中对应横摇角 φ 的 GZ 曲线取值。

2.2 基于势流理论发展的数值模拟方法

势流理论方法作为一种传统的耐波性研究方法具有很长的发展历史，并在参数横摇研究中得到了广泛采用。用于参数横摇的时域预报模型主要基于两种，第一种是采用频域势流理论方法进行辐射力和绕射力的计算，然后采用脉冲响应函数理论考虑时延效应的弱非线性模型，或者是考虑瞬时湿表面的非线性影响后采用频域方法解算不同时刻的受力；第二种是直接基于 Rankine 源方法或者 Rankine 源与时域 Green 函数内外域匹配方法直接进行参数横摇运动的时域模拟。

常永全等[11]采用基于脉冲响应函数理论的三自由度弱非线性模型，对于规则波下集装箱船的参数横摇运动进行了模拟，其中船舶三个运动模态的相互影响系数采用泰勒展开导出，辐射力和绕射力采用二维切片法计算。Umeda 等[12]采用三自由度耦合模型，对于零航速下遭遇不规则波的情况开展了模拟，其中辐射力、绕射力的计算采用 STF 法，且考虑了不同时刻物面非线性对于辐射力和绕射力的影响。Belenky 等[13]采用 LAMP 程序结合横摇衰减试验数据，分析了集装箱船实际评估的几个方面的问题，该程序采用匹配方法进行参数横摇运动模拟，将流场分成内外域分别处理；内域采用三维 Rankine 源方法离散，外域采用时域 Green 函数离散，得到辐射力和绕射力后进行运动计算。

已有的研究表明，通过模型试验得到横摇阻尼后，势流理论方法能够对于参数横摇进行有效的运动预报。然而如何妥善估算用于参数横摇模拟的阻尼仍有待进一步考虑。已有研究结果均表明，横摇黏性阻尼对于参数横摇现象的发生和特性具有显著影响[14-15]。除采用比较耗时的黏流理论方法外，可以采用一种 CFD-势流混合预报方法，通过结合这两种方法的优势以用于参数横摇现象的模拟。

参数横摇混合预报方法[16]采用基于黏流理论的三维非线性 CFD 方法及三维势流理论方法发展而来。其中三维 CFD 方法仅用于计算横摇阻尼，而三维势流理论方法用于计算辐射力和绕射力。针对实船开展参数横摇数值预报时,首先采用 CFD 方法开展模型尺度的数值模拟以获得横摇黏性阻尼系数,然后换算得到实船尺度阻尼系数,随后可与势流理论方法配合开展实船尺度参数横摇现象的模拟。当然,模拟结果仍将不可避免地受到尺度效应的影响。

参数横摇混合预报方法:首先通过数值模拟横摇自由衰减或强迫横摇运动,在得到运动或力矩时历数据后,计算有/无航速的阻尼系数。其中,三维 CFD 求解器采用非定常不可压缩雷诺平均 N-S 方程(RANSE),并基于有限体积法建立输运方程的空间离散。网格划分基于面的网格生成方法针对缩尺船舶模型生成三维非结构化网格,其中非重叠的控制体可以与任意数量的本构面交界。可以采用滑移网格方法进行以横摇自由度为主的船舶自由或强迫横摇运动的模拟。

RANS 求解器采用 $k-\omega$(SST-Menter)湍流模型,并采用自适应网格细化方法(细化、并行、非定常、负载均衡)捕捉自由面。船体六自由度运动方程计算基于直接求解牛顿第二定律。对于船舶横摇衰减和强迫横摇而言,横摇、纵摇和垂荡是最重要的三个自由度。当采用 RANSE 求解器根据牛顿定律计算时,每一时间步的流体力和运动根据非线性迭代得到收敛结果后进行更新,首先通过积分三维船体表面的流体压力得到船体和流体(水和空气)相互作用引起的力,然后可以相应求解运动方程。

$$\begin{cases} M \cdot \ddot{\eta}_j = F_j & j = 1 \sim 3 \\ I_{ij} \cdot \ddot{\eta}_j = F_j & j = 4 \sim 6 \\ \boldsymbol{F} = \int_{S_w} (\boldsymbol{p} + \boldsymbol{\tau}) \mathrm{d}S \end{cases} \quad (2.5)$$

式中,M 为质量;$\ddot{\eta}_j$ 为各自由度加速度;I_{ij} 为转动量;F_j 为流体力或力矩;$\boldsymbol{F}$ 为流体矢量;$\boldsymbol{p}$、$\boldsymbol{\tau}$ 为流体压力和剪力;S_w 为船舶湿表面。

根据 CFD 模拟得到的横摇自由衰减或强迫横摇时历结构后,可以采用传统的试验数据处理方法计算衰减系数,并换算得到实船尺度的横摇阻尼系数用于进一步的运动模拟。

混合预报方法的运动预报可采用基于三维势流理论的三自由度弱非线性模型(横摇、垂荡和纵摇)模拟船舶运动。通过采用脉冲响应函数理论考虑时延效应,同时考虑非线性效应计算弗劳德-克雷洛夫(Froude-Krylov)力。运动方程如式(2.6)所示。

$$\begin{cases} (M + \mu_{33})\ddot{\eta}_3 + \int_0^t K_{33}(t-\tau)\dot{\eta}_3 \mathrm{d}\tau + \mu_{35}\ddot{\eta}_5 + b_{35}\dot{\eta}_5 + \int_0^t K_{35}(t-\tau)\dot{\eta}_5 \mathrm{d}\tau = F_3^{\mathrm{IS}} + F_3^{\mathrm{D}} - Mg \\ (I_{xx} + \mu_{44})\ddot{\eta}_4 + \int_0^t K_{44}(t-\tau)\dot{\eta}_4 \mathrm{d}\tau = F_4^{\mathrm{IS}} + F_4^{\mathrm{D}} + F_4^{\mathrm{v}} \\ (I_{yy} + \mu_{55})\ddot{\eta}_5 + \int_0^t K_{55}(t-\tau)\dot{\eta}_5 \mathrm{d}\tau + c_{55}\eta_5 + \mu_{53}\ddot{\eta}_3 + b_{53}\dot{\eta}_3 + \int_0^t K_{53}(t-\tau)\dot{\eta}_3 \mathrm{d}\tau = F_5^{\mathrm{IS}} + F_5^{\mathrm{D}} \end{cases} \quad (2.6)$$

式中,F^{IS} 是 Froude-Krylov 力和回复力的合力,基于三维压力积分方法计算,且考虑船体瞬时湿表面积所引起的非线性效应;绕射力 F^{D} 基于三维频域势流方法计算,可采用幅值响应算子及其相位直接叠加计算;F_4^{v} 为由黏性横摇阻尼引起的横摇力矩,简化形式如式(2.7)所示;b_{jk} 和 c_{jk} 为对辐射力应用脉冲响应函数理论引起的阻尼项和回复力项,可以通过式(2.8)和式(2.9)计算得到;$K_{jk}(t)$ 为脉冲响应函数,采用式(2.10)计算;μ_{jk} 为通过在平均湿表面下求解三维边值问题得到的附加质量和附加惯性矩,通过求解式(2.11)至式(2.14)构成的定解问题得到。

$$F_4^{\mathrm{v}} = -(A \cdot \dot{\eta}_4 + C \cdot \dot{\eta}_4^3) \quad (2.7)$$

式中,A 和 C 是采用 CFD 方法计算得到的横摇黏性阻尼系数,采用式(2-16)或式(2-25)得到。

运动方程中辐射力采用脉冲响应函数理论计算,且考虑时延效应。μ_{jk}、b_{jk}、c_{jk} 和 $K_{jk}(t)$ 为辐射力相应组成部分[16],则有

$$\begin{cases} c_{33} = c_{44} = c_{35} = c_{53} = 0 \\ c_{55} = -\rho U^2 \iint_{S_H} \psi_{13} n_3 \mathrm{d}s = -U^2 \mu_{33} \end{cases} \quad (2.8)$$

$$\begin{cases} b_{33} = b_{44} = b_{55} = 0.0 \\ b_{35} = -b_{53} = U\mu_{33} \end{cases} \quad (2.9)$$

$$K_{jk}(\tau) = \frac{2}{\pi} \int_0^\infty (B_{jk}(\omega_e) - b_{jk}) \cos \omega_e \tau \mathrm{d}\omega_e \quad (2.10)$$

式中,$B_{jk}(\omega_e)$为采用三维频域势流方法计算得到的兴波阻尼。

μ_{jk}应满足以下定解问题[16]:

$$\mu_{jk} = \rho \iint_{S_H} \psi_{1k} n_j \mathrm{d}s \quad (2.11)$$

$$\begin{cases} \nabla^2 \psi_{1k} = 0 \\ \psi_{1k} = 0(S_F) \\ \dfrac{\partial \psi_{1k}}{\partial n} = n_k(S_H) \\ \psi_{1k} = o(r^{-2})(r \to \infty) \end{cases} \quad (2.12)$$

$$4\pi\psi_{1k}(p) = \iint_{S_H} \left[G \frac{\partial \psi_{1k}(q)}{\partial n_q} - \psi_{1k}(q) \frac{\partial G}{\partial n_q} \right] \mathrm{d}S \quad (2.13)$$

$$\begin{cases} G = \dfrac{1}{r_{pq}} - \dfrac{1}{r_{pq'}} \\ r_{pq} = \sqrt{(x-\xi)^2 + (y-\eta)^2 + (z-\zeta)^2} \\ r_{pq'} = \sqrt{(x-\xi)^2 + (y-\eta)^2 + (z+\zeta)^2} \end{cases} \quad (2.14)$$

2.3 基于黏流理论发展的 CFD 数值模拟方法

采用基于黏流理论的 CFD 方法开展参数横摇的预报能够有效考虑黏性效应,充分反映船舶与流场的非线性相互作用。例如,Hosseini 等[17]采用(The Unversity of Iowa)IOWA 大学开发的 URANS/DES 求解器 CFDSHIP-IOWA 开展了对一条内倾军船的参数横摇运动模拟,与试验结果相比取得了较好的效果。计算时求解器采用了 k-ω 湍流模型,并采用 Level-set 两相流方法捕捉自由表面,运动求解采用耦合的六自由度运动方程。周耀华等[16,18-19]采用三维 CFD 求解器应用 ISIS-CFD 开展了针对 C11 集装箱船和 10 000 TEU 集装箱船的参数横摇运动模拟,与试验结果同样吻合度较高。计算求解采用滑移网格,运动求解采用耦合的三自由度运动方程和网格自适应技术。

CFD 方法的优势在于考虑了黏性效应且能够有效反映船舶和流体的非线性;劣势在于数值模拟对于计算网格和模拟时间的耗费将十分显著。在现阶段,对于工程而言,在应用范围上受到的限制较多。

3 典型船舶的参数横摇敏感性评估

基于上述数值模拟方法对于多艘实船开展了数值模拟,并与模型试验结果进行了对比验证。图 2 至图 4 给出了 C11 集装箱船、10 000 TEU 集装箱船和某大型滚装船的部分对比结果,所采用数值模拟方法包括 Umeda 提出的平均法(AVM)[10]、IMO 采用的单自由度时域模拟方法(TDM)[3]、混合预报方法(Hybrid)[16]和 CFD 方法[16,18],其中前两种方法的横摇阻尼采用 Ikeda 方法[3]估算或采用模型试验结果。

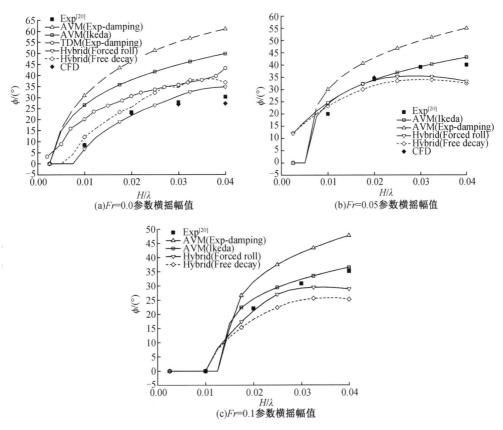

图 2　C11 集装箱船参数横摇预报结果对比

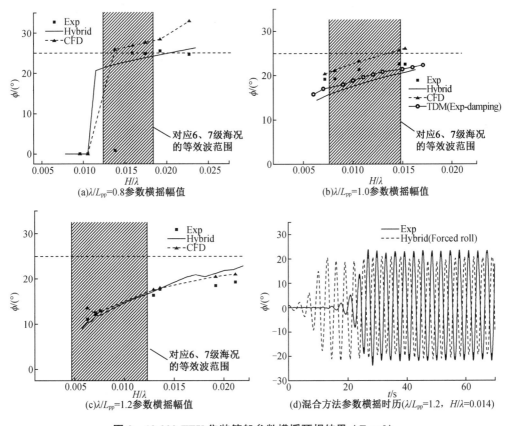

图 3　10 000 TEU 集装箱船参数横摇预报结果（$Fn=0$）

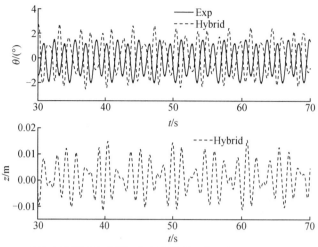

(e) 混合方法纵摇和垂荡运动时历(模型尺度，$\lambda/L_{pp}=1.0$，$H/\lambda=0.014$)

(f) CFD模拟($t=52.8$ s，$\lambda/L_{pp}=0.8$，$H/\lambda=0.022\,72$)

(g) CFD模拟($t=52.8$ s，$\lambda/L_{pp}=0.8$，$H/\lambda=0.022\,72$)

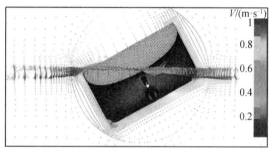

(h) CFD模拟($t=52.8$ s，$\lambda/L_{pp}=0.8$，$H/\lambda=0.022\,72$)

图 3　10 000 TEU 集装箱船参数横摇预报结果（$Fr=0$）

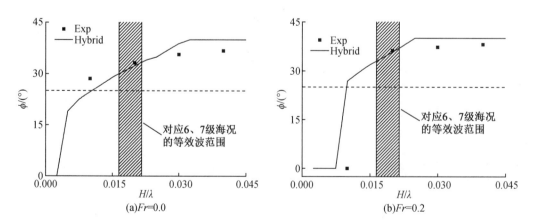

图 4　某大型滚装船参数横摇预报结果（$\lambda/L_{pp}=1.0$）

4 关于船舶参数横摇数值模拟的基本结论

简化单自由度非线性力学模拟方法能够给出船舶对参数横摇现象的预警。非常适合用于对船舶设计方案的敏感性开展工程评估。采用 Umeda 提出的方法[10]针对 38 艘多种类型实船装载工况的评估结果表明[20],集装箱船、公务船和滚装船 GM 值较小的装载工况有可能对参数横摇现象偏于敏感。

基于势流理论的数值模拟方法能够以较短的计算时间,在一定适用范围内给出与模型试验吻合程度较好的参数横摇幅值预报结果。混合预报方法具有足够的精度并适合工程应用,但不适用于模拟强非线性的算例或精确预报参数横摇现象开始诱发所对应的临界波陡,其适用的入射波波陡上限近似为 0.022 5,计算横摇幅值上限近似为 26.7°。

基于黏流理论的 CFD 数值模拟方法能够针对参数横摇现象的非线性特征给出较好的模拟结果。该方法不仅能够更好地考虑黏性效应对于参数横摇过程中系统能量的耗散,对于波浪引起的船舶稳性周期性变化的模拟也更为精确。该方法对于网格划分策略和计算资源的消耗有较高要求,在现阶段更适合用于开展物理机理研究。

5 船舶参数横摇工程预报需要进一步研究的问题

对于实船的参数横摇工程预报,适合首先基于简化单自由度非线性力学模拟方法开展初步的敏感性评估,随后根据需要选择采用基于势流理论的数值模拟方法或基于黏流理论的 CFD 数值模拟方法开展精细数值模拟分析。其中前两种方法均采用基于 Froude-Krylov 假定(F-K 假定)的波浪中 GZ 曲线或 GM 值的计算。然而该方法无法计入参数横摇过程中船舶与波浪相互作用引起的诸如上浪、抨击、甲板入水和波浪破碎等强非线性效应的影响。

(a)甲板上浪积水的溅落

(b)甲板入水

图 5　某海洋调查船船参数横摇预报试验[21]($\lambda/L_{pp}=1.0$)

对于诸如海洋调查船之类的船舶,由于后部占全长比例较高的露天甲板干舷较低,恶劣海况下更容易发生甲板上浪或甲板入水(图5),因此将影响 F-K 假定的适用性。采用 CFD 方法的对比计算表明,采用 F-K 假定可能导致波浪中 GZ 曲线变化范围被高估并低估波浪中最小 GM 值。图 6[21]给出了采用 CFD 方法和 F-K 假定计算波浪中最大和最小 GZ 曲线的包络线;其中虚线给出了最小 GZ 曲线在零点附近的切线,即对应最小 GM 值。这表明,如采用 F-K 假定则容易过高估计参数横摇现象的敏感性。因此,对于上述具有延伸的低露天甲板船舶,有必要进一步研究甲板上浪/入水现象的非线性效应影响和适当的工程计算方法。

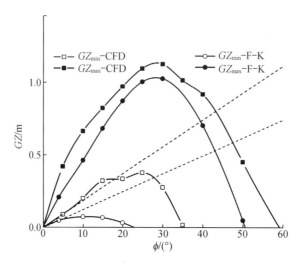

图 6　某海洋调查船波浪中 GZ 曲线包络线[21]($\lambda/L_{pp}=1.0$,波陡为 0.06)

参考文献

[1] 国际海事组织. 2008 年国际完整稳性规则及其解释性说明[M]. 北京:人民交通出版社. 2009.

[2] FRANCE W N, LEVADOU M, TREAKLE T W, et al. An investigation of head-sea parametric rolling and its influence on container lashing systems[C]. In SNAME Annual Meeting 2001 Presentation. 2001.

[3] IMO. Interim guidelines on the second generation intact stability criteria (MSC.1/Circ.1627)[C]. In Maritime Safety Committee 102nd session, IMO, London, UK, 2020.

[4] RAMÍREZ J P, FEY R H B, Nijmeijer, H. Parametric resonance in dynamical systems[M]. New York:Springer, 2012.

[5] IMO. Development of second generation intact stability criteria-report of the working group (part 1) (SDC 2/WP.4)[C]. In Sub-Committee on Ship Design and Construction 2nd session, IMO, London, UK, 2015.

[6] LUTH H R, DALLINGA R P. Prediction of excessive rolling of cruise ships in head and following waves [C]. In PRADS, Hague, Netherlands, 1998.

[7] DALLINGA R P, BLOK J J, LUTH H R. Excessive rolling of cruise ships in head and following waves [C]. In RINA International Conference on Ship Motions & Maneuverability, London, UK, 1998.

[8] FRACNCE W N, LEVADOU M. An investigation of head-sea parametric rolling and its influence on container lashing systems[J]. J Mar Technol, 2003, 40(1): 1-19.

[9] NEVES M A S. Contemporary ideas on ship stability and capsizing in waves[M]. London: Springer, 2011.

[10] JAPAN. Information collected by the correspondence group on intact stability regarding the second generation intact stability criteria development (INF.8)[C]. In Sub-Committee on Ship Design and Construction 1st session, IMO, London, UK, 2014.

[11] 常永全,范菊,朱仁传,等. 迎浪船舶的参数横摇分析[J]. 水动力学研究与进展(A辑), 2008, 23(2): 204-211.

[12] UMEDA N, HASHIMOTO H, TSUKAMOTO I. Parametric resonance in dynamical systems[M]. New York: Springer, 2012.

[13] BELENKY V, YU H C, WEEMS K. Contemporary ideas on ship stability and capsizing in waves[M]. New York: Springer, 2012.

[14] UMEDA N, HASHIMOTO H. An investigation of different methods for the prevention of parametric rolling[J]. J Mar Sci Technol, 2008, 13: 16-23.

[15] HASHIMOTO H, UMEDA N. A study on quantitative prediction of parametric roll in regular waves[C]. In Proceedings of the 11th International Ship Stability Workshop, 2010.

[16] 周耀华. 基于混合方法的集装箱船型实船参数横摇预报研究[D]. 上海:上海交通大学, 2016.

[17] HOSSEINI H S, STERN F. Head-wave parametric rolling of a surface combatant[J]. Ocean Engineering, 2010(37): 859-878.

[18] ZHOU Y, MA N, LU J, et al. A study of hybrid prediction method for ship parametric rolling[J]. Journal of Hydrodynamics, 2016, 28(4): 617-628.

[19] ZHOU Y. Further validation study of hybrid prediction method of parametric roll[J]. Ocean Engineering, 2019, 186: 1-13.

[20] LU J, UMEDA N, MA K. Predicting parametric rolling in irregular head seas with added resistance taken into account[J]. Journal of Marine Science and Technology, 2011, 16: 462-471.

[21] ZHOU Y H, SUN Q, SHI X. Experimental and numerical study on the parametric roll of an offshore research vessel with extended low weather deck[J], Ocean Engineering, 2022, 262: 1-22.

第五篇

海洋结构动力响应篇

海洋可再生能源装置响应

何广华　栾政晓

(哈尔滨工业大学(威海))

1　研究背景

能源消耗和环境污染一直是制约人类发展的关键问题。环境污染和能源短缺等问题加速了海洋可再生能源的开发与利用[1,2]。海洋可再生能源通常是指蕴藏在海水中的可再生能源,主要分为潮汐能、潮(海)流能、波浪能、温差能和盐差能等。

我国十分重视海洋可再生能源的开发与利用。国家发改委曾提出:海洋可再生能源开发是确保国家能源安全和实现节能减排的客观要求;海洋能的开发和利用可以实现陆海能源的优势互补,缓解发达的沿海地区传统化石能源供应的压力,也将有助于发展低碳经济,实现节能减排的目标[3]。国际上也非常重视海洋能的开发与利用,将其作为战略性资源并进行技术储备[4]。然而,海洋能利用存在开发难度大、稳定性差、分布不均匀等问题;并且海洋能发电装置的技术研究与设计也面临着诸多困难和不确定性。因此,海洋可再生能源装置在实海域的载荷与响应研究对于该类装置的研发至关重要。

目前,国际潮汐能技术已达到商业化运行阶段,潮流能技术已进入实尺寸样机实海况测试阶段,波浪能技术已进入工程样机实海况测试阶段,温差能技术已进入比例样机实海况测试阶段,盐差能技术尚处于实验室验证阶段[5]。总体上看,海洋可再生能源装置以处于研究和中试阶段居多,商业化推广偏少。

2　研究现状

第28届国际船模拖曳水池会议(ITTC)于2017年在无锡召开,会议对海洋可再生能源装置的研究进展进行了总结与分析。本文基于最终报告"The specialist committee on hydrodynamics modelling of marine renewable energy devices"进行归纳总结,对波浪能发电装置(WEC)、潮流能发电装置(CT)、海上浮式风机(FOWT)等学术技术动态、研究进展及趋势、存在的问题及拟解决方法等内容进行了总结与陈述。

2.1　波浪能发电装置研究现状

近年来,全世界启动了100余个波浪能发电装置项目,部分项目已完成或进入了全面部署和测试阶段。目前总的装机容量约为4 MW,其中澳大利亚1.25 MW,英国1 MW,加拿大0.76 MW,韩国、中国和葡萄牙共0.4~0.5 MW。表1给出了常见波浪能发电装置的主要类别及代表,目前公认的较为成熟的装置类型是振荡水柱式与点吸收式。下面按波浪能发电装置研发的各子领域进行陈述。

表1 波浪能发电装置的不同分类及代表

分类方法	种类	代表
安装位置	岸基式(shoreline)	中国汕尾振荡水柱波浪能装置
	近岸式(nearshore)	芬兰 AW-Energy 公司(Wave Roller)
	离岸式(offshore)	日本"巨鲸"号(Mighty Whale);英国 OPD 公司"海蛇"号(Pelamis)
工作原理	压差式	荷兰阿基米德波浪摆装置(AWS)
	振荡浮体式	爱丁堡大学("点头鸭"号);美国 OPT 公司(PowerBuoy)
	振荡水柱式	澳大利亚 Oceanlinx 公司(浮式 OWC)
	越浪式	丹麦"波浪龙"号(Wave Dragon)

2.1.1 PTO(power take off)系统

目前,常见的波浪能发电装置 PTO 系统主要有以下几种:以气体或液体为工质的透平、液压系统、直驱系统、机械传动系统、柔性电子材料等。

Lin 等[6]对波浪能发电装置的液压式 PTO 系统进行了综述。Elwood 等[7]进行了大比尺直驱式 PTO 系统海试研究。Li 和 Yu[8]基于一种新型网格匹配方法,采用雷诺平均方程(RANS)精确地描述了一种点吸收式双浮体 WEC 在复杂海况下的性能,研究表明,非线性效应会显著降低 FPA(floating-point absorber)系统的功率输出和运动响应。He 和 Huang[9]对用于 OWC 的非线性 PTO 系统模型腔室孔的特性进行了试验研究,发现通过测量压力变化可计算出吸收功率。Wang 等[10]建立了浮子垂荡动力学模型,以及包含齿轮齿条和发电机的 PTO 负载模型,对非线性 PTO 作用下的最优 PTO 参数以及最大发电功率进行了研究。

2.1.2 阵列式 WECs 数值研究

目前,波浪能发电装置以孤立式居多。但波浪能发电装置的"阵列化"与"波场化"将是大势所趋。"阵列化"与"波场化"可以降低单位安装成本和维护成本,并且最大限度地利用投放海域的波浪能。WECs 的"波场化"给我们带来了新的问题:第一,WEC 个体之间的相互影响和相互作用,这对于预测产能、优化配置以及降低能源成本至关重要;第二,"波场"如何影响装置投放点的水动力环境及其在海岸防护中的作用等。

目前,对于孤立式 WEC 和阵列式 WECs 的数值模拟以线性势流理论为主。随着计算能力的提高,开始百花齐放,如波传播模型(wave propagation models)、计算流体力学模型(CFD Models)、谱域模型(spectral-domain models)和模型辨识法(model identification)等。

(1)传统的多自由度阵列模型

对阵列式 WECs 进行建模的一种简单方法是对单个 WEC 进行扩展,各 WEC 具有相同的性能和限制条件。但是,这种方法对计算处理有较高的要求,增加了阵列式 WECs 建模的复杂性。阵列式 WECs 最常见的数值模型是频域模型,多采用边界元方法(BEM)。该领域的研究进展包括:Nader 等[11]使用有限元模型对阵列式 OWCs 装置进行了分析;De Chowdhury 等[12]分别采用 BEM 和半解析方法对阵列式 WECs 的垂荡运动进行了对比分析。

Agamloh 等[13]和 Devolder 等[14]使用计算流体动力学(CFD)方法进行了少量的阵列式 WECs 模拟分析。Folley[15]建议将非线性势流模型与 CFD 方法结合应用于阵列式 WECs 的研究分析,目前还在早期开发阶段。He 等[16]利用 CFD 方法,对环形布置的阵列式 WECs 开展了时域分析,研究了浮子臂连接形式、入射波遭遇角等参数对发电效率的影响。

(2) 半解析模型

基于线性波浪理论的半解析阵列式 WECs 模型的解是可以用相关数学公式推导出来的,但需要进一步近似或截断无穷级数才能进行实际计算。半解析模型易于开发成程序代码,具有很强的灵活性、扩展性,并且易于与其他数值技术相结合。关于该理论发展的详细论述,可以参考 Child[17] 和 De Chowdhury 等[18] 的研究。目前共有四种半解析方法:点吸收法(point absorber method)、平面波法(plane wave method)、多重散射法(multiple scattering method)、直接矩阵法(direct matrix method)。

(3) 基于相位解析法的波传播阵列模型(phase-resolving wave propagation array models)

该模型能够模拟阵列式 WECs 能量吸收的物理过程,以及此过程中的波浪反射、衍射和辐射的变换过程。此外,该模型还可以针对阵列式 WECs 对海岸的影响,开展大规模区域(十千米量级)模拟。

基于相位解析法的波传播阵列模型的一个关键限制是:在分析阵列式 WECs 对波浪的反射、透射和吸收特性时,需要基于数值模型、水池试验或者海试等相关数据对"吸收函数(absorption function)"进行经验性的调整。因此,该模型的精度往往取决于这些反映 WEC 特性数据的准确性。

(4) 基于相位平均法的波传播阵列模型(phase averaging wave propagation array models)

该模型也称为第三代波谱模型,基于线性波理论,可以模拟海况在空间和时间上的变化。该模型可以有效地模拟大规模的阵列式 WECs,例如分布在几十千米范围内的数百个 WECs。此外,该模型可以使用任意的结构来表示 WEC,具有较高的计算效率。不过该模型也有一定的局限性,如只包含每个频谱分量的大小,不包含波相位信息,模型不太成熟且缺乏验证等。因此,该模型在研究阵列式 WECs 方面还需要进一步发展。

2.1.3 阵列式 WECs 试验研究及应用

除了数值研究,也有一些学者对阵列式 WECs 开展了试验研究。Stratigaki 等[19] 对大规模阵列式 WECs(25 个垂荡浮子)开展了模型试验研究。试验表明,阵列式 WECs 对海岸的演变具有非常重要的影响,下游波高衰减了近 18%(详见文献[19]的图 14)。

Giassi 等[20] 对六自由度阵列式 WECs 的三种不同布置形式在规则波和不规则波中进行了试验研究,如图 1 所示。其结果表明,在 WECs 完全自由运动状态下,浮子的横荡运动会降低遮蔽效应(shadowing effect)。Yang 等[21] 在中国台湾海峡对阵列布置的筏式 WECs 进行了三个月的海试,分析了该装置在真实海况下的总体性能、垂荡性能、输出功率和波能转换效率等。

图 1 六自由度阵列式 WECs 模型试验布置图

在商业化应用方面,2014 年卡耐基清洁能源有限公司在澳大利亚西部花园岛安装了世界上第一个商业化的阵列式波浪能发电系统,该系统包括 3 个直径为 11 m、单个发电量为 240 kW 的 CETO5 装置,如

图2所示。该系统为澳大利亚最大的海军基地提供电力和蒸馏水,截至2016年1月,系统工作时间超过1.4万小时。在成功部署CETO5的基础上,该公司计划将CETO6的发电量从240 kW增加到1 MW。

图2 澳大利亚花园岛附近的阵列式CETO5波浪能发电装置

2.2 潮流能发电装置研究现状

世界各国潮流能开发技术研究进展不一,欧美等国已开始准商业化应用研究,我国潮流能开发利用比较还有待进一步发展,示范运行的测试数据表明,系统发电功率距世界先进水平还有一定距离。

潮流能发电技术的示范和电网建设是推动其产业化发展的关键,在此阶段需要重点研究和突破的关键技术是潮流能阵列布放技术、海上电网构建技术、装置运营和维修技术,同时开展关键元件的性能测试和优化,提升设备的可靠性和生存能力。

2.2.1 数值研究

Draycott等[22]对潮流能发电装置非定常载荷的主要成因进行了研究,如图3所示。非定常载荷主要由湍流、剪切流、波浪等的方向性变化引起,也存在由于来流速度分布不均匀以及阵列式潮流能发电装置之间的相互作用引起的非定常载荷。

Thiébot等[23]提出了一种使用浅水波动方程(shallow water equation)来求解大规模阵列式潮流能发电装置性能的方法,并且应用该方法针对布置在奥尔德尼岛水道中的45台潮流能发电装置开展了相关研究。

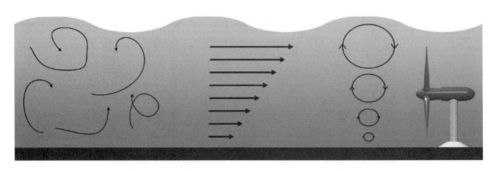

图3 潮流能发电装置非定常载荷的主要成因简图

Liu等[24]通过使用动网格技术研究了两台串联布置的水平轴潮流能发电装置之间的相互作用。其结果表明,当装置间距为8倍叶片直径时,位于下游的装置产生的功率不足上游的50%。Churchfield

等[25]首次对阵列式潮流能发电装置进行了大涡模拟(LES),该模拟可以准确地描述装置周围的流场变化,后来也发展为海上风电场数值仿真工具(SOWFA)。此外,研究发现在模拟中使潮流能发电装置交错排列可以在最小的装置间距内实现最高的效率。

Gebreslasie 等[26]采用 CFD 方法研究了阵列式 CTs 的尾流和阻塞效应对单个装置性能的影响,该研究考虑了自由液面的影响。其结果表明,下游装置的性能在很大程度上受到上游装置尾流的影响。Zanforlin 等[27]分析了三台垂直轴 CTs 在并联布置和三角形布置下的水动力性能。为了缩小阵列模型的模拟尺度和降低时间成本,Batten 等[28]基于动量激励盘理论在三维不可压缩 RANS 模型中简化了潮流能发电装置,并评估了该方法在预测叶片直径 0.8 m 的潮流能发电装置尾流特性研究的准确性。Hunter 等[29]利用相同的方法对上下游交错布置的阵列式 CTs 开展了研究。其结果表明,局部阻力系数对阵列式 CTs 的获能效率有较大影响。

He 等[30]对振荡翼式潮流能发电装置的有效攻角开展了研究,发现通过在有效攻角表达式中增加俯仰项,可以更加准确地预测出振荡翼升力的变化规律。Mo 等[31]对地面效应下振荡翼式潮流能发电装置的周围流场特性进行了分析,结果显示单翼在地面效应作用下获能效率可以提升 7.36% 左右。

流场环境与阵列式 CTs 的相互作用也成为当前研究的热点。Deng 等[32]利用海洋环境区域模拟系统分析了浙江舟山附近海域的阵列式 CTs 水动力性能。其研究发现,潮流能发电场的规模化,将对当地环境造成显著影响。

2.2.2 试验研究

贝尔法斯特女王大学和 Wave Barrier 公司联合开发了一种潮流发电装置试验平台,用于测试中等尺度的潮流能发电装置。Jeffcoate 等[33]利用该平台对两台水平轴 CTs(缩尺比 1/10)的相互作用进行了试验研究(详见文献[33]的图 1)。

Mycek 等[34]对两台串联式三叶片水平轴 CTs(缩尺比 1/30)的相互作用进行了试验研究。其研究表明,较高的湍流强度会降低尾流对装置的影响。Stallard 等[35]在曼彻斯特大学试验水池对直径 270 mm 的阵列式三叶片水平轴 CTs 的尾流特性开展了试验研究。Nuernberg 等[36]对不同流速下的多种阵列布局 CTs 的流场特性进行了试验研究。其结果表明,当湍流强度较低时,CTs 交错排列布置时的纵向间距对尾流的恢复影响很小。Gaurier 等[37]对三台水平轴 CTs 在两种湍流强度下的尾流特征及功率和推进系数进行了试验研究(详见文献[37]的图 3)。

2.3 海上浮式风机研究现状

海上风机主要分为固定式海上风机和漂浮式海上风机(简称浮式风机)。其中固定式海上风机按其结构形式可以分为以下四种:单桩式、重力式、多桩式和导管架式。按现有的技术条件,当水深超过 60 m 之后,浮式风机将比固定式风机更具工程经济性。因此,浮式风机正成为目前的热点研究方向之一。按照其静稳性原理可以将浮式风机划分为以下四种类型:半潜式(semi-submersible)、立柱式(spar)、张力腿式(TLP)和驳船式(barge),如图 4 所示。图 5 展示了海上浮式风机在风浪联合作用下的运动状态及环境载荷。

2.3.1 数值研究

(1)水动力特性方面

有研究发现,当 Spar 型 FOWT 的垂荡自振周期与纵摇自振周期比为 1:2 时,会出现明显的垂荡-纵摇耦合效应,这会产生能量传递,使得平台运动响应变大,对平台的稳定性产生不利影响,这种现象称为"马修不稳定现象(Mathieu instability)"。Bae 和 Kim[38]研究了二阶和频波荷载对 TLP 型浮式风机的影响,开展了转子-塔筒-系泊全耦合分析。Karimirad[39]对 Spar 型浮式风机开展了全耦合分析,研究发现系泊缆绳的阻尼力和惯性力对动态张力响应有显著影响。Yilmaz 和 Incecik[40]建立了半潜式 FOWT 的时域分析模型,开展了系泊阻尼对其运动响应的影响研究。

(2)气动力特性方面

Tran 和 Kim[41]采用 CFD 方法对 Spar 型 FOWT 的叶片进行了非定常气动特性分析,研究发现平台纵摇引起的叶片气动推力敏感度要比艏摇高 12~16 倍。Farrugia 等[42]利用自由涡尾迹方法对全尺寸 Spar 型浮式风机转子的气动特性进行了分析,发现气动载荷波动的幅度随着叶尖速比的增大而增大。Karimirad 和 Moan[43]通过对比 Spar 型浮式风机在只有波浪激励和风浪联合作用下的运动响应,研究了水动力阻尼和空气动力阻尼在降低平台共振响应中的作用。研究发现平台的纵摇运动受气动阻尼的影响更显著。Meng 等[44]采用解析方法研究了气动阻尼和水动力阻尼对 FOWT 平台运动响应的影响,结果表明气动阻尼对平台纵荡、纵摇及艏摇的衰减有显著影响,其中艏摇的气动阻尼比超过 25%。然而横荡、垂荡及横摇的气动阻尼要小得多,其值低于 2%。

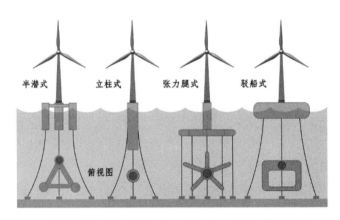

图 4 四种类别的浮式风机(从左到右:半潜式、立柱式、张力腿式、驳船式)

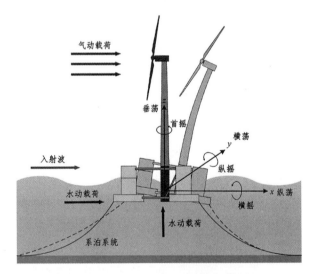

图 5 浮式风机运动状态及环境载荷简图

2.3.2 试验研究

Rho 等[45]对底部带有阻尼板的 Spar 型 FOWT 开展了模型试验研究,研究发现加入阻尼板后会显著降低平台在共振时的垂荡响应。Duan 等[46]对缩尺比为 1∶50 的 OC3 型浮式风机开展了模型试验研究,发现风浪激励引起的系泊张力受平台纵荡、纵摇和垂荡耦合的影响。在开展浮式风机模型试验时,由于叶片缩放导致的雷诺数急剧减少,使用几何缩放的转子无法实现所需推力,因此通常使用性能匹配转子(performance-matched rotor)。Fowler 等[47]给出了使用空气动力学模拟工具结合数值优化技术设计性能匹配转子的详细说明。Cermelli 等[48]采用薄圆盘来等效风机叶片,对 WindFloat 半潜式浮式风机开展了模型试验研究。通过试验研究,他们建议开发一种能够同时处理风机、塔架和控制系统关于气动伺服弹性问题以及平台水动力响应的耦合算法。Goupee 等[49]在荷兰 MARIN 水池对立柱式、半潜式和张力腿式三种浮式风机开展了风浪联合作用下的模型试验研究(详见文献[49]的图 1),重点关注了全局运动、气动阻尼效应、机舱加速度、塔架动力响应和系泊载荷等。Chen[50]等对两种叶片参数的 OC4 型浮式风机开展了模型试验研究,包括六自由度运动、气动阻尼效应、陀螺效应以及系泊系统动力学特性等。

近年来,学者们对于控制系统对风机运动特性的影响展开了深入研究。具有叶片变桨控制系统的海上风机缩尺模型相关研究有:De Ridder 等[51]开发了一款名为"MARIN stock"的变桨距风机模型(详见文献[51]的图 1);Karikomi 等[52]为三菱重工公司设计了一种叶片变桨执行系统模型(详见文献[52]的图 5);Mizukami 等[53]针对浮式风机开发了一种改进的轻型锥齿轮桨距控制系统模型(详见文献[53]的图 2)。

Belloli 等[54]在风洞实验室中对浮式风机的 6-DOF 运动响应进行了耦合试验研究(详见文献[54]的图 1)。风洞中的风场质量通常要比水动力试验中使用的开放式喷气系统产生的风场更好。因此,在风洞中进行耦合试验是研究非定常气动载荷和控制系统对浮式风机整体动态响应的一种很好选择。

3 基本理论

3.1 波浪能发电装置

3.1.1 能量捕获

基于微幅波假定,波浪中的水质点做椭圆运动,水面的波动可以用简谐运动描述为

$$\eta = \frac{H}{2}\cos(kx-\omega t) \tag{3.1}$$

式中,$\eta(x,t)$ 为自由水面;H 为入射波波高;k 为波数;ω 为圆频率。

单位宽度波峰线长度的一个波所拥有的波浪能为动能 E_{k1} 和势能 E_{p1} 之和,即

$$E_1 = E_{p1}+E_{k1} = \frac{\rho g H^2 L b}{8} \tag{3.2}$$

式中,L 为入射波波长;H 为入射波波高;b 为浮子宽度;ρ 为物体密度;g 为重力加速度。

波浪能发电系统具有的总能量可由下式计算:

$$E_2 = E_{p2}+E_{k2} = \frac{1}{2}[(m+m_w)\omega^2+\rho g A_{wp}]Z_0^2+\frac{1}{2}[(I_y+I_w)\omega^2+C]\theta_0^2 \tag{3.3}$$

式中,m 为物体质量;m_w 为附加质量;ω 为入射波圆频率;ρ 为物体密度;g 为重力加速度;A_{wp} 为物体的水线面积;I_y 为系统的质量惯性矩;I_w 为系统的附加质量惯性矩;C 为静水恢复力矩系数;Z_0 为系统的垂向位移幅值;θ_0 为纵摇角度幅值。

3.1.2 运动模型

以单自由度垂荡运动的振荡浮子为例,浮子的运动方程为

$$(m+m_w)\ddot{x} = F_z - B\dot{x} - \rho g\pi R^2 x + F_{PTO} \tag{3.4}$$

式中,m 为浮子质量;m_w 为附加质量;F_z 为作用在竖直方向的波浪激励力;$-B\dot{x}$ 为辐射力;$-\rho g\pi R^2 x$ 为静水回复力;F_{PTO} 为负载阻尼力。

3.2 潮流能发电装置

潮流能是海水在涨落潮周期运动中所携带的动能,用 E 表示。设海水的密度为 ρ,潮流流速为 U,通过面积 S 的潮流能量可表示为

$$E = \frac{1}{2}\rho U^3 S \tag{3.5}$$

潮流的能流密度是指通过单位面积的潮流能量,定义为

$$e = \frac{1}{2}\rho U^3 \tag{3.6}$$

式中,能流密度 e 的单位为 W/m^2。

能流密度是表征某一海域潮流能量强弱或资源丰富程度的重要指标。e 越大,表明该处的潮流能量越高,资源越丰富。

3.3 海上浮式风机

3.3.1 空气动力载荷

风机所受气动载荷可以由叶素动量理论进行计算,进而得到风速-推力曲线。基础水面以上部分所受风压载荷 F_w 可以由下式计算:

$$F_w = \frac{1}{2}C_s C_h S \rho_a V_1^2 \tag{3.7}$$

式中,C_s 为形状系数;C_h 为高度系数;S 为投影面积;ρ_a 为空气密度;V_1 为风速。

3.3.2 流载荷

作用在基础水面以下的流载荷 F_c 可以由下式计算:

$$F_c = \frac{1}{2}C_D S \rho_w V_2^2 \tag{3.8}$$

式中,C_D 为拖曳力系数;S 为投影面积;ρ_w 为海水密度,V_2 为流速。

3.3.3 风浪联合作用下的耦合运动方程

空气动力载荷与波浪联合作用下海上风机的耦合运动方程的一般形式如下式所示:

$$[M]\{\ddot{X}(t)\} + [C]\{\dot{X}(t)\} + [K]\{X(t)\} = \{F_{areo}\} + \{F_{hydro}\} \tag{3.9}$$

式中,$[M]$ 为风机质量矩阵;$[C]$ 为风机阻尼矩阵;$[K]$ 为风机刚度矩阵;$\{\ddot{X}(t)\}$ 为风机的加速度向量;$\{\dot{X}(t)\}$ 为风机的速度向量;$\{X(t)\}$ 为风机的位移向量;$\{F_{areo}\}$ 为空气动力载荷向量;$\{F_{hydro}\}$ 为水动力载荷向量。

4 结论

4.1 波浪能发电装置

在 PTO 系统建模方面,目前的趋势倾向于建立更真实的 PTO 系统。相对于频域模型,阵列式 WECs 的时域模型比较少见。这主要是因为时域模拟更复杂,且需要更多的计算资源,不过时域模型有助于分析阵列式 WECs 中非线性 PTO 系统的性能。

对于早期的 WEC 性能分析,使用不规则波模拟具有一定难度,可以使用多色波(polychromatic waves)来代替。多色波同时具有规则波和不规则波的特性,比规则波更接近真实的海况,可以为 WEC 开发后期应用不规则波模拟提供指导。

此外,开展 WEC 在极端海况下的响应研究是十分必要的。因为引起最大载荷的不一定是波幅最大的海况,可能是由一系列特定的波共同作用所致。在考虑装置的生存能力时,如何准确估算最大吸收功率也是一个重要问题。

4.2 潮流能发电装置

在过去数十年中,人们借助潮流能试验场,提高了对于不稳定流动现象的了解。这主要得益于在试验场中可以进行更高质量的模型试验,从而加深了对大规模湍流结构和波浪而引起的流速大小和频率不稳定性现象的理解;同时,这也提升了对非定常水动力载荷的预测水平。

对于阵列式 CTs 的数值模拟,多数研究人员仍然集中在改进现有方法以提高尾流结构的精度;另外,也有很多人开始研究其他方面的影响,如自由表面效应和控制算法等。

现有试验和数值模拟的结果均表明,阵列式 CTs 的布置形式对整个系统的性能会产生较大影响。CTs 的涡轮和叶片形状以及流场的湍流强度都会对尾流产生影响。随着小尺寸潮流能发电装置走向河流,人们开始更多关注剪切流的速度梯度变化对装置水动力性能的影响;剪切流的速度梯度和湍流强度会影响装置的获能稳定性、设备振动和辐射噪声等性能指标。

除了潮流本身的特性外,CTs 部署区域的地貌特征也会影响装置的性能。一般情况下,可以在河床和自由液面之间寻找到最优的装置布置方位。此外,研究者们也开始关注潮流能发电装置运行时对环境所造成的潜在影响。

4.3 海上浮式风机

近年来,海上风机的安装量迅速增加。未来的设施将从浅海向深海发展。海上浮式风机是一个复杂的动态系统,涉及空气动力学、流体动力学、结构动力学、伺服系统及系泊系统等相互耦合作用。随着时间的推移,人们已经开发了各种分析方法来模拟海上浮式风机系统的复杂特性并准确预测其响应。其中针对水动载荷评估的方法或模型主要有:莫里森方程、基于势流理论的各种模型、结合莫里森方程和势流理论的耦合模型、计算流体动力学方法、模型试验;针对气动载荷评估的方法主要有:叶素动量理论 BEMT、涡格法(VLM)、计算流体动力学方法、模型试验。

物理模型试验是研究浮式风机动态特性的有力方法,其最重要的目的是研究数值模拟无法获得的复杂现象。目前,模型试验中使用的浮式风机主要依据弗劳德相似准则,如何根据弗劳德相似准则精确模拟气动力载荷是模型试验的主要挑战。当前有两种方法来处理该问题:一是通过等效处理来获得具有弗劳德相似准则下相同气动力载荷的物理模型;二是基于实时混合模型,该模型使用数值模拟结果代替实际的气动力或水动力载荷来解决缩尺效应带来的影响。

因此,为了获得浮式风机的准确动态响应,模型试验研究应将这些方法结合起来,以实现优势互补,从而为浮式风机的设计和计算提供坚实有力的参考和基本准则。

5 需要研究的基础科学问题/发展方向

5.1 波浪能发电装置

随着集成式 WECs 多体模型的快速发展,WEC-PTO 系统、阵列式 WECs 等模型的开发已经取得了相当大的进展。目前需研究的主要问题及未来发展方向包括:

(1)由于 PTO 系统与负载之间的耦合响应难以计算、缩尺效应的影响、构造真实可重复的模型困难等,在物理上和数值上对真实的 PTO 系统进行建模仍是一项挑战性的工作。

(2)数值模拟的难点在于阵列式 WECs 之间的相互作用、大幅运动响应、具有复杂机构或组件的多体 WECs 系统的复杂性以及不规则波的预测等。

(3)需要从工程因素的角度来研究分析 WECs 的参数,如结构特性、生存能力、元器件性能等。

(4)模型试验缩尺效应对阵列式 WECs 的影响更为显著。因此,阵列式 WECs 模型试验的不确定性分析,对于理解如何将试验结果应用到全尺寸阵列 WECs 上是至关重要的。

(5)关于 WEC 系泊载荷的研究不充分,但系泊系统设计对其性能和生存能力的重要性是深远和不容忽视的。

(6)开发具有普适性的阵列式 WECs 数值模拟技术。

5.2 潮流能发电装置

提高潮流能发电装置的能量转换效率和可靠性是潮流能开发与利用所面临的关键技术问题,也是目前潮流能产业化的主要瓶颈。虽然潮流能开发利用可以借鉴风电和海洋工程的设计理论和经验,但潮流及其所处海洋环境的特性衍生出了特殊的技术难点,对相关研究提出了挑战。在大多数情况下,由于低估了非定常载荷的大小或高频成分的影响,导致叶片和传动系统故障是当前面临的普遍难题。目前需研究的主要问题及未来发展方向包括:

(1)高效潮流能发电装置叶片外形设计。

(2)潮流能发电装置多体耦合响应分析,如漂浮式支撑结构及其运动对装置的载荷和能量转换效率的影响分析等。

(3)如何在模型试验中重现全尺寸环境下的潮流能发电装置的运行条件?

(4)如何在模型尺度上模拟真实的湍流和装置振动特性?

(5)小型和大型阵列式 CTs 之间的相互作用研究。

(6)潮流能发电装置运行期间对环境的潜在影响分析。

5.3 海上浮式风机

海上浮式风机相比近岸固定式风机起步较晚,由于缩尺效应以及稳态、非稳态气动力和力矩与平台的水动力特性相互耦合的复杂性,海上浮式风机的气动力、水动力性能研究仍然面临重大挑战。需要研究的主要问题及未来发展方向包括:

(1)设计建造大型轻质的浮式风机结构。

(2) 定义在弗劳德相似转速和非定常气动效应下产生平均气动力及力矩的最适方法。

(3) 在大型造波水池上方产生高质量的风场,并实时测量和记录风场的演变特征。

(4) 在气动力-水动力耦合试验中,浮式风机的叶片变桨控制策略对极端工况下全尺寸装置的运动响应研究。

(5) 浮式风机模型试验的复杂性不仅源于雷诺数相似问题,还源于对全尺寸装置特性(如质量分布、结构刚度分布,尤其是风机的控制系统特性)建模方面的技术困难。

参考文献

[1] NAJAM A, CLEVELAND C J. Energy and sustainable development at global environmental summits: an evolving agenda[J]. Environment Development and Sustainability, 2003,1(5):117-138.

[2] DINCER I, ROSEN M. A worldwide perspective on energy, environment and sustainable development [J]. International Journal of Energy Research, 1998,22(15):1305-1321.

[3] 国家发展和改革委员会. 可再生能源中长期发展规划[J]. 可再生能源, 2007, 25(6): 1-5.

[4] European Commission. Blue energy: action needed to deliver on the potential of ocean energy in European seas and oceans by 2020 and beyond[S]. European Commission, 2014.

[5] HUCKERBY J, JEFFREY H, JAY B, An international vision for ocean energy[R]. OES, 2011.

[6] LIN Y, BAO J, LIU H, et al. Review of hydraulic transmission technologies for wave power generation [J]. Renewable and Sustainable Energy Reviews, 2015,50:194-203.

[7] ELWOOD D, SCHACHER A, RHINEFRANK K, et al. Numerical modelling and ocean testing of a direct-drive wave energy device utilizing a permanent magnet linear generator for power take-off[C]. ASME Proceedings of the 28th International Conference on Ocean, Offshore and Arctic Engineering OMAE2009, Honolulu, Hawaii, USA, 2009.

[8] LI Y, YU Y H. A synthesis of numerical methods for modeling wave energy converter-point absorbers [J]. Renewable and Sustainable Energy Reviews, 2012,16(6): 4352-4364.

[9] HE F, HUANG Z. Characteristics of orifices for modelling nonlinear power take-off in wave-flume tests of oscillating water column devices[J]. Journal of Zhejiang University - SCIENCE A, 2017, 18(5):329-345.

[10] WANG P, HE G, LUAN Z. Modeling and simulation of buoy heave response under electric generator load using Simulink[J]. IOP Conference Series: Earth and Environmental Science, 2021,809(1): 1-6.

[11] NADER J R, ZHU S P, COOPER P, et al. A finite-element study of the efficiency of arrays of oscillating water column wave energy converters[J]. Ocean Engineering, 2012,43: 72-81.

[12] DE CHOWDHURY S, DE LA CRUZ R, HUYNH T V, et al. Computation of power from an array of wave energy converters using a boundary element method[C]. 20th Australasian Fluid Mechanics Conference, Perth, Australia, 2016.

[13] AGAMLOH E B, WALLACE A K, VON JOUANNE A. Application of fluid-structure interaction simulation of an ocean wave energy extraction device[J]. Renewable Energy, 2008,33(4): 748-757.

[14] DEVOLDER B, RAUWOENS P, TROCH P. Numerical simulation of heaving floating point absorber wave energy converters using openFOAM[C]. Ⅶ International Conference on Computational Methods for Marine Engineering, Nantes, France, 2017.

[15] FOLLEY M, BABARIT A, CHILD B, et al. A review of numerical modelling of wave energy converter arrays[C]. Proceedings of the 31st International Conference on Offshore Mechanics & Arctic Engineering, Rio de Janeiro, Brazil, 2012.

[16] HE G H, LUAN Z X, JIN R F, et al. Numerical and experimental study on absorber-type wave energy converters concentrically arranged on an octagonal platform[J]. Renewable Energy, 2022, 188: 504-523.

[17] CHILD B F M C. On the configuration of arrays of floating wave energy converters[D]. UK: The University of Edinburgh, 2011.

[18] DE CHOWDHURY S, NADER J R, SANCHEZ A M, et al. A review of hydrodynamic investigations into arrays of ocean wave energy converters[J]. arXiv preprint, 2015, 1508.00866.

[19] STRATIGAKI V, TORCH P, STALLARD T, et al. Wave basin experiments with large wave energy converter arrays to study interactions between the converters and effects on other users in the sea and the coastal area[J]. Energies, 2014, 7(2): 701-734.

[20] GIASSI M, ENGSTRÖM J, ISBERG J, et al. Comparison of wave energy park layouts by experimental and numerical methods[J]. Journal of Marine Science and Engineering, 2020, 8(10): 1-23.

[21] YANG S H, HE H Z, CHEN H, et al Experimental study on the performance of a floating array-point-raft wave energy converter under random wave conditions[J]. Renewable Energy, 2019, 139: 538-550.

[22] DRAYCOTT S, PAYNE G, STEYNOR J, et al. An experimental investigation into non-linear wave loading on horizontal axis tidal turbines[J]. Journal of Fluids and Structures, 2019, 84: 199-217.

[23] THIÉBOT J, SYLVAIN G, VAN THINH N. Modelling the effect of large arrays of tidal turbines with depth-averaged actuator disks[J]. Ocean Engineering, 2016, 126: 265-275.

[24] LIU J, HTET L, SRINIVASA R P. Wake field studies of tidal current turbines with different numerical methods[J]. Ocean Engineering, 2016, 117: 383-397.

[25] CHURCHFIELD M J, YE L, MORIARTY P J. A large-eddy simulation study of wake propagation and power production in an array of tidal-current turbines[J]. Phil. Trans. R. Soc. A, 2013, 371: 20120421.

[26] GEBRESLASSIE M G, TABOR G R, ELMONT M R. Investigation of the performance of a staggered configuration of tidal turbines using CFD[J]. Renewable Energy, 2015, 80: 690-698.

[27] ZANFORLIN S, BURCHI F, BITOSSI N. Hydrodynamic interactions between three closely-spaced vertical axis tidal turbines[J]. Energy Procedia, 2016, 101: 520-527.

[28] BATTEN W M, HARRISON M E, BAHAJ A S. Accuracy of the actuator disc-RANS approach for predicting the performance and wake of tidal turbines[J]. Phil. Trans. R. Soc. A, 2013, 371(1985): 20120293.

[29] HUNTER W, NISHINO T, WILLDEN R H. Investigation of tidal turbine array tuning using 3D Reynolds-Averaged Navier-Stokes Simulations[J]. International Journal of Marine Energy, 2015, 10: 39-51.

[30] HE G, MO W, GAO Y, et al. Modification of effective angle of attack on hydrofoil power extraction [J]. Ocean Engineering, 2021, 240: 109919.

[31] MO W, HE G, WAN G J, et al. Hydrodynamic analysis of three oscillating hydrofoils with wing-in-

ground effect on power extraction performance[J]. Ocean Engineering, 2022,246:110642.

[32] DENG G, ZHANG Z, LI Y, LIU H, et al. Prospective of development of large-scale tidal current turbine array: an example numerical investigation of Zhejiang, China[J]. Applied Energy, 2020,264: 114621.

[33] JEFFCOATE P, WHITTAKER T, BOAKE C, et al. Field tests of multiple 1/10 scale tidal turbines in steady flows[J]. Renewable Energy, 2016,87: 240-252.

[34] MYCEK P, GAURIER B, GERMAIN G, et al. Experimental study of the turbulence intensity effects on marine current turbines behaviour. Part Ⅱ: two interacting turbines[J]. Renewable Energy, 2014,68: 876-892.

[35] STALLARD T, COLLING R, FENG T, et al. Interactions between tidal turbine wakes: experimental study of a group of three-bladed rotors[J], Phil. Trans. R. Soc. A, 2013, 371(1985): 20120159.

[36] NUERNBERG M, TAO L. Experimental study of flow field characteristics in tidal stream turbine arrays [C]. ASME Proceedings of the 35th International Conference on Ocean, Offshore and Arctic Engineering OMAE2016, Busan, South Korea, 2016.

[37] GAURIER B, CARLIER C, GERMAIN G, et al. Three tidal turbines in interaction: an experimental study of turbulence intensity effects on wakes and turbine performance[J]. Renewable Energy, 2020, 148: 1150-1164.

[38] BAE Y H, KIM M H. Rotor-floater-tether coupled dynamics including second-order sum-frequency wave loads for a monocolumn-TLP-type FOWT (floating offshore wind turbine)[J]. Ocean Engineering, 2013, 61: 109-122.

[39] KARIMIRAD M. Modeling aspects of a floating wind turbine for coupled wave-wind-induced dynamic analyses[J]. Renewable Energy, 2013,53: 299-305.

[40] YILMAZ O, INCECIK A. Extreme motion response analysis of moored semi-submersibles[J]. Ocean Engineering, 1996,23(6): 497-517.

[41] TRAN T T, KIM D H. The aerodynamic interference effects of a floating offshore wind turbine experiencing platform pitching and yawing motions[J]. Journal of Mechanical Science and Technology, 2015, 29 (2): 549-561.

[42] FARRUGIA R, SANT T, MICALLEF D. A study on the aerodynamics of a floating wind turbine rotor [J]. Renewable energy, 2016,86: 770-784.

[43] KARIMIRAD M, MOAN T. Effect of aerodynamic and hydrodynamic damping on dynamic response of spar type floating wind turbine [C]. Proceedings of the EWEC2010, European Wind Energy Conference, Warsaw, Poland, 2010.

[44] MENG Q T, HUA X G, CHEN C, et al. Analytical study on the aerodynamic and hydrodynamic damping of the platform in an operating spar-type floating offshore wind turbine[J]. Renewable Energy, 2022, 198:772-788.

[45] RHO J B, CHOI H S, SHIN H S, et al. Heave and pitch motions of a spar platform with damping plate [C]. The 12th International Offshore and Polar Engineering Conference, Kitakyushu, Japan, 2002.

[46] DUAN F, HU Z, NIEDZWECKI J M. Model test investigation of a spar floating wind turbine[J]. Marine Structures, 2016,49:76-96.

[47] FOWLER M J, KIMBALL R, THOMAS D, et al. Design and testing of scale model wind turbines for

use in wind/wave basin model tests of floating offshore wind turbines[C]. ASME Proceedings of the 32th International Conference on Ocean, Offshore and Arctic Engineering OMAE2013, Nantes, France, 2013.

[48] CERMELLI C, AUBAULT A, RODDIER D, et al. Qualification of a semi-submersible floating foundation for multi-megawatt wind turbines[C]. Proceedines of the Annual Offshore Technology Conference, Texas, USA, 2010.

[49] GOUPEE A J, KOO B J, KIMBALL R W, et al. Experimental comparison of three floating wind turbine concepts[J]. Journal of Offshore Mechanics and Arctic Engineering, 2014, 136(2): 1-10.

[50] CHEN J H, HU Z Q, WAN D C, et al. Comparisons of the dynamical characteristics of a semi-submersible floating offshore wind turbine based on two different blade concepts[J]. Ocean Engineering, 2018, 153: 305-318.

[51] DE RIDDER E, OTTO W, ZONDERVAN G, et al. State of the art model testing techniques for floating wind turbines[C]. European Wind Energy Association EWEA Offshore, 2013.

[52] KARIKOMI K, KOYANAGI T, OHTA M, et al. Wind tunnel testing on negative-damped responses of a 7MW floating offshore wind turbine[C]. EWEA Offshore 2015, Copenhagen, Denmark, 2015.

[53] MIZUKAMI Y, NIHEI Y, IIJIMA K, et al. A study on motion characteristics of wind turbine on a floating platform in blade pitch control malfunction[C]. ASME Proceedings of the 35th International Conference on Ocean, Offshore and Arctic Engineering OMAE2016, Busan, South Korea, 2016.

[54] BELLOLI M, BAYATI I, FACCHINETTI A, et al. A hybrid methodology for wind tunnel testing of floating offshore wind turbines[J]. Ocean Engineering, 2020, 210: 1-15.

海上卫星发射平台响应

徐 刚

(江苏科技大学)

1 研究背景

随着科技的不断进步,未来人类的发展方向,一方面会加强对海洋空间的综合利用,另一方面会持续加强对外太空的探索。结合我国正推进的"一带一路"(The Belt and Road,B&R)合作倡议和我们自行研制的北斗卫星导航系统(BeiDou Navigation Satellite System,BDS)等国家重要战略基础设施建设,现有陆基火箭发射不能满足全球卫星发射布局的需求,这必然会引领各航天强国寻求新的发射途径,海上卫星发射的概念因此也受到我国航天和船舶与海洋工程领域科技工作者的广泛关注。实际上,这也是国际航天界酝酿多年的一种新的火箭与卫星发射模式。

1.1 我国选择在海上发射卫星的原因

首先,陆基发射运载火箭具有下述明显缺点:
(1)运载火箭飞行与子级落区存在安全性隐患;
(2)服务成本高,不具备国际竞争优势;
(3)运载火箭发射机动性不强。

其次,海上发射火箭具有以下主要优点:
(1)在公海上可以完美解决落区问题

由于火箭在飞行过程中会多次进行舱段分离,而我国20世纪建立的内陆火箭发射场周边的火箭残骸落区也不再是绝对的无人区,同时,在每次发射任务之前,还要将落区内百姓疏散到安全地带,保障群众生命财产安全,因此在设计火箭飞行轨迹时,要尽量避开城镇。在当前经济高速发展条件下,频繁的发射会给当地百姓生产和生活带来极大的不便,也增加了工作难度。

(2)公海没有主权问题

所有的火箭发射要解决的都是燃料与载荷之间的平衡问题。从赤道上发射意味着可以用尽可能少的燃料发射尽可能大的有效载荷,但是赤道上适合火箭发射的陆地较少,又有领土、领海等主权问题。我国可利用的陆基火箭发射场地几乎为零,因此推动海上火箭发射是我国可持续发展的可行途径之一。海上火箭发射通常为浮动式平台,其机动性很强,既可挑选发射点,又可有效避免外界环境(人文、政治)因素的干扰。

(3)海上火箭发射可降低经济成本,提升我国火箭发射企业国际竞争力

海上发射费用比陆地发射要低,这个过程不需要支出巨额资金购买地产、建造发射场地,更不需要在偏远地区进行发射场地维持与维护。

1.2 我国推进赤道卫星发射计划的必然性

卫星发射倾角是指卫星发射方向与赤道的夹角,也是卫星能达到的最小轨道倾角,其实质就是所在发射场的纬度。我国目前纬度最低的发射场位于北纬19°左右的文昌发射中心。一旦卫星设计的发射倾角小于19°,现有陆基技术将在发射入轨过程中损耗大量能量,进而会降低卫星使用寿命。目前,我国的长征十一号海上发射可有效填补0°~19°倾角卫星发射能力的空白。事实上,在海上发射火箭,只需要将海上卫星发射平台移动布置到指定海域,就能够自由选择火箭发射的纬度。只要具备海上发射能力,在零纬度的赤道上发射就不再是梦想!

在地球自转速度最大的赤道上发射,可以最大限度地利用地球自转,同时卫星进入地球同步轨道的路程最短。这意味着在临近赤道的地方发射卫星,不仅能节省卫星调姿变轨的燃料,为火箭省力,还能进一步提高火箭的运载能力,有效降低火箭发射与卫星运营成本,这也更有利于推进卫星大型化和"一箭多星"技术的发展。

在推动赤道发射方面,我国的发射平台如采用改装的驳船并不理想,其原因在于驳船平台缺乏足够的机动性和深海环境工作定位能力,而海上发射公司(Sea Launch)的海上发射平台模式,即具有自航能力的移动式海上卫星发射平台值得我们借鉴。

2 研究现状

(1) 1964—1988 年,意大利罗马大学(Sapienza University of Rome)和美国航空航天局(National Aeronautics and Space Administration, NASA)在位于肯尼亚海岸的"圣马可"固定平台上发射了多枚航天器。1998 年 7 月 7 日,在巴比伦支海域附近,一枚由"新莫斯高夫斯克"号潜艇发射的"静海"号运载火箭被柏林工业大学为德国航天局制造的 2 枚通信卫星送入轨道。

(2) 1995 年,美国波音公司、俄罗斯能源公司、挪威克韦尔纳公司和乌克兰尤日诺耶公司合作成立了海上发射公司。该公司由美国波音公司管理,并于 1999 年 3 月发射了首枚火箭。海上发射公司利用一个移动海上发射平台——"奥德赛(Ocean Odyssey)"号(图1),在赤道水域依托专门改进的天顶-3SL 运载火箭发射商业卫星。在发射过程中,海上发射平台、总装与指挥控制船和运载火箭组成海上发射系统。火箭的发射过程是在海上发射平台上完成的,平台是由钻井平台改装而成。原钻井平台工作地点在北海,环境十分恶劣,火箭发射会在天气条件较好的情况下完成,在发射区域的海浪处于低潮期和波高较小的时候,改装后的平台能够满足使用要求,"奥德赛"号等海上发射平台由挪威公司负责改装,共耗资 7 500 万美元,建有火箭库、火箭起竖车、工作人员宿舍,顶部可以停放直升机。改装后的平台摆动角度大大减小,稳定性得到提高,并且可以在海上自由航行[1]。

图 1 "奥德赛"号海上发射平台

总装与指挥控制船的主要作用是运载火箭发射前的总装以及发射过程中的指挥,"天顶"两级火箭和 Block DM 火箭的组装以及燃料和气体的添加都是在总装与指挥控制船上进行的。此外,该船还有一个重要作用是保障工作人员的安全。之前就曾发生运载火箭发射失败,造成发射平台起火。在火箭发射时,所有工作人员都会离开发射平台,在控制船上全程操控。总装与指挥控制船甲板大部分区域为开放空间,船上设有发射控制中心、信息接收与设备处理中心、直升机起落平台等。总装与指挥控制船的使用,替代了母港的发射基地,大大节约了成本[2]。1999 年 3 月至 2009 年 4 月,海上发射公司进行了 30 次发射,其中有 2 次失败,还有 1 次取得部分成功,详细发射情况见表 1。

表 1 海上发射公司自 1999 年至 2019 年发射情况汇总

日期	有效载荷	质量/t	结果	序号
1999 年 3 月 27 日	DemoSat	4.5	成功	1
1999 年 10 月 9 日	DIRECTV 1-R	3.5	成功	2
2000 年 3 月 12 日	ICO Satellite Management F-1	2.7	失败	3
2000 年 7 月 28 日	PanAmSat PAS-9	3.7	成功	4
2000 年 10 月 20 日	Thuraya-1	5.1	成功	5
2001 年 3 月 18 日	XM Satellite Radio XM-2 ROCK	4.7	成功	6
2001 年 5 月 8 日	XM-1 ROLL	4.7	成功	7
2002 年 6 月 15 日	Galaxy 3C/Galaxy ⅢC	4.9	成功	8
2003 年 6 月 10 日	Thuraya-2	5.2	成功	9
2003 年 8 月 7 日	EchoStar Ⅸ/Telstar 13	4.7	成功	10
2003 年 9 月 30 日	Galaxy ⅩⅢ/Horizons-1	4.1	成功	11
2004 年 1 月 10 日	Telstar 14/Estrela do Sul 1	4.7	成功	12
2004 年 5 月 4 日	DIRECTV-7S	5.5	成功	13
2004 年 7 月 28 日	Telstar-18	4.8	发射异常	14
2005 年 3 月 1 日	XM-3	4.7	成功	15
2005 年 4 月 26 日	SPACEWAY-1	6.0	成功	16
2005 年 6 月 23 日	Intelsat IA-8	5.5	成功	17
2005 年 11 月 8 日	Inmarsat 4-F2	6.0	成功	18

表1(续)

日期	有效载荷	质量/t	结果	序号
2006年2月15日	EchoStar X	4.3	成功	19
2006年4月12日	JCSAT-9	4.4	成功	20
2006年6月18日	Galaxy 16	5.1	成功	21
2006年8月22日	Koreasat 5	4.9	成功	22
2006年10月30日	XM-4	4.7	成功	23
2007年1月30日	NSS-8	5.9	失败	24
2008年1月15日	Thuraya-3	5.2	成功	25
2008年3月19日	DirecTV-11	5.9	成功	26
2008年5月21日	Galaxy 18	4.6	成功	27
2008年7月16日	EchoStar XI	5.5	成功	28
2008年9月24日	Galaxy 19	4.7	成功	29
2009年4月20日	SICRAL 1B	3.0	成功	30

(3)2016年,美国太空探索技术公司(SpaceX)经过五次尝试终于利用海上回收平台(一条驳船)成功在大西洋上回收猎鹰9号一级火箭,如图2所示。整个降落过程相当完美,这是人类历史上首次在海上实现火箭回收。它的重大意义在于这次成功不但证明海上回收火箭技术是可行的,同时也将人类进入太空的成本降低一至两个数量级。经初步测算,回收后再发射的费用可降低30%,而多次重复利用成本会更低,甚至每回收一次可降低30%。这意味着廉价太空时代已越来越近,也倒逼我国航天企业进一步向经济适应方向转变。

海上回收相比陆上回收并不具备技术优势。这是因为海上回收平台(如驳船)甲板面积很小,而回收对火箭落点精度要求却非常高。另外,火箭垂直返回海面时,对其姿态要求也高,瞬息万变的海洋环境(如天气、风浪等)也会对火箭着陆稳定性和安全性产生影响,如控制不好就会产生严重后果,如图3所示。各国发射的火箭几乎都是向东飞行,飞行过程中子级火箭分离时运行轨迹都在斜上方,分离后子级火箭会继续向斜上方飞行一段距离,随后沿抛物线自然落下,其落点位置要比分离时更远离发射场。采用海上回收技术可使火箭不需要消耗宝贵的燃料飞回陆地着陆场,直接自然降落于海上回收平台,且回收平台可以提前在火箭落点位置停泊等待,火箭可以将剩余燃料消耗在最重要的降落减速上,确保着陆成功,如图4所示。

图2　SpaceX海上回收火箭

图 3　SpaceX 海上回收火箭失败案例

图 4　SpaceX 海上回收火箭成功案例

（4）虽此前已有不少先例,但国外上一次进行海上发射还是在 2014 年,尤其在近五年的时间里海上发射一直无人问津。2018 年,中国航天科技集团有限公司谋划应用麾下的长征十一号运载火箭执行中国首次海上发射任务,续写人类海上发射史。经过之后一年时间的精心准备,于 2019 年 6 月 5 日 12 时 06 分,在我国黄海海域依托大型半潜式驳船(110 m×80 m)改造的一个特殊发射平台,用长征十一号运载火箭成功完成"一箭七星"海上发射技术试验。这是我国首次在海上进行航天发射,填补了我国运载火箭海上发射的空白,为我国快速进入太空提供了新的发射方式。长征十一号运载火箭这次的海上首秀,实现了"航天+海工"的技术融合,突破了海上发射稳定性、无线通信可靠性等关键技术,全面验证了海上发射技术流程,为我国后续大规模的海上发射奠定了基础。2020 年 9 月 15 日 9 时 23 分,应用长征十一号运载火箭,在黄海海域采用"一箭九星"方式,又成功将"吉林一号"高分 03 组卫星送入 535 km 的太阳同步轨道。这是长征十一号运载火箭继 2019 年成功完成首次海上发射技术试验后,实施的第一次海上商业化应用发射。此次海上发射是利用我国充足的大型船舶、海上平台、港口资源和固体火箭成熟技术,构建海上发射系统的有效尝试,是我国继陆上发射场之后进入空间手段的重要补充,实现了灵活选择发射点和航落区,显著提高了运载能力,有效解决了低倾角发射的能力问题,对打造高效、灵活、经济发射能力,促进小卫星规模化发展有极其重要意义。

纵观全球近 60 年的海上航天发展历程,海上发射早已不是什么新鲜事,但对我国而言,却是中国航天的重要一步。我国首次海上航天发射就取得圆满成功,第二次发射填补了我国运载火箭海上发射空白,第三次发射为我国快速进入太空提供了更加安全、灵活、经济、高效的新型发射模式,这也标志着我国成为世界上第三个掌握海射技术的国家。此外,海上发射技术可以弥补缺少发射中心或地理以及环境影响所带来的不足,廉价而适用的海上发射服务不仅是企业的需要,也是我们国家乃至全世界的需求。如果我国可以将海上火箭发射与火箭回收技术完美结合起来,在全球范围内引领海上火箭技术发展,这将更有利于节约火箭发射成本,在国际市场上提升我国的核心竞争力。

3 最新进展

近年来,国际上与海上发射相关的报道较少。2020年,海上发射公司的发射平台"奥德赛"号从美国的长滩转移到俄罗斯远东,距俄朝边界80 km的斯拉维扬卡镇附近海域,计划在15年内进行70次商业发射。我国在2019—2023年进行了6次海上发射,至此,我国海上发射六战六捷,为应对未来高密度海上发射任务提供了坚强的技术支撑。海上天路的搭建为中国航天提供了更多发射区域、更高高射效能、更强安全性和灵活性。

4 结论

为了填补我国0°~19°倾角卫星发射能力的空白,我国进行具有自航能力海上卫星发射平台的研究已经迫在眉睫,需要填补海上卫星发射平台研究的技术空白,紧跟甚至赶超其他国家,达到国际一流水平。

新事物会催生新问题和新的研究领域,海上卫星发射及其载体平台是航天技术和船舶与海洋工程技术的有机结合,因其存在共性及特有的复杂流动问题,需要结合实际需求和科研条件开展有关海上卫星发射平台的运动响应研究。

5 需要研究的基础科学问题/发展方向

5.1 海上发射的关键要素

(1)有合适的火箭和海上发射平台。对火箭而言,如果选用固体运载火箭,则具有操作使用方便等优势,但是运载能力受限;如果选用液体运载火箭,发射适应性更强,但是操作使用必然复杂。因此,固体运载火箭和液体运载火箭都是可行的选择,只是研制难度不同而已。对发射平台而言,则要求发射平台吨位大、稳定性好,能够适应火箭发射环境。随着造船技术的发展,目前大型船舶企业具有足够的技术能力研制海上移动发射平台。

(2)海洋环境适应性是需要着重考虑的问题。在海上发射过程中,运载火箭会受到海洋运输环境、自然环境、海况影响,这直接影响运载火箭设备选型和试验条件制定。

(3)运载火箭在陆地发射场发射时,瞄准点及大地方位均可以提前测得。相比之下,海上发射需要开展长时间航向保持、动态方位传递等动基座瞄准技术研究及试验验证。

此外,为了保障位于海上发射平台的火箭及人员安全,在组织发射过程中,要研究解决火箭运输、起竖、对接、加注当中的自动化问题,优化测试发射程序,实现无人值守发射。

5.2 值得关注的流体力学问题

我们在借鉴海上发射公司和美国太空探索技术公司公开资料的基础之上,通过对发射过程和发射平台进行分析(图5),对海上发射平台在航行、测试和发射过程中存在的问题简要概括如下:

(1)在海上航行过程中(从海上发射母港到指定发射海域):众所周知,海洋环境是多变的、复杂的、随机的、恶劣的,发射平台航行到指定位置,必须要分析其耐波性问题,确保发射平台、火箭等设施的安全。

(2) 在海上测试过程中(在指定发射位置):海上多变的天气会使发射平台和保障母船处于危险状态,船体及平台的剧烈运动让它们之间的补给和通信出现严重的不稳定现象。

(3) 在海上发射过程中(在指定发射位置):最怕的是极端天气或畸形波,如平台失稳、通信、测试、指挥信号一旦受到影响,将可能导致无法挽回的损失。

图 5　工作状态下的装配指挥船和"奥德赛"号

事实上,经过细致分析后,我们得到的上述三个过程都是海洋环境(风、浪和流)与海上火箭发射平台以及与其保障母船之间的相互作用问题,这里还涉及我们船舶与海洋工程领域关心的相应流体力学问题。

存在的流体力学问题一:海上卫星发射平台重心及浮心位置的变化对其耐波性的影响。因平台吃水变化较大,这里包括两种典型工作状态及其之间转换过程的耐波性,如图 6 所示。同时,我们还需要考虑多体(双船体、多柱体以及横向与斜向连接支撑结构)干扰下的砰击、波浪爬高及气隙,保证平台甲板的安全。

(a)　　　　　　　　　　　　　　　　(b)

图 6　"奥德赛"号典型吃水图(航行状态和发射状态)

存在的流体力学问题二:在航行过程中,海上卫星发射平台的阻力及耐波性分析(图 7)。这里包括海上卫星发射平台的单船体阻力分析、海上卫星发射平台的双船体及其上层建筑的阻力分析、海上卫星发射平台单船体的耐波性分析、海上卫星发射平台双船体的耐波性分析、恶劣海况对海上卫星发射平台安全性能的影响,包括双船体甲板和立柱上的砰击载荷精确预报。

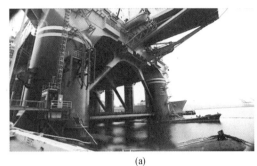 

图7 在码头和航行状态下的"奥德赛"号

存在的流体力学问题三:发射状态下海上卫星发射平台的水动力性能分析(图8)。在海上补给作业时,海上卫星发射平台与装配指挥船之间存在十分复杂的多重耦合作用。这是海洋工程领域十分关注的水动力学问题,包括海上卫星发射平台与装配指挥船在波浪中旁靠作业时,波浪/多浮体/液舱(减摇水舱)晃荡耦合效应下非线性水动力性能分析;海上卫星发射平台双船体的截面型式以及水平横向连接梁截面型式(包括是否开孔、如何开孔等)对其耐波性的影响分析;排水量、水平横向连接梁的型式及布置对卫星发射平台耐波性的影响分析;火箭发射瞬间冲击载荷对卫星发射平台运动性能的影响分析。

图8 补给转驳和发射状态下的"奥德赛"号

通常,风浪流与海上浮式结构物的相互作用是一个复杂的流动问题,比如刚性结构运动、砰击、甲板上浪、阻力、稳性和多体干扰等,海上卫星发射平台从母港(如我国的山东省烟台市)到指定发射海域(如赤道附近),一般会经历三种典型的工作状态,每种工作状态内有其需要关注的内容。

(1)海上航行阶段(图9)。此阶段可能会面临多种海况的作用(包括台风引起的恶劣海况),需要考虑分析恶劣海况对海上卫星发射平台运动性能的影响。

 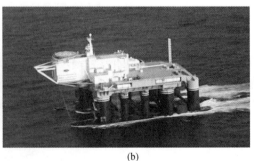

图9 发射平台在海上航行阶段的姿态

(2)海上测试阶段(图10)。平台需要打开底部阀门进行减摇水舱加注作业,增大吃水,在这个过程中平台的浮态可能会发生变化,甚至有倾覆的可能,因此需要研究浮心与重心的动态位置对海上卫星发射平台安全性能的影响。

图10 发射平台在海上测试阶段姿态的变化

(3)海上发射阶段。此阶段是指火箭点火发射(超过700 t推力)的过程(图11)。这阶段我们需减小平台的运动以保证火箭的发射角度,因此需考虑瞬间冲击载荷对海上卫星发射平台运动性能的影响(前后持续时间共约10 s,前5 s为点火阶段,后5 s为火箭发射所产生的冲击载荷对海上卫星发射平台的作用)。

图11 发射平台在海上发射阶段的姿态

参考文献

[1] 魏雯,陈杰,屠空. 天顶3SL火箭发射商业通信卫星失败分析[J]. 中国航天,2013(4):21-23.
[2] 蓝仁恩,吕小红. 海上发射航天运载器[J]. 导弹与航天运载技术,2012(5):62.

海洋空间利用

李 辉

(哈尔滨工程大学)

1 研究背景

海洋,占据地球地表面积的60%以上,广阔的空间里蕴含着丰富的资源。人类对海洋空间的开发利用由来已久,早期人们对海洋空间的利用体现为填海造陆的形式。低地国家荷兰自13世纪开始大规模围海填地,其国土的百分之二十都是人工填海造出的[1]。这种对海洋空间的索取显然会对海洋生态环境造成破坏,不利于可持续性发展。至1924年,美国工程师Edward Armstrong设想在大西洋中建造一个大型浮式平台(Armstrong seadrome),以便来往于欧洲和美国的飞机补充燃料[2]。其设想的结构包括小水线面的浮箱(pontoon)和支撑上部平台的立柱(column),以减小其在波浪上的运动。这些准则直到今天仍用于可移动式海洋钻井平台的设计,开启了近代以来人们对海洋空间利用的探索。

第二次世界大战以后,随着世界人口迅速增长,陆地空间和资源越来越紧张,加上全球航运贸易的发展,海洋空间的开发利用问题越来越引人关注。20世纪80年代后期,海上浮式机场、大型浮桥、海上港口码头和海上军事基地等超大型浮式结构物成为海洋空间利用领域的研究热点。日本率先提出了名为Megafloat的超大型浮体设计概念,并在横须贺建设了包含防波堤、系泊系统、浮式结构主体和浮桥四个部分的Megafloat浮式机场[3-4]。1992年,美国海军提出了移动式海上基地(MOB)的概念。在这一设想中,浮体系统由多个使用动力定位装置(DP)进行自主驱动和定位的子模块浮体组成,可用作军舰的海上移动母港,并可进行大型运输机起降的操作[5-6]。

当前,海洋空间利用项目可以总结为人类为了满足生产和生活需要,拓展海上、海中和海底空间用于发展交通、生产、军事和其他用途的活动场所建设项目,大致可以分为以下三类:

(1)海洋资源开发(油气、矿藏、水产养殖业等);
(2)居住空间建设(水上城市、人工岛等);
(3)其他海洋基础设施建设(水上机场、浮桥、悬浮隧道等)。

2 研究现状

现代的海洋空间利用设施越来越多地呈现出大尺度的特点。超大的主尺度使其在结构特性上与传统的海洋结构物有明显的区别,结构的自然频率低至波频区域附近,波浪作用下的弹性变形与刚体位移具有相同量级。因此,分析海洋空间利用设施在波浪中的响应,必须结合水弹性理论考虑流固耦合效应。1977年,Bishop与Price[7]基于二维频域切片理论结合铁木辛柯梁的干模态叠加原理首先提出了二维水弹性力学理论。随后,Wu等[8-9]建立和发展了三维水弹性理论;2006年,国际船舶与海洋工程结构会议(ISSC)成立了超大型浮式结构特别工作组,利用不同计算程序对箱式超大型浮体的水弹性分析结果进行了对比研究[10]。对比结果的相似性证明了三维水弹性方法对于预测此类大尺度结构的载荷响应的可靠性。如今,针对海洋空间利用设施的研究已经不仅局限于开阔海域中的水弹性响应分析,而是将更多目光投向了复杂浅海地形环境中的应用。

出于经济性的考虑,现代的海洋空间利用设施越来越多地呈现出多功能的特性,通过在一个平台主体内塞入不同的作业模块来实现建设成本的分摊。此外,由于单一模块的浮体结构体量巨大,会造成制造、运输以及安装作业中的不便,而且单一模块浮体结构物在海洋环境下会产生巨大的中拱弯矩,无形中增加了对结构强度的要求。因此,模块化成为现代海洋空间设施建设的另一个趋势。由此带来的多体水动力学问题给相关结构的载荷和响应预报也带来了挑战。

3 基本理论与最新进展

3.1 三维水弹性理论

水弹性力学是一门研究惯性力、水动力以及弹性力三者之间相互作用现象的学科[11]。水弹性力学方法把弹性船体与周围流场作为一个相互作用的整体系统进行描述和分析,不仅考虑流场对船体运动的影响,同时也计及船体弹性变形对流场的扰动作用。

1984年,Wu等将三维势流理论和有限元方法统一起来,提出了弹性体表面无切向外力的广义流固耦合边界条件,建立了三维线性水弹性理论[8,12-13]。基于这一理论,在美国国家科学基金会的超大型浮体研究项目中,对超大型浮式结构的运动、波浪载荷和结构响应进行了研究[14-18]。

Wu发展了三维时域线性水弹性理论,考虑了二阶波浪载荷以及波浪漂移力,用于研究超大型浮体的水弹性特性,但浮体本身被简化为浮于水面的弹性板,采用了薄板水动力学理论[9]。陈徐均研究了浮体二阶水弹性分析方法,并考虑了锚泊系统对浮体一阶和二阶水弹性响应的影响[19]。在这些研究基础上,2001—2005年,在国家自然科学基金资助下,上海交通大学开展了对大型浮式结构的非线性水弹性响应方法的研究[20-22]。

对于布置在复杂浅海环境中的海洋空间利用设施而言,其作业与生存环境存在波流时空演化的不均匀性,结构所处海域存在复杂海底地形,这对水弹性响应分析提出了新的挑战。

3.1.1 考虑非均匀波浪场的水弹性分析

常规浮体由于尺度较小,占海洋面积较小,一般可以假设其处于均匀海洋环境中。然而,对于大型海洋空间利用设施,由于其主尺度动辄在千米量级,首尾两端所处的海洋环境可能存在较大差异;并且当深远海波浪以一定角度入射到岛礁或峡湾等遮蔽海域时,由于岛礁和峡湾壁面的影响,波浪会变得非均匀。因此在载荷计算和结构设计中有必要考虑非均匀波浪场对浮体响应的影响。

对于此类问题,普遍采用离散模块的方法对浮体进行处理,即将整体的浮体结构离散成由弹性梁连接的多个刚体模块,然后再对不同的区域采用不同的波浪谱进行计算以模拟非均匀波浪场的影响。

Ding等[23]通过对超大型浮体不同单元考虑不同的波浪条件分析了非均匀波浪场对超大型浮体的影响。Wei等[24]和Fu等[25]采用分离模块的方法,将不同波浪激励力作用在不同模块上,研究了非均匀波浪场中漂浮平板和浮桥的水弹性响应。Wei等[26]提出了一种间接时域方法研究了非均匀海况下超大型浮体的载荷和水弹性响应。

3.1.2 考虑复杂海底地形影响的水弹性分析

当浮体布置在沿海地区、海岛附近或其他的复杂水文地理环境中时,其环境条件、波浪载荷和结构的水弹性响应与深远海环境下相比有很大不同。近岸区域的海底地形通常处于起伏状态,水深在很小的区域内可能会从几百米到几米变化,这给此类结构的波物相互作用分析带来了不小的挑战。

Utsunomiya 等[27]研究了变水深海底对近岸结构水弹性响应的影响,得出了近岸海域的复杂地形应该在针对该类结构物的响应计算中得到重视的结论。Murai 等[28]将箱式超大型浮式结构物分离为足够小的浮体,假设每个浮体的局部深度是恒定的,从而形成一系列恒定水深的流体域,然后在每个区域应用本征函数一致展开方法(eigenfunction expansion-matching method),将速度势用与局部深度相关的本征函数表示,解析求解每个区域内的波物相互作用。同样基于本征函数展开方法,Sturova[29]研究了平板在不同海底条件下的弹性变形。上述研究,虽然可以对速度势解析求解,但只能局限在对平板或圆柱等规则形状结构物的求解。

Buchner[30]、Ferreira 和 Newman[31]通过将倾斜海底视为一个固定的物面边界条件,实现了应用自由面格林函数方法求解复杂海底边界问题。在这种方法中,模拟海底固定面的存在对浮体所受的波浪激励力计算产生了强烈的干扰。为消除这些非物理效应,Hauteclocque 等[32]提出了一种改进方法,通过引入代表不平坦海底的部分可透过面元来改善这种状况。

Belibassakis[33]应用考虑底部边界条件的格林函数结合 Athanassoulis 等[34]提出的一种水波模型提出了分别解决入射和绕射/辐射问题的方法。值得注意的是,考虑底部边界条件的三维格林函数的数值计算是一项相当耗时烦琐的工作,特别是在考虑复杂几何形状的边界时。

Kim T 和 Kim Y[35]基于 Rankine 源方法,研究了此类问题。为准确模拟变水深海底边界条件下的波浪传播,使用 Boussinesq 方程的波浪模型被结合到 Rankine 源方法中。Liu 等[36]将二维浮式结构物离散为多个耦合的单元,使用本征函数展开方法计算变水深海底条件下的入射势,结合 Rankine 源方法求解绕射和辐射势研究了二维浮体在变水深条件下的水弹性响应。Yang 等[37]基于 Boussinesq 方程和 Cummins 理论,提出了非均匀波浪作用下倾斜海底边界上超大型浮体的时域水弹性三步求解方法。Ding 等[38-39]将不平坦海底边界视作固定边界条件来考虑其对绕射和辐射势的影响,基于 Boussinesq 水波方程和 Rankine 源方法建立了直接耦合分析方法,并对一个浅水海域的八模块半潜式超大尺度平台进行了数值模拟和试验分析,水池试验结果表明该耦合分析方法对于非均匀波浪场下的超大型浮式结构物的水弹性响应预报结果可靠。不平坦海底边界条件下,结构物的运动响应幅值和连接件受力大于平坦海底条件下的运动响应和受力。在多模块浮体的运动、载荷和结构响应预报中,应该充分考虑变水深条件引起的非均匀波浪场的影响。

3.1.3 系泊系统设计对水弹性效应的影响

现有的一些研究表明,合理的系泊系统设计可以起到降低浮体整体水弹性响应的作用。对于尺度较大的海洋空间利用设施,浮体的系泊系统在设计时需要考虑浮体的水弹性效应。

Ni 等[40]基于三维水弹性理论和准静态系泊分析方法,建立了针对超大型浮式结构物的耦合数值分析方法,浮体导缆孔处的刚性和弹性形变被考虑到系泊系统的计算中。Nguyen 等[41]在 Khabakhpasheva 和 Korobkin[42]及 Zhao 等[43]的研究基础上,用垂直的弹簧结构等效垂向的系泊缆,采用有限元与边界元混合方法研究了在超大型浮体前后两端附加垂直弹性系泊缆对浮体结构水弹性响应的影响,结果表明合理选择系泊缆的刚度可以显著降低超大型浮式结构物的水弹性响应。

3.2 多体水动力学分析

对于由多个浮体构成的海洋空间利用设施(如浮式船坞、阵列式波浪能装置等),在波浪作用下多浮体之间存在着复杂的水动力干扰。此外,舱内液舱晃荡和浮体间隙的自由面共振也会引起强烈的水动力相互作用,简化的数值模型无法准确模拟这些水动力作用。因此,多体水动力学分析是必不可少的。

3.2.1 多浮体干扰

Kim[44]和Ohkusu[45]最早揭示了两艘船舶之间水动力相互作用的重要性。在他们的研究之后,Kodan[46]、Fang和Kim[47]探索了斜浪中相邻浮式结构物的运动。Koo和Kim[48]比较了考虑和不考虑两个并排浮式平台水动力干扰的情况。结果发现,忽略浮体干扰可能导致计算得到的运动存在显著差异。

针对靠帮作业的浮式液化天然气(FLNG)和液化天然气运输船(LNGC)系统,Pessoa等[49]开发了频域线性化耦合模型,计算结果与实验相比,显示出相当好的精度。Zhao等[50]的研究提出了一种时域分析方法来研究FLNG和LNGC之间的水动力相互作用。以上研究工作大多基于线性势理论,然而,非线性效应可能会导致浮动多体系统的动态响应。Pessoa等[51]揭示了二阶波浪激励力对并排布置浮体系统的重要性。基于全非线性势流理论,Feng和Bai[52]提出了针对两个驳船的水动力计算方法,在陡波条件下,非线性的贡献是显著的。

与对并列双浮体系统的研究相比,对双体以上浮体系统的水动力相互作用和耦合分析的研究较少。Lu等[53]研究了二维数值波浪水槽中具有两个间隙的三体系统。Ning等[54]研究了二维情况下具有窄间隙的多浮体系统和单个浮体之间的差异。Otto等[55]研究了由相互连接的三角形浮筒组成的巨型浮岛。Murai等[56]研究了多个波浪能转换装置之间的流体相互作用,并据此提出了使整个波浪能装置系统发电量最大化的最佳布置形式。

3.2.2 浮体间隙的共振问题

除了多浮体干扰的研究外,浮体间窄隙中的流体共振现象也受到了人们的关注。当入射波频率接近窄隙内流体的固有频率时,可能发生流体共振现象。这一现象在实验研究中得到了明确的确认[57-60]。Molin等[61-62]推导了无限水深和有限水深条件下间隙和月池的振型及固有频率的解析解。Lu等[63]和Jiang等[64]的研究表明,间隙共振的存在可能会影响作用在两个浮体上的水动力。Kristiansen和Faltinsen[65]研究了间隙中流体的活塞运动与浅水中船舶运动之间的耦合作用。

由于忽略了黏性效应,势流方法往往会高估流体共振现象。然而,由于计算量大,将黏流方法应用于大型浮体系统的研究还很少。势流理论在多浮体系统的流体力学分析中仍然受到青睐。为了克服势流理论框架下的问题,Buchner等[66]引入了刚性盖来减小间隙自由面的振荡。Newman[67]提出了一种柔性盖方法。Chen[68]在自由面边界条件上引入自由面耗散项。Lee和Zhu[69]采用了一种使用偶极子盖的新方法来模拟自由表面共振中的黏性效应。除此之外,Chua等[70-71],Kristiansen和Faltinsen[72]对结合粘流与势流方法模拟共振现象进行了研究。

3.3 多体系统的连接件设计

对于由多个浮体模块组成的海洋空间利用设施,链接这些浮体单元的连接件是整个设施中最脆弱的部件。而连接件的失效损坏往往会造成整个设施的重大事故。为确保浮体系统的结构安全,连接件的概念设计和安全评估至关重要。

实海环境中,连接件遭受风浪流耦合的复杂环境载荷作用。因此,连接件的动态响应分析在链接系统设计中起到重要作用,对于连接件的动态响应分析主要关注以下两个方面:

(1)海况的影响;
(2)连接件刚度对连接件载荷的影响。

在对连接件的载荷计算和响应分析中,通常将浮体模块和连接件归纳为三种模型:

(1) 弹性模块和弹性连接件(FMFC);
(2) 弹性模块和刚性连接件(FMRC);
(3) 刚性模块和弹性连接件(RMFC)。

3.3.1 FMFC 模型

FMFC 模型认为模块的刚度和连接器的刚度相当,将浮体模块和连接件都视作弹性体,需要同时考虑每个模块的弹性变形和整个系统各个模块之间的相对位移,由于 FMFC 模型考虑每个模块的弹性变形,因此需要浮体各个模块的详细结构模型,因而只有在浮体的详细结构设计完成后,方能展开。Wu 等[18]使用 FMFC 模型研究了一种五模组系统。每个模块和连接件的弹性形变都被考虑在了计算过程中。计算结果表明连接件的纵向力大于其横向和垂向受力。

3.3.2 FMRC 模型

FMRC 模型认为浮体模组自身的弹性远大于连接件的弹性影响,假定所有弹性形变均发生在浮体模组上。在研究 McDermott 提出的移动式海军基地(MOB)时,Kim 等[73]假设系统中浮体模块的刚度小于连接件的刚度。通过与 FMRC 模型和 RMFC 模型的比较,发现按照 FMRC 模型计算得到的连接件所受载荷更大。

3.3.3 RMFC 模型

RMFC 模型认为模块的刚度远远大于连接件的刚度,每个模块的局部弹性形变与整个系统各模块之间的相对位移相比可以忽略(或者说将浮体本身的刚度等效到连接器模型上),因而将浮体模组考虑为刚性结构,连接件为弹性体,是一种最常见的处理多模块浮体动响应的模型,由于浮体各模块被视为刚体,因此在设计初期,有了浮体各模块的水动力外形、质量和转动惯量等基本参数,便可应用 RMFC 模型,开展浮体运动和连接器载荷的计算。基于三维水弹性理论,Wang 等[15]使用 RMFC 模型提出了一种计算浮体运动响应和连接件载荷的简化计算方法。Ertekin 等[17]分别用 RMFC 模型和 FMFC 模型计算了一个 16 模组的浮体结构。计算结果表明对于大型浮式结构物而言,两种方法都有着很高的计算效率,且 RMFC 模型能够很好地反映浮体的响应。

4 总结

国际上对于海洋空间利用设施的研究正日益受到重视,其中最具挑战性的关键技术是其在海洋环境下的动力特性预报。如本文所述,针对海洋空间利用设施的水弹性计算需要加入对波流时空分布不均和海底复杂地形的考虑;而对多体水动力学的计算需要充分考虑黏性效应的影响,这些问题在今后的发展必将需要由水波理论与水动力学、势流方法与黏性计算方法的跨学科结合来推动,最终才能建立一套切实可行、可靠高效的动力特性预报方法,支持海洋空间利用项目的发展。

5 海洋空间利用研究的发展新方向

针对海洋空间利用设施的具体工作环境和用途,越来越多的研究者在进行载荷和响应计算时,不仅考虑不同模块间的耦合动力响应分析,还将设备作业状态下的特殊载荷成分纳入考量范围内(如浮式风机平台不仅需要考虑系泊系统、平台主体之间的耦合作用,还需要考虑风机的空气动力载荷和气弹性特性[74]）。

　　水中悬浮隧道是一种区别于传统桥梁和海底隧道的水下交通方式。相对于海底隧道，其具有建设坡度小，运输效率高，建造成本低的优点。Jin 等[75]针对水中悬浮隧道列车通行的特点，将列车通过的动载荷考虑到耦合动力分析的过程中，开发了一套直接时域水弹性耦合分析方法以解决隧道-系泊-列车的耦合问题。海上渔场通过网箱的方式培育养殖三文鱼等经济鱼种，在水产业的发展中受到重视。He 等[76]分别使用人造鱼模型和活鱼放入网箱中进行浪、流耦合作用下的实验以研究鱼对浮式网箱的系泊载荷的影响。实验结果表明鱼群活动对网箱系泊系统的影响不可忽略，尤其在恶劣海况下，鱼群聚集在网箱底部活动时，实验测得的系泊载荷更大。

参考文献

[1] 胡斯亮. 围填海造地及其管理制度研究[D]. 青岛：中国海洋大学, 2011.

[2] ARMSTRONG E R. The seadrome project for transatlantic airways[J]. Wilmington: Seadrome Patents Company, 1943.

[3] WANG C M, TAY Z Y. Very large floating structures: applications, research and development[J]. Procedia Engineering, 2011, 14: 62-72.

[4] SUZUKI H. Overview of megafloat: concept, design criteria, analysis, and design[J]. Marine Structures, 2005, 18(2): 111-132.

[5] PALO P. Mobile offshore base: hydrodynamic advancements and remaining challenges[J]. Marine Structures, 2005, 18(2): 133-147.

[6] LAMAS-PARDO M, IGLESIAS G, CARRAL L. A review of very large floating structures (VLFS) for coastal and offshore uses[J]. Ocean Engineering, 2015, 109: 677-690.

[7] BETTS C V, BISHOP R E D, PRICE W G. The symmetric generalized fluid forces applied to a ship in a seaway[J]. Trans. RINA, 1977, 119: 265-278.

[8] WU Y. Hydroelasticity of floating bodies[D]. Uxbridge: University of Brunel, 1984.

[9] WU Y S, MAEDA H, KINOSHITA T. The second order hydrodynamic actions on a flexible body[J]. SEISAN-KENKYU of Institute of Industrial Science of Univ. of Tokyo, 1997, 49(4): 8-19.

[10] RIGGS H R, SUZUKI H, ERTEKIN R C, et al. Comparison of hydro-elastic computer codes based on the ISSC VLFS benchmark[J]. Ocean Engineering, 2008, 35(7): 589-597.

[11] HELLER S, ABRAMSON H N. Hydroelasticity: a new naval science[J]. Journal of the American Society for Naval Engineers., 1959, 71(2): 205-209.

[12] WU Y. PRICE W. A general form of interface boundary condition of fluid-structure interaction and its application[J]. Selected Papers of the Chinese Society of Naval Architecture and Mariane Engineering. 1985, 1: 66-87.

[13] BISHOP R E D, PRICE W G, WU Y S. A general linear hydroelasticity theory of floating structures moving in a seaway [J]. Phil Trans R. Soc. 1986, 316(1538): 375-426.

[14] DU S X, ERTEKIN R C. Dynamic response analysis of a flexibly joined multi-module very large floating structures[C]. Proc. of Conf. of Institute of Electrical and Electronics Engineers (IEEE) Ocean (OCEANS'91), Honolulu, Hawaii, USA, 1991.

[15] WANG D Y, ERTEKIN R C, RIGGS H R. Three-dimensional hydro-elastic response of a very large

floating structure [J]. Inter. Journal of Offshore and Polar Engineering,1991,1(4):307-316.

[16] ERTEKIN R C, RIGGS H R, SEIDL L H, et al. The design and analysis of very large floating structures (VLFS)-Vlo. 2 Analysis[R]. No. UNMOE-90106, Dept. of Ocean Eng., University of Hawaii at Manoa,1990.

[17] ERTEKIN R C, RIGGS H R, CHE X L. Efficient methods for hydro-elastic analysis of very large floating structure [J]. Journal of Ship Research,1993,37(1):58-76.

[18] WU Y S, WANG D Y, RIGGS H R, et al. Composite singularity distribution method with application to hydroelasticity [J]. Marine Structures,1993, 6(2-3): 143-163.

[19] 陈徐均. 浮体二阶非线性水弹性力学分析方法[D]. 无锡:中国船舶科学研究中心,2001.

[20] WANG Z J, LI R P, SHU Z. A study on hydro-elastic response of box type very large floating structures [J]. China Ocean Engineering, 2001,15(3): 345-354.

[21] 崔维成,吴有生,李润培. 超大型海洋浮式结构物动力特性研究综述[J]. 船舶力学. 2001, 5(1): 73-81.

[22] CHEN X J, WU Y S, CUI W C, et al. Nonlinear hydro-elastic analysis of a moored floating body[J]. Ocean Engineering, 2003,30(8): 965-1003.

[23] DING J, et al. Hydroelasticity of a VLFS in non-uniform incident waves[C]. The 12th International Conference on Hydrodynamics, Egmond aan Zee, Netherlands, 2016.

[24] WEI W, FU S X, MOAN T, et al. A discrete-modules-based frequency domain hydroelasticity method for floating structures in inhomogeneous sea conditions[J]. Journal of Fluids and Structures,2017,74: 321-339.

[25] FU S X, WEI W, OU S, et al. A time-domain method for hydro-elastic analysis of floating bridges in inhomogeneous waves[C]. Proceedings of the ASME 2017 36th International Conference on Ocean, Offshore and Arctic Engineering, Trondheim, Norway,2017.

[26] WEI W, FU S X, MOAN T. A time-domain method for hydroelasticity of very large floating structures in inhomogeneous sea conditions[J]. Marin Structure,2018, 57: 180-192.

[27] UTSUNOMIYA T, WATANABE E, NISHIMURA N. Fast multipole algorithm for wave diffraction/radiation problems and its application to VLFS in variable water depth and topography[C]. Proceedings of the International Conference on Offshore Mechanics and Arctic Engineering, 2001.

[28] MURAI M, INOUE Y, NAKAMURA T. The prediction method of hydro-elastic response of VLFS with sea bottom topographical effects[C]. The Thirteenth International Offshore and Polar Engineering Conference,2003.

[29] STUROVA I V. Effect of bottom topography on the unsteady behaviour of an elastic plate floating on shallow water[J]. Journal of Applied Mathematics & Mechanics,2008,72:417-426.

[30] BUCHNER B. The motions of a ship on a sloped seabed[C]. International Conference on Offshore Mechanics and Arctic Engineering,2006.

[31] FERREIRA M, NEWMAN J. Diffraction effects and ship motions on an artificial seabed[C]. Proceedings of 24th international workshop on water waves and floating bodies, Zelenogorsk, Russia, 2009.

[32] HAUTECLOCQUE G D, REZENDE F, GIORGIUTTI Y, et al. Wave kinematics and seakeeping calculation with varying bathymetry [C]. ASME International Conference on Ocean, Offshore and Arctic Engineering, 2009.

[33] BELIBASSAKIS K A. A boundary element method for the hydrodynamic analysis of floating bodies in variable bathymetry regions[J]. Engineering Analysis with Boundary Elements, 2008, 32(10): 796-810

[34] ATHANASSOULIS G A, BELIBASSAKIS K A. A consistent coupled-mode theory for the propagation of small-amplitude water waves over variable bathymetry regions[J]. Journal of Fluid Mechanics, 1999, 75(389):275-301

[35] KIM T, KIM Y. Numerical analysis on floating body motion responses in arbitrary bathymetry[J]. Ocean Engineering, 2013, 62:123-139

[36] LIU X L, WANG X F, XU S W. Frequency domain hydro-elastic analysis of a two dimensional floating structure in variable bathymetry by a hybrid technique[C]. Proceedings of the Twenty-ninth International Ocean and Polar Engineering Conference, Honolulu, Hawaii, USA, 2019.

[37] YANG P, LI Z, WU Y, et al. Boussinesq-hydroelasticity coupled model to investigate hydro-elastic responses and connector loads of an eight module VLFS near islands in time domain[J]. Ocean Engineering, 2019, 190:106-418.

[38] DING J, WU Y, ZHOU Y, et al. A direct coupling analysis method of hydro-elastic responses of VLFS in complicated ocean geographical environment[J]. Journal of Hydrodynamics, 2019, 31(3): 582-593.

[39] DING J, TIAN C, WU Y, et al. A simplified method to estimate the hydro-elastic responses of VLFS in the inhomogeneous waves[J]. Ocean Engineering, 2019, 172: 433-445.

[40] NI X, CHENG X, WU B, et al. Coupled analysis between mooring system and VLFS with an effective of elastic deflection of floater[J]. Ocean Engineering, 2018, 165: 319-327.

[41] NGUYEN H P, DAI J, WANG C M, et al. Reducing hydro-elastic responses of pontoon type VLFS using vertical elastic mooring lines[J]. Marine Structures, 2018, 59: 251-270.

[42] KHABAKHPASHEVA T I, KOROBKIN A A. Hydro-elastic behaviour of compound floating plate in waves[J]. Journal of Engineering Mathematics. 2002, 44(1): 21-40.

[43] ZHAO C, ZHANG H, HUANG W. Vibration reduction of floating elastic plates in water waves[J]. Marine Structures, 2007, 20(1-2): 71-99.

[44] KIM C H. The hydrodynamic interaction between two cylindrical bodies floating in beam seas[J]. Loads, 1972.

[45] OHKUSU M. Ship motions in vicinity of a structure[C]. BOSS'76, Norway, 1976.

[46] KODAN N. The motions of adjacent floating structures in oblique waves[J]. Journal of Energy Resources Technology, 1984, 106(2): 199-205.

[47] FANG M C, KIM C. Hydrodynamically coupled motions of two ships advancing in oblique waves[J]. Journal of Ship Research, 1986, 30(3):159-171.

[48] KOO B J, KIM M H. Hydrodynamic interactions and relative motions of two floating platforms with mooring lines in side-by-side offloading operation[J]. Applied Ocean Research, 2005, 27(6): 292-310.

[49] PESSOA J, FONSECA N, SOARES C G. Numerical study of the coupled motion responses in waves of side-by-side LNG floating systems[J]. Applied Ocean Research, 2015, 51: 350-366.

[50] ZHAO D, HU Z, ZHOU K, et al. Coupled analysis of integrated dynamic responses of side-by-side offloading FLNG system[J]. Ocean Engineering, 2018, 168: 60-82.

[51] PESSOA J, FONSECA N, SOARES C G. Side-by-side FLNG and shuttle tanker linear and second order low frequency wave induced dynamics[J]. Ocean Engineering, 2016, 111: 234-253.

[52] FENG A, BAI W, PRICE W G. Two-dimensional wave radiation and diffraction problems in a flat or sloping seabed environment[J]. Journal of Fluids and Structures, 2017, 75: 193-212

[53] LU L, CHENG L, TENG B, et al. Numerical investigation of fluid resonance in two narrow gaps of three identical rectangular structures[J]. Applied Ocean Research, 2010, 32(2): 177-190.

[54] NING D, ZHU Y, ZHANG C, et al. Experimental and numerical study on wave response at the gap between two barges of different draughts. Applied Ocean Research, 2018, 77: 14-25.

[55] OTTO W, WAALS O, BUNNIK T, et al. Wave induced motions of a floating mega island[J]. WCFS2019, 2020, 41: 173-189.

[56] MURAI M, LI Q, FUNADA J. Study on power generation of single point absorber wave energy converters (PA-WECs) and arrays of PA-WECs[J]. Journal of Renewable Energy, 2021, 164: 1121-1132

[57] MOLIN B, REMY F, CAMHI A, et al. Experimental and numerical study of the gap resonances in-between two rectangular barges[C]. Proceedings of the 13th Congress of the International Maritime Association of the Mediterranean, 2009.

[58] PERI M, SWAN C. An experimental study of the wave excitation in the gap between two closely spaced bodies, with implications for LNG offloading[J]. Applied Ocean Research, 2015, 51: 320-330.

[59] YANG W, TIAN W, PEN G Z, et al. Numerical research of an effective measure for stabilising floating wind turbines in shallow water[J]. The Journal of Engineering, 2019, 18: 4703-4707.

[60] ZHAO W, TAYLOR P H, WOLGAMOT H A, et al. Linear viscous damping in random wave excited gap resonance at laboratory scale - new wave analysis and reciprocity[J]. Journal of Fluids and Structures, 2018, 80: 59-76.

[61] MOLIN B. On the piston and sloshing modes in moonpools[J]. Journal of Fluid Mechanics, 2001, 430: 27-50.

[62] MOLIN B, ZHANG X, HUANG H, et al. On natural modes in moonpools and gaps in finite depth[J]. Journal of Fluid Mechanics, 2018, 840: 530-554.

[63] LU L, TENG B, SUN L, et al. Modelling of multi-bodies in close proximity under water waves-fluid forces on floating bodies[J]. Ocean Engineering, 2011, 38(13): 1403-1416.

[64] JIANG S C, BAI W, CONG P W, et al. Numerical investigation of wave forces on two side-by-side non-identical boxes in close proximity under wave actions[J]. Marine Structures, 2019, 63: 16-44.

[65] KRISTIANSEN T, FALTINSEN O M. A two-dimensional numerical and experimental study of resonant coupled ship and piston mode motion[J]. Applied Ocean Research, 2010, 32(2): 158-176.

[66] BUCHNER B, VAN DIJK A, DE WILDE J. Numerical multiple-body simulations of side-by-side mooring to an FPSO [C]. Proceedings of the International Offshore and Polar Engineering Conference, 2001.

[67] NEWMAN J. Application of generalized modes for the simulation of free surface patches in multi body hydrodynamics[R]. WAMIT Consortium report, 2003.

[68] CHEN X B. Hydrodynamic analysis for offshore LNG terminals[C]. Proceedings of the 2nd International Workshop on Applied Offshore Hydrodynamics, Rio de Janeiro, 2005.

[69] LEE C, ZHU X. Application of hyper-singular integral equations for a simplified model of viscous

[70] CHUA K H, TAYLOR R E, CHOO Y S. Hydrodynamic interaction of side-by-side floating bodies, part II: Applications of modified linear potential flow and numerical analysis framework to fixed barges [J]. Ocean Engineering, 2018, 164: 465-481.

[71] CHUA K H, TAYLOR R E, CHOO Y S. Hydrodynamic interaction of side-by-side floating bodies part I: development of CFD-based numerical analysis framework and modified potential flow model [J]. Ocean Engineering, 2017, 166: 404-415.

[72] KRISTIANSEN T, FALTINSEN O M. Gap resonance analyzed by a new domain decomposition method combining potential and viscous flow DRAFT [J]. Applied Ocean Research, 2012, 34: 198-208.

[73] KIM D, Chen L B, RAY J Z. Linear frequency domain hydro-elastic analysis for McDermon's mobile offshore base using WAMIT [C]. Proceedings of the Third International Workshop on Very Large Floating Structure. Honolulu, Hawaii, USA, 1999.

[74] YANG Y, BASHIR M, MICHAILIDES C, et al. Development and application of an aero-hydro-servo-elastic coupling framework for analysis of floating offshore wind turbines [J]. Renewable Energy, 2020, 161: 606-625.

[75] JIN C, KIM M. Tunnel-mooring-train coupled dynamic analysis for submerged floating tunnel under wave excitations [J]. Applied Ocean Research, 2020, 94: 102008.

[76] HE Z, FALTINSEN O M, FRDHEIM S, et al. The influence of fish on the mooring loads of a floating net cage [J]. Journal of Fluids and Structures, 2018, 76: 384-395.

细长柔性结构流致振动响应

高 云　姜泽成

(哈尔滨工业大学(威海))

1　研究背景

流体诱发结构产生的振动,即流致振动现象,广泛存在于日常生活和实际工程中。该现象包含复杂而多样的振动行为,小到风琴上的琴弦,大到摩天大楼等各种各样结构的流致振动,既可产生对人们有利的振动,也可在工程界产生破坏性的振动事故。在日常生活中,我们可以观察到:风使风铃发出优美动听的叮当响声;当流体流经障碍物时,不仅在障碍物后方产生规律的漩涡,这种脱落的漩涡有时还能使障碍物产生自由振动;红旗迎风时左右飘扬;跨江大桥在风载作用下持续振动等。在工业中,一些流致振动现象也屡见不鲜。例如:冷却增殖反应堆芯部流动的液态钠能够破坏屏蔽,并使反应堆芯部突然熔化;覆冰后的输电线在风载作用下产生大幅振动,最终导致整个输电线路的坍塌;当流体流速高于某一临界流速时,热交换器里密排管阵的管子会沿着扁圆形轨道绕阵。在过去的几十年里,这些流体流动而引发的振动现象促使研究者们对结构流致振动问题进行了不懈的探索与广泛的研究,至今学术界对此问题的研究仍处在不断的探讨与发展中。

在流致振动中,流体流动和结构是相互作用的两个系统,它们之间的相互作用是动态的,这种流体和结构的相互作用力使得两个系统紧密地联系在一起。当流体力作用在结构上时,可使结构发生变形或运动;与此同时,当结构变形或运动时,它和流体之间的方位会随之改变,进一步导致流体力发生变化。例如:冰层覆裹的输电线在发生振动时,流体力就完全由结构和流体之间的相对位置和相对速度所决定。近年来,随着世界各国对能源的战略需求,人们将油气勘探的目光从近海转向深水领域。然而,由于目前我国深水石油勘探与国际上还存在一定的差距,一些深海油气开采装备还依赖进口或与国外公司合作,使得我国的油气开采成本过高。

海洋油气开采工程中需要使用大量的柔性结构。海洋中柔性结构主要可分为两大类,第一大类结构为梁模型结构,该类结构以立管以及海底管道作为代表;第二大类结构为索模型结构,该类结构以脐带缆以及锚链为代表。梁模型结构与索模型结构最本质的区别在于是否考虑弯曲刚度,索模型结构忽略弯曲刚度,而梁模型结构必须考虑弯曲刚度。深海结构均具有较大的长径比,在外部流体载荷的作用下,容易发生疲劳失效。外部载荷主要包括洋流、内流和上部浮体运动等。在内外流体和结构自身载荷的作用下,结构会发生高阶多模态的涡激振动(vortex-induced vibration, VIV)甚至更为复杂的运动形式,从而导致结构发生疲劳失效或屈服破坏。结构失效不仅造成经济上的重大损失,而且还会对环境造成严重污染。因此,研究海洋结构在外部载荷作用下的响应机理,可以更好地指导立管的设计和使用,从而延长管柱的使用寿命,降低海洋能源开采的风险。

2 研究现状

2.1 内流激励引起的柔性结构振动研究现状

自 1950 年人们观测到 Trans-Arabian 输流管因内流引起强烈振动,内流效应开始引起学术界以及工程界的广泛关注[1]。Feodos'ev 采用不同的方法推导出了正确的结构振动方程,并得出两端支撑输流管道存在静态失稳的结论[2]。Païdoussis 和 Issid[3]基于前人的研究结果,综合考虑了材料耗散、外加轴力、内部流体压力、结构阻尼、线性约束力和重力等多种参数的影响,建立了两端简单支承输流管道的线性运动方程,分析稳定内流作用下结构静态失稳问题,同时关注了脉动内流的作用下结构参数共振的问题。Semler[4]基于哈密顿(Hamilton)原理,推导出了较为完整的管道横-轴向耦合非线性结构振动方程。Jayaraman 和 Narayanan[5]对脉动内流作用下简单支撑输流管道的非线性动力学进行了分析,运用 Galerkin 法对结构振动方程进行了求解,发现脉动内流作用下结构振动会出现混沌区域,同时发现了一些新的振动响应特性。

2.2 稳态外流激励引起的结构振动研究现状

Feng[6]对高质量比单自由度弹性支撑圆柱体涡激振动响应做了试验研究,研究中质量比取为 248,阻尼比取为 1.03×10^{-3},雷诺数范围取为 $1 \times 10^4 \sim 5 \times 10^4$。研究结果发现,涡激振动具有锁定(lock in)和迟滞现象,锁定范围发生在折合速度为 5~7,最大无量纲振幅比为 0.53,对应的折合速度大约为 6。试验结果中出现了分支现象,即初分支(initial branch)和低分支(lower branch)。Khalak 和 Williamson[7]对低质量阻尼比圆柱体涡激振动响应做了试验研究,质量比仅取为 Feng 试验中质量比的 3%。研究结果也表明,涡激振动具有锁定和迟滞特性。与 Feng 试验结果所不同的是:锁定区域约为 Feng 试验得到锁定区域的四倍左右。分支现象中,除了初分支和低分支,还存在另外一个分支——上分支(upper branch)。

Jauvtis 和 Williamson[8]对二自由度的圆柱体涡激振动响应做了研究。Huarte 等[9]对多模态柔性圆柱体的涡激力轴向分布进行了研究。他们在研究过程中把 2003 年 5 月在荷兰 Delta 水池中的试验数据结果以及立管的有限元模型相结合起来,模型的长细比达到了 470,质量比为 3,雷诺(Re)数在 2 800~28 000 区间。将试验数据作为模型的输入参数,着重对柔性圆柱体的瞬态流向以及横向涡激力进行了研究。

2.3 振荡来流激励引起的结构振动研究现状

关于振荡来流下固定圆柱体的振动响应研究结果表明:雷诺数与 KC 数对圆柱响应有显著影响。Tatsuno 和 Bearman[10]在低 KC 数下对振荡圆柱的绕流进行了试验研究,确定了八种不同的流型。Sumer 和 Fredsøe[11]的试验结果表明,恒定 KC 数下的响应模式随折合速度的变化而变化,振荡流响应的典型特征之一是振幅响应多峰值。Zhao 等[12-13]对振荡流中圆柱体单自由度和双自由度的涡激振动数值研究表明,振动轨迹依赖于 KC 数和折合速度,且振动频率取决于流动期间漩涡脱落的数量。圆柱体在顺流方向上的振动使圆柱体与流体之间的相对速度不同于流体的速度,这种变化会影响圆柱体的响应和漩涡脱落模式。

3　基本理论与最新进展

3.1　内流激励引起的柔性结构振动基本理论与研究进展

对于内流激励下的结构振动研究，1878 年由 Aiten[14]根据传输链动力学给出了初始模型。之后于 1885 年由 Païdoussis[15]首次在实验中观察到了输流管道的自激振动。1939 年 Bourrières[16]在对输流直管进行稳定分析时，推导了输流直管线性振动方程。但直到第二次世界大战之后，在横跨阿拉伯的管道上观测到的弯曲振动才真正引起人们对这一课题的兴趣。由于输送流体管道振动特性和稳定性动力系统具有极其丰富的动力行为，对这一问题的研究受到了相当大的关注。对内流激励作用下结构振动研究主要可分为实验方法研究和理论分析方法研究。

实际上，引起输流管道振动的主要原因是流体与管道弹性体之间的相互作用，也就是流固耦合作用。当流体流经管道时，管道弹性体在流体载荷的作用下将产生变形或运动，而这种变形或运动反过来又影响着流体的流场，从而改变流体载荷的分布和大小。正是这种相互作用，使得管道产生了各种失稳现象。这种失稳振动的重要特征是固液介质的交界面上发生交互作用，而这种交互作用将通过两相耦合面的平衡及协调关系引入到运动方程中。近几十年来，由于输流管道的大规模应用，人们对其振动机理越来越重视。随着科技的不断发展和研究的日益深入，管道流固耦合理论不断得到完善。

从系统能量的角度来讲，两端支承输流管道与悬臂输流管道具有本质上的差别，前者为保守系统，而后者为非保守系统。对于非保守系统，其 Hamilton 原理的推广形式为

$$\delta \int_{t_1}^{t_2} L \mathrm{d}t + \int_{t_1}^{t_2} \delta W \mathrm{d}t = \int_{t_1}^{t_2} \left\{ MU \left[\frac{\partial \boldsymbol{r}_L}{\partial t} + U \boldsymbol{\tau}_L \right] \delta \boldsymbol{r}_L \right\} \mathrm{d}t \tag{3.1}$$

式中，L 为拉格朗日函数，包含了流体和管道的动能与势能之差；δW 为非保守力所做的虚功；M 和 U 分别为单位长度管内流体质量和流体流速；$\boldsymbol{r}_L$ 和 $\boldsymbol{\tau}_L$ 分别为悬臂管道自由端的位置向量和切向量。对于悬臂输流管道，式(3.1)等号右边的部分表示系统在悬臂管道自由端获得或损失的能量。而对于两端支承输流管道，由于端点处不能移动，因此切向量 $\boldsymbol{r}_L$ 为零且不随时间变化，式(3.1)等号右边的部分为零。这表明，在没有非保守力的作用下，流体流入和流出管道的过程中，系统的总能量不变。

描述管道振动主要有圆柱壳模型和梁模型两种建模方式。圆柱壳模型适用于管路的壁厚远小于管长和管径等特征参数时，壁厚为小变形运动且满足基尔霍夫（Kirchhoff）假设。梁模型适用于管道截面积与惯性矩比较大和长细比较大的管道。在工程实际中，如低频、低马赫数流体、细长管等，可用梁模型来代替圆柱壳模型来简化运动方程。由于常用管道长径比远大于 1，厚径比又不是很小，所以在研究中普遍采用梁模型。若流体为无黏不可压缩的稳定流动，忽视重力、结构阻尼、管道外部拉压力时，等直管的弯曲自由振动方程为

$$EI \frac{\partial^4 u_y}{\partial z^4} + MW^2 \frac{\partial^2 u_y}{\partial z^2} + 2MW \frac{\partial^2 u_y}{\partial z \partial t} + (M+m) \frac{\partial^2 u_y}{\partial t^2} = 0 \tag{3.2}$$

式中，EI 是管道的抗弯刚度；M 是流体的线密度；m 是管道的线密度；W 是流体的平均流速；u_y 是管道横向振动的位移；z 是管道轴向坐标；t 是时间。

Païdoussis 和 Issid 在上述方程的基础上考虑了管道的轴向拉压载荷、重力、管道的材料阻尼和支撑分布阻尼等，将方程改进为

$$E^* I \frac{\partial^5 u_y}{\partial z^4 \partial t} + EI \frac{\partial^4 u_y}{\partial z^4} + 2MW \frac{\partial^2 u_y}{\partial z \partial t} + (M+m)g \frac{\partial u_y}{\partial z} + C \frac{\partial u_y}{\partial t} + (M+m) \frac{\partial^2 u_y}{\partial t^2} +$$

$$\left\{MW^2-T+PA(1-2\mu\delta)-\left[(M+m)g-M\frac{\partial W}{\partial t}\right](L-z)\right\}\frac{\partial^2 u_y}{\partial z^2}=0 \tag{3.3}$$

式中,E^*是材料的内阻系数;I是截面惯性矩;C是支承的黏性阻尼系数;δ是指示管道端部能否移动的因子,非0即1;μ是泊松比;P和T分别为管内平均压力和管道端部轴向外载;g是重力加速度;A表示截面面积。该方程是至今为止公认的较为完善的描述输液管道液–弹耦合振动方程。

3.2 稳态外流激励引起的柔性结构振动基本理论与研究进展

对外部流体诱发管道振动的系统研究始于20世纪50年代[17],目前国际上认为涡激振动是导致管道失效的主要原因。圆柱体在一定的外部水流作用下,会在其两侧形成交替脱落的漩涡。周期性的漩涡脱落会在结构上产生周期性的水动力载荷,从而诱发结构产生振动,称为"涡激振动"。且涡激振动又会反过来作用于结构的尾部流场,从而影响结构上的水动力载荷。因此,涡激振动是一种典型的非线性流固耦合问题。圆柱结构的涡激振动对于海洋工程的许多分支都具有实际意义。例如,涡激振动影响石油生产立管、海底管道和系泊电缆的动力响应。结构的涡激振动是结构设计环节中的关键问题之一,因为涡激振动会增大施加在结构上的动态载荷并可能导致结构发生疲劳损坏。海洋工程中,很多构件都具有圆柱形截面。因此,对圆柱体进行涡激振动研究一直是涡激振动试验研究以及数值研究的重点内容。由于与涡激振动相关联参数众多,再加上其本身的流固耦合特性,这势必会加大了研究涡激振动问题的复杂性。

当流体流过圆柱体边缘时,由于柱体的存在,流动压力会上升。靠近柱体边缘的流体由于高压的存在会在圆柱体两侧形成附面层(boundary layer)。当 Re 数较高时,压力不足以使附面层完全包围柱体背面,便会在柱体尾部形成分离点(separation point)。分离点处,流体质点速度由正变为零或负。分离点后的流体区域会产生倒流现象。边界层在分离点处脱离了柱体表面,向下扩展,形成剪切层(shear layer)。剪切层之间的流体区域,称为尾流区(wake region)。

如图1所示,在边界层内,由于柱体的存在,导致越靠近柱体表面,流速越小。由流速与涡量之间的关系得到:流体越靠近柱体表面,旋转速度越大,势必会导致漩涡的产生。交替泄放的漩涡会对柱体产生周期性的脉动力。如果柱体为弹性支撑的,周期性的力会让柱体产生周期性的振动,即涡激振动。

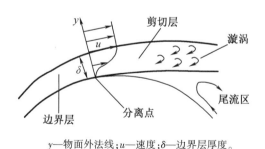

y—物面外法线;u—速度;δ—边界层厚度。

图1 流场分离点区域局部图

现有的对涡激振动问题的研究方法主要为实验方法[18-22]和数值方法。与数值方法相比,实验方法得到的数据更可靠、现象更直观,但实验方法通常研究成本较高。数值方法主要包括计算流体动力学(computational fluid dynamics,CFD)方法[23-25]和经验模型方法。与经验模型方法相比,CFD方法的计算精度更高,但CFD方法的数值计算成本要比经验模型方法高很多。细长柔性圆柱体的VIV响应特性除了具备刚性圆柱体所具有的特性(比如锁定特性、迟滞特性),还具备刚性圆柱体所不具备的特性。

(1) 时间共享特性

时间共享特性是在剪切流中细长立管在高模态涡激振动时所体现出来的。最早由 Svithenbank 博士首先提出,她利用了最大熵法对立管的涡激振动试验结果进行了分析,将测试得到的立管涡激振动应变时间历程分割为一个个短暂的时区来进行分析。

通过分析发现:在每个极其短暂的时间内,VIV 的主导频率仅为一个,但随着时间的推移,主导频率会发生变化。这些变化主导频率互为竞争,占据了整个时间历程,该特性称为时间共享特性。时间共享对于 VIV 的影响主要体现在疲劳损伤分析中。由于单响应频率的幅值通常大于多响应频率幅值,在发生时间共享特性时,疲劳损伤率将大于多频率响应的状态,发生更为严重的疲劳损伤,这需要引起注意。

(2) 行波特性

与行波相对应的是驻波,这里先对驻波与行波做介绍。当立管较短时,立管两端的边界条件对整个立管长度上的振动均有很大影响,表现出驻波(standing wave)特性,无论施加如何形式的力,整根立管都会响应;当立管长度较大时,表现出了张紧弦特性,当某一局部长度受到激励且发生振动响应时,在此局部区域外的长度上,振动会以波的形式向周围传递开来,并由于阻尼的存在而逐渐衰减。该特性,称为行波特性。

如图 2 所示,当大细长比立管发生涡激振动时,由于细长比很大的缘故,边界条件对中间区域立管的振动影响很小。立管的振动会表现出由振动能量输入区向能量输出区传递的特性(行波特性)。而在立管两端,由于边界条件的存在,振动会在边界处发生反射,表现出驻波的特性。因此对于大细长比立管来说,通常驻波与行波特性共同存在。这里,仅以横流方向为例,横流方向驻波以及行波的表达式可分别写成

$$\begin{cases} y = A_1 \sin\left(\dfrac{2\pi z}{\lambda_1}\right) \sin(\omega_1 t), & \text{横向驻波} \\ y = A_1 \sin\left(\dfrac{2\pi z}{\lambda_1} - \omega_1 t\right), & \text{横向行波} \end{cases} \quad (3.4)$$

式中,y 表示振动位移;A_1 表示振动幅值;z 表示振动坐标位置;λ_1 表示波长;ω_1 表示振动频率;t 表示时间。

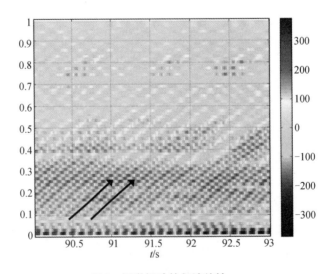

图 2 涡激振动的行波特性

3.3 振荡来流激励引起的柔性结构振动基本理论与研究进展

振荡流动中涡激振动相应的一个基本特征是响应强烈地依赖于 KC 数和折合速度。KC 数被定义为

$$KC = \frac{U_m T_\omega}{D} \tag{3.5}$$

式中，U_m 是振荡流最大流速；T_ω 是振荡流周期；D 是圆柱直径。如果振荡流函数为正弦函数，即

$$U = U_m \sin(\omega t) \tag{3.6}$$

则最大速度 U_m 为

$$U_m = a\omega = \frac{2\pi a}{T_\omega} \tag{3.7}$$

式中，a 是运动的振幅。则对于振荡流是正弦函数情况时，KC 数可以定义为

$$KC = \frac{2\pi a}{D} \tag{3.8}$$

由此可见，低 KC 数意味着水的运动范围相比于圆柱很小，在圆柱后面也不会产生涡。同样高 KC 数的情况意味着水的运动范围相对于圆柱是一个很长的距离，这样会在圆柱后产生分离和涡的脱落。当 KC 趋于无穷时，可以近似地当作是稳定流[26]。

在一个振荡流动周期内，圆柱脱落的涡数随 KC 数的增加而增加。以雷诺数等于 10^3 为例，当 KC 数非常小时，没有分离产生；当 KC 数增加到 1.1 后流在圆柱后第一次出现分离；随着 KC 数继续增大，流型分离，其形式为 Honji 不稳定性，即纯二维流经圆柱表面后会变成一个等间距、规则条纹的三维流模式，最终在圆柱表面形成蘑菇形的涡。当 4<KC<7 时，升力不再为零，从而在尾涡中产生不对称的情况。随着 KC 数进一步增大，开始出现漩涡脱落。当 7<KC<15 时为单对涡脱落模式，即一个运动周期内脱落一对涡；当 15<KC<24 时为两对涡脱落模式，即一个运动周期内脱落两对涡；24<KC<32 时为三对涡脱落模式，即一个运动周期内脱落三对涡[26]。

振荡流作用下圆柱的升阻力变化频率与稳定流不同。圆柱在稳定流中，当圆柱下侧有涡正在脱落时，升力方向向上；圆柱上侧有涡脱落时，升力方向向下，升力频率等于漩涡脱落频率。而在振荡流中，升力频率不等于漩涡脱落频率，也并非所有的升力峰值均由涡脱落导致。其原因是振荡流中存在回流现象，发生回流之后的升力峰值跟最近脱落的涡返回圆柱有关，因此导致升力频率与漩涡脱落频率不一致。

振荡流涡激振动研究方法包括实验方法、数值方法等。实验方法得到的数据更为可靠、现象更为直观，但研究成本较高。这里着重讨论数值方法的基本理论和最新进展。二维弹性支承圆柱体是研究三维柔性圆柱体涡激振动的简化结构。尽管在大多数工程应用中出现的雷诺数是三维的，但由于以下两个原因，二维模拟也被广泛使用。一是涡激振动的二维模拟可以提供对涡激振动机制更深层次的研究，因其除去了三维效应的复杂影响；二是二维模拟允许以负担得起的计算时间对系统参数进行研究，而且基于二维的雷诺平均 Navier-Strokes(RANS)方程的数值模型已被证明可以为低质量比下圆柱涡激振动提供令人满意的数值结果，也可以更好地预测实验观测到的涡激振动模式。

数值模拟的方法主要采用非定常不可压缩的 RANS 控制方程进行模拟，考虑到圆柱体运动带来的网格变化时，RANS 方程表示为

$$\frac{\partial U_i}{\partial x_i} = 0 \tag{3.9}$$

$$\frac{\partial U_i}{\partial t} + C_j \frac{\partial U_i}{\partial t} = -\frac{1}{\rho} \frac{\partial P}{\partial x_i} + \frac{\partial}{\partial x_j}(2\nu S_{ij} - \overline{u'_i u'_j}) \tag{3.10}$$

式中，U_i 为流体速度；ρ 为流体密度；x_i 为空间坐标；t 为时间；P 为压力；ν 为运动黏度；$C_j = (U_j - \overline{U_j})$ 为流体相对于网格的速度项；$\overline{U_j}$ 为网格运动速度；S_{ij} 为平均应变张量；$-\overline{u_i' u_j'}$ 为雷诺应力项即湍流效应。其中，

$$S_{ij} = \frac{1}{2}\left(\frac{\partial U_i}{\partial x_j} + \frac{\partial U_j}{\partial x_i}\right) \tag{3.11}$$

$$-\overline{u_i' u_j'} = 2\nu_t S_{ij} - \frac{2}{3}\delta_{ij} k \tag{3.12}$$

式中，ν_t 为湍流黏性系数；k 为湍流动能；δ_{ij} 为克罗内克符号。湍流模型采用剪应力运输（SST）k-ω 湍流模型，研究发现该模型可以很好地预测具有逆压梯度的边界层流动[27]。圆柱体振动的控制方程可以表示为

$$m\ddot{y}(t) + c\dot{y}(t) + ky(t) = F_y(t) \tag{3.13}$$

式中，m、c、k 分别为圆柱体的质量、阻尼和刚度。圆柱体在流体中的运动使圆柱体和流体之间的相对速度与流体速度有很大不同，相对速度对流体力和漩涡流动模型有显著影响，而频率比对相对速度的振幅有显著影响。

研究发现，圆柱体相对于流体运动的振动速度随频率比变化很大。当频率比小于一个临界值（略小于1）时，相对速度的幅值大于振荡流速度的幅值；当频率比大于该临界值时，相对速度明显减小，有效 KC 数也明显减小。在 KC 数不变的情况下，有效 KC 数随频率比的变化而变化，因此可以发现不同的流型。其中有效 KC 数增大的原因是圆柱体与流体速度之间的相位差在 90°~180°，导致圆柱体在一个周期内大部分时间都沿着与流体相反的方向运动。相对速度增大或减小同样是因为相位差的变化，相位从 -90° 变为 90°。

随着研究的进行，从刚性圆柱发展到柔性圆柱，而 CFD 方法对整个海洋立管的模拟计算成本很高，故学者们开始选择另一种数值方法，即经验模型法。

由波浪和船体运动引起的振荡流动中，Morison 等[28]首次提出了描述 IL 方向水动力分量的莫里森公式，通过对刚性桩在波浪作用下的实验，初步发现其阻力系数 C_d 和附加质量系数 C_m 分别为 1.7 和 0.4。Keulegan 和 Garpenter[29]通过傅里叶分析进一步确定了这些值，发现这些系数对斯托克斯数非常敏感。Sarpkaya[30]使用振荡 U 形管对正弦变化的振荡流动中的圆柱体受力进行了更广泛的研究，在此基础上系统地确定了水动力系数随 KC 数、Re 数以及圆柱体相对粗糙度的变化特征。国内外诸多学者基于实验或数值模拟得到的相关参数建立了相应的经验模型，以此来预测柔性立管振动，该方法也一直沿用至今。Xue 等[31]研究了相对复杂的剪切振荡流动情况下的涡激振动，并讨论了其响应特性与定常流动和纯振荡流动的不同之处，为进一步了解涡激振动提供了参考。

近年来，通过研究发现了一种新的现象——船体运动引起的涡激振动（VMI-VIV）[32]，平台的波浪诱导周期运动和波浪本身总是导致立管周围产生相对等效的振荡流动。该现象平台纯运动引起的振荡流也会在钢质悬链线立管的下垂弯曲区激发涡激振动[33-34]。为提高对这一现象的认识，Fu 等[35]通过强迫模型在不同周期和振幅的静水中振荡，在振荡流动中进行了柔性立管模型试验，首次提出了振荡流中柔性立管的涡激振动发展过程，包括建立、锁定和消亡阶段。

4 结论

柔性结构振动响应问题自始至终伴随着人类，对该问题的研究也一直是国内外学者探讨的热点之一。纵观其研究历程，研究者们主要针对结构振动的机理及应用开展工作，力求获得新的发展和突破。

针对细长柔性结构的流致振动主要可分为三类：一是由于结构内部流体流动产生的振动。当内流速超过某一临界值时，两端支承输流管会发生静态变形，即屈曲失稳；悬臂输流管则会发生颤振失稳。二是由于结构受到外部流体横向流或轴向流的作用而发生的振动。其主要分为两种，一种是漩涡脱落诱发的振动，即涡激振动；另一种是空气动力引起的振动，如输电线的舞动、机翼的颤振等。三是由于结构同时受到内部流体和外部流体共同作用而产生的振动，最典型的情况就是输流管的涡激振动。

5 需要研究的基础科学问题/发展方向

5.1 基础科学问题

海洋立管在各种外部和内部激励的共同作用下发生的流致振动响应特征是需要研究的基础科学问题，外部激励是指水流诱导的水动力和浮式平台的波浪诱导运动，内部激励是指内部流动的影响。流致振动是海洋工程中的一个重要研究领域，包括多模态响应、高雷诺数涡激振动响应、多个海洋立管之间的流动诱导振动、振荡流中的间歇性涡激振动等。

5.2 发展方向

(1) 以往的研究主要研究了雷诺数、质量比、阻尼比、KC 数等主要参数，但多因素联合作用的研究比较少，因此建立适用不同应用的通用涡激振动分析模型至关重要。

(2) 柔性立管在非定常流动下的涡激振动预测仍然是一个极具挑战性的研究课题，现有数值模型还需进一步改进。

(3) 实验与数值模拟所得到的结果与实际海洋立管系统之间的差异值得进一步研究。

(4) 涡激振动抑制是一个重要的领域，但在此之前需要一个更为精准的涡激振动预测模型。

(5) 涡激振动捕能也是一个值得研究的方向。

参考文献

[1] ASHLEY H, HAVILAND G. Bending vibrations of a pipe line containing flowing fluid[J]. Journal of Applied Mechanics, 1950, 17(3): 229-232.

[2] FEODOS'EV V P. Vibrations and stability of a pipe when liquid flows through it[J]. Inzhenernyi Sbornik, 1951, 10: 169-170.

[3] PAÏDOUSSIS M P, ISSID N T. Dynamic stability of pipes conveying fluid[J]. Journal of Sound and Vibration, 1974, 33(3): 267-294.

[4] SEMLER C, LI G X, PAÏDOUSSIS M P. The non-linear equations of motion of pipes conveying fluid[J]. Journal of Sound and Vibration, 1994, 169(5): 577-599.

[5] JAYARAMAN K, NARAYANAN S. Chaotic oscillations in pipes conveying pulsating fluid[J]. Nonlinear Dynamics, 1996, 10(4): 333-357.

[6] FENG C C. The measurement of vortex-induced effects in flow past stationary and oscillating circular and D-section cylinders[D]. Columbia: University of British Columbia, 1968.

[7] KHALAK A, WILLIAMSON C H K. Motions forces and mode transitions in vortex-induced vibrations at low mass damping[J]. Journal of Fluids and Structures, 1999, 13(7): 813-851.

[8] JAUVTIS N, WILLIAMSON C H K. Vortex-induced vibration of a cylinder with two degrees of freedom [J]. Journal of Fluids and Structures, 2003, 17(7): 1035-1042.

[9] HUARTE F J H, BEARMAN P W, CHAPLIN J R. On the force distribution along the axis of a flexible circular cylinder undergoing multi-mode vortex-induced vibrations[J]. Journal of Fluids and Structures, 2006, 22: 897-903.

[10] TATSUNO M, BEARMAN P W. A visual strudy of the flow around an oscillating circular-cylinder at low keulegan-carpenter numbers and low stokes numbers[J]. Journal of Fluid Mechanics, 1990, 211: 157-182.

[11] SUMER B M, FREDSØE J. Transverse vibrations of an elastically mounted cylinder exposed to an oscillating flow[J]. Journal of Offshore Mechanics and Arctic Engineering, 1988. 110(4):387-394.

[12] ZHAO M. Numerical investigation of two-degree-of-freedom vortex-induced vibration of a circular cylinder in oscillatory flow[J]. Journal of Fluids and Structures, 2013, 39: 41-59.

[13] ZHAO M, KAJA K, XIANG Y, et al. Vortex-induced vibration (VIV) of a circular cylinder in combined steady and oscillatory flow[J]. Ocean Engineering, 2013, 73: 83-95.

[14] AITEN J. An account of some experiments on rigidity produced by centrifuge force[J]. Philosophical Magazine, 1878, 5: 81-105.

[15] PAÏDOUSSIS M P, LI G X. Pipe conveying fluid: a model dynamical problem[J]. Journal of Fluids and Structures, 1993,7: 137-204.

[16] BOURRIÈRES F J. Sur un phénoméne d'oscillation autoentretennue en mécaniques des fluids reels [J]. Publications Scientifiques et Techniques du Ministére de l'Air, 1939, 147: 57-65.

[17] SONG J N, LU L, TENG B, et al. Laboratory tests of vortex-induced vibrations of a long flexible riser pipe subjected to uniform flow[J]. Ocean Engineering, 2001, 38: 1308-1322.

[18] 康庄,贾鲁生. 圆柱体双自由度涡激振动轨迹的模型试验[J]. 力学学报,2012,44(6): 970-980.

[19] 高云,付世晓,熊友明,等. 剪切来流下柔性圆柱体涡激振动响应试验研究[J]. 振动与冲击, 2016, 35(20): 142-148.

[20] 宋磊建,付世晓,于大鹏,等. 剪切流下发生涡激振动的柔性立管阻力特性研究[J]. 力学学报, 2016, 48(2): 300-306.

[21] 徐万海,马烨璇,罗浩,等. 柔性圆柱涡激振动流体力系数识别及其特性[J]. 力学学报, 2017, 49 (4): 818-827.

[22] 唐友刚,樊娟娟,张杰,等. 高雷诺数下圆柱顺流向和横流向涡激振动分析[J]. 振动与冲击, 2013, 32(13):88-92.

[23] ZHANG H, FAN C F, CHEN Z H, et al. An in-depth study on vortex-induced vibration of a circular cylinder with shear flow[J]. Computers and Fluids, 2014: 100: 30-44.

[24] ZHAO M, CHENG L, AN H W, et al. Three-dimensional numerical simulation of vortex-induced vibration of a elastically mounted rigid circular cylinder in steady current[J]. Journal of Fluids and Structures, 2014, 50: 292-311.

[25] 及春宁,花阳,许栋,等. 不同剪切率来流作用下柔性圆柱涡激振动数值模拟[J]. 力学学报, 2018, 50(1): 21-31.

[26] SUMER B, FREDSOE J. Hydrodynamics around cylindrical structures[M]. Singapore: World Scientific, 2006.

[27] MENTER F R. Two-equation eddy-viscosity turbulence models for engineering applications[J]. AIAA Journal, 1994. 32(8):1598-1605.

[28] MORISON J R, JOHNSON J W, SCHAAF S A. The force exerted by surface waves on piles[J]. Journal of Petroleum Technology, 1950. 2(5):149-154.

[29] KEULEGAN G, CARPENTER L. Force on cylinders and plates in an oscillating fluid[J]. Journal of Research of the National Bureau of Standards, 1958, 60(5):423.

[30] SARPKAYA T. Vortex shedding and resistance in harmonic flow about smooth and rough circular cylinders at high reynolds numbers[C]. BOSS'76, Trondheim, 1976.

[31] XUE H, YUAN Y, TANG W. Numerical investigation on vortex-induced vibration response characteristics for flexible risers under sheared-oscillatory flows[J]. International Journal of Naval Architecture and Ocean Engineering, 2019. 11(2): 923-938.

[32] PESCE C, FRANZINI G R, FUJARRA A L C, et al. Further experimental investigations on vortex self-induced vibrations (VSIV) with a small-scale catenary riser model[C]. Omae-international Conferenle on Oceam, 2017.

[33] WANG J, FU S, BAARHOLM R, et al. Out-of-plane vortex-induced vibration of a steel catenary riser caused by vessel motions[J]. Ocean Engineering, 2015, 109:389-400.

[34] WANG J, FU S, MARTLN L, et al. Dominant parameters for vortex-induced vibration of a steel catenary riser under vessel motion[J]. Ocean Engineering, 2017, 136:260-271.

[35] FU S, WANG J, BAARHOLM R, et al. Features of vortex-induced vibration in oscillatory flow[J]. Journal of Offshore Mechanics and Arctic Engineering, 2013, 136(1):011801.

船体结构水弹性效应导致的疲劳损伤

李 辉

(哈尔滨工程大学)

1 结构动力响应问题的来由

船舶与海洋平台等海洋结构物在波浪载荷的作用下会产生应力、应变等结构响应。过大的结构响应会对船体结构造成破坏,长期的交变应力会使船舶结构出现疲劳,这是威胁到船舶结构安全的重要因素。为满足航运业的需求,船舶尺度逐渐增大,这将不可避免地导致船体的固有频率落在海浪的频率范围内[1]。实验研究表明,当船体结构的固有频率接近或等于波浪遭遇频率的倍数时,船舶在波浪中运动会产生强烈的波激振动,原来在中小型船舶设计过程中不受关注的波激振动现象会在大尺度船舶中有所体现[2-5]。因此,对于大型船舶,应在设计阶段对其工作状态遭遇的波激振动和对应的结构弹振响应进行分析。波激振动是一种稳定的高频振动,在长时间的振动应力作用下波激振动会加剧船体的疲劳进而影响船舶的使用寿命。

历史上,针对船舶结构响应的研究往往基于刚体假设计算波浪载荷和结构应力,采用单峰谱方法进行结构疲劳分析,这是因为遵循刚体假设方便进行载荷和应力计算以及下一步的结构强度校核。而在实际情况中,由于刚体理论忽略了船体结构的波激振动,无法获得船体结构的真实响应,也无法得到结构的真实应力。而单峰谱方法未能考虑船体波激振动对疲劳的影响,因此依据刚体假设和单峰谱方法计算出的结构响应和疲劳与真实的实船结构响应和疲劳有区别。此时,船舶设计师往往简单选择一个安全系数来为船舶设计足够大的储备强度,以满足危险海况下结构物保持足够结构强度的实际需求。

进入21世纪以来,大型船舶设计的要求逐渐严格,中国船级社(CCS)的相关指南中明确指出要考虑船舶的水弹性效应[6]。由于船舶外形与内部结构的复杂性,实船的弹振和颤振响应没有理论解析解,一般采用船模试验和数值计算的方法进行分析。船模试验一般基于梁理论将船体简化为一根梁,用梁的结构响应测量值表征船模结构在波浪中运动过程的结构响应。目前较为成熟的水弹性分段船模试验是用一根多向刚度相似的弹性梁代替船体,通过分析弹性梁的波激振动、颤振、应力、应变等结构动力响应预报实船结构的动力响应。水弹性试验中,迎浪工况的二维波试验可以在拖曳水池中完成,但三维波浪和斜浪试验则需要使用多边造波水池和XY航车,试验难度较大。且波浪载荷的非线性使得船模试验结果对实船波浪载荷的预报往往存在偏差,船模内部结构的布置也很难与实船满足几何相似、多向刚度相似等全部相似准则,因此单纯依据船模试验结果进行实船的结构动力响应模拟预报是不完善的。所以结构动力响应的数值分析方法成为模拟、评估船体在环境载荷下的结构动力响应和进行船体强度校核的重要途径,受到国际船舶水动力学领域的重点关注。

2 波激振动与疲劳的实用分析理论

发生波激振动的船舶波浪载荷,一部分是由波浪诱导的载荷,另一部分是由波激振动诱导的载荷,两者组合构成波激振动状态下船舶总的环境载荷。研究波激振动对超大型船舶的影响可以从外部环境和结构特点两个角度展开。从外部环境的角度，超大型船舶的装载、航速、浪向等都会对载荷计算结果和波激振动诱导载荷占比造成影响，迎浪工况垂向弯矩作为主要载荷作用到船体上，会对船舶纵向应力有较大贡献，斜浪工况下水平弯矩和扭转弯矩的弯扭耦合成为超大型船舶的关键载荷。从结构特点的角度，超大型船舶的固有频率为遭遇频率的倍数时易发生波激振动，波激振动载荷不仅会增加船舶结构的结构应力和弹性变形，对于船体这个小阻尼系统，波激振动导致的高频交变应力也会对结构疲劳强度产生影响。

根据上述发生波激振动时船舶波浪载荷构成，可以通过三维水弹性势流理论对危险工况下的船舶波浪载荷和船舶运动进行计算，再将计算出的包含波激振动的波浪载荷作为结构响应计算的输入，分析船体结构在该载荷下典型剖面的应力、应变和疲劳，即可得出考虑弹振的结构响应和疲劳分析。

近年来，模态叠加法的理论有了一定的进展[7-8]，在计算船体结构的弹性变形和波激振动、颤振等结构响应方面计算精度提高，通过将整体模态和局部模态计算的方式使结构的应力、应变等响应计算结果更能反映局部结构的真实响应。实用且准确数值求解船舶波激振动响应和疲劳分析的关键技术有三条：一是获得船舶的各阶模态位移振型、应力振型、主质量等参数作为计算载荷和应力的输入参数；二是结合船体的整体模态和局部模态准确计算结构的应力响应函数；三是在疲劳分析的过程中考虑高频弹振响应。下面对创新数值方法双峰谱疲劳损伤计算方法给以简介。

2.1 弹性船体波激振动载荷计算方法

坐标系的示意图如图 1 所示。

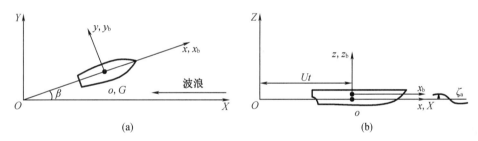

图 1 坐标系的示意图

(1) 固定坐标系 $O\text{-}XYZ$，OXY 坐标面在水平面上，OZ 轴竖直向上；

(2) 平衡坐标系 $o\text{-}xyz$，初始时刻与 $O\text{-}XYZ$ 坐标系重合，该坐标系随船体沿船体航向同速运动，其中 ζ_a 表示波面升高；

(3) 随体坐标系 $G\text{-}x_b y_b z_b$，该坐标系固连于船体重心，随船体运动而改变。

在平衡坐标系中，流场总速度势分解为定常势和扰动势，即

$$\Phi(x,y,z,t) = U\overline{\Phi}(x,y,z) + \Phi_T(x,y,z,t) \tag{2.1}$$

定常势部分为

$$U\overline{\Phi}(x,y,z,t) = -Ux + \Phi_s(x,y,z,t) = -Ux + U\varphi(x,y,z) \tag{2.2}$$

扰动势分解为

$$\Phi_T(x,y,z,t) = \left[\varphi_I(x,y,z) + \varphi_d(x,y,z) + \sum_{r=1}^{m}\varphi_r(x,y,z)\right]e^{i\omega_e t} \tag{2.3}$$

式中，$\varphi_I, \varphi_d, \varphi_r(r=1,\cdots,m)$ 分别为入射势、绕射势、辐射势。

分析扰动势的边界条件可知弹性船体的广义交界面条件为

$$\nabla \Phi \cdot \boldsymbol{n} = [\boldsymbol{u} + (\boldsymbol{W} \cdot \nabla)\boldsymbol{u} - (\boldsymbol{u} \cdot \nabla)\boldsymbol{W}] \cdot \boldsymbol{n} \ (\text{On } S_0) \tag{2.4}$$

$$|\boldsymbol{W} = \nabla(-Ux + \Phi_s)|_{S_0} \tag{2.5}$$

根据线性叠加理论,船体结构弹性变形可以用一系列模态变形叠加获得。

$$\boldsymbol{u}(x_b, y_b, z_b, t) = \sum_{r=1}^{m} \boldsymbol{u}_r(x_b, y_b, z_b) p_{ra} e^{i\omega t}, \quad r = 1, 2, \cdots, m \tag{2.6}$$

式中,ω 为遭遇波浪频率,p_{ra} 为第 r 阶主坐标幅值。

$$\frac{\partial \varphi_r}{\partial n} = [i\omega \boldsymbol{u}_r + (\boldsymbol{W} \cdot \nabla)\boldsymbol{u}_r - (\boldsymbol{u}_r \cdot \nabla)\boldsymbol{W}] \cdot \boldsymbol{n} \tag{2.7}$$

忽略定常兴波势,扰动势的定解条件为

$$\begin{cases} \nabla^2 \varphi_j = 0 \\ -\omega^2 \varphi_j + g \dfrac{\partial}{\partial z}\varphi_j = 0 \quad z = 0 \\ \dfrac{\partial \varphi_j}{\partial n} = \begin{cases} \left[i\omega \boldsymbol{u}_j + \left(-U\dfrac{\partial}{\partial x}\right)\boldsymbol{u}_j\right] \cdot \boldsymbol{n}, & j = 1, 2, \cdots, m \\ -\dfrac{\partial \varphi_0}{\partial n}, & j = m+1 \end{cases} \\ \begin{cases} \dfrac{\partial \varphi_j}{\partial z} = 0, \quad z = -h \\ \nabla \varphi_j = 0, \quad z \to -\infty \end{cases} \\ \lim_{R \to \infty} \sqrt{R}\left(\dfrac{\partial \varphi_j}{\partial R} - ik_0 \varphi_j\right) = 0 \end{cases} \tag{2.8}$$

根据载荷与运动的关系,三维势流水弹性理论的船体波激振动方程如下:

$$[-\omega^2([a]+[A]) + i\omega([b]+[B]) + ([c]+[C])]\{p_a\} = \{F\} \tag{2.9}$$

式中,$[A]$、$[B]$、$[C]$ 依次是流体广义质量、阻尼及刚度,$\{F\}$ 为广义波浪激励力,$[a]$、$[b]$、$[c]$ 依次是广义结构质量、阻尼、刚度矩阵。

可求得广义水动力系数如下:

$$\begin{cases} A_{rk} = \dfrac{\text{Re}(H_{rk})}{\omega^2} \\ B_{rk} = -\dfrac{\text{Im}(H_{rk})}{\omega} \\ C_{rk} = \rho g \iint_{S_0} \boldsymbol{n} \cdot \boldsymbol{u}_r \cdot w_k \mathrm{d}s - \iiint_{V_b} \rho_b \boldsymbol{u}_r \cdot (\boldsymbol{g}_s \times \boldsymbol{\theta}_k) \mathrm{d}V \end{cases} \tag{2.10}$$

式中,$\boldsymbol{g}_s$ 为重力加速度矢量,$\boldsymbol{\theta}_k$ 为 k 阶转角变形。

求解出各阶主坐标之后,通过模态叠加法求解船体剖面的变形、弯矩及剪力如下:

$$\begin{cases} w(x,t) = e^{-i\omega_e t} \sum_{r=0}^{m} p_{ra} w_r(x) \\ M(x,t) = e^{-i\omega_e t} \sum_{r=0}^{m} p_{ra} M_r(x) \\ V(x,t) = e^{-i\omega_e t} \sum_{r=0}^{m} p_{ra} V_r(x) \end{cases} \tag{2.11}$$

2.2 波激振动诱导双峰谱的疲劳损伤计算方法

结构的疲劳损伤是由于交变载荷的作用。在任意载荷作用下的疲劳损伤分析中,物质实际的疲劳抵抗能力通过 $S-N$ 曲线进行体现,累计疲劳损伤可以用 Miner 原则[9]描述为

$$D = \sum_{i=1}^{n} \frac{1}{N(S_i)} \tag{2.12}$$

式中,S_i 为第 i 个应力循环的应力范围。

波激振动及颤振导致的高频交变应力会对结构疲劳强度产生影响。如果能够采用时域方法预报含波激振动、颤振成分的应力,疲劳损伤可以结合雨流计数法,根据线性累积损伤理论计算。但是,雨流计数方法只适用应力时历,如果采用时域方法进行载荷预报及结构应力计算,计算时间长且工作量大。含波激振动应力可以在频域范围进行预报,如果能够利用谱分析计算疲劳损伤,那么就可以避免复杂的时域计算,提高疲劳分析的计算效率。

当我们对结构疲劳进行谱分析时,根据 Miner 原则,由式(2.12)可得

$$D = \sum_{i=1}^{n} \frac{1}{N(S_i)} = \frac{1}{K} \sum_{i=1}^{n} S_i^m \tag{2.13}$$

对应的损伤期望值为

$$\overline{D} = \frac{1}{K} E\left[\sum_{i=1}^{n} S_i^m\right] = \frac{N_0}{K} \overline{S^m} \tag{2.14}$$

$$\overline{S^m} = \frac{1}{N_0} \sum_{i=1}^{n} S_i^m = \int_0^\infty S^m f_s(S) \mathrm{d}S \tag{2.15}$$

式中,$f_s(S)$ 为准静态应力过程的应力范围分布函数;$\overline{S^m}$ 可以视为一个长期静态遍历的应力过程的定常变量。

波浪载荷引起的应力 S 的时域变化是一个窄带过程。对于一个任意的载荷过程,其精确的应力范围分布函数 $f_s(S)$ 通常难以得到。而对于一个窄带高斯应力过程,通常认为其应力幅值符合瑞利(Rayleigh)分布。即 S 的概率密度函数可以描述为

$$f(S) = \frac{S}{4m_0} \mathrm{e}^{\left(-\frac{S^2}{8m_0}\right)} \quad (0 \leqslant S < +\infty) \tag{2.16}$$

基于线性系统假设和随机过程理论可计算应力响应谱为

$$S_\sigma(\omega_e) = |\sigma(\omega_e)|^2 S_W(\omega_e) \tag{2.17}$$

应力响应谱的谱矩为

$$m_n = \int_0^\infty |\sigma(\omega_e)|^n S_W(\omega) \mathrm{d}\omega \tag{2.18}$$

波激振动会导致结构应力响应和波浪诱导的结构应力相耦合。从图2和图3中不难看出波激振动的应力反应谱表现出明显的宽带特征,而且出现了明显分离的双峰谱特性,双峰谱的第一个峰值是由低频波浪载荷分量引起的,第二个峰值是由高频的弹振引起的。这意味着弹振的结构应力响应不再是窄带高斯应力过程,基于单谱峰窄带应力谱分析模型不再适用[10-11]。

对于弹振应力这种宽带的高斯应力过程而言,其谱密度和谱矩函数包含低频和高频两个峰值完全分离的部分:

$$S(\omega_e) = S_L(\omega_e) + S_H(\omega_e) \tag{2.19}$$

$$m_{n,S} = \int_0^\infty \omega_e^n S(\omega_e) \mathrm{d}\omega_e = m_{n,L} + m_{n,H} \tag{2.20}$$

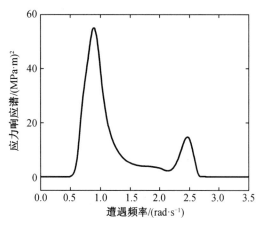

图 2　发生弹振的船舶结构典型应力响应谱

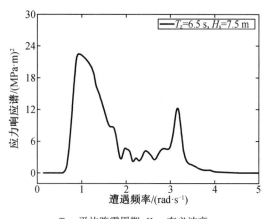

T_z—平均跨零周期；H_s—有义波高。

图 3　发生弹振的船舶典型纵骨应力响应谱

由于双峰是完全分离的,即两部分基本无能量谱的重叠,这里将 ω_0 定义为双峰谱中低频分量和高频分量的临界频率。则可将谱矩算法简化为

$$m_{n,L} = \int_0^{\omega_0} \omega_e^n S(\omega_e) \, d\omega_e$$

$$m_{n,H} = \int_{\omega_0}^{\infty} \omega_e^n S(\omega_e) \, d\omega_e \tag{2.21}$$

为了分析双峰谱中不同的疲劳损伤成分,将应力反应谱分为低频分量和高频分量,分别用不同的统计特征进行描述为

$$\alpha = \frac{\sqrt{m_{0L}}}{\sqrt{m_{0H}} + \sqrt{m_{0L}}} \tag{2.22}$$

$$\zeta = \frac{\sqrt{m_{2L} m_{0L}}}{\sqrt{m_{2H} m_H}} \tag{2.23}$$

$$\varepsilon_L = \sqrt{1 - \frac{m_{2L}^2}{m_{0L} m_{4L}}} \tag{2.24}$$

式中, m_L 和 m_H 分别表示低频分量和高频分量的统计特征; α、ζ、ε_L 为双峰谱计算参数。

选用双线性 S-N 曲线进行计算:

$$\begin{cases} NS^m = C_0 & S > S_Q \\ NS^{m+\Delta m} = K & S \leqslant S_Q \end{cases} \tag{2.25}$$

式中, N 为恒定应力幅值 S 作用下发生疲劳损坏的循环次数; C、K、m 和 Δm 为与结构材料相关的常数; S_Q 为两直线交点处的应力水平。

根据考虑弹振的双峰谱疲劳损伤分析法,计算波激振动导致的弹振疲劳损伤:

$$D_T = D_1 + \frac{1}{\zeta(\sqrt{1-\alpha^2})^{m-1}} \sqrt{(1-\alpha^2) + \alpha^2 \varepsilon_l^2} \times$$

$$\left[(1-\alpha^2)^{\frac{m}{2}+1} (1-\alpha^2 - \alpha\sqrt{1-\alpha^2}) + \alpha\sqrt{\pi(1-\alpha^2)} \frac{m\Gamma\left(\frac{m+1}{2}\right)}{\Gamma\left(\frac{m+1}{2}\right)} \right] D_H \tag{2.26}$$

式中, D_1 和 D_H 分别是由公式给出的低频和高频波分量的贡献。

分析计算双线性 S-N 曲线的斜率变化的系数 μ_{ijk}：

$$\mu_{ijk}=1-\frac{\Gamma_0\left[1+\frac{m}{2}\cdot\left(\frac{S_Q}{2\sqrt{2}\sigma_{ijk}}\right)^2\right]-\left(\frac{S_Q}{2\sqrt{2}\sigma_{ijk}}\right)^{-\Delta m}\Gamma_0\left[1+\frac{m+\Delta m}{2}\cdot\left(\frac{S_Q}{2\sqrt{2}\sigma_{ijk}}\right)^2\right]}{\Gamma\left(1+\frac{m+\Delta m}{2}\right)} \quad (2.27)$$

根据短期疲劳损伤的结果可以计算长期疲劳损伤：

$$D=\frac{T}{C_0}(2\sqrt{2})^m\Gamma\left(1+\frac{m}{2}\right)\sum_{i=1}^{n_i}\sum_{j=1}^{n_j}\sum_{k=1}^{n_k}\left[\mu_{ijk}p_ip_jp_kf_{0ijk}(\sigma_{ijk})^m\right] \quad (2.28)$$

式中，T 为计算疲劳寿命；n_i、n_j、n_k 为装载工况、海况、浪向总数；p_i、p_j、p_k 分别为装载工况、海况、浪向概率。

考虑波激振动的疲劳损伤分析流程如图 4 所示。

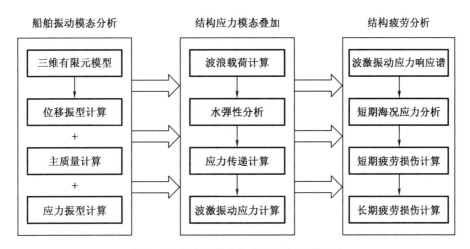

图 4　考虑波激振动的疲劳损伤分析流程

2.3　典型的波激振动响应计算和考虑波激振动的疲劳分析

基于上述波激振动响应计算方法和考虑波激振动的疲劳分析方法对 55 万吨矿砂船进行船模水池试验、载荷成分分析、结构的波激振动响应计算和长期疲劳损伤分析[12]。通过船模水池试验验证三维势流水弹性方法对矿砂船主要载荷垂向弯矩的计算结果如图 5 所示。

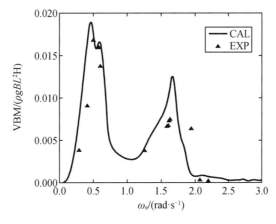

图 5　矿砂船迎浪 15 kn 全频率船舯垂向弯矩 RAO 比较

对于像 55 万吨矿砂船这种超大型的船舶,波激振动对载荷和应力的贡献是不能忽略的,在进行载荷和应力预报以及疲劳分析的过程中必须要考虑船舶的波激振动。在考虑波激振动的前提下,对 55 万吨矿砂船北大西洋海况下航行时的典型环境载荷进行预报分析如图 6 和图 7 所示。

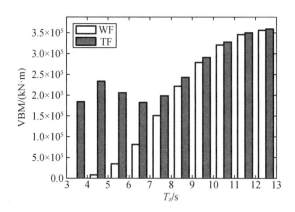

图 6　55 万吨矿砂船北大西洋海况 H_s = 0.5 m 时不同跨零周期下船舯垂向弯矩成分

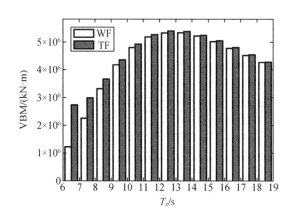

图 7　55 万吨矿砂船北大西洋海况 H_s = 7.5 m 时不同跨零周期下船舯垂向弯矩成分

从超大型矿砂船的船舯垂向弯矩计算结果可以看出,对于跨零周期小于 8.5 s 的波浪,矿砂船受到的考虑波激振动的垂向弯矩(TF)的有义值明显大于波浪诱导的垂向弯矩(WF)。此时波激振动造成的垂向弯矩载荷和响应都是主要成分,需要进行考虑和计算。

考虑波激振动的疲劳损伤与波浪诱导的疲劳损伤对比如下。

表 1　55 万吨矿砂船主甲板典型加强筋的疲劳损伤

	考虑波激振动(TF)	波浪诱导(WF)	比值
25 年期疲劳损伤	0.826	0.609	1.36

3　关于波激振动与疲劳的基本结论

超大型船舶的波激振动载荷和弹振响应的计算可以采用三维势流水弹性理论和模态叠加法完成,当船体固有频率落入波浪频率范围时,船体运动时的波激振动效应明显,此时刚体方法计算波浪载荷不再适用,水弹性方法可以更充分地考虑波激振动效应,对船体弹振响应的计算可以通过模态叠加法完成。

考虑波激振动的疲劳分析问题可以通过双峰谱分析的方法解决,当平均跨零周期较小时,船体固有频率容易落入波浪频率。对于波激振动现象明显的船舶疲劳分析,同时域的雨流计数法对比,单峰谱模型计算效果较差,双峰谱模型分析结果效果更好,对波激振动的考虑也更全面。

对于超大型的散货船、集装箱船等波激振动明显的船型,该方法可以有效计算高频波激振动载荷成分及对应的结构响应,并进行考虑波激振动作用下的结构疲劳分析。通过计算不同海况下的短期疲劳损伤,再按照装载、浪向、海况概率将短期损伤加权即可得到长期损伤。

4 结构动力响应需要研究的实际问题

4.1 对水平弯矩和扭转弯矩的响应分析

目前,针对载荷贡献最大的垂向弯矩进行的波激振动和颤振响应分析较多,而针对水平弯矩和扭转弯矩及不同载荷耦合情况的结构响应分析较少,但是在斜浪工况下,船体会受到水平弯矩和扭转弯矩的耦合作用,集装箱船的大开口等特殊结构形式还会引发水平振动或水平与扭转的耦合振动。因此,对于超大型船舶,针对水平弯矩和扭转弯矩的结构动力响应分析是必要的。

4.2 对全船详细模型的结构动力响应分析

目前,由于计算机的计算能力限制,对于全船详细模型进行动力响应分析是个难题,因此在计算模型建立时有必要采用一定的简化处理。一般是简化模型或简化载荷,在分析整船的波激振动响应时可将船体简化为一维或三维梁模型,在分析局部结构的动力响应时,将局部结构所受载荷的形式简化为等价的矩形、三角形、半正弦波形等。除了简化思路以外,可以进一步研究采用模态叠加法对整船详细模型的结构动力响应分析理论,为结构强度校核服务。

参考文献

[1] 汪雪良,顾学康,胡嘉骏. 船舶波激振动研究进展[J]. 船舶力学,2013,17(7):830-844.

[2] HU J, WU Y, TIAN C, et al. Hydroelastic analysis and model tests on the structural responses and fatigue behaviours of an ultra-large ore carrier in waves[J]. Proceedings of the Institution of Mechanical Engineers, Part M: Journal of Engineering for the Maritime Environment,2012,226(2):135-155.

[3] DRUMMEN I, WU M, MOAN T. Experimental and numerical study of containership responses in severe head seas[J]. Marine Structures,2009,22(2):172-193.

[4] REN H, ZHANG K, LI H. Research of springing and whipping influence on ultra-large containerships' fatigue analysis[J]. Journal of Shanghai Jiaotong University (Science),2018,23(3):429-437.

[5] LEE Y, WHITE N, WANG Z H, et al. Comparison of springing and whipping responses of model tests with predicted nonlinear hydroelastic analyses[J]. International Journal of Offshore and Polar Engineering,2012, 22(3): 1-8.

[6] 中国船级社. 船体结构疲劳强度指南[S]. 北京:人民交通出版社,2018.

[7] 任慧龙,于鹏垚,李辉,等. 船体三维变形响应的数值预报[J]. 哈尔滨工程大学学报,2015,36(1):134-138.

[8] 焦甲龙,卿川东,任慧龙,等. 基于FEM-BEM法考虑弹振效应的超大型船舶结构疲劳损伤分析

[J]. 中国造船,2019,60(2):117-130.

[9] MINER M A. Cumulative damage in fatigue,[J]. Journal of Applied. Mechanics.,1945,12(3):159-164.

[10] JIAO G, MOAN T. Probabilistic analysis of fatigue due to Gaussian load processes[J]. Probabilistic Engineering Mechanics,1990,5(2):76-83

[11] 王迪. 弹振与颤振响应对超大型集装箱船的疲劳强度影响研究[D]. 哈尔滨:哈尔滨工程大学,2017.

[12] LI H, WANG D, ZHOU C, et al. Springing responses analysis and segmented model test on a 550,000 dead weight tonnage ore carrier[J]. Journal of Offshore Mechanics and Arctic Engineering, 2018, 140(4):041301.

船舶运动响应回归分析

徐 敏

(中国船级社上海规范研究所)

1 船舶运动响应的实用计算理论

1896年,克雷洛夫首次提出了船舶在波浪中摇荡运动和船体弯矩与剪力的动力计算方法,并发表于其"船舶在波浪上的纵摇新理论及由此运动而产生的应力"和"航行中船体所受的应力"两篇论文上。但船舶波浪载荷的计算真正获得突破性进展却是在20世纪50年代末船舶切片理论建立之后。1955年,Korvin-Kroukovsky[1]借用空气动力学中的细长体概念,提出了处理船舶摇荡问题的切片理论。该理论经Korvin-Kroukovsky和Jacobs[2]加以改进,形成了所谓的普通切片法(OSM)。随后,又有许多学者对切片法赖以建立的理论基础进一步合理化和严密化,并将最初迎浪纵向运动的计算推广到斜浪中五个自由度运动的计算,由此产生了一批形式上类似的计算方法[3-7]。对于常规的排水式船舶,切片理论能很好地估算波浪主干扰力、静恢复力及惯性力,而这些力在相当大的频率范围内支配着船舶运动和波浪载荷的大小。由于线性切片理论一般能给出较为准确的船舶运动与波浪载荷预报,并且易于实现数值计算,因此得到广泛应用。在相对较低的遭遇频率及弗劳德数的情况下,线性切片理论的计算结果与实际情况也会有一定程度的偏差。尽管如此,1994年,国际拖曳水池会议(ITTC)认为,切片理论提供了传输方程的一种简单的表示形式,并仍将在实践中广泛应用。

由于针对经典的切片理论预报高速船的运动响应效果欠佳,高速细长体理论(二维半方法)应运而生。在高速细长体理论中,流场速度势的控制方程和物面条件仍然是二维的,而自由表面条件则采用三维形式。该理论假定船舶航速较高时,船首处的非定常扰动势为零,水波只向后传播。对于航速不太高的肥大船型,这一假设是不能成立的,故高速细长体理论仅适合高航速下船舶耐波性的预报。

目前,求解三维水动力的边界元方法主要有两类,一类是格林函数法,另一类是Rankine源方法[8]。格林函数法采用在船体表面布置源的方法来确定速度势。点源速度势——格林函数满足除船体表面以外的所有边界条件,而流场速度势可以由格林函数沿船体湿表面的积分得到。利用这一方法处理无航速船舶及海洋工程结构物的运动和载荷问题十分成功;对于有航速问题,由于有航速频域格林函数计算的复杂性和积分方程中水线积分项很难精确处理,增加了求解问题的难度。为此,许多人引入了低航速假定,利用无航速格林函数加上关于航速的修正项来处理此问题。

迄今,三维线性理论已发展成熟,国际上各大船级社几乎都有三维频域线性船舶运动和载荷的预报程序。随着大容量计算机的出现,三维非线性理论也得到了迅速发展并开始应用于实际。中国船级社开发了一个多模块的水动力计算程序CCS-COMPASS-WALCS,用于预报船舶在各种海况下的船体运动和波浪载荷。其中,三维线性波浪载荷直接计算软件(COMPASS-WALCS-BASIC)基于三维线性频域势流理论,主要通过分布源方法计算浮体在波浪中的运动及载荷分布;三维非线性波浪载荷直接计算软件(COMPASS-WALCS-NL)基于三维非线性时域势流理论;三维线性水弹性分析软件(COMPASS-WALCS-LE)基于三维线性水弹性理论;三维水弹性力学分析软件(COMPASS-THAFTS)基于模态叠加法,分为频域模块和时域模块,频域模块基于频域格林函数方法,时域模块基于内外域匹配方法。

随着计算机技术的迅猛发展,计算流体力学(CFD)开始异军突起,受到越来越多的重视。由于CFD方法能够充分考虑流体的黏性作用等非线性因素,因此非常适合处理船舶在黏性流场中大幅度运动响应问题。

2 船舶运动响应回归分析的重要性

在当今的造船业和航运业中,船级社以其专业的船舶技术知识在保障船舶航行安全方面一直起着独特的作用。船级社根据检验业务的需要,会制定一系列相应的技术规范和标准,结构规范是这一系列规范中的核心之一。而作为结构规范的基础,包括船舶运动在内的广义波浪载荷的制定尤其重要,载荷的合理与否,将直接影响结构的诸如屈服、屈曲、疲劳、极限强度等评估的正确性。众所周知,不同船型、不同尺度的船,其水动力计算结果肯定不一样,表现相对离散,且只有在船型和装载情况等都确定的情况下才能得到。而船级社的规范标准不但需要在船舶设计初期仅船舶基本参数等初步确定的情况下就指导设计、控制结构的安全,而且形式一定简洁、实用、可操作,满足工程中应用的要求。为了达到这个目标,并在理论研究和工业设计应用中建立纽带,实现船级社的作用和价值,就必须采用确定性的方法,建立系统的载荷体系,通过将海量的不同船型、不同尺度实船的离散水动力结果进行回归总结,拟合出与各种船舶参数相关的简化公式。这些公式涵盖了船舶运动、加速度、船体梁载荷、压力等。世界上各个船级社都致力于结构规范的研究,并取得了许多成就。进入21世纪,船舶结构问题引发的散货船事故,造成伦敦船舶保险业的亏损;ERICA和PRESTIGE号污染事故也对西欧沿岸国造成了严重的环境损害,油轮污染导致的索赔大幅度增加。基于此,2002年,在国际海事组织(IMO)第89届理事会上,根据巴哈马和希腊的提议,引入了目标型船舶建造标准(GBS)的概念。2003年,IMO在第23届大会上通过了2004年到2010年的6年战略计划,决定IMO将建立目标型新船设计和建造标准,由国际船级社协会(IACS)实施。经过数年的努力,GBS确定了五个层次的框架体系。对于如何制定GBS,是基于传统的确定性方法还是基于更为科学的方法(如基于风险的方法),一直存在争议。在海上安全委员会(MSC)第82届会议上,明确了GBS将采用确定性/描述性方法和基于风险方法的两条路线平行发展的方针。其中,采用确定性/描述性方法的GBS体系主要针对150 m及以上的油船和散货船。经过前期IACS的工作,2005年12月召开的国际船级社协会大会拟定船舶结构共同规范(CSR),于2006年4月1日正式生效。CSR新规范是IACS成立以来,第一次系统地制定的单一类型船舶规范,避免了过去在统一要求、统一解释、推荐性须知制定中的不全面性,使得IACS的共同规范更加贴近设计与建造现场以及船东的使用目标。

3 国际船级社协会船舶运动响应回归分析的研究

3.1 关于CSR规范的船舶运动响应回归分析

在CSR规范制定后,国际船级社协会船舶运动响应回归分析工作主要集中在散货船、油船的CSR规范维护和更新。为了将散货船CSR-BC和油船CSR-OT两部分的载荷进行协调统一,IACS成立了一个各船级社成员参加的载荷研究小组。研究小组基于等效设计波原理,针对结构评估(包括结构强度和疲劳评估)所需的各类载荷成分,根据对典型散货船及油船的系列直接计算分析,最终形成完善的规范设计公式。对直接计算或相关载荷定义的基础,采用了如下假设:

(1)采用北大西洋波浪统计资料(IACS Rec.34);

(2) Pierson-Moskowitz 波浪谱;
(3) 波能扩散函数为 $\cos^2$;
(4) 以 30°为浪向划分区间;
(5) 设计寿命为 25 年(强度评估超越概率水平为 10^{-8},疲劳评估超越概率水平为 10^{-2});
(6) 强度评估航速为 5 kn,疲劳评估航速为 75%设计航速。

强度评估载荷中考虑了波浪载荷的非线性修正。基于等效设计波法的载荷计算流程如图 1 所示。

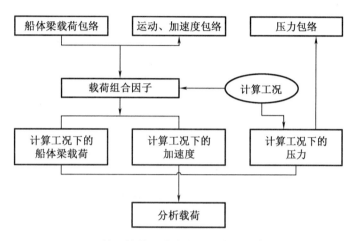

图 1 基于等效设计波方法的载荷计算流程

其中,船舶重心处运动、加速度包络,如横摇、纵摇的简化公式,由纵荡、纵摇引起的纵向加速度,由横荡、横摇引起的横向加速度,由垂荡、横摇、纵摇引起的垂向加速度,它们的简化公式来自国际船级社协会波浪载荷会议(AHG_WD-SL)的成果,被 CSR-BC 和 CSR-OT 所引用。关于横摇运动、横摇加速度、纵荡加速度、横荡加速度和垂荡加速度,CSR-H 采用了与 CSR-BC 和 CSR-OT 一致的公式。为了更准确地考虑航速的影响,CSR-H 在 CSR-BC 和 CSR-OT 基础上对纵摇运动、纵摇加速度的公式做了修正。

对横摇周期 T_θ,简化公式假定附加惯性矩是在船体本身惯性矩的 30%的条件下得到,如此有

$$T_\theta = 2\pi \sqrt{\frac{k_r^2 \Delta + A_r}{gGM\Delta}} = 2\pi \sqrt{\frac{k_r^2 \Delta + 0.3 k_r^2 \Delta}{gGM\Delta}} = 2\pi \sqrt{1.3} \frac{k_r}{\sqrt{gGM}} = 2.3\pi \frac{k_r}{\sqrt{gGM}} \tag{3.1}$$

横摇角考虑了船宽 B、横摇周期、舭龙骨 k_r、质量分布和初稳心高 GM 的影响。其中,A_r 是横摇附加惯性矩;Δ 是排水量;g 是重力加速度。横摇周期和波浪散布图平均周期之间的关系会对横摇角产生影响,因此横摇角和横摇加速度公式考虑了横摇周期的影响[9],见式(3.2)和式(3.3):

$$\theta = \frac{9000(1.25 - 0.025 T_\theta) f_p f_{BK}}{(B+75)\pi} \tag{3.2}$$

$$a_{\text{roll}} = f_p \theta \frac{\pi}{180} \left(\frac{2\pi}{T_\theta}\right)^2 \tag{3.3}$$

式中,f_p 为系数,对于强度和疲劳评估取不同的值;f_{BK} 为舭龙骨系数。

强度分析采用的纵摇运动、加速度简化公式对应 5 kn 的航速。相应的弗劳德数 $Fr = \frac{2.57}{\sqrt{gL}}$。纵摇周期是纵摇 RAO 的峰值对应的周期,且航速的影响可忽略。纵摇谐摇波长即为船舯垂向弯矩最大时对应的波长,考虑 5 kn 航速的影响。纵摇角也考虑了船长 L 的影响,纵摇加速度考虑了纵摇角、纵摇周期的影响。纵摇角和纵摇角加速度见式(3.4)和式(3.5):

$$\varphi = 1\,350 f_p L^{-0.94}\{1+(Fr)^{1.2}\} \tag{3.4}$$

$$a_{\text{pitch}} = f_p(1.2Fr+1.0)\varphi\frac{\pi}{180}\left(\frac{2\pi}{T_\varphi}\right)^2 \tag{3.5}$$

在纵摇角加速度公式中，$\varphi\dfrac{\pi}{180}\left(\dfrac{2\pi}{T_\varphi}\right)^2$ 部分已经包含了纵摇角参数，这意味着已经包括了航速的影响。但航速对纵摇角和纵摇加速度的影响并不一致，所以在 $\varphi\dfrac{\pi}{180}\left(\dfrac{2\pi}{T_\varphi}\right)^2$ 基础上增加了 $(1.2Fr+1.0)$ 系数。

纵荡、横荡、垂荡三个自由度的加速度公式采用了与参数 a_0 成简单比例关系的形式，纵荡加速度为式(3.6)，纵荡加速度为式(3.7)，纵荡加速度为式(3.8)，即

$$a_{\text{surge}} = 0.2 f_p a_0 g \tag{3.6}$$

$$a_{\text{sway}} = 0.3 f_p a_0 g \tag{3.7}$$

$$a_{\text{heave}} = f_p a_0 g \tag{3.8}$$

式中，a_0 为加速度参数，$a_0=(1.58-0.47C_B)\left(\dfrac{2.4}{\sqrt{L}}+\dfrac{34}{L}-\dfrac{600}{L^2}\right)$，$C_B$ 为方形系数。

用于疲劳评估的运动、加速度通过强度评估的运动、加速度与系数的乘积得到，f_p 为用于疲劳评估的载荷与强度评估的载荷之比，考虑了从强度评估到疲劳评估不同的概率水平(由 10^{-8} 变为 10^{-2})、不同的航速(从 5 kn 到 75% 设计航速)的变化，见式(3.9)。

$$f_p = \frac{\text{长期预报值}(10^{-2}\,\text{概率水平}, V=3/4 V_{\text{design}})}{\text{长期预报值}(10^{-8}\,\text{概率水平}, V=5\,\text{kn})} \tag{3.9}$$

运动加速度梁载荷的 f_p 计算公式基于大量的实船计算拟合得到，拟合公式中包括了船长、船宽和吃水等尺度参数。

在得到船舶重心处运动、加速度的包络后，根据不同等效设计波载荷工况的载荷组合因子，任意位置处加速度是船体重心位置处六个自由度加速度的合成。加速度是关于固定于船体的坐标系定义的，它们包含由横摇角和纵摇角引起的重力加速度分量。纵向加速度公式为式(3.10)，横向加速度公式为式(3.11)，垂向加速度公式为式(3.12)。

$$a_X = -C_{XG} g\sin\varphi + C_{XS} a_{\text{surge}} + C_{XP} a_{\text{pitch}}(z-R) \tag{3.10}$$

$$a_Y = C_{YG} g\sin\theta + C_{YS} a_{\text{sway}} - C_{YR} a_{\text{roll}}(z-R) \tag{3.11}$$

$$a_Z = C_{ZH} a_{\text{heave}} + C_{ZR} a_{\text{roll}} y - C_{ZP} a_{\text{pitch}}(x-0.45L) \tag{3.12}$$

3.2 关于非 CSR 船舶规范的船舶运动响应回归分析

除 IACS 层面统一的 CSR 船舶运动响应回归分析之外，各大船级社也在开展非 CSR 船舶的运动响应回归分析。例如，2016 年挪威船级社(DNV)推出了通用型船舶规范。在该规范中，DNV 以 CSR 简化公式为基础，对重心处的横摇角、纵摇角、纵荡加速度、横荡加速度、垂荡加速度、纵摇加速度简化公式进行了修正。2019 年法国船级社(BV)推出了钢制海船结构暂行规范。在该规范中，除横摇角和横摇加速度沿用 CSR 简化公式外，BV 回归构造了新的重心处运动、加速度简化公式。

4 中国船级社船舶运动响应回归分析的研究

中国船级社作为 IACS 排名前五的国际主要船级社，一向以技术立社，近年来也在深入开展船舶运动

响应回归分析的研究。例如,围绕 AHG_WD-SL 制定的船舶重心处运动和加速度公式能否适用于集装箱船规范中的强度和疲劳评估这一关键问题开展了研究。通过对船长范围从约 150 m 至约 400 m 的 15 型集装箱船实船的水动力数值计算结果和 AHG_WD-SL 公式计算结果对比分析,发现由于集装箱船具有不同于油船和散货船的船型特征,AHG_WD-SL 给出的船舶运动和加速度公式计算结果与水动力数值计算结果之间差别较大,大部分公式不能直接应用于集装箱船的强度和疲劳评估。在此基础上,中国船级社对不适用的公式采用回归分析技术进行了修正,得到了与数值解吻合度较好的新公式。新公式合理、实用,对于提高集装箱船结构设计水平具有一定指导意义。

4.1 重心处运动加速度数值计算采用方法

数值计算基于三维频域线性势流理论并考虑非线性修正。在对船舶进行数值计算时假设船舶在微幅波中以一定的航速和航向行驶,为了描述波浪、船舶运动,定义了如下右旋坐标系 O-XYZ:

(1) 原点 O:位于对称纵剖面、船长 L 尾端与基线的相交处;
(2) X 轴:纵向轴,向前为正;
(3) Y 轴:横向轴,向左为正;
(4) Z 轴:垂向轴,向上为正。

船舶在波浪中的摇荡运动属于刚体 6 自由度运动。由于船-波浪系统的阻尼效应,经过一段足够长的时间后,运动响应将趋于稳定的周期性变化状态,即所谓的"稳态"运动。在稳定状态下,船舶位移向量 $\{\eta(t)\}$ 将作为以遭遇频率 ω 为变化频率的简谐量。

$$\{\eta(t)\} = \{\eta\} e^{i\omega t} = (\eta_1 \quad \eta_2 \quad \eta_3 \quad \eta_4 \quad \eta_5 \quad \eta_6)^T e^{i\omega t} \tag{4.1}$$

式中,$\eta_j (j=1,2,\cdots,6)$ 为复数振幅,依次指纵荡、横荡、垂荡、横摇、纵摇、艏摇。

根据刚体动力学原理,可以导出船舶在波浪中的运动方程的矩阵形式为

$$[M]\{\ddot{\eta}(t)\} = \{F(t)\} = \{F\} e^{i\omega t} \tag{4.2}$$

式中,$[M]$ 为刚体的质量矩阵;$\{F(t)\}$ 为外力列向量,可按照势流理论进行计算,在此不多述。

根据集装箱船的典型装载特点,在装载手册中选取达到或接近结构吃水的满载工况和正常压载工况作为数值计算的计算工况。由于国际海事组织尚未正式发布集装箱船的目标型建造标准,为了使数值计算与 AHG_WD-SL 公式制定保持相同的波浪环境和船舶寿命,确定集装箱船的航行波浪环境为北大西洋海况,设计使用年限为 25 年。强度评估时,假定在极限波浪载荷条件下,船舶航速为 5 kn,采用 10^{-8} 超越概率水平。疲劳评估时,船舶航速为 75% 最大服务航速,采用 10^{-2} 超越概率水平。经过水动力数值计算,并进行波浪谱分析和长期预报,可以得到船舶重心处各运动和加速度分量的极限值,即运动和加速度的长期预报值。本文在进行数值计算时,考虑特定的横摇阻尼,并基于如下假定:

(1) 浪向角为 0°~360°,浪向间隔为 15°;
(2) 波浪频率为 0.2~1.5 rad/s,频率间隔为 0.05 rad/s;
(3) 谱分析采用 IACS Rec.34 北大西洋波浪散布图。

4.2 典型实船计算

选取 15 型典型集装箱船,采用中国船级社 COMPASS-WALCS 软件来进行水动力数值计算,以得到样本船重心处运动和加速度的数值解。表 1 列出了这些船的基本参数。

表 1 样本船基本参数

船名	规范船长 L/m	船宽 B/m	型深 D/m	方形系数 C_B	结构吃水 T_{SC}/m	满载吃水 T_{full}/m	压载吃水 T_{ball}/m
C1	163	28.40	14.50	0.71	9.80	9.30	5.80
C2	167	32.20	16.80	0.70	10.00	9.80	6.10
C3	250	32.20	19.30	0.67	13.00	12.80	7.40
C4	240	37.30	19.60	0.70	14.00	13.50	6.70
C5	265	40.30	24.10	0.62	14.00	13.90	8.30
C6	316	42.80	24.80	0.64	14.70	14.60	8.60
C7	280	48.20	24.80	0.72	14.50	14.30	7.30
C8	315	48.60	27.20	0.68	15.00	45.00	8.50
C9	345	48.20	30.20	0.70	16.00	16.00	8.60
C10	370	56.40	30.20	0.64	16.00	16.00	9.10
C11	377	58.60	30.50	0.65	16.00	16.00	7.60
C12	378	58.60	30.70	0.68	16.00	15.80	8.30
C13	377	58.60	30.50	0.69	16.00	15.70	7.90
C14	380	58.60	33.50	0.71	16.00	16.00	8.70
C15	388	61.30	33.50	0.73	16.00	16.00	7.70

通过 15 型样本船的水动力计算,预报得到了满载和压载工况 10^{-8} 和 10^{-2} 超越概率组合浪向下船舶重心处运动、加速度的长期值。图 2 至图 8 分别给出了强度评估 15 型船满载和压载工况时重心处横摇运动、纵摇运动、纵荡加速度、横荡加速度、垂荡加速度、横摇加速度和纵摇加速度 AHG_WD-SL 公式结果和数值计算结果对比。图 9 至图 15 分别给出了疲劳评估时 15 型船满载和压载工况时重心处横摇运动、纵摇运动、纵荡加速度、横荡加速度、垂荡加速度、横摇加速度和纵摇加速度 AHG_WD-SL 公式结果和数值计算结果对比。

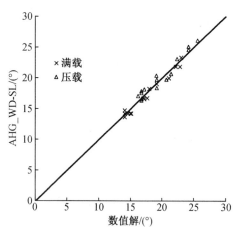

图 2 横摇运动 AHG_WD-SL 公式结果和数值计算结果对比

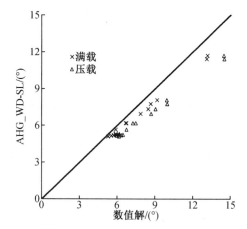

图 3 纵摇运动 AHG_WD-SL 公式结果和数值计算结果对比

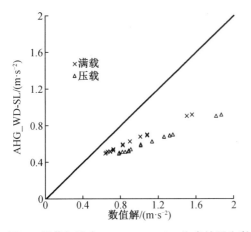

图 4 纵荡加速度 AHG_WD-SL 公式结果和数值计算结果对比

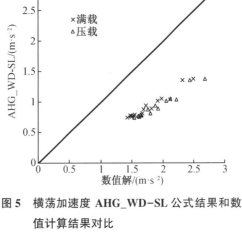

图 5 横荡加速度 AHG_WD-SL 公式结果和数值计算结果对比

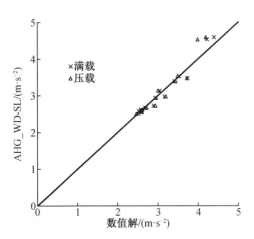

图 6 垂荡加速度 AHG_WD-SL 公式结果和数值计算结果对比

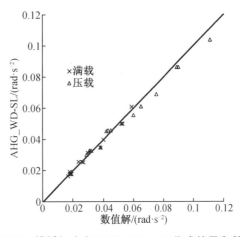

图 7 横摇加速度 AHG_WD-SL 公式结果和数值计算结果对比

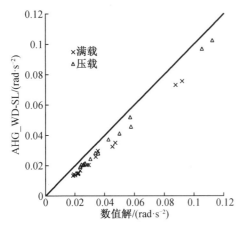

图 8 纵摇加速度 AHG_WD-SL 公式结果和数值计算结果对比

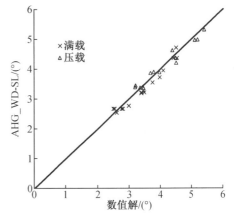

图 9 横摇运动 AHG_WD-SL 公式结果和数值计算结果对比

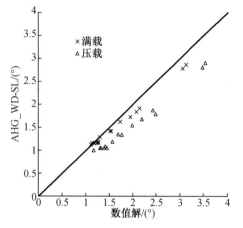

图 10　纵摇运动 AHG_WD-SL 公式结果和数值计算结果对比

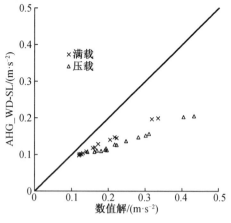

图 11　纵荡加速度 AHG_WD-SL 公式结果和数值计算结果对比

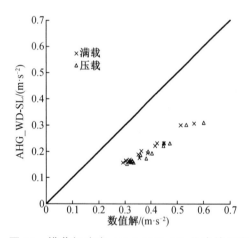

图 12　横荡加速度 AHG_WD-SL 公式结果和数值计算结果对比

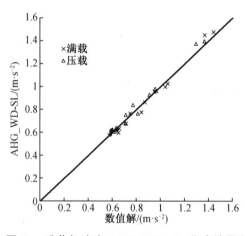

图 13　垂荡加速度 AHG_WD-SL 公式结果和数值计算结果对比

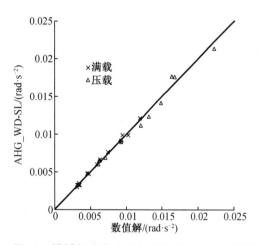

图 14　横摇加速度 AHG_WD-SL 公式结果和数值计算结果对比

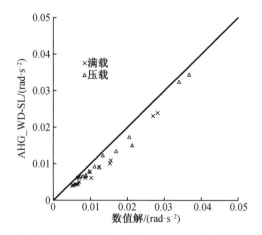

图 15　纵摇加速度 AHG_WD-SL 公式结果和数值计算结果对比

从图 2 至图 15 可以看出，对于集装箱船重心处的运动及加速度，除横摇运动和横摇加速度外，纵摇运动、纵荡加速度、横荡加速度、垂荡加速度和纵摇加速度 AHG_WD-SL 公式结果和数值计算结果的符合性都较差，这些分量的 AHG_WD-SL 公式不能直接适用集装箱船强度评估和疲劳评估中的载荷计算，需要进行修正。

4.3 AHG_WD-SL 公式重新回归与修正

通过对 15 型实船 AHG_WD-SL 公式结果和数值计算结果之间误差的分析，结合疲劳载荷概率系数研究成果[9]，并引入修正因子 f_i，回归成相对简单的经验公式来实现对 AHG_WD-SL 公式的修正。回归时，本文首先构造如式(4.3)的通用数学模型：

$$f_i = a_1 + a_2 (L, B, D, T_{actual}, T_{sc}, C_w, C_B)^j \tag{4.3}$$

式中，f_i 为纵摇角、纵荡加速度、横荡加速度、垂荡加速度和纵摇加速度的修正因子，a_1、a_2、j 为公式待定系数，L 为规范船长，B 为船宽，D 为型深，T_{actual} 为实际工况下的吃水，T_{sc} 为船舶结构吃水，C_w 为水线面系数，C_B 为方形系数。

通过相关性分析和对自变量的反复调整，最终回归出纵摇运动、纵荡加速度、横荡加速度、垂荡加速度和纵摇加速度的新简化公式。将数值解与新公式计算后的结果进行对比，图 16 至图 20 分别给出了强度评估时各分量的对比结果；图 21 至图 25 分别给出了疲劳评估时各分量的对比结果。可见新公式结果和数值计算结果的符合性都较为理想，误差都在 10% 以内。

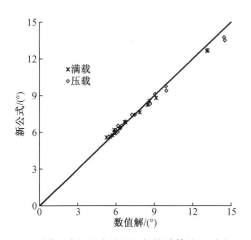

图 16 纵摇运动新公式结果和数值计算结果对比

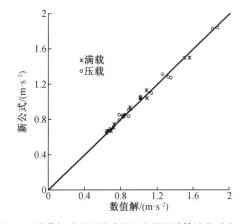

图 17 纵荡加速度新公式结果和数值计算结果对比

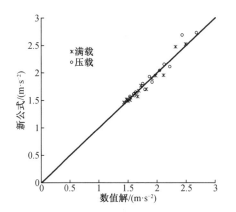

图 18 横荡加速度新公式结果和数值计算结果对比

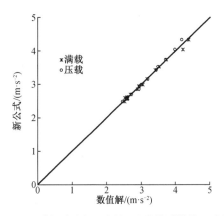

图 19 垂荡加速度新公式结果和数值计算结果对比

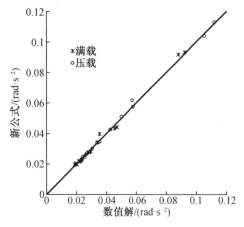

图20 纵摇加速度新公式结果和数值计算结果对比

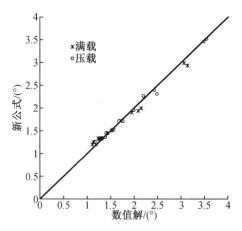

图21 纵摇运动新公式结果和数值计算结果对比

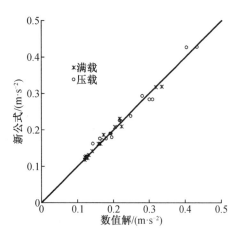

图22 纵荡加速度新公式结果和数值计算结果对比

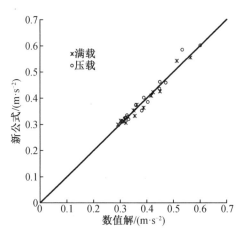

图23 横荡加速度新公式结果和数值计算结果对比

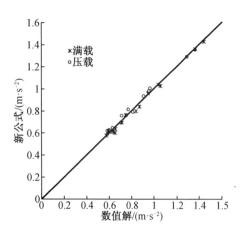

图24 垂荡加速度新公式结果和数值计算结果对比

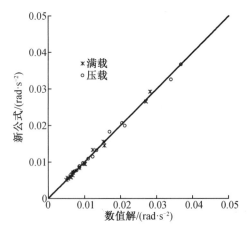

图25 纵摇加速度新公式结果和数值计算结果对比

4.4 研究基本结论

(1)国际船级社协会波浪载荷会议制定的船舶重心处运动和加速度公式对于散货船和油船适用性良好,但对于集装箱船强度评估和疲劳评估来说,除横摇运动及横摇加速度公式外,纵摇运动、纵荡加速度、横荡加速度、垂荡加速度和纵摇加速度公式的适用性都较差。

(2)通过以代表船舶特征的多个基本主参数作为自变量,引入AHG_WD-SL公式中进行回归分析,从而形成新的公式,可以对集装箱船进行运动、加速度的精确模拟,使得强度和疲劳评估所采用的规范公式与数值计算结果高度吻合。

5 船舶运动响应回归需要进一步研究的问题

目前的IACS Rec.34散布图于1992年发布,并在2000年和2001年进行了修订,其中的北大西洋波浪散布图基于2000年以前航行船舶收集的目测观察,并在技术背景中已经明确规避了恶劣气象数据和陡波。在2016年IMO对CSR的GBS审核中虽然总体上认为现有的Rec.34有效、实用且可接受,但也存在一些已知的局限,所以要求IACS对当前的Rec.34更新维护。对此,IACS制订了针对该OB的纠正计划。根据该计划,IACS于2017年成立了Rec.34的更新工作组。工作周期从2017年至2022年共5年。工作任务分为两大阶段(Phase A和Phase B)。Phase A(2017年至2020年8月):选择合适的数据库,制订合适的分析方法论,提出对目前IACS Rec.34的建议;Phase B(2020年8月至2022年12月):进一步验证新IACS Rec.34,并基于该波浪数据及方法,对设计载荷和结构强度的影响进行评估。工作组于2020年8月完成了Phase A的工作,提交了该阶段总结报告和技术报告的报告结果表明:新数据如果考虑规避恶劣天气,相比现有散布图,则屈服强度载荷有所降低;如果不考虑规避恶劣天气,相比现有散布图,则屈服强度载荷有所提高。所以一旦新的散布图生效,则船舶运动响应的基本环境条件将发生变化,需要在此新基础上重新回归简化公式。

参考文献

[1] KORVIN-KROUKOVSKY B V. Investigation of ship motions in regular waves[C]. Trans. SNAME,1955.

[2] KORVIN-KROUKOVSKY B V, JACOBS W R. Pitching and heaving motions of a ship in regular waves[C]. Trans. SNAME,1957.

[3] OGILVIE T F, TUCK E O. A rational strip theory of ship motions[C]. Dtic document, 1969

[4] TASAI F, TAKAGI M. Theory and calculation of ship response in regular waves[C]. Japan Society of Naval Architects, 1969.

[5] GERRISTSMA J,BEUKELMAN W. Analysis of the modified strip theory for the calculation of ship motions and wave bending moments[C]. International Shipbuilding Progress,1967.

[6] SALVENSEN N,TUCK E O,FALTINSEN O. Ship motions and sea loads[C]. Trans. SNAME,1970.

[7] 小林正典. 船舶适航性的理论计算程序[M]. 交通部上海船舶运输科学研究所,译. 上海:交通部上

海船舶运输科学研究所,1973.

[8] NAKOS D E, CLAVOUNOS P D. Ship motions by a three-dimensional rankine panel method[C]. 18th Symp. On Naval Hydrodynamics, 1990.

[9] 徐敏,宋夏,童晓旺.集装箱船等效设计波法中疲劳载荷概率系数的确定[J].船舶工程,2021,43(1):31-33.

第六篇

船舶水动力模型试验技术篇

耐波性模型试验技术

李传庆　李建鹏

(上海船舶运输科学研究所)

1　背景及研究现状

实际航行的船舶,大多是处于风浪中的,仅仅港口、遮蔽海域是近似风平浪静的。为此,随着船舶业节能减排受到越来越多的关注[1],人们越来越关注实际风浪中船舶性能,主要包括波浪中船舶快速性、舒适性、安全性,研究内容为波浪增阻、船舶运动、推进效率、上浪砰击等。

波浪增阻是影响风浪中船舶快速性的主要因素之一,波浪增阻的预报对失速预报具有重要作用,有效地支持了实船航速修正,同时对实船油耗预报也可提供支撑。船舶在实际海浪中的性能也受到人们的重视,低油耗、环保的绿色船舶备受青睐。进行波浪中推进性能的精细研究成为新的需求,期望该研究可以为波浪中船型优化提供支持,以满足对波浪中性能优良船型的需求。在恶劣海况下船舶航行时,波浪与船舶相互作用后可能超过干舷从而涌上甲板,引起甲板上浪。当大量海水涌上甲板后,高速的上浪流体会对甲板上物体产生很高的冲击载荷,严重威胁设备与结构的安全性。

1932 年,第一次国际拖曳水池会议(International Towing Tank Conference,ITTC)在德国汉堡召开。ITTC 基于物理和数值试验结果,旨在:

(1)改进模型试验、数值模拟和实尺度测量的方法;

(2)推荐相应的规程和确认实尺度测量的精度以保证质量;

(3)提供信息互换平台。

ITTC 设 3 个委员会:执行委员会(executive committee,EC);顾问委员会(advisory council,AC);技术委员会(technical committee,TC)。TC 后来改为工作组(working groups,WG),耐波性委员会划分在第三工作组 WG3 中。工作组一共有 4 个,WG1:冰、噪声、CFD 与 EFD 结合;WG2:阻力推进、实船操作、节能方法;WG3:操纵性、耐波性、稳性、波浪中操纵性;WG4:海工、能源再生装置、环境模拟。

Strom 等[2]进行了 60 系列船模增阻实验,方形系数从 0.6~0.8 的五种船型,包括了肥胖型船也包括了瘦削型船。Guo 和 Steen[3]对短波增阻进行了详细的实验研究,由于短波增阻较小并且波浪传播不稳定,所以短波增阻实验很难进行。Park 等[4]针对 KVLCC2 开展了波浪增阻试验不确定分析研究,定量分析了波浪增阻试验的不确定源。Liu 和 Papanikolaou[5]对大量的波浪增阻模型试验结果进行回归分析,给出了波浪增阻半经验公式。

目前,静水中自航试验技术已相当成熟,国际拖曳水池会议(ITTC)给出了自航试验规程[6],并且已经广泛地应用于工程实践中进行船舶快速性预报(即功率航速预报)。但是从公开的文献来看,目前关于波浪中船舶自航因子的研究并不是很多,何惠明[7]进行了规则波中自航试验方法的研究,给出了自航因子频率响应曲线,认为波浪中自航因子与静水中自航因子差别不大,在简化处理时可以认为波浪中自航因子和静水中自航因子相同,这一结论与 Kans[8]的结论相同。实际上,早在 1961 年,Gerritsma 等[9]就研究了规则波和不规则波中阻力、推力、转速以及功率增加问题,发现它们与波高的平方成正比,它们又密切地联系着自航因子,这对研究波浪中自航因子变化规律有一定的参考价值。李传庆等[10]开展了船舶在规则波中自航因子变化规律的模型试验研究,发现波浪的存在使得推力减额比静水中值有所增加,伴流份数、船身效率、敞水效率、推进效率比静水中值有所降低,并且峰值或谷值出现在 λ/L_{pp} 约为 1.2 附近。

ITTC 耐波性推荐规程 7.5-02-07-02.3[11]给出了波浪中特殊试验规程,主要涉及恶劣海况迎浪中大幅运动伴随的现象,例如甲板上浪、砰击、螺旋桨出水等。段文洋等[12]针对 ITTC 国际标准船模 S175,进行了规则波中船舶甲板上浪模型试验研究,测量了波浪参数、船舶运动、上浪高度、上浪冲击压力等时间历程数据,分析了波浪翻卷瞬时砰击压力。Kim 等[13]开展了一艘 18 000 TEU 集装箱船在迎浪规则波中砰击压力和波浪弯矩的试验,艏部外飘处布置了 2 排 3 列压力传感器测量砰击压力,同时也测量船模运动,试验在三星船模水池(400 m×14 m×7 m)进行,船模长约 6.4 m,试验给出了升沉、纵摇的频响曲线、砰击压力以及弯矩的时历曲线。Jiao 和 Ren[14]进行了艏部外飘船型的砰击试验,试验在 605 所高速水动力水池(510 m×6.5 m×4 m)进行,船模长度约为 6 m,试验在几个不规则波中并且在不同航速下进行,文中详细给出了砰击压力的特点,并讨论了砰击压力与运动响应的关系。Kim 等[15]针对一艘 10 000 TEU 集装箱船开展砰击模型试验研究,艏部外飘船体表面布置了 15 个压力传感器来测量砰击压力,同时测量船首 17 站的相对运动。试验进行了不同航速、不同浪向(迎浪、艏斜浪、随浪)下的规则波试验,波长与船长比集中在 1.0 附近,由于船舶尺度较大,所以进行了不同波高(波陡)对比试验,同时也进行了 9 m 有义波高下的不规则试验。试验在韩国船舶海洋研究所拖曳水池(221 m×16 m×7 m)进行,船模长度 5.3 m,试验给出了升沉、纵摇、相对运动时历曲线对比,给出了不同波长船长比下砰击压力最大值的平均值,同时也给出了砰击压力时历曲线以及船体三维表面上砰击压力最大值平均值的分布。

2 船舶运动与波浪增阻试验

2.1 试验目的

进行有航速迎浪规则波试验,试验主要测量波高、波浪增阻(阻力)、波浪中运动等参数,完成以下目的:

(1)船舶在迎浪中运动试验预报;
(2)船舶在迎浪中加速度试验预报;
(3)船舶在迎浪中波浪增阻等预报。

2.2 试验方法

采用适航仪测量船模的运动和阻力,并采用加速度传感器测量艏舯艉加速度。此外,通过对比静水中与规则波中阻力差异,得到波浪增阻,其中迎浪规则波由水池端部造波机实现。试验中测量阻力、纵荡、升沉、纵摇、加速度、波高。

2.3 试验设备

试验水池为上海船舶运输科学研究所深水拖曳水池,水池长 192 m,宽 10 m,水深 4.2 m。采用日本进口的四自由度适航仪 Gel-430-S 及非接触式超声波浪高仪、CG3-11-1/20 超低频加速度传感器。造波机为电液伺服摇板式,最大波高 0.3 m,频率范围 0.25~2.0 Hz。图 1 所示为试验装置简图。

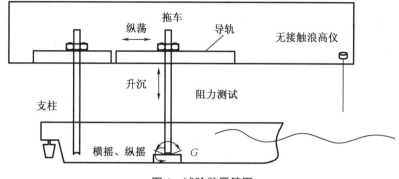

图 1　试验装置简图

2.4　试验内容及结果

试验对象为某集装箱船,船模带舵,船模照片如图 2 所示。船模不仅满足重量的要求,还满足重心和纵向转动惯量的要求。

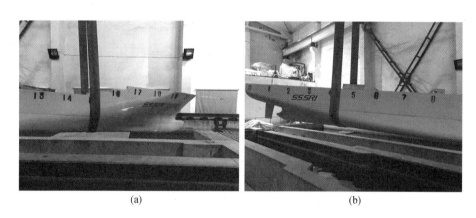

图 2　波浪增阻试验船模照片

试验内容:迎浪规则试验,选取不同的波长(周期)、波高进行试验。

通过测得船舶在波浪中的阻力、纵摇角、首尾升沉、艏舯艉加速度(艏舯艉位置分别为 0#、LCG、19#处),并按照下列方式进行无因次化得各物理量的频率响应曲线。

波浪增阻(阻力增加)响应曲线($\bar{k}_w \sim \lambda/L_{pp}$):

$$\bar{k}_w = \Delta R_w / [4\rho g \zeta_a^2 (B^2/L_{pp})]$$

$$\Delta R_w = R_w - R_0$$

纵摇频率响应曲线($\bar{\theta} \sim \lambda/L_{pp}$):

$$\bar{\theta} = \theta / k\zeta_a$$

垂荡频率响应曲线($\bar{Z} \sim \lambda/L_{pp}$):

$$\bar{Z} = Z/\zeta_a$$

艏部加速度频率响应曲线($\bar{a}_F \sim \lambda/L_{pp}$):

$$\bar{a}_F = a_F \times L_{pp}/\zeta_a$$

舯部加速度频率响应曲线($\bar{a}_M \sim \lambda/L_{pp}$):

$$\overline{a}_M = a_M \times L_{pp}/\zeta_a$$

艉部加速度频率响应曲线($\overline{a}_A \sim \lambda/L_{pp}$):

$$\overline{a}_A = a_A \times L_{pp}/\zeta_a$$

参数说明:R_w 为波浪中阻力;R_0 为静水阻力;ζ_a 为波幅;θ 为纵摇角;k 为波数;Z 为垂荡幅值;a_F,a_M,a_A 为艏、中、尾垂向加速度;

试验结果如下所示:

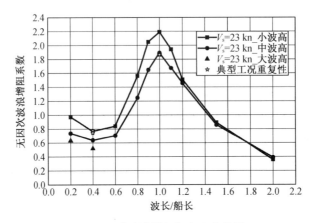

图3 迎浪波浪增阻频率响应曲线

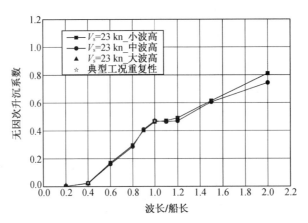

图4 迎浪升沉频率响应曲线

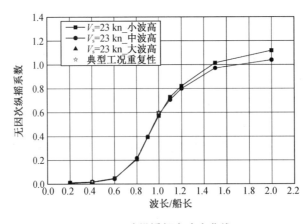

图5 迎浪纵摇频率响应曲线

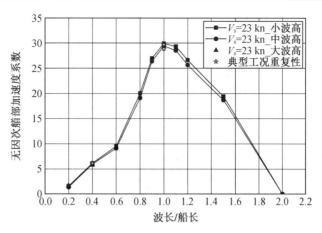

图 6　迎浪艏部加速度频率响应曲线

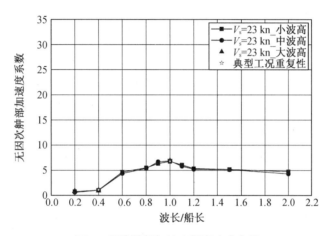

图 7　迎浪舯部加速度频率响应曲线

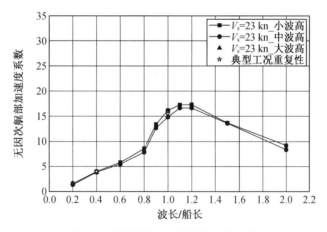

图 8　迎浪尾部加速度频率响应曲线

2.5　小结

进行了迎浪规则波试验,试验结果显示:

(1)波浪增阻以及加速度随着波长船长比增加,先增加后减小,在波长船长比1.0附近出现峰值;升沉和纵摇随着波长船长比增加而增加,并有趋于不在变化的趋势;

(2)不同波高的结果有一定的差异,总体而言在短波和峰值处,波高小时的结果略大,长波情况下比较接近,说明波高有一定的非线性影响。

3 波浪中自航试验[10]

3.1 试验目的

进行迎浪规则波中自航试验,获得规则波中自航因子的变化规律。

3.2 试验方法

在迎浪规则波中,采用半约束船模,船模采用双支点法与适航仪连接,一个支点在船舶重心处,另一个支点在船尾适当处,其中重心处支点具有测量功能,船尾处支点仅仅做支撑导向作用。船模带桨、带舵,通过控制螺旋桨的转速获得不同的推力,即使得螺旋桨对波浪提供3个不同的强制力 Z_1、Z_2、Z_3,螺旋桨控制实现螺旋桨推进船模航行,船模在波浪环境中伴有升沉、纵摇、纵荡等自由运动。

为了尽可能保证试验条件一致,同一波长的阻力和自航试验在同一次造波条件下全部完成后,再进行下一个波长的试验。

规则波中测量总阻力 R_{sw},规则波自航试验测量了转速 n_{sw}、扭矩 Q_{sw}、推力 T_{sw}、强制力 Z_{sw},试验中还测量了一些其他所需要的量。

3.3 试验分析方法

根据测量的数据,采用一定的分析方法来研究自航因子在波浪中的变化规律。

借鉴文献[16]中的分析方法,结合螺旋桨敞水试验结果,进行基于波浪自航试验的推进效率成分的分析,进而可以得到推进效率 QPC,分析步骤如下:

(1)波浪中船后螺旋桨推力系数 $K_{T_{sw}}$:

$$K_{T_{sw}} = T_{sw}/(\rho n_{sw}^2 D_P^4) \tag{3.1}$$

式中,ρ 为水的密度;D_P 为螺旋桨直径。

(2)由 $K_{T_{sw}}$ 在螺旋桨敞水性特征曲线上插值得到进速系数 J、敞水转矩系数 K_{Q_0}、螺旋桨敞水效率 $\eta_{0_{sw}}$。注意此步得到的敞水效率 $\eta_{0_{sw}}$ 用到了波浪中推力,即考虑了波浪中阻力增加。

(3)波浪中船后桨的扭矩系数 $K_{Q_{sw}}$:

$$K_{Q_{sw}} = Q_{sw}/(\rho n_{sw}^2 D_P^5) \tag{3.2}$$

(4)相对旋转效率 $\eta_{R_{sw}}$:

$$\eta_{R_{sw}} = K_{Q_0}/K_{Q_{sw}} \tag{3.3}$$

(5)规则波中相对推力减额系数 t_{sw}:

$$t_{sw} = 1 - (R_{sw} - F_D)/T_{sw} \tag{3.4}$$

式中,F_D 为摩擦阻力修正值;R_{sw} 为规则波中船舶所受总阻力;T_{sw} 为由 F_D 在自航曲线插值出的推力。

(6)规则波中伴流份数 w_{sw}:

$$w_{sw} = 1 - J n_{sw} D_P / V \tag{3.5}$$

(7)规则波中船身效率 $\eta_{H_{sw}}$:

$$\eta_{H_{sw}} = (1 - t_{sw})/(1 - w_{sw}) \tag{3.6}$$

(8)规则波中推进效率 QPC_{sw}:

$$QPC_{sw} = \eta_{0_{sw}} \cdot \eta_{R_{sw}} \cdot \eta_{H_{sw}} \tag{3.7}$$

根据波浪中自航试验和静水中自航试验测得的转速、推力、扭矩,可以得到波浪中转速、推力、扭矩和功率增加:

$$\begin{cases} N_{aw} = N_{sw}(\omega) - N_0 \\ T_{aw} = T_{sw}(\omega) - T_0 \\ Q_{aw} = Q_{sw}(\omega) - Q_0 \\ P_{aw} = 2\pi(n_{sw}Q_{sw} - n_0 Q_0) \end{cases} \quad (3.10)$$

波浪中转速、推力、扭矩和功率增加无因次功系数 $K_{N_{aw}}$、$K_{T_{aw}}$、$K_{Q_{aw}}$、$K_{P_{aw}}$：

$$\begin{cases} K_{N_{aw}} = N_{aw} D^3 V/(4\rho g \zeta_a^2 B/L_{pp}) \\ K_{T_{aw}} = T_{aw}/(4\rho g \zeta_a^2 B/L_{pp}) \\ K_{Q_{aw}} = Q_{aw}/(4\rho g \zeta_a^2 B^2/L_{pp} \cdot D_P) \\ K_{P_{aw}} = P_{aw}/(4\rho g \zeta_a^2 B/L_{pp} \cdot V) \end{cases} \quad (3.11)$$

式中，n_{sw}、T_{sw}、Q_{sw} 分别为规则波自航试验测得的转速、推力和扭矩；n_0、T_0、Q_0 分别为静水自航测得转速、推力和扭矩；D_P 为螺旋桨直径。

3.4 试验工况及试验结果

进行了规则波中阻力试验和规则波中自航试验，规则波波长 λ（周期或频率），选择波长船长比 0.4~1.8，间隔 0.2，每个波长下波高一定；选择 4 个实船航速，V_s 分别为 11.5 kn、13.0 kn、14.5 kn、16.0 kn；对于波浪中自航试验还选择了 3 个强制力 Z_1、Z_2、Z_3。

根据试验结果，并采用上述分析方法，得到波浪中各自航因子。分析和比较中用到的静水自航试验数据、螺旋桨敞水试验数据由之前静水试验提供。为了便于比较，首先给出静水中自航因子分析结果，如表 1 所示。

表 1 静水中自航因子

	航速	V_s = 11.5 kn	V_s = 13.0 kn	V_s = 14.5 kn	V_s = 16.0 kn
自航因子	敞水效率 η_0	0.605	0.605	0.606	0.602
	相对旋转效率 η_R	0.951	0.957	0.964	0.963
	推力减额系数 t	0.145	0.153	0.180	0.186
	伴流分数 w	0.371	0.354	0.345	0.345
	船身效率 η_H	1.359	1.312	1.251	1.243
	推进效率 QPC	0.781 6	0.759 7	0.731 0	0.720 3

下面给出波浪中自航因子的试验分析结果，主要分析各自航因子随着波长船长比的变化规律（图 9 至图 14），即自航因子的频率响应曲线。

由图 9 可以看出：总体上规则波中推力减额较静水中推力减额有所增加；规则波中推力减额随着波长的变化是先增大后减小，在波长船长比为 1.2 附近达到峰值，峰值比静水中增加显著。

图 10 给出了波浪中伴流分数随着波长船长比变化的规律，可以看出：规则波浪中伴流分数较静水中有所减小。

图 11 是波浪中敞水效率频率响应曲线，可以看出：考虑波浪效应的螺旋桨敞水效率较静水中有所减小；随着波长增加敞水效率先减小后增大，在波长船长比为 1.2 附近达到谷值，谷值处减小约 10%。

图 12 为相对旋转效率随着波长船长比的变化曲线，考虑波浪效应的相对旋转效率较静水中差别很小。

图 13、图 14 分别为船身效率、推进效率随着波长船长比的变化曲线，由图可以看出：考虑波浪效应的

船身效率、推进效率较静水中有所减小;随着波长的增加,它们先减小后增加,在波长船长比约为1.2时达到谷值,谷值处比静水减小约40%。

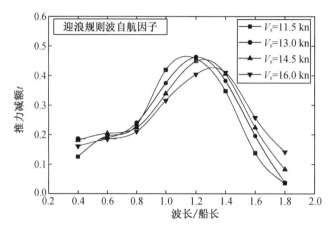

图9 推力减额频率响应曲线

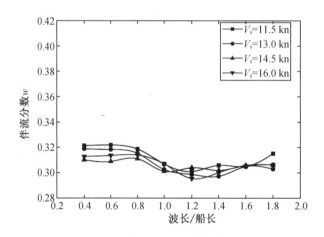

图10 伴流分数频率响应曲线

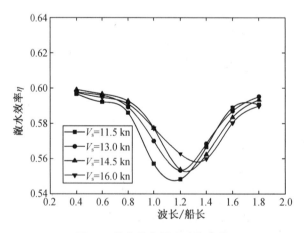

图11 敞水效率频率响应曲线

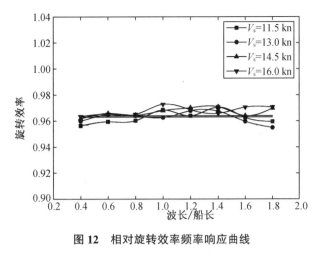

图 12 相对旋转效率频率响应曲线

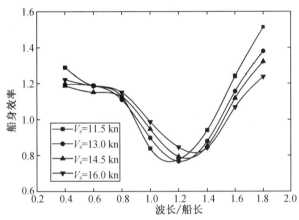

图 13 船身效率频率响应曲线

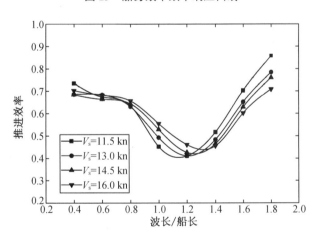

图 14 推进效率频率响应曲线

图 15 至图 19 分别给出了规则波中波浪增阻、转速增加、推力增加、扭矩增加和功率增加的无因次系数。由图可以看出,它们具有相同的变化规律,即随着波长船长比先增大后减小,在波长船长比约为 1.2 时达到峰值,并且推力增加无因次系数与增阻无因次系数几乎相同。

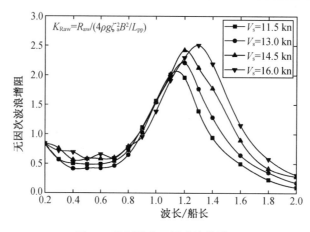

图 15 规则波中无因次波浪增阻

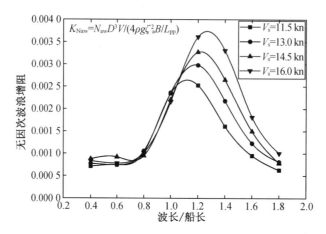

图 16 规则波中无因次转速增加

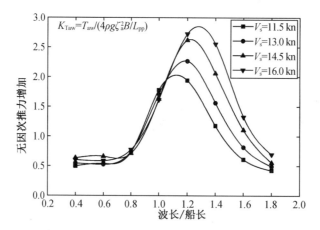

图 17 规则波中无因次推力增加

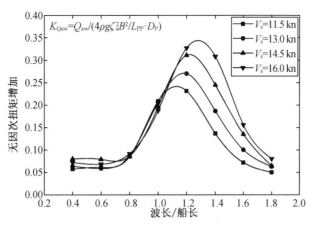

图 18　规则波中无因次扭矩增加

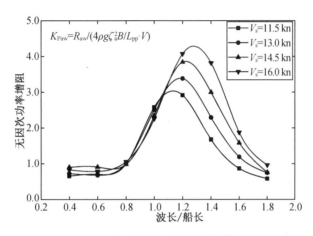

图 19　规则波中无因次功率增加

3.5　小结

研究了规则波中自航因子随波长船长比的变化规律,对该船在波浪中各自航因子的变化规律总结如下:

(1)波浪中推力减额比静水时结果有所增大,其频率响应曲线在波长船长比约为1.2附近达到峰值;

(2)波浪中敞水效率、伴流分数、船身效率、推进效率比静水中有所减小,且在波长船长比约为1.2附近达到谷值;

(3)波浪的存在对相对旋转效率影响不大;

总之,波浪中船舶推进效率比静水中有所降低,对于该船舶来说,规则波中推进效率频率响应曲线在谷值处比静水降低约40%。

(4)此外,规则波中波浪增阻、转速增加、推力增加、扭矩增加和功率增加无因次系数都随着波长船长比先增大后减小,在波长船长比约为1.2达到峰值,且推力增大无因次系数与增阻无因次系数几乎相同。

4　上浪砰击试验

在恶劣海况下船舶航行时,波浪与船舶相互作用后可能超过干舷从而涌上甲板,引起甲板上浪。当大量海水涌上甲板后,高速的上浪流体会对甲板上物体产生很高的冲击载荷,严重威胁设备与结构的安全性。

4.1 试验目的

开展船模上浪砰击模型试验测试研究,主要为迎浪规则波试验,试验主要测量波高、上浪砰击(压力)、波浪中运动等参数。测试内容包括:

(1)对于约束模而言测量船舶绕射波浪力、力矩,对于自由模而言测量船舶垂荡、纵摇、船首加速度等绝对运动;

(2)首部波浪爬高、船舶周围绕射波浪场传递函数;

(3)船体上典型位置水动压力、船首甲板/防浪墙上浪冲击压力、船首甲板上浪水头高度等。

4.2 试验方法

约束模采用刚性机构与船模连接,同时通过甲板上布置压力传感器测量上浪砰击压力,船体表明布置压力传感器测量脉动压力,通过钽丝式浪高仪测量上浪水头高度,通过超声波浪高仪测量波浪场。其中迎浪规则波由水池端部造波机实现。

自由模采用三自由试航仪与船模连接,试航仪可以测量船舶运动,船上布置的加速度传感器测量船舶加速度,同时通过甲板上布置的压力传感器测量上浪砰击压力,船体表明布置的压力传感器测量脉动压力,通过钽丝式浪高仪测量上浪水头高度和船波相对运动,通过超声波浪高仪测量波浪场。其中迎浪规则波由水池端部造波机实现。

4.3 设备仪器布置

为了理论研究的需要,同时为了便于发生上浪现象,特将船模首部进行了切削处理,即降低艏部干舷,对船首上部进行L型切削处理,如图20所示。在切削后艏部甲板布置钽丝式浪高仪、甲板表面布置压力传感器、防浪墙上布置天平以及压力传感器,在艏部各站布置钽丝式浪高仪,在船体表面布置压力传感器,在船侧布置阵列超声波浪高仪。

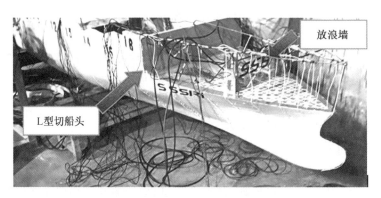

图20 模型及仪器布置整体示意

4.4 试验内容及结果

4.4.1 约束模试验结果

根据甲板上的压力传感器甲板处上浪冲击压力,以23 kn、波长船长比1.1、中波高为例给出时历曲线如图21所示。

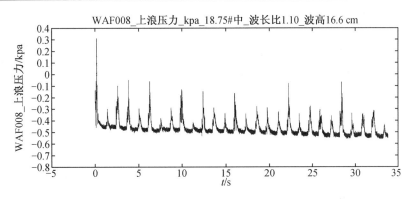

图 21　约束模甲板上浪压力时历曲线(23 kn-1.1-中波高)

根据防浪墙上的压力传感器测量防浪墙处上浪冲击压力,以 23 kn、波长船长比 1.1、中波高为例给出时历曲线如图 22 所示。

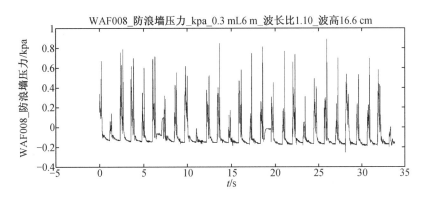

图 22　约束模防浪墙上的压力时历曲线(23 kn-1.1-中波高)

4.4.2　自由模试验结果

根据甲板上的压力传感器甲板处上浪冲击压力,以 23 kn、波长船长比 1.1、中波高为例给出时历曲线如图 23 所示。

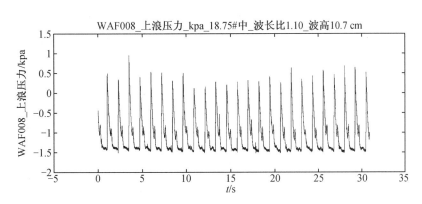

图 23　自由模甲板上浪压力的时历曲线(23 kn-1.1-中波高)

根据防浪墙上的压力传感器测量防浪墙处上浪冲击压力,以 23 kn、波长船长比 1.1、中波高为例给出时历曲线如图 24 所示。

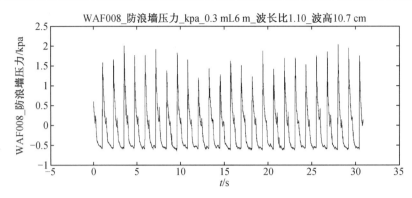

图 24 自由模防浪墙上的压力时历曲线（23 kn-1.1-中波高）

4.5 小结

开展了约束模和自由模上浪砰击模型试验,给出了试验方法、仪器设备等试验简介,以及试验内容和试验结果,通过对比分析,初步总结如下:

(1) 无因次波浪力及力矩在不同波高的结果非常接近,说明在微幅波情况下波高非线性影响很小。

(2) 不同波高下的升沉结果非常接近,说明在微幅波情况下波高非线性对升沉影响很小;不同波高下的纵摇、加速度结果有些差异,说明波高非线性对纵摇、加速度有一定的影响。

(3) 首尾加速度、船波相对运动响应、水动压力传递函数随着波长船长比的增大有先增大后减小的趋势,且波高非线性对它们有一定的影响。

(4) 船身冲击水动压力传递函数、上浪冲击压力、上浪水头高度传递函数随着波长比具有先增加后减小的趋势,且随着波高具有一定的非线性,此外冲击压力及上浪具有一定的随机性,外界干扰对其有一定的影响。

参考文献

[1] IMO. Air pollution and energy efficiency[S]. MEPC 64/WP. 11, 2012.

[2] STROM-TEJSEN J, YEH H Y H, MORAN D D. Added resistance in waves[C]. TSNAME, 1973.

[3] GUO B, STEEN S. Evaluation of added resistance of KVLCC2 in short waves[J]. Journal of Hydrodynamics, 2011, 23(6): 709-722

[4] PARK D, LEE J, KIMY. Uncertainty analysis for added resistance experiment of KVLCC2 ship[J]. Ocean Engineering, 2015, 95: 143-156.

[5] LIU S, PAPANIKOLAOU A. Regression analysis of experimental data for added resistance in waves of arbitrary heading and development of a semi-empirical formula [J]. Ocean Engineering, 2020, 206: 107357.

[6] ITTC. Testing and extrapolation methods propulsion, performance propulsion test, procedure 7.5-02-03-01.1, 2002.

[7] 何惠明. 船艇波浪中自航试验研究[J]. 上海船舶运输科学研究所学报, 2005, 28(1): 3-10.

[8] KANS S. Researches on seakeeping qualities of ships in Japan[J]. 60th Anniversary Series, 1963, 8: 67-102.

[9] GERRITSMA J, VAN DEN BOSCH J J, BEUKELMAN W. Propulsion in regular and irregular waves

[J]. International Shipbuilding Progress, 1961, 8(82):235-247.

[10] 李传庆,马雪泉,陈伟民,等.船舶在规则波中自航因子变化规律的模型试验研究[J].中国造船, 2016,57(1):1-8.

[11] ITTC, 7.5-02-07-02.3 Experiments on Rarely Occurring Events,2014.

[12] 段文洋,王瑞锋,马山,等. 规则波中船舶甲板上浪模型试验研究[J]. 哈尔滨工程大学学报, 2013,34(10): 1209-1213.

[13] KIM J, KIM Y, YUCK R, et al. Comparison of slamming and whipping loads by fully coupled hydroelastic analysis and experimental measurement[J]. Journal of Fluids and Structures,2015,52:145-165

[14] JIAO J, REN H. Characteristics of bow-flare slamming and hydroelastic vibrations of a vessel in severe irregular waves investigated by segmented model experiments[J]. Journal of Vibroengineering, 2016, 18(4):2475-2494.

[15] KIM K, KIM B W, HONG S Y. Experimental investigations on extreme bow-flare slamming loads of 10,000-TEU containership[J]. Ocean Engineering 2019,171:225-240.

[16] 盛振邦,刘应中. 船舶原理(下册)[M].上海:上海交通大学出版社,2004.

船舶耐波性模型试验技术研究进展

周德才　邬志佳　鲁　江　湛俊华　王习建

(中国船舶科学研究中心)

1　研究背景

船舶耐波性是船舶与海洋结构物在波浪中运动特性的统称,涉及船舶与海洋结构物的使用效能和安全性。目前,耐波性评估已成为新船型与海洋结构物设计时不可缺少的内容,是衡量船型优劣的一个重要性能指标。但是,由于船舶耐波性是一个比较复杂的问题,理论数值方法还不能完全解决船舶耐波性预报问题,尤其是极端波浪下高速船舶大幅运动与甲板上浪等耐波性事件、液舱晃荡与船舶运动响应耦合特性、波浪中船舶失稳倾覆预报等问题,均为高度复杂的非线性系统,对于该类问题的研究,在物理水池中直接进行耐波性模型试验是最直接有效的方法,也可以为理论或数值预报方法提供可靠的验证数据。

2　研究现状

近十几年来,船舶耐波性模型试验技术得到了快速发展,主要体现在以下几个方面:

(1) 新的大型耐波性水池试验设施不断涌现,如中国船舶科学研究中心(CSSRC)的大型耐波性操纵性水池、俄罗斯克雷洛夫(Krylov)国家科学中心的大型耐波性操纵性水池、美国海军水面作战中心卡德洛克分部操纵性耐波性水池(MASK)、日本海上技术安全研究所(NMRI)真实海洋环境再现水池等。这些新建或升级改造的水池,已从传统开展单一的耐波性或操纵性模型试验,发展为能够同时满足耐波性与操纵性模型试验的需求。

(2) 新的测试设备及测试手段不断更新,测试更加精细化,如光学运动测量系统、超声波浪高仪、立体视觉测量技术、气泡图像测速技术(BIV)、粒子图像测速(PIV)技术等。

(3) 新的试验研究方向不断扩展,如开展全浪向波浪增阻模型试验研究、液舱晃荡和船舶运动耦合特性研究、船舶运动主动控制技术研究、波浪中多浮体系统耦合运动特性研究等。

3　最新进展

3.1　试验设施与环境模拟试验技术

新的大型耐波性水池试验设施不断涌现,同时传统的水池也在进行升级改造,表1所列出的为近十几年来新建或升级改造的大型耐波性水池试验设施。

表 1 新建/升级的耐波性水池试验设施

水池	CSSRC（中国）	MARIN（荷兰）	Krylov（俄罗斯）	NSTL（印度）	MASK（美国）	NMRI（日本）
建成/升级年份	2021（新建）	2017（升级）	2016（新建）	2015（新建）	2013（升级）	2010（新建）
长×宽×深 /m	178×47×6	170×40×5	162×37×5	135×37×5	95.3×58.8×6.1（95.3×15.2×10.7）	76×36×4.5
造波系统与消波系统	摇板双边 L 型布置，长边可升降消波装置，短边固定式消波装置	摇板双边 L 型布置，长边可升降消波装置，短边固定式消波装置，配有 ARC 系统	摇板双边 L 型布置，长边可升降消波装置，短边固定式消波装置	摇板双边 L 型布置，双边可升降消波装置	摇板双边 L 型布置，转角弧线过渡，双边固定式消波装置	摇板四边布置，转角弧线过渡，配备主动消波系统
造波能力	规则波波高 0.58 m；不规则波波高 0.45 m	规则波波高 0.9 m；不规则波波高 0.45 m	不规则波有义波高 0.45 m	规则波波高 0.5 m；不规则波波高 0.35 m	规则波波长 0.4~32 m，波高 0.9 m；不规则波波高 0.5 m	波浪周期 0.43~4.0 s；最大波高 0.35 m
造风装置	有	有	有	无	无	有
拖车	X 车（5 m/s）Y 车（4 m/s）	X 车（6 m/s）Y 车（4 m/s）	X 车（6 m/s）Y 车（4 m/s）	X 车（6~4 m/s）Y 车（4 m/s）	X 车（7.7 m/s）45°旋转大桥	X 车（3.5 m/s）Y 车（3 m/s）

新建耐波性水池的主尺度不断增加,可试模型的尺度也相应增加,部分新建水池最大可试模型长度达到了 10 m。试验模型尺度的增加,不仅减小了模型尺度效应的影响,也方便了复杂模型的设计,如液舱晃荡船模、破损船模等,以及模型测试设备的布置与安装,有效扩展了试验能力范围。

体现水池试验能力的造波系统,也是各新建或升级水池关注的重点。L 型双边摇板造波系统和可升降消波装置已成为标配,如中国船舶科学研究中心新建的耐波性操纵性水池、美国海军水面作战中心卡德洛克分部的耐波性操纵性水池升级的摇板式造波机。

美国海军水面作战中心的造波系统采用弧形过渡布置方式,消除 L 型尖角以保证造波精度,而且其造波能力亦是首屈一指的,规则波波长 0.4~32 m,规则波波高可达 0.9 m,不规则波波高达到 0.5 m。日本海上技术安全研究所耐波性操纵性水池,利用先进的主动消波技术,采用造波机四边加弧形过渡的布置方式,实现了造波系统与消波系统一体化,可再现真实的海洋环境。

此外,主副拖车加转角机构(X-Y-ϕ)的配置使得水池具备完成更多类型耐波性和操纵性试验的能力,这些有针对性的设计和升级体现了耐波性与操纵性试验耦合的技术发展趋势。

3.2 船舶运动响应与耐波性事件试验技术

船舶运动响应直接反映船舶在波浪中的运动性能,而砰击和甲板上浪、螺旋桨与球首出水等耐波性事件也是评估船舶结构强度、作业效能等必不可少的关键参数,故而在水池模型试验中,对于船舶六自由度运动和典型耐波性事件的测量精度至关重要。近年来相关的技术手段也在不断更新。

目前,船模运动测量系统可大致归为三类:

(1)基于传统的惯性测量元件的运动测量系统,通过惯性器件加速度传感器、陀螺测得物体瞬时角度和加速度,再对加速度进行两次积分得到其线位移获得运动物体位置信息。如荷兰 MARIN 水池采用的 X-SensMTi 传感器测量船模运动[1]、Ekinox-A 传感器[2]等,但此类传感器不能考虑六个自由度运动之间的影响,而且采样精度等指标远远超过试验使用需求,过度冗余。

(2)基于光学摄像原理的运动测量系统,如瑞典 Qualysis、加拿大 Optotrak 光学运动测量系统,通过多个摄像头采集标记点位置直接分析刚体的六自由度运动信息。光学运动测量系统为非接触式测量方法,不会对模型运动产生任何影响,因而其反映的数据更接近模型运动真实情况。除用于水面模型运动测量[3],瑞典 Qualysis 还开发了适用于水下物体测量的设备,可用于跟踪水下自航 AUV、水下航行体、锚链、油气立管等运动测量。光学运动测量系统的测量精度较高,如 Optotrak 位置精度可达±0.2 mm,角度精度可达±0.1°,且延迟小于 10 ms,完全可以满足水池模型试验精度要求。

由于光学运动测量系统成本随镜头数量增加而增加,Benetazzo[4]提出了一种仅依靠单镜头的光学运动测量系统实现对船模六自由度运动的测量。该系统基于 Ma 等[5]提出的平面造影概念,通过固定于船模上黑白棋盘格的目标平面和单个 CCD 相机精确跟踪船模任意一点六自由度运动。其测量精度接近已有商用测量系统精度,位置精度达 0.1~0.2 mm,角度精度达 0.01°~0.02°。如果将固定于模型上目标平面伸出水面,此系统也可用于水下模型的运动测量。

(3)基于电磁原理的运动测量系统,也属于非接触式测量方法,但其位置测量精度仅为±1.27 cm,角度测量精度为±0.2°,不能完全保证水池模型试验对运动测量的精度要求。

除以上船模运动测量技术外,对于耐波性事件研究,如砰击和甲板上浪,船体与波浪相对运动测量等非线性现象的捕捉亦是必不可少的,Kapsenberg[6]采用以下两种方法进行了砰击与甲板上浪的测量。

(1)船体表面附近布置预张紧细导线,测量船体与波浪相对运动,避免有航速情况下导线发生大变形影响测量精度,但是该种方案仅适用于无冲击现象的情况。

(2)船体表面安装多个高频采样的压力传感器,是有冲击现象发生情况下最理想的手段,相对速度可以通过比较局部区域多个传感器压力变化的时间间隔获取。该方式不足之处是受限于传感器布置密度而测量灵敏度略低,且砰击压力传感器对安装要求较高。

Kim 等[7]开展了浮式生产储油船(FPSO)砰击和甲板上浪数值预报的模型试验验证,试验时集成了多组不同类型传感器,用于甲板上浪和艏部砰击的测量。在船模艏部安装了14个压力传感器测量砰击载荷,12支浪高仪布置在舷侧和甲板面上测量甲板上浪,并通过甲板面上3个立柱上安装的二分力天平测量甲板上浪载荷,该集成式传感器布置方案不仅可以捕捉甲板上浪现象,同时也能测量砰击载荷信息。

以上典型的耐波性事件测量技术,是目前较为成熟可靠的测量手段,但获取的信息还是十分有限,只能得到测点处的波浪爬升和局部的砰击压力情况。得益于近年来计算机与视觉技术发展,各类非接触式流场光学测量技术取得了突破,如气泡图像测速(BIV)技术和立体视觉技术。

不同于传统粒子跟踪测速(PIV)法技术通过分析水中微粒流动获取流场信息,BIV 技术以气泡或气液界面为对象,因此更适用于甲板上浪测量。Chang 等[8]利用 BIV 技术测量甲板上浪在水平面和竖直面上的流场速度分布,进而获得甲板上浪的时空演变过程。Duan[9]研究了影响 BIV 测量技术的气泡尺寸和形状,发现小直径的气泡可作为理想的跟踪源。将 BIV 技术引入溃坝试验,通过标记气泡获取波前速度演变过程,并与 OpenFoam 数值模拟进行对比,结果匹配良好。同时,砰击阶段的爬升和破碎后的漩涡等信息亦被监测。作为一种非接触式测量手段,避免了传统浪高仪设备对甲板上浪的干扰,而且布置更灵活,但是 BIV 技术依赖流场中存在气泡、发生破碎这类非线性现象,不适合波高、爬升等定量测量。

立体视觉技术是一种非接触测量手段,其根据视差原理,由不同位置或者同一位置的一套摄像机经过移动或旋转拍摄同一场景,借助计算空间点在两幅图像中的视差,以获取物体的三维立体结构,可用于视野范围内波浪测量和甲板上浪的测量。Gomit 等[10]在激光阵列辅助下,通过双目相机拍摄投影在液面的激光柱群与水面的折射点,直接三维重构得到波面,获得的定常船行波结果与理论值吻合良好。倪文军和王晨[11]利用高速摄像机拍摄试验水槽造波,分析图像的颜色亮度特征来识别出水与空气的分界线,并计算出水位和波高;水槽试验结果表明该方法具有较好的测量精度,绘制出的波形曲线与实际情形相符。哈尔滨工程大学苍岩等[12-13],采用双目摄影波浪测量技术,提出了一种改进的立体匹配算法,并将该算法应用于水槽波浪的浪高和船模在水池中航行时船侧水波纹的测量,结果显示水槽实验两组波高测量误差分别约为2.67%和4.84%;水池实验中,由于拍摄船舶兴波波面时受到水面反光、噪声干扰、光照变化等因素的干扰,测量精度尚不能得到保证。可以发现目前测量系统的识别精度普遍受水面反光、光照变化、光线折射、拍摄视角等因素的影响,而且大多数试验是在范围较小的理想环境中进行的,在大型水池、实际海上的适用性及测量精度还有待验证。为了提高测量精度,增加匹配数量,则分析时间较长,无法达到实时性要求。

此外,MARIN 水池通过数值手段复现了模型试验中耐波性事件,如砰击、甲板上浪、气隙[14],模型试验与数值仿真的结合,有助于分析此类强非线性现象形成与作用机理。

综上所述,光学运动测量系统、BIV 技术、立体视觉技术等非接触式测量手段越来越多地应用于水池模型试验中,精度、系统延时、成本、便利性也在不断改善,以更好地满足试验使用需求。

3.3 波浪中阻力增加试验技术

船舶在波浪中航行时受到的总阻力往往较静水中有所增加,该部分增加的阻力即为波浪增阻。近年来,在船舶能效设计指数(EEDI)等国际海事规范日益完善升级的背景下,波浪增阻预报引起了研究人员的日益关注。在波浪水池中开展缩比模型试验是预报实船波浪增阻最可靠的研究手段,由于波浪增阻是波浪中船舶总阻力与静水中总阻力的差值,在模型试验中,需要分别开展静水和波浪中航行模型试验,使用测量得到的波浪中模型阻力减去相同航速下静水中模型阻力,即可得到船模的波浪增阻。目前,国际上波浪增阻试验方法主要有两类,分别为基于适航仪的拖航试验方法和基于模型自航仪推扭力测量的自航试验方法。

基于适航仪的拖航试验方法,通常使用二自由度(释放垂荡、纵摇)或者三自由度(释放纵荡、垂荡、纵摇)适航仪,由于试验时约束了模型的横荡、横摇和艏摇运动,因此仅适用于迎浪和随浪两种浪向。最有代表性的是Park等[15]在韩国首尔大学设立的拖曳水池,以KVLCC2标模为对象开展了顶浪规则波中波浪增阻及运动响应模型试验。试验中使用的三自由度适航仪,可测量模型在波浪中的阻力、纵荡、垂荡和纵摇运动;使用超声波浪高仪和电容式浪高仪分别测量造波机前方和模型船艏前方遭遇的波浪;并参考国际拖曳水池会议(ITTC)推荐试验及不确定度分析规程,建立了波浪增阻模型试验不确定度分析方法,详细分析了各不确定度源对重心惯量调试、运动幅值和波浪增阻试验测量不确定度的影响,给出了不同工况下波浪增阻模型试验的不确定度水平。

在进行实船测试的航速和功率修正时,需要用到全浪向中的波浪增阻预报结果,因为实船试航时难以保证船舶始终以迎浪状态航行,且艏斜浪中的波浪增阻有时较迎浪中更为显著,故而无法保证预报准确性。为了满足艏斜浪等不同浪向的波浪增阻模型试验需求,Valanto和Hong[16]开发了一套能够保证船模在波浪中运动的六自由度适航仪。在德国汉堡水池利用该试验装置采用拖航试验方法,针对一艘大型豪华游轮模型,完成了设计航速下全浪向波浪增阻模型试验,获得该船在设计航速下全浪向下增阻响应曲线,并分析了不同浪向下波浪增阻与船体六自由度运动的关系。

由于采用适航仪的拖航试验方法,始终存在装置惯量对模型运动的影响。为此,部分研究人员采用自航的试验方法,开展船模波浪增阻试验研究。在模型内布置电机、自航仪、轴系和螺旋桨等仪器设备,通过电机带动螺旋桨旋转的方式推进船模前进,自航仪用于测量螺旋桨受到的推力和扭矩。相比于传统的拖航试验方法,基于自航模的波浪增阻试验方法,避免了适航仪装置对模型运动的影响,并且方便将顶浪波浪增阻试验方法推广到全浪向中。封培元等[17]以一艘20 000箱集装箱船为研究对象,开展了全浪向波浪增阻模型试验。该试验采用全自航方法进行,使用自动舵系统控制船模在不同浪向规则波中的航向,使用自航仪测量模型在静水和波浪中的推力与扭力,分别得到模型在顶浪、艏斜浪和艉斜浪下波浪增阻响应曲线,并完成了与MARIN水池试验结果的对比。

目前,针对波浪增阻问题,研究对象多为中低速船,而高速船航行带来的波浪破碎与飞溅等强非线性研究较少。Choi等[18]在荷兰MARIN水池,针对一艘高速排水型船,开展了基于全自航方法的顶浪规则波中波浪增阻模型试验,重点研究了模型高速状态下,规则波中的波浪破碎对模型增阻的影响,试验通过在船艏均匀布置砰击压力和相对波面测量传感器,获得了模型增阻、船艏相对波面、船体表面压力等参数,并分析了不同航速波浪条件下增阻、波形和压力的非线性特性。

3.4 液舱晃荡与船舶运动响应耦合试验技术

Zhao等[19]基于势流方法,建立了船舶六自由度运动和液舱内部非线性晃荡的数值模拟方法,并通过白噪声模型试验研究[20],获得了浮式液化天然气储卸装置(FLNG)船体运动和液舱晃荡响应,通过水平系泊系统消除漂移力的干扰,验证了该方法的有效性,得出横浪条件下横荡/横摇运动与内部液舱晃荡存在显著的耦合效应,而垂荡和顶浪条件下的纵荡/纵摇运动受此影响很小。

对于大幅横摇运动,由于液舱晃荡主要影响船舶横摇运动,经典的将横摇阻尼分解为船体摩擦、兴涡、兴波、升力和附体阻尼五部分的Ikeda经验方法预报精度不足,不再适用;而模型试验方法,包括强迫横摇、波浪激振横摇和横摇自由衰减试验,是目前最直接且有效获取非线性横摇特性的手段。Igbadumhe等[21]在美国史蒂文斯理工学院的戴维逊实验室,针对不同液舱装载情况的浮式生产储卸油装置(FPSO)模型,开展了一系列的横摇衰减试验,研究了液舱晃荡和船舶运动(主要是横摇)之间的耦合特性。通过倾斜试验获得船模重心位置,利用滑轮-缆绳系统调节横摇衰减试验的初始横倾角,将模型固定在船体基底枢轴箱,使得模型仅能自由横摇,内置的角度仪测量记录横摇衰减时间历程曲线,对比分析了不同衰减阻尼处理方法下液舱晃荡条件下的横摇响应特性。试验结果表明,液货增加加剧了液舱晃荡,进而产生更大横倾力矩,增加了横摇响应,减小了船体横摇阻尼。

此外,在传统势流和黏流数值模拟手段基础上,黏势耦合方法也越来越多地被应用于液舱晃荡与船体运动耦合研究中。Kim 等[22]利用基于势流理论的三维面元法计算水动力系数和波浪力,通过改进的移动粒子模拟方法(moving particle simulation,PNU-MPS)模拟液舱晃荡。Twillert 等[23]将船体运动求解器 aNySIM 与 VOF 求解器 ComFLOW 耦合,实现了液舱晃荡作用下船体运动的时域模拟。此类势流与黏流耦合方法兼顾了计算效率与模拟精度,并结合物理模型试验的验证,是一种较高效研究液舱晃荡与船体运动耦合效应的方法。

3.5 船舶减纵摇与减横摇试验技术

由于受到风浪等因素的影响,船舶在航行中会产生各种摇荡运动,剧烈的摇荡对船舶的适航性、安全性以及设备人员的正常工作都会产生显著的影响。一直以来,人们都在寻求提高船舶耐波性的手段,并研制出了一些有效的船舶减摇装置,如舭龙骨、减摇鳍、减摇水舱、半潜首、截流器等,用于减小船舶的纵横摇运动。

近年来,升力体技术在零航速与有航速情况下均可有效减小船体纵摇和艏艉垂向加速度,提高船舶耐波性。王习建等[24]开展了基于快速性的首升力体、尾板与船体之间的水动力干扰与匹配研究,并对复合优化船型方案开展了耐波性数值预报和模型试验。研究结果表明,加装首升力体和尾板复合优化船型的耐波性能明显优于光体,波长在 0.75~1.5 倍船长时,纵向减摇效果最为明显,且航速越高,减摇效果越明显,航速为 24 kn 时,纵摇减摇效果为 34.2%。

T 型翼作为一种常用的船舶减纵摇装置备受研究人员青睐。Esteban 等[25]对 T 型翼和艉压浪板的组合进行了研究,并将其安装于高速渡轮船模上进行试验。研究结果表明,使用主动式 T 型翼和艉压浪板可使船的垂向加速度降低 65%。郑义和董文才[26]对高速轻型穿浪双体船的纵向运动减摇进行了理论和试验研究,分析了水翼的尺度、形式、安装位置对纵向运动的影响,发现纵摇和垂荡运动有义值可减少 20%~30%。

与其他船体尾部附体不同,截流器是一个垂直安装在船尾的金属板,在高速艇上得到了越来越广泛的应用,它主要用于船舶纵倾控制和增加船舶运动阻尼。曾令斌和陈亮[27]针对截流器减摇系统的组成、安装和功能开展详细研究并进行模型试验。试验结果表明,穿浪型近海快速救助船运用该装置在航速为 20~30 kn,迎浪状态纵摇减小约 30%。

对于横向运动,减摇方式除常规的舭龙骨,更多的是采用鳍/舵主动控制的方式来实现。为满足船舶横向运动主动控制测试需求,金仲佳等[28]采用了"PC/数据采集+网络化运动模块"的方案开发出船舶运动主动控制模型试验系统,并依此开展控制方案和控制规律的验证试验。模型试验表明,该系统达到了目标船横向运动控制方案和控制规律的演示验证作用,满足船舶主动控制试验的需求。

针对高海情下船舶非线性横摇控制问题,金仲佳等[29]设计了一种基于非线性干扰观测器的指令滤波反演控制器,在海浪随机干扰下采用该控制策略,分别与比例微分控制器、指令滤波反演控制器进行对比。对比结果表明,设计的控制器有更好的跟踪性能和减摇效果。

进一步地,为实现减摇系统的灵活性、快响应、高效率、强环境适应性,王驰明等[30]提出一种基于矢量螺旋推进器的新型零航速船舶减摇系统,力争满足全航速范围内的减摇需求,提高减摇装置的响应效率。试验结果表明,该零航速矢量减摇装置具有较好的减摇效果,减横摇效果可达 78.0%。

除船体自身的鳍舵等减横摇装置,针对新的减横摇系统的研究亦在不断开展。杨荣武等[31]针对移动重块减摇系统开展了研究,根据重块移动存在极限位置和极限功率约束的特点选择模型预测控制方法MPC构建控制器,通过动力学推导获得MPC控制器内嵌的系统输出预测模型,成功实现了满足约束条件的最优化控制,减横摇效果可达70.3%。案例船模的水池减摇试验,充分验证了MPC控制器的有效性和优越性。

3.6 海上多船系泊与多浮体耦合系统试验技术

风浪作用下船舶系泊靠绑进行补给、救生和货物转运等作业,这是一个非常复杂的过程,在波浪水池中进行模型试验,获得靠绑作业过程中系统的运动和受力特性,可为系泊靠绑作业提供指导。周德才等[32-33]针对两船系泊靠绑模型试验,重点开展了缆绳、碰垫非线性弹性特性和系泊缆绳上补偿力模拟与测试方法研究,以及靠绑船舶的运动响应测试研究,并给出了部分模型试验结果。从模拟的缆绳和碰垫弹性曲线及系泊缆绳上补偿力试验结果来看,所用的缆绳、碰垫和缆绳上补偿力模拟方法是成功的,非接触式光学运动测量系统能方便地进行靠绑船舶运动响应测试,可以应用于今后其他类似模型试验中。

Hong等[34]以FPSO和液化天然气(LNG)运输船旁靠和串靠系泊系统为研究对象,进行了规则波和不规则波试验,测量了两船的运动响应和相互作用力。测量结果表明,串靠时存在遮蔽效应,低频运动受其影响较大而波频运动受其影响较小;旁靠时两船的相互干扰对低频运动和波频运动均有较大的影响。

Watai等[35]开展了在纵向入射波作用下并靠双船的窄缝间流体共振问题的模型试验研究,得出的试验数据为数值计算结果的验证提供了可靠的依据。同样基于物理模型试验,Perić和Swan[36]综合考虑了横向和纵向入射波、规则和不规则入射波,设置了固定和系泊船体靠泊在码头前的模型,研究了不同入射波条件下船体与码头的窄缝间流体的共振响应特性。研究结果表明,相对于固定情况来说,由于船体的相对运动,窄缝内流体的共振频率将会增大。针对固定双浮体间窄缝内的波浪共振问题,刘春阳[37]和Ning等[38]结合实验和数值模拟,分别研究了双箱体的宽度和吃水深度对间隙内波浪响应特性的影响。

Miller[39]在伊洛瓦卡米翁卡的淤泥湖上,以1:24比例制作的两艘真正的浮动训练舰模型为基础,对两艘船之间产生的力和力矩的测量进行了研究,结果进一步验证了根据半经验公式计算的两船之间产生的吸力和艏摇力矩。

Qiu等[40]在加拿大纽芬兰纪念大学拖曳水池,开展了系泊约束下两船标模波浪干扰模型试验。试验对象为ITTC推荐两船标模,波浪条件为顶浪规则波。试验获得了两船标模的六自由度运动、两船间波浪抬升以及水平系泊弹簧的系泊拉力,并建立了两船标模波浪干扰试验不确定度分析方法,分析了试验过程中不确定度源对试验结果的影响。

匡晓峰和方田[41]采用数值计算和模型试验相结合的方法,对多浮体系统在波浪中的耦合运动特性进行了研究,应用时域耦合方法计算分析了原油转驳船(CTV)牵引超大型油船(VLCC)两船状态以及FPSO、CTV和VLCC三船状态在南海6级海况下的运动特性。模型试验在中国船舶科学研究中心耐波性水池中进行,包括两船及三船状态不规则波模型试验。通过数值计算和模型试验结果比较,验证了数值计算方法的可行性,并研究了FPSO波浪遮蔽效应对CTV以及VLCC运动特性特别是低频运动的影响。

3.7 波浪中船舶稳性试验技术

船舶在风浪中会发生纵摇、横摇、垂荡等各种运动,在高海况条件下,船舶运动加大,这时如果船舶发生大幅横摇运动,而复原力矩又不足,将会导致船舶发生倾覆现象。船舶在风浪中的倾覆过程包含了十分复杂的力学问题,其中涉及船舶非线性大幅运动、非线性复原力矩、非线性波浪力与船体的相互作用等。船舶完整稳性失效导致的倾覆模式主要包括瘫船稳性、纯稳性丧失、参数横摇和骑浪/横甩等。

波浪中船舶运动稳性安全一直是国际海事组织(IMO)的一个重要议题,进入21世纪以来,复杂海况下船舶非线性极端运动对船舶航行安全的风险日益明显,IMO在2008年完成了第一代完整稳性规则(2008完整稳性规则)的制定,并把二代稳性衡准的制定提上议程。经过12年的讨论,在2020年11月发布了第二代完整稳性衡准临时指南,波浪中船舶运动稳性安全新法规的强制执行趋势已不可逆。ITTC是国际上船舶水动力学界最具代表性和权威性的学术研究组织。1999年,ITTC设置了波浪中稳性专家委员会,以解决复杂海况下船舶非线性极端运动。由于波浪中非线性极端运动的复杂性难以一时解决,以及学术组织的重视,2008年,ITTC将波浪中稳性委员会设为常设委员会,以期能更好地解决波浪中船舶非线性极端运动与倾覆问题,保障船舶在实际海洋环境下的航行安全。2012年,我国工业和信息化部成立了二代稳性衡准应对工作组,经过多年的持续研究,从计算技术到试验技术在国内都取得了从无到有的突破,并在国际海事安全法规制定中获得了一定话语权。

在纯稳性丧失试验技术方面,Hashimoto[42]针对美国海军局(ONR)内倾船开展了随浪中复原力测量和纯稳性丧失失稳运动测量,并通过比较单自由度横摇数学模型和纵荡-横摇耦合的两自由度数学模型计算结果,确认波峰处复原力丧失和停留时间是大幅横摇失稳运动发生的原因。Kubo等[43]指出,艉斜浪中纯稳性丧失并不是纯的稳性丧失,横荡和艏摇产生的离心力也是纯稳性丧失倾覆的一个重要原因,纵荡-横荡-横摇-艏摇耦合的四自由度数学模型比纵荡-横摇耦合的数学模型能更好地预报艉斜浪中纯稳性丧失,并通过模型试验获得艉斜浪中纯稳性丧失导致的最大横摇角。Lu等[44]建立了纵荡-垂荡-纵摇-横摇耦合的四自由度数学模型,并在耐波性水池采用自航试验方式,开展了随浪规则波中纯稳性丧失模型试验,通过计算结果和试验结果分析,识别出随浪中不同航速时周期运动,不稳定运动和倾覆运动。Lu等[45]建立了纵荡-横荡-垂荡-纵摇-横摇-艏摇耦合的六自由度数学模型,并在耐波性水池采用自航试验方式,开展了艉斜浪纯稳性丧失模型试验。他们通过分析计算和试验结果,识别出艉斜浪中不同航速时周期运动,不稳定运动、倾覆运动和重叠速度范围内纯稳性丧失和骑浪横甩耦合现象。

在参数横摇试验技术方面,Lu等[46]采用新研制的随动平衡式波浪中复原力测量装置,开展了顶浪规则波中复原力测量试验,并验证了顶浪参数横摇数值预报,通过试验数据分析识别出参数横摇发生后纵摇会出现1/2倍遭遇频率成分。

在骑浪/横甩试验技术方面,Umeda等[47]在耐波性水池采用自航试验方式,开展了一艘ONR内倾船的自航模试验。他们观察到当ONR内倾船的弗劳德数大于骑浪临界值时,能产生高达71°的横摇,发生典型的横甩。Umeda等[48]基于四自由度模型对ONR外飘船型进行了大量规则尾随浪中的数值模拟,以此对船舶的横甩概率进行了预报,并开展了不规则尾随浪下的骑浪横甩自航模试验。Gu等[49]在耐波性水池采用自航试验方式,开展了规则波中内倾船型在随浪和艉斜浪中的骑浪/横甩试验,分析了内倾船型在不同波浪条件下的运动特性,得到了与骑浪/横甩相关的四种运动形式:稳定周期运动、稳定骑浪、横甩和横甩导致的倾覆,并对内倾船型骑浪/横甩的薄弱性衡准进行了分析。

在瘫船稳性试验技术方面,Umeda等[50]开展了横风横浪中的大幅横摇试验。试验中采用平衡重块的约束方式来限制横荡运动,通过风机来模拟不规则风谱,在船模附近通过不同的测点得到风速和模型与风机距离之间的函数关系。试验研究表明,对于瘫船状态下的横风横浪大幅横摇运动试验,测试出合适的、有充分代表性的风速值对横摇运动的模拟十分关键。Gu等[51]系统研究了四根弹簧约束、平衡重块约束、自由漂移等三种方式对瘫船稳性测量结果的影响,并开展了不同随机种子数对瘫船稳性的影响,对比了单自由度横摇方程计算和试验结果,同时认为四根弹簧约束对倾覆状态有影响,对倾覆状态的评估过于保守。

3.8 试验数据处理分析技术

耐波性模型试验数据处理通常采用时域分析与频域分析两种方法。Islam 等[52]全面系统地介绍了耐波性模型试验数据分析处理流程,涵盖了通道信号归类、数据格式转换、数据校验、相位调整、缩尺比例转换、坐标变换与运动推导、信号滤波、有效数据段选取、统计分析、响应算子(RAO)推导等,是比较常规且成熟的数据分析方法,其中的精细化处理步骤对于模型试验结果分析和质量控制均有一定的借鉴意义。结合试验数据分析,指出了不确定度分析的必要性。

但是,快速傅里叶变换(FFT)分析的频率分辨率(采样频率与FFT变换点数之比)的限制会影响耐波性试验捕捉研究对象参数细微变化(如舭龙骨方案、底部斜升角变化等)对运动响应的影响效果,尤其是在测量信号中掺杂诸多干扰(测量设备高频电噪声、拖车抖动、等水间隔时间不足等)的情况下,参数变化对运动响应的影响很难从这些干扰因素中分辨出来。降低采样频率会进一步缩小频率分析范围,而增加FFT变换点数会导致计算量增加,而且还受水池长度和船模航速限制。为了提高频率分辨率,捕捉信号更详细和精确的频谱特性,有学者将频谱细化处理方法引入到耐波性数据处理中。

许勇等[53]和叶廷东[54]针对FFT频率分辨率受限制且精度不高的缺点以及船模对波浪的运动响应频率是低频且窄带的特点,采用快速傅里叶变换-傅里叶级数(FFT-FS)方法对测量的运动响应信号在其对应的窄带频段内进行频谱细化,获得了更细致准确的信号频域特征。该方法的原理是在不增加采样点的前提下,对信号进行初步FFT分析,并将离散频率通过变量代换获得连续频率,进而对感兴趣的局部频段进行傅里叶级数(FS)展开获得连续频谱。王启兴等[55]采用FFT和FFT-FS方法,分别对单色波(S1)信号和多色波(S2)信号进行频谱分析,得到了响应幅值谱。采用FFT-FS可以准确分辨各成分波信号,而FFT无法全部分析出来。相应的运算效率对比也进一步地表明该算法是一种运算效率高、分析精度高且受信号本身信噪比影响小的频域分析方法。在常规的FFT分析方法基础上引入频率细化方法,可有效提高耐波性试验数据分析效率并对数据进行定量分析。

4 结论

新建或升级的水池设施具备耐波性和操纵性综合试验的能力,非接触式测量技术,尤其是基于光学摄像原理的运动测量系统、气泡图像测速技术和立体视觉技术,可满足船舶运动响应和甲板上浪等耐波性事件测试需求。全浪向波浪增阻、液舱晃荡与船舶运动响应耦合特性、多浮体系统耦合运动特性以及波浪中船舶稳性试验技术等在不断成熟,试验数据处理分析技术手段也在传统的FFT基础上不断推进,以上模型试验技术的进步为更直观准确分析船舶耐波性问题提供了更加可靠的保证。

5 未来发展方向

船舶耐波性模型试验技术未来的发展方向主要为:
(1)模型试验与数值计算相互融合、互为补充,深化对物理模型机理的认识。
(2)快速性、耐波性和操纵性多学科一体化测量将成为发展趋势,测量参数将多样化,如波浪中螺旋桨推力/扭矩/转速、运动响应、舵角、艏向角、舵力等一体化测量,打破传统单一性能模型试验研究的局限性。
(3)高可靠性的非接触测量技术,如光学测量和超声波测量等将成为耐波性模型试验必不可少的测量手段。

参考文献

[1] KONING J. Lashing@ Sea executive summary, MARIN, 2009.

[2] SBG SYSTEMS, Ekinox series: tactical grade MEMS inertial systems, 2014.

[3] BEGOVIĆ E, Day A H, INCECIK A. Experimental ship motion and load measurements in head and beam seas[C]. Ⅸ HSMV Naples, Italy, 2011.

[4] BENETAZZO A. Accurate measurement of six degree of freedom small-scale ship motion through analysis of one camera images[J]. Ocean Engineering, 2011, 38(16): 1755-1762.

[5] MA Y, SOATTO S, KOSECHA J, SHANKAR S. An invitation to 3-D vision. From Images to Geometric Models[M]. Berlin: Springer, 2004.

[6] KAPSENBERG G K. On the slamming of ships: development of an approximate slamming prediction method[D]. Delft: Delft University of Technology, 2018.

[7] KIM K, HA Y, NAM B W, et al. Model test slamming and green water loads on FPSO for validation of numerical tools[C]. 29th ISOPE, Hawaii, USA, 2019.

[8] CHANG K, ARIYARATHNE K, MERCIER R. Three-dimensional green water velocity on a model structure[J]. Experiments in Fluids, 2011, 51: 327-345.

[9] DUAN Q. A study on green water problem with dam break model and the BIV technique[D]. Rio de Janeiro: UFRJ/COPPE, 2017.

[10] GOMIT G, CHATELLIER L, CALLUAU D, et al. Large-scale free surface measurement for the analysis of ship waves in a towing tank[J]. Experiments in Fluids, 2015, 56(10): 1-13.

[11] 倪文军, 王晨. 基于单目视觉的波高检测方法研究[J]. 水道港口, 2015, 36(6): 591-595.

[12] 苍岩, 尹凤鸣, 毕晓君. 改进的双目立体视觉算法及其应用[J]. 哈尔滨工程大学学报, 2017, 38(3): 465-470.

[13] 尹凤鸣. 立体匹配技术在波浪摄影测量中的应用研究[D]. 哈尔滨: 哈尔滨工程大学, 2016.

[14] VAN ESSEN S, SCHARNKE J, BUNNIK T, et al. Linking experimental and numerical wave modelling[J]. Journal of Marine Science and Engineering, 2020, 8(3): 198.

[15] PARK D, LEE J, KIM Y. Uncertainty analysis for added resistance experiment of KVLCC2 ship[J]. Ocean Engineering, 2015, 95: 143-156.

[16] VALANTO P, HONG Y. Experimental investigation on ship wave added resistance in regular head, oblique, beam, and following wave[C]. 25th ISOPE, Hawaii, USA, 2015.

[17] 封培元, 沈兴荣, 范佘明, 等. 超大型集装箱船全浪向波浪增阻预报技术研究[J]. 船舶, 2019: 109-115.

[18] CHOI B, WELLENS P HUIJSMANS R. Experimental assessment of effects of bow-wave breaking on added resistance for the fast ship[C]. International Shipbuilding Progress, 2019, 66(2): 111-143.

[19] ZHAO D, HU Z, Chen G, et al. Coupling analysis between vessel motion and internal nonlinear sloshing for FLNG applications[J]. Journal of Fluids and Structures, 2018, 76: 431-453.

[20] HU Z, WANG S, CHEN G, et al. The effects of LNG-tank sloshing on the global motions of FLNG system[J]. International Journal of Naval Architecture and Ocean Engineering, 2017, 9(1): 114-125.

[21] IGBADUMHE J, SALLAM O, FÜRTH M, et al. Experimental determination of non-linear roll damping of an FPSO pure roll coupled with liquid sloshing in two-row tanks[J]. Journal of Marine Science and Engineering, 2020, 8(8):582.

[22] KIM K, LEE B, KIM M, et al. Simulation of sloshing effect on vessel motions by using MPS (Moving Particle Simulation)[J]. CMES, 2011, 79(3): 201-221.

[23] VAN TWILLERT M J. The effect of sloshing in partially filled spherical LNG tanks on ship motions [D]. Delft: Delft University of Technology, 2017.

[24] 王习建, 吴宝山, 周德才, 等. 首升力体、首鳍/尾板与船体水动力相互干扰与匹配研究[J]. 船舶力学, 2017, 21(11):1336-1347.

[25] ESTEBAN S, GIRON-SIERRA J M, DE ANDRES-TORO B, et al. Fast ships models for seakeeping improvement studies using flaps and T-foil[J]. Mathematical and Computer Modelling, 2005,41(1): 1-24.

[26] 郑义, 董文才. 高速轻型穿浪双体船纵向运动改善措施研究[J]. 中国舰船研究, 2012, 7(2): 14-19.

[27] 曾令斌, 陈亮. 穿浪型近海快速救助船自控式截流板减摇系统[J]. 船舶工程, 2014, 36(2): 52-55.

[28] 金仲佳, 张隆辉, 顾民, 等. 船舶横向运动主动控制模型试验系统及应用研究[C]. 水下体系作战及海试指挥与控制, 2017:423-430.

[29] 金仲佳, 刘胜, 张隆辉, 等. 基于NDO的船舶横摇指令滤波反演控制方法研究[J]. 中国造船, 2019,60(3):121-130.

[30] 王驰明, 肖晶晶, 姚恺涵, 等. 新型零航速矢量减摇系统研究[J]. 舰船科学技术, 2020,42(7): 75-80.

[31] 杨荣武, 许劲松, 周泉. 移动重块式船舶减摇系统研究[J]. 船舶力学, 2021.

[32] ZHOU D, MIAO Q, CHEN R. Nonlinear characteristics simulation of mooring lines and fenders of binding ships in model tests[J]. Journal of Ship Mechanics, 2005, 9(6):48-55.

[33] 周德才, 严梅剑, 匡晓峰, 等. 船舶靠绑作业系统试验模拟与测试技术[J]. 船舶力学, 2007, 11(5):664-673.

[34] HONG Y P, WADA Y, CHOI Y H, et al. An experimental and numerical study on the motion characteristics of side-by-side moored LNG-FPSO and LNG carrier[C]. 19th ISOPE, Osaka, Japan, 2009.

[35] WATAI R A, DINOI P, RUGGERI F, et al. Rankine time-domain method with application to side-by-side gap flow modeling[J]. Applied Ocean Research, 2015, 50: 69-90.

[36] PERIĆ M, SWAN C. An experimental study of the wave excitation in the gap between two closely spaced bodies, with implications for LNG offloading[J]. Applied Ocean Research, 2015, 51: 320-330.

[37] 刘春阳. 波浪作用下双浮体系统水动力特性的实验和数值研究[D]. 大连: 大连理工大学, 2017.

[38] NING D Z, ZHU Y, ZHANG C W, et al. Experimental and numerical study on wave response at the gap between two barges of different draughts[J]. Applied Ocean Research, 2018, 77: 14-25.

[39] MILLER A. Interaction forces between two ships during underway replenishment[J]. Journal of Navigation, 2016, 69(6): 1197-1214.

[40] QIU W, MENG W, PENG H, et al. Benchmark data and comprehensive uncertainty analysis of two-

body interaction model tests in a towing tank[J]. Ocean Engineering, 2019, 171: 663-676.

[41] 匡晓峰, 方田. 波浪中多浮体系统耦合运动特性研究[C]. 第三十一届全国水动力学研讨会文集, 2020.

[42] HASHIMOTO. Pure loss of stability of a tumblehome hull in following seas[C]. 19th ISOPE, Osaka, Japan, 2009.

[43] KUBO H, UMEDA N, YAMANE K, et al. Pure loss of stability in astern seas – is it really pure? [C]. Proceedings of the 6th Asia-Pacific Workshop on Marine Hydrodynamics, 2012.

[44] LU J, GU M, BOULOUGOURIS E. Model experiments and direct stability assessments on pure loss of stability of the ONR tumblehome in following seas[J]. Ocean Engineering, 2019, 194: 106640.

[45] LU J, GU M, BOULOUGOURIS E. Model experiments and direct stability assessments on pure loss of stability of the ONR tumblehome in stern quartering waves[J]. Ocean Engineering, 2020, 216: 108035.

[46] LU J, GU M, UMEDAN. Experimental and numerical study on several crucial elements for predicting parametric roll in regular head seas[J]. Journal of Marine Science and Technology, 2017, 22(1): 25-37.

[47] UMEDA N, YAMAMURA S, MATSUDA A, et al. Model experiments on extreme motions of a wave-piercing tumblehome vessel in following and quartering waves[J]. Journal of the Japan Society of Naval Architects and Ocean Engineers, 2008, 8: 123-128.

[48] UMEDA N, USADA S, MIZUMOTO K, et al. Broaching probability for a ship in irregular stern-quartering waves: theoretical prediction and experimental validation[J]. Journal of Marine Science and Technology, 2016, 21(1): 23-37.

[49] GU M, CHU J, HAN Y, et al. Study on vulnerability criteria for surf-riding/broaching with a model experiment[C]. ISSW, 2017.

[50] UMEDA N, KAWAIDA D, ITO Y, et al. Remarks on experimental validation procedures for numerical intact stability assessment with latest examples[C]. Proceedings of the 14th International Ship Stability Workshop, Kuala Lumpur, Malaysia, 2014.

[51] GU M, LU J, WANG T. Stability of a tumblehome hull under the dead ship condition[J]. Journal of Hydrodynamics, 2015, 27(3): 452-457.

[52] ISLAM M, JAHRA F, HISCOCK S. Data analysis methodologies for hydrodynamic experiments in waves[J]. Journal of Naval Architecture and Marine Engineering. 2016, 13(1): 1-15.

[53] 许勇, 董文才, 欧勇鹏. 基于FFT-FS频谱细化技术的船模耐波性试验测量信号分析方法研究[J]. 船舶力学, 2012, 16(5): 497-503.

[54] 叶廷东. 船模耐波性试验测量信号分析中的FFT-FS频谱细化技术研究[J]. 舰船科学技术, 2017, 39(14): 55-57.

[55] 王启兴, 许勇, 欧勇鹏. 基于CEEMD的船模非线性波浪力测量信号分析[J]. 舰船科学技术, 2018, 40(17): 6-12.

船舶模型试验技术——操纵性试验

封培元

(中国船舶及海洋工程设计研究院)

1 引言

船舶的操纵性是衡量其水动力性能的重要指标之一,与船舶航行的安全性、经济性以及舰船的战斗力和生命力有着密切关系。模型试验是研究船舶操纵性的重要手段,一般分为自航模操纵性试验和约束模操纵性试验两种。

自航模操纵性试验通常在操纵性水池或露天湖泊中进行,船模本身装有螺旋桨、舵及相应的动力系统和控制系统,通过对桨、舵等的操纵控制,模拟实船在水池中的航行。通过自航模操纵性试验可以直接测量船模在操纵运动过程中的轨迹和姿态参数,由此能够较为直观地分析比较不同船舶的操纵特性。

约束模操纵性试验是在水池中采用平面运动机构(PMM)等设备使船模强制发生规定的运动(如斜航、横荡、摇艏等),同步测量船模上所受的水动力,由此分析得到对应的船舶操纵性水动力导数,用于深入分析船舶的操纵性运动。

现有的与船舶操纵性模型试验相关的试验规程和标准有:《ITTC 操纵性自航模型试验规程》[1]《ITTC 不确定度分析规程》[2]《ITTC 操纵性约束模试验规程》[3]《水面舰船操纵性自航模型试验规程》[4]《船舶操纵性水动力模型试验方法》[5]以及船舶操纵性模型试验特殊要求国家标准[6]等船舶行业标准。

近年来,操纵性模型试验研究逐渐由传统的深水开敞水域向更加复杂的浅水、限制水域和风浪环境拓展,研究对象也由常规的排水型船舶拓展至高速船、无人船和特种推进船舶。随着国际海事组织(IMO)最小推进功率规范的颁布实施,波浪中的操纵性研究成为最新的研究热点。该领域研究是船舶操纵性与船舶耐波性两大学科的交叉融合,关注的是波浪作用下船舶在操纵运动过程中的轨迹和姿态变化情况,关系到船舶在实际海上作业时的性能和可靠性,以及遭遇恶劣海况时的航行安全性。

本文将对船舶操纵性相关的模型试验技术发展动向进行综述与展望,并就船舶操纵性的约束模方法和自航模方法进行简要介绍。

2 研究现状

2.1 深水开敞水域

Bonci 等[7]通过开展约束模试验研究了横倾和漂角对一艘高速滑行艇的操纵性水动力影响。试验对该艇在半滑行和滑行状态下的操纵性水动力均进行了测量,并与基于三维势流理论的数值预报结果进行了对比,发现两者符合良好。

Yeo 等[8]针对 KCS 船开展了不同横倾状态下的约束模操纵性水动力测量。通过试验获得了不同横倾角下的船体操纵性水动力导数,并以此为基础进行了数值仿真,分析了横倾对该船回转和 Z 形操纵特性的影响。

Yun 等[9]针对 KCS 船开展了不同重心位置下的自航操纵性模型试验,得到了不同纵倾、横倾和 GM 值情况下的操纵运动参数,积累了标模数据。

Reichel[10]在波兰的船舶操作研究与训练中心开展了一艘吊舱推进船舶的自航模操纵性试验,就吊舱推进船舶的操纵特性进行了分析,并根据 IMO 操纵性标准进行了校核验证,指出了吊舱推进船舶与常规桨舵推进船舶在操纵特性方面的不同。

2.2 浅水及限制水域

比利时的弗兰德斯海事实验室(FML)新建了专门用于船舶在浅水中操纵性研究的拖曳水池[11]。水池长 140 m、宽 20 m、深 1 m,可针对长 8 m 的船模进行试验。

Delefortrie 等[12]针对一艘采用两台 Z 型推进器的内河船进行了操纵性约束模试验,着重关注了两台 Z 型推进器之间的相互干扰影响,其中的每一台均可执行 360 度回转。通过模型试验建立起了六自由度的操纵运动方程,并在模型中纳入了推进器间相互干扰的影响。

Sano 和 Yasukawa[13]采用缩尺模型研究了 KVLCC2 和某 Aframax 油船在过驳过程中的船船相互干扰。通过约束模试验测量了两船间的水动力,并在此基础上建立了专门的 MMG 模型。

2.3 波浪中操纵性

Yasukawa[14-15]、Yasukawa 和 Nakayama[16]针对 S175 集装箱船开展了波浪中的回转、Z 形和停船自航模试验。

Lee 等[17]针对一艘 VLCC 船模开展了规则波中的回转和 Z 形试验,并就波高的影响进行了分析。

Sanada 等[18]针对 ONR 内倾船进行了规则波中的回转自航模试验并测量了船模的六自由度运动。Sanada 等[19]进一步开展了 ONR 内倾船以不同航速在不同波长规则波中的自航模试验,由此分析了航速和波长对船模操纵特性的影响。

Sprenger 等[20]针对 DTC 集装箱船和 KVLCC2 油船开展了不同浪向和波长规则波中的回转和 Z 形自航模试验。

Kim 等[21]针对 KVLCC2 油船开展了迎浪规则波中的自航模试验,分析了不同波长对船模回转特性的影响。其结果表明,短波中的漂移距离较长波中有所增大。

Yasukawa 等[22]针对 KVLCC2 船模开展了短峰不规则波中的自航模回转试验和 10°/10° Z 形试验。

Hasnan 等[23]针对 KVLCC2 油船和 KCS 集装箱船开展了短峰不规则波中的自航模操纵性试验。

Kim 等[24]针对 KVLCC2 开展了长峰不规则波中的自航模操纵性试验,对比了多个螺旋桨转速的影响并给出了试验得到的回转轨迹,发现在 4 kn 低速情况下,船模无法完成回转。

3 操纵性约束模试验技术

3.1 试验概述

开展约束模试验的目的是获取船舶操纵运动数学模型中的水动力系数。在试验条件允许的情况下,应选用尽可能大的模型,以尽可能减小尺度效应。一般的船模长度在 3~6 m,最主要的考虑因素有以下几个方面:

(1)船模应保证足够排水量以便于浮态和质量重心的调节;

(2)船模最大受力不能超出力传感器的测力范围;

(3)为避免水池边界产生的阻塞效应,船模长度不宜超过水池宽度的0.55倍,水池长度应达到船模长度的35倍以上,水池水深应达到船模吃水的4倍以上。

3.2 试验设备

目前,主流的操纵性约束模试验一般借助如图1所示的平面运动机构实现。

平面运动机构的横梁固定于拖车上,随拖车一起运动,横梁的方向与拖车速度方向垂直。横梁上装有一根垂直梁,可以沿横梁左右移动(称为横荡)和绕自身轴转动(称为摇艏)。垂直梁下端固定连接有一根水平梁,其前后两端分别固定连接有支杆。支杆末端是传感器,传感器固定安装于船模上,前后传感器的中点为船体坐标系的原点 O。

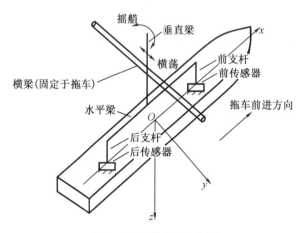

图1 平面运动机构简图

3.3 试验内容

在确定试验工况时应考虑平面运动机构的运动幅度和周期限制,并应根据操纵运动数学模型和之后的操纵性预报要求(如航向稳定性预报、回转及Z形等标准操纵性指标预报、港口操纵性仿真等)确定测试的范围。所测试的横荡和摇艏速度范围应该足够大,下限要能足够精确地对船舶的航向稳定性进行预报,上限应能覆盖到操纵性仿真过程中所有可能用到的情况。常用的约束模操纵性试验工况种类包括斜拖、纯横荡、纯摇艏等。

如图2所示,将垂直梁转动一定的角度,船模就会产生相应的漂角,每一时刻船头方向与拖车速度方向成固定的夹角,这种运动就称为斜拖运动。斜拖运动是静态运动,通过变化漂角进行系列试验。

图2 斜拖试验

如图3所示,垂直梁以一定的频率和振幅沿横梁做周期性的横向移动(通常是正弦运动),同时拖车前进,每一时刻船头方向与拖车速度方向一致,这种运动就称为纯横荡运动(如果拖车速度为0,则称为原地纯横荡运动)。纯横荡运动是动态运动,通常是固定振幅而通过变化频率进行系列试验。

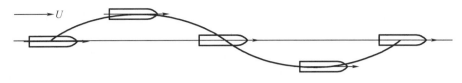

图 3　纯横荡试验

如图 4 所示，纯横荡运动时垂直梁是在横向移动的，而纯摇艏运动时垂直梁不但在横向移动，而且还绕着自身轴做相同频率的周期性转动，通过调节转动的角度幅值，从而保证每一时刻船头方向与船模运动轨迹的切向一致，也就是在船体坐标系中没有侧向运动，这种运动就称为纯摇艏运动。纯摇艏运动是动态运动，通常是固定振幅而通过变化频率进行系列试验。

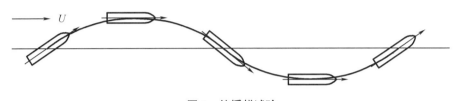

图 4　纯摇艏试验

4　操纵性自航模试验技术

4.1　试验概述

自航模操纵性试验基于弗劳德数相似法则进行，按所确定的缩尺比加工船模，在船模上安装推进和自动舵设备实现模型自航，通过试验测量船模的运动轨迹。波浪中操纵性试验还需在造波水池中生成对应的波浪，通过在船模上安装陀螺等传感器的方式测量船模在波浪中的运动时历。

4.2　试验设备

如图 5 所示，自航模操纵性试验中应用自动航向控制系统保证船模沿指定方向直线航行。另外，通过调节螺旋桨转速控制船速。为此，需要在船模内部安装全套的自航设备，由推进系统和自动舵系统组成。推进系统由螺旋桨、轴系、伺服电机、与伺服电机配套的伺服电机驱动器、遥控开关和锂电池组成；自动舵系统由舵、舵机、航向角陀螺、自动舵控制电路、遥控开关和干电池组成。

图 5　桨舵模型

自航模操纵性试验的关键技术之一是如何精确测量船模的位置信息。开展外场试验时,可以通过北斗或 GPS 采集船模的位置信息。在水池中开展内场试验时,由于信号遮蔽等问题无法采用北斗或 GPS,需要采用另外的测量手段。目前,最常用的方式有光学镜头采集方式(图6)和全站仪采集方式。

图6 光学镜头

4.3 试验内容

自航模操纵性试验的工况一般根据 IMO 规范或是项目研究的具体需求来确定,包括直航、回转、Z 形、停车、螺旋试验等。上述试验较为经典,本文不再详细展开,可参考各类《船舶原理》教材中的船舶操纵性部分。

5 结论与展望

本文对最新的船舶操纵性模型试验研究进行了综述,并对目前最常用的自航模操纵性试验方法和约束模操纵性试验方法进行了介绍。考虑到船舶操纵性研究的复杂性,模型试验仍将是该领域最重要的研究手段之一。

操纵性模型试验技术的发展方向包括:

(1)精细化模型试验技术,实现更可靠的 EFD/CFD 相互验证;

(2)尺度效应研究,通过有效的技术手段缩小模型尺度和实尺度下的操纵性预报差异;

(3)更可靠的风浪流环境中的操纵性试验技术;

(4)先进控制方法在船舶操纵性模型试验中的应用与检验;

(5)智能/无人船舶的操纵性测试技术。

参考文献

[1] ITTC. Free running model tests, recommended procedures and guidelines, 7.5-02-06-01, 2014.

[2] ITTC. Uncertainty analysis for free running model tests, recommended procedures and guidelines, 7.5-02-06-05, 2014.

[3] ITTC. Captive model test, recommended procedures and guidelines, 7.5-02-06-02, 2014.

[4] 中华人民共和国国家标准. 船舶和海上技术-船舶操纵性第6部分:模型试验特殊要求, CB/T-37303.6-2019.

[5] 中华人民共和国船舶行业标准. 水面舰船操纵性自航模试验规程, CB/Z-327-2016.

[6] 中华人民共和国船舶行业标准. 船舶操纵性水动力模型试验方法, CB/Z-20017-2016.

[7] BONCI M, JONG P, VAN WALREE F, et al. Experimental and numerical investigation on the heel and drift induced hydro-dynamic loads of a high speed craft[C]. FAST 2017, Nantes, France, 2017.

[8] YEO D J, YUN K, KIM Y G. A study on the effect of heel angle on manoeuvring characteristics of KCS [C]. MARSIM 2018, Halifax, Canada, 2018.

[9] YUN K, YEO D J, KIM D J. An experimental study on the turning characteristics of KCS with CG variations[C]. MARSIM 2018, Halifax, Canada, 2018.

[10] REICHEL M. Application of the IMO standard manoeuvres procedure for pod-driven ships[J]. Journal of Marine Science and Technology, 2020,25(1): 249-257.

[11] DELEFORTRIE G, GEERTS S, LATAIRE E, et al. Coastal and ocean basin and towing tank for manoeuvres in shallow water at flanders maritime laboratory[C]. AMT 19, Rome, Italy,2019.

[12] DELEFORTIE G, TELLO RUIZ M, VANTORRE M. Manoeuvring model of an estu-ary container vessel with two interacting Z-drives[J]. Journal of Marine Science and Technology, 2018, 23(4):739-753.

[13] SANO M, YASUKAWA H. Maneuverability of a combined two-ship unit engaged in underway transfer [J]. Ocean Engineering, 2019, 173:774-793.

[14] YASUKAWA H. Simulations of ship maneuvering in waves (1st report: turning motion)[J]. Japan Society of Naval Architects and Ocean Engineers,2006, 4:127-136.

[15] YASUKAWA H. Simulation of ship maneuvering in waves (2nd report: zig-zag and stopping maneuvers) [J]. Japan Society of Naval Architects and Ocean Engineers, 2008,7:163-170.

[16] YASUKAWA H, NAKAYAMA Y. 6-DOF motion simulations of a turning ship in regular waves[C]. MARSIM'09, Panama City, 2009.

[17] LEE S, HWANG S, YUN S, et al. An experimental study of a ship manoeuvrability in regular waves [C]. MARSIM'09, Panama City,2009.

[18] SANADA Y, TANIMOTO K, TAKAGI K, et al. Trajectories for ONR tumblehome maneuvering in calm water and waves[J]. Ocean Engineering, 2013,72:45-65.

[19] SANADA Y, ELSHIEKH H, TODA Y, et al. ONR tumblehome course keeping and maneuvering in calm water and waves[J]. Marine Science and Technology,2019, 24(3): 948-967.

[20] SPRENGER F, MARON A, DELEFORTRIE G, et al. Experimental studies on seakeeping and maneuverability of ships in adverse weather conditions[J]. Ship Research,2017, 61(3): 131-152.

[21] KIM D J, YUN K, PARK J Y, et al. Experimental investigation on turning characteristics of KVLCC2 tanker in regular waves[J]. Ocean Engineering, 2019,175(1), 197-206.

[22] YASUKAWA H, HIRATA N, YONEMASU I, et al. Maneuvering simulation of a KVLCC2 tanker in irregular waves[C]. MARSIM2015, Newcastle, UK, 2015.

[23] HASNAN M A A, YASUKAWA H, HIRATA N, et al. Study of ship turning in irregular waves[J]. Marine Science and Technology,2020,25(4):1024-1043.

[24] KIM D J, YUN K, CHOI H, et al. Turning characteristics of KVLCC2 tanker in long-crested irregular head waves [C]. International Conference on Advanced Model Measurement Technology for the Maritime Industry,2019.

第七篇

实海实船篇

实船试航与营运性能研究进展

高玉玲　陈伟民　高　旋

（上海船舶运输科学研究所有限公司）

1　研究背景

实船试航是检验船舶快速性、操纵性、主辅机性能及船舶装置等营运性能是否达到规定的技术指标及船级社规范要求的测试。其中，实船航速功率测试是在特定的船舶试航条件下检验船舶主机、航速、螺旋桨转速等是否满足合同要求，并向国际海事组织（IMO）提供符合要求的船舶能效设计指数（EEDI）计算所需的功率和航速。

合同中船舶航速和 EEDI 所要求的航速往往是指理想海况下的速度，即深水、无风、无浪、无污底等特定条件下的速度，而船舶试航条件往往达不到这个条件。因此，常规的做法是在试航结束后对这些环境参数进行适当修正。试航时，不仅需要测量船舶的航速、轴功率，还需要测量船舶的吃水、环境条件等，那么通过船东、船厂、船级社等多方认可航速/功率预报程序进行理想海况下的航速功率预报就显得非常必要了。

船舶实船营运性能委员会（PSS）是国际拖曳水池会议（ITTC）协助和配合国际海事组织实施 EEDI 成立的委员会。其目的是改善涵盖船舶整个生命周期内的性能预报（特别是大型船舶）。其任务是围绕船舶能效设计指数和船舶能效运营指数（EEOI）开展工作，主要负责制定（或修订）与 EEDI 相关的模型试验、实船测试等试验规程，确定在恶劣海况下船舶安全有效航行所需的最小功率，提出改进船舶营运性能的措施[1]。

为了应对全球气候变暖，IMO 于 2004 年通过第 A.963(23)号决议《IMO 关于减少船舶温室气体的政策和实践》，首次确定了控制船舶温室气体（GHG）排放的政策。在 2008 年 3 月的 MEPC57 会议上，IMO 首次提出新造船能效设计指数，并于 2011 年 7 月的 MEPC62 会议上通过 MEPC.203(62)决议（MARPOL 公约附则Ⅵ能效规则），EEDI 于 2013 年 1 月 1 日正式进入强制实施阶段。

在 2016 年 4 月的 MEPC69 会议上，国际航运公会（ICS）、清洁航运联盟（CSC）等组织要求 IMO 除了采用 EEDI 技术措施用于减少新造船温室气体减排外，还要考虑减少国际航运业温室气体，并设立明确的减排目标。在 2016 年 11 月的 MEPC70 会议上，IMO 成立了工作组并讨论如何推进 GHG 减排相关工作。经工作组建议，会议通过了"IMO 船舶 GHG 减排综合战略路线图"，其中包括燃油数据收集机制。

按照"IMO 船舶 GHG 减排综合战略路线图"要求，在 2018 年 4 月的 MEPC72 会议上通过了 MEPC.304(72)决议（《IMO 船舶温室气体减排初步战略》）[2]。该初步战略从背景、愿景、减排力度和指导原则、短期/中期/长期候选减排措施及其影响、存在的障碍及支持性措施、后续行动、定期审议 7 个方面，对国际航运业应对气候变化行动做了总体安排，旨在与气候变化协定（《巴黎协定》）中规定的温控目标保持一致，推动国际航运业尽快减排，并在 21 世纪内实现温室气体零排放。这是全球航运业首次为应对气候变化制定的温室气体减排目标，是 IMO 在航运温室气体减排谈判进程中的重要里程碑，向国际社会传递出航运业加快向低碳转型的强有力信号。

根据《IMO船舶温室气体减排初步战略》要求，2030年碳强度相比2008年要降低40%。IMO最新的EEDI数据库显示，大多数船舶不满足EEDI第三阶段，现有的船舶很可能在2030年仍然存在，明显不符合到2030年要比2008年降低40%碳强度的要求，因此这些数量庞大的船舶需要提高其船舶能效。

为深入推进IMO国际航运温室气体减排战略，降低海上航运活动对全球温室气体排放的影响，2023年7月的MEPC80会议通过了两份决议，即《2023年IMO船舶温室气体（GHG）减排战略》[3]和《船用燃料全生命周期温室气体强度导则》[4]，正式明确了国际航运的减排目标为尽快实现国际航运温室气体排放达峰，考虑不同国情，到2050年或2050年左右（接近2050年）实现航运净零排放。这一目标旨在与巴黎协定设定的长期温升目标保持一致。新的减排战略在保持原本的到2030年实现碳排放强度降低40%的目标之外，还设置了两个"指标性校核点"：到2030年，国际航运温室气体年度排放总量相比2008年应至少降低20%，并力争降低30%；到2040年，国际航运温室气体年度排放总量相比2008年应至少降低70%，并力争降低80%。与初步战略不同的是，新设定的减排中间目标将基于船用燃料的全生命周期温室气体排放核算，且核算范围也将不仅局限于二氧化碳。与此同时，新战略还着重强调了零/近零温室气体排放技术、燃料和/或能源的应用，指出到2030年零/近零排放技术、燃料和/或能源的应用在国际航运用能中的占比至少达到5%，并力争达到10%。

2 研究进展

2.1 实船航速功率测试及预报方法

在完成船舶航速功率测试后，需要对实船测试中风、浪、流等对航速与功率造成的影响进行修正，以获得标准理想海况下船舶的功率航速。过去，对于实船试航数据修正方法，我国船厂较多使用英国船舶研究协会（BSRA）修正法[5]，日本、韩国较多使用ISO 15016:2002[6]方法。2012年，ITTC颁布了实船试航规程，各方法在修正流程和具体修正项的计算方面均有不同。ITTC与国际标准化组织（ISO）后来又分别颁布了新规程ITTC:2014及ISO 15016:2015[7]，使这两种修正方法基本统一起来。2015年5月15日，MEPC.261(68)决议已正式将ISO 15016:2015纳入《2014年能效设计指数检验与发证导则》[8]，作为船舶试航和航速-功率曲线修正的依据[3]。

2018年，海上环境保护委员会MEPC73会议基于ITTC提供的相关验证程序对《2014年能效设计指数检验与发证导则》进行了修订，进一步改进了风、流、浪、浅水、海水温度和密度等修正方法。海上环境保护委员会还对原EEDI计算导则进行了修订，纳入冰级船的修正系数及EEDI替代计算方法，形成了《2018年新造船舶达到的能效设计指数计算方法导则》[9]，并批准了MARPOL公约附则Ⅵ第19条修正案。

2021年，第29届ITTC实船营运委员会进一步修订了实船试航及航速预报推荐规程ITTC 7.5-04-01-01.1[10]，更新了浅水修正、波浪修正和风阻修正等相关程序，为实船测试和航速预报提供参考。以下简要介绍ITTC船舶试航结果的航速/功率的分析方法。

第29届ITTC实船试航及航速预报推荐规程[10]基于ITTC 7.5-04-01-01.1(2017)[11]、ISO 19019:2002[12]、ISO 15016:2015[7]、Sea Trial Analysis JIP(2006)[13]文件制定。

2.1.1 水温和密度修正

水温和水密度都影响水的黏度，从而影响船舶航行阻力。船底受水温的影响很大，从与船底几乎处于同一水平的入口采集水样是可行的。实船营运委员会决定保留目前的建议，按照ISO 15016:2015的方法测量海水水温和密度,即在试航海域的船舶海底阀进水口的同一平面测得,修正方法也保持不变。

2.1.2 流修正

ISO 15016:2015[7]采用平均再平均法(means of means method,简称平均法)和迭代法(IM)两种方法进行流修正。从许多迭代法的有效性研究来看,即使是在3个往返运行(3 double runs)情况下,IM对于模拟数据和实际试验结果也几乎都收敛。实船营运委员会同意在修订的规程中增加迭代法[1,11]。第29届ITTC[10]关于姊妹船需增加往返次数的条件明确为:与首制船相差0.3 kn且流修正采用荷兰的平均法。

通过比较平均法与迭代法的计算原理和计算结果可得到如下结论:当流平缓变化且风浪条件较好时,宜使用考虑往返航次间流变化的迭代法;当流变化比较剧烈时,两种方法均不适用;当流变化较小且风浪较小时,两种方法比较接近;当风浪较大时,使用风浪修正后的功率进行流的迭代计算会产生较大误差,此时采用平均法进行流的修正更合理[14]。

2.1.3 浅水修正

ISO 15016:2015[7]中Lackenby方法[15]进行浅水速度修正公式如下:

$$\frac{\Delta V}{V} = 0.1242\left(\frac{A_M}{H^2} - 0.05\right) + 1 - \left(\tanh\frac{gH}{V^2}\right)^{1/2}, \quad \frac{A_M}{H^2} \geq 0.05 \tag{2.1}$$

式中,A_M为船舶舯横剖面面积;g为重力加速度;H为水深;V为船速;ΔV为浅水中的速度降低。

随着船舶趋于大型化,实船测试水深很容易接近下限$2\sqrt{BT_M}$,其中B为船宽,T_M为船中吃水。Raven[16]研究表明,Lackenby方法对于浅水速度修正过大,尤其是当水深接近下限时。Lackenby方法基于1934年Shlichting的3条船模型试验数据,年代较为久远且存在一定问题:如模型试验船型较少且较为特殊、船模试验中的池壁和池底影响较为复杂、与实船浅水情况有差别等,此外还缺乏实船测试的验证。Raven[17]提出了一种浅水修正的新方法,区分波浪和黏性阻力,包括升沉量的影响。第29届ITTC(2021)[10]将Raven浅水修正方法作为唯一的浅水修正方法,取消了对速度的直接修正,调整了允许试航的最浅水深(下限),取消了浅水、深水的分界线(上限),保证了浅水修正的连续性,即试航水深下限$h = \max(2.5T, h = 2.4\frac{V_s^2}{g})$。其中,$h$为水深;$T$为吃水;$V_s$为航速;$g$为重力加速度。

2.1.4 风阻修正

第29届ITTC推荐规程7.5-04-01-1.1[10]中风阻系数可通过四种途径获得:①风洞试验,;②典型船的风阻系数库;③使用Fujiwara回归公式;④计算流体动力学(CFD)数值模拟。通常,大多数船舶不进行风洞试验,一般采用②、③或④估算风阻系数。对于第②种途径,规程中给出了由STA-JIP[13]提供的部分典型船的风阻系数图谱,适用于相似类型的船舶。对于图谱中不相似的船型,或者上层建筑形态差别较大的船舶,采用②和③计算风阻系数精度都难以满足要求。第29届实船营运性能委员会致力于推进CFD方法来修正风阻,发起了2型散货船的风阻数值计算活动。结果表明,CFD的结果与模型试验结果差异在±20%范围内。因此第29届ITTC(2021)将CFD数值计算风阻方法纳入风阻修正方法之列,但要求修正的功率不超过总的修正功率的2%。

第29届ITTC推荐规程7.5-04-01-1.1[10]认为,采用不受船体任何部分影响的、经过认证的测量仪器,或者往返风速差异不超过5%(或0.5 m/s),则可使用单程航行进行风速修正。

2.1.5 波浪增阻修正

ISO 15016:2015[7]给出了4种波浪增阻修正方法供选择,不同的方法计算结果有所不同。第1种方法使用简单公式直接计算波浪增阻的STAWAVE-1。该方法认为在船舶运动较小时,波浪增阻主要是波浪反射增阻,船舶运动引起的增阻可以忽略,因此可根据反射原理以及船舶水线形状,采用如下的近似公式来计算波浪增阻:

$$R_{AWL} = \frac{1}{16}\rho_s g H_{1/3}^2 B \sqrt{\frac{B}{L_{BWL}}} \tag{2.2}$$

式中,B为船宽;L_{BWL}为船首水线顶点距离95%船宽处的纵向距离;$H_{1/3}$为有义波高;ρ_s为水的密度。该公式适用范围须满足升沉纵摇较小及浪向为艏斜浪。

另外三种波浪修正方法均采用波浪增阻传递函数谱分析法,只是获得传递函数的方式不同。第2种方法使用经验公式STAWAVE-2计算增阻传递函数。第3种方法使用理论公式加短波模型试验计算增阻传递函数(NMRI)。第4种方法利用规则波试验得到增阻传递函数,得到波浪增阻传递函数后,根据海况参数有义波高、周期以及波浪谱类型通过下式计算不规则波中波浪增阻值(仅考虑迎浪情况):

$$R_{aw} = \int_{\omega=0}^{\infty} \frac{R_{aw}(\omega)}{\varsigma_a^2} S(\omega) d\omega \tag{2.3}$$

式中,$R_{aw}(\omega)$为增阻传递函数;ς_a为相应规则波的波幅;$S(\omega)$为不规则波波浪谱密度函数,可以采用ITTC双参数谱、JONSWAP以及实测波浪谱。

对波浪修正方法STAWAVE-1、STAWAVE-2、NMRI(VESTA)进行有效性分析研究[1],对比结果如表1所示。

表1 STAWAVE-1、STAWAVE-2、NMRI(VESTA)方法对比

序号	修正方法	规则波	不规则波	适用条件
1	STAWAVE-1	短波中预报结果良好,但是在其他频率条件下预报结果偏小	数据离散度较大,忽略了速度对波浪增阻的影响	艏加速度<0.05g 浪向范围-45°~45°
2	STAWAVE-2	需要改进短波中的预报,有时预报结果偏小,有时预报结果偏大	在较大的波浪范围和较宽的航速范围内吻合度均良好,低航速下增阻结果偏小	50 m<L<400 m 4.0<L/B<9.0 2.2<B/T<9.0 0.1<Fr<0.9 0.39<C_b<0.9 浪向范围-45°~45°
3	NMRI(VESTA)	预报结果良好,包括短波中的预报结果	在较大的波浪范围和较宽的航速范围内吻合度均良好	50 m<L,船长上限不受限制 4.0<L/B<9.0 2.2<B/T<9.0 0.39<C_b<0.9 航速不受限制 各种浪向和各种船型

这三种修正方法的浪高上限是相同的。根据对STAWAVE-1、STAWAVE-2、NMRI(VESTA)三种方

法的有效性研究结果,实船营运委员会建议 STAWAVE-2 和 NMRI 方法中的船舶长度 L,宽度吃水比 B/T 和方形系数 C_b 的限制条件相同。

由于 STA 方法仅限于迎浪的修正,当浪向角超过 45°时可以采用 NMRI 方法,但是该方法需要船舶线型。基于这些因素,第 29 届 ITTC[10]引入了全向波浪增阻预报方法 SNNM。该方法无须型线,适用于全浪向和所有船型,该方法的引入填补了原试航规程中"没有型线就不能对 45°至随浪进行修正"的空缺。

CFD 方法在波浪荷载预报中的应用逐渐增多。当船舶遇到任意浪向和周期的波浪时,作用于船体上的是非定常力。2015 年,东京 CFD 研讨会进行了船型 KCS 在单一速度和不同周期规则波顶浪中运动的基准研究,平均结果与实验数据吻合良好,但 CFD 预测存在相当大的离散性;IACS 和 SHOPERA 研讨会发现运动预报比波浪增阻预报得更好,对于用于海上试验修正来说,消耗 CPU 时间太长;大多数计算不包括螺旋桨,而且针对规则波;对于除顶浪之外其他条件下,CFD 的验证数据不足。因此,PSS 认为使用 CFD 预测海上试验波浪荷载修正的证据不足。

2.1.6 功率修正

第 28 届 ITTC(2017)[11]给出了非正式的扩展功率法(extended power method,EPM),相对于直接功率法(direct power method,DPM)。EPM 和 DPM 均基于各种阻力对功率和螺旋桨转速进行修正,而且都需要用到敞水性征曲线(POC),其不同点在于 DPM 需要在试验前准备螺旋桨载荷和功率修正,而 EPM 则是在海试分析中直接预报螺旋桨载荷。另外,EPM 基于反向等推力法,可以得到实船伴流分数[1,11]。

日本船厂对 EPM 和 DPM 的功率预报结果进行了对比,发现两者预报结果差异大约在 1%以内。

ISO 15016:2015[7]采用直接功率法进行实船测试功率航速修正,对风、浪、水温、密度等的阻力增加直接进行功率修正,修正公式中考虑了功率、转速和航速变载荷系数 ξ_p、ξ_n、ξ_v,三个变载荷系数由变载荷模型试验得到。其中,功率变载荷系数 ξ_p 用于功率的修正,包含了由于阻力增加和推进效率降低造成的功率增加。

2.1.7 变载荷试验结果的统计特性

Adachi 和 Moriyama[8]基于螺旋桨动量理论开发变载荷试验方法并进行试验验证。他们认为波浪中自航因子的频率响应应予以考虑。

波浪中的自航因子研究结果表明:推力减额(t)和伴流分数(w)与螺旋桨载荷因子的平方根有关;波浪中的船舶自航点(F_d)与推力减额(t)有关,也受螺旋桨载荷因子的影响;波浪中的伴流分数(w)不仅受螺旋桨载荷的影响,还受船舶运动的影响。

基于 ITTC 研究的结果[1],PSS 得出结论:在非理想试航条件下,为了评估海试中螺旋桨载荷对推进效率和转速的影响,拖曳水池必须提供螺旋桨载荷变化的测量结果,不应该使用统计的载荷变化和一般参考值。

2.2 实船营运性能

营运船舶的航速/功率性能由于 EEOI、现有船舶能效设计指数(EEXI)以及碳强度(CII)等政策的出台和实施变得非常重要,受到广泛关注。ISO 19030[19]建议采用连续的监测方法获得性能数据来分析船舶营运性能。

2.2.1 营运船舶航速/功率性能监测与分析

监测船舶的营运性能不仅可以评价船舶在一个航程内的服务能力,还可以验证船舶交付后即营运过程中的船舶性能。首先,跟踪船体和螺旋桨的污底情况,做好后期船舶螺旋桨的清污保养;其次,对于气象航线优化提升燃油效率、吃水和纵倾的优化以及评估风浪裕度并反馈给水池用于船模/实船相关性的研究等。

从实船监测数据来有效评估营运船舶的功率/航速性能,其中最重要的是获得准确的环境数据,而从船载监测设备获得遭遇波浪的参数是最难的,目前通常从航行日志中获得波浪条件。现在测波雷达应用逐渐广泛,但雷达测波有一个缺点,就是不能直接获得波高的数值,且雷达测量的波高有效性有待进一步与船舶航线上的波浪浮标测得的波高进行对比验证。

船舶营运性能智能检测系统主要有航行记录仪(VDR)、机舱智能监测系统(EMS)。除了遭遇波浪、船舶的运动和螺旋桨/轴的推力和扭矩需要特殊的测量设备外,其他与船舶性能相关的参数都可以通过VDR和EMS获得。

这套系统通过一套传感器和PC系统获得、分析和展示数据。与船体相关的大部分数据,如航速、航线、迎风、舵角等均通过VDR获取并从局域网输出数据。与机械相关的数据,如燃油流量、燃油温度、轴功率等通过EMS获得。船舶的运动和遭遇波浪通过一些专用运动传感器和雷达测波仪进行测量。测量的数据融合到20 min的时历数据文件中,时历数据统计分析通过船上PC系统完成,并计算数据的均值、最大值、最小值、标准偏差、显著值和跨零周期。统计分析数据通过通信卫星自动传输到岸上数据服务器。

船载监测数据与实船航速/功率试航中测量的数据一样,只是水速度(STW)通常由船舶营运中的速度日志(多普勒或电磁测速仪)得到。为了提高STW的准确性,Sudo[20]开发了多层多普勒声呐(MLDS)来提升船载监测设备的有效性,并将这些设备运用到一艘油轮上。MLDS也可用于近流场的测量,Inukai等[21]采用MLDS对一艘集装箱船螺旋桨附近的尾部流场进行测量,这与CFD计算的结果比较吻合。螺旋桨推力、扭矩光学传感器可以监测船体涂层或螺旋桨性能的不可预测的退化,并能够分离船体和螺旋桨性能。当水下船体或螺旋桨出现污底或损坏,监测系统能及时显示其原因和不利的影响。

为了探究营运船舶的性能预报,对波浪中的定常横摇力和定常艏摇力矩进行了评估研究,发现船舶在波浪中的速度、功率和油耗不受稳定横摇力和艏摇力矩的影响;横波影响漂移角和舵角[1]。

通过对典型主流船舶EEDI指标载况和压载航行载况下的实船航速与功率测试及营运监测,开展压载试航测试结果和模型试验结果的对比研究,建立实用的船模-实船航速预报方法,制定快捷、有效的不同载况航速/功率修正指南,为规范实船航速与功率预报提供技术支撑[14,22]。

荷兰海事研究所(MARIN)运用一种新方法通过营运船舶的运动直接获得实时可靠的海浪方向谱,从而可能取代通过布置大量的浮标或者昂贵的雷达测波装置获得波浪参数[23]。

文献[24]提出了一种逐步编制船舶营运和性能分析数据的方法,该方法包含去除时间序列数据中的跳变、离群点检测、数据的选择和提取,提高实船营运中测量到的大量数据的有效性,可以有效改善船舶性能分析质量。

2.2.2 f_w的计算

根据MEPC.212(63)(IMO 2012a)[25]和MEPC.245(66)(IMO 2014)[26],EEDI计算公式如下:

$$\text{EEDI} = \frac{CO_2 \text{ Emissions}}{\text{Cargo Capacity} f_w V_{ref}} \tag{2.4}$$

式中,V_{ref}是在75%最大连续功率下结构吃水静水中的航速;f_w是气象因子,考虑了风和浪的影响。f_w定义为波浪中航速与静水中航速的比值,即:

$$f_w = \frac{V_w}{V_{ref}} \tag{2.5}$$

图1给出了通过航速功率曲线给出f_w的定义。V_w是船舶在典型海况下(表2)的航速。

表 2　IMO 2012b 对典型海况条件的定义[27]

有义波高 H	3.0 m
海平面以上 10 m 高处的平均风速	12.6 m·s^{-1}
跨零周期 T_z	6.16 s
波谱	式(2.6)
风浪方向	迎浪或者引起最大失速的浪向

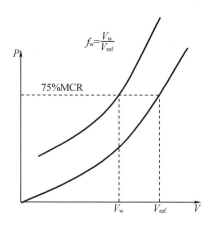

图 1　f_w 的定义

$$S(\omega, H, T) = \frac{A_S}{\omega^5} e^{\frac{B_S}{\omega^4}} \qquad (2.6)$$

式中，$A_S = \frac{H^2}{4\pi}\left(\frac{2\pi}{T_z}\right)^4$，$B_S = \frac{1}{\pi}\left(\frac{2\pi}{T_z}\right)^4$。具体信息请参阅 ITTC procedures 7.5-02-07-02.1[28]和 7.5-02-07-02.2[29]。可以通过模型试验或者数值计算方法获得 f_w。ITTC 7.5-02-07-02.8[30]推荐了比较实用的计算 f_w 方法，如表 3 所示。

表 3　计算 f_w 的实用方法

序号	名称	推荐方法	其他方法
1	静水阻力	水池试验（ITTC procedure 7.5-02-03-01.4 & 7.5-02-02-01）	CFD（ITTC procedure 7.5-03-02-03）
2	风阻力	Blendermann(1993) Fujiwara(2005) （ITTC procedure 7.5-04-01-01.2）	风洞试验
3	波浪增阻	3D 面元法	+NMRI 短波绕射部分公式（ITTC procedure 7.5-07-01-02.1&7.5-07-01-02.2）
		薄船理论+Maruo 公式+NMRI 短波公式（ITTC procedure 7.5-07-01-01.2）	
		CFD	
		耐波性试验（ITTC procedure 7.5-02-07-02.1&7.5-02-07-02.2）	
4	推力	敞水试验图	
5	f_w	速度功率曲线	迭代法

2.2.3 在恶劣海况下确保操纵性的最小功率需求

2012 年,国际海事组织发布了最小功率要求指南,提出了三个级别的评估,复杂性逐渐增加;2013 年,MEPC 65 略微修订了第一级最小功率线评估方法,大大降低了第二级简化评估方法的海况,使海况变得相当温和,特别是对于较小的船只;希腊的一项研究(2013 年)表明,上述准则存在严重差异和不合理之处。通函 MEPC 68(2015)MEPC.1/Circ.850/Rev.1[31] 修订了最小功率线,使第一级评估方法比第二级评估方法更加严格;2021 年,MEPC76 会议批准了船舶在恶劣海况下维持操纵性最小推进功率导则修正案(MEPC.1/Circ.850/Rev.3)[32],修改了恶劣海况的定义,海况条件相比 2013 临时导则更严格,提出了一种新的 Level 2 评估方法"最小功率评估",代替 2013 临时导则的"简化评估"。下面简要介绍 MEPC.1/Circ.850/Rev.3 修正案[32]如何评估船舶在恶劣海况下维持操纵性最小推进功率。

该方法适用于 MARPOL 公约附则 VI 第四章第 21.5 条规定的 EEDI 实施要求。

"恶劣海况"系指表 4 所列参数条件下的海况。

表 4　海况参数

有义波高 h_s/m	谱峰周期 T_p/s	平均风速 V_w/(m·s^{-1})
6.0	7.0~15.0	22.6

对于沿海水域,应考虑谱峰参数为 3.3 的 JONSWAP 海浪谱。

恶劣海况适用于不同尺度的船舶,如表 5 所示。

表 5　恶劣海况适用的船舶尺度

船长/m	有义波高 h_s/m	谱峰周期 T_p/s	平均风速 V_w/(m·s^{-1})
L_{pp}<200	4.5	7.0~15.0	19
200≤L_{pp}≤250	按船长线性插值得到		
L_{pp}>250	6	7.0~15.0	22.6

评估方法分为两个等级,即第一等级 level 1:最小功率线评估;第二等级 level 2:最小功率评估。

(1) 最小功率线评估

不同船型的总装机最大持续功率(MCR)的最小功率标准值(kW)应由下式计算:

$$最小功率标准值 = a \times DWT + b \tag{2.7}$$

式中,DWT 为船舶载重吨;液货船、散货船和兼用船的参数 a 和 b 的取值如表 6 所示。

表 6　不同船型确定最小功率线时参数 a 和 b 的取值

船型	a	b
载重吨小于 145 000 的散货船	0.076 3	3 374.3
载重吨大于等于 145 000 的散货船	0.049 0	7 329.0
液货船	0.065 2	5 960.2
兼用船	见上述液货船	

所有主推进发动机的总装机 MCR 应不小于最小功率线值,其中最大持续功率值为 EIAPP 证书中规

定的值。

(2)最小功率评估

最小功率评估流程如下：

①计算迎风迎浪至艏斜风斜浪30°范围内船舶纵向最大阻力,最小航行速度设为2.0 kn,则

$$T=\frac{X_s+X_a}{1-t} \tag{2.8}$$

式中,T为所需要的螺旋桨推力,单位为N;X_s为静水阻力,单位为N,含附体阻力,$X_s=(1+k)C_F\frac{1}{2}\rho SU^2$,$k$为形状因子,$C_F$为摩擦阻力系数,$U$为船舶前进航速,$U=2.0$ kn,ρ为水的密度,$\rho=1\,025$ kg/m³,S为船体和附体湿表面积,单位为m²;t为推力减额,$t=0.1$;X_a为最大增阻,单位为N。

$$X_a=X_w+X_d+X_r \tag{2.9}$$

式中,X_w表示风阻力;X_d表示波浪阻力;X_r表示舵阻力。

由风引起的最大增阻

$$X_w=0.5X'_w(\varepsilon)\rho_a V_{wr}^2 A_F \tag{2.10}$$

式中,$X'_w(\varepsilon)$为无因次风阻系数,由风洞试验、经主管机关或认可组织核实的等效方法或当风向角在0°~30°时,$X'_w=1.0$,当船舶上安装的甲板机械侧向投影面积超过总的侧投影面积的10%时,$X'_w=1.4$;ε为风向角;ρ_a为空气的密度,$\rho_a=1.2$ kg/m³;V_{wr}为相对风速,$V_{wr}=U+V_w\cos\mu$;V_w为绝对风速,由表5定义;A_F为迎风面积,单位为m²。

波浪阻力由两种方法得到：

a. 经验公式

$$X_d=1\,336(5.3+U)\left(\frac{Bd}{L_{pp}}\right)^{0.75}\cdot h_s^2 \tag{2.11}$$

式中,L_{pp}为垂线间长,单位为m;B为船宽,单位为m;d为吃水,单位为m;h_s为表5中定义海况下的有义波高,单位为m。

b. 谱方法

$$X_d=2\int_0^\infty\int_0^{2\pi}\frac{X_d(U,\mu',\omega')}{A^2}S_{\zeta\zeta}(\omega')D(\mu-\mu')d\omega'd\mu' \tag{2.12}$$

式中,$\frac{X_d}{A^2}$为规则波波浪增阻二次传递函数,单位为N/m²,可以采用模型试验、经验公式、半经验方法或等效方法;A为波幅;$S_{\zeta\zeta}(\omega')$为谱峰参数为3.3的JONSWAP海浪谱;$D(\mu-\mu')$为波能相对于平均波面方向的传播函数,对于短峰波,$D(\mu-\mu')\neq 1$,对于长峰波,$D(\mu-\mu')=1$,$X_d=1.3X_r$,X_r为舵力,$X_r=0.03T_{er}$,T_{er}为螺旋桨推力;ω'为波分量的频率,单位为rad/s;μ为遭遇浪向角,单位为rad;μ'为波分量方向角,单位为rad。

②考虑包含附体在内的船舶阻力及推进特性,计算主机对应的所需制动功率与转速。

$$\frac{K_T}{J^2}=\frac{T}{\rho u_a^2 D_p^2} \tag{2.13}$$

$$Q=K_Q\rho n_p^2 D_p^5 \tag{2.14}$$

式中,n_p为恶劣海况下螺旋桨转速,单位为1/s;Q为螺旋桨转矩,单位为N·m;K_T为螺旋桨敞水特性中的推力系数;K_Q为螺旋桨敞水特性中的扭矩系数;T为螺旋桨需要的推力,单位为N;ρ为海水密度,$\rho=1\,025$ kg/m³;U_a为螺旋桨进速 $U_a=U(1-w)$,$w=0.15$;D_p为螺旋桨直径,单位为m。

③校核相应转速下主机所需制动功率P_B^{req}是否超过由主机制造商确定的许用制动功率P_B^{av},评估要

求 $P_B^{req} \leqslant P_B^{av}$。

$$P_B^{req} = \frac{2\pi n_p Q}{\eta_s \eta_g \eta_R} \quad (2.15)$$

式中，η_s 为 EEDI 验证中的机械传递效率；η_g 为齿轮箱效率；η_R 为相对旋转效率。

2.2.4 现有船舶能效设计指数和碳强度

2018 年，IMO 批准了温室气体减排战略[2]，提出减排目标为 2030 年碳强度相比 2008 年降低 40%，到 2050 年降低 70%；2050 年 GHG 总量相比 2008 年至少降低 50%；并制定了短期、中期和长期措施，短期措施于 2023 年生效。为加快航运温室气体减排的步伐，促使航运温室气体排放尽快达到峰值，IMO 基于对满足 EEDI 要求的船舶能效相关数据的收集和分析，将液化天然气（LNG）运输船、集装箱船、杂货船、具有非传统推进系统的豪华邮轮和 15 000 载重吨以上的气体运输船的 EEDI 第三阶段要求提前至 2022 年 4 月 1 日执行，并将其中具有较大减排潜力的集装箱船的 EEDI 第三阶段折减系数按照不同吨位从 30% 提升到了 30%~50% 不等[23]。同时，为了后续更好地评估 EEDI 的实施情况及其对航运减排带来的影响，MEPC 76 通过了 MARPOL 公约附则 Ⅵ 修正方案[33-36]，即降低国际航运碳强度的技术和营运措施，包括 EEXI、增强的船舶能效率管理计划（SEEMP）和 CII 评级计划，从 2023 年开始生效。为保障 EEXI 和 CII 相关要求的落地实施，MEPC 76 通过了 EEXI 和 CII 计算验证相关的技术导则。

（1）现有船舶能效设计指数

EEXI 是 EEDI 的演化版，适用于所有 400 GT 以上且属于 MARPOL 公约附则 Ⅵ 的船舶。其是对现有船舶（2022 年 4 月 1 日前签订建造合同的船）的能效以及每英里（1 英里 = 1.609 344 km）的二氧化碳排放量的要求[33]。EEXI 不分阶段，它的计算方法与 EEDI 类似，是根据船舶固有技术参数并考虑主机限定后功率进行的评估，是根据 CO_2 排放量和货运能力的比值来表明船舶的能效。现有船达到的能效指数（Attained EEXI）的计算和验证导则参照新造船 Attained EEDI 的计算和验证方法制定。

EEXI 旨在通过技术性措施降低碳排放强度（例如设备升级改造）。基于 EEXI 计算导则，根据全球现有船舶技术能效 EEXI 整体评估的结果，提出了具体船型的减排指标，要求船舶满足 EEDI 第二或三阶段，详细结果如表 7 所示。

表 7　现有船能效 EEXI 减排指标[36]

船舶类型	要求 EEXI（低于 EEDI 基线 Δ%）
散货船	Δ20%（=EEDI phase2）
油船	Δ20%（=EEDI phase2）
集装箱船	Δ30%~50%（=EEDI phase3）
杂货船	Δ30%（=EEDI phase3）
气体运输船	小于 14 999 DWT：Δ20%（=EEDI phase2） 大于 15 000 DWT：Δ30%（=EEDI phase3）
LNG 运输船	Δ30%（=EEDI phase3）
冷藏货物运输船	Δ15%（=EEDI phase2）
兼装船	Δ20%（=EEDI phase2）
滚装船	Δ20%（=EEDI phase2）
客船	Δ30%（=EEDI phase3）

①EEXI 的计算方法

EEXI 方案与新造船 EEDI 方案类似,计算方法与 EEDI 一样,通过船舶的载运能力、主机功率、航速等技术参数来确定现有船舶的技术能效水平,并基于 2030 年温室气体碳排放强度削减 40%的目标,设定单船对应的目标要求。

EEXI 计算装载状态与 EEDI 一致,散货船、油船取满载吃水(夏季载重线)载重量,输入功率为 75% MCR 及对应航速。各项计算分别如下:

a. 主机功率

通常情况下,EEXI 计算主机功率输入值与 EEDI 计算一致,取 75%MCR。

当现有船舶需要限制主机 MCR 时,需要确定 EEXI 方案下的主机功率 P_{ME}。在 Attained EEDI 计算时,对于越控,P_{ME} 取 75% MCR 和 83% MCR_{lim} 的较小值,对不可越控,P_{ME} 取 75% MCR_{lim}(IACS REC172)。

b. 航速

按照 EEXI 计算导则,现有船的 EEXI 航速可以通过经符合 EEDI 验证指南要求的模型试验获得的速度功率曲线得到;对于无法提供功率航速曲线的船舶,航速也可以通过由 IHS Fairplay 数据库数据统计回归得到的估算方法获得。

MEPC 76 会议给出了几种方法计算航速如下:

(a)对 EEDI 船舶,航速可通过符合 EEDI 要求的航速功率曲线得到。

(b)对于非 EEDI 船舶,航速可通过符合 EEXI 验证导则要求的航速功率曲线得到。

(c)对于无法提供功率航速曲线的船舶,也可以采用导则提供的估算方法得到。

$$V_{\text{ref,app}} = (V_{\text{ref,avg}} - m) \times \left[\frac{\sum \text{MCR}_{\text{ME}}}{\text{MCR}_{\text{avg}}} \right]^{\frac{1}{3}} \quad (2.16)$$

式中,$V_{\text{ref,avg}} = A \times B^C$、$\text{MCR}_{\text{ME}} = D \times E^F$ 基于 IHS Fairplay 数据库统计分析得到。同时考虑不高估现有船舶能效,引入船舶能效裕度系数 m,m 为 5% $V_{\text{ref,avg}}$ 或 1 kn(取小值)。虽然给出航速具体计算公式,但是能效裕度系数 m 仍需进一步审议,同时其可靠性也有待验证。

(d)对于有 EEDI 吃水下试航结果的船舶航速:

$$V_{\text{ref}} = V_{\text{S,EEDI}} \times \left[\frac{P_{\text{ME}}}{P_{\text{S,EEDI}}} \right]^{\frac{1}{3}} \quad (2.17)$$

式中,$V_{\text{S,EEDI}}$ 为 EEDI 吃水下的试航航速;P_{ME} 为主机功率;$P_{\text{S,EEDI}}$ 为 $V_{\text{S,EEDI}}$ 对应的主机功率。

(e)对于有设计吃水下试航结果的散货船、液货船、集装箱船:

$$V_{\text{ref}} = K^{1/3} \left(\frac{\text{DWT}_{\text{S,service}}}{\text{Capacity}} \right)^{2/9} \times V_{\text{S,service}} \times \left[\frac{P_{\text{ME}}}{P_{\text{S,service}}} \right]^{\frac{1}{3}} \quad (2.18)$$

式中,$V_{\text{S,service}}$ 为设计装载吃水下的试航速度;Capacity 为载运能力;$\text{DWT}_{\text{S,service}}$ 为设计装载吃水下的载重量;$P_{\text{S,service}}$ 为对应 $V_{\text{S,service}}$ 的主机功率;K 为比例系数,具体取值如表 8 所示。

表 8　比例系数 K 的取值

K 取值	适用船型
0.95	120 000 载重吨或以下的集装箱船
0.93	120 000 载重吨或以下的集装箱船
0.97	200 000 载重吨或以下的散货船
1.00	200 000 载重吨以上的散货船
0.97	100 000 载重吨或以下的液货船
1.00	100 000 载重吨以上的液货船

MEPC 78 次会议又增加了一种方法计算航速，即通过实际航行数据获得 EEXI 航速。

对于安装节能附体的船舶，对 EEXI 的影响可以通过安装节能装置后的试航结果（接受姐妹船的试航结果）、模型试验和数值计算方法获得。

航速在 EEXI 能效评估中占据重要地位，其准确性对能效评估结果影响较大。采用模型试验与实船试航结果最可靠，更能体现准确性和技术先进性。

c. 主辅机油耗

主辅机油耗的要求与 EEDI 规则要求一致，即主机油耗为记录在 NO_x 技术案卷中试验报告 75%MCR 的油耗，辅机油耗为记录在 NO_x 技术案卷中试验报告 50% MCR 的油耗，且主辅机的油耗需要按照 ISO 15550-2002 和 ISO 3046-1-2002 进行热值和环境条件修正。

EEXI 方案对于主辅机没有 NO_x 技术案卷的船舶放宽了要求，可以采用设备厂商提供并经认可的值。

如果主辅机油耗设备厂商也不能提供，根据计算导则建议统一油耗，主机统一为 190 g/kWh，辅机统一为 215 g/kWh。此值过高导致现有船舶 EEXI 值过高，需要更多的能效改善措施，不建议采用此值。对于采用功率限定的船舶，采用内插法获得。

d. 碳转换系数

如果根据计算导则建议采用主辅机的统一油耗，其碳转换系数（CF）统一为 3.114 4，相比 NO_x 技术案卷中采用柴油的 3.206 值偏低 3%左右，等同于主机油耗从 190 g/kWh 降低为 184.6 g/kWh，辅机油耗从 215 g/kWh 降低为 208.9 g/kWh，稍微有利于现有船舶能效。

②提高 EEXI 的技术措施

可以采用技术措施提高现有船舶的 EEXI，具体取决于每艘船舶的情况。根据 EEXI 的计算公式，可以采用措施降低 PME（与提高 V_{ref} 的措施效果对应）、降低单位燃油消耗量 SFC（结合降功率改造）和降低 CF（燃油类型），提高载货能力（capacity），来提高现有船舶能效。主要技术措施有：

a. 采用清洁能源技术：低碳燃料，如生物柴油、LNG、甲醇等，以及零碳燃料，如氨燃料、氢燃料、风能等。

b. 改装或安装节能设备，如优化设计螺旋桨、加装附体节能技术等。

c. 主机限制功率，如限制主机功率（engine power limitation，EPL）、限制轴功率输出（shaft power limitation，SPL）等。限制主机功率措施被认为是最具有普遍性的方案。

（2）船舶营运碳强度指标

营运性降低 CII 规则于 2023 年 1 月开始生效。CII 区别于 EEDI、EEXI 的本质特征在于它是事后统计,具有随机变量特性,不完全可控。

CII 适用于 5 000 GT 及以上船舶(与 IMO 数据收集机制的船舶吨位要求一致),基于船舶 CII 获得值和 CII 要求值的差异,对船舶年度营运碳强度水平进行 A~E 级的 5 级评价,评价结果将体现在 SEEMP 中,获评 E 级或者连续三年获评 D 级的船舶需要制定改进计划。不同于 EEXI 的是,CII 的指标逐年收紧,即根据 2019 年的数据作为基准指标,2023 年开始减少 5% 的碳排放,之后每年在前一年的基础上再减 2%。

为了保障船舶营运 CII 的实施,MEPC 76 通过了 CII 计算导则(G1)、CII 基线导则(G2)、CII 折减系数导则(G3)、CII 评级导则(G4),后经通信工作组的讨论和会议审议,MEPC 78 又通过了 CII 修正系数和航程调整导则(G5),同时对 CII 导则 G1、G2 和 G4 进行了部分修订。G1~G5 导则的具体内容可查阅 MEPC.352(78)[37]、MEPC.353(78)[38]、MEPC.338(76)[39]、MEPC.354(78)[40] 和 MEPC.355(78)[41]。

3 总结与展望

(1) 实船航速/功率预报分析

IMO 和 ITTC 关于实船试航规程和航速预报方法还在进一步完善中,包括波浪增阻、浅水阻力、风阻等修正方法还需进一步验证和完善。Raven(2016)虽然被纳入 ITTC 新的规程中,但是还需进一步应用,验证该方法。第 29 届 ITTC 新规程引入了新的全浪向波浪增阻计算方法,该方法也需要进一步验证,同时还需进一步研究和比较基于 CFD 的波浪增阻数值计算。ITTC 也在持续关注不同吃水状态下模型与实船预报的相关性的差异,特别是压载试航的船型,这关系到实船满载营运以及 EEDI 的计算。

(2) 在恶劣海况下确保操纵性的最小功率需求

MEPC 76 批准了船舶在恶劣海况下维持操纵性最小推进功率导则修正案(MEPC.1/Circ.850/Rev.3)[21],与 MEPC.1/Circ.850/Rev.1 通函 MEPC 68(2015)[20] 相比,其恶劣海况的定义更加严格,提出的 Level 2 评估方法"最小功率评估"替代了 2013 临时导则中的"简化评估"。其中,评估航速定义为 2 kn,建议取默认值推力减额系数 $t=0.1$ 和伴流分数 $w=0.15$,提出波浪增阻经验公式和谱方法两种数值计算方法。对船舶在恶劣海况下维持操纵性最小推进功率导则修正案(MEPC.1/Circ.850/Rev.3)的影响需进一步分析,呼吁行业全面开展船舶最小推进功率评估,将修正案对新船设计和市场订单影响降至最低,同时加大对兼顾 EEDI 和最小推进功率的船型研发力度,建立一体化综合优化设计方法,为行业争取新船订单提供支撑。另外,针对最小推进功率导则修正案中的不合理性,继续向 IMO 提交提案。

(3) 实船营运性能的监测与分析

营运船舶实际航行条件有别于实船试航,由于航行中载况多、航程长、航行海域广,船舶遭遇的浪向复杂,无法用特定的模型试验结果与之对应分析等,风、浪、流的修正分析难度非常大。实船性能监测数据的准确性、完备性对于实船性能分析至关重要,继续开发新的实船试航和营运监测的仪器,以更精确地测量环境数据,包括风、浪、流等,监控与速度功率评估相关的信息,包括油耗、轴扭矩、速度、排水量、纵倾和舵角等。同时,营运海况功率航速修正流程和方法有待进一步完善。

(4) 船舶能效设计指数和碳强度指标

目前,EEXI 计算中仍存在一些问题,比较典型的问题有部分船舶缺少模型试验报告或者船舶试航报告;无法提供 ISO 标况下修正的 SFC 值;节能装置对 EEXI 结果的影响等。遇到这些问题需要具体情况具体分析,准备案卷材料的时候找到更加详细的数据资料比采用估算法或默认值可能会对 EEXI 计算更有利。

为有效履行 IMO 对航运温室气体减排战略,降低船舶主机功率、降低航速和优化推进系统(包括安装节能装置)是实现节能减排、辅助船舶满足 EEXI 要求和改善船舶碳强度 CII 的有效途径。

鉴于目前的状态,航运公司需积极应对 CII 的履约。对于现有船舶,查找 E、D 评级结果的原因,制定应对计划;对于新造船,需寻求低碳、零碳替代燃料。整个航运业需积极参与规则构建,制定 CII 修正系数、公司管理体系及其他整改措施。

参考文献

[1] ITTC. Report of the specialist committee on performance of ships in service[R]. Proceedings of 28th ITTC-Volume Ⅱ, 2017.

[2] MEPC. 304(72). Initial IMO strategy on reduction of ghg emissions from Ships[S]. MEPC 72/17/Add. 1 Annex 11,IMO,2018.

[3] MEPC. 377(80). 2023 IMO strategy on reduction of GHG emissions from ships[S]. MEPC 80/WP. 12 Annex 1,IMO,2023

[4] MEPC. 377(80). IMO guidelines on life cycle GHG intensity of marine fuels (LCA guidelines)[S]. MEPC 80/WP. 12 Annex 2,IMO,2023.

[5] Thomson G R. BSRA standard method of speed trial analysis[R]. BSRA Report NS 466, 1978.

[6] ISO 15016. Guidelines for the assessment of speed and power performance by analysis of speed trial data[S]. ISO,2002.

[7] ISO 15016. Ships and marine technology-guidelines for the assessment of speed and power performance by analysis of speed trial data[S]. ISO,2015.

[8] MEPC. 245(66). Guidelines on the method of calculation of the attained energy efficiency design index (EEDI) for new ships[S]. MEPC 66/21 Annex 5,IMO,2014.

[9] MEPC. 308(73). 2018 guidelines on the method of calculation of the attained energy efficiency design index(EEDI)[S]. MEPC 73/19/Add. 1 Annex 5,IMO,2018.

[10] ITTC recommended procedures and guidelines 7.5-04-01-01.1. Preparation, conduct and analysis of speed/power trials[S]. ITTC,2021.

[11] ITTC recommended procedures and guidelines 7.5-04-01-01&02. Preparation, conduct and analysis of speed/power trials[S]. ITTC,2017.

[12] ISO 19019. Guidelines for the assessment of speed and power performance by analysis of speed trial data[S]. ISO,2002.

[13] STA JIP. Recommended practice for speed trails[J]. www.marin.nl,2006.

[14] 上海船舶运输科学研究所. 基于船舶能效设计指数(EEDI)验证状态实船测试及航速预报技术研究技术总结报告[R]. 上海船舶运输科学研究所,2017.

[15] LACKENBY H. The effect of shallow water on ship speed[J]. Shipbuilder,1963,70:672.

[16] RAVEN H C. A computational study of shallow water effects on ship viscous resistance[C]. 29th

Symposium on Naval Hydrodynamics, Gothenburg, Sweden, 2012.

[17] RAVEN H C. A new correction procedure for shallow-water effects in ship speed trials[C]. Proceedings of PRADS 2016, Copenhagen, 2016.

[18] ADACHI H, MORIYAMA F. Session on propulsion performance[C]. Proc. of ITTC'81, 1981.

[19] ISO 19030. Ship and marine technology-measurement of changes in hull and propeller performance[S]. ISO, 2015.

[20] SUDO Y. Improvement of measuring accuracy of ship's speed through water by using MLDS-(multi-layered doppler sonar)[C]. Proceedings, 3rd Hull Performance &Insight Conference, Redworth, UK, 2018.

[21] INUKAI Y, SUDO Y, OSAKI, et al. Extensive full scale measurement on propeller performance of 14000TEU container ship[C]. Proceedings, Hull Performance &Insight Conference, Redworth, UK, 2018.

[22] 季盛,文逸彦,乔继潘.营运船舶航行性能和海洋环境监测平台开发验证[J].舰船科学技术,2017,39(21):164-168,182.

[23] SCHOLCZ T P, MAK B. Ship as a wave buoy: estimating full directional wave spectra from in-service ship motion measurements using deep learning[C]. International conference on offshore mechanics and arctic engineering. American Society of Mechanical Engineers, 2020.

[24] DALLHEIM Ø Ø, STEEN S. Preparation of in-service measurement data for ship operation and performance analysis[J]. Ocean Engineering, 2020, 212: 107730

[25] MEPC.212(63). Guidelines on the method of calculation of the attained energy efficiency design index (EEDI) for new ships[S]. MEPC 63/23 Annex 8, IMO, 2012a.

[26] MEPC.245(66). 2014 guidelines on the method of calculation of the attained energy efficiency design index (EEDI) for new ships, MEPC 66/21 Annex 5, IMO, 2014

[27] IMO circular MEPC.1/Circ.796. Interim guidelines for the caculation of the coefficient f_w for decrease in ship speed in a representative sea condition for trial use[S], IMO, 2012b.

[28] ITTC recommended procedures and guidelines 7.5-02-07-02.1. Seakeeping experiments[S]. ITTC, 2021.

[29] ITTC recommended procedures and guidelines 7.5-02-07-02.2. Predicting of power increase in irregular waves from model tests[S]. ITTC, 2021.

[30] ITTC recommended procedures and guidelines 7.5-02-07-02.8. Calculation of the weather factor fw for decrease of ship speed in waves[S]. ITTC, 2021.

[31] MEPC.1-Circ.850-Rev.1. 2013 interim guidelines for determining minimum propulsion power to maintain the maneuverability of ships in adverse conditions as amended[S]. IMO, 2015.

[32] MEPC.1-Circ.850-Rev.3. Guidelines for determining minimum propulsion power to maintain the maneuverability of ships in adverse conditions[S]. IMO, 2021.

[33] MEPC.333(76). 2021 guidelines on the method of calculation of the attained energy efficiency existing ship index (EEXI)[S]. IMO, 2021.

[34] MEPC.334(76). 2021 guidelines on survey and certification of the energy efficiency existing ship index (EEXI)[S]. IMO, 2021.

[35] MEPC. 335(76). 2021 guidelines on the shaft/engine power imitation system to comply with the EEXI requirements and use of a power reserve [S]. IMO,2021.

[36] MEPC. 328(76). Amendments to the annex of the protocol of 1997 to amend the international convention for the prevention of pollution from ships, 1973, as modified by the protocol of 1978 relating thereto [S]. 2021 Revised MARPOL Annex VI, IMO,2021.

[37] MEPC. 352(78). 2022 guidelines on Operational Carbon Intensity Indicators and the Calculation Methods(CII Guidelines, G1) [S]. IMO,2022.

[38] MEPC. 353(78). 2022 guidelines on the reference lines for use with operation carbon intensity indicators (CII reference lines guidelines, G2) [S]. IMO,2022.

[39] MEPC. 338(76). 2021 guidelines on the operational carbon intensity reduction factors relative to reference lines (CII reduction factors guidelines, G3)[S]. IMO,2021.

[40] MEPC. 354(78). 2022 guidelines on the operational carbon intensity rating of ships (CII rating guidelines, G4) [S]. IMO,2022.

[41] MEPC. 355(78). 2022 interim guidelines on correction factors and voyage adjustments for CII calculations (CII guidelines, G5) [S]. IMO,2022.

船舶智能航行安全的航线规划问题

周耀华

(中国船级社上海规范研究所)

1 船舶智能航行的航线规划需求及其引发的安全性问题

20世纪以来，随着技术的进步，船舶的自动化水平获得了空前提高，船员在设备控制和船舶操纵过程中的劳动强度显著降低。近年来，又逐渐催生出智能船舶或无人船舶的概念，即通过不断提高智能化水平，从智能辅助的有人船舶最终发展过渡到完全无人的高度智能化自主船舶。国际海事组织(IMO)于2018年提出了海上水面自主船舶(MASS)的概念[1]，意在通过海事立法，顺应这一趋势，推动相关技术的发展。海上水面自主船舶系指不同程度上可以独立于人员干预运行的船舶。根据自动化和智能化水平的不同，IMO将其分为四个自主层级：

(1) 配备自动系统和辅助决策的船舶；

(2) 有船员在船的遥控船舶；

(3) 无船员在船的船舶；

(4) 完全自主船舶。

智能船舶的一个核心功能是可实现智能航行。根据中国船级社的定义[2]，智能航行系指利用计算机技术、控制技术等对感知和获得的信息进行分析和处理，对船舶航路和航速进行设计和优化；可行时，借助岸基支持中心，船舶能在开阔水域、狭窄水道、复杂环境条件下自动避碰，实现自主航行。

智能航行的本质是将船舶航线规划和航行操纵的工作由人工转变为人工智能决策和执行，主要包括航线的制定和具体环境下的船舶操纵驾驶。IMO正在组织开展自主船舶技术标准的研究工作，但还没有就船舶智能航行可能带来的安全风险进行过专门识别或讨论，暂时尚未涉及该领域的研究。参考人工操纵下船舶安全事故的统计分析结果[3-4]，智能航行的潜在安全风险点主要可以归结为：碰撞、搁浅、倾覆翻沉、运动响应过大导致货损(如集装箱甩箱)和船舶结构损坏。对于碰撞或搁浅事故，主要通过环境感知技术结合自主避碰操纵技术以及电子海图等技术予以避免。其他三种事故模式则主要采用自主航线规划，规避可能危及航行安全的不利航行条件。

在目前的航海实践中，船员主要以根据长期气候统计资料和航海经验总结得到的推荐航路/气候航线[5]为基础，结合商业气象导航服务[6]以及自身经验，综合考虑后实施航线规划决策。图1给出了基于固定航速、航行时间最短原则的某条跨太平洋航线示意。其中，气象导航服务是根据短、中期气象和海洋预报，结合船舶性能等因素提供航线建议的导航服务，对于影响船舶航行安全的因素一般仅考虑船舶耐波性和船舶波浪增阻，且多以经验性估算方法为主[7-8]。由于船舶在恶劣海况和气象条件下航行时，会承受环境条件施加的复杂、强大受力载荷，并产生较大的运动响应，对于上述三种事故模式风险的精确评估，必须依赖基于水动力学的严谨定量分析。而在目前的人工航线规划决策当中，由于很少获得水动力方法定量评估数据的支持，对于安全边界的确定则更多是基于经验和直觉。

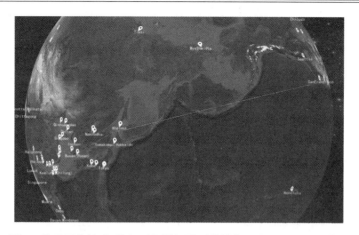

图 1 基于固定航速、航行时间最短原则的某条跨太平洋航线示意图

可以预见,为确保智能航行安全,航线规划必须采用基于专家经验和水动力学安全边界评估相结合的智能系统全自动完成,替代决策回路中的人类经验判断。因此,解决智能航行航线规划安全问题的一个核心议题是开展安全边界研究,确定科学合理的技术标准。这将是船舶水动力学在该领域应用的一个重要研究方向。结合导致事故的水动力学机理进行理论分析,有必要考虑恶劣海况和气象所导致的极限条件下的安全边界,可主要包括:

(1) 船舶完整稳性安全边界;
(2) 船舶操纵性安全边界;
(3) 船舶结构强度安全边界;
(4) 船舶货损安全边界。

2 安全边界评估理论

安全边界的作用是作为限制条件约束、指导航线规划算法,规避可能导致船舶发生危险的环境和航行条件组合。一般可以通过水动力数值模拟理论预报或者模型试验研究获取。

2.1 完整稳性安全边界

研究完整稳性安全边界的目的是通过分析船舶的完整稳性性能,获得可能导致船舶发生倾覆或严重危及稳性安全的环境和航行临界条件。其基本假定为,船舶在恶劣海况和气象条件下航行时,船体结构完整且不会发生破损进水,一般在研究中将船舶视为刚体考虑。

目前,有人驾驶国际航行船舶的完整稳性需要满足 IMO 基于静力学原理的 2008 年国际完整稳性规则[9]。其完整稳性衡准选取假定的风、浪条件,对其力学作用进行了高度简化,且不考虑动力学效应。相关稳性安全衡准指标的制定,实质上是基于 20 世纪大量不同尺度实船事故案例的分析和统计结果。故而无法对处于危险的、极限航行条件的船舶,给出完整稳性安全边界和任何避险操纵指导性建议。虽然 IMO 也允许采用模型试验方法对衡准中的风、浪的作用进行评估[10],但总体上仍未脱离静力学原理的框架。因此,对于稳性安全边界的确定没有实质性帮助。

鉴于船型、尺度、装载工况、航行情况和环境条件的多样化,船舶可能遭遇复杂、危险的波浪中完整稳性安全问题。例如,参数横摇、纯稳性丧失、过度加速度、骑浪/横甩和瘫船等波浪中动稳性失效模式均报告过实船安全事故[9,11-13],其中一些事故甚至造成了船舶倾覆、人员丧生的严重后果。IMO 针对恶劣海况和气象条件下的航行安全问题,首先制定了提供给船长参考的定性操作性指导建议[14]。随后,为了定量评估船舶在波浪中航行的动稳性安全水平,IMO 制定了第二代完整稳性衡准[15]。衡准采用分级思想,基于水动力学数值模拟方法制定了相应衡准技术要求。还采用设计方案校核和操作措施相结合的方式,能够给出船舶在典型航行情况和环境条件组合下的动稳性评估结果,以及概率性、确定性和简化的操作指导信息[15]。同时,明确提出了船舶发生完整稳性危险事故的判断标准,因此可以直接用于船舶完整稳性安全边界的制定研究。

基于第二代完整稳性衡准,Yano 等[16]采用 X 波段波浪探测雷达和惯性传感器获得了实船遭遇海浪谱信息,用于作为简化参数横摇数值预报模型的环境条件输入,成功开展了船载计算机系统实时参数横摇预报,通过与实测船舶运动响应对比,验证了实船上应用安全边界评估方法的有效性。Manderbacka[17]采用基于气象导航的航线规划系统,开展了考虑动稳性衡准后规避危险海况的不确定性研究。Hashimoto 等[18]基于第二代完整稳性衡准数值评估结果获得的完整稳性安全边界,研究了不同约束、限制条件下安全性对航线规划经济性的影响。周耀华等[19]发展了一种基于广义回归神经网络模型的船舶动稳性性能快速预报方法,适合为代理模型用于开展完整稳性安全边界的快速、高精度预报。图 2 给出了基于广义回归神经网络模型对于各种航速、浪向和海况组合条件下参数横摇幅值的快速预报对比结果[19]。对比精度表明,这种快速预报方法计算参数横摇精度较高,适合被航线规划软件用于航线优化的快速迭代。图 3 给出了某万箱集装箱船纯稳性丧失 Level 2 衡准[15]评估得到的最大可运营波高操作限制。结果表明,该船装载工况的最大安全运营有义波高为 6.5 m;且对于 6.5 m 以下有义波高,在部分跨零周期的海况下船舶仍有发生纯稳性丧失事故的风险。

由此可见,完整稳性安全边界可以采用基于水动力学的 IMO 第二代完整稳性衡准相关方法预报获得。可以在船舶智能航行的航线规划中,用于规避极限条件引起的若干危险波浪中动稳性失效模式。

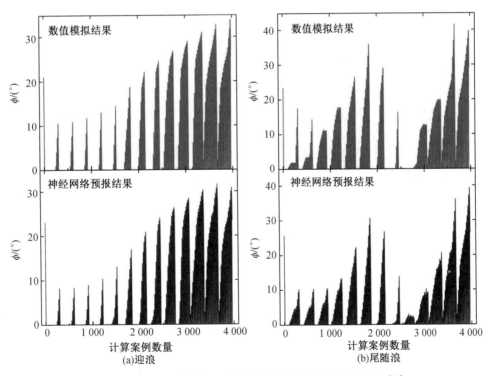

图 2　基于广义回归神经网络模型的参数横摇幅值快速预报[19]

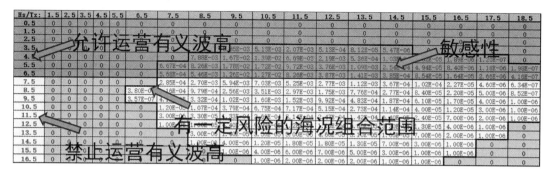

图 3　某万箱集装箱船纯稳性丧失 Level 2 衡准评估得到的最大可运营波高操作限制

2.2　操纵性安全边界

研究操纵性安全边界的目的是通过分析船舶在波浪中操纵性能,获得可能导致船舶丧失操纵能力的环境和航行临界条件。对于航线规划问题,可采用单一风险原则,仅限于研究船舶维持有效操纵性能的界限,不考虑船舶丧失操纵性后产生的其他安全风险。

工业界传统上仅在新船试航阶段,通过开展实船试验考察船舶在静水中的若干操纵性指标,主要包括回转试验、Z型操纵试验和停船试验,以便检验回转、偏航纠正和航向保持以及停船能力。IMO[20-22]和中国船级社[23]为此制定了专门的技术要求和程序。但上述现行技术要求的制定并未考虑实际海况对操纵性安全的影响。

理论研究方面,近年来吴秀恒等[24]系统性论述了船舶操纵性的研究方法,其中包括考虑风浪流影响的操纵性数值预报模型。张伟[25]基于双时间尺度方法,提出了一种采用时域高阶 Rankine 源方法和 MMG 模型相结合的规则波中船舶操纵性数值模拟方法。国际拖曳水池会议(ITTC)操纵性委员会[26]全面总结了国际上各种模型试验和数值模拟方法的最新研究现状,但也认为波浪中操纵性问题过于复杂,以至于"未知的问题多于已有的答案"。总体上学术界开展的工作仍侧重于理论方法和机理的基础性研究,尚未涉及制定波浪中操纵性安全标准和分析提出适合工程应用的评估方法。

海事界关于环保议题的立法也对波浪中操纵性问题产生了间接影响。随着 IMO 通过制定船舶能效设计指数(EEDI)的方式以降低船舶温室气体排放,近年来主机装机功率的降低成为一种广泛采用的技术方案。但这一措施反过来可能导致在恶劣海况中航行时,由于波浪增阻引起失速,进而使舵效降低并丧失有效操船的能力。考虑到评估波浪中操纵性能的复杂性,IMO 回避了直接制定相应技术标准,转而提出船舶应具备足够的装机功率用于抵消波浪增阻影响,保证航速能够达到维持舵效所需的最低航速[27-28]。同时,对于最低航速指标,IMO 也没有要求采用水动力学方法开展定量评估,而是规定采用经验公式估算。虽然 2021 年 IMO MEPC 76 会议正在制定的最小功率导则[29]对原有的临时导则有一定的提升和修订,但并没有改变其采用迂回策略评估船舶操纵性的本质,导则中关于如何直接进行操纵性评估的 Level 3 方法仍属空白。考虑到目前的国际海事法规体系对于操纵性安全边界的评估存在一定的规则缺失。后续若要保证智能航行船舶的操纵性安全,科学合理的、船舶在波浪中的操纵性计算模型是不可或缺的一个关键环节。

2.3　货损和结构强度安全边界

研究货损和结构强度安全边界的目的是通过开展水动力分析方法计算船舶的运动响应特性和水动力载荷,结合船舶自身装载工况和结构设计方案,获得可能导致船体发生结构损害或者导致诸如集装箱甩箱/大件货物系固失效等货损事故的环境和航行临界条件。

(1)结构强度安全边界

船舶营运中会承受外界自然环境产生的外载荷,一旦外载荷超出了船体强度设计标准,就有可能造成船体结构不同程度的损害,甚至可能导致船舶断裂沉没等严重事故。

船舶结构的设计可采用规范设计法、直接计算法和结构可靠性方法[30]。当采用规范设计法时,应用船级社规范开展设计,可以首先根据船舶主尺度和结构形式等确定构件布置和尺度,再根据总强度与局部强度、结构稳定性的校核结果进一步优化设计方案[30]。设计冻结后,即可通过诸如极限强度校核(SDP)等方法[31]获得船体结构强度能够承受外部载荷的许用范围。再通过采用水动力分析方法,获得外部载荷,从而分析得到确保船舶结构强度安全的航行条件边界。

以总纵弯矩为例,船舶承受静水弯矩与波浪附加弯矩的作用,结合空船重量、货物和油水消耗品重量分布,共同决定了船体结构的总纵弯矩分布曲线。在航行中,重量分布在一定时间内通常变化很小,因此决定船舶总纵强度安全的主要因素是波浪附加载荷的作用。采用势流理论方法可以获得船舶不同位置处的波浪载荷。然后可根据许用弯矩曲线,确定船舶安全航行的航速、浪向和海况条件组合。图4给出了某船在恶劣海况下船舶许用弯矩以及载荷引起的货舱段弯矩分布曲线,其中波浪载荷采用三维线性频域势流理论方法[32]得到,许用弯矩采用极限强度校核法[31]得到。

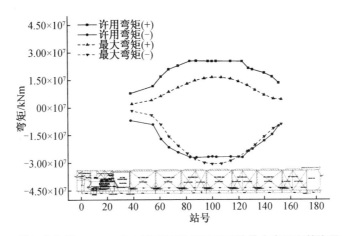

图4 某船在迎浪10.5 m有义波高下航行时承受的最大弯矩和其许用弯矩

由于主管机关通常很少针对船体强度问题提出强制性技术要求,工业界一般采用船级社规范给出的船体强度要求作为技术标准。当前对于货损和结构强度安全边界的研究,可以根据船型种类、尺度和航行海域等差异,分别参照各主要船级社的结构规范以及国际船级社协会(IACS)的适用技术要求得到船体结构能承受的最大载荷,再通过水动力计算精确获得船舶在恶劣条件下航行时的水动力载荷,从而分析得到最终的安全边界。

(2)货损安全边界

船舶在遭遇恶劣气象和风浪条件时,有可能会发生甲板上载运货物损失的事故,从而可能造成严重的经济损失。以集装箱船货损为例,根据世界航运理事会报告[33]显示,2008年至2019年,平均每年有1 382个集装箱在海上运输中损失,在排除单次沉船事故造成的大量集装箱损货后,恶劣的气象和海况条件可以认为是主要原因。此类货损事故的原因一般是由于船舶运动响应引起船上部分区域集装箱惯性力过大,导致系固结构承受的载荷超出了允许范围。在船舶设计建造过程中,集装箱系固绑扎桥、系固设备的支撑结构和绑扎装置的负荷以及集装箱系固加速度(受力)等全部采用船级社规范[31]提供的经验公式计算结果作为最低要求。出于经济原因,上述结构的许用负荷不能无限提高以保证绝对安全。另一方面,设计单位也不会专门开展覆盖全部可能装载工况的耐波性试验来获得全船各处加速度数据。这就导致船舶实际运营过程中,很难对于每个航次、全船各处在不同海况下的载荷进行准确掌握,从而为恶劣气象和海况下的货损事故埋下了潜在风险。对于绑扎系固结构的评估,一般将受力分解为垂直于甲板方向和平行于甲板方向的分量考虑。其中,平行于甲板的横向加速度一般是主要成分。基于耐波性理论发展出来的频域和时域势流理论数值方法可以为横向加速度评估提供高精度预报,相关方法已在工业界开展的水动力分析中获得了广泛应用。图5给出了采用四种势流理论方法对某21 000 TEU集装箱船某处横向加速度数值预报与模型试验对比结果。数值模拟方法包括三维线性频域势流理论方法[32]、基于脉冲响应函数的三维弱非线性时域方法[34]、基于泰勒展开边界元的三维线性时域势流理论方法和其弱非线性版本[35-36]。计算结果表明,现有水动力预报方法对于加速度响应预报结果与模型试验吻合良好。水动力计算可以为货损安全边界评估提供简便有效的途径。

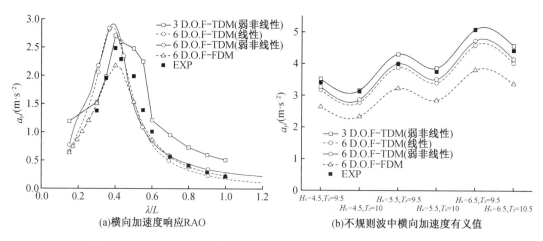

图5 某21 000 TEU集装箱船某处横向加速度数值预报与试验对比结果

3 基本结论和未来的问题

为了确保船舶智能航行的航线规划安全,有必要研究和制定船舶的完整稳性、操纵性、结构强度和货损安全边界。其中,完整稳性安全边界可以基于IMO已经颁布的第二代完整稳性衡准有关技术要求;货损和结构强度安全边界可以基于水动力学载荷分析方法,结合船级社规范适用技术要求研究制定;但由于目前缺乏判定船舶在波浪中航行安全的操纵性技术标准,仅可参照IMO最小装机功率要求,通过开展波浪增阻评估,间接制定操纵性安全边界。

针对船舶智能航行的航线规划安全问题,有必要进一步开展如下三个方面的研究。

(1)有必要发展船舶性能代理模型

船舶实际装载工况众多,需要每次出航前重新开展基于水动力学分析的船舶载荷和运动响应预报,确定安全边界。鉴于直接开展水动力学分析的高昂代价,有必要发展简化的高精度快速预报方法,作为船舶性能代理模型,用于安全边界的快速获取。近年来,基于神经网络模型的人工智能算法在船舶耐波性[37-38]、动稳性[19]、操纵性[39]、静水阻力[40]、波浪增阻[41]和极短期运动[42]的快速、高精度预报方面均有成功的应用。这为规避船舶水动力直接预报提供了一种潜在解决方式。

(2)船舶波浪中操纵性的安全标准仍有待研究

船舶在波浪中的操纵性问题仍处于对数值模拟和模型试验方法的理论研究阶段,尚未制定确保船舶安全的强制性技术标准。理论上,满足IMO最小装机功率有关要求,仅对保持最低程度的舵效提供了一定保障。但由此得到的安全边界是否有效目前仍不明确。

(3) 研究制定基于综合评价的航线评估方法

船舶的航线规划主要涉及安全、环保和经济三个因素的影响。有必要制定归一化的综合评价体系，在保证适当安全水平的前提下，优化经济性能，兼顾环保要求，将三者有机结合，制定合理、实用的航线评价体系用于航线规划系统的优化迭代。例如，基于模糊数学理论的模糊综合评价方法已经在船舶航行安全性评估上获得了成功应用[43-44]。

参考文献

[1] IMO. Regulatoryscoping exercise for the use of maritime autonomous surface ships (mass)-report of the working group (MSC 99/WP. 9)[C]. In Maritime Safety Committee 99th session, IMO, London, UK, 2018.

[2] 中国船级社. 智能船舶规范[M]. 北京：人民交通出版社，2015.

[3] 王凤武，吴兆麟. 恶劣天气条件下船舶开航安全性评估[M]. 大连：大连海事大学出版社，2018.

[4] 约阿西母·哈内. 船舶航行安全[M]. 刘曜，宋新新，译. 上海：上海科学技术出版社，2017.

[5] 鲍迪奇. 美国实践航海学[M]. 张尚悦，伞戈锐，芮振峰，译. 北京：国防工业出版社，2011.

[6] 赵仁余. 航海学[M]. 北京：人民交通出版社，2006.

[7] 王辉，白春江，张永宁. 船舶气象导航[M]. 大连：大连海事大学出版社，2018.

[8] 周锋，孔凡邨. 船舶驾驶自动化[M]. 上海交通大学出版社，2017.

[9] 国际海事组织. 2008年国际完整稳性规则及其解释性说明[M]. 北京：人民交通出版社，2009.

[10] IMO. Interimguidelines for alternative assessment of the weather criterion (MSC. 1/Circ. 1200)[C]. In Maritime Safety Committee 81st session, IMO, London, UK, 2006.

[11] FRANCE W N, LEVADOU M, TREAKLE T W, et al. An investigation of head-sea parametric rolling and its influence on container lashing systems[C]. In SNAME Annual Meeting 2001 Presentation. 2001.

[12] UMEAD N. A ropax ship accident due to pure loss of stability on a wave crest and intact stability criteria[C]. Proceedings of the IDFS 2013, 2013.

[13] Germany. Further background information on the proposal by Germany with regard to the new generation intact stability criteria[C]. In Stability and Load lines and on Fishing vessels safety (SLF) 54th session, IMO, London, UK, 2012.

[14] IMO. Revised guidance to the master for avoiding dangerous situations in adverse weather and sea conditions (MSC. 1/Circ. 1228)[C]. In Maritime Safety Committee 82nd session, IMO, London, UK, 2007.

[15] IMO. Interim guidelines on the second generation intact stability criteria (MSC. 1/Circ. 1627)[C]. In Maritime Safety Committee 102nd session, IMO, London, UK, 2020.

[16] YANO T, UMEDA N, HIRAYAMA K, et al. Wave radar application to the simplified parametric roll operational guidance at actual sea[C]. Proceedings of the 17th International Ship Stability Workshop, Helsinki, Finland, 2019.

[17] MANDERBACKA T. On the uncertainties of the weather routing and support system against dangerous conditions[C]. Proceedings of the 17th International Ship Stability Workshop, Helsinki, Finland, 2019.

[18] HASHIMOTO H, TANIGUCHI Y, FUJII M. A case study on operational limitations by means of navigation simulation[C]. Proceedings of the 16th International Ship Stability Workshop, Belgrade, Serbia, 2017.

[19] 周耀华,孙强,温苗苗,等. 船舶动稳性性能的预测模型的建立、预测方法、装置及介质:202010620095.2[P]. 2020-10-26.

[20] IMO. Provision and display of manoeuvring information on board ships (A.601(15))[A]. In Assembly 15th session, IMO, London, UK, 1987.

[21] IMO. Interim standards for ship manoeuverability (A.751(18))[C]. In Assembly 18th session, IMO, London, UK, 1993.

[22] IMO. Explanatory notes to the interim standards for ship manoeuvrability (MSC/Circ.644)[C]. In Maritime Safety Committee 63rd session, IMO, London, UK, 1994.

[23] 中国船级社. 海船操纵性[M]. 北京:人民交通出版社,1997.

[24] 吴秀恒,刘祖源,施生达. 船舶操纵性[M]. 北京:国防工业出版社,2005.

[25] 张伟. 规则波浪中的船舶操纵性数值预报研究[D]. 上海:上海交通大学,2016.

[26] ITTC. The specialist committee on manoeuvring in waves-final report and recommendations to the 29th ITTC[R]. Virtual: ITTC, 2021.

[27] IMO. 2013 Interim guidelines for determining minimum propulsion power to maintain the manoeuvrability of ships in adverse conditions(MEPC.232(65))[C]. In Marine Environment Protection Committee 65th session, IMO, London, UK, 2013.

[28] IMO. 2013 interim guidelines for determining minimum propulsion power to maintain the manoeuvrability of ships in adverse conditions, as amended (resolution MEPC.232(65), as amended by resolutions MEPC.255(67) and MEPC.262(68))(MEPC.1/Circ.850/Rev.1)[C]. In Marine Environment Protection Committee 68th session, IMO, London, UK, 2015.

[29] IMO. Report of the correspondence group on air pollution and energy efficiency[C]. In Marine Environment Protection Committee 76th session, IMO, London, UK, 2021.

[30] 中国船舶工业总公司. 船舶设计实用手册-结构分册[M]. 北京:国防工业出版社,2000.

[31] 中国船级社. 钢制海船入级规范[M]. 北京:人民交通出版社,2020.

[32] 张海彬. FPSO储油轮与半潜式平台波浪载荷三维计算方法研究[D]. 哈尔滨:哈尔滨工程大学,2004.

[33] WORLD SHIPPING COUNCIL. Containers lost at sea-2020 update[R]. World Shipping Council, Washington, 2020.

[34] 周耀华. 基于混合方法的集装箱船型实船参数横摇预报研究[D]. 上海:上海交通大学,2016.

[35] 陈纪康. 基于泰勒展开边界元法的水波与浮体二阶水动力问题数值模拟[D]. 哈尔滨:哈尔滨工程大学,2015.

[36] DUAN W. Taylorexpansion boundary element method for floating body hydrodynamics[C]. Proc. 27th Intl Workshop on Water Waves and Floating Bodies, Copenhagen, Denmark, 2012.

[37] 周耀华,孙强,温苗苗,等. 船舶运动性能的预测模型的建立、预测方法、装置及介质:202010622258.0[P]. 2020-10-26.

[38] 喻欣,毛筱菲. 基于神经网络的围网渔船横摇运动研究[J]. 船海工程,2012,41(5):43-46.

[39] 唐晓光,刘祖源. 基于神经网络的船舶操纵运动水动力预报[J]. 武汉理工大学学报,2002,26

(1):25-27.
[40] 陈爱国,叶家玮. 基于神经网络的船舶阻力计算数值实验研究[J]. 中国造船,2010,51(2):21-27.
[41] 周耀华,孙强,温苗苗,等. 波浪增阻性能的预测模型的建立、预测方法、装置及介质:202010620081.0[P]. 2020-10-29.
[42] 王玮,丁振兴,孟跃,等. 一种基于时频分析和BP神经网络的船舶运动预报方法:201310583115.3[P]. 2014-02-12.
[43] 王凤武,吴兆麟. 恶劣天气条件下船舶开航安全性评估[M]. 大连:大连海事大学出版社. 2018.
[44] 郭健,何威超. 跨海桥梁船撞风险综合评估[J]. 海洋工程,2020,38(5):125-133.